F. Henning

Temperaturmessung

3., völlig neubearbeitete Auflage

Herausgegeben von
Helmut Moser

Bearbeitet von
Helmut Moser, Ulrich Schley,
Wilhelm Thomas, Carl Tingwaldt

Springer-Verlag Berlin Heidelberg New York 1977

Autorenverzeichnis

Prof. Dr. Helmut Moser, Braunschweig
Prof. Dr. Ulrich Schley, Braunschweig
Prof. Dr. Wilhelm Thomas, Braunschweig
Prof. Dr. Carl Tingwaldt†, Braunschweig

1. Auflage 1951
Nachdruck 1952
2. Auflage 1955

Originalausgabe erschien im Verlag Johann Ambrosius Barth, Leipzig
Vertrieb ausschließlich für die DDR und die sozialistischen Länder

Lizenzausgabe
im Springer-Verlag Berlin, Heidelberg, New York
Vertrieb für alle übrigen Länder einschließlich Bundesrepublik Deutschland

Mit 125 Abbildungen

ISBN-13:978-3-642-81139-5   e-ISBN-13:978-3-642-81138-8
DOI: 10.1007/978-3-642-81138-8

© 1977 by Johann Ambrosius Barth Leipzig
Softcover reprint of the hardcover 3rd edition 1977

Verlagslizenz-Nr. 285–125/39/77
Gesamtherstellung: VEB Druckerei „Thomas Müntzer", 582 Bad Langensalza

Vorwort

Die erste beim Verlag Johann Ambrosius Barth in Leipzig im Jahre 1951 erschienene Auflage dieses Buches von Prof. Dr. F. HENNING war eine wesentlich überarbeitete und ergänzte Neufassung eines ähnlichen Werkes des Autors, das bereits im Jahre 1915 unter nahezu dem gleichen Titel bei einem anderen Verlag erschienen war und damals als Standardwerk auf einem wichtigen Spezialgebiet der Meßtechnik galt. Der ersten Auflage von 1951 folgte 1952 ein Nachdruck und 1955 eine zweite, verbesserte Auflage. Kurz vor seinem Tode im Jahre 1958 äußerte Prof. Dr. F. HENNING mir gegenüber als einem seiner jüngeren Mitarbeiter den Wunsch, daß sein Werk auch in Zukunft erhalten bleiben und gegebenenfalls unter Heranziehung weiterer Mitarbeiter der modernen Entwicklung angepaßt werden möge. Sein Wunsch wird mit dem Erscheinen der 3. Auflage in ehrendem Gedenken an den Verstorbenen und seine wissenschaftlichen Verdienste erfüllt.

Die vorliegende Auflage stellt eine völlige Neubearbeitung dar, wobei jedoch versucht wurde, den bisherigen Charakter des Buches beizubehalten, der etwa gekennzeichnet ist durch die Worte: Historie, Grundlagen der Temperaturmessung und besondere Berücksichtigung der Verfahren höchster Präzision, darunter auch derjenigen der z. Z. geltenden Internationalen Praktischen Temperaturskala von 1968 (IPTS-68). *) Da mit zunehmender Präzision die Meßverfahren komplizierter werden, ist im allgemeinen auch eine umfangreichere Beschreibung solcher Verfahren notwendig. So machte z. B. die Ausdehnung der IPTS-68 nach tiefen Temperaturen eine eingehendere Beschreibung der Darstellung der dazu notwendigen Temperaturfixpunkte erforderlich. Eine wesentliche Erweiterung hat auch das Gebiet der optischen Temperaturmessung heißer Gase und Plasmen erfahren. Um andererseits den Umfang des Buches nicht allzusehr zu vergrößern, wurden dort, wo es möglich schien, auch entsprechende Kürzungen vorgenommen. So sind z. B. die früheren Kapitel I (Allgemeine Grundlagen) und II (Theoretische Grundlagen) zu einem Kapitel zusammengefaßt und wesentlich verkürzt worden.

Zum Schluß möchte ich nicht versäumen, meinen Mitarbeitern an dieser Neuauflage meinen herzlichen Dank für ihre Beiträge auszusprechen. Leider ist mein Mitarbeiter Prof. Dr. TINGWALDT während der Bearbeitungszeit verstorben, so daß von ihm nur ein kleiner Beitrag zu Kapitel VII vorliegt. Mein Dank gilt auch dem Verlag Johann Ambrosius Barth in Leipzig für sein verständnisvolles Eingehen auf meine Wünsche.

Braunschweig, im März 1975 H. MOSER

*) Die wesentlichen Änderungen in einer verbesserten Ausgabe dieser Temperaturskala von 1975 wurden berücksichtigt.

Inhaltsverzeichnis

Vorwort ....

I. Allgemeine Grundlagen (MOSER) 11
A. Geschichtliches 11
   1. Entstehung verschiedener Temperaturskalen 11
   2. Internationale Temperaturskalen von 1927, 1948 und 1968 14
   3. Festlegung der Temperatureinheit durch einen einzigen materiellen Fixpunkt 16
B. Temperatur in der Thermodynamik 17
   1. Erster und zweiter Hauptsatz der Thermodynamik 17
   2. CARNOTscher Kreisprozeß 18
   3. Zustandsgleichung des idealen Gases 19
   4. Thermodynamik des Thermopaares 21
   5. Magnetokalorischer Effekt 23
   6. Strahlung in der Thermodynamik 24
C. Temperatur in der Statistik 26
   1. Thermodynamisches Gleichgewicht 26
      a) Entropie und Wahrscheinlichkeit 27
      b) Nachweis statistischer Schwankungen 28
      c) Temperaturmessung auf statistischer Grundlage 29
      d) Natürliche Grenze der Nachweisbarkeit kleiner Temperaturänderungen 30
   2. Unvollständiges thermodynamisches Gleichgewicht 31
D. Internationale Praktische Temperaturskala von 1968 31
   1. Allgemeines, Grundlagen 31
   2. Ausführungsvorschriften 32

II. Gasthermometer (MOSER) 36
A. Grundlagen und Meßmethoden 36
   1. Theoretische Grundlagen 36
   2. Grundsätzliche Meßanordnung 38
   3. Methode konstanten Volumens 38
   4. Methoden konstanter Gefäßtemperatur und konstanten Drucks ... 39
B. Gefäßmaterialien und Gasfüllungen 40
C. Meßvorgang, Fehlerquellen und Korrekturen 41
   1. Druck- und Volumenmessung 41
   2. Abweichung vom idealen Gaszustand 43
   3. Sonstige Fehlerquellen 44
D. Spezielle Meßanordnungen 46

III. Flüssigkeits- und Metallausdehnungsthermometer (MOSER) ... 50
A. Flüssigkeitsthermometer 50
   1. Hauptformen und Werkstoffe 50
   2. Spezielle Bauarten von Flüssigkeitsthermometern 53
   3. Flüssigkeitsthermometer im praktischen Gebrauch, Fehlerquellen ... 56
B. Metallausdehnungsthermometer 60
C. Zeitverhalten von Thermometern (Anzeigeträgheit) 61

IV. Dampfdruckthermometer (THOMAS) 63
A. Allgemeine Bemerkungen und Anwendungsbereich 63
B. Abhängigkeit des Dampfdrucks von der Temperatur 64
   1. Gleichung von CLAUSIUS-CLAPEYRON; Gleichungen für den Dampfdruck ... 64
   2. Thermodynamische Dampfdruckgleichung 66
   3. Dampfdruckbeziehungen für tiefsiedende Flüssigkeiten 67

C. Dampfdruckthermometer für Präzisionsmessungen bei tiefen Temperaturen 72
   1. Aufbau des Temperaturfühlers 72
   2. Dampfdruckthermometermeßstand 73
      a) Druckmessung 75
   3. Verwirklichung der Heliumtemperaturskalen 76
D. Dampfdruckfederthermometer 79

V. Widerstandsthermometer (MOSER) 82
A. Platinwiderstandsthermometer 82
   1. Bedeutung und geschichtliche Entwicklung 82
   2. Beziehung zwischen Widerstand und Temperatur: Reinheit des Platins 82
   3. Thermometerkonstruktionen 89
   4. Alterung und Stabilität des Meßwiderstandes 92
   5. Erwärmungsfehler, Eintauchtiefe 93
B. Widerstandsthermometer mit Meßwiderständen aus anderen Werkstoffen 94
   1. Reine Metalle 94
   2. Legierungen 95
   3. Halbleiter einschließlich Kohlenstoff 96
C. Widerstandsmessung 98
   1. Kompensationsverfahren 98
   2. Brückenschaltungen 100
   3. Quotienteninstrumente 103

VI. Thermopaare (SCHLEY) 107
A. Allgemeines über thermoelektrische Temperaturmessungen 107
B. Thermopaare der Praxis 109
   1. Thermopaare für mittlere und höhere Temperaturen 109
   2. Thermopaare für sehr hohe Temperaturen 112
   3. Thermopaare für sehr tiefe Temperaturen 113
C. Herstellung, Fehlerquellen und Kalibrierung 114
   1. Einbau in Schutzrohre und elektrische Isolation 114
   2. Störungen der Thermospannung 116
   3. Kalibrierung und Reproduzierbarkeit 117
D. Messung der Thermospannung 118

VII. Optische Temperaturmeßverfahren für Festkörper 123
A. Theoretische Grundlagen (TINGWALDT) 123
   1. Strahlungsgrößen 123
      a) Energetische Größen 123
      b) Photometrische Grundgrößen 125
   2. Strahlung des schwarzen Körpers 127
      a) KIRCHHOFFsche Gesetze 127
      b) WIENsches Verschiebungsgesetz 128
      c) PLANCKsches Strahlungsgesetz 129
      d) Temperatur und Strahlung des schwarzen Körpers 134
   3. Strahlung beliebiger Festkörper 135
   4. Emissionsgrad und wahre Temperatur 139
      a) FRESNELsche Formeln 139
      b) Optische Konstanten 141
      c) KRAMERS-KRONIG-Relation 143
      d) HAGEN-RUBENS-Beziehung 146
   5. Wirksame Wellenlänge 147
      a) Anwendung auf schwarze Körper 147
      b) Wirksame Grenzwellenlänge 149
      c) Schwarze Temperaturen realer Strahler 150
      d) Rechenverfahren 150
B. Geräte und Hilfsmittel der optischen Pyrometrie (SCHLEY) 152
   1. Schwarze Strahler 152
   2. Nichtschwarze Strahler 157
      a) Wolframlampen 157

     b) Niederstromkohlebogen 159
     c) Andere Sekundärstrahler 161
  3. Strahlungsempfänger 163
     a) Empfängerparameter 163
     b) Photoempfänger 165
     c) Thermische Empfänger 167
     d) Halbleiterinfrarotempfänger 169
     e) Auge 170
  4. Optische Filter und Strahlungsschwächungen 171
     a) Optische Filter 171
     b) Strahlungsschwächungen 175
C. Optische Pyrometer (SCHLEY) 179
  1. Strahlungstransport durch optische Instrumente 180
     a) Pyrometer 180
     b) Spektralgeräte 183
  2. Visuelle Pyrometer 187
     a) Glühfadenpyrometer 187
     b) Kreuzfaden-, Papierfaden- und Bildwandlerpyrometer 190
     c) Farbpyrometer 192
     d) Spezielle Pyrometerarten 195
     e) Kalibrierung visueller Pyrometer 195
  3. Objektive Pyrometer 198
     a) Gesamtstrahlungspyrometer 200
     b) Strahldichtepyrometer 202
     c) Verhältnis- und Standardpyrometer 203
  4. Fehlerquellen 205
D. Messung wahrer Temperaturen (SCHLEY) 207
  1. Bekannte Emissionsgrade 207
  2. Polarisationsmethoden 209
  3. Eigenemission 211
  4. Spezielle Verfahren 213

VIII. Optische Meßverfahren für heiße Gase und Plasmen (SCHLEY) 218
A. Theoretische Grundlagen 218
  1. Strahlungsgrößen für Volumenstrahler 218
  2. Zusammenhang zwischen Flächen- und Volumenstrahler 219
  3. KIRCHHOFFsches Gesetz für Volumenstrahler 224
  4. Thermische Ionisation und Dissoziation 224
     a) SAHA-EGGERT-Gleichung 224
     b) Partialdrücke und Ionisationsgrad 225
     c) Thermische Dissoziation 228
  5. Linienstrahlung 231
  6. Kontinuumsstrahlung 234
B. Meßmethoden 236
  1. Strahldichte-Absorptions-Messungen 236
     a) Meßanordnung 236
     b) Einfluß der Absorption 238
     c) Bichromatenmethode 239
     d) Strahldichteverdopplung durch Spiegelung 240
     e) Pyrometrische Verfahren 241
  2. Kontinuumsmessung 243
  3. Methode der Linienumkehr 245
  4. Linienmessungen 246
  5. Normtemperaturen und Linienschwarzstrahlung 251
  6. Linienprofile 252
  7. Bandenspektren 256
  8. Interferometrische Temperaturmessungen 260
  9. Sonstige Meßverfahren für hohe Temperaturen 263

IX. Sonstige Temperaturmeßverfahren ... 267
A. Akustisches Thermometer (THOMAS) ... 267
B. Rauschthermometer (SCHLEY) ... 271
C. Magnetisches Thermometer (THOMAS) ... 272
D. Kernresonanzthermometer (SCHLEY) ... 276
E. Spezielle technische Meßverfahren (SCHLEY) ... 278
   1. Quarzthermometer ... 279
   2. Pneumatische und Druckthermometer ... 280
   3. Pulsmethode ... 281
   4. Oberflächentemperaturen ... 282
   5. Temperaturfelder ... 283

X. Temperaturfixpunkte (THOMAS) ... 290
A. Allgemeines ... 290
   1. Schmelz- und Erstarrungsvorgang ... 291
   2. Siede- und Sublimationsvorgang ... 293
   3. Sonstige Temperaturfixpunkte ... 294
B. Temperatur der Fixpunkte ... 296
C. Verwirklichung der Temperaturfixpunkte ... 298
   1. Fixpunkte tiefsiedender Flüssigkeiten ... 300
      a) Siedepunkt des Gleichgewichtswasserstoffs ... 300
      b) Tripelpunkt des Gleichgewichtswasserstoffs ... 304
      c) Siedepunkt des Sauerstoffs ... 306
      d) Tripelpunkt des Sauerstoffs ... 307
      e) Siede- und Tripelpunkt des Neons ... 308
      f) Tripelpunkt des Argons ... 309
      g) Sublimationspunkt des Kohlendioxids ... 310
   2. Tripelpunkt des Wassers und Eispunkt ... 311
      a) Tripelpunkt des Wassers ... 311
      b) Erstarrungspunkt des Wassers (Eispunkt) ... 314
   3. Siedepunkte des Wassers, des Quecksilbers und des Schwefels ... 315
      a) Wassersiedepunkt ... 315
      b) Quecksilber- und Schwefelsiedepunkt ... 317
   4. Metallerstarrungspunkte ... 319
      a) Zinn ... 321
      b) Zink ... 322
      c) Silber ... 323
      d) Gold ... 323
      e) Sonstige Erstarrungs- und Schmelzpunkte ... 324

XI. Erzeugung tiefer und hoher Temperaturen, Thermostate ... 329
A. Temperaturen unterhalb von 20 °C (THOMAS) ... 329
   1. Kryostate ... 329
      a) Kryostate mit tiefsiedenden Flüssigkeiten ... 329
      b) Heliumverdampferkryostate ... 331
   2. Flüssigkeitsbäder im Temperaturbereich von etwa -180 °C bis 20 °C ... 333
      a) Bäder mit gekühlten Flüssigkeiten; Kältethermostate ... 333
      b) Handelsübliche Kältethermostate ... 336
   3. Kältemischungen ... 337
   4. Verfahren zur Erzeugung von Temperaturen unterhalb von 1 K ... 337
B. Flüssigkeitsbäder oberhalb von 20 °C (THOMAS) ... 338
   1. Badflüssigkeiten ... 338
   2. Temperaturregeleinrichtungen ... 340
   3. Handelsübliche Flüssigkeitsthermostate ... 341
C. Elektrisch beheizte Öfen (SCHLEY) ... 342
D. Erzeugung von Plasmatemperaturen (SCHLEY) ... 345

Sachverzeichnis ... 352

I. Allgemeine Grundlagen

A Geschichtliches [1]

Die Vorstellung von der Temperatur eines Körpers als der ihm innewohnenden „Warmheit" hat sich im Laufe der Geschichte auf Grund der Fähigkeit des Menschen, mit Hilfe seines Tastsinns seine Umgebung mit Abstufungen als „kalt" oder „warm" zu beurteilen, und aus der wachsenden Erkenntnis, daß der Grad dieser „Warmheit" auch objektiv zu messen sei, gebildet. Das Wort „Temperatur" selbst hat seinen Ursprung in dem lateinischen Wort „temperatura", das soviel wie „angenehm empfundene" und darum als „gehörig" bezeichnete Beschaffenheit oder Mischung bedeutet.

In demselben Sinne ist auch die in der Musik bekannte wohltemperierte Skala zu verstehen, d. h. die beim Stimmen der Orgel oder des Klaviers angewandte Abweichung von der mathematischen Reinheit der Intervalle. Ausgehend von dem Begriff des wohltemperierten Wassers ist das Wort „Temperatur" dann auf jeden beliebigen Wärmezustand eines Stoffes ausgedehnt worden.

Die Anfänge der Thermometrie führen bis in das 16. Jahrhundert zurück. Bereits GALILEI konstruierte, fußend auf der seit *Hero von Alexandrien* wohlbekannten Ausdehnung der Luft, ein Thermoskop. Aber auch nach einer von dem Arzt *Sanctorio aus Padua* vorgeschlagenen Verbesserung blieb dieses Instrument unvollkommen, denn seine Anzeige war abhängig vom äußeren Luftdruck.

Der Schritt vom Thermoskop zum Thermometer wird einem Schüler von GALILEI, dem *Großherzog Ferdinand von Toscana*, zugeschrieben. Er ließ um 1660 durch einen geschickten Glasbläser mit Weingeist gefüllte Flüssigkeitsthermometer mit Gefäß und Kapillare herstellen, die mit einer Skala nach den Angaben des SANCTORIoschen Thermoskops versehen waren und später für meteorologische Beobachtungen Verwendung fanden. Der Hauptmangel dieser Thermometer war, daß ihre Anzeige nur durch unmittelbaren Vergleich miteinander in Übereinstimmung gebracht werden konnte, da man noch keine geeigneten Temperaturfixpunkte kannte.

1. Entstehung verschiedener Temperaturskalen

„Absolute" Temperaturskalen Amontons und Lamberts

Eine wichtige theoretische Erkenntnis über das Wesen der Temperatur wurde zuerst von dem Pariser Akademiker AMONTONS im Jahre 1703 ausgesprochen. Er hatte sich bereits die Vorstellung gebildet, daß die Wärme eine Art Bewegung feiner Wärmeteilchen sei, und er vertrat die Ansicht, daß der natürliche Nullpunkt der Temperatur dann erreicht sei, wenn jene Bewegung völlig zur Ruhe gekommen ist und die Wärmeteilchen die dichteste Packung haben. Von AMONTONS stammt auch das erste Gasthermometer konstanten Volumens. Er hat ferner zum ersten Mal auszurechnen versucht, um wieviel Grade unterhalb des Eisschmelzpunktes der absolute Nullpunkt der Temperatur liegt.

Fußend auf den Vorstellungen AMONTONS schlug der Mathematiker und in preußischen Diensten stehende Oberbaurat JOHANN HEINRICH LAMBERT um 1760 vor, das Gasthermometer als Grundlage für jede Temperaturmessung zu benutzen und dabei den absoluten Nullpunkt mit 0 und den Schmelzpunkt des Eises mit 1000° zu bezeichnen. Dieser beachtenswerte Gedanke, die Temperatureinheit durch Festlegung des Zahlenwerts für einen einzigen materiellen Fixpunkt zu definieren, hat sich leider seinerzeit nicht durchgesetzt. Der Grund lag darin, daß das AMONTONsche Gasthermometer für den ständigen Gebrauch nicht in Frage kam, da es viel umständlicher zu handhaben war als das Flüssigkeitsthermometer, für dessen Kalibrierung zwei Fixpunkte notwendig waren. Erst 200 Jahre später ist der LAMBERTsche Vorschlag bei der internationalen Festlegung der thermodynamischen KELVINskala mit Hilfe des Wassertripelpunktes verwirklicht worden (vgl. I A 3).

Verschiedene praktische Temperaturskalen

In der ersten Hälfte des 18. Jahrhunderts haben, wie schon erwähnt, praktische Gesichtspunkte bei der Festlegung der thermometrischen Skaleneinteilung die Hauptrolle gespielt, was dazu geführt hat, daß ziemlich gleichzeitig verschiedene Skalen vorgeschlagen wurden. So führte der Danziger Glasbläser FAHRENHEIT, der als erster ein Quecksilberthermometer herstellte, die später nach ihm benannte FAHRENHEIT-Skala ein. Er wählte zunächst als Nullpunkt die Temperatur einer Samiak-Schnee-Mischung, die etwa der tiefsten Temperatur im Winter 1709 in Danzig entsprach, und teilte der menschlichen Körpertemperatur den Zahlenwert $8 \cdot 12 = 96°$ zu. Später benutzte er als Fundamentalpunkte nur noch den Eis- und den Wassersiedepunkt, die sich in seiner Skala zu 32° bzw. 212° ergaben.

Im Jahre 1742 schlug der schwedische Mathematiker und Geodät CELSIUS vor, den Abstand dieser beiden Fundamentalpunkte in 100 Grade einzuteilen und den Eispunkt den Zahlenwert 100° und dem normalen Wassersiedepunkt den Wert 0° zuzuordnen. Die in der heutigen CELSIUS-Skala übliche entgegengesetzte Bezifferung der Fundamentalpunkte stammt von dem Schweden STRÖMER, der zugleich mit CELSIUS Mitglied der Akademie in Upsala war. Zwischen der auf diese Weise definierten CELSIUS-Temperatur t_C und der Fahrenheit-Temperatur t_F bestand die zahlenmäßige Beziehung $t_C = (t_F - 32) \cdot 5/9$.

Von den übrigen in jener Zeit vorgeschlagenen praktischen Skalen sei nur noch die RÉAUMUR-Skala erwähnt. Der Pariser Zoologe RÉAUMUR benannte den Eispunkt mit 0° und die Temperaturänderung, die notwendig ist, damit sich ein Alkohol-Wasser-Gemisch (20% Wasser) um ein Tausendstel seines Volumens ausdehnt, als 1 Grad. Bei der späteren Übertragung dieser Skala auf das Quecksilberthermometer ergab sich der Siedepunkt des Wassers zu 80°.

Der Streit um diese praktischen Temperaturskalen wurde in der Mitte des 18. Jahrhunderts und in der Folgezeit auf das lebhafteste geführt. Es gab erhebliche Verwirrung, da Thermometer mit verschiedenen Skalen gleichzeitig in Gebrauch waren. International angenommen und in der Wissenschaft gebräuchlich ist von diesen praktischen Skalen heute nur noch die CELSIUS-Skala, die sich nach der neuesten Definition von der fundamentalen thermodynamischen KELVIN-Skala lediglich durch die Verschiebung des Nullpunktes unterscheidet (s. I A 3).

Rückkehr zum Gasthermometer

Die Rückkehr zum Gasthermometer als dem Fundamentalinstrument für die Temperaturmessung vollzog sich im Laufe des 19. Jahrhunderts. Die auf die scheinbare Ausdehnung einer Flüssigkeit in einem Glasgefäß, also von speziellen Stoffeigenschaften abhängige Temperaturdefinition wurde um so unbefriedigender empfunden, je höher die Anforderungen an die Meßgenauigkeit stiegen. Dazu kamen neue theoretische Erkenntnisse auf den Gebieten der kinetischen Gastheorie und der Thermodynamik, die einen Weg zu einer von Stoffeigenschaften unabhängigen Temperaturdefinition aufzeigten.

Während zu Beginn des 19. Jahrhunderts GAY-LUSSAC und CHARLES auf Grund ihrer Versuche noch davon überzeugt waren, daß die Ausdehnungs- und Druckkoeffizienten verschiedener Gase und Dämpfe gleiche Werte besitzen, stellte REGNAULT, der zusammen mit MAGNUS eine verfeinerte Meßmethode benutzte, deutliche Unterschiede fest und fand zugleich, daß diese mit abnehmender Dichte geringer wurden und dem Grenzwert Null zustrebten. Es war daher zu erwarten, daß sich dieses Verhalten realer Gase auch bei Drücken um eine Atmosphäre, wie sie bei gasthermometrischen Messungen in Frage kommen, bemerkbar machen müsse, wenn nur mit genügender Schärfe gemessen wird. In der Tat stellte CHAPPIUS im Jahre 1887 fest, daß ein Gasthermometer mit Wasserstoffüllung innerhalb des Fundamentalabstandes 0 °C bis 100 °C stets eine niedrigere Temperatur anzeigte als ein solches, das mit einem Gas von größerer Dichte gefüllt war. Dabei mußte man annehmen, daß die mit dem Wasserstoffthermometer gemessenen Temperaturen wegen der geringsten Gasdichte denen des idealen Gases (mit der Dichte Null) am nächsten kamen. Eine Umrechnung auf den idealen Gaszustand war damals noch nicht möglich, da die Zustandsgleichung realer Gase im Druckbereich um eine Atmosphäre nicht genügend genau bestimmt werden konnte und gasthermometrische Messungen bei niedrigen Drücken wegen zu großer Meßunsicherheit ausschieden.

Internationale Wasserstoffskala

Das *Comité International des Poids et Mesures* hat im Jahre 1887 auf Grund der CHAPPUISschen Untersuchungen beschlossen, für den internationalen Dienst der Maß- und Gewichtskommission in Breteuil, die mit dem Wasserstoffthermometer konstanten Volumens zu verwirklichende Skala allen Temperaturmessungen zugrunde zu legen [2, 3]. Der Gasdruck im Thermometer bei 0 °C sollte dem einer Quecksilbersäule von 1 m Höhe (bei 0 °C) entsprechen. Als Null- und Hundertpunkt wurden die Temperaturen des schmelzenden Eises bzw. des unter normalem Druck (= 1 atm) siedenden Wassers angenommen. CHAPPUIS verglich anschließend mit dem Wasserstoffthermometer zwischen 0 °C und 100 °C und zwischen 0 °C und −32 °C je vier Quecksilberthermometer, die als Hauptnormale dienten und deren korrigierte Angaben die „Internationale Wasserstoffskala" repräsentierten. Durch Anschluß weiterer Quecksilberthermometer an jene Normale hat diese Skala über das Internationale Büro hinaus beträchtliche Verbreitung gefunden.

Allgemeine Grundlagen

Übergang zur thermodynamischen Skala

Die Unzulänglichkeit der Wasserstoffskala stellte sich heraus, als es darauf ankam, den Meßbereich über den Fundamentalabstand hinaus wesentlich zu erweitern, da Wasserstoff bei höheren Temperaturen durch Glaswände diffundiert und bei tiefsten Temperaturen flüssig wird. Andere Gase erwiesen sich hier als besser geeignet. Dazu kam, daß um die Jahrhundertwende eine Reduktion der gasthermometrischen Messungen auf den idealen Gaszustand nach Kenntnis der Zustandsgleichung realer Gase möglich geworden war. Mit einer auf das ideale Gas bezogenen und daher von Stoffeigenschaften unabhängigen Temperaturdefinition konnte die Verbindung zu den allgemein gültigen Hauptsätzen der Thermodynamik hergestellt und damit ein Weg beschritten werden, den Lord KELVIN im Jahre 1852 zum ersten Mal aufgezeigt hatte. Dieser Weg erschien um so erfolgversprechender, als es L. BOLTZMANN und M. PLANCK gelungen war, auch die Wärme- und Lichtstrahlung sehr hoch erhitzter Stoffe mit den Grundgleichungen der Thermodynamik in Beziehung zu setzen.

2. Internationale Temperaturskalen von 1927, 1948 und 1968

Die obigen Gesichtspunkte haben dazu geführt, daß die *thermodynamische Centigradskala*, bei der die Schmelztemperatur des Eises mit 0 °C und die normale Siedetemperatur des Wassers (d. h. beim Druck 1 atm) mit 100 °C bezeichnet wird, als fundamentale Skala im Jahre 1927 international angenommen wurde. Sie bildete die Grundlage der von der 7. Generalkonferenz für Maß und Gewicht für praktische Temperaturmessungen von -183 °C an aufwärts empfohlenen *Internationalen Temperaturskala von 1927* (ITS-27), die die verschiedenen nationalen Skalen ablösen sollte und die bei großer Reproduzierbarkeit der thermodynamischen Skala nach dem damaligen Kenntnisstand weitgehend angeglichen war [4]. Die ITS-27 konnte mit leicht zu handhabenden elektrischen und optischen Temperaturmeßgeräten verwirklicht werden, so im Bereich von -183 °C (normaler Sauerstoffsiedepunkt) bis 631 °C (Antimonerstarrungspunkt) mit dem Platinwiderstandsthermometer, im Bereich von 631 °C bis 1063 °C (Golderstarrungspunkt) mit dem Platinrhodium-Platin-Thermoelement und oberhalb des Golderstarrungspunktes mit dem optischen Pyrometer auf der Grundlage der WIENschen Strahlungsformel. Diese Meßgeräte waren nach bestimmten Vorschriften (Interpolationsformeln) an folgende 6 Hauptfixpunkte anzuschließen: normale Siedepunkte von Sauerstoff ($-182{,}97$ °C), Wasser (100,00 °C) und Schwefel (444,60 °C); Erstarrungspunkte von Wasser (0,000 °C), Silber (960,5 °C) und Gold (1063 °C). Die in Klammern angegebenen Zahlenwerte entsprachen den damals vorliegenden Ergebnissen gasthermometrischer Messungen.

Es war vorgesehen, die Internationale Temperaturskala von Zeit zu Zeit entsprechend den Fortschritten der Meßtechnik der thermodynamischen Skala immer besser anzugleichen. Das ist erstmalig im Jahre 1948 durch Beschluß der 9. Generalkonferenz für Maß und Gewicht geschehen [5]. Die in der Fassung von 1960 als *Internationale Praktische Temperaturskala von 1948* (IPTS-48) bezeichnete Skala sah im wesentlichen eine Erhöhung des Temperaturwerts für den Silberpunkt um 0,3 °C, einen Ersatz der WIENschen durch die PLANCKsche Strahlungsformel und eine Erhöhung des Wertes der Strahlungskonstanten c_2 von 1,432 cm · °C auf 1,438 cm · °C vor.

Geschichtliches

Wesentlich größere Änderungen hatte die Neufassung der Skala zu Folge, die im Jahre 1968 vom Internationalen Komitee für Maß und Gewicht auf Grund einer Vollmacht der 13. Generalkonferenz beschlossen wurde und die seitdem als *Internationale Praktische Temperaturskala von 1968* (IPTS-68) in Kraft ist [6]. Neben einer Erhöhung der Temperaturwerte der meisten Hauptfixpunkte entsprechend den Ergebnissen neuerer gasthermometrischer Messungen und einer weiteren Erhöhung des Zahlenwerts der PLANCKschen Strahlungskonstanten von 1,348 cm · °C auf 1,3488 cm · °C hat im Bereich von 0 °C bis 631 °C auch die Interpolationsformel für das Platinwiderstandsthermometer eine Korrektur erhalten. Unterhalb von 0 °C kann die neue Skala nunmehr bis herab zum Tripelpunkt des Wasserstoffs (−259,3 °C) mit dem Platinwiderstandsthermometer verwirklicht werden, wobei die Abweichungen der Werte für das Widerstandsverhältnis $W_t = R_t/R_0$ von tabellierten Bezugswerten bestimmt werden müssen. Ferner ist der Eispunkt durch den Wassertripelpunkt und der Schwefel- durch den Zinkpunkt ersetzt worden.

Die 15. Generalkonferenz für Maß und Gewicht hat im Jahre 1975 die Herausgabe einer verbesserten Fassung der IPTS-68 beschlossen [6]. Die wesentlichsten Unterschiede gegenüber der alten Fassung bestehen darin, daß der Gleichgewichtszustand zwischen flüssigem und gasförmigem Sauerstoff bei Normaldruck — bisher Sauerstoffsiedepunkt — durch einen Zustand in der Nähe des Taupunktes, d. h. durch den Sauerstofftaupunkt, realisiert werden soll, der wahlweise auch durch den Argontripelpunkt ersetzt werden kann. Ferner haben sich die Temperaturwerte einiger sekundärer Bezugspunkte geändert (s. X, B). Auch die Kriterien für die Auswahl der Thermopaare sind etwas verändert worden. Die Temperaturwerte der definierenden Fixpunkte sind gleich geblieben. Die Neufassung bezweckte nur eine präzisere Darstellung der IPTS-68 und keine grundsätzliche Änderung dieser Skala. Näheres über die heute gültige verbesserte Ausgabe der IPTS-68 unter I, D.

In Tabelle 1 sind die Unterschiede zwischen den verschiedenen Internationalen Temperaturskalen angegeben. Mit t_{27}, t_{48} und t_{68} werden die nach den Vorschriften der ITS-27, IPTS-48 und IPTS-68 gemessenen CELSIUS-Temperaturen bezeichnet, die

Tabelle 1. Unterschiede zwischen verschiedenen Internationalen Temperaturskalen

t in °C	$t_{48} - t_{27}$ in °C	$t_{68} - t_{48}$ in °C
−183	0,00	+0,012
−100	0,00	+0,022
0	0,00	0,000
50	0,00	−0,010
100	0,00	0,000
200	0,00	+0,043
400	0,00	+0,076
600	0,00	+0,150
800	+ 0,4	+0,67
1000	+ 0,2	+1,24
1500	− 2,3	+2,2
2000	− 6,4	+3,2
2500	−12	+4,5
3000	−20	+5,9

zum Zeitpunkt des Inkrafttretens dieser Skalen die jeweils beste Angleichung an die thermodynamische CELSIUS-Temperatur t darstellten. Die größeren Differenzen oberhalb von 1000 °C sind durch die Änderung der Strahlungskonstanten c_2 und — zwischen 1948 und 1968 — auch durch die Änderung des Zahlenwerts für den Golderstarrungspunkt von 1063 °C auf 1064,43 °C der als Bezugspunkt für die optischen Messungen dient, verursacht.

3. Festlegung der Temperatureinheit durch einen einzigen materiellen Fixpunkt

Bis zum Jahre 1954 stützte sich die Temperatureinheit noch auf zwei materielle Fixpunkte, nämlich auf den normalen Erstarrungs- und Siedepunkt des Wassers. Der hundertste Teil der Differenz der thermodynamischen Temperaturen dieser Fixpunkte galt als Temperatureinheit der damals noch fundamentalen thermodynamischen Zentigrad- oder CELSIUS-Skala. Es ist bemerkenswert, daß bereits·in der Fassung der IPTS-48 neben der thermodynamischen CELSIUS-Skala auch die thermodynamische KELVIN-Skala als Grundlage der Temperaturmessung erwähnt wird. Beide Skalen unterscheiden sich nur um die KELVIN-Temperatur des Eispunktes, über deren Zahlenwert zunächst noch keine Einigung erzielt werden konnte.

Diesen Zustand änderte die 10. Generalkonferenz für Maß und Gewicht im Jahre 1954, indem sie beschloß, in Zukunft nur noch die *thermodynamische* KELVIN-*Skala* als fundamentale Skala allen Temperaturmessungen zugrunde zu legen und die Temperatureinheit mit Hilfe eines einzigen materiellen Fixpunktes, nämlich durch den sehr genau reproduzierbaren Wassertripelpunkt, festzulegen, der um etwa 0,01 °C höher liegt als der normale Eisschmelzpunkt und dem per definitionem der genaue Wert 273,16 K zuerteilt wurde [7]. Danach ist der Grad KELVIN der 273,16te Teil der thermodynamischen KELVIN-Temperatur des Wassertripelpunktes, womit im Prinzip ein alter Vorschlag von LAMBERT aus dem Jahre 1760 verwirklicht wurde (vgl. I A 1).

Die 13. Generalkonferenz für Maß und Gewicht hat im Jahre 1967 den Beschluß der 10. Generalkonferenz bekräftigt und die Bezeichnung für die Temperatureinheit Grad KELVIN (°K) in KELVIN (K) geändert. Sie hat ferner festgelegt, daß die Temperatureinheiten in der thermodynamischen KELVIN-Skala (Temperatur T) und in der thermodynamischen CELSIUS-Skala (Temperatur t) gleich sein sollen (1 K = 1 °C) und daß zwischen beiden Skalen die Beziehung $t = T - T_0$ für $T_0 = 273,15$ K genau gelten soll [8]. Entsprechend gilt für die Temperaturen der IPTS-68, die durch den Index 68 gekennzeichnet sind: $t_{68} = T_{68} - 273,15$ K.

Nach diesen Neudefinitionen liegen die thermodynamischen Temperaturen für den normalen Eis- und für den normalen Wassersiedepunkt (bei 1,01325 bar) nicht mehr genau bei 0 °C bzw. 100 °C. Da nach Messungen von H. MOSER [9] zwischen dem Wassertripelpunkt und dem normalen Eisschmelzpunkt (flüssige Phase luftgesättigt und kohlesäurefrei) eine Temperaturdifferenz von 0,0098 °C besteht, muß die Temperatur des letzteren genau genommen + 0,0002 °C betragen. Auch die thermodynamische Temperatur des normalen Wassersiedepunktes kann nach den obigen Neudefinitionen nicht mehr genau bei 100 °C liegen. Zur Zeit der Festlegung der IPTS-68 war jedoch außerhalb der Unsicherheit gasthermometrischer Messungen, die damals auf 0,005 °C geschätzt wurde, keine Abweichung festzustellen, so daß eine Änderung des Temperaturwerts für den normalen Wassersiedepunkt nicht erforderlich war (s. auch X B).

B Temperatur in der Thermodynamik

1. Erster und zweiter Hauptsatz der Thermodynamik

Der *erste Hauptsatz* der Thermodynamik ist das auf thermische Prozesse angewandte Prinzip von der Erhaltung der Energie. Leistet ein materielles System (bestehend aus einer bestimmten Menge eines beliebigen homogenen Stoffes) die differentielle Arbeit dA, während ihm die Wärmemenge dQ zugeführt wird, so ist sein Energiezuwachs dU durch

$$dU = dQ - dA \qquad (1)$$

gegeben (U = innere Energie). Dies ist die allgemeinste Form des ersten Hauptsatzes, wobei die Art der Arbeitsleistung zunächst völlig offen bleibt. Besteht diese nur in einer umkehrbaren Volumenarbeit und verläuft die Zustandsänderung unendlich langsam, so daß der Druck p und die Volumenänderung dV in eindeutiger Weise zusammengehören, dann ist d$A = p \cdot dV$, und der erste Hauptsatz lautet in diesem Spezialfall:

$$dU = dQ - p \cdot dV. \qquad (2)$$

dU in Gleichung (1) und (2) ist ein vollständiges Differential, d. h., die innere Energie U hängt nur von dem augenblicklichen Zustand ab und ist unabhängig vom Weg, auf dem dieser Zustand erreicht wurde. Gleiches gilt nicht für dQ und dA, worauf besonders bei der Integration Rücksicht zu nehmen ist.

Die thermodynamische Temperatur T wird durch den *zweiten Hauptsatz* der Thermodynamik eingeführt, der ebenso wie der erste ein Erfahrungssatz ist und besagt, daß es keinen Kreisprozeß gibt, durch den — selbst wenn er ideal ohne jede Verluste verläuft — die in einem einzigen Reservoir von bestimmter Temperatur enthaltene Wärmemenge in mechanische Arbeit oder in eine andere, nicht thermische Energieart umgewandelt werden kann. Stets ist dazu ein Wärmefluß von einem Reservoir höherer Temperatur zu einem solchen tieferer Temperatur erforderlich, wobei im Falle von Arbeitsleistung dem ersten Reservoir mehr Wärme entzogen als dem zweiten zugeführt wird, oder mit anderen Worten: Ein perpetuum mobile zweiter Art ist ebenso unmöglich wie ein solches erster Art.

Die mathematische Formulierung des zweiten Hauptsatzes geschieht durch Einführung der Größe *Entropie S*, deren Zuwachs d$S = dQ/T$ ebenso wie dU ein totales Differential sein muß, wenn die Erfahrung richtig wiedergegeben werden soll. Die thermodynamische Temperatur T ist somit der „integrierende Nenner", der das unvollständige Differential d$Q = dU + dA$ zu einem vollständigen Differential macht. Die Entropie S läßt sich daher ebenso wie die innere Energie U für jeden Zustand des Systems eindeutig angeben und ist unabhängig vom Weg, auf dem dieser Zustand erreicht wurde. Aus Gleichung (1) und (2) folgt dann, wiederum für den Fall reversibler, unendlich langsam verlaufender Prozesse,

$$dS = \frac{dQ}{T} = \frac{dU + dA}{T}. \qquad (3)$$

Bei der Auswertung dieser Gleichung sind ebenso wie beim ersten Hauptsatz dem System zugeführte Wärmemengen und vom System abgegebene Arbeit mit positivem Vorzeichen zu versehen und umgekehrt.

2. Carnotscher Kreisprozeß

Ein anschauliches Bild von der Bedeutung der thermodynamischen Temperatur erhält man, wenn man die beiden Hauptsätze der Thermodynamik auf den speziellen Fall des CARNOTschen Kreisprozesses (= CARNOT-Prozeß) anwendet, bei dem Wärme nur in mechanische Arbeit verwandelt wird und umgekehrt. Es sei dabei vorausgesetzt, daß der Zustand des Systems (einer bestimmten homogenen Stoffmenge, z. B. eines realen Gases,) durch die beiden voneinander unabhängigen Parameter p und V eindeutig bestimmt wird, die mit der thermodynamischen Temperatur T durch eine Zustandsgleichung verbunden sind. Über die Art dieser Zustandgleichung werden keine besonderen Annahmen gemacht, so daß das spätere Ergebnis unabhängig von einer speziellen Stoffeigenschaft sein wird.

Der CARNOT-Prozeß wird im pV-Diagramm (Abb. 1) durch je zwei sich schneidende Isothermen und Adiabaten dargestellt. Längs der T-Isothermen 1 → 2 leistet das System durch Expansion äußere Arbeit, die Wärmemenge Q wird zugeführt; längs der Adiabaten 2 → 3 wird es unter äußerer Arbeitsleistung weiter entspannt, wobei seine Temperatur von T auf T_B absinkt; längs der T_B-Isothermen 3 → 4 wird das System unter äußerem Arbeitsaufwand komprimiert, die Wärmemenge Q_B wird abgeführt; längs der Adiabaten 4 → 1 wird es schließlich unter äußerem Arbeitsaufwand weiter komprimiert, wobei seine Temperatur von T_B bis T zunimmt, so daß der Ausgangszustand wieder erreicht ist. Um eine strenge theoretische Behandlung zu ermöglichen, sei noch vorausgesetzt, daß der Kreisprozeß unendlich langsam vor sich geht.

Die während des CARNOT-Prozesses nach außen abgegebene Arbeit ist größer als die aufgewendete. Die am Ende insgesamt verfügbare äußere Arbeit wird durch die umschlossene Fläche in Abbildung 1 bestimmt. Sie werde mit A bezeichnet.

Vor der Anwendung des ersten und zweiten Hauptsatzes auf den CARNOT-Prozeß muß zunächst daran erinnert werden, daß dU und dS totale Differentiale sind. Das bedeutet, daß die innere Energie U und die Entropie S des Systems am Ende des Kreisprozesses denselben Wert haben müssen wie am Anfang. Daher muß

$$\oint dU = \oint dS = 0 \tag{4}$$

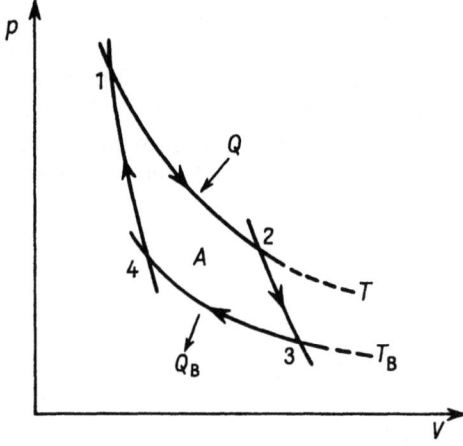

Abb. 1 CARNOTscher Kreisprozeß

sein. Aus Gleichung (1) und (4) folgt

$$\oint dU = \int_1^2 dQ - \int_3^4 dQ - \oint dA = Q - Q_B - A = 0, \tag{5}$$

ferner aus Gleichung (3) und (4)

$$\oint dS = \frac{1}{T}\int_1^2 dQ - \frac{1}{T_B}\int_3^4 dQ = \frac{Q}{T} - \frac{Q_B}{T_B} = 0. \tag{6}$$

Aus Gleichung (5) und (6) ergibt sich der thermodynamische Wirkungsgrad des CARNOT-Prozesses zu

$$\frac{A}{Q} = \frac{T - T_B}{T}. \tag{7}$$

Danach muß, da $T > T_B$, der thermodynamische Wirkungsgrad bei positiver Bezugstemperatur T_B stets kleiner als 1 sein. Ist jedoch $T_B = 0$ (absoluter Nullpunkt), so nimmt er den Wert 1 an. Durch diesen Grenzfall kann umgekehrt auch der absolute Nullpunkt der Temperatur in der Thermodynamik definiert werden. Negative Werte für T_B würden einen Wirkungsgrad > 1 ergeben und sind nach dem Prinzip des zweiten Hauptsatzes ausgeschlossen.

Die aus Gleichung (6) ableitbare Beziehung

$$T = \frac{Q}{Q_B} T_B \tag{8}$$

zeigt eine Möglichkeit auf, thermodynamische Temperaturen mit Hilfe eines CARNOT-Prozesses unter Verwendung einer beliebigen Substanz zu bestimmen. Wird z. B. als Bezugstemperatur T_B diejenige des Wassertripelpunktes gewählt, deren Wert definitionsgemäß zu 273,16 K festgelegt ist (vgl. I A 3), so läßt sich T allein aus dem Verhältnis der beiden Wärmemengen Q und Q_B ermitteln. In vielen Fällen wird T_B durch $T_0 = 273,15$ K ersetzt und durch den normalen Einschmelzpunkt realisiert.

Leider hat diese Methode nur theoretische Bedeutung, denn ihre praktische Durchführung würde wegen der geforderten strengen Isothermie und Adiabasie schon bei geringen Genauigkeitsanforderungen auf erhebliche experimentelle Schwierigkeiten stoßen. Nur bei tiefen Temperaturen, wo andere Meßverfahren versagen, haben ähnliche kalorische Methoden Anwendung gefunden (vgl. I B 5, IV B 2 und IX C).

3. Zustandsgleichung des idealen Gases

Es soll gezeigt werden, daß die Temperatur in der Zustandsgleichung des idealen Gases, in die alle Zustandsgleichungen realer Gase bei unendlicher Verdünnung übergehen, mit der thermodynamischen Temperatur identisch ist. Dazu ist es zunächst notwendig, das Ergebnis der Versuche zu berücksichtigen, die zuerst von GAY-LUSSAC und später in etwas modifizierter Form von JOULE und THOMSON ausgeführt worden sind. Es wurden reale Gase *ohne äußere Arbeitsleistung* entspannt bzw. durch künstliche Verlangsamung des Ausflusses adiabatisch in einen anderen Gaszustand überführt und die dabei auftretenden Wärmemengen oder Temperaturänderungen beobachtet. Die

Versuche haben bei realen Gasen nur geringe Temperaturänderungen ergeben, die mit zunehmender Verdünnung dem Nullwert zustrebten. Es erschien daher berechtigt, das ideale Gas dadurch zu charakterisieren, daß seine innere Energie U unabhängig vom Volumen, d. h. unabhängig vom Abstand der Gasmoleküle, ist

$$\frac{\partial U}{\partial V} = 0 \, . \tag{9}$$

Die thermodynamische Temperatur T wird durch den zweiten Hauptsatz eingeführt. Für $dA = p\,dV$ folgt aus Gleichung (3)

$$dS = \frac{dU}{T} + \frac{p\,dV}{T} \, . \tag{10}$$

Die partielle Differentiation nach den unabhängigen Variablen T und V ergibt mit Rücksicht auf Gleichung (9)

$$\left(\frac{\partial S}{\partial T}\right)_V = \frac{1}{T}\left(\frac{\partial U}{\partial T}\right)_V \quad \text{und} \quad \left(\frac{\partial S}{\partial V}\right)_T = \frac{p}{T} \, . \tag{11}$$

Durch nochmalige Differentation nach V bzw. T erhält man

$$\frac{\partial^2 S}{\partial T\,\partial V} = 0 = \frac{\partial^2 S}{\partial V\,\partial T} = \frac{1}{T}\left(\frac{\partial p}{\partial T}\right)_V - \frac{p}{T^2} \tag{12}$$

oder

$$\left(\frac{\partial p}{\partial T}\right)_V = \frac{p}{T} \, . \tag{13}$$

Aus Gleichung (13) folgt

$$p^* = CT \, , \tag{14}$$

wobei p^* der Druck des idealen Gases bei konstantem Volumen ist ($C =$ konst.). Gleichung (14) sagt aus, daß bei der gasthermometrischen Methode konstanten Volumens (vgl. II A 3) der Druck der thermodynamischen Temperatur proportional ist, wenn die Abweichung vom idealen Gaszustand berücksichtigt wird.

Bezeichnet man das konstante Volumen mit V_0 und den Druck bei der Temperatur T_0 mit p_0 und nimmt man noch den BOYLE-MARIOTTEschen Erfahrungssatz für ideale Gase zu Hilfe, wonach das Produkt $p^*V_0 = pV$ sein muß ($V =$ beliebiges Volumen, das die gleiche Masse enthält wie V_0), so folgt aus Gleichung (14)

$$\frac{p^*V_0}{p_0V_0} = \frac{pV}{p_0V_0} = \frac{T}{T_0} \quad \text{oder} \quad pV = \frac{p_0V_0}{T_0}T = C'T \, , \tag{15}$$

wobei die Konstante C' von der Art des Gases abhängig ist. Dividiert man das Volumen V durch die darin befindliche Stoffmenge n (Einheit mol), so kann C' durch die universelle Gaskonstante R ersetzt werden, und man erhält die Zustandsgleichung für ein beliebiges ideales Gas in der üblichen Form

$$p\frac{V}{n} = pV_m = RT \, . \tag{16}$$

Die Temperatur in der Zustandsgleichung des idealen Gases ist somit mit der thermodynamischen Temperatur identisch ($V_m =$ molares Volumen).

4. Thermodynamik des Thermopaares

Als Beispiel für die Verknüpfung kalorischer und elektrischer Größen mit der thermodynamischen Temperatur sei die thermodynamische Theorie des Thermopaares kurz behandelt. Sie ist von W. THOMSON, dem späteren Lord KELVIN, im Jahre 1851 entwickelt worden. THOMSON wandte die beiden Hauptsätze der Thermodynamik lediglich auf die reversiblen Vorgänge im Stromkreis des Thermopaares an, d. h. auf die PELTIER- und THOMSON-Wärme, die als Ursachen der Thermospannung angesehen werden müssen. Er setzte voraus, daß die gleichzeitig vorhandene irreversible Wärmeleitung auf das Ergebnis der Berechnung ohne Einfluß ist. Die Berechtigung dieser Annahme schien lange Zeit zweifelhaft. Sie ist jedoch später mit Hilfe der *Onsager-Relation* bestätigt worden, so daß die THOMSONsche Theorie als gut gesichert gelten kann [10].

Nach Abbildung 2 fließt ein Wärmestrom durch die beiden Schenkel A und B des Thermopaares von dem Reservoir höherer Temperatur (T) zu dem tieferer Temperatur (T_0). Wird der Stromkreis über den Widerstand R geschlossen, so fließe an der wärmeren Lötstelle ein thermoelektrischer Strom I von B nach A, der dieser Lötstelle in der Zeit τ die PELTIER-Wärme $\Pi_{AB}(T) \cdot I \cdot \tau$ entzieht und der kälteren Lötstelle — da der Strom hier von A nach B fließt — die PELTIER-Wärme $\Pi_{AB}(T_0) \cdot I \cdot \tau$ zuführt. Die beiden PELTIER-Koeffizienten $\Pi_{AB}(T)$ und $\Pi_{AB}(T_0)$ sind in diesem Fall gemäß Definition positiv, da ein von A nach B fließender elektrischer Strom an beiden Lötstellen eine Erwärmung hervorrufen würde. Gleichzeitig wird jedem Schenkel des Thermopaares im Bereich des Temperaturgefälles je Längenelement dx die THOMSON-Wärme $\sigma (dt/dx)\, dx \cdot I\tau = \sigma\, dT \cdot I \cdot \tau$ zugeführt bzw. entzogen, wenn der thermoelektrische Strom in Richtung des Wärmestroms bzw. in entgegengesetzter Richtung fließt und der THOMSON-Koeffizient σ positiv ist. Bei positivem σ_A und σ_B wird somit nach Ab-

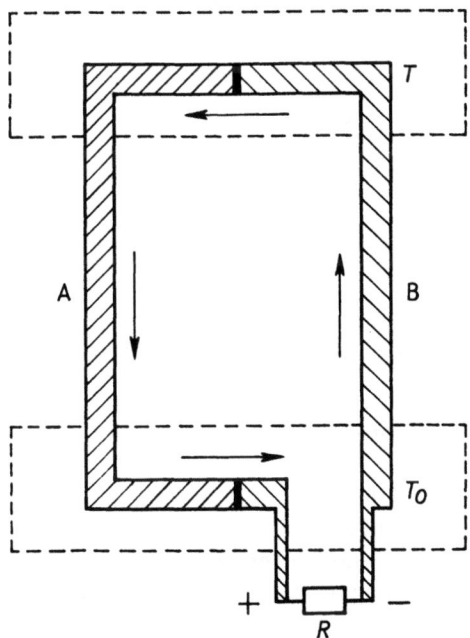

Abb. 2 Thermoelektrischer Kreis

bildung 2 dem Schenkel A insgesamt die Wärmemenge $I \cdot \tau \cdot \int_{T_0}^{T} \sigma_A \, dT$ zugeführt und dem Schenkel B die Wärmemenge $I \cdot \tau \cdot \int_{T_0}^{T} \sigma_B \, dT$ entzogen. Die im thermoelektrischen Kreis auftretenden oder verschwindenden PELTIER- und THOMSON-Wärmemengen müssen im stationären Zustand durch entsprechende Wärmeabfuhr nach außen oder durch Wärmezufuhr von außen ausgeglichen werden. Dem von außen zuzuführenden Wärmemengenüberschuß $\int dQ$ entspricht die elektrische Arbeit $\int dA = E_{AB}(T, T_0) \cdot I \cdot \tau$ ($E_{AB}(T, T_0)$ = integrale Thermospannung), die praktisch als JOULEsche Wärme im Widerstand R in Erscheinung tritt, wenn dieser sehr groß ist gegenüber dem inneren Widerstand des Thermopaares.

Mit dieser Festlegung der Größen und ihrer Vorzeichen ergibt sich nach dem ersten Hauptsatz [s. Gl. (1) und (4)] bei Betrachtung des geschlossenen Stromkreises im stationären Zustand, wobei von außen zuzuführende Wärmemengen mit positivem und nach außen abzuführende mit negativem Vorzeichen zu versehen sind:

$$\oint dU = \left[\Pi_{AB}(T) - \Pi_{AB}(T_0) - \int_{T_0}^{T} (\sigma_A - \sigma_B) \, dT - E_{AB}(T, T_0) \right] \cdot I \cdot \tau = 0. \tag{17}$$

Entsprechend folgt aus dem zweiten Hauptsatz nach Gleichung (3) und (4)

$$\oint dS = \left[\frac{\Pi_{AB}(T)}{T} - \frac{\Pi_{AB}(T_0)}{T_0} - \int_{T_0}^{T} \frac{(\sigma_A - \sigma_B)}{T} \, dT \right] \cdot I \cdot \tau = 0. \tag{18}$$

Aus Gleichung (17) und (18) ergibt sich die integrale Thermospannung

$$E_{AB}(T, T_0) = (T - T_0) \frac{\Pi_{AB}(T_0)}{T_0} + T \int_{T_0}^{T} \frac{(\sigma_A - \sigma_B)}{T} \, dT - \int_{T_0}^{T} (\sigma_A - \sigma_B) \, dT. \tag{19}$$

Die Differentation der Gleichung (19) liefert mit Gleichung (18) die differentielle Thermospannung

$$\left[\frac{dE_{AB}}{dT} \right]_T = e_{AB}(T) = \frac{\Pi_{AB}(T_0)}{T_0} + \int_{T_0}^{T} \frac{(\sigma_A - \sigma_B)}{T} \, dT = \frac{\Pi_{AB}(T)}{T}. \tag{20}$$

Der zweite Differentialkoeffizient wird:

$$\left[\frac{d^2 E_{AB}}{dT^2} \right]_T = e'_{AB}(T) = \frac{(\sigma_A - \sigma_B)}{T}. \tag{21}$$

Gleichung (19) zeigt, daß die integrale Thermospannung um so mehr der Temperaturdifferenz $T - T_0$ proportional ist, je mehr die beiden THOMSON-Koeffizienten σ_A und σ_B einander gleich sind.

Grundsätzlich wäre es möglich, auf Gleichung (19) eine thermodynamische Temperaturmessung zu gründen. Durch Anschluß an zwei bekannte Fixpunkte (z. B. 0 °C und 100 °C) ließe sich $\Pi_{AB}(T_0)$ eliminieren, und die Temperaturdifferenz $T - T_0$ könnte allein aus der integralen Thermospannung und den beiden temperaturabhängigen THOMSON-Koeffizienten als Korrektionsgrößen ermittelt werden. Praktisch scheitert diese Methode bisher an der Inhomogenität der Drähte und an der Schwierigkeit, die THOMSON-Koeffizienten experimentell genügend genau zu bestimmen.

5. Magnetokalorischer Effekt [11]

Auch magnetische Zustandsänderungen können zur Bestimmung thermodynamischer Temperaturen herangezogen werden, wenn sie eine wesentliche kalorische Wirkung haben, die besonders bei paramagnetischen Substanzen bei sehr tiefen Temperaturen (unterhalb von etwa 1 K) wegen ihrer kleinen spezifischen Wärme auftritt. In diesem Fall muß man das Arbeitsdifferential dA in Gleichung (3) durch $p \cdot dV - \mu_0 \cdot H \cdot dm$ ersetzen, wobei μ_0 die Permeabilität, H die magnetische Feldstärke und m das magnetische Moment bedeuten. Da im allgemeinen keine Volumenarbeit geleistet wird ($p \cdot dV = 0$), ist die differentielle Entropie $dS = (dU - \mu_0 \cdot H \cdot dm)/T$. Das Minuszeichen vor $\mu_0 \cdot H \cdot dm$ ist nach der früheren Vorzeichenfestlegung (s. I B 1) dadurch bedingt, daß bei einer Zunahme der magnetischen Feldstärke Energie von außen auf die Substanz übertragen wird.

Wird daher ein paramagnetischer Körper (z. B. Gadoliniumsulfat), der sich in flüssigem Helium bei einer Temperatur von etwa 1 K befindet, in ein Magnetfeld gebracht, so erwärmt er sich, und es muß eine bestimmte Menge flüssigen Heliums verdampft werden, um die ursprüngliche Temperatur aufrechtzuerhalten (isotherme Magnetisierung). Wird alsdann nach völliger thermischer Isolierung des Körpers die magnetische Feldstärke langsam wieder bis auf Null vermindert, so tritt durch adiabatische Entmagnetisierung eine starke Temperaturerniedrigung ein.

Mit Hilfe des zweiten Hauptsatzes der Thermodynamik ist es möglich, über einen Kreisprozeß die nach der Entmagnetisierung erreichte thermodynamische Temperatur zu bestimmen.

In Abbildung 3 ist die Entropie S einer paramagnetischen Substanzprobe als Funktion der thermodynamischen Temperatur T für die magnetischen Feldstärken $H_0 = 0$, H_1 und H_2 dargestellt. Ausgehend von der Stelle a_0 bei H_0 und der Bezugstemperatur $T_B (\approx 1 \text{ K})$, die noch mit einer anderen thermodynamischen Methode bestimmt werden kann, wird sie Entropie S der paramagnetischen Substanz durch Steigerung der magnetischen Feldstärke bis H_1 unter Konstanthaltung der Temperatur (isotherm,

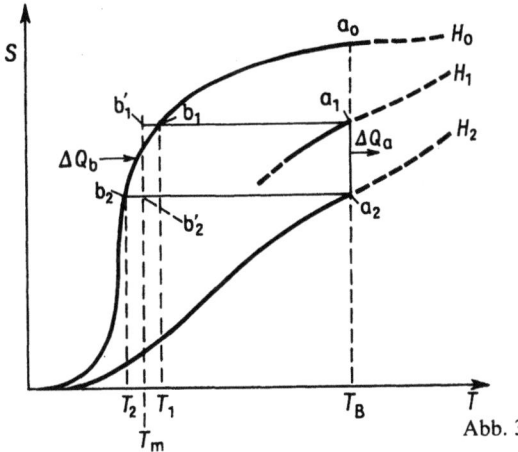

Abb. 3 Magnetokalorischer Kreisprozeß

durch Verdampfen von Helium) bis a_1 vermindert. Alsdann wird die Probe adiabatisch durch langsame Schwächung des Magnetfeldes entmagnetisiert, bis der Punkt b_1 erreicht ist. Um diesen Punkt auf der H_0-Kurve festzulegen, wird die magnetische Suszeptibilität χ_{m1} der Probe gemessen, die sich nach dem (nur annähernd) geltenden CURIE-WEISSschen Gesetz mit der Temperatur ändert. Nach Rückkehr zum Ausgangspunkt a_0 wird der Kreisvorgang (Kreisprozeß) auf dem Weg $a_0 \to a_2 \to b_2 \to a_0$ wiederholt (χ_{m2} bei b_2). Dabei bestimmt man gleichzeitig aus der verdampften Heliummenge die Wärmemenge $\Delta Q_a = \Delta S_a T_B$, die beim Übergang von a_1 zu a_2 freigeworden ist. Ferner wird durch Zufuhr einer bekannten Energie (mittels eine Gammastrahlung) die Wärmemenge $\Delta Q_b = \Delta U_b$ gemessen, die man der Probe zuführen muß, um bei $H_0 = 0$ von b_2 (bei T_2 bzw. χ_{m2}) nach b_1 (bei T_1 bzw. χ_{m1}) zu gelangen.

Falls $T_2 - T_1$ nicht zu groß gewählt wird, darf man der Wärmemenge ΔQ_b in erster Näherung die mittlere Temperatur $T_m = (T_1 + T_2)/2$ zuordnen. In diesem Fall liefert der zweite Hauptsatz der Thermodynamik für den Kreisprozeß $a_1 \to a_2 \to b_2' \to b_1' \to a_1$ die Beziehung

$$\oint dS = \frac{\Delta Q_b}{T_m} - \frac{\Delta Q_a}{T_B} = 0 \quad \text{oder} \quad T_m = \frac{\Delta Q_b}{\Delta Q_a} \cdot T_B . \tag{22}$$

Mit dieser von W. H. KEESOM [12] vorgeschlagenen Methode kann der Zusammenhang zwischen der magnetischen Suszeptibilität χ_m und der thermodynamischen Temperatur (jedem T_m entspricht ein mittleres χ_m) in erster Näherung festgestellt werden. Die Genauigkeit dieser Temperaturbestimmung läßt sich wesentlich verbessern, wenn man mit Hilfe mehrerer Kreisprozesse die Entropiedifferenz $\Delta S_a = \Delta Q_a/T_B$ und die zugehörigen $\Delta U_b = \Delta Q_b$-Werte ausgehend von derselben Entropie (z. B. S_{a_0} bei a_0 und H_0 in Abb. 3) als Funktion von χ_m (bzw. T^* nach dem CURIE-WEISSschen Gesetz) bestimmt. Damit läßt sich nach Elimination von χ_m (bzw. T^*) auch ΔU_b als Funktion von ΔS_a darstellen, wobei die Tangente an diese Kurve $dU_b/dS_a = (dQ_b/dQ_a) \cdot T_B = T$ ist. Auf diese Weise ist es auch möglich, die Abweichungen der nach dem CURIE-WEISSschen Gesetz bestimmten Temperatur T^* von der thermodynamischen Temperatur T festzustellen (s. auch IX A).

6. Strahlung in der Thermodynamik

In ähnlicher Weise wie beim idealen Gas läßt sich auch eine Beziehung zwischen der Strahlung und der thermodynamischen Temperatur für einen Grenzfall ableiten. Dem idealen Gas entspricht dabei die Gesamtstrahlung des *Schwarzen Körpers* (Strahlung der Gesamtheit aller Wellenlängen im inneren eines evakuierten geschlossenen Hohlraums), deren Energie nicht an materielle Körper gebunden ist, wenngleich sie durch diese erzeugt wird.

Ein Schwarzer Körper ist dadurch ausgezeichnet, daß die auf die Volumeneinheit bezogene Energie u (Energiedichte) seiner Gesamtstrahlung (integrierte Strahlung über den gesamten Wellenlängenbereich) lediglich eine Funktion der Temperatur und unabhängig vom Reflexionsvermögen der inneren Oberfläche ist. Die gesamte Strahlungsenergie U im Inneren eines Schwarzen Körpers ist daher dessen Volumen V proportional

$$U = u \cdot V . \tag{23}$$

Aus den MAXWELLschen Gleichungen der Elektrodynamik sowie aus den Versuchen von LEBEDEW wurde zuerst die Erkenntnis gewonnen, daß die Strahlung einen Druck p auf die ihr entgegenstehende Fläche ausübt. Dieser Druck steht in Beziehung zur Energiedichte u und hat für vollkommen reflektierende Flächen den Wert

$$p = \frac{u}{3}. \qquad (24)$$

Die Verbindung zur Thermodynamik wird dadurch hergestellt, daß man der Strahlung eine Entropie S zuschreibt. Man denke sich eine (massenlose, vollkommen reflektierende) Wand des Schwarzen Körpers verschiebbar angeordnet, so daß eine Vergrößerung des Strahlungsvolumens um den Betrag $\mathrm{d}V$ möglich sei, wobei gleichzeitig wegen des Strahlungsdrucks p die äußere Arbeit $\mathrm{d}A = p\,\mathrm{d}V$ geleistet werde. Für diesen Fall läßt sich die Entropieänderung $\mathrm{d}S$ nach den Gleichungen (3), (23) und (24) wie folgt berechnen:

$$\mathrm{d}S = \frac{\mathrm{d}U + p\,\mathrm{d}V}{T} = \frac{1}{T}\left(u\,\mathrm{d}V + V\,\mathrm{d}u + \frac{u}{3}\,\mathrm{d}V\right) = \frac{1}{T}\left(V\,\mathrm{d}u + \frac{4}{3}u\,\mathrm{d}V\right). \qquad (22)$$

Da u unabhängig von Stoffeigenschaften und lediglich eine Funktion der Temperatur T ist, darf man $\mathrm{d}u$ durch $\left(\dfrac{\partial u}{\partial T}\right)_V \mathrm{d}T$ ersetzen, und man erhält bei partieller Differentation nach den unabhängigen Variablen T und V

$$\left(\frac{\partial S}{\partial T}\right)_V = \frac{V}{T}\left(\frac{\partial u}{\partial T}\right)_V \quad \text{und} \quad \left(\frac{\partial S}{\partial V}\right)_T = \frac{4}{3}\frac{u}{T}. \qquad (26)$$

Hieraus folgt nach nochmaliger partieller Differentation nach V bzw. T

$$\frac{\partial^2 S}{\partial T\,\partial V} = \frac{1}{T}\left(\frac{\partial u}{\partial T}\right)_V = \frac{\partial^2 S}{\partial V\,\partial T} = \frac{4}{3T}\left(\frac{\partial u}{\partial T}\right)_V - \frac{4}{3}\frac{u}{T^2}. \qquad (27)$$

Aus Gleichung (27) folgt

$$\frac{\partial u}{\partial T} = \frac{4u}{T} \quad \text{oder} \quad u = a \cdot T^4, \qquad (28)$$

wobei a eine Konstante ist. Berücksichtigt man noch, daß die in den Halbraum von der Flächeneinheit (Öffnung des Schwarzen Körpers) je Sekunde ausgestrahlte Energie $M_\mathrm{s} = uc/4$ ist (M_s = spezifische Ausstrahlung, c = Lichtgeschwindigkeit), so folgt aus Gleichung (28) das STEFAN-BOLTZMANNsche *Strahlungsgesetz*

$$M_\mathrm{s} = \frac{ac}{4} \cdot T^4 = \sigma\,T^4 \qquad (29)$$

mit der universellen Strahlungskonstanten σ.

Diese Beziehung ist dazu geeignet, thermodynamische Temperaturen relativ zu einer Bezugstemperatur aus dem Verhältnis der spezifischen Ausstrahlungen (Gesamtstrahlung) eines Schwarzen Körpers mit kleiner Öffnung zu bestimmen, wobei die Konstante σ herausfällt. Derartige Messungen sind möglich; es ist jedoch nicht einfach, die Gesamtstrahlung (besonders deren ultraroten Anteil) mit geeigneten Empfängern vollständig zu erfassen. In den meisten Fällen benutzt man die von einem Schwarzen

Körper stammende Teilstrahlung in einem kleinen Wellenlängenbereich zur Temperaturmessung.

Für die Herleitung der Beziehung, die die spektrale spezifische Ausstrahlung eines schwarzen Körpers in ihrer Abhängigkeit von der Wellenlänge und der Temperatur darstellt, mußten weitere theoretische Überlegungen mit den experimentellen Tatsachen und den Gesetzen der Thermodynamik in Übereinstimmung gebracht werden. Über die interessante historische Entwicklung, die schließlich zur PLANCKschen Strahlungsgleichung führte, haben O. LUMMER und E. PRINGSHEIM [13] ausführlich berichtet.

M. PLANCK stellte die Strahlungstheorie auf eine neue Grundlage, indem er die Annahme machte, daß die von einzelnen Resonatoren ausgesandte Energie nicht ins unbegrenzte teilbar ist, sondern aus einer ganzen Zahl endlicher Energieelemente, den Energiequanten ε, besteht, deren Größe der Schwingungszahl ν des Resonators proportional ist.

$$\varepsilon = h \cdot \nu = h \cdot c/\lambda \tag{30}$$

(h = PLANCKsches Wirkungsquantum; c = Lichtgeschwindigkeit; λ = Wellenlänge).

Aus Wahrscheinlichkeitsbetrachtungen über die Verteilung der Energie konnte PLANCK die Entropie der Resonatoren berechnen. Dadurch gewann er den Anschluß an die Gleichungen der Thermodynamik und gelangte so zu der nach ihm benannten Strahlungsgleichung für die spektrale spezifische Ausstrahlung $M_{\lambda S}$ (unpolarisiert) des Schwarzen Körpers im Wellenlängenbereich $d\lambda$

$$M_{\lambda S} = \frac{dM_S}{d\lambda} = \frac{c_1}{\lambda^5} \left(e^{\frac{c_2}{\lambda T}} - 1 \right)^{-1}, \tag{31}$$

worin $c_1 = 2\pi c^2 h$ und $c_2 = ch/k$ zwei Strahlungskonstanten sind (k = BOLTZMANN-Konstante).

Durch Integration der Gleichung (31) über alle Wellenlängen gelangt man mit Hilfe der Substitution $c_2/\lambda T = x$ und $d\lambda = (-c_2/x^2 T) \, dx$ wieder zu dem STEFAN-BOLTZMANNschen Gesetz

$$\int_0^\infty M_{\lambda S} \, d\lambda = M_S = \frac{c_1}{c_2^4} \cdot T^4 \int_0^\infty \frac{x^3}{(e^x - 1)} \, dx = \frac{\pi^4}{15} \frac{c_1}{c_2^4} \cdot T^4. \tag{32}$$

Der Zahlenfaktor vor T^4 ist gleich der Konstanten σ (s. a. VII A 2c).

C Temperatur in der Statistik

1. Thermodynamisches Gleichgewicht

Die bisherige Ableitung der thermodynamischen Temperatur ging von der makroskopischen Betrachtungsweise der klassischen Thermodynamik aus, ohne daß auf die Ursachen, die den makroskopischen Zustand eines Stoffes oder einer elektromagnetischen Strahlung bedingen, näher eingegangen wurde. Eine Verfeinerung des Temperaturbegriffs liefert die statistische Mechanik, in der die Geschwindigkeit aller Teilchen durch die MAXWELL-Verteilung, die Besetzungsdichte der angeregten Zustände durch die BOLTZMANN-Verteilung und die spektrale Verteilung der elektromagnetischen

Strahlung durch die PLANCK-Funktion beschrieben wird. Maßgebend ist hier das Prinzip der wahrscheinlichsten Verteilung, dem in der Thermodynamik das Axiom von der Unmöglichkeit des Perpetuum mobile zweiter Art gegenübersteht. Da die statistische Mechanik in ihrem makroskopischen Ergebnis den zweiten Hauptsatz der Thermodynamik richtig wiedergibt, muß auch der durch die Statistik definierte Temperaturbegriff mit dem thermodynamischen identisch sein. Das gilt jedoch nur, wenn sich ein Makrosystem im vollständigen thermodynamischen Gleichgewicht befindet, d. h. wenn die räumlichen und zeitlichen Zustandsänderungen des Systems klein sind gegenüber den Zustandsgrößen selbst. Das sei zunächst vorausgesetzt.

a) **Entropie und Wahrscheinlichkeit**

Ein wichtiger Beitrag zum Verständnis des Zusammenhangs zwischen der thermodynamischen und der mikroskopischen Betrachtungsweise der statistischen Mechanik stammt von L. BOLTZMANN. Er konnte auf Grund theoretischer Überlegungen die Entropiegröße S mit der thermodynamischen Wahrscheinlichkeit W in Verbindung bringen durch die Formel:

$$S = k \cdot \ln W \quad \text{oder} \quad W = e^{\frac{S}{k}}, \tag{33}$$

worin k die sog. BOLTZMANN-Konstante bedeutet.

Um die Aussage von Gl. (33) verstehen zu können, ist es notwendig, den Begriff der thermodynamischen Wahrscheinlichkeit, die nicht mit der mathematischen Wahrscheinlichkeit gleichgesetzt werden darf, näher zu erläutern. Der Zustand und damit die Entropie eines makroskopischen Systems — z. B. von einigen Gramm eines beliebigen Stoffes — kann durch eine begrenzte Anzahl von Parametern, z. B. Temperatur, Dichte u. a., eindeutig festgelegt werden. Dringt man jedoch bis zu den kleinsten Teilchen der Materie vor, so verlieren diese Begriffe ihren Sinn, denn hier gelten die Gesetze der Quantenmechanik und Quantenelektrodynamik. Der Makrozustand wird erst dann wieder erkennbar, wenn man auf eine sehr große Anzahl von Teilchen die Gesetze der Statistik oder Wahrscheinlichkeit anwendet. Er ergibt sich dann als statistischer Mittelwert der augenblicklichen Verteilung der Teilchen und ihrer Energien auf die einzelnen Volumenelemente. Zu jeder Verteilungsart — nachfolgend als Mikrozustand bezeichnet — gehört dabei ein bestimmter Makrozustand, was jedoch nicht umgekehrt gilt; denn es läßt sich leicht einsehen, daß sehr viele Verteilungsarten (Mikrozustände) zu demselben mittleren Ergebnis, d. h. zu demselben Makrozustand führen können.

Die *thermodynamische Wahrscheinlichkeit* W in Gl. (33) ist nun definiert als die Anzahl der Mikrozustände (Komplexionen), durch die derselbe Makrozustand realisiert werden kann. W ist daher eine sehr große, aber keine unendlich große Zahl mit einem Maximalwert W_m, dem ein Maximum der Entropie S_m entspricht. Kleinere Entropien sind dabei nicht ausgeschlossen, sondern nur weniger wahrscheinlich. Diese Aussage scheint zunächst dem zweiten Hauptsatz der Thermodynamik zu widersprechen.

Ein Maß für die relative Wahrscheinlichkeit W_r einer Abweichung der Entropie S von ihrem Maximalwert S_m gibt die folgende aus Gl. (33) ableitbare Beziehung:

$$W_r = \frac{W}{W_m} = e^{-\frac{(S_m - S)}{k}} = e^{-\frac{\Delta S}{k}} \tag{34}$$

28 Allgemeine Grundlagen

Da der Exponent stets negativ ist, muß W eine zwischen Null und dem Maximalwert Eins (für $\Delta S = 0$) liegende Zahl sein. Da ferner die BOLTZMANN-Konstante k ($= 1{,}4 \cdot 10^{-23}$ J · K^{-1}) sehr klein ist, können auch die Entropieänderungen ΔS nur von derselben Größenordnung sein, wenn sie nicht ganz unwahrscheinlich werden sollen. Sie sind somit zwar vorhanden, aber im Vergleich zur Entropie eines Makrosystems — ein Gramm einer Substanz besitzt eine Entropie von der Größenordnung 1 J · K^{-1} — äußerst klein und daher als Schwankungen der makroskopischen Parameter dieses Systems praktisch nicht nachweisbar. In demselben Ausmaß ist auch der zweite Hauptsatz der Thermodynamik und damit die thermodynamische Definition der Temperatur durch die Statistik gesichert.

b) Nachweis statistischer Schwankungen

Da W_m in Gleichung (34) für jedes Makrosystem eine Konstante sein muß ($W_m = C$), folgt für die thermodynamische Wahrscheinlichkeit oder das statistische Gewicht einer Entropieabnahme ΔS des Systems:

$$W = C \cdot e^{-\frac{\Delta S}{k}} . \tag{35}$$

Vorausgesetzt wird dabei, daß sich das Makrosystem innerhalb einer großen „temperaturkonstanten" Umgebung befindet, mit der es kleinste Energiebeträge austauschen kann. Schaltet man jede Wechselwirkung mit der Umgebung aus, so kann sich die Entropie des Systems nur dann ändern, wenn sich in seinem Inneren Wärmeenergie reversibel in eine andere Energieart (z. B. Ausdehnungsarbeit gegen molekulare Anziehungskräfte) verwandeln kann. Schaltet man auch diese Möglichkeit aus, indem man als Makrosystem eine bestimmte Menge eines idealen Gases wählt, so muß seine Entropie im ganzen konstant bleiben. Lediglich im Inneren des Systems können kleinste Temperatur- oder Entropiedifferenzen auftreten, die sich jedoch im Mittel aufheben müssen.

Es werde nun in ein solches Makrosystem (ideales Gas) ein empfindlicher Indikator gebracht, der so beschaffen ist, daß er auf kleinste Entropieänderungen von der Größenordnung von k meßbar reagiert, indem er in reversibler Weise kleinste Beträge thermischer Energie in eine andere Energieart (z. B. in potentielle, kinetische oder elektrische Energie) verwandeln kann, und zwar derart, daß der umgewandelte Energiebetrag ε eine Funktion eines meßbaren Parameters φ ist. Für $\varepsilon(\varphi) > 0$ muß die Entropie des idealisierten Gesamtsystems auch bei konstantem Energieinhalt abnehmen, und zwar genau um den Betrag $\Delta S = \varepsilon(\varphi)/T$. Mit Gleichung (35) ergibt sich dann die thermodynamische Wahrscheinlichkeit oder das statistische Gewicht $W(\varphi)\mathrm{d}\varphi$ dafür, daß der Parameter φ zu einem beliebigen Zeitpunkt zwischen φ und $\varphi + \mathrm{d}\varphi$ liegt, zu

$$W(\varphi)\,\mathrm{d}\varphi = C \cdot e^{-\frac{\varepsilon(\varphi)}{kT}} \cdot \mathrm{d}\varphi . \tag{36}$$

In der statistischen Wärmelehre wird gezeigt, daß diese als kanonische Verteilung bezeichnete Beziehung nicht an die hier gemachten idealen Voraussetzungen geknüpft ist, sondern allgemein bewiesen werden kann [14].

Als Beispiel eines empfindlichen Indikators sei ein Torsionspendel mit sehr kleiner Direktionskraft D betrachtet, wie es z. B. von E. KAPPLER [15] zur Bestimmung der Konstanten k benutzt worden ist. Es bestand aus einem etwa 1 mm² großen Spiegel, der an einem einige Zentimeter langen und einige 10^{-4} mm dicken Quarzfaden befestigt war. Es hing in einem verdünnten Gas von der konstanten Temperatur T. Die Winkelabweichung φ von der Nullage (verursacht durch einseitige Stöße der Moleküle auf den Spiegel) wurde mit einem Lichtzeiger über mehrere Stunden beobachtet, so daß es möglich war, daraus den zeitlichen quadratischen Mittelwert $\overline{\varphi^2}$ zu berechnen. Da die potentielle Energie des Torsionspendels — diese sei zunächst allein betrachtet — durch $D\varphi^2/2 = \varepsilon(\varphi)$ gegeben ist, kann der Mittelwert $\overline{\varphi^2}$ auch nach den üblichen Verfahren der Mittelwertbildung mit (statistischen) Gewichten mit Hilfe der Gleichung (36) wie folgt berechnet werden:

$$\overline{\varphi^2} = \frac{\int_{-\infty}^{+\infty} \varphi^2 e^{-\frac{D\varphi^2}{2kT}} d\varphi}{\int_{-\infty}^{+\infty} e^{-\frac{D\varphi^2}{2kT}} d\varphi} = \frac{kT}{D} \qquad (37)$$

oder

$$\frac{D\overline{\varphi^2}}{2} = \frac{kT}{2}.$$

Dasselbe Ergebnis folgt auch aus dem Gleichverteilungssatz der Energie, wonach auf jeden Freiheitsgrad der Energiebetrag $kT/2$ entfällt. Da $\overline{\varphi^2}$, T und D der Messung zugänglich sind, konnte KAPPLER auf diese Weise die BOLTZMANN-Konstante k mit einer Unsicherheit von wenigen Prozent bestimmen.

c) **Temperaturmessung auf statistischer Grundlage**

Mit einem Torsionspendel ließe sich auch T oder besser das Verhältnis zweier thermodynamischer Temperaturen ermitteln, wobei sich im Falle einer temperaturabhängigen Direktionskraft nach Gleichung (37) die sehr einfache Beziehung

$$\frac{T_1}{T_2} = \frac{\overline{\varphi_1^2}}{\overline{\varphi_2^2}} \qquad (38)$$

ergeben würde. Das wäre eine zwar mögliche, aber in der praktischen Ausführung noch mit größeren Schwierigkeiten verbundene thermodynamische Temperaturmessung auf rein statistischer Grundlage.

In ähnlicher Weise wie beim Torsionspendel läßt sich der Mittelwert der kinetischen Energie z. B. eines BROWNschen Teilchens bestimmen, wobei auf jeden Freiheitsgrad der Betrag $kT/2$ entfällt. Ähnliches gilt auch für die statistischen Schwankungen der elektrischen Spannung, die infolge der reversiblen Umwandlung von thermischer in elektrische Energie am Ende eines sehr dünnen Drahtes beobachtet werden und als „Rauscheffekt" bekannt sind. Eine auf dieser Grundlage beruhende Methode zur Bestimmung thermodynamischer Temperaturen hat bereits praktische Bedeutung erlangt (s. IX B).

Ein anschauliches, wenn auch etwas rohes Beispiel möge den Unterschied zwischen der makroskopisch-thermodynamischen und der statistischen Temperaturbestimmung noch verdeutlichen. Mit 100 gleichartigen Würfeln eines Würfelspiels, die man gleichzeitig wirft, erhält man sofort ziemlich genau den Mittelwert 3,50 (Scharmittel). Man erhält dieselbe Zahl, wenn man einen einzigen Würfel hundertmal hintereinander wirft und dann das Mittel bildet (Zeitmittel). In beiden Fällen ist die „Temperatur" charakterisiert durch den räumlichen (1. Fall) oder zeitlichen (2. Fall) Mittelwert der wahrscheinlichsten Verteilung.

d) **Natürliche Grenze der Nachweisbarkeit kleiner Temperaturänderungen**

Unter der Voraussetzung einer kanonischen Verteilung wie bei Gleichung (36) und (37) liefert die BOLTZMANN-Statistik auch eine wichtige Aussage über die Schwankungen des Energieinhalts E eines Systems um den Mittelwert $\bar{E}$. Gedacht ist dabei an einen Temperaturfühler, der mit einer Umgebung „konstanter" Temperatur in thermischem Kontakt steht. Für das mittlere Schwankungsquadrat erhält man

$$\overline{(\Delta E)^2} = kT^2 \frac{d\bar{E}}{dT}. \tag{39}$$

Besitzt das System die Wärmekapazität $C_T = mc_T$ (m = Masse, c_T = spezifische Wärme eines homogenen Systems im allgemeinen bei konstantem Druck), so wird

$$\frac{d\bar{E}}{dT} = C_T \quad \text{und} \quad \overline{(\Delta E)^2} = C_T^2 \overline{(\Delta T)^2}. \tag{40}$$

Aus Gl. (39) und (40) folgt

$$\overline{(\Delta T)^2} = T^2 \frac{k}{C_T} \tag{41}$$

und

$$\sqrt{\overline{(\Delta T)^2}} = \delta T = T \sqrt{\frac{Tk}{C_T}}. \tag{42}$$

Gleichung (42) gestattet, in einfacher Weise die statistisch bedingte natürliche Temperaturschwankung δT zu berechnen, die ein Temperaturfühler der Wärmekapazität C_T erfährt. Da C_T bei Temperaturfühlern gebräuchlicher Thermometer etwa im Bereich von 10^{-2} bis 1 JK^{-1} liegt und $k = 1,4 \cdot 10^{-23}$ JK^{-1} einen sehr kleinen Zahlenwert hat, ist δT bei Zimmertemperatur von der Größenordnung 10^{-8} bis 10^{-9} K, also der Beobachtung nicht mehr zugänglich. Nur bei Wärmefühlern sehr geringer Masse und damit sehr geringer Trägheit verschiebt sich die durch δT gegebene natürliche Grenze der Nachweisbarkeit kleiner Temperaturänderungen zu wesentlich höheren Werten. So z. B. ist δT bei einem Widerstandsthermometer mit einem Platinmeßdraht von 0,01 mm Durchmesser und 10 mm Länge von der Größe $8 \cdot 10^{-7}$ K. Bei einem Meßstrom von 0,0001 A und einem Widerstand von 13 Ω würde aber das durch δT gegebene sog. Wärmerauschen eine Rauschspannung δU von nur $4 \cdot 10^{-12}$ V hervorrufen, die immer noch um zwei Zehnerpotenzen geringer ist als die durch das *Widerstandsrauschen* nach der NYQUIST-Formel bei einer Frequenzbandbreite von 1 Hz (entsprechend der Einstellzeit eines Nullgalvanometers von 1 s) bedingte Rauschspannung, die eine apparative Meßgrenze darstellt (s. IX B).

2. Unvollständiges thermodynamisches Gleichgewicht

Ist die räumliche oder zeitliche Zustandsänderung eines Systems nicht mehr klein gegenüber den Zustandsgrößen selbst, so kann man nicht mehr von einer eindeutigen thermodynamischen Temperatur sprechen, und der Temperaturbegriff muß je nach den besonderen Umständen modifiziert werden.

Derartige Fälle treten besonders im Bereich sehr hoher Temperaturen auf, wo die Materie als *Plasma* bezeichnet wird und aus einem Gemisch von Molekülen, Atomen, Ionen und freien Elektronen besteht. Hat man es hierbei mit einem zeitlich stationären Vorgang zu tun und ist die Zahl der Stöße der Teilchen untereinander in der Zeiteinheit bedeutend größer als die Zahl der emittierten Lichtquanten, so sind die räumlichen Temperaturänderungen des Systems innerhalb der freien Weglänge der Teilchen im allgemeinen klein gegenüber der Temperatur selbst. Man spricht in diesem Fall von *lokalem thermodynamischem Gleichgewicht* und kann das Verhalten der Teilchen in kleinsten Bereichen weiterhin durch eine MAXWELL- und BOLTZMANN-Verteilung beschreiben, während die spektrale Verteilung der Strahlung nicht oder nur in einem bestimmten Spektralbereich der PLANCK-Funktion gehorcht.

Bei geringen Teilchendichten oder bei Kurzzeitvorgängen, bei denen ein System auch in den kleinsten lokalen Bereichen nicht schnell genug den Gleichgewichtszustand erreichen kann, treten auch Abweichungen von der BOLTZMANN-Verteilung auf, so daß von einer eindeutigen thermodynamisch oder kinetisch definierten Temperatur nicht mehr gesprochen werden kann. Man unterscheidet dann zwischen verschiedenen „Temperaturen", z. B. zwischen Elektronen-, Ionen- und Anregungs-„Temperaturen", die lediglich die Bedeutung meßbarer Rechenparameter haben und das physikalische Verhalten der Systemteilchen verschiedenartig zu beschreiben gestatten. In diesem Sinn muß auch der Begriff der sog. *negativen Temperatur* verstanden werden, der dann angewendet wird, wenn (wie z. B. beim optischen Pumpen und beim Laser) die Teilchendichte der höheren Energiezustände größer ist als die der niedrigen.

Wenn nicht ausdrücklich anders erwähnt, wird unter *Temperatur* stets eine *Zustandsgröße* verstanden, *die ein vollständiges oder wenigstens ein lokales thermodynamisches Gleichgewicht voraussetzt.*

D Internationale Praktische Temperaturskala von 1968 [6]

1. Allgemeines, Grundlagen

Auf die verschiedenen seit dem Jahre 1927 getroffenen internationalen Vereinbarungen über eine praktische Temperaturskala ist bereits unter I A 2 hingewiesen worden. Nachfolgend werden die Vorschriften der z. Z. geltenden Internationalen Praktischen Temperaturskala von 1968 (IPTS-68) behandelt, wobei die in der verbesserten Fassung von 1975 vorgesehenen Änderungen berücksichtigt sind [6].

Grundlage der *Internationalen Praktischen Temperaturskala von 1968 (IPTS-68)* bildet die *thermodynamische Kelvin-Skala*, in der die Temperatur T in der Einheit KELVIN (K) gemessen wird, die als 273,16ter Teil der KELVIN-Temperatur des Wassertripelpunktes definiert ist. Zwischen der KELVIN-Temperatur T und der CELSIUS-Temperatur t (Einheit °C) gilt die Beziehung $t = T - 273{,}15$ K, wobei 1 K = 1 °C ist (vgl. I A 3).

Allgemeine Grundlagen

Tabelle 2. Definierende Fixpunkte der IPTS-68 (Verbesserte Ausgabe von 1975)

Gleichgewichtszustand	T_{68} in K	t_{68} in °C
Tripelpunkt von Wasserstoff*)	13,81	−259,34
Siedepunkt von Wasserstoff*) beim Druck 250 Torr = 0,333306 bar	17,042	−256,108
Siedepunkt von Wasserstoff*)	20,28	−252,87
Siedepunkt von Neon	27,102	−246,048
Tripelpunkt von Sauerstoff	54,361	−218,789
Tripelpunkt des Argons	83,798	−189,352
Siedepunkt von Sauerstoff	90,188	−182,962
Tripelpunkt von Wasser	273,16	0,01
Siedepunkt von Wasser	373,15	100,00
Erstarrungspunkt des Zinns	505,1181	231,9681
Erstarrungspunkt von Zink	692,73	419,58
Erstarrungspunkt von Silber	1235,08	961,93
Erstarrungspunkt von Gold	1337,58	1064,43

*) Ortho-und Parawasserstoff im Gleichgewicht (s. X C 1 a)

Die nach den Vorschriften der IPTS-68 gemessenen Temperaturen werden mit T_{68} und t_{68} bezeichnet und in den Einheiten K bzw. °C angegeben, wobei ebenfalls die Beziehung gilt: $t_{68} = T_{68} - 273{,}15$ K. T_{68} und t_{68} stimmen mit den thermodynamischen Temperaturen T bzw. t innerhalb der Unsicherheit der thermodynamischen Meßverfahren nach dem Kenntnisstand im Jahre 1968 überein (s. a. X B). Die Reproduzierbarkeit der IPTS-68 ist wesentlich besser.

Das Gerüst der IPTS-68 bilden einige Temperaturfixpunkte, denen gasthermometrisch gemessene Zahlenwerte zuerteilt sind und an die bestimmte Interpolationsinstrumente nach bestimmten Vorschriften angeschlossen werden. In Tabelle 2 sind diese definierenden Fixpunkte zusammengestellt, wobei die Temperaturangaben bei den druckabhängigen Fixpunkten − soweit nichts anderes vermerkt ist − bei dem Druck einer Normalatmosphäre = 1,01325 bar gelten. Über Formeln und Tabellen für die Druckabhängigkeit vgl. X, 6. Weitere sekundäre Fixpunkte, die zur Kontrolle dienen können, sind in Tabelle 28 (s. X B) angegeben.

2. Ausführungsvorschriften

Entsprechend den Methoden für die Interpolation wird die IPTS-68 in vier große Bereiche eingeteilt:

Bereich von 13,81 K bis 273,15 K

Als Meßgerät dient das Platinwiderstandsthermometer (vgl. V A). Der Meßdraht muß spannungsfrei gewickelt und gut gealtert sein. Das Widerstandsverhältnis

$$W(T_{68}) = R(T_{68})/R(273{,}15 \text{ K}) \tag{43}$$

darf für $T_{68} = 373{,}15$ K nicht kleiner als 1,39250 sein.

Da sich eine einfache Interpolationsformel für den gesamten Meßbereich nicht angeben läßt, ist vom Internationalen Beratenden Komitee für Thermometrie (CCT) eine ausführliche Tabelle aufgestellt worden, in der die Werte für das Widerstandsverhältnis eines sehr reinen Platins unter der Bezeichnung $W_{CCT-68}(T_{68})$ in Abhängigkeit von T_{68} enthalten sind (s. Gl. 100 und Tab. 11). Der Anschluß eines Platinwiderstandsthermometers an die IPTS-68 besteht darin, daß die Differenz zwischen dessen $W(T_{68})$ und dem Bezugswert der Tabelle

$$\Delta W(T_{68}) = W(T_{68}) - W_{CCT-68}(T_{68}) \tag{44}$$

bei den Temperaturen der definierenden Fixpunkte bestimmt wird. Auf diese Weise können die Konstanten von vier Interpolarisationsformeln für $\Delta W(T_{68})$ als Funktion von T_{68}, die nachfolgend für vier Unterbereiche der Temperatur angegeben sind, berechnet werden.

Unterbereich von 90,188 K bis 273,15 K

$$\Delta W(T_{68}) = A_4(T_{68}-273{,}15\text{ K}) + C_4(T_{68}-273{,}15\text{ K})^3 (T_{68}-373{,}15\text{ K}) \tag{45}$$

Bestimmung von A_4 und C_4 durch Anschluß an den Sauerstoffsiedepunkt [W_{CCT-68}(90,188 K) = 0,2437991] und an den Wassersiedepunkt [W_{CCT-68}(373,15 K) = 1,3925967]. Anstelle des Sauerstofftaupunktes kann auch der Argontripelpunkt [W_{CCT-68}(83,798 K) = 0,2160571] verwendet werden. Geringe Abweichungen von dem vorgeschriebenen Normaldruck können bei den druckabhängigen Fixpunkten mit Hilfe der entsprechenden Dampfdrucktabellen (s. X, C) in Verbindung mit Tabelle 11 berücksichtigt werden. Das gilt auch für die nachfolgenden Abschnitte.

Unterbereich von 54,361 K bis 90,188 K

$$\Delta W(T_{68}) = A_3 + B_3 T_{68} + C_3 T_{68}^2 \tag{46}$$

Bestimmung von A_3, B_3 und C_3 durch Anschluß an den Tripelpunkt von Sauerstoff [W_{CCT-68}(54,361 K) = 0,0919725], sowie mit Hilfe von ΔW(90,188 K) und d[ΔW(90,188 K)]/dT am Sauerstoffsiedepunkt aus dem vorhergehenden Unterbereich.

Unterbereich von 20,28 K bis 54,361 K

$$\Delta W(T_{68}) = A_2 + B_2 T_{68} + C_2 T_{68}^2 + D_2 T_{68}^3 \tag{47}$$

Bestimmung von A_2, B_2, C_2 und D_2 durch Anschluß an den normalen Wasserstoffsiedepunkt [W_{CCT-68}(20,28 K) = 0,0044852] und an den Neonsiedepunkt [W_{CCT-68}(27,102 K) = 0,0122127], sowie mit Hilfe von ΔW(54,361 K) und d[ΔW(54,361 K)]/dT am Tripelpunkt von Sauerstoff aus dem vorhergehenden Unterbereich.

Unterbereich von 13,81 K bis 20,28 K

$$\Delta W(T_{68}) = A_1 + B_1 T_{68} + C_1 T_{68}^2 + D_1 T_{68}^3 \, . \tag{48}$$

Bestimmung von A_1, B_1, C_1 und D_1 durch Anschluß an den Wasserstofftripelpunkt [W_{CCT-68}(13,81 K) = 0,0014121] und an den Wasserstoffsiedepunkt beim Druck 0,333306 bar [W_{CCT-68}(17,042 K) = 0,0025344] sowie mit Hilfe von ΔW(20,28 K) und d[ΔW(20,28 K)]/dT am normalen Wasserstoffsiedepunkt aus dem vorhergehenden Unterbereich.

Wenn auf diese Weise $\Delta W(T_{68})$ als Funktion von T_{68} bekannt ist, kann mit Hilfe der Bezugstabelle 11 für jeden gemessenen Wert von $W(T_{68})$ auch $W_{\text{CCT-68}}(T_{68}) = W(T_{68}) - \Delta W(T_{68})$ nötigenfalls durch sukzessive Approximation berechnet und dabei auch der zugehörige Wert für T_{68} bestimmt werden.

Bereich von 0 °C bis 630,74 °C

Als Meßinstrument dient wiederum das Platinwiderstandsthermometer, für das hinsichtlich Konstruktion und Reinheit des Platins die obengenannten Vorschriften gelten.
Die Formel

$$t' = \frac{1}{\alpha}\left[W(t_{68}) - 1\right] + \delta\left(\frac{t'}{100\ °\text{C}}\right) \cdot \left(\frac{t'}{100\ °\text{C}} - 1\right), \tag{49}$$

worin $W(t_{68}) = R(t_{68})/R(0{,}000\ °\text{C})$, liefert in t' einen angenäherten Wert von t_{68}. Die Konstanten α und δ sind durch Anschluß an den normalen Wassersiedepunkt und an den Erstarrungspunkt von Zink (bei diesen Fixpunkten ist $t' = t_{68}$) zu bestimmen. Anstelle des Wassersiedepunktes kann auch der Erstarrungspunkt von Zinn ($t_{68} = 231{,}968\ °\text{C}$; $t' = 231{,}929$) verwendet werden. Für die Berechnung von t_{68} gilt die Beziehung:

$$t_{68} = t' + 0{,}045\left(\frac{t'}{100\ °\text{C}}\right)\left(\frac{t'}{100\ °\text{C}} - 1\right)\left(\frac{t'}{419{,}58\ °\text{C}} - 1\right)\left(\frac{t'}{630{,}74\ °\text{C}} - 1\right) \tag{50}$$

Die nicht sehr große Differenz $t_{68} - t'$ kann in Abhängigkeit von t' aus Tabelle 10 entnommen werden.

Bereich von 630,74 °C bis 1064,43 °C

t_{68} wird aus der elektromotorischen Kraft eines Thermopaares mit gut gealterten Schenkeln aus Platin und Platin-Rhodium (10 Gew.% Rh) mittels der Beziehung

$$E(t_{68}) = a + bt_{68} + ct_{68}^2 \tag{51}$$

abgeleitet, wobei die Nebenlötstelle auf 0 °C zu halten ist (s. auch Kap. VI). Die Konstanten a, b und c werden durch Anschluß des Thermopaares an den Antimon-, Silber- und Golderstarrungspunkt bestimmt. Der genaue Temperaturwert für den Antimonpunkt ($t_{68} = 630{,}74 \pm 0{,}2\ °\text{C}$) ist mit einem Platinwiderstandsthermometer zu ermitteln.

Das Widerstandsverhältnis $W(t_{68})$ des Platindrahtes darf nicht kleiner als 1,3920 sein. Die elektromotorischen Kräfte $E(630{,}74\ °\text{C})$, $E(t_{68}(\text{Ag}))$ und $E(t_{68}(\text{Au}))$ müssen folgenden Bedingungen genügen:

$$E(t_{68}(\text{Au})) = 10334\ \mu\text{V} \pm 30\ \mu\text{V}, \tag{52}$$

$$E(t_{68}(\text{Au})) - E(t_{68}(\text{Ag})) =$$
$$= 1186\ \mu\text{V} + 0{,}17\ E(t_{68}(\text{Au})) - 10334\ \mu\text{V} \pm 3\ \mu\text{V}, \tag{53}$$

$$E(t_{68}(\text{Au})) - E(630{,}74\ °\text{C}) =$$
$$= 4782\ \mu\text{V} + 0{,}63\ E(t_{68}(\text{Au})) - 10334\ \mu\text{V} \pm 5\ \mu\text{V}. \tag{54}$$

Bereich oberhalb von 1064,43 °C

t_{68} wird mit einem optischen Pyrometer aus dem Verhältnis der spektralen Strahldichten $L_{\lambda,S}(\lambda, T_{68})/L_{\lambda,S}(\lambda, T_{Au})$ eines Schwarzen Körpers bei der Wellenlänge λ bestimmt, wobei der Golderstarrungspunkt ($t_{Au} = 1064,43$ °C) als Bezugstemperatur dient. Es ist:

$$\frac{L_{\lambda,S}(\lambda, T_{68})}{L_{\lambda,S}(\lambda, T_{Au})} = \frac{e^{\frac{c_2}{\lambda\, T_{Au}}} - 1}{e^{\frac{c_2}{\lambda\, T_{68}}} - 1} \tag{55}$$

Wenn die Wellenlänge in Zentimeter gemessen wird, ist für c_2 der Wert 1,4388 cm K einzusetzen ($T_0 = 273,15$ °C) (Näheres s. Kap. VII).

Literatur

[1] ROSENBERGER, F., Geschichte der Physik. Braunschweig 1882–1890; unveränd. Nachdr. Hildesheim 1965
MACH, E., Prinzipien der Wärmelehre. Leipzig 1900
MEYER, KIRSTINE, Die Entwicklung des Temperaturbegriffs im Laufe der Zeiten. Braunschweig 1914
BURCKHARDT, F., Die Erfindung des Thermometers und seine Gestaltung im 17. Jahrhundert und die wichtigsten Thermometer des 18. Jahrhunderts. Basel 1871
PERNET, J., und A. WINKELMANN, Winkelmanns Handb. d. Phys. 2. Aufl. III, Leipzig 1906
Abhandlungen über Thermometrie von FAHRENHEIT, RÉAUMUR und CELSIUS. In: Ostwaldts Klassiker Nr. 57, Leipzig 1894
HIGGINS, W. F., Cantor Lectures on thermometrie. J. Roy. Soc. Arts, London 1926
SCHÜTZE, W., Ausdehnungsthermometer, Historische Entwicklung. Arch. f. techn. Messen *210—1* (1935)
v. LAUE, M., Geschichte der Physik. 4. Aufl., Berlin 1958
[2] CHAPPUIS, P., Trav. Mém. Bur. Poids Mes. *6* (1888)
[3] Proc. Verb. Séance. Com. Int. Poids Mes. (1887) 85—86
[4] Trav. Mé. Bur. Poids Mes. *18* (1930) 94—101; C. R. 7. Conf. Gén. Poids Mes. (1927) Annexe IV—V, 94—101
[5] Proc. Verb. Séance. Com. Poids Mes. *21* (1948) T30—T49; C. R. Conf. Gén. Poids Mes. (1960) 64—124
[6] C. R. 13. Conf. Gen. Poids Mes. (1967—1968) Annexe 2, S. A1 bis A24. Verbesserte Ausgabe von 1975 in C. R. 15. Conf. Gen. Poids Mes. (1975). Annexe 2, S. A1—S. A21, ferner in Metrologia *12* (1976) S. 7—17
[7] C. R. Conf. Gé. Poids Mes. (1954) 79
[8] C. R. Conf. Gén. Poids Mes. (1967) 104
[9] MOSER, H., Ann. Phys. *1* (1929) 341
[10] BECKER, R., Theorie der Wärme. Berlin, Göttingen, Heidelberg 1935, S. 309 ff.
[11] SIMON, F. E., N. KURTI, J. FALLEN und K. MENDELSSOHN, Low Temperature Physics. London 1952
[12] KEESOM, W. H., Comm. Leid. Suppl. *77c* (1935); Physica *2* (1935) 805
[13] LUMMER, O., und E. PRINGSHEIM, Verh. D. phys. Ges. *2* (1900) 163
[14] GAUS, R., Schriften der Königsberger Gelehrten Gesellschaft *7* (1930) 177
[15] KAPPLER, E., Ann. d. Phys. *11* (1931) 233; *31* (1938) 377

II. Gasthermometer

A Grundlagen und Meßmethoden

1. Theoretische Grundlagen

Eines der wichtigsten Meßgeräte zur fundamentalen Bestimmung der thermodynamischen Temperatur in einem weiten Bereich ist das Gasthermometer. In I B 3 wurde gezeigt, daß die Temperatur in der Zustandsgleichung des idealen Gases mit der thermodynamischen Temperatur identisch ist. Bei realen Gasen muß die Abweichung vom idealen Gaszustand berücksichtigt werden, was mit Hilfe einer Zustandsgleichung von der allgemeinen Form

$$pV_m = A(T) + B(T)p + C(T)p^2 + \ldots \tag{56}$$

möglich ist. V_m bedeutet hier das Volumen, das ein Mol eines realen Gases bei der Temperatur T und dem Druck p einnimmt. Von den sog. Virialkoeffizienten auf der rechten Seite von Gleichung (56) ist der erste $A(T)$ gleich RT zu setzen, da für $p = 0$ der ideale Gaszustand erreicht ist (R = universelle Gaskonstante = 8,3143 Joule K^{-1} mol^{-1}). Die übrigen Virialkoeffizienten können aus der Neigung der pV_m-Isothermen gegen die p-Achse bestimmt werden. Bei Drücken $\leq$ 1 bar und nicht zu schweren Gasen genügt es im allgemeinen, wenn nur der zweite Virialkoeffizient $B(T)$ berücksichtigt wird, so daß Gleichung (56) übergeht in

$$pV_m = RT + B(T)p. \tag{57}$$

In einem durch $T = T_0 (= 273{,}15$ K$)$ und $p_n = 1{,}01325$ bar $(= 1$ atm$)$ gekennzeichneten Normzustand sei $V_m = V_{mn}$. Damit folgt aus Gleichung (57)

$$p_n V_{mn} = RT_0 + B(T_0) p_n$$

oder

$$R = \frac{V_{mn}}{T_0}\left[1 - \frac{B(T_0)}{V_{mn}}\right] \cdot p_n. \tag{58}$$

Wird die Gaskonstante R in Gleichung (57) durch diesen Ausdruck ersetzt, so ergibt sich

$$p\frac{V_m}{V_{mn}} = \frac{T}{T_0}\left[1 - \frac{B(T_0)}{V_{mn}} + \frac{B(T)\,T_0 p}{V_{mn}T p_n}\right] \cdot p_n. \tag{59}$$

Auf diese Weise wird man unabhängig von der Stoffmenge des Gases in Mol, denn

$$\frac{V_m}{V_{mn}} = \frac{\varrho_n}{\varrho} = \varrho_n \cdot \frac{V}{m}, \tag{60}$$

wobei $\varrho = m/V$ die Dichte des realen Gases bei der Temperatur T und dem Druck p und ϱ_n seine Dichte im Normzustand bedeuten (m = Gasmasse). Bezeichnet man ferner den auf den Normzustand bezogenen zweiten Virialkoeffizienten mit $\varkappa_t = B(T)/V_{mn}p_n$

[bzw. mit $\varkappa_0 = B(T_0)/V_{mn}p_n$], so folgt aus Gleichung (59)

$$m = \frac{pV}{T}\left[1 + \frac{\varkappa_t}{(1-\varkappa_0 p_n)}\frac{T_0}{T}p\right]^{-1}\frac{\varrho_n \cdot T_0}{(1-\varkappa_0 p_n)p_n} \tag{61}$$

oder mit zulässiger Vereinfachung des Korrektionsgliedes ($\varkappa_t p$ und $\varkappa_0 p_n$ sind von der Größenordnung 10^{-3})

$$m = \frac{pV}{T}\left(1 - \varkappa_t \frac{T_0}{T}p\right)K, \tag{62}$$

wobei K eine Konstante ist.

Bei jeder gasthermometrischen Messung werden Druck und Volumen — bzw. die auf verschiedener Temperatur befindlichen Teilvolumina — einer abgeschlossenen Gasmasse in 2 Zuständen I und II, die wesentlich durch die zu messende Temperatur und eine bekannte Bezugstemperatur bedingt sind, bestimmt. Ist außerdem der zweite Virialkoeffizient $\varkappa_t$ und dessen Abhängigkeit von der Temperatur aus anderen Messungen bekannt, so lassen sich nach Gleichung (62) die in den einzelnen Teilvolumina (Abb. 4) befindlichen Gasmassen berechnen. Da die gesamte Gasmasse (Summe der Teilmassen) in Zustand I derjenigen im Zustand II gleich sein muß (Ad- und Desorption sei zunächst ausgeschlossen), erhält man die Bedingungsgleichung

$$[\Sigma m]_I = [\Sigma m]_{II}, \tag{63}$$

wobei die Konstante K herausfällt. Gleichung (62) und (63) bilden somit unter den genannten vereinfachenden Voraussetzungen die Grundlage jeder gasthermometrischen Messung.

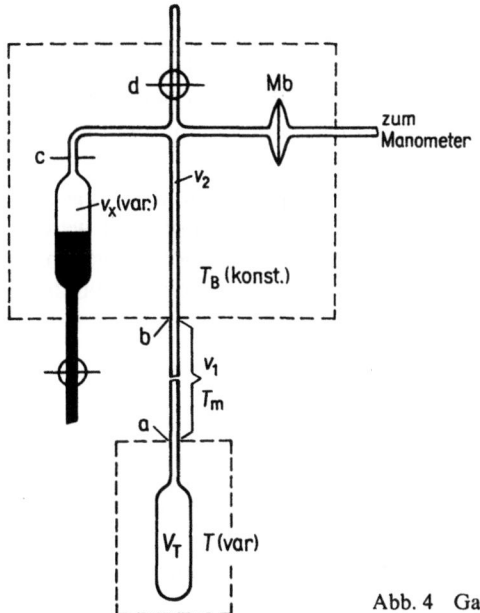

Abb. 4 Gasthermometer, schematische Darstellung

2. Grundsätzliche Meßanordnung

In Abbildung 4 sind die wesentlichen Teile eines Gasthermometers schematisch dargestellt. Das Gasthermometergefäß mit dem Volumen V_T befindet sich auf der Temperatur T, die variiert werden kann. Es ist über kapillare Zuleitungen mit dem durch Auswägen mit Quecksilber meßbar veränderlichen Gasvolumen V_x (bis zur Marke c) und mit der Membran Mb verbunden, die es mit Hilfe eines kapazitiven oder induktiven Meßverfahrens gestattet, Druckgleichheit auf beiden Seiten sehr genau einzustellen. Der Druck p kann dann z. B. an einem Quecksilbermanometer abgelesen werden, das mit der rechten Seite der Membran in Verbindung steht. Diese Art der Druckmessung mit Zwischenschaltung einer Membran hat den wesentlichen Vorteil, daß das durch die Marken b, c, d und die Membran (in Nullage) begrenzte sog. schädliche Volumen v_2 wesentlich kleiner gehalten und viel schärfer begrenzt werden kann, als dies bei direktem Anschluß eines Manometers mit großer Quecksilberoberfläche möglich ist. Eine geeignete Konstruktion einer Membran ist z. B. von C. R. BARBER [1] angegeben worden.

Die Volumina V_x und v_2 befinden sich in einem automatisch geregelten Thermostaten auf der konstanten Temperatur T_B, die hier gleichzeitig Bezugstemperatur für die gasthermometrischen Messungen sein möge, weil sich dadurch die späteren Berechnungen vereinfachen. Am besten würde sich als Bezugstemperatur diejenige des Wassertripelpunktes eignen, deren Zahlenwert definitionsgemäß festliegt. In der Praxis wird man wegen der besseren Regelungsmöglichkeit eine um 25 °C liegende Temperatur wählen, deren Zahlenwert relativ zum fundamentalen Wassertripelpunkt (oder auch zum normalen Eispunkt) mit derselben Apparatur bestimmt werden kann, sofern nicht schon die Messung mit dem Platinwiderstandsthermometer ausreicht.

In dem Kapillarvolumen v_1 zwischen a und b kann sich ein Temperaturgefälle ausbilden, wobei es im allgemeinen genügt, die mittlere Temperatur T_m in die Rechnung einzusetzen. Während bei v_1 die thermische Ausdehnung der Kapillare vernachlässigt werden kann, muß sie beim Volumen V_T des Gasthermometergefäßes berücksichtigt werden. Dem Temperaturverhältnis T/T_B möge das Volumenverhältnis V_T/V_B entsprechen (V_B = Volumen des Gasthermometergefäßes bei der Bezugstemperatur T_B). Die Apparatur kann über den Kapillarhahn bei d ausgepumpt und mit einem Gas vom Druck p gefüllt werden.

Zur Bestimmung der thermodynamischen Temperatur muß eine geeignete meßbare Zustandsänderung der abgeschlossenen Gasmasse vorgenommen werden. Dazu gibt es nach Abbildung 4 drei gebräuchliche Verfahren, die dadurch gekennzeichnet sind, daß eine der drei variablen Größen V, T oder p während der Zustandsänderung konstant gehalten wird.

3. Methode konstanten Volumens

Bei dieser am häufigsten angewendeten Methode wird das Gasthermometergefäß von der Bezugstemperatur T_B (Zustand I) auf die zu messende Temperatur T (Zustand II) gebracht, während V_x ($= 0$) bis zur Marke c mit Quecksilber gefüllt bleibt (Abb. 4) bzw. ganz wegfallen kann, was ein Vorteil dieser Methode ist. Dabei möge — falls $T > T_B$ — der Druck von p_1 auf p_2, das Volumen des Gasthermometergefäßes von

V_B auf V_T und die mittlere Temperatur des Volumens v_1 von T_{m1} ($\approx T_B$) auf T_{m2} zunehmen. Das Volumen v_2 befindet sich in beiden Zuständen auf der Bezugstemperatur T_B. Unter diesen Voraussetzungen ergibt sich gemäß Gleichung (62) und (63) folgender Ansatz zur Berechnung der thermodynamischen Temperatur:

$$\left[\frac{p_1 V_B}{T_B}\left(1 - \kappa_B \frac{T_0}{T_B} p_1\right) + \frac{p_1 v_2}{T_B}\left(1 - \kappa_B \frac{T_0}{T_B} p_1\right) + \frac{p_1 v_1}{T_{m1}}\right] \cdot K =$$

$$\left[\frac{p_2 V_T}{T}\left(1 - \kappa_t \frac{T_0}{T} p_2\right) + \frac{p_2 v_2}{T_B}\left(1 - \kappa_B \frac{T_0}{T_B} p_2\right) + \frac{p_2 v_1}{T_{m2}}\right] \cdot K.$$

Hieraus folgt bei Vernachlässigung der Korrektionsglieder höherer Ordnung:

$$\frac{T}{T_B} = \frac{V_T}{V_B} \frac{p_2}{p_1} \cdot \frac{k_1}{(1 - k_2)}, \tag{64}$$

wobei die Korrektionen k_1 und k_2 gegeben sind durch

$$k_1 = 1 + \kappa_B \frac{T_0}{T_B} p_1 - \kappa_t \frac{T_0}{T} p_2 \tag{65}$$

und

$$k_2 = \frac{v_2}{V_B} \cdot \left(\frac{p_2}{p_1} - 1\right) \cdot \left(1 - \kappa_B \frac{T_0}{T_B} p_2\right) + \frac{v_1}{V_B} \left(\frac{p_2 T_B}{p_1 T_{m2}} - \frac{T_B}{T_{m1}}\right). \tag{66}$$

Die Methode ist bei höheren Temperaturen etwas mehr und bei tieferen etwas weniger empfindlich als die nachfolgenden Methoden. Sie ist im allgemeinen nicht ganz frei von Einflüssen durch Sorptionseffekte.

4. Methoden konstanter Gefäßtemperatur und konstanten Drucks

Konstante Gefäßtemperatur

Das Gasthermometer befindet sich in beiden Zuständen auf der zu messenden Temperatur T. Im Zustand I bei $V_x = 0$ betrage der Druck etwa 1 bar ($= p_2$). Im Zustand II wird das Volumen V_x so eingestellt, daß der Druck auf etwa die Hälfte sinkt ($= p_1$, der Index 1 beziehe sich hier stets auf den niedrigeren Druck). Dabei strömt ein Teil des im Gasthermometergefäß befindlichen Gases in das Volumen V_x und nimmt dessen Temperatur an. In diesem Fall wird

$$\frac{T}{T_B} = \frac{V_T}{V_B} \cdot \frac{V_B}{V_x}\left(\frac{p_2}{p_1} - 1\right) \cdot \frac{(k_1 - \kappa_t p_1 T_0/T)}{(1 - k_2 V_B/V_x)}. \tag{67}$$

Die Korrektionen k_1 und k_2 sind wieder durch die Gleichungen (65) und (66) gegeben ($T_{m1} = T_{m2}$). Die Empfindlichkeit dieser Methode liegt zwischen derjenigen konstanten Volumens und der konstanten Drucks. Sie hat gegenüber diesen Methoden den Vorteil, daß man die Messungen in den Zuständen I und II in viel kürzeren Zeitabständen vornehmen kann, und wird daher weniger beeinflußt durch zeitabhängige Sorptionseffekte. So lassen sich z. B. bei höheren Temperaturen Desorptionseffekte daran erkennen und dadurch weitgehend ausschalten, daß sie die Messungen beim Übergang von p_2 zu p_1 in umgekehrter Richtung beeinflussen wie beim Übergang von p_1 zu p_2.

Konstanter Druck

Bei dieser Methode werden gleichzeitig T und V_x verändert. Während man das Gasthermometergefäß von der Bezugstemperatur T_B (Zustand I) auf die zu messende (z. B. höhere) Temperatur T (Zustand II) bringt, vergrößert man das Volumen V_x — ausgehend von $V_x = 0$ — derart, daß der Druck p konstant bleibt. In diesem Fall wird

$$\frac{T}{T_B} = \frac{V_T}{V_B}\left[1 - \frac{V_x}{V_B}\right]^{-1} \cdot \frac{k_1}{[1 - k_2(1 - V_x/V_B)^{-1}]}. \tag{68}$$

Die Korrekturen k_1 und k_2 sind wieder durch die Gleichungen (65) und (66) gegeben ($p_1 = p_2 = p$).

Diese Methode besitzt bei höheren Temperaturen eine etwas geringere und bei tieferen Temperaturen eine etwas größere Empfindlichkeit als die Methode konstanten Volumens. Sie hat den Vorteil, unabhängig vom Volumen v_2 zu sein, da das Glied mit v_2 in Gleichung (66) Null wird. Hinsichtlich der Einflüsse von Sorptionseffekten gilt dasselbe wie bei der Methode konstanten Volumens.

B Gefäßmaterialien und Gefäßfüllungen

Werkstoffe

Als nichtmetallische Werkstoffe für das Thermometergefäß und die kapillare Zuleitung sind in den Anfängen der Gasthermometrie häufig schwer schmelzbare Gläser mit geringer thermischer Nachwirkung, z. B. das Jenaer Glas 2954[III], von den tiefsten Temperaturen aufwärts bis etwa 500 °C benutzt worden. Für noch höhere Temperaturen bis etwa 1100 °C kamen Gefäße aus Porzellan in Frage, die innen und außen glasiert sein mußten, da sie sonst nicht gasdicht waren. Auch nach sorgfältiger Alterung mußte bei Gefäßen aus diesen Materialien noch mit Volumenänderungen bis zu 0,1 % gerechnet werden, wenn sie bei wiederholtem Erhitzen auf die obere Gebrauchstemperatur einem Gasüberdruck oder -unterdruck ausgesetzt waren.

In den letzten Jahrzehnten ist von den nichtmetallischen Werkstoffen fast nur noch Quarzglas als Gefäßmaterial verwendet worden, das den Vorteil kleiner Wärmeausdehnung hat und bis zum Golderstarrungspunkt (1064,43 °C) brauchbar ist. Nach Alterung des Quarzglases bei etwa 1080 °C sind die thermischen Nachwirkungen wesentlich geringer als bei anderen Gläsern, sofern man das Gefäß bei höheren Temperaturen keinem Über- oder Unterdruck aussetzt. Doppelwandige Ausführung ist daher zu empfehlen (vgl. Abb. 5 in II D). Für leichte Gase wie Helium und Neon ist Quarzglas schon bei mäßig hohen Temperaturen — für Wasserstoff schon bei 0 °C — durchlässig, nicht jedoch für Stickstoff, Argon und ähnlich schwere Gase, die in diesem Fall verwendet werden müssen.

Von metallischen Werkstoffen hat sich reines Kupfer als Gefäßmaterial besonders bei tiefen Temperaturen bewährt, das hier wegen seiner großen Wärmeleitfähigkeit bevorzugt wird. Kupfer ist auch noch bei höheren Temperaturen undurchlässig für leichte Gase wie Helium. Man stellt das Thermometergefäß aus einem Kupferblock her, aus dem der Raum für das Gasvolumen ausgespart wird. Durch Polieren der inneren Oberfläche kann die Gasadsorption vermindert werden. Um Oxydation zu vermeiden, muß man das Gefäßinnere bei der Lötung mit einem inerten Gas bespülen.

Bis 1600 °C kann man Gefäße aus Platinlegierungen verwenden. Bevorzugt werden Legierungen mit 10 bis 20% Rhodium oder Iridium, die den Vorteil haben, in der Glut keine Dämpfe abzugeben. Platinmetalle sind im Glühzustand für Wasserstoff und gewisse Verbrennungsgase durchlässig. Für Helium dagegen sind sie bis zu den höchsten Temperaturen undurchlässig.

Gasfüllungen

Die wichtigsten Thermometergase sind Helium, Argon und Stickstoff, wobei im allgemeinen für den Bereich der tiefen Temperaturen Helium (⁴Helium mit dem Atomgewicht 4) und für die höchsten Temperaturen Argon und Stickstoff bevorzugt werden. Selbst bei 1600 °C ist die Dissoziation des zweiatomigen Stickstoffs so gering, daß kein merklicher Einfluß auf die Temperaturmessung festzustellen ist. Für die tiefsten gasthermometrisch meßbaren Temperaturen eignet sich das Heliumisotop ³Helium mit dem Atomgewicht 3, das von allen chemischen Elementen die tiefste kritische Temperatur (3,32 K) und die tiefste normale Siedetemperatur (3,2 K) besitzt. ³Helium hat bei der Temperatur 1 K noch einen Dampfdruck von 12 mbar.

Wasserstoff ist nur für Messungen bei tieferen Temperaturen bis herab zu −250 °C geeignet, versagt jedoch bei höheren Temperaturen wegen seiner starken Aktivität zu allen Stoffen, die Kieselsäure enthalten. Wasserstoff diffundiert außerdem leicht durch Quarzglas und glühende Metalle.

Bis zum Golderstarrungspunkt (1064,4 °C) sind in Gefäßen aus Quarzglas auch die Edelgase Krypton und Xenon verwendet worden. Nachteilig sind bei diesen Gasen die verhältnismäßig großen zweiten Virialkoeffizienten, insbesondere bei Raumtemperatur. Bei Xenon muß sogar der dritte Virialkoeffizient noch berücksichtigt werden. Für Messungen bei tieferen Temperaturen kommt auch das Edelgas Neon noch in Frage, das unter normalen Bedingungen bei −246 °C siedet und bei höheren Temperaturen weniger durch Quarzglas diffundiert als Helium.

Die genannten Gase können heute mit ausreichendem Reinheitsgrad von mindestens 99,99% käuflich erworben werden.

C Meßvorgang, Fehlerquellen und Korrektionen

1. Druck- und Volumenmessung

Wie aus den Gleichungen (64) bis (68) hervorgeht, besteht eine gasthermometrische Messung im wesentlichen in der Bestimmung von Druck- und Volumenverhältnissen.

Das Druckverhältnis p_2/p_1 kann mit Hilfe eines Quecksilbermanometers mit großen Flüssigkeitsoberflächen bestimmt werden, das an die rechte Seite der Membran in Abbildung 4 angeschlossen ist. Da es sich nur um eine Verhältniszahl handelt, genügt bei gleicher Temperatur des Manometers die Bestimmung der Höhendifferenz der Quecksilberoberflächen. Nur zur Bestimmung der durch die zweiten Virialkoeffizienten bedingten Korrektionen ist eine annähernde Kenntnis des Druckes selbst erforderlich.

Das Volumenverhältnis V_T/V_B des Gasthermometergefäßes ist durch den kubischen Ausdehnungskoeffizienten gegeben. Das Volumenverhältnis v_1/V_B in Gleichung (66) ist im allgemeinen von der Größenordnung 10^{-3}, während v_2/V_B wesentlich größer sein kann. Bei der Methode konstanten Volumens läßt sich auch dieses Volumenverhältnis klein halten und bei metallischen zylindrischen Gasthermometergefäßen zusammen mit v_1/V_B gegebenenfalls aus den Gefäß- und Kapillarabmessungen berechnen. Die Methode konstanten Drucks ist von v_2/V_B unabhängig.

Bei Glasapparaturen, die gemäß Abbildung 4 mit einem meßbaren veränderlichen Volumen V_x versehen sind, kann das Volumen v_2 auch mittels einer Zustandsänderung mit Hilfe der Gleichungen (62) und (63) gasvolumetrisch bestimmt werden, wenn man das Gasthermometergefäß unterhalb von a abtrennt und die Kapillare v_1 bis b mit Quecksilber füllt und unten verschließt. Auf die gleiche Weise lassen sich nach Hinzufügung von v_1 auch $v_1 + v_2$ und nach dem Wiederanschmelzen des Gasthermometergefäßes $v_1 + v_2 + V_B$ bestimmen. Oft wählt man auch die einfachere Methode des Auswägens dieser Volumina mit Quecksilber bei der Bezugstemperatur T_B, wobei eine Umrechnung in cm³ nicht erforderlich ist, da nur Volumenverhältnisse in den Bestimmungsgleichungen (64) bis (68) vorkommen.

Thermische Ausdehnung des Gefäßmaterials

Eine wesentliche Korrektion bei der Volumenbestimmung ist durch die thermische Ausdehnung des Gasthermometergefäßes bedingt. Sie tritt in den Gleichungen (64), (67) und (68) als Volumenverhältnis V_T/V_B bzw. als V_t/V_B bei den entsprechenden CELSIUS-Temperaturen auf. Um dieses Verhältnis bestimmen zu können, muß die lineare thermische Ausdehnung des Thermometergefäßes oder eines Probekörpers aus demselben Material gemessen werden. Auf Tabellenwerte sollte man sich bei hohen Genauigkeitsanforderungen wegen möglicher geringer Materialverschiedenheiten nicht verlassen.

Die lineare thermische Ausdehnung kann definiert werden durch die Beziehung

$$l_t = l_0(1 + \alpha_t), \tag{69}$$

worin $\alpha_t = (l_t - l_0)/l_0 = \Delta l/l_0$ die auf l_0 bezogene lineare Ausdehnung des Materials bei Erwärmung von t_0 (Eispunkt) auf t bedeutet.

Aus Gleichung (69) folgt für die thermische Volumenausdehnung

$$V_t = V_0(1 + \alpha_t)^3 \quad \text{oder} \quad V_t/V_0 = (l_t/l_0)^3 = (1 + \alpha_t)^3 . \tag{70}$$

Wenn α_t als Funktion von t bekannt ist, kann auch $V_t/V_B = V_t/V_0 ; V_B/V_0$ berechnet werden.

In Tabelle 3 sind die relativen Volumenänderungen $\Delta V/V_0 = (V_t - V_0)V_0$ für drei in letzter Zeit häufig verwendete Gefäßmaterialien eingetragen. Da das Volumenverhältnis V_T/V_B bzw. V_t/V_B als Faktor in die Temperaturmessung eingeht, gibt 100 $\Delta V/V_0$ die Korrektion, die wegen der Volumenausdehnung des Gefäßmaterials an den gasthermometrischen Messungen anzubringen ist, in Prozenten der absoluten Temperatur an für den Fall, daß die Bezugstemperatur $T_B = T_0 = 273{,}15$ K ist. Die Korrektion beträgt z. B. bei 1000 °C = 1273 K und bei einem Gefäß aus der angegebenen Platin-Iridium-Legierung 2,91% von 1273 K = 37,0 K. Von ähnlicher Größe ist auch die thermische Ausdehnung der gebräuchlichen Platin-Rhodium-

Tabelle 3. Thermische Volumenausdehnung von Gefäßmaterialien

t °C	$100 (V_t - V_0)/V_0$		
	Cu [2]	80 Pt [3] 20 Ir	Quarzglas [4]
− 250	−0,87	—	+0,023
− 200	−0,82	—	+0,008
− 100	−0,47	—	−0,005
0	0,00	0,00	0,000
+ 25	+0,13	+0,06	+0,003
+ 100	—	+0,25	+0,015
+ 200	—	+0,51	+0,035
+ 500	—	+1,34	+0,084
+1000	—	+2,91	+0,142

Legierungen. Das bedeutet, daß bei diesen Materialien die thermische Ausdehnung auf 0,1% genau bekannt sein muß, wenn man eine Meßunsicherheit von ±0,04 K bei 1000 °C erreichen will. Bei Quarzglas dagegen beträgt die Korrektion bei derselben Temperatur nur 1,8 K.

Mit Annäherung an den absoluten Nullpunkt nehmen die Ausdehnungskoeffizienten der festen Stoffe den Wert Null an. Nach Feststellung von W. H. KEESOM [5] scheint auch Quarzglas, das sich zwischen −200 °C und −250 °C anomal verhält, hiervon keine Ausnahme zu machen.

2. Abweichung vom idealen Gaszustand

Eine weitere Korrektion bei gasthermometrischen Messungen ist wegen der Abweichung realer Gase von dem Verhalten des idealen Gases notwendig. Man kann den dadurch bedingten Fehler eliminieren, indem man die Ergebnisse der Messungen bei verschiedenen Anfangsdrücken auf den Druck Null extrapoliert, doch entspricht die dabei erreichbare Genauigkeit nicht immer den Erwartungen. Besser ist eine Berechnung der Korrektion mit Hilfe der zweiten Virialkoeffizienten der Gase, die auf andere Weise im allgemeinen genügend genau bestimmt werden können.

Tabelle 4. Zweite Virialkoeffizienten von Helium, Argon und Stickstoff

t °C	$10^3 \varkappa_t$ in bar^{-1}		
	He [6]	Ar [7]	N$_2$ [7]
− 250	−0,010	—	—
− 200	+0,439	—	—
− 100	+0,533	—	—
0	+0,522	−0,942	−0,443
+ 25	+0,517	−0,693	−0,206
+ 100	+0,502	−0,171	+0,289
+ 200	+0,485	+0,239	+0,677
+ 500	—	+0,770	+1,173
+1000	—	+1,036	+1,399

In Tabelle 4 sind die zweiten Virialkoeffizienten $\varkappa_t$ (vgl. II A 1) von drei gebräuchlichen Gasen in Abhängigkeit von der Temperatur eingetragen. Der Einfluß der zweiten Virialkoeffizienten $\varkappa_B$ und $\varkappa_t$ auf die gasthermometrischen Messungen hängt von der angewandten Methode, von der Art des Thermometergases und vom Maximaldruck im Zustand I oder II ab (vgl. II A). Die dadurch bedingte Korrektion ist bei den beschriebenen drei Meßmethoden, bei den Gasen Helium, Argon und Stickstoff sowie bei einem Maximaldruck von 1 bar im gesamten Temperaturbereich mit wenigen Ausnahmen kleiner als 0,1 % der zu messenden absoluten Temperatur T. Bei den heutigen Genauigkeitsanforderungen genügt es daher im allgemeinen, wenn die zweiten Virialkoeffizienten mit einer Unsicherheit von 1 % bekannt sind. Daraus folgt auch, daß die dritten Virialkoeffizienten, die um mehr als zwei Zehnerpotenzen kleiner sind als die zweiten, im allgemeinen vernachlässigt werden können.

3. Sonstige Fehlerquellen

Nachfolgend sei noch auf einige Fehlerquellen hingewiesen, die bei Messungen höchster Präzision durch geeignete experimentelle Maßnahmen beseitigt oder durch entsprechende Korrektionen berücksichtigt werden müssen.

Elastische Dehnung der Gefäße

Die elastische Dehnung des Gasthermometergefäßes — ebenso auch des Gefäßes mit dem veränderlichen Gasvolumen V_x (Abb. 4) — durch Über- oder Unterdruck kann im allgemeinen nicht ganz vernachlässigt werden, obwohl sie nur eine untergeordnete Rolle spielt. Die Volumenänderung durch einseitigen Druck kann bei Gefäßen aus Glas oder Quarzglas durch Ausmessung des Volumens mit Quecksilber ermittelt werden. Sie liegt bei Zimmertemperatur in der Größenordnung von 0,4 bis $0{,}8 \cdot 10^{-4}$ bar^{-1} (die Kompressibilität des Quecksilbers beträgt $0{,}4 \cdot 10^{-5}$ bar^{-1}). Bei starkwandigen Gasthermometergefäßen aus Kupfer, die bei tiefen Temperaturen verwendet werden, dürfte die elastische Dehnung noch wesentlich kleiner sein, zumal sie mit sinkender Temperatur abnimmt. Bei höheren Temperaturen dagegen muß mit einer starken Zunahme der elastischen Dehnung gerechnet werden. Aus diesem Grund ist man dazu übergegangen, diese Fehlerquelle auf experimentellem Weg gänzlich auszuschalten, indem man das Gasthermometergefäß mit einem Mantel aus demselben Material umgibt, so daß außen derselbe Druck hergestellt werden kann wie im Innern (vgl. Abb. 5).

Aerostatische Druckkorrektion

Eine kleine, durch das Schwerefeld bedingte Korrektion, die bei älteren Messungen oft vernachlässigt wurde, ist dann erforderlich, wenn zwischen den Schwerpunkten der maßgebenden Gefäßvolumina (V_T und V_x in Abb. 4) und der Stelle, an der der Druck gemessen wird (z. B. Quecksilberoberfläche eines Quecksilbermanometers) ein Höhenunterschied besteht. In diesem Fall übt die Gassäule in der Verbindungskapillare einen zusätzlichen aerostatischen Druck auf die tiefergelegene Stelle aus. Ist die Gasverbindung zwischen Gefäßvolumen und Manometer wie in Abbildung 4 durch eine Membran (als Nullinstrument) getrennt, so müssen die aerostatischen Drücke der Gassäulen beiderseits der Membran entsprechend berücksichtigt werden.

Wird der Druck am oberen Ende einer Gassäule von der Höhe h mit p bezeichnet, so herrscht am unteren Ende der Druck $p + \Delta p = p(1 + \Delta p/p)$. $\Delta p/p$ kann mit Hilfe der für ideale Gase geltenden Beziehung

$$\frac{\Delta p}{p} = \frac{h \cdot g}{T_m \cdot R} \cdot M \tag{71}$$

berechnet werden, worin bedeuten: T_m = mittlere Temperatur der Gassäule, g = Erdbeschleunigung, R = Gaskonstante, M = molare Masse.

Die Auswirkung dieser Fehlerquelle auf die Temperaturmessung hängt wesentlich von der Meßmethode und der Versuchsanordnung ab. Sie kann u. U. bei schweren Gasen wie Stickstoff in der Größenordnung von 10^{-4} der zu messenden thermodynamischen Temperatur liegen.

KNUDESEN-*Effekt*

Im Bereich tiefer Temperaturen, insbesondere im Gebiet unterhalb des normalen Siedepunktes von ³Helium (3,2 K), wo man nur noch mit kleinen Gasdrücken arbeiten kann, spielt der KNUDSEN-Effekt eine nicht unbeträchtliche Rolle. Er besteht darin, daß sich der Gasdruck in der kapillaren Zuleitung zum Gasthermometergefäß bei gleichzeitig vorhandenem Temperaturgefälle nicht mehr ausgleicht, wenn die freie Weglänge λ der Gasmoleküle die Größenordnung des Durchmessers $2r$ der Kapillare erreicht. Für den Grenzfall $2r/\lambda \to 0$ gilt die Beziehung $p_1/p_2 = \sqrt{T_1}/\sqrt{T_2}$, wobei p_1 und T_1 sowie p_2 und T_2 auf jeweils die gleiche Stelle der Kapillare bezogen sind. Danach muß der Gasdruck in einem Thermometergefäß, das tiefen Temperaturen ausgesetzt wird, kleiner sein als der am oberen Ende der Kapillare bei Raumtemperatur gemessene Druck. Eingehende Untersuchungen über den Einfluß des KNUDSEN-Effekts auf die gasthermometrischen Messungen und über die Größe der entsprechenden Korrektion in Abhängigkeit von $2r/\lambda$ haben S. WEBER [8] sowie S. WEBER und H. KEESOM [9] durchgeführt.

Da der KNUDSEN-Effekt auch bei größeren Drücken ($2r \gg \lambda$) noch nicht völlig verschwindet, empfiehlt es sich, bei gasthermometrischen Messungen durch einen Kontrollversuch festzustellen, ob er vernachlässigt werden kann. Das ist z. B. bei der in Abbildung 5 dargestellten Glasapparatur dadurch möglich, daß man parallel zur Kapillare a—b ein wesentlich weiteres Glasrohr anbringt, das unterhalb von a mit der Kapillare und oben mit der rechten Seite des Differentialmanometers verbunden wird. Bei Versuchsbedingungen, die den gasthermometrischen Messungen entsprechen, darf das Differentialmanometer keinen Ausschlag zeigen. Andernfalls ist eine entsprechende Korrektion der gasthermometrischen Messungen notwendig.

Gasadsorption

Voraussetzung bei allen gasthermometrischen Messungen ist gemäß Gleichung (63) die Konstanz der Gasmasse in den beiden Meßzuständen I und II. Diese Bedingung ist nur dann hinreichend erfüllt, wenn die an der Wand des Thermometergefäßes adsorbierte Gasmasse im Vergleich zur Gesamtmasse des Gases genügend klein ist oder wenn sie sich beim Übergang vom Zustand I zum Zustand II nicht ändert. Das letztere ist im allgemeinen nie ganz der Fall, denn die an der Oberfläche eines festen Körpers adsorbierte Gasmasse nimmt mit sinkender Temperatur und mit steigendem Druck zu und umgekehrt. Sie hängt außerdem von der Art des Gases und von der Beschaffenheit der festen Oberfläche ab.

Die Gasadsorption macht sich bei gasthermometrischen Messungen besonders im Bereich sehr tiefer Temperaturen, wo man nur mit sehr kleinen Drücken arbeiten kann, störend bemerkbar. W. H. KEESOM und G. SCHMIDT [10] haben im Gebiet unterhalb von 3,56 K die Adsorption von ^{4}Helium an Glas gemessen und ihre Abhängigkeit von Druck und Temperatur angegeben. Sie stellten u. a. fest, daß bei 0,9 K in einem Kugelgefäß von 1 cm Radius und bei einem Druck von 0,033 mbar 2,5% des Gases an der Glaswand adsorbiert werden.

Auch bei höheren Temperaturen kann die Gasadsorption im allgemeinen nicht ganz vernachlässigt werden. Bei gasthermometrischen Präzisionsmessungen muß man sich zumindest vergewissern, daß ihr Einfluß innerhalb der anzugebenden Fehlergrenze liegt. Das kann z. B. durch Änderung des Verhältnisses zwischen Gefäßoberfläche und Gefäßvolumen, durch Verwendung verschiedener Thermometergase oder durch Anwendung verschiedener gasthermometrischer Methoden geschehen.

Bei hohen Temperaturen muß außerdem mit einer zeitlich ziemlich konstanten Gasabgabe des Gefäßmaterials (z. B. bei Quarzglas) gerechnet werden, die auch nach längerem Ausheizen unter Vakuum nicht vollständig verschwindet. Diese Gasabgabe kann bei der Methode konstanter Gefäßtemperatur leicht festgestellt und bei den Messungen berücksichtigt werden (s. II A 4).

D Spezielle Meßanordnungen

Von den zahlreichen Ausführungsformen gasthermometrischer Apparaturen, die seit der Jahrhundertwende entstanden sind [11], seien hier nur einige neuere Meßanordnungen etwas näher beschrieben, die gegenüber den üblichen und im Prinzip unter II A aufgeführten Meßverfahren gewisse Besonderheiten aufweisen.

So können z. B. mit der von H. MOSER und Mitarbeiter [12] angegebenen Versuchsanordnung die Druckmessungen auf Volumenbestimmungen und diese — durch Auswägen der Volumina mit Quecksilber — letzten Endes auf Wägungen zurückgeführt werden. In Abbildung 5 ist die Meßanordnung in etwas vereinfachter Form dargestellt. So ist z. B. das in der Originalarbeit beschriebene, hochempfindliche Quecksilberdifferentialmanometer durch eine Membran (Mb) ersetzt worden, nachdem heute geeignete Membranen mit einer Empfindlichkeit $\leq 10^{-3}$ mbar und elektronischer Nullanzeige käuflich erworben werden können. Das doppelwandige Gasthermometergefäß mit dem Volumen V_T besteht aus Quarzglas. Seine kapillare Zuleitung ist bei b_1 an die auf der Bezugstemperatur T_B befindliche Glasapparatur angeschmolzen. Das dreiteilige Kapillardifferentialmanometer Md dient zur Feststellung angenäherter Druckgleichheit in den verschiedenen Teilvolumina der Apparatur, während eine sehr genaue Einstellung gleichen Gasdrucks in den Volumina $V_T + V_x$ und V_y mit Hilfe der Membran möglich ist. Zur Druckregulierung kann der Quecksilberspiegel in den Glasgefäßen mit den Volumina V_x, V_y und V_z gesenkt oder gehoben werden, indem man eine entsprechende Quecksilbermenge in die Vorratsgefäße R_1, R_3 und R_4 abfließen läßt oder von diesen aus hochdrückt. Die damit verbundenen Änderungen der Gas-

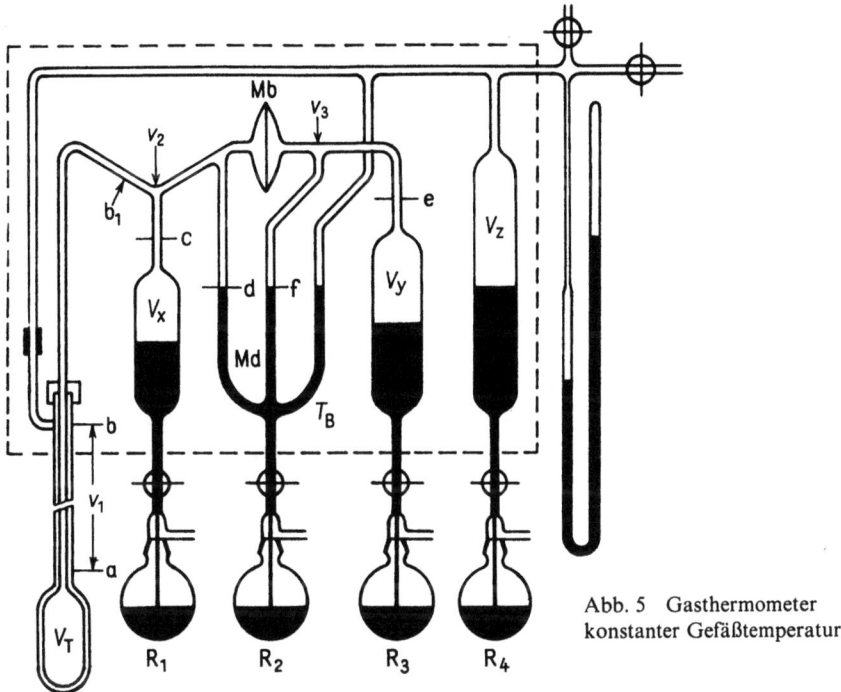

Abb. 5 Gasthermometer konstanter Gefäßtemperatur

volumina sind den ein- oder ausfließenden Quecksilbermassen bei der Bezugstemperatur T_B proportional, die durch Differenzwägung sehr genau bestimmt werden können.

Das Volumen des Gasthermometergefäßes V_B bei der Temperatur T_B sowie die „schädlichen Volumina" v_1 (von a bis b), v_2 (zwischen b, c, d und der Membran in Nullage) und v_3 (zwischen e, f und der Membran) können durch Ausmessen mit Quecksilber oder z. T. auch gasvolumetrisch sehr genau bestimmt werden. Man erkennt, daß alle Teile der Apparatur evakuiert und mit demselben Gas gefüllt werden können, wenn das Quecksilber in dem Differentialmanometer Md in das Vorratsgefäß R_2 abgelassen wird.

Die in Abbildung 5 dargestellte Apparatur war in erster Linie für die Verwirklichung der Methode konstanter Gefäßtemperatur bestimmt. Sie eignet sich auch, wie man leicht feststellen wird, zur Realisierung der Methoden konstanten Volumens und konstanten Drucks. Bei der letzteren muß das Gasvolumen V_y konstant gehalten werden. Bei den Methoden konstanter Gefäßtemperatur und konstanten Volumens ist das in den Gleichungen (64) und (67) vorkommende Druckverhältnis p_2/p_1 gegeben durch

$$\frac{p_2}{p_1} = \frac{(V_{y1} + v_3)}{(V_{y2} + v_3)} \cdot \left[1 + \varkappa_B \frac{T_0}{T_B} (p_2 - p_1)\right], \tag{72}$$

wobei V_{y1} auf den Druck p_1 und V_{y2} auf den Druck p_2 bezogen ist.

Da sich für alle Volumina, die in den Gleichungen (64) bis (68) vorkommen, die Quecksilbermassen, die sie bei der Bezugstemperatur T_B aufnehmen können, direkt oder indirekt — gasvolumetrisch — durch Vergleich mit bekannten Volumina (Quecksilbermassen) bestimmen lassen und da in diesen Gleichungen nur Volumenverhältnisse auftreten, kann die Temperaturmessung, wie bereits erwähnt, letzten Endes auf Massenbestimmungen (Wägungen) zurückgeführt werden. Lediglich für die Berechnung der durch den zweiten Virialkoeffizienten bedingten Korrektion ist eine angenäherte Kenntnis des Drucks erforderlich, für dessen Bestimmung ein einfaches Quecksilbermanometer ausreicht. Schließlich sei noch darauf hingewiesen, daß sich die beschriebene Apparatur insbesondere für Messungen bei höheren Temperaturen eignet, wobei es wichtig ist, daß der äußere Druck auf das Gasthermometergefäß dem Innendruck annähernd gleich gemacht werden kann.

Für den Bereich tiefer Temperaturen haben D. N. Astrov und Mitarbeiter [13] eine Meßanordnung ohne „schädliches Volumen" angegeben, bei der alle durch dieses Volumen bedingten Korrektionen wegfallen. Sie erreichen den Vorteil dadurch, daß sie oben am Gasthermometergefäß in geeigneter Weise eine Membran anbrachten, die aus einer Bronzefolie von 0,03 mm Dicke und 36 mm Durchmesser bestand und deren Abweichung von der Nullage kapazitiv bestimmt werden konnte. Die Autoren geben an, daß die Unsicherheit der Druckmessung $\pm 0,01$ mbar beträgt entsprechend einer Abweichung der Membran von der Nullage von $\pm 0,002$ mm und einer dadurch bedingten Unsicherheit des Volumens V_T (≈ 66 cm^3) von $10^{-3}\%$. An der Druckmessung selbst ist gegebenenfalls lediglich eine Korrektion wegen des aerostatischen Druckunterschiedes zwischen Membran und Manometer anzubringen. Der Knudsen-Effekt kann sehr klein gehalten werden, weil das Verbindungsrohr zum Manometer einen größeren Durchmesser haben darf.

Auf die Möglichkeit, die durch das „schädliche Volumen" bedingte Korrektion in einfacher Weise experimentell zu bestimmen, haben T. Mochizuki und Mitarbeiter [14] hingewiesen. Dazu muß man in die kapillare Zuleitung zum Gasthermometergefäß — bei oder unterhalb der Marke a in Abbildung 4 — ein Ventil einschalten, das in definierter Weise eine Trennung der Verbindung zwischen Gasthermometergefäß und schädlichem Volumen $v_1 + v_2$ ermöglicht. Vergrößert man dieses Volumen (ausgehend von $V_x = 0$) bei geschlossenem Ventil um V_x (einem Vielfachen von $v_1 + v_2$), wobei der Druck von p_2 auf p_1 abnehmen möge, so kann die beim Druck p_2 im schädlichen Volumen befindliche Gasmasse auch ohne Kenntnis der mittleren Temperatur T_m des Volumens v_1 mit Hilfe der Gleichung (62) genügend genau berechnet werden. Führt man diese Bestimmung unter denselben Bedingungen durch, die in den Zuständen I und II der gasthermometrischen Messungen bei geöffnetem Ventil vorhanden sind, so kann auch die Korrektion k_2 [Gl. (66)] berechnet werden. Schließlich sei noch auf neuere Untersuchungen von L. A. Guildner und Mitarbeiter [15] hingewiesen, die sich besonders mit der Gasadsorption am Gasthermometergefäß und ihrer Beseitigung befaßt haben. Das von den Autoren benutzte Gasthermometer konstanten Volumens besitzt ein Gefäß aus einer Platin-Rhodium-Legierung (12% Rh). Dieses konnte durch sehr langes Evakuieren so vorbehandelt werden, daß nach der Füllung mit hochreinem Helium keine Ad- oder Desorptionseffekte bei mäßig hohen Temperaturen zu beobachten waren.

Literatur

[1] Barber, C. R., Temperature, its measurement and control. III, 1. Reinhold Publishing Corporation, New York, 1962, S. 103
[2] Rubin, T., H. W. Altmann und H. L. Johnston, Phys. Rev. 76 (1954)

[3] Henning, F., Wärmetechnische Richtwerte, VDI-Verlag, Berlin 1938
[4] Otto, J., und W. Thomas, Z. Phys. *175* (1963) 337
[5] Keesom, W., Comm. Leiden *234b* (1933/34)
[6] Otto, D'Ans-Lax, Taschenbuch f. Chemiker und Physiker. Springer Verlag 1967, S. 860
[7] Thomas, W., Z. Phys. *147* (1957) 92
[8] Weber, S., Comm. Leiden *71b* (1922)
[9] Weber, S., und H. Keesom, Comm. Leiden *233b* (1932)
[10] Keesom, W. H., und G. Schmidt, Comm. Leiden *226b* (1933)
[11] Preston-Thomas, H., und C. G. M. Kirby, Metrologia *4–1* (1968) 30 (Gasthermometrie von −183 °C bis 100 °C)
Moser, H., Metrologia, *1–2* (1965) 67 (Gasthermometrie bei höheren Temperaturen)
[12] Moser, H., J. Otto und W. Thomas, Z. Phys. *147* (1957) 59; *147* (1957) 76; *175* (1963) 327; *206* (1967) 223
[13] Astrow, D. N., A. S. Borovik-Romanow, M. P. Orlova und P. G. Streikow, Jzmeritelnaja Tekhnika *11* (1959) 876; Temperature, its measurement and control. III, 1, New York 1962, S. 113
Orlova, M. P., und D. N. Astrov, Comité Consultativ de Thermometrie. 7. Session, Annexe 18, Paris 1964
[14] Mochizuki, T., K. Mitsui, M. Takakshu und T. Shiratori, Comité Consultativ de Thermometrie. 8. Session, Annex Paris 1966
[15] Guildner, L. A., R. L. Anderson und R. E. Edsinger, Temperature, its measurement and control. IV, 1. Instr. Society of America, Pittsburgh 1972, S. 313
Guildner, L. A. und R. E. Edsinger, Journ. of Research of the NBS, A. Physics and Chemistry, *77A* (1973) 383

III. Flüssigkeits- und Metallausdehnungsthermometer

A Flüssigkeitsthermometer

Von allen Flüssigkeitsthermometern nehmen die *Quecksilberthermometer* den ersten Platz ein. Sie vereinen den Vorzug erheblicher Reproduzierbarkeit mit großer Einfachheit der Ablesung und zeichnen sich vor den elektrischen Temperaturmeßgeräten dadurch aus, daß sie keinerlei Hilfsapparaturen benötigen. Alles, was für sie gilt, trifft mit geringen Einschränkungen auch für die übrigen Flüssigkeitsthermometer zu.

Bis zur Einführung der ersten Internationalen Temperaturskala im Jahre 1927 spielte das Quecksilberthermometer noch eine führende Rolle in der Temperaturmessung; bisweilen bildete es sogar deren praktische Grundlage (vgl. I A 1). Umfangreiche Untersuchungen um die letzte Jahrhundertwende befaßten sich mit sog. Mutterteilungen von Quecksilberstabthermometern. Man berechnete für jedes Thermometerglas eine Tabelle, aus der zu entnehmen war, wie die Teilstriche bei genau kalibrischer Kapillare angebracht werden müssen, damit sie vollen Graden entsprechen [1]. Es ist auch viel Zeit darauf verwendet worden, die Kaliberfehler der Thermometerkapillaren aus der Länge eines an verschiedenen Stellen der Kapillare gebrachten Quecksilberfadens zu bestimmen. Heute zieht man es vor, die Quecksilberthermometer bei einer Reihe von Temperaturen über ein geeichtes Normalthermometer oder direkt durch Vergleich mit einem Platinwiderstandsthermometer an die Internationale Praktische Temperaturskala anzuschließen [2].

1. Hauptformen und Werkstoffe

Stab- und Einschlußthermometer

Die Flüssigkeitsthermometer bestehen aus einem vollständig mit der Thermometerflüssigkeit gefüllten „Gefäß", das aus einem geeigneten Thermometerglas gefertigt ist, einer sich anschließenden Kapillare aus dem gleichen Werkstoff, die je nach der Temperatur des Gefäßes mehr oder weniger mit der Thermometerflüssigkeit gefüllt ist, und einer Skala, auf der der Stand der Quecksilberkuppe in der Kapillare abgelesen werden kann. Das Gefäß hat meist zylindrische Gestalt, die gegenüber der Kugelform, wegen der verhältnismäßig größeren Oberfläche und des damit verbundenen besseren Wärmeaustausches mit der Umgebung vorzuziehen ist.

Man unterscheidet Stab- und Einschlußthermometer. Bei den *Stabthermometern* (Abb. 6a) ist die Kapillare so dickwandig, daß auf ihrer Oberfläche die Teilung angebracht werden kann. Bei den *Einschlußthermometern* (Abb. 6b) sind die dünnwandige Kapillare und eine auf Milchglas oder Metall aufgebrachte Skala in ein Umhüllungsrohr eingeschlossen. Der Skalenkörper ist mit dem oberen Ende des Umhüllungsrohres fest verbunden, so daß er die Möglichkeit hat, sich nach unten frei auszudehnen. Am oberen Ende der Kapillare befindet sich die Erweiterung E_1, die eine gewisse Aus-

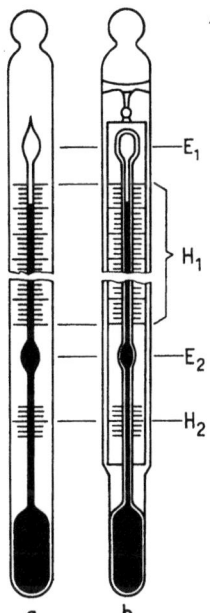

Abb. 6 *a* Stabthermometer, *b* Einschlußthermometer

dehnung der Thermometerflüssigkeit über den vorgesehenen Meßbereich hinaus zuläßt und bei Quecksilberthermometern für höhere Temperaturen mit einem inerten Gas von bestimmtem Druck gefüllt sein muß. Umfaßt die Hauptskala nicht auch den Bereich um 0 °C, so empfiehlt es sich, zur Kontrolle des Eispunktes eine kurze Hilfsskala H_2 anzubringen und zwischen dieser und der Hauptskala H_1 eine entsprechende kapillare Erweiterung E_2 vorzusehen.

Thermometergläser

Nicht jedes Glas eignet sich für die Herstellung von Flüssigkeitsthermometern. Maßgebend für gute thermometrische Eigenschaften ist in erster Linie eine *geringe Eispunktdepression* nach vorangegangener Erwärmung. Wird ein gut gealtertes Flüssigkeitsthermometer (s. auch III A 3) längere Zeit (12 bis 24 Stunden) auf der Temperatur 0 °C gehalten, so nimmt das Thermometergefäß ein bestimmtes Volumen ein. Wird das Thermometer alsdann auf eine höhere Temperatur (z. B. 100 °C) gebracht und danach rasch wieder auf 0 °C abgekühlt, so geht die thermische Ausdehnung nur langsam (nach vielen Stunden) wieder zurück, d. h., unmittelbar nach der Abkühlung wird ein vergrößertes Gefäßvolumen und damit eine niedrigere Anzeige am Eispunkt (Eispunktdepression) beobachtet. Diese kann nach Erwärmung auf 100 °C bei Quecksilberthermometern, die aus gewöhnlichen Gläsern hergestellt sind, 0,2 bis 0,6 °C betragen. WIEBE und SCHOTT stellten fest, daß Gläser, die Natrium- und Kaliumoxid in etwa gleicher Menge enthalten, besonders hohe Depressionen aufweisen, daß aber Gläser, die nur eines der beiden Oxide enthalten, fast nachwirkungsfrei sind. Selbst kleine Beimengungen von Kaliumoxid und Natriumoxid vergrößern nach F. GRÜTZMACHER [3] die Depression erheblich.

Von einem guten Thermometerglas wird verlangt, daß die Eispunktdepression (nach Erwärmung auf 100 °C) eines aus diesem Glas hergestellten Quecksilberthermometers

0,05 °C nicht überschreitet. Außerdem sollten die Thermometerkapillaren hinsichtlich ihrer hydrolytischen Widerstandsfähigkeit mindestens der 3. hydrolytischen Klasse nach DIN 12111 entsprechen. Insbesondere bei Maximumthermometern mit Abreißvorrichtung (z. B. Fieberthermometern) hat sich gezeigt, daß sie mit der Zeit ihre Zuverlässigkeit einbüßen, wenn die Kapillaren aus einem Glas mit schlechteren hydrolytischen Eigenschaften gefertigt sind.

Außerdem wird ein Thermometerglas durch die obere Grenze seines Verwendungsbereichs charakterisiert, die genügend unterhalb der Erweichungstemperatur liegen muß. So können z. B. das Jenaer Normalglas 16^{III} bis 460 °C, das grünlich gefärbte Supremaxglas bis 625 °C und Quarzglas bis über 1000 °C für thermometrische Zwecke verwendet werden. Für eichfähige Thermometer bestehen in einigen Ländern bestimmte Vorschriften hinsichtlich des Thermometerglases, die etwa den obigen Bedingungen entsprechen.

Thermometerflüssigkeiten

Von allen Thermometerflüssigkeiten wird Quecksilber weitaus am häufigsten benutzt. Sein Anwendungsbereich ist nach unten durch den Erstarrungspunkt bei −38,8 °C und nach oben durch die starke Zunahme des Dampfdrucks begrenzt, der bei 800 °C etwa 100 bar beträgt. Ist die obere Erweiterung eines Quecksilberthermometers evakuiert, so kann sich schon bei mäßig hohen Temperaturen durch Verdampfung ein oft kaum sichtbarer Belag an den kalten Stellen der Kapillare und der oberen Erweiterung bilden. Es empfiehlt sich daher, derartige Thermometer von Zeit zu Zeit zu kippen und das Quecksilber in der oberen Erweiterung zu sammeln. Bei Thermometern mit einem Meßbereich über 150 °C muß der Raum oberhalb der Quecksilberkuppe stets ein inertes Gas (z. B. Stickstoff oder Argon) enthalten, dessen Druck höher ist als der Dampfdruck des Quecksilbers bei der höchsten Gebrauchstemperatur. Für Temperaturen bis 500 °C muß man bereits Drücke von 10 bis 20 bar anwenden. Quecksilberthermometer aus Quarzglas mit einer Druckfüllung über 100 bar sind bereits für Temperaturen bis 800 °C hergestellt worden. Praktisch ist die obere Temperaturgrenze durch die Haltbarkeit des Glases gegeben, wobei dickwandige Stabthermometer gegenüber Einschlußthermometern den Vorzug verdienen. Bei allen „hochgradigen" Quecksilberthermometern ist stets auf Explosionsgefahr zu achten. Für die Füllung von Quecksilberthermometern mit einem Gas von bestimmtem Druck sind von G. Lips [4] und von H. Moser [5] geeignete Vorrichtungen oder Verfahren angegeben worden.

Hochgradige Thermometer aus Quarzglas ohne oder mit nur geringem Gasdruck hat man hergestellt, indem man nach dem Vorschlag von G. Boyer [6] das Quecksilber durch Gallium ersetzte, dessen Schmelzpunkt bei 29,8 °C und dessen Siedepunkt bei etwa 1700 °C liegt. Dieses Metall hat die Eigenschaft, daß es sich im reinen Zustand weit unterkühlen läßt und auch bei 0 °C noch flüssig bleibt. Sein kubischer Ausdehnungskoeffizient beträgt $5,5 \cdot 10^{-5}$ K^{-1} und ist damit wesentlich kleiner als derjenige von Quecksilber ($1,8 \cdot 10^{-4}$ K^{-1}). Gallium oxidiert leicht an Luft und haftet dann am Glas. Daher wird eine Füllung unter Wasserstoff empfohlen.

Im Bereich tiefer Temperaturen hat sich ein von N. S. Kurnakov und N. A. Puschin [7] aufgefundenes Quecksilber-Thallium-Eutektikum mit 8,5% Thallium, das etwa um 20 °C tiefer erstarrt als Quecksilber, nach H. Moser [8] vorzüglich als Thermometerflüssigkeit bis −59 °C bewährt und im Wetterdienst weitgehend Eingang gefunden. Da das Eutektikum sehr leicht oxidiert, verlangt die Füllung der Thermometer besondere Vorsichtsmaßnahmen. Werden diese beachtet, so ist in den thermometrischen Eigenschaften praktisch kein Unterschied gegenüber Quecksilberthermometern zu erkennen.

Für noch tiefere Temperaturen kommen nur nichtmetallische Flüssigkeiten als Thermometerfüllung in Frage. Bis —90 °C eignet sich reines Toluol, bis —110 °C Äthylalkohol. Bis zur Temperatur der flüssigen Luft bleiben nach F. KOHLRAUSCH [9] Petroläther, der durch Fraktionieren auf einen Siedepunkt von 15 °C gebracht ist, oder nach R. ROTHE [10] besser noch technisch reines Pentan mit einem Siedepunkt um etwa 30 °C hinreichend flüssig. Chemisch reines Pentan wird bereits bei —130 °C fest. In letzter Zeit sind auch bestimmte organische Polyoxane und organische Phosphate (auch für Temperaturen oberhalb von 0 °C bis +150 °C) vorgeschlagen worden [11].

Alle hier genannten organischen Flüssigkeiten haben zwar einen erheblich größeren kubischen Ausdehnungskoeffizienten als Quecksilber, sie besitzen jedoch eine schlechtere Wärmeleitfähigkeit und benetzen das Glas. Man muß damit rechnen, daß ein Teil der Flüssigkeit bei der Abkühlung des Thermometers an der Kapillarwand hängenbleibt und erst nach und nach herabsinkt, so daß sich der Meniskus allmählich hebt.

Benetzende Thermometerflüssigkeiten sind außerdem meist farblos. Um die Ablesung zu erleichtern, hat man ihnen oft einen Farbstoff zugesetzt, jedoch bisweilen festgestellt, daß sich der Flüssigkeitsfaden entfärbt oder daß der Farbstoff sich in störender Weise in der Kapillare absetzt oder gar als Katalysator für die Polymerisation Dichteänderungen der organischen Flüssigkeit bewirkt. Es ist daher vorteilhafter, farblose Flüssigkeiten zu verwenden und die Färbung des Fadens auf andere Weise zu erzeugen. Zu diesem Zweck bringt man nach SIEBERT und KÜHN [12] hinter der Kapillare einen schmalen Farbstreifen an, der infolge der Linsenwirkung des mit Flüssigkeit gefüllten Teils der besonders geformten Kapillare etwa auf das Doppelte verbreitert erscheint, während er bei leerer Kapillare infolge von Totalreflektion nicht gesehen werden kann. Die Wirkung ist die gleiche, als wenn die Flüssigkeit selbst gefärbt wäre.

2. Spezielle Bauarten von Flüssigkeitsthermometern

Entsprechend der vielseitigen Anwendung der Flüssigkeits-, insbesondere der Quecksilberthermometer, ist deren Typenzahl sehr umfangreich. Soll ein großer Temperaturbereich bei größerer Empfindlichkeit umfaßt werden, so empfiehlt es sich, diesen Bereich auf mehrere Thermometer derart zu verteilen, daß sich die Bereiche ergänzen. So sind für den Laboratoriumsgebrauch, z. B. für fraktionierte Destillation oder für Molmassenbestimmungen, verschiedene, z. T. genormte Thermometersätze in Gebrauch, die im allgemeinen den in Abbildung 6 dargestellten Hauptformen entsprechen. Einschlußthermometer mit besonders feiner Einteilung (0,01 °C/Skalenteil) sind z. B. als Kalorimeterthermometer oder als Hypsometer bekannt. Die letzteren dienen als Siedethermometer zur Bestimmung des Luftdrucks und können auch in Millibar geteilt sein. Ferner seien erwähnt: Spezialthermometer für tiefe und hohe Temperaturen, Psychrometerthermometer zur Bestimmung der Luftfeuchtigkeit, Erdboden- und Insolationsthermometer sowie Fieberthermometer. Einige weitere Typen, die sich in

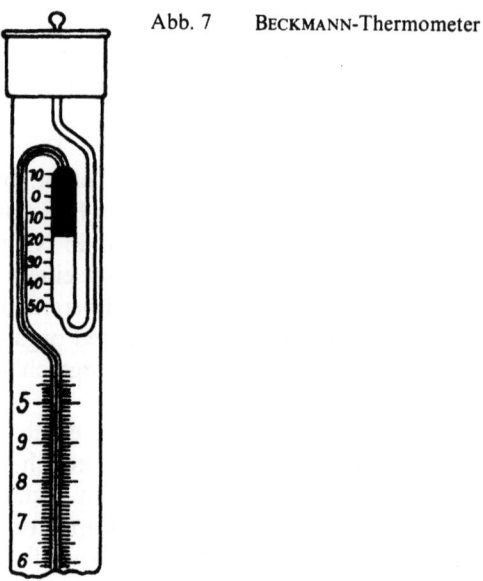

Abb. 7 BECKMANN-Thermometer

ihrer Bauart mehr von den Grundformen in Abbildung 6 unterscheiden, sollen nachfolgend etwas ausführlicher behandelt werden.

Einstellthermometer

Bei diesen Thermometern, von denen das BECKMANN-Thermometer als das bekannteste zu nennen ist, kann man einen Teil des Quecksilbers in eine schleifenförmige, evakuierte Erweiterung am oberen Ende der Kapillare ausfließen lassen und durch Klopfen von der Hauptmenge abtrennen (Abb. 7). Dadurch läßt sich der für die Hauptskala geltende Meßbereich nach höheren Temperaturen — und bei Wiedervereinigung des Quecksilbers auch nach tieferen — verschieben. An der Hilfsskala der oberen Erweiterung kann die Größe der Verschiebung abgelesen werden.

Die Skala von BECKMANN-Thermometern umfaßt im allgemeinen nur 5 °C und ist meist in 0,01 °C geteilt. Wenn man den Meßbereich um a °C nach oben verschiebt, wird der Temperaturwert eines Gradabschnitts der Skala um den Faktor 1 + 0,00016 a größer (bei Quecksilber in Jenauer Glas 16^{III}).

BECKMANN-Thermometer verwendet man in der Hauptsache für kalorimetrische Messungen, bei denen es darauf ankommt, Temperaturdifferenzen relativ zueinander zu bestimmen, z. B. beim Vergleich einer unbekannten Wärmemenge mit einer bekannten elektrischen Energie. In diesem Fall ist eine genau kalibrische Kapillare wichtiger als die genaue Kenntnis des Gradwertes.

Außer für kalorimetrische Zwecke sind Einstellthermometer mit Quecksilberfüllung unter Gasdruck in Gebrauch, bei denen der Meßbereich um Stufen von beträchtlicher Größe nach höheren Temperaturen verschoben werden kann.

Fadenthermometer

Diese Thermometer dienen zur Bestimmung der mittleren Temperatur des herausragenden Fadens eines Hauptthermometers. Sie besitzen zu diesem Zweck ein langgestrecktes Gefäß in Form einer etwas weiteren kalibrischen Kapillare, die etwas länger ist als der herausragende Faden des Hauptthermometers (Abb. 8). Um gleiche Wärmeübertragungsverhältnisse zu gewährleisten, sollte das Gefäß des Fadenthermometers in seiner Dimensionierung und Form dem Teil des Hauptthermometers, der den herausragenden Faden enthält, möglichst entsprechen. Näheres über Form und Anwendung siehe III A 3.

Maximum- und Minimumthermometer

Bei einer bestimmten Art von Maximumthermometern beruht die Wirkungsweise darauf, daß der Quecksilberfaden beim Ansteigen einen kleinen Eisenstift vor sich herschiebt, der bei nachfolgendem Rückgang des Quecksilbers infolge leichter Reibung in der Kapillare hängenbleibt und später durch einen Magneten wieder mit der Quecksilberkuppe in Verbindung gebracht werden kann. Bei einem anderen Verfahren, das z. B. bei Fieberthermometern angwendet wird, reißt der Quecksilberfaden beim Rückgang der Temperatur an einer durch eine Verengung scharf definierten Stelle ab. Er kann durch Schleudern wieder mit der Hauptmasse vereinigt werden.

Minimumthermometer werden nicht mit Quecksilber, sondern mit Alkohol gefüllt. Die Flüssigkeitskuppe nimmt infolge der Kapillarkräfte bei sinkender Temperatur — am zuverlässigsten in horizontaler Lage — ein mit leichter Reibung bewegliches Glasstäbchen mit, an dem bei steigender Temperatur die Flüssigkeit vorüberfließt, ohne es fortzubewegen. Das Glasstäbchen besitzt einen Eisenkern, so daß es mit Hilfe eines Magneten wieder mit der Flüssigkeitskuppe in Verbindung gebracht werden kann.

Besonders bewährt hat sich auch das kombinierte Maximum- und Minimumthermometer mit Alkoholfüllung nach Six. Der Alkoholfaden in der Kapillare findet seine Fortsetzung in einem Quecksilberfaden — an den wiederum Alkohol grenzt —, der an jedem seiner Enden ein kleines, mit einem Eisenkern versehenes Glasstäbchen vor sich herschiebt, das eine beim Anstieg, das andere beim Absinken der Temperatur.

Tiefseeumkippthermometer

Dieses Thermometer dient zur Bestimmung der Meerestemperatur in der Tiefe und beruht darauf, daß der Quecksilberfaden beim Umkippen des Instruments, d. h. wenn man es plötzlich auf den Kopf stellt, an einer durch eine Verengung scharf definierten Stelle der Kapillare abreißt. Dann fließt die abgetrennte Quecksilbermenge, die ein Maß für die Temperatur im Augenblick des Umkippens ist, in ein zweites evakuiertes Gefäß am Ende der Kapillare. Dieses ist so bemessen, daß es nicht die gesamte Quecksilbermenge aufnehmen kann. Ein Teil des Quecksilbers bleibt in der Kapillare stehen, die eine Skala trägt, an der die Temperatur im Augenblick des Umkippens auf etwa $\pm 0{,}01\ °C$ genau abgelesen werden kann. Das Umkippen kann durch eine sinnreiche Vorrichtung, die durch Abgleiten eines Gewichtsstücks längs des Halteseils ausgelöst wird, bewirkt werden.

Kombiniert man zwei Umkippthermometer, von denen das eine durch eine druckfeste Hülle gegen den hydrostatischen Druck des Wassers geschützt ist, während das andere ein offenes Schutzrohr hat, so kann man aus der Differenz Δt zwischen den Angaben beider Thermometer und aus dem für das Gefäß des „ungeschützten" Thermometers geltenden äußeren Druckkoeffizienten auf die Wassertiefe schließen, in der die Temperaturmessung stattfand. Die thermometrische Einstellung des ungeschützten Thermometers in Abhängigkeit vom äußeren Druck wird im Laboratorium bestimmt. Bei den üblichen Umkippthermometern entspricht bei nicht sehr hohen Drucken einem Δt von 1 °C eine Wassertiefe von 80 bis 140 m. Es sind Thermometer für Tiefenmessungen bis 8000 m hergestellt worden, wobei sich die Tiefe auf etwa 10 m genau ermitteln läßt.

Um äußerste Genauigkeit bei der Temperaturmessung zu erreichen, sind entsprechende Korrektionen erforderlich, über die A. SCHUMACHER [13] berichtet hat. Die Trägheit der Umkippthermometer ist beträchtlich. Nach ZENITI YASUI [14] darf zum Ausgleich einer anfänglichen Temperaturdifferenz erst nach einer Wartezeit von etwa 5 Minuten gekippt werden.

Kontaktthermometer

Zur Temperaturregelung werden Quecksilberkontaktthermometer verwendet, bei denen ein elektrischer Kontakt geschlossen (oder geöffnet) wird, wenn eine bestimmte Temperatur erreicht (bzw. unterschritten) ist. Damit kann über ein elektrisches Relais ein Heizstrom aus- oder eingeschaltet werden. Bei der einfachsten Form wird in die obere Erweiterung eines Quecksilberthermometers ein Platinstift eingeschmolzen, dessen Spitze nur wenig in die Kapillare hineinragt, während ein zweiter Draht an einer tieferen Stelle in die Kapillare eingeschmolzen ist. Um nicht an ganz bestimmte Temperaturen gebunden zu sein, sind Kontaktthermometer mit variabler Einstellung konstruiert worden [15], bei denen ein Platindeaht z. B. mit einer magnetisch zu betätigenden Schraubvorrichtung in der Kapillare verschoben werden kann.

Fernthermometer

Die Anzeige solcher Thermometer beruht im allgemeinen auf der Druckänderung, die ein abgeschlossenes — an der Ausdehnung behindertes — Flüssigkeitsvolumen bei Änderung der Temperatur erfährt. Näheres über derartige Druckthermometer siehe IX E 2.

3. Flüssigkeitsthermometer im praktischen Gebrauch, Fehlerquellen

Herausragender Faden

Die größte Genauigkeit erreicht man mit Flüssigkeitsthermometern, die ganz eintauchend geeicht sind und auch so gebraucht werden. Oft läßt es sich jedoch nicht vermeiden, daß ein Teil des Flüssigkeitsfadens aus dem Bereich der zu messenden Temperatur herausragt. Wenn definierte Verhältnisse hinsichtlich der Länge und der mittleren Temperatur des herausragenden Fadens vorliegen — z. B. bei Thermometern, die in Flammpunktprüfer oder Zähigkeitsmesser eingebaut sind —, kommt auch eine Eichung unter diesen Bedingungen in Frage. In anderen Fällen ist eine Umrechnung der Angaben eines ganz eintauchend geeichten Thermometers für den Fall unvollständiger Eintauchtiefe erforderlich. Die entsprechende Korrektion berechnet sich wie folgt.

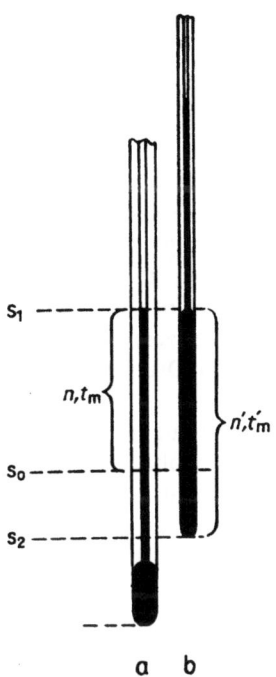

Abb. 8 *a* Quecksilberthermometer; *b* Fadenthermometer

Es sei angenommen, daß ein Quecksilberthermometer (Abb. 8a) in ein gleichmäßig temperiertes Flüssigkeitsbad von der Temperatur t unvollständig (bis s_0) eintaucht. Der herausragende Faden von s_0 bis s_1 besitze die mittlere Temperatur t_m; seine Länge entspreche n Temperaturgraden der Thermometerskala. Bei voller Eintauchtiefe würde das Thermometer eine um

$$\Delta t = \gamma n (t - t_m) \tag{73}$$

höhere Temperatur anzeigen, wobei γ der relative Ausdehnungskoeffizient ist, der in erster Linie von der Thermometerflüssigkeit und in geringerem Maße von der Glassorte und der Temperatur abhängt. γ beträgt z. B. im Temperaturbereich von 0 °C bis 100 °C für Quecksilber in Jenaer Glas 16^{III} 0,000158 K^{-1}, in Supremaxglas 0,000172 K^{-1} und in Quarzglas 0,000181 K^{-1}. Für Kältethermometer, deren Füllung aus Toluol oder Pentan besteht, muß man im Bereich von -100 °C bis 0 °C mit γ-Werten von etwa 0,001 K^{-1} rechnen.

Das Produkt $n(t - t_m)$ in Gl. (73) kann man mit dem von A. MAHLKE [16] angegebenen Fadenthermometer bestimmen (Abb. 8b), dessen Anwendung auch von J. ADAM [17] besonders erprobt wurde. Man bringt das zylindrische Gefäß des Fadenthermometers so neben dem Hauptthermometer an, daß sein oberes Ende bei s_1 steht, während sein unteres Ende bis s_2 in das Flüssigkeitsbad eintaucht. Entsprechen n' Temperaturgrade des Hauptthermometers der Höhendifferenz von s_1 bis s_2 und ist t'_m die vom Fadenthermometer angezeigte mittlere Temperatur, so wird $n(t - t_m) = n'(t - t'_m)$ oder $\Delta t = \gamma n'(t - t'_m)$. Ersetzt man in der letzten Gleichung die Temperatur t des Flüssigkeitsbades durch $t' + \Delta t$ (t' = Temperaturanzeige des Hauptthermometers + Anzeigekorrektion bei voller Eintauchtiefe), so ergibt sich in guter Näherung

die Temperaturkorrektur
$$\Delta t = \gamma n'(t' - t'_m)/(1 - \gamma n') \,. \tag{74}$$

Druckempfindlichkeit

Alle Flüssigkeitsthermometer, besonders die feinen Quecksilberthermometer, sind gegen Druckänderungen empfindlich, weil das Thermometergefäß elastische Volumenänderungen erleidet. Unter sonst gleichen Umständen zeigt das Quecksilberthermometer in vertikaler Lage eine tiefere Temperatur an als in horizontaler Lage. Der Unterschied beträgt etwa $1 \cdot 10^{-4}$ °C, wenn sich der Innedruck um ein mbar ändert. Bei besonders langen Quecksilberthermometern kann die Anzeigeveränderung mehrere Hunderstel Grade ausmachen. Den Einfluß des äußeren Drucks kann man um etwa 10% kleiner als den des inneren Drucks ansetzen.

Sind die Thermometer oberhalb der Quecksilberkuppe mit einem Gas von höherem Druck gefüllt, so kann auch ein störender Druckeinfluß beobachtet werden, wenn sich die Temperatur der oberen Erweiterung ändert. Thermometer mit organischen Flüssigkeiten können gelöste Gase enthalten, die sich nach Temperaturänderungen in wechselnder Menge in der Kapillare oberhalb des Flüssigkeitsminiskus befinden. Dadurch kann der Innendruck der Thermometer in störender Weise geändert werden, wenn sie nicht mit einer genügend großen oberen Erweiterung versehen sind.

Säkularer Anstieg der Thermometeranzeige

Glas ist ein Werkstoff, der erst sehr lange Zeit nach der Verarbeitung zur Ruhe kommt. Im abgekühlten Zustand, d. h., wenn es nicht über Zimmertemperatur erwärmt wird, zieht es sich nach und nach etwas weiter zusammen, so daß das Volumen eines Thermometergefäßes laufend ein wenig geringer wird und somit einen mit der Zeit abnehmenden sog. säkularen Anstieg des Eispunktes verursacht. Diese thermische Nachwirkung kann in ihrem Ausmaß bei einem guten Thermometerglas (vgl. III A 1) durch zweckmäßige Alterung des Thermometers weitgehend herabgesetzt werden. Dazu wird das Instrument vor der Füllung mit der Thermometerflüssigkeit mehrere Stunden auf eine Temperatur erhitzt, die 10 bis 20 °C unterhalb der Erweichungstemperatur des Glases liegt, und danach sehr langsam und später rascher auf Zimmertemperatur abgekühlt. Nähere Angaben über Alterung von Thermometergläsern finden sich bei L. HOLBORN und J. OTTO [18] sowie bei W. HEUSE [19].

Der säkulare Anstieg ist von der Art des Thermometerglases abhängig und beträgt bei gut gealterten Thermometern im 1. Jahr einige Hundertstel Grade, in den nächsten 5 Jahren ebensoviel, um dann weiter abzuklingen. Zur Kontrolle und zur Bestimmung einer Korrektion kann die laufende Beobachtung des Eispunktes dienen.

Eispunktsdepression

Eine wesentlich größere Rolle als der säkulare Anstieg spielt die Eispunktsdepression (s. auch III A 1), die nach rascher Abkühlung eines auf höhere Temperaturen erwärmten Thermometers beobachtet wird und im allgemeinen in wenigen Tagen abklingt. Sie hängt von der Art des Thermometerglases — bei härteren Gläsern ist sie geringer — sowie von der Höhe der Erwärmung ab und liegt bei guten Thermometergläsern meistens unter 0,05 °C nach einer Erwärmung auf 100 °C. Nach einem von W. HEUSE [19] gegebenen Beispiel zeigt ein Thermometer, das nach genügend langer Temperierung bei 0 °C und bei 50 °C keine Korrektion aufweist, −0,01 °C an, wenn es rasch von 50 °C auf 0 °C abgekühlt wird. Nach rascher Abkühlung 500 °C auf 50 °C liefert es die Anzeige 49,50 °C und nach weiterer rascher Abkühlung auf 0 °C die Anzeige −0,51 °C.

Um die Eispunktsdepression als Fehlerquelle möglichst auszuschalten, geht man bei der praktischen Temperaturmessung im allgemeinen so vor, daß man eine Reduktion auf den maximal deprimierten Eispunkt vornimmt, d. h., man betrachtet die Differenz der — wegen der Skalenfehler korrigierten — Anzeigen bei der zu messenden Temperatur und bei 0 °C unmittelbar nach rascher Abkühlung als Temperaturmaß. Voraussetzung ist dabei, daß bei der Eichung ebenso verfahren wurde. Im übrigen ist zu bedenken, daß dieses Verfahren nur bei sehr genauen Temperaturmessungen erforderlich ist und daß bei höheren Temperaturen andere Fehlerquellen oft überwiegen.

Skalenfehler, Grenzen der Meßgenauigkeit

Wie bereits eingangs erwähnt (vgl. III A), ist man heute davon abgekommen, die Skalenfehler von Flüssigkeitsthermometern mit Hilfe einer sog. Mutterteilung „fundamental" zu ermitteln, wozu u. a. bei Quecksilberthermometern auch die Bestimmung der Kaliberfehler durch Verschieben eines kurzen Quecksilberfadens in der Kapillare gehörte. Lediglich wenn es darauf ankommt, mit Kalorimeter oder BECKMANN-Thermometer kleine Temperaturdifferenzen relativ zueinander zu bestimmen, mag das letztere Verfahren noch zweckmäßig sein. Man verläßt sich heute auf das Ergebnis einer amtlichen Eichung oder bestimmt die Skalenfehler z. B. durch Vergleich mit einem geeichten Flüssigkeitsthermometer, wobei man sich darüber im klaren sein muß, daß der Meßgenauigkeit gewisse Grenzen gesetzt sind.

Selbst wenn man von allen bisher beschriebenen Fehlerquellen absieht, die sich nur bis zu einem gewissen Grad vermeiden lassen, läßt sich die Empfindlichkeit von Flüssigkeitsthermometern nicht beliebig steigern. Vergrößert man das Gefäßvolumen bei gleichbleibendem innerem Kapillardurchmesser, so wächst die thermische Trägheit des Thermometers in einem unerwünschten Maß. Verringert man den Kapillardurchmesser bei gleichbleibendem Gefäßvolumen, so können bei Quecksilberthermometern beträchtliche Fehler dadurch entstehen, daß die zunehmenden Kapillarkräfte bei geringen Änderungen des Kapillardurchmessers (Kaliberfehler) oder der Oberflächenbeschaffenheit des Glases starken Schwankungen unterworfen sind. Bei sehr engen Kapillaren kann man daher beobachten, daß das Thermometer einen toten Gang besitzt, d. h. für die gleiche Temperatur höhere oder tiefere Werte liefert, je nachdem, ob ein Sinken oder Steigen des Quecksilberfadens vorausgegangen ist. Diese Erscheinung ist auch schon bei empfindlichen Quecksilberthermometern der normalen Typen zu beobachten. Man soll daher, um den toten Gang herabzusetzen, vor jeder Ablesung das Thermometer vorsichtig klopfen, insbesondere wenn bei sinkender Temperatur beobachtet wird. Aus den genannten Gründen empfiehlt es sich nicht, Quecksilberthermometer mit einer feineren Einteilung als 0,01 °C herzustellen. Über Thermometer mit benetzenden Flüssigkeiten vgl. III A 1.

B Metallausdehnungsthermometer

Stabthermometer [20]

Eine der ältesten Methoden, besonders zur Messung höherer Temperaturen, beruht auf der verschiedenen thermischen Ausdehnung fester Körper. Ein etwa 15 cm langer Metallstab aus nachwirkungsfreiem Material und mit möglichst gleichförmiger Ausdehnung (z. B. Aluminium, Nickel, Nickel-Chrom) wird in einem Rohr mit geringem thermischem Ausdehnungskoeffizienten (z. B. Quarzglas, Porzellan, Invar) verschiebbar angeordnet. Die Differenz der thermischen Ausdehnung von Stab und Rohr (etwa $3{,}3 \cdot 10^{-4}$ cm/K bei Aluminium gegen Quarzglas und bei 15 cm Länge) wird mittels einer mechanischen Hebeleinrichtung stark vergrößert auf einen Zeiger übertragen, der über einer empirisch eingemessenen Skala spielt. Da bei einem solchen Thermometer die durch Temperaturänderungen hervorgerufenen Verstellkräfte bedeutend sind, kann es leicht zu einem Schreibgerät oder zu einem Temperaturregler ausgebaut werden. Mit einer speziellen Anordnung von P. CHEVENARD [21] können z. B. relative Längenänderungen von etwa 10^{-5} gemessen und in Abhängigkeit von der Zeit selbsttätig aufgezeichnet werden. Zu beachten ist, daß eine solche Vorrichtung nur die Integraltemperatur längs des Stabes liefern kann.

Bimetallthermometer

Erhebliche Kräfte, die ebenfalls zur Betätigung sowohl einer Schreib- als auch einer Regelvorrichtung ausreichen, werden durch Temperaturänderungen in einem Bimetallstreifen erzeugt. Dieser besteht aus zwei fest miteinander verlöteten oder aufeinander gewalzten Metallstreifen von möglichst verschiedenem Ausdehnungskoeffizienten (z. B. aus verschiedenen Stahlsorten, von denen die eine Invar ist). Wird das eine Ende eines schmalen geradlinigen Bimetallstreifens von der Länge l und der Dicke d festgelegt, so verschiebt sich das andere bei einer Temperaturänderung Δt senkrecht zur Streifenrichtung um den Betrag

$$\Delta f = a \cdot \frac{l^2}{d} \Delta t . \tag{75}$$

Die Konstante a hängt von den thermischen Ausdehnungs- und Elastizitätskoeffizienten der beiden Metalle ab und ist von der Größenordnung 10^{-5} K^{-1}. Ein breiter Metallstreifen, der zu bevorzugen ist, wenn es sich um die Übertragung großer Kräfte handelt, ist weniger empfindlich als ein schmaler, für den allein die obige Beziehung gilt. Nähere Angaben über Bimetallthermometer finden sich in der einschlägigen Literatur [22].

Häufig hat der Bimetallkörper die Form einer Spirale. Wird deren äußeres Ende festgehalten und am inneren Ende ein Zeiger angebracht, so machen sich Temperaturänderungen in Winkelausschlägen des Zeigers bemerkbar, die der Länge des spiralförmigen geformten Metallstreifens proportional und seiner Dicke umgekehrt proportional sind. W. KEIL [23] konstruierte zur Kontrolle des Ganges von Taschenuhren einen Thermographen mit Bimetallfeder, der selbst nur die Größe einer Taschenuhr hat. A. KASTEN [24] beschreibt „Torsions-Stufen-Thermometer", bei denen zur Erzielung großer Kräfte und Ausschläge mehrere Bimetallfedern miteinander kombiniert werden.

Bimetallthermometer eignen sich für Temperaturmessungen im Bereich von $-30\,°C$ bis $400\,°C$. Wenn sie gut gealtert sind, kann eine Fehlergrenze von 0,5 bis 1,5% des Meßbereichs eingehalten werden.

C Zeitverhalten von Thermometern (Anzeigeträgheit)

Bei jeder Temperaturmessung mit einem Berührungsthermometer ist zu überlegen, wie lange man warten muß, bis das Thermometer die zu messende Temperatur ϑ_s einer homogenen temperierten Substanzmenge richtig anzeigt, wenn es vorher eine andere Temperatur $\vartheta_0 (\vartheta_0 < \vartheta_s)$ besaß und zur Zeit $t = 0$ plötzlich mit der Substanzmenge in thermischen Kontakt gebracht wurde. Es werde zunächst vorausgesetzt, daß die zu messende Temperatur ϑ_s konstant sei und wegen der großen Wärmekapazität der Substanzmenge praktisch keine Änderung durch den Wärmeaustausch mit dem Temperaturfühler von kleiner Wärmekapazität erfahre. Unter dieser Voraussetzung ist die zeitliche Änderung der Temperatur ϑ des Thermometers nach dem NEWTONschen Abkühlungsgesetz der jeweiligen Temperaturdifferenz $\vartheta_s - \vartheta$ proportional

$$\frac{d\vartheta}{dt} = \frac{1}{k}(\vartheta_s - \vartheta) \tag{76}$$

(t = Zeit; k = Zeitkonstante).

Aus Gleichung (76) folgt nach Integration

$$\vartheta_s - \vartheta = (\vartheta_s - \vartheta_0)\,e^{-\frac{t}{k}} \tag{77}$$

und

$$k = t\left[\ln\frac{(\vartheta_s - \vartheta_0)}{(\vartheta_s - \vartheta)}\right]^{-1} = 0{,}434\left[\log\frac{(\vartheta_s - \vartheta_0)}{(\vartheta_s - \vartheta)}\right]^{-1}. \tag{78}$$

Mit Hilfe der Gl. (78) kann die Zeitkonstante k (= Zeit bis zur Verringerung der anfänglichen Temperaturdifferenz $\vartheta - \vartheta_0$ auf den e-ten Teil) aus Beobachtungsdaten berechnet werden. Sie hängt nicht allein von der Konstruktion des Thermometers ab, sondern auch von der Art des Wärmekontakts zwischen dem Temperaturfühler und dem Medium (Substanzmenge), dessen Temperatur gemessen werden soll. So kann z. B. ein dünner Luftspalt zwischen einem festen Medium und dem Temperaturfühler den k-Wert wesentlich erhöhen, während bei einem flüssigen Medium, in das der Temperaturfühler eintaucht, kräftiges Rühren eine umgekehrte Wirkung haben kann. Nach W. HEUSE [25] liegt bei gut gerührten Bädern und Flüssigkeitsthermometern der üblichen Bauart die Zeitkonstante k zwischen 1,5 und 5 s.

Wenn die Zeitkonstante k bekannt ist, kann nach Gl. (78) auch die Zeit berechnet werden, die vergeht, bis die ursprüngliche Temperaturdifferenz $\vartheta_s - \vartheta_0$ auf einen bestimmten Bruchteil abgesunken ist. So findet man z. B., daß sich diese Differenz um die Faktoren $1/2$, 10^{-1}, 10^{-2}, 10^{-3} und 10^{-4} vermindert nach den Zeiten $0{,}69\,k$ (Halbwertszeit), $2{,}3\,k$, $4{,}6\,k$, $6{,}9\,k$ und $9{,}2\,k$.

Wenn sich die zu messende Temperatur des Mediums, in das das Thermometer eintaucht, linear mit der Zeit ändert ($d\vartheta_s/dt = c =$ konst.), so besteht im Endzustand zwischen ϑ_s und der Anzeige ϑ des Thermometers die Temperaturdifferenz $\vartheta_s - \vartheta =$
$= \Delta\vartheta = kc$.

Das obige Rechenverfahren auf der Grundlage des NEWTONschen Abkühlungsgesetzes mit nur einer Konstanten liefert im allgemeinen gute Näherungswerte für die Anzeigeträgheit eines Thermometers. Es ist jedoch nicht mehr anwendbar z. B. bei einem Flüssigkeitsthermometer, das neben dem Hauptgefäß noch eine größere mit Flüssigkeit gefüllte Erweiterung besitzt, weil für diese andere Bedingungen gelten als für das Hauptgefäß. Ähnliches gilt auch für die Flüssigkeit in der Kapillare eines Einschlußthermometers.

Die Frage des Zeitverhaltens von Thermometern verschiedener Art ist von mehreren Autoren eingehend behandelt worden [26]. U. a. werden auch genauere Formeln z. B. für periodische Temperaturänderungen angegeben, wobei auch Thermometer zur Bestimmung der Oberflächentemperatur berücksichtigt wurden.

Literatur

[1] PERNET, J., W. JAEGER und W. GUMLICH, Abh. PTR *1* (1894)
  THIESEN, M., K. SCHEEL und L. SELL, Abh. PTR *2* (1895)
[2] RAHLFS, P., und W. BLANKE, PTB-Prüfregeln, Flüssigkeits-Glasthermometer. Deutscher Eichverlag, Berlin 1967
[3] GRÜTZMACHER, F., Abh. PTR, *3* (1900) 266
[4] LIPS, G., Z. Dtsch. Mech. u. Opt. (1920)
[5] MOSER, H., Phys. Z. *36* (1935) 153
[6] BOYER, G., J. FRANKLIN, Inst *201* (1926) 69
[7] KURNAKOW, N. S., und N. A. PUSCHIN, Z. anorg. Chem. *30* (1902) 86
[8] MOSER, H., Phys. Z. *37* (1936) 885
[9] KOHLRAUSCH, F., Wied. Ann. *60* (1897) 463
[10] ROTHE, R., Z. Instrkde. *24* (1904) 47
[11] TOMPSON, R. D., Temperature, its measurements and control. III, 1, Reinhold Publishing Corporation, New York, 1962, S. 201
[12] Mitt. a. d. Lab. der Dr. Siebert u. Kühn GmbH, Z. Instrkde. *55* (1935) 431; s. auch SCHAD, Meßtechn. *18* (1942) 61
[13] SCHUHMACHER, A., Ann. Hydrograph. *51* (1923) 273
[14] Zenti YASUI, Mém Imp. Marine Obs. Japan *6* (1935) 33
[15] JUCHHEIM, H., Glas u. App. *7* (1926) 148
[16] MAHLKE, A., Z. Instrkde. *13* (1893) 58; *14* (1894) 73
[17] ADAM, J., Z. Instrkde. *27* (1907) 101
[18] HOLBORN, L., und J. OTTO, Z. Instrkde. *46* (1926) 4
[19] HEUSE, W., ATM, J 212 (1943)
[20] HIMMLER, C. R., ATM, J 0631 (1935)
[21] CHEVENARD, P., Journ. de Phys. et le Radium *3* (1932) 264
[22] ROHN, W., Z. Metallkde. *19* (1927) 138
  GRUNDMANN, W., Z. Instrkde. *56* (1936) 26
  BINGEL, J., Arch. Metallkde. *3* (1949) 422
  HEUSE, W., ATM *211-1* (1950)
[23] KEIL, W., Phys. Z. *6* (1935) 529
[24] KASTEN, A., Z. Instrkde. *54* (1934) 274
[25] HEUSE, W., ATM *212-1* (1943)
[26] HANSEN, H., Z. techn. Phys. *5* (1924) 183
  GRÖBER, H., und S. ERK, Die Grundgesetze der Wärmeübertragung. Berlin 1933
  LIENEWEG, F., Reglungstechnik *10* (1962) 159, 260; ATM 340, R 46 (1964)
  HUNSINGER, W., Handbuch der Physik. Bd. 13 (1967), S. 434

IV. Dampfdruckthermometer

A   Allgemeine Bemerkungen und Anwendungsbereich

Mit dem Dampfdruckthermometer wird die Temperatur aus dem Dampfdruck einer Flüssigkeit bestimmt, die mit der Meßstelle in thermischen Kontakt gebracht wird. Da der Dampfdruck mit der Temperatur beschleunigt zunimmt, kann man bei richtiger Anpassung der Flüssigkeit an den Temperaturbereich eine hohe Empfindlichkeit erreichen, so daß die erforderliche Druckmessung mit einfachen Mitteln ausgeführt werden kann. So ändert sich z. B. der Dampfdruck von Sauerstoff in der Nähe des Siedepunktes beim Druck 1 bar um etwa 1000 mbar/K, während die entsprechende Dampfdruckänderung von Wasserstoff etwa 300 mbar/K und von ^{4}Helium etwa 1000 mbar/K beträgt.

Bei hohen Anforderungen an die Meßgenauigkeit werden Dampfdruckthermometer im allgemeinen nur für Drücke bis zu etwa 1200 mbar angewendet, weil dann der Druck mit einem üblichen Quecksilbermanometer ohne großen Aufwand gemessen werden kann. Auch hat man sich bei präzisen Messungen durch Verwendung tiefsiedender Flüssigkeiten immer auf Temperaturen unter 0 °C beschränkt, weil dann keine besonderen Maßnahmen erforderlich sind, um die Kondensation des Dampfes in der Verbindungsleitung zum Manometer bzw. zur Druckübertragungsmembran zu verhindern. Diese Beschränkung in der Anwendung ist kein Nachteil, weil es oberhalb 0 °C andere präzise Temperaturmeßmethoden gibt, die einfacher zu handhaben sind.

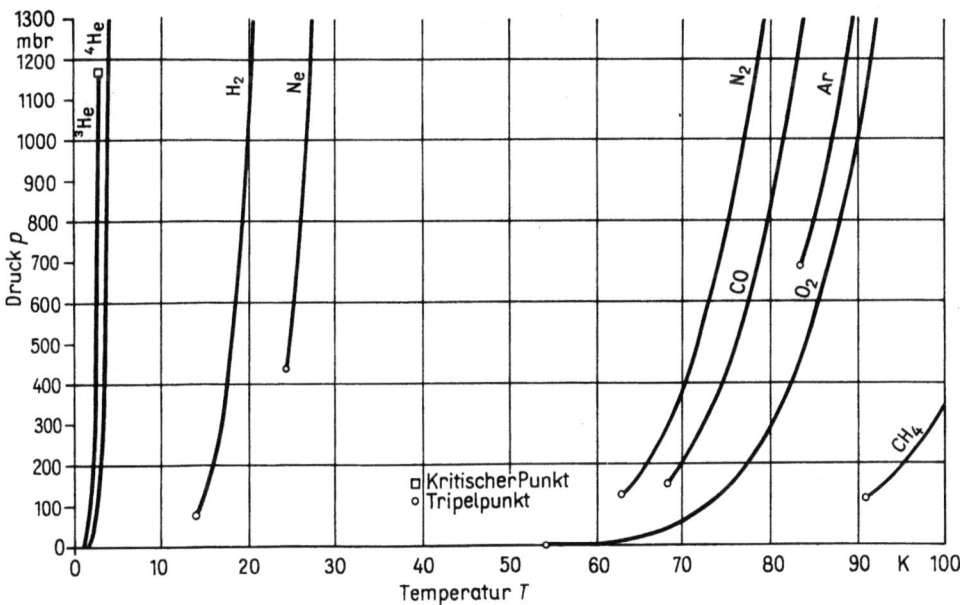

Abb. 9   Dampfdruckkurven verschiedener Stoffe im Bereich tiefer Temperaturen

Besonders unterhalb von 100 K ist das Dampfdruckthermometer bei Verwendung hochreiner verflüssigter Gase ausgezeichnet für genaue Temperaturmessungen geeignet. Das geht auch daraus hervor, daß in diesem Temperaturbereich sechs definierende Fixpunkte der IPTS-68 mit Dampfdruckthermometern verwirklicht werden und daß vom Comité International des Poids et Mesures zwei auf dem Dampfdruckverhalten von ^{4}Helium und ^{3}Helium beruhende Temperaturskalen empfohlen worden sind, die den Temperaturbereich von 0,2 K bis 5,2 K überdecken.

Die Auswahl tiefsiedender Flüssigkeiten für Dampfdruckthermometer erfolgt im Hinblick auf eine möglichst lückenlose Temperaturmessung im genannten Temperaturbereich. Abbildung 9, in der die Dampfdruckkurven der Stoffe mit einer Tripelpunkttemperatur unter 100 K eingezeichnet sind, läßt zwei große Temperaturbereiche erkennen, in denen keine Dampfdruckkurven existieren. Der erste Bereich liegt zwischen 4 K und 14 K, der zweite zwischen 28 K und 54 K.

Auch für Messungen in der Technik werden Dampfdruckthermometer in Verbindung mit Druckmeßgeräten mit elastischem Meßglied verwendet. Bei dieser Anwendung werden die Dampfdruckthermometer weniger zur Messung tiefer Temperaturen, als zur Bestimmung höherer Temperaturen bis zu etwa 350 °C eingesetzt, wobei die Möglichkeit der Fernübertragung der Anzeige ausgenutzt werden kann.

B   Abhängigkeit des Dampfdrucks von der Temperatur

1.   Gleichung von CLAUSIUS-CLAPEYRON; Gleichungen für den Dampfdruck

Stehen zwei Phasen eines reinen Stoffes miteinander im thermodynamischen Gleichgewicht, dann gilt für die Abhängigkeit des Gleichgewichtsdrucks p von der thermodynamischen Temperatur T die Differentialgleichung von CLAUSIUS-CLAPEYRON. Betrachtet man das Gleichgewicht zwischen der flüssigen und der gasförmigen Phase, so gibt die Gleichung von CLAUSIUS-CLAPEYRON die *Steigung der Dampfdruckkurve*

$$\frac{dp}{dT} = \frac{L}{T(V''_m - V'_m)} \tag{79}$$

wieder.

Hierin sind L die molare Verdampfungswärme und $V''_m - V'_m$ die Differenz der Molvolumina des gesättigten Dampfes und der siedenden Flüssigkeit. Die Gleichung von CLAUSIUS-CLAPEYRON läßt sich im allgemeinen nicht geschlossen integrieren.

Eine einfache *Näherungsgleichung* erhält man, wenn man sich auf das Gebiet kleiner Drücke beschränkt, die weit unterhalb des kritischen Drucks liegen. In diesem Fall kann man V'_m gegenüber V''_m vernachlässigen und das Molvolumen des gesättigten Dampfes nach dem idealen Gasgesetz berechnen, so daß mit R_m als molarer Gaskonstante $V''_m = \dfrac{R_m T}{p}$ wird. Unter diesen Voraussetzungen geht Gl. (79) über in

$$\frac{1}{p}\frac{dp}{dT} = \frac{d \ln p}{dT} = \frac{L}{R_m T^2} \tag{80}$$

oder in anderer Form geschrieben

$$\frac{\mathrm{d}\ln p}{\mathrm{d}\left(\dfrac{1}{T}\right)} = -\frac{L}{R_m}. \tag{81}$$

Diese Näherung der CLAUSIUS-CLAPEYRON-Gleichung wird häufig benutzt, um aus der Steigung der Dampfdruckkurve im $\ln p, \dfrac{1}{T}$-Diagramm die Verdampfungswärme zu berechnen. Hierbei ist jedoch zu prüfen, ob die zugrunde gelegten vereinfachenden Annahmen in dem betreffenden Bereich gültig sind. Integriert man Gl. (80) unter der weiteren Voraussetzung, daß die temperaturabhängige Verdampfungswärme L durch einen konstanten Mittelwert $\overline{L}$ ersetzt werden darf, so ergibt sich die bekannte Dampfdruckbeziehung

$$\ln p = A - \frac{B}{T} \tag{82}$$

als Zahlenwertgleichung. Diese Dampfdruckbeziehung stellt für viele Stoffe eine gute Näherung dar, die auch bei höheren Drücken noch zutrifft, obwohl dann die Voraussetzungen, unter denen diese Beziehung abgeleitet ist, nicht mehr erfüllt sind. Die Gültigkeit dieser Dampfdruckgleichung, auch im Bereich höherer Drücke, ist darauf zurückzuführen, daß sich die Fehler der drei Annahmen gegenseitig weitgehend aufheben.

Eine der ältesten Dampfdruckgleichungen, die Gl. (82) ähnelt, ist die von ANTOINE vorgeschlagene Beziehung mit drei Konstanten

$$\ln p = A - \frac{B}{t + C}, \tag{83}$$

in der $t = T - 273{,}15$ K die CELSIUS-Temperatur ist. Diese auch in letzter Zeit zur Wiedergabe präziser Messungen [1] [2] verwendete Gleichung hat den Vorteil, daß die Abhängigkeit des Dampfdrucks von der Temperatur in einem Temperaturbereich, der für eine große Anzahl von Stoffen bis zu etwa $0{,}75\,T_K$ (T_K = kritische Temperatur) reicht, besser als durch Gl. (82) wiedergegeben wird.

Ersetzt man die bisher als temperaturabhängig angenommene Verdampfungswärme durch eine lineare Funktion der Temperatur, so gelangt man zu der von RANKINE und DUPRÉ angegebenen Gleichung

$$\ln p = A - \frac{B}{T} + C \ln T, \tag{84}$$

die sich in zahlreichen Fällen auch über größere Temperaturbereiche von 100 K und mehr bewährt hat. W. NERNST machte bestimmte Annahmen über die Temperaturabhängigkeit der Verdampfungswärme und über die Differenz der Molvolumen von gesättigtem Dampf und siedender Flüssigkeit und erhielt die Beziehung

$$\ln p = A - \frac{B}{T} + C \ln T + DT. \tag{85}$$

Diese Dampfdruckgleichung hat sich in einem beträchtlichen Temperaturbereich, wenn man unterhalb der kritischen Temperatur bzw. des kritischen Drucks bleibt, sehr bewährt. Für die Erfassung weiter Temperaturbereiche wird Gl. (85) häufig noch durch Zusatzglieder mit T^2 und gelegentlich auch mit T^3 ergänzt, so daß sich folgende Dampfdruckgleichung ergibt

$$\ln p = A - \frac{B}{T} + C \ln T + DT + ET^2 + FT^3 \ . \tag{86}$$

Eine neue *universelle Dampfdruckgleichung* hat L. RIEDEL [3] aus einem erweiterten Korrespondenzprinzip abgeleitet. Das *Theorem der übereinstimmenden Zustände*, nach welchem die thermische Zustandsgleichung durch eine universelle, d. h. für beliebige Stoffe gültige Funktion

$$f(\varphi, \vartheta, \pi) = 0 \tag{87}$$

der auf die kritischen Werte bezogenen Koordinaten (normierte Koordinaten) $\varphi = \dfrac{V}{V_k}$, $\vartheta = \dfrac{T}{V_k}$ und $\pi = \dfrac{p}{p_k}$ dargestellt werden kann, wird durch die Erfahrung nur in sehr grober Annäherung bestätigt. Die gefundenen Abweichungen lassen sich jedoch für nicht assoziierte Stoffe durch die Einführung einer einzigen stoffspezifischen Größe, des *kritischen Parameters* α_k, der sich aus der normalen Siedetemperatur berechnen läßt, weitgehend erfassen. Damit kann die thermische Zustandsgleichung durch eine universelle Funktion

$$F(\varphi, \vartheta, \pi, \alpha_k) = 0 \tag{88}$$

dargestellt werden.

Die für die Anwendung des erweiterten Korrespondenzprinzips notwendigen Temperaturfunktionen zur Berechnung des Dampfdrucks sind in der Arbeit von L. RIEDEL [3] in Tabellenform angegeben. An vielen Beispielen wird die Brauchbarkeit der neuen verallgemeinerten Dampfdruckformel von L. RIEDEL belegt. Das Theorem hat sich in der Praxis außerdem als vielseitig verwendbares Hilfsmittel zur Abschätzung unbekannter thermischer Zustandsgrößen eingeführt [4 bis 6].

2. Thermodynamische Dampfdruckgleichung

Neben den in IV B 1 aufgeführten Dampfdruckbeziehungen hat man in letzter Zeit insbesondere für die Entwicklung der Dampfdruckskalen von ^{4}Helium [7] und ^{3}Helium [8] die thermodynamische Dampfdruckgleichung benutzt. Mit dieser Gleichung können bei Verwendung sorgfältig gemessener thermischer und kalorischer Daten konsistente Dampfdruck-Temperatur-Wertepaare berechnet werden. Die Anwendbarkeit dieser Beziehung zur Bestimmung von Dampfdrücken ist vor allem durch die Meßunsicherheit der kalorischen Daten beschränkt. Die thermodynamische Dampfdruckgleichung wird im allgemeinen aus der Gleichheit der molaren freien Enthalpie $G = H - TS$ für die im Gleichgewicht koexistierenden Phasen des gesättigten Dampfes und der siedenden Flüssigkeit abgeleitet. Für das einatomige Edelgas ^{4}Helium ergibt sich die folgende thermodynamische Dampfdruckgleichung [9]

$$\ln p = i - \frac{L_0}{R_m T} + \frac{5}{2} \ln T - \frac{1}{R_m T} \int_0^T dT \int_0^T \frac{C'_{mp}}{T} dT + \frac{1}{R_m T} \int_0^p V'_m \, dp + \varepsilon. \tag{89}$$

$i = \ln(2\pi m)^{3/2} k^{5/2} h^{-3}$ ist die chemische Konstante mit der Masse m des Heliumatoms, der BOLTZMANN-Konstante k und dem PLANCKschen Wirkungsquantum h. L_0 ist die molare Verdampfungswärme bei $T = 0$ K und C'_{mp} die molare isobare Wärmekapazität der Flüssigkeit auf der Siedelinie. Die Korrektion ε trägt der Abweichung des gasförmigen Heliums vom Zustandsverhalten idealer Gase Rechnung. Mit der thermischen Zustandsgleichung in Virialform

$$\frac{pV_m}{R_m T} = 1 + \frac{B}{V_m} + \frac{C}{V_m^2} \tag{90}$$

wird mit V''_m als Molvolumen des gesättigten Dampfes und den Virialkoeffizienten B und C

$$\varepsilon = \ln \frac{pV''_m}{R_m T} - 2 \frac{B}{V''_m} - \frac{3C}{2(V''_m)^2}. \tag{91}$$

Die übrigen Formelzeichen in Gl. (89) haben die bereits eingeführte Bedeutung.

Gl. (89) setzt voraus, daß die thermodynamischen Größen, die in diese Gleichung eingesetzt werden, in der thermodynamischen Temperaturskala gemessen worden sind. In der Praxis werden jedoch diese Daten in einer empirischen Temperaturskala gemessen, die der thermodynamischen Skala nahekommt. Als empirische Temperaturskala wurde im allgemeinen eine ^{4}He-Dampfdruckskala verwendet, deren Grundlage gasthermometrische Messungen bildeten. Zur Berechnung der molaren Verdampfungswärme L_0 wurden Dampfdruckmessungen in Verbindung mit einem Gasthermometer vorgenommen.

Auch für die Stoffe Wasserstoff [10, 11], Neon [12], Stickstoff [13] und Sauerstoff [14] sind für den Bereich der Dampfdruckthermometrie Dampfdruckwerte angegeben worden, die auf der thermodynamischen Dampfdruckgleichung basieren.

3. Dampfdruckbeziehungen für tiefsiedende Flüssigkeiten

In der Dampfdruckthermometrie spielen bestimmte verflüssigte Gase bei der Darstellung definierender und sekundärer Fixpunkte der IPTS-68 [15] (s. X C 1) und die empfohlenen praktischen Temperaturskalen von ^{4}Helium (^{4}He-Skala 1958) und von ^{3}Helium (^{3}He-Skala 1962) eine besondere Rolle. In Tabelle 5 sind die Konstanten der Dampfdruckbeziehungen nach Gl. (92) für die Gase der IPTS-68 und in Tabelle 6 die entsprechenden Dampfdrucktemperaturwerte angegeben. Die Tabellen 7 und 8 enthalten die Werte für die Dampfdrucktemperaturabhängigkeit von ^{4}Helium und ^{3}Helium. Bezüglich der Dampfdruckformeln und Tabellen für weitere Stoffe, die für die Dampfdruckthermometrie noch in Frage kommen, muß auf die Literatur [16, 17] verwiesen werden.

Tabelle 5. Gültigkeitsbereich und Konstanten in Gl. (92)

	e − H$_2$	n − H$_2$	Ne	N$_2$	O$_2$
Bereich	13,81 K bis 23 K	13,956 K bis 30 K	24,561 K bis 40 K	63,146 K bis 84 K	54,361 K bis 94 K
A	1,711466	1,734791	4,61152	5,893271	5,961546
B in K	−44,01046	−44,62368	−106,3851	−403,96046	−467,45576
C	0	0	0	−2,3668	−1,664512
D · 10^2 in K^{-1}	2,35909	2,31869	−3,68331	−1,42815	−1,321301
E · 10^5 in K^{-2}	−4,8017	−4,8017	42,4892	7,25872	5,08041
T$_0$ in K	20,28	20,397	27,102	77,344	90,188

Tabelle 6. Temperatur als Funktion des Dampfdrucks nach den Dampfdruckgleichungen der IPTS-68 (verbesserte Ausgabe von 1975)

p mbar	e H$_2$	n − H$_2$	Ne	N$_2$	O$_2$
			T$_{68}$ in K		
50	—	—	—	—	68,788
100	14,440	14,547	—	—	72,685
150	15,232	15,341	—	64,142	75,199
200	15,843	15,953	—	65,808	77,102
250	16,348	16,459	—	67,167	78,653
300	16,782	16,894	—	68,324	79,971
350	17,165	17,278	—	69,338	81,124
400	17,510	17,623	—	70,243	82,153
450	17,824	17,937	24,660	71,064	83,085
500	18,113	18,227	24,951	71,815	83,938
550	18,382	18,496	25,221	72,511	84,726
600	18,633	18,748	25,472	73,159	85,460
650	18,870	18,985	25,708	73,766	86,147
700	19,093	19,209	25,930	74,338	86,794
750	19,306	19,421	26,141	74,879	87,406
800	19,508	19,624	26,341	75,394	87,987
850	19,701	19,817	26,532	75,884	88,541
900	19,886	20,003	26,715	76,352	89,070
950	20,064	20,181	26,890	76,801	89,576
1000	20,236	20,353	27,058	77,232	90,062
1050	20,401	20,518	27,221	77,648	90,530
1100	20,561	20,678	27,377	78,048	90,981
1150	20,715	20,833	27,528	78,435	91,417
1200	20,865	20,983	27,675	78,809	91,838
1250	21,010	21,128	27,817	79,171	92,246
1300	21,151	21,269	27,954	79,523	92,641
1350	21,289	21,407	28,088	79,864	93,025
1400	21,423	21,541	28,218	80,196	93,399
1450	21,553	21,672	28,345	80,519	93,762
1500	21,680	21,799	28,469	80,834	—

Dampfdruckbeziehungen der IPTS-68

Die Zahlenwerte der Dampfdruckgleichungen der IPTS-68 beruhen auf dem Mittel von vier nationalen Temperaturskalen und auf Temperaturmittelwerten, die für die Fixpunkte [15] ausgewählt wurden. Für die Darstellung des Dampfdrucks p in Abhängigkeit von T_{68}, dem Wert der thermodynamischen Temperatur in der IPTS-68, ist eine Gleichung der Form

$$\lg \frac{p}{p_0} = A + \frac{B}{T_{68}} + C \lg \frac{T_{68}}{T_0} + DT_{68} + ET_{68}^2 \qquad (92)$$

verwendet worden. T_0 ist die Siedetemperatur bei dem Druck $p_0 = 1{,}01325$ bar ($= 1$ atm). Der Gültigkeitsbereich von Gl. (92), die jeweils am Tripelpunkt beginnt, und die Zahlenwerte der Konstanten sind für die Gase Gleichgewichtswasserstoff (e-H_2), Normalwasserstoff (n-H_2), Neon (Ne), Stickstoff (N_2) und Sauerstoff (O_2) in Tabelle 5 angegeben.

Da die Unsicherheit der thermodynamischen Temperatur der die IPTS-68 definierenden Fixpunkte etwa 0,01 K beträgt, sind die Dampfdruckbeziehungen in der Nähe der Fixpunkte um diesen Betrag unsicher. Es wird geschätzt, daß die Unsicherheit der thermodynamischen Temperatur im Definitionsbereich der Dampfdruckgleichungen unter 0,02 K bleibt. Die Verwendung hochreiner Gase, die die Industrie anbietet, ist für die Darstellung der Temperaturskala mit dem Dampfdruckthermometer eine wichtige Voraussetzung.

Wasserstoff hat zwei durch die Vorsilben „Ortho" und „Para" bezeichnete molekulare Modifikationen, die durch verschiedene relative Orientierungen der beiden Kernspins in den zweiatomigen Molekülen verursacht werden. Die im Gleichgewicht herrschende Ortho-Para-Zusammensetzung ist temperaturabhängig. Bei Raumtemperatur betragen die Volumengehalte 75% Orthowasserstoff und 25% Parawasserstoff (Normalwasserstoff). Bei der Verflüssigung ändert sich die Zusammensetzung langsam mit der Zeit, und es treten entsprechende Änderungen in den physikalischen Eigenschaften auf. Beim Siedepunkt hat die Gleichgewichtszusammensetzung Volumengehalte von 0,21% Ortho- und 99,79% Parawasserstoff (Gleichgewichtswasserstoff); die Temperatur ist um 0,12 K niedriger als die des Normalwasserstoffs. Um Meßfehler durch eine unbekannte Zusammensetzung zu vermeiden, ist es ratsam, Gleichgewichtswasserstoff zu verwenden, der katalytisch umgewandelt wurde (vgl. X C 1 a). Die Gase Wasserstoff, Neon, Stickstoff und Sauerstoff sind *Isotopengemische*, bei denen zwischen Siede- und Taupunkt unterschieden werden muß. Der Einfluß auf den Siedepunkt bleibt jedoch unter 1 mK. Auch in diesem Zusammenhang wird auf Kapitel X C 1 verwiesen.

Dampfdruckbeziehungen von ^{4}Helium und ^{3}Helium

Seit dem Jahre 1955 wurden zwei Dampfdruckbeziehungen von ^{4}Helium zur Temperaturbestimmung herangezogen. Diese Temperaturskalen waren von H. VAN DIJK und M. DURIEUX [18] sowie von J. R. CLEMENT und Mitarbeitern [19] aus thermodynamischen Daten berechnet worden. Obwohl die Abweichung zwischen beiden Skalen nur wenige Millikelvin betrug, war die Situation bei präzisen Temperaturbestimmungen unbefriedigend. In einer gemeinsamen Arbeit der Autoren dieser beiden

Tabelle 7. Temperatur als Funktion des Dampfdrucks des ⁴Heliums nach der ⁴He-Skala 1958*)

p mbar	T_{58} K	p mbar	T_{58} K	p mbar	T_{58} K
0,025 · 10⁻³	0,5041	16	1,7893	450	3,4565
0,1 · 10⁻³	0,5494	18	1,8228	500	3,5440
0,5 · 10⁻³	0,6122	20	1,8536	550	3,6257
1 · 10⁻³	0,6434	30	1,9815	600	3,7027
5 · 10⁻³	0,7284	40	2,0827	650	3,7754
0,01	0,7284	50	2,1688	700	3,8445
0,02	0,8193	60	2,2450	750	3,9103
0,04	0,8727	70	2,3130	800	3,9732
0,06	0,9068	80	2,3746	900	4,0914
0,08	0,9325	90	2,4311	1000	4,2011
0,10	0,9534	100	2,4834	1100	4,3035
0,2	1,0236	120	2,5782	1200	4,3998
0,4	1,1032	140	2,6626	1300	4,4906
0,6	1,1550	160	2,7391	1400	4,5767
0,8	1,1942	180	2,8093	1500	4,6587
1,0	1,2263	200	2,8744	1600	4,7368
2	1,3359	220	2,9352	1700	4,8116
4	1,4632	240	2,9924	1800	4,8834
6	1,5474	260	3,0464	1900	4,9524
8	1,6123	280	3,0977	2000	5,0189
10	1,6659	300	3,1465	2100	5,0830
12	1,7120	350	3,2596	2200	5,1450
14	1,7527	400	3,3622	2300	5,2050

*) Die IPTS-68 (verbesserte Ausgabe von 1975) enthält keinen Hinweis auf die Heliumskalen. Nach neuen Untersuchungen gilt $T = 1{,}002\, T_{58}$.

Heliumtemperaturskalen wurde eine Dampfdrucktemperaturbeziehung von ⁴Helium aufgestellt, die auf der *thermodynamischen Dampfdruckbeziehung* und zuverlässigen thermodynamischen Zustandsgrößen basiert. Das Ergebnis dieser Arbeit ist eine thermodynamisch konsistente Dampfdrucktabelle, die vom Comité International des Poids et Mesures im Jahre 1958 als „⁴He-Skala 1958" [7] empfohlen wurde. Diese Skala ist in Tabelle 7 auszugsweise wiedergegeben. Sie definiert die ⁴He-Temperaturskala im Temperaturbereich von 0,5 K bis zur kritischen Temperatur 5,20 K.

Im Jahre 1962 legten S. G. Sydoriak und Mitarbeiter [8] dem Comité Consultatif de Thermométrie eine Dampfdruckskala von ³Helium vor, die vom Comité International des Poids et Mesures als „Temperaturskala ³He 1962" empfohlen wurde. Diese Skala wird durch die analytische Gleichung

$$\ln p = 2{,}24846 \ln T - \frac{2{,}49174}{T}$$
$$+ 5{,}09146 - 0{,}286001\, T$$
$$+ 0{,}198608\, T^2 - 0{,}0502237\, T^3 \qquad (93)$$
$$+ 0{,}00505486\, T^4$$

dargestellt, die den Dampfdruck von ³Helium von 0,2 K bis zur kritischen Temperatur 3,324 K wiedergibt. Die „³He-Skala 1962" wird durch die Zahlenwertgleichung (93), in der p in mbar und T in K einzusetzen ist, im Temperaturbereich von 0,25 K bis 2,245 K definiert. Die „³He-Skala 1962" basiert auf Dampfdruckmessungen von

Tabelle 8. Temperatur als Funktion des Dampfdrucks des ^{3}Heliums nach der ^{3}He-Skala 1962*)

p mbar	T_{62} K	p mbar	T_{62} K	p mbar	T_{62} K
$0{,}02 \cdot 10^{-3}$	0,2030	50	1,3909	340	2,3164
$0{,}1 \cdot 10^{-3}$	0,2281	60	1,4550	360	2,3546
$0{,}5 \cdot 10^{-3}$	0,2596	70	1,5124	380	2,3914
$1 \cdot 10^{-3}$	0,2757	80	1,5646	400	2,4270
$5 \cdot 10^{-3}$	0,3210	90	1,6127	420	2,4614
0,01	0,3448	100	1,6574	440	2,4948
0,05	0,4141	110	1,6993	460	2,5272
0,1	0,4518	120	1,7387	480	2,5586
0,5	0,5664	130	1,7761	500	2,5893
1	0,6316	140	1,8116	550	2,6625
2	0,7101	150	1,8455	600	2,7314
4	0,8055	160	1,8780	650	2,7966
6	0,8711	170	1,9091	700	2,8585
8	0,9227	180	1,9391	750	2,9176
10	0,9660	190	1,9680	800	2,9740
15	1,0530	200	1,9960	850	3,0280
20	1,1220	220	2,0492	900	3,0799
25	1,1802	240	2,0994	950	3,1299
30	1,2309	260	2,1470	1000	3,1780
35	1,2763	280	2,1922	1050	3,2245
40	1,3176	300	2,2354	1100	3,2693
45	1,3556	320	2,2767	1150	3,3128

*) Die IPTS-68 (verbesserte Ausgabe von 1975) enthält keinen Hinweis auf die Heliumskalen. Nach neuen Untersuchungen gilt $T = 1{,}002\, T_{62}$.

^{3}Helium und ^{4}Helium, die bei derselben Temperatur im Bereich 0,9 K bis 3,324 K ausgeführt wurden, der Dampfdruckskala von ^{4}Helium und auf gemessenen thermodynamischen Zustandsgrößen, die die Grundlage der thermodynamischen Dampfdruckgleichung für ^{3}Helium im Bereich von 0,2 K bis 2 K bilden.

Eine Dampfdrucktabelle, die nach Gl. (93) berechnet wurde, ist auszugsweise als Tabelle 8 wiedergegeben. Da ^{3}Helium in diesem Temperaturbereich keine Anomalien zeigt, ist die ^{3}He-Temperaturskala der ^{4}He-Temperaturskala im Bereich des superfluiden Helium II meßtechnisch überlegen (vgl. IV C 3). Die obere Temperaturgrenze der ^{3}He-Skala von 2,245 K ist so gewählt, daß Messungen in der Nähe des λ-Punktes ausgeführt werden können, ohne die Temperaturskala wechseln zu müssen. Außerdem bietet die Temperaturskala von ^{3}Helium den Vorteil, tiefere Temperaturen bis herab zu 0,25 K messen zu können, weil die entsprechenden Dampfdrücke und die Steigung der Dampfdruckkurve größer sind als bei ^{4}Helium. Die Abweichung der ^{3}He-Temperaturskala von der ^{4}He-Temperaturskala bleibt unter 0,6 mK.

Vor kurzem ausgeführte Messungen von K. H. BERRY [20] und A. R. COLCLOUGH [21] haben das Ergebnis von H. H. PLUMB [22] bestätigt, daß der in der „^{4}He-Skala 1958" zugrunde gelegte Wert für den ^{4}He-Siedepunkt um etwa 8 mK zu niedrig ist. Die gefundenen Abweichungen sind der Temperatur Proportional. In der IPTS-68 (verbesserte Ausgabe von 1975) fehlt der Hinweis auf die Heliumdampfdruckskalen, da sie erheblich von der thermodynamischen Skala abweichen. Detaillierte Dampfdrucktabellen sind für die ^{4}He-Temperaturskala von H. VAN DIJK und Mitarbeitern [23] und für die ^{3}He-Temperaturskala von R. H. SHERMAN und Mitarbeitern [24] veröffentlicht worden.

C Dampfdruckthermometer für Präzisionsmessungen bei tiefen Temperaturen

Die Siedepunkte werden nach der *statischen Methode* mit Hilfe eines Dampfdruckthermometers gemessen, dessen Temperaturfühler, der mit einer Druckmeßeinrichtung in Verbindung steht, im allgemeinen durch eine siedende Flüssigkeit temperiert wird.

1. Aufbau des Temperaturfühlers

In der einfachsten Ausführung besteht der Meßfühler eines Dampfdruckthermometers aus einer wenige Kubikzentimeter großen Kammer aus Metall, die z. T. mit einem verflüssigten Gas gefüllt ist. Die Thermometerkammer kann als zylindrisches Gefäß direkt in die Badflüssigkeit eingetaucht werden. Daneben wird es in vielen Fällen zweckmäßig sein, diese Kammer durch konstruktive Maßnahmen in eine Meßapparatur zu integrieren.

Der Meßfühler eines Dampfdruckthermometers, mit dem Präzisionsmessungen ausgeführt werden können [25], ist in Abbildung 10 dargestellt. Er besteht aus einem Kupferblock von etwa 50 mm Durchmesser und 65 mm Höhe, in dessen Mitte sich die Dampfdruckkammer befindet, die ungefähr 3 cm^3 verflüssigtes Gas aufnehmen kann. Die um die Dampfdruckkammer konzentrisch angeordneten Bohrungen, die Platinwiderstandsthermometer vom Kapseltyp aufnehmen sollen, dienen einer besonderen Anwendung des Temperaturfühlers bei Dampfdruckmessungen. Die Dampfdruckkapillare K aus rostfreiem Stahl oder Neusilber (etwa 2 bis 3 mm Durchmesser; 0,1 mm Wandstärke) verbindet die Dampfdruckkammer mit dem Druckmeßgerät. In der Dampfdruckkapillare sind Einsätze St als *Strahlungsschutz* angebracht, die die Wärmezufuhr durch Strahlung in die Dampfdruckkammer weitgehend ausschalten, aber die Übertragung des Dampfdrucks nicht stören. Der Kupferblock und die Dampfdruckkapillare sind von Mänteln M und Z umgeben, so daß die verbleibenden Zwischenräume zwischen der Kapillare K und dem Kupferblock während der Messung bis

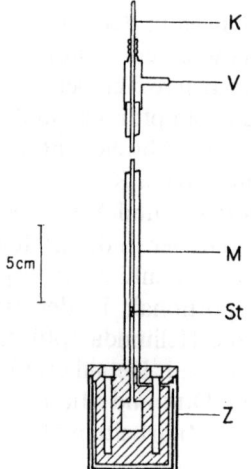

Abb. 10 Temperaturfühler eines Dampfdruckthermometers zum Anschluß von Widerstandsthermometern an Siedepunkte

auf 10^{-7} bar über den Anschluß V evakuiert werden können. Hierdurch wird erreicht, daß in der Kapillare, die von der Badflüssigkeit umgeben ist, keine Kondensation auftritt und daß die Temperatur des Kupferblocks nicht durch die in einer siedenden Flüssigkeit vorhandenen vertikalen *Temperaturgradienten* [25, 26] gestört wird. Der Thermometerblock steht nur mit dem oberen nichtabgeschirmten Teil in unmittelbarem Kontakt mit der Kryostatenflüssigkeit, so daß der Block durch Wärmeleitung eine konstante Temperatur annimmt. Entsprechend seiner Funktionsweise muß der beschriebene Temperaturfühler unmittelbar durch das Bad einer tiefsiedenden Flüssigkeit temperiert werden. Er ist daher zur Bestimmung von Tripelpunkten, bei denen der Kupferblock durch einen Metallmantel von der Badflüssigkeit isoliert werden muß, nicht geeignet (vgl. X C 1).

Der beschriebene Meßfühler des Dampfdruckthermometers ist räumlich sehr ausgedehnt und besitzt wegen der großen Kupfermasse eine große thermische Trägheit. Für Messungen mit geringerer Anforderung an die Meßgenauigkeit kann auf die in Abbildung 10 eingezeichneten Kupferhohlzylinder Z verzichtet werden. Bei diesem einfachen Aufbau ist die räumliche Temperaturkonstanz im Kupferblock nicht besonders gut, weil die vertikalen Temperaturgradienten des Bades die Temperaturverteilung im Kupferblock beeinflussen.

Die Anforderungen, die an Meßfühler von Dampfdruckthermometern gestellt werden, sind vor allem sehr hoch, wenn Fixpunkte im Bereich tiefer Temperaturen auf Widerstandsthermometern übertragen werden sollen. In diesem Zusammenhang wird wegen der experimentellen Besonderheiten auf die Kapitel IV C 3 und X C 1 verwiesen.

2. Dampfdruckthermometermeßstand

Während bisher allgemeine Anforderungen an Temperaturfühler von Dampfdruckthermometern festgelegt wurden, ist in Abbildung 11 ein Dampfdruckthermometermeßstand mit allem wesentlichen Zubehör dargestellt, das für die Ausführung von Dampfdruckmessungen erforderlich ist. Der Temperaturfühler F, dessen Aufbau Abbildung 10 zeigt, ist in dieser Schemazeichnung vereinfacht dargestellt. Die Tem-

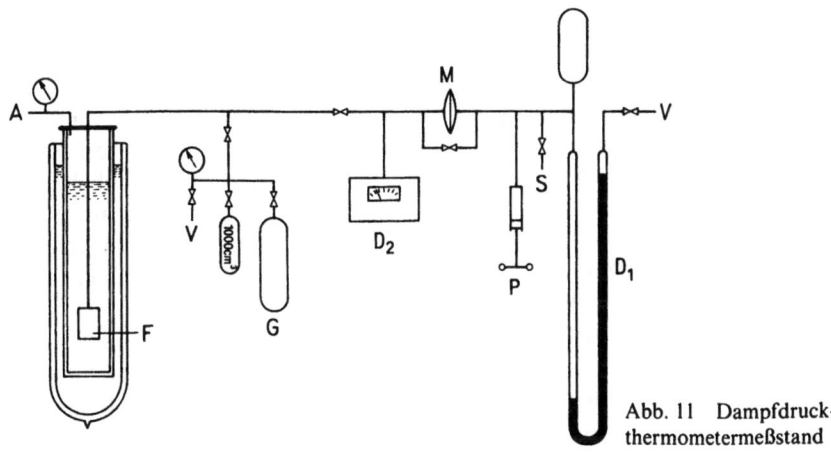

Abb. 11 Dampfdruckthermometermeßstand

Tabelle 9. Wichtige Daten tiefsiedender Flüssigkeiten

Stoff	kritischer Punkt		Siedepunkt bei 1,01325 bar					Tripelpunkt		Gasdichte
	T K	p bar	T K	ϱ' kg/dm³	ϱ'' kg/m³	dp/dT mbar/mK	r J/g	T K	p mbar	ϱ_0 kg/m³
⁴He	5,20	2,29	4,215	0,125	17,2	0,95	20,6	2,172*	50,40*	0,1785
³He	3,324	1,16	3,190	0,059	25,1	1,07	7,0			0,135
n-H₂	33,2	12,96	20,397⁺	0,071	1,33	0,30	454	13,956⁺	71,93	0,090
e-H₂	33,0	12,93	20,28⁺	0,071	1,34	0,30	446	13,81⁺	70,30	0,090
Ar	150,7	48,97	87,294⁺	1,39	5,70	0,10	163	83,798⁺	687,5	1,784
N₂	126,2	33,8	77,344⁺	0,81	4,60	0,12	198	63,146⁺	125,23	1,250
O₂	154,8	50,8	90,188⁺	1,14	4,44	0,11	213	54,361⁺	1,45	1,429
Ne	44,4	26,54	27,102⁺	1,21	9,37	0,31	91	24,561⁺	433,3	0,900

* λ-Punkt
⁺ Werte der IPTS-68 (verbesserte Ausgabe von 1975)

T Temperatur, p Dampfdruck, ϱ' Dichte der siedenden Flüssigkeit, ϱ'' Dichte des gesättigten Dampfes, ϱ_0 Gasdichte bei 0 °C und 1,01325 bar, dp/dT Steigung der Dampfdruckkurve, r Verdampfungswärme

perierung des Meßfühlers wird durch siedende Flüssigkeiten vorgenommen, die in DEWAR-Gefäßen untergebracht sind. Das äußere DEWAR-Gefäß dient zum Vorkühlen und ist üblicherweise mit flüssigem Stickstoff gefüllt. Im inneren Gefäß, das den Meßfühler temperiert, befindet sich ein verflüssigtes Gas, das tiefer siedet als Stickstoff. Der Dampfdruck des in die Dampfdruckkammer kondensierten verflüssigten Gases wird mit dem Quecksilbermanometer D_1 gemessen. Um auch Dampfdrücke von Stoffen bestimmen zu können, die mit dem Quecksilber des Manometers reagieren (z. B. Sauerstoff), kann man die Membran M in die Verbindungsleitung zum Manometer schalten. Durch den Dampfdruck des zu untersuchenden Gases wird die *Membran* M, deren Lage elektrisch angezeigt wird, einseitig ausgelenkt und als Gegendruck nachgereinigter Stickstoff bei S eingeleitet. Die Feineinstellung bis zum Druckausgleich erfolgt mit der Gaspresse P. Anschließend wird die Druckmessung aus der Länge der Quecksilbersäule mit einem Kathetometer vorgenommen. Da käufliche Membranen im allgemeinen eine Empfindlichkeit von 10^{-6} bar pro Skalenteil aufweisen, wird durch die Membran die Empfindlichkeit der Druckmessung praktisch nicht beeinflußt. Der Nullpunkt der Membran muß jedoch kontrolliert werden. Hierzu sind beide Seiten der Membran M über die eingebaute Absperrung kurzzuschließen. Außerdem ist ein Quarzglasschraubenfedermanometer mit digitaler Anzeige D_2 eingebaut.

Die gesamte Versuchsanordnung kann über die Absperrungen V mit einem Pumpstand verbunden werden, der die Apparatur bis zu einem Druck von etwa $1 \cdot 10^{-8}$ bar evakuieren kann. Das Meßgas ist in hochreiner Form im Druckbehälter G untergebracht. Nach mehrmaligem Evakuieren und Spülen wird das Gas aus dem Volumen G nach *gasvolumetrischer Vordimensionierung* im 1000-cm³-Volumen unter einem Überdruck von einigen Bar in die Dampfdruckkammer des Meßfühlers F kondensiert. Diese Art der Füllung hat den Vorzug, daß die Badtemperatur nicht erniedrigt zu werden braucht. Die erforderliche Gasmasse kann unter Zugrundelegung der in Tabelle 9 aufgeführten Daten für tiefsiedende Flüssigkeiten berechnet werden. Der Volumengehalt der flüssigen Phase in der Dampfdruckkammer ist auf etwa 80% zu bemessen. Zur *Reinheitskontrolle* muß der Anteil der flüssigen Phase verändert werden.

Ist der gemessene Dampfdruck bei konstanter Temperatur unabhängig vom Anteil der kondensierten Phase, so ist zu schließen, daß das Meßgas ausreichend rein ist. Um einen hohen Grad von Dichtheit zu erreichen, empfiehlt es sich, weitgehend Metalleitungen und stopfbüchsenlose Absperrungen zu verwenden. Auf das Evakuieren ist besonderer Wert zu legen.

Über das Abpumprohr A, das an die Pumpleitung angeschlossen ist, kann der Dampfdruck der Badflüssigkeit und damit die Badtemperatur regelbar verändert werden.

Für eine präzise Darstellung der Siedepunkte ist ein *Druckregler* [27] (s. auch XI A 1 a) von Nutzen, mit dem die Badtemperatur über den Dampfdruck der Badflüssigkeit geregelt wird.

In Ermangelung eines Druckreglers kann der Kryostat bei der Bestimmung des Siedepunktes bei 1 bar auch mit dem äußeren Luftdruck verbunden werden, der allerdings annähernd konstant sein muß.

Bei Drücken, die unter 1 bar liegen, kann die Badtemperatur auch über ein Feinregulierventil in der Pumpleitung konstant gehalten werden.

a) Druckmessung

Zur Druckmessung im Bereich von 100 mbar bis 1200 mbar werden im allgemeinen *Flüssigkeitsmanometer* mit Quecksilberfüllung benutzt. Der innere Durchmesser der U-Rohr-Manometer liegt zwischen 20 mm und 30 mm. Korrekturen wegen der Kapillardepression können bei diesen Rohrweiten im angegebenen Druckbereich vernachlässigt werden. Um eine konstante Temperatur des Quecksilbers zu erreichen, ist das Manometer bei Präzisionsuntersuchungen von einem Gehäuse umgeben, das temperiert werden kann. Die Höhendifferenz zwischen den beiden Quecksilbermenisken läßt sich mit einem Kathetometer mit einer Meßunsicherheit von etwa 0,02 mm entsprechend $3 \cdot 10^{-5}$ bar bestimmen. Bei Drücken unter 100 mbar werden nicht zu zähe Öle mit kleinem Dampfdruck verwendet, deren Dichte bekannt sein muß. Der Abstand der beiden Öloberflächen kann mit etwa derselben Unsicherheit ermittelt werden, wodurch die Unsicherheit der Druckmessung um den Faktor 10 herabgesetzt wird. Vor jeder Meßreihe empfiehlt es sich, das Öl unter Vakuum auf etwa 50 °C zu erhitzen, um gelöste Gase zu entfernen. Anstelle der etwas umständlichen Handhabung der U-Rohr-Manometer ist die Druckmessung mit in letzter Zeit entwickelten *Quarzglasschraubenfedermanometern* mit digitaler Anzeige bequemer. Die Druckmessung ist bei diesen Geräten mit einer relativen Unsicherheit von etwa $1 \cdot 10^{-4}$ des Meßbereichendwerts behaftet. Diese Geräte zeigen ein Relaxationsverhalten, das z. B. durch Vergleich mit einem *Gaskolbenmanometer* eliminiert werden kann.

Im Bereich von 10 mbar bis 0,1 mbar werden *Spezialkompressionsvakuummeter* nach MC LEOD [10, 28] zur Dampfdruckmessung verwendet.

Aerostatische Korrektion

Der Dampfdruck wird definiert durch den Druck an der Oberfläche einer siedenden Flüssigkeit, die im thermodynamischen Gleichgewicht mit dem gesättigten Dampf steht. Da der Druck am Druckmeßgerät abgelesen wird, ist er noch um den Druck der Gassäule zwischen Manometer und der Flüssigkeitsoberfläche in der Dampfdruckkammer zu korrigieren. Eine exakte Berechnung dieser Korrektion erfordert die Kenntnis der Temperaturverteilung entlang der Dampfdruckkapillare. Eine ausreichende Näherung stellt die Annahme dar, daß für den Teil der Kapillare, der sich in der Badflüssigkeit befindet, die Dichte des gesättigten Dampfes ϱ'' eingesetzt werden kann. Dieser Anteil der aerostatischen Korrektion wird

$$\Delta p = \varrho'' g h \, . \tag{94}$$

In dieser Gleichung sind g die Fallbeschleunigung und h der Teil der Kapillare in der Badflüssigkeit. In vielen Fällen ist die Berechnung der Gasdichte nach dem idealen Gasgesetz zulässig. Über die Temperaturverteilung entlang der Kapillare bis zum Kryostatendeckel müssen weitere Annahmen gemacht werden.

Rechnet man die Druckkorrektion Δp mit Hilfe der Dampfdrucksteigung $\frac{dp}{dT}$ in eine Temperaturkorrektion ΔT um, so bleibt die aerostatische Korrektion bei üblicher Anordnung für Sauerstoff und Stickstoff unter 2 mK. Für Wasserstoff ist sie kleiner, und für Helium kann die Korrektion vernachlässigt werden.

Thermomolekulare Druckdifferenz (KNUDSEN-Effekt)

Eine Korrektion für die thermomolekulare Druckdifferenz muß angebracht werden, wenn die *mittlere freie Weglänge* der Gasmoleküle mit dem Durchmesser der Dampfdruckkapillare vergleichbar wird, die im allgemeinen einen inneren Durchmesser von etwa 2 mm bis 3 mm aufweist. Das bedeutet, daß bei kleinen Drücken und entsprechend großen freien Weglängen eine Druckdifferenz zwischen den Enden der Kapillare auftritt, wenn eine Temperaturdifferenz zwischen den Enden der Kapillare besteht. Da die tiefere Temperatur dem kleineren Druck entspricht, wird der Druck in der Dampfdruckkammer etwas geringer sein als der gemessene Druck. Bei Stickstoff und Wasserstoff können die Korrektionen vernachlässigt werden. Am Sauerstofftripelpunkt (1,5 mbar; 54,35 K) beträgt die Druckdifferenz wegen des kleinen Drucks und der großen freien Weglänge etwa $3 \cdot 10^{-6}$ bar. Bei Dampfdruckmessungen mit Helium im Bereich kleiner Drücke ist die Korrektion erheblich (s. IV C 3).

3. Verwirklichung der Heliumtemperaturskalen

In Abbildung 12 ist das *Phasendiagramm* von ^{4}Helium dargestellt. Im Bereich des flüssigen Heliums trennt die λ-Kurve die Flüssigkeiten Helium I und Helium II. λ-Kurve und Dampfdruckkurve treffen sich im *λ-Punkt*. Helium II hat eine Reihe anomaler Eigenschaften [29], welche die Dampfdruckmessungen unterhalb des λ-Punktes (2,172 K; 50,4 mbar) wegen der *Superfluidität* (Filmkriechen) stören können. Helium II besitzt ein anormal hohes Wärmeleitvermögen. Hierdurch hört in der Flüssigkeit nach Unterschreitung des λ-Punktes die Dampfblasenentwicklung plötzlich auf. Temperaturdifferenzen im Bad verschwinden, das Helium verdampft nur noch an der Badoberfläche. Das seltene Isotop ^{3}Helium, das in den USA im Jahre 1948 erstmals rein hergestellt wurde, zeigt störende Anomalien erst bei extrem tiefen Temperaturen.

Ein Dampfdruckthermometer, mit dem M. DURIEUX [10] den Dampfdruck von ^{4}Helium gemessen hat, ist in Abbildung 13 dargestellt. Das Kupfergefäß Th ist mit

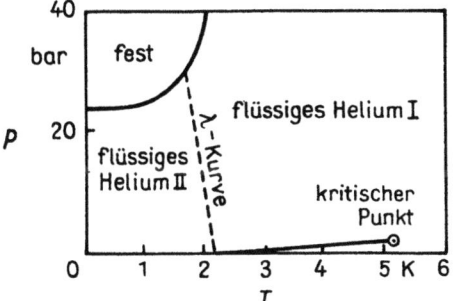

Abb. 12 Phasendiagramm von ⁴Helium

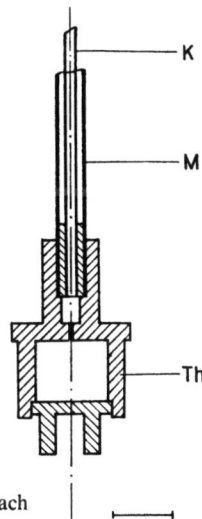

Abb. 13 Temperaturfühler eines Dampfdruckthermometers für ⁴Helium nach M. Durieux

dem Manometer durch eine Kapillare K aus rostfreiem Stahl verbunden, die im unteren Teil (etwa 30 cm) einen inneren Durchmesser von 1,5 mm bei einer Wandstärke von 0,25 mm aufweist. Die aus Neusilber bestehende äußere Kapillare M hat einen Innendurchmesser von 4 mm bei 0,5 mm Wandstärke. Beide Kapillaren sind am unteren Ende hart miteinander verlötet und mit dem Gefäß Th verbunden. In der inneren Kapillare K befindet sich zur Vermeidung *akustischer Schwingungen* des Gases [30] und zur Abschirmung der *Wärmestrahlung* ein Einsatz aus Konstantandraht. Dampfdruckkammer Th und Kapillare K sind durch eine Bohrung von 0,5 mm Durchmesser verbunden, um den *superfluiden Filmfluß* von Helium II herabzusetzen. Der Raum im Boden des Kupfergefäßes dient zur Aufnahme eines Germaniumwiderstandsthermometers. Der Temperaturfühler, in dessen Kammer sich etwa 0,5 cm³ flüssiges ⁴Helium befindet, wird mit einem Heliumbad temperiert, das in einem Glas-Dewar-Gefäß untergebracht ist. Im Temperaturbereich oberhalb des λ-Punktes fand M. Durieux, daß die Temperaturverteilung in einem mit flüssigem Helium gefüllten Glas-Dewar-Gefäß komplizierter ist, als allgemein angenommen wird. Der Temperaturgradient im Heliumbad ist nicht immer gleich dem, der sich aus dem hydrostatischen Druckgleichgewicht ergibt. Erst als die Verdampfung durch eine Heizwicklung angeregt wurde, befand sich der Dampf in thermischem Gleichgewicht mit der Badflüssigkeit, und der Druck an einer bestimmten Stelle des Heliumbades war um die hydrostatische Druckdifferenz größer als der Dampfdruck an der Badoberfläche. Aus diesem Grund wird für sehr genaue Temperaturmessungen im Heliumbad die Verwendung eines Dampfdruckthermometers mit einem Thermometerfühler aus Kupfer empfohlen.

Im Temperaturbereich unterhalb des λ-Punktes treten im Bad wegen der anormal hohen *Wärmeleitfähigkeit* von Helium II keine Temperaturdifferenzen auf. Da die aerostatische Korrektion (vgl. IV C 2) für Helium vernachlässigt werden kann, stimmt der an der Badoberfläche gemessene Dampfdruck mit dem des Dampfdruckthermometers bis zu Drücken überein, wo der Dampfdruck im Dampfdruckthermometer wegen der sich ausbildenden *thermomolekularen Druckdifferenz* als zu groß gemessen

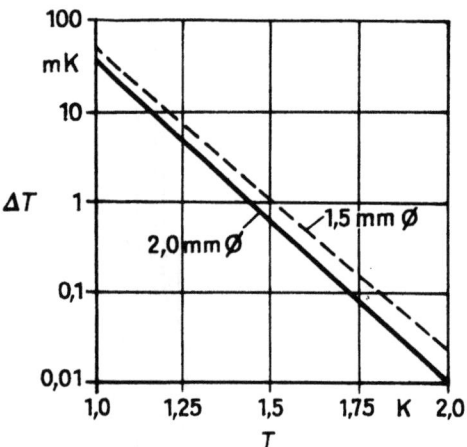

Abb. 14 Temperaturfehler wegen der thermomolekularen Druckdifferenz bei der Dampfdruckmessung mit ^{4}Helium für zwei Dampfdruckkapillaren mit unterschiedlichem Innendurchmesser

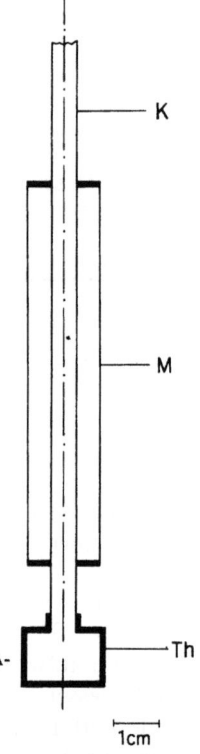

Abb. 15 Temperaturfühler eines Dampfdruckthermometers für ^{4}Helium nach CATALAND und Mitarb.

wird. Diese Druckdifferenz, die nach den Gleichungen von S. WEBER und Mitarbeitern [31] berechnet wurde, ist als Temperaturfehler in Abbildung 14 für zwei Kapillardurchmesser angegeben. In diesem Zusammenhang wird auf eine Arbeit von T. R. ROBERTS und Mitarbeitern [32] verwiesen, in der die thermomolekulare Druckdifferenz für ^{4}Helium und ^{3}Helium in Abhängigkeit der Einflußparameter angegeben ist.

G. CATALAND und Mitarbeiter [33] verwendeten den in Abbildung 15 dargestellten Temperaturfühler, mit dem Dampfdruckmessungen an ^{4}Helium in einem mit flüssigem Helium gefüllten Kupfergefäß im Temperaturbereich von 2 K bis 4 K vorgenommen wurden. Kupfergefäße zeigen eine sehr geringe Temperaturschichtung, die sich vornehmlich in der Nähe der Flüssigkeitsoberfläche ausbildet, so daß der oberhalb der Badoberfläche gemessene Druck mit dem Druck in der Dampfdruckkammer praktisch übereinstimmt. Sie sind hinsichtlich der Temperaturverteilung Glas-DEWAR-Gefäßen überlegen. Der Temperaturfühler besteht aus der Dampfdruckkammer Th aus Kupfer, der Dampfdruckkapillare K und dem Vakuummantel M. Systematische Untersuchungen haben im Bereich von Helium I die Notwendigkeit des Vakuummantels M ergeben. Er ist im Kryostaten so angeordnet, daß die infolge Verdampfung der Badflüssigkeit auftretende tiefere Temperatur gegen die Dampfdruckkapillare K abgeschirmt wird. Der Wärmetransport in die Dampfdruckkammer durch *Strahlung* wird durch ein verdrilltes Blech, das in die Kapillare eingesetzt ist, weitgehend vermieden.

Im Bereich von Helium II läßt sich wegen der anormal hohen Wärmeleitfähigkeit der in Abbildung 15 gezeichnete Temperaturfühler ohne den Vakuummantel M verwenden. Um den superfluiden Filmfluß von Helium II herabzusetzen, muß eine Blende mit einer Öffnung von 0,5 mm Durchmesser in die Dampfdruckkapillare (12 cm oberhalb des Dampfdruckgefäßes) eingesetzt werden. Der Dampfdruck im Thermometergefäß ist mit dem an der Badoberfläche gemessenen Dampfdruck gleich.

Allgemein haben sich zur Bestimmung der Temperatur eines Objekts in einem ^{4}He-Bad zwei Verfahren ausgebildet [34]. Bei dem ersten Verfahren wird der Dampfdruck an der Badoberfläche des Kryostaten gemessen. Im Temperaturbereich oberhalb des λ-Punktes hat es sich bei Glas-DEWAR-Gefäßen als notwendig erwiesen, zu dem gemessenen Druck den hydrostatischen Druck des flüssigen Heliums von der Badoberfläche bis zu der Stelle des Bades, dessen Temperatur bestimmt werden soll, zu addieren. Unterhalb des λ-Punktes wird der an der Badoberfläche gemessene Druck üblicherweise nicht korrigiert. Bei dem anderen Verfahren wird der Dampfdruck mit einem Temperaturfühler gemessen, der sich im Bad an der Stelle der zu messenden Temperatur befindet. Eine Korrektion dieses gemessenen Drucks wird sowohl oberhalb als auch unterhalb des λ-Punktes im allgemeinen als nicht notwendig angesehen. Bei einigen Apparaturen entsteht jedoch im Bereich kleiner Dampfdrücke eine thermomolekulare Druckdifferenz zwischen der kalten Dampfdruckkammer und der warmen Zuleitung zum Manometer, die berücksichtigt werden muß.

Es ist allgemein bekannt, daß die Anwendung der beiden Verfahren zu etwas unterschiedlichen Drücken bzw. Temperaturen — besonders oberhalb des λ-Punktes — führen kann. Obwohl diese Temperaturunterschiede im allgemeinen 0,01 K nicht überschreiten, ist besondere Sorgfalt im Verfahren geboten, wenn eine Meßgenauigkeit kleiner als 0,01 K gewünscht wird.

Die ersten Untersuchungen an flüssigem ^{3}Helium wurden in den USA im Jahre 1948 vorgenommen, in deren Verlauf auch der Dampfdruck gemessen wurde [35, 36]. Eine Versuchsanordnung zur Messung des Dampfdrucks von ^{3}Helium wird von S. G. SYDORIAK und T. R. ROBERTS [28] ausführlich beschrieben.

D Dampfdruckfederthermometer

Auch für *technische Temperaturmessungen* eignen sich Dampfdruckthermometer, allerdings weniger zur Messung tiefer Temperaturen als vielmehr zur Bestimmung höherer Temperaturen bis etwa 350 °C. Ein solches als Federthermometer ausgeführtes Dampfdruckthermometer ist in Abbildung 16 dargestellt. Es besteht aus dem z. T. mit Flüssigkeit gefüllten Thermometergefäß als Temperaturfühler Th, das durch eine Kapillarrohrleitung K mit einem elastischen Meßglied M als Anzeigegerät verbunden ist. Der Temperaturfühler befindet sich auf der zu messenden Temperatur. Im Gefäß stellt sich oberhalb der Flüssigkeit der nur von der Temperatur abhängige Dampfdruck ein, der durch eine mit einer Flüssigkeit vollständig gefüllten Kapillarrohrleitung K auf das elastische Meßglied M übertragen wird. Wegen des nichtlinearen Zusammenhangs zwischen Dampfdruck und Temperatur nimmt der Teilstrichabstand gegen das Meßbereichsende stark zu. Dabei ist der hydrostatische Druck der Flüssigkeitssäule zwischen dem Dampfraum und dem Anzeigegerät zu berücksichtigen. Die Temperaturfühler werden bevorzugt in langgezogener Form gebaut, um kurze Einstellzeiten zu erreichen.

Die *Füllflüssigkeiten* werden für verschiedene Meßbereiche so ausgewählt, daß der Meßbereichsanfang oberhalb der Siedetemperatur bei dem Druck 1 bar, sein Ende unter der kritischen Temperatur der Füllflüssigkeit liegt. Als Füllflüssigkeiten werden u. a. benutzt: Alkohol, Äther, Pentan, Hexan, Toluol, Xylol, Chlormethyl und Propan.

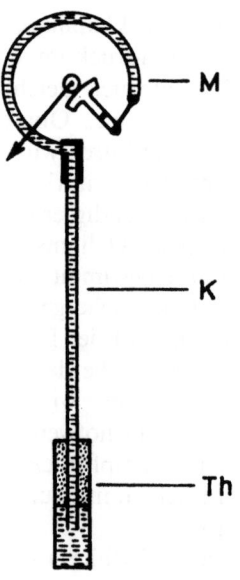

Abb. 16 Dampfdruckfederthermometer

Die Kapillarrohrleitung zwischen Fühler und Meßglied, die mit Flüssigkeit gefüllt ist, wird bis zu etwa 60 m lang ausgeführt. Die Temperatur der Kapillarrohrleitung muß niedriger sein als die des Fühlers, damit in der engen Leitung keine Dampfblasen entstehen, die Druckstöße verursachen und die Anzeige verfälschen können. Wenn diese Forderung erfüllt ist, sind Schwankungen der Außentemperatur und Verformung der Kapillarrohrleitung ohne Einfluß auf die Anzeige. Ist die zu messende Temperatur niedriger als die Temperatur der Kapillarrohrleitung und des Meßgliedes, wendet man einen *Druckvermittler* (z. B. eine elastische Wellrohrmembran) an und füllt die Kapillarrohrleitung mit einer höher siedenden Flüssigkeit.

Literatur

[1] WILLIGHAM, C. B., W. I. TAYLOR, I. M. PIGNOCCO und F. D. ROSSINI, J. Res. NBS 35 (1945) 219
[2] THOMSON, G. W., Chem. Rev. 38 (1946) 1
[3] RIEDEL, L., Chem. Ing. Tech. 26 (1954) 83
[4] RIEDEL, L., Chem. Ing. Tech. 26 (1954) 259
[5] RIEDEL, L., Chem. Ing. Tech. 26 (1954) 679
[6] RIEDEL, L., Chem. Ing. Tech. 28 (1956) 557
[7] VAN DIJK, H., M. DURIEUX, J. R. CLEMENT, und J. K. LOGAN, Comité Consultativ de Thermométrie. 5. Session, Paris 1958, S. 190
[8] SYDORIAK, S. G., T. R. ROBERTS, R. H. SHERMAN UND F. G. BRICKWEDDE, Comité Consultativ de Thermométrie. 6. Session, Paris 1962, S. 183
[9] MAYER, J. E., und M. G. MAYER, Statistical Mechanics. John Wiley and Sons, Inc., New York 1940, S. 292
[10] DURIEUX, M., Thesis. Leiden 1960
[11] TER HARMSEL, H., Thesis. Leiden 1966
[12] TIGGELMAN, J. L., Thesis. Leiden 1973
[13] MOUSSA, M. R., Thesis. Leiden 1966
[14] MUIJLWIJK, R., Thesis. Leiden 1968
[15] PTB Mitt. 81 (1971) 31

[16] LONDOLT-BÖRNSTEIN, Zahlenwerte und Funktionen. 6. Aufl., Bd. IV/4a, Springer, Berlin-Heidelberg-New York 1967, S. 161
[17] —, Zahlenwerte und Funktionen. 6. Aufl. Bd. IV/4b, S. XXIV, Springer, Berlin-Heidelberg-New York 1972
[18] VAN DIJK, H., und M. DURIEUX, Physica 24 (1958) 1
[19] CLEMENT. J. R., J. K. LOGAN und J. GAFFNEY, Phys. Rev. 100 (1955) 743
[20] BERRY, K. H., Temperature, its Measurement and Control in Science and Industry. Vol. 4, Part 1, Instrument Society of America, Pittsburgh 1972, S. 323
[21] COLCLOUGH, A. R., Temperature, its Measurement and Control in Science and Industry. Vol. 4, Part 1, Instrument Society of America, Pittsburgh 1972, S. 365
[22] PLUMB, H. H., und G. CATALAND, Metrologia 2 (1966) 127
[23] BRICKWEDDE, F. G., H. VAN DIJK, M. DURIEUX, J. R. CLEMENT, und J. K. LOGAN, J. Res. NBS 64 A (1960) 1
[24] SHERMAN, R. H., S. G. SYDORIAK und T. R. ROBERTS, J. Res. NBS 68 A (1964) 579
[25] BARBER, C. R., und A. HORSFORD, Brit. J. Appl. Phys. 14 (1963) 920
[26] BERRY, R. J., Canad. J. Phys. 40 (1962) 859
[27] BROMBACHER, W. G., D. P. JOHNSON, und J. L. CROSS, NBS Monograph 8 (1960)
[28] SYDORIAK, S. G., und T. R. ROBERTS, Phys. Rev. 106 (1957) 175
[29] EDER, F. X., Moderne Meßmethoden der Physik. Teil II, Deutscher Verlag der Wissenschaften, Berlin 1956, S. 520
[30] TACONIS, K. W., J. J. M. BEENAKKER, A. O. C. NIER, und L. T. ALDRICH, Physica 15 (1949) 733
[31] WEBER, S., W. H. KEESOM, und G. SCHMIDT, Commun. Kamerlingh Onnes Lab., Leiden, Nr. 246a (1936)
[32] ROBERTS, T. R., und S. G. SYDORIAK, Phys. Rev. 102 (1956) 304
[33] CATALAND, G., M. H. EDLOW, und H. H. PLUMB, Temperature, its Measurement and Control in Science and Industry. Vol. 3, Part 1, Reinhold Publishing Corporation, New York 1963, S. 413
[34] BRICKWEDDE, F. G., H. VAN DIJK, M. DURIEUX, J. R. CLEMENT, und J. K. LOGAN, J. Res. NBS 64A (1960) 4
[35] SYDORIAK, S. G., E. R. GRILLY, und E. F. HAMMEL, Phys. Rev. 75 (1949) 303
[36] ABRAHAM, B. M., D. W. OSBORNE, und B. WEINSTOCK, Phys. Rev. 80 (1950) 366

V. Widerstandsthermometer

A Platinwiderstandsthermometer

1. Bedeutung und geschichtliche Entwicklung

Das Platinwiderstandsthermometer wurde schon im Jahre 1871 von WERNER VON SIEMENS zur Messung hoher Temperaturen verwendet. Er erkannte bereits die Vorzüge des Platins gegenüber anderen Metallen, die darin bestehen, daß es chemisch nicht leicht angreifbar ist und einen hohen Schmelzpunkt sowie einen im Verhältnis zu anderen Edelmetallen hohen spezifischen elektrischen Widerstand besitzt. Aber erst als man gelernt hatte, das Platin vor Verunreinigungen durch Silizium oder andere Metalle und vor den Verbrennungsgasen der damaligen Öfen zu schützen, konnte seine Zuverlässigkeit soweit erhöht werden, daß es für die praktische Thermometrie eine besondere Bedeutung gewann. Zu einem Präzisionsinstrument wurde das Platinthermometer in den Jahren 1886/87 durch die Arbeiten von H. L. CALLENDAR [1], der als erster eine empirische formelmäßige Beziehung zwischen dem elektrischen Widerstand des Platins und der Temperatur fand. Auch in der Folgezeit hat dieses Gerät seinen Platz unter den Präzisionsgeräten der praktischen Thermometrie beibehalten, da es möglich war, durch Verbesserung der Thermometerkonstruktion und des Reinheitsgrades des Platins die Meßgenauigkeit laufend zu erhöhen und damit den wachsenden Anforderungen von Wissenschaft und Technik anzupassen. Dazu war es bisweilen auch notwendig, die Widerstands-Temperatur-Beziehung derart zu ändern, daß eine möglichst gute Übereinstimmung mit der thermodynamischen Temperaturskala erreicht wurde.

Besondere Bedeutung hat das Platinthermometer dadurch gewonnen, daß mit seiner Hilfe alle bisherigen Internationalen Temperaturskalen in einem weiten Temperaturbereich verwirklicht wurden. So war es in den Internationalen Temperaturskalen von 1927 und 1948 für den Bereich von 90,2 K bis 903,9 K (= 630,7 °C) vorgesehen, während in der IPTS-68 der Anwendungsbereich bis herab zu 13,81 K ausgedehnt wurde. Eine Erweiterung des Meßbereichs nach oben bis zum Golderstarrungspunkt (1064,43 °C) und damit ein Ersatz des Platinrhodium-Platin-Thermoelements durch das Platinwiderstandsthermometer in einer zukünftigen Internationalen Temperaturskala ist möglich.

2. Beziehungen zwischen Widerstand und Temperatur, Reinheit des Platins

Die Beziehungen zwischen dem Widerstandsverhältnis $W(t_{68}) = R_{t_{68}}/R_0$ und der Temperatur t_{68} (R_0 = Widerstand am Eispunkt) sind in der IPTS-68 für den Temperaturbereich von 13,81 K bis 630,74 °C festgelegt (vgl. I D 2). Hierzu werden nachfolgend noch einige Erläuterungen und Ergänzungen, z. T. auch aus historischer Sicht, gegeben.

Temperaturbereich oberhalb von 0 °C

Nach I D 2 gilt zwischen 0 °C und 630,74 °C für die Abhängigkeit des Widerstandsverhältnisses $W(t_{68})$ von der Temperatur in erster Näherung (Näherungswert t') die Gl. (49), die der lange Zeit gebräuchlichen CALLENDARschen Formel entspricht und auch geschrieben werden kann in der Form

$$t' = 100 \frac{[W(t_{68}) - 1]}{[W(100\,°C) - 1]} + \delta \left(\frac{t'}{100\,°C}\right)\left(\frac{t'}{100\,°C} - 1\right), \tag{95}$$

falls die Konstante $\alpha = [W(100\,°C) - 1]/100$ durch Anschluß an den normalen Wassersiedepunkt und δ durch Anschluß an den Zinkpunkt bestimmt wird. Gasthermometrische Messungen [2 bis 4], die zur Zeit der Festlegung der IPTS-68 vorlagen, ließen es zweckmäßig erscheinen, die Abweichungen von der thermodynamischen Temperatur durch die Korrektion

$$\Delta t = t_{68} - t'$$

$$= 0{,}045 \left(\frac{t'}{100\,°C}\right)\left(\frac{t'}{100\,°C} - 1\right)\left(\frac{t'}{419{,}58\,°C} - 1\right)\left(\frac{t'}{630{,}74\,°C} - 1\right) \tag{96}$$

zu berücksichtigen, die zu t' zu addieren ist, um die Temperatur t_{68} in der IPTS-68 zu erhalten (Tab. 10). Die Konstante 0,045 in Gl. (96) ist dabei so gewählt worden, daß bei 0 °C ein stetiger Übergang im ersten und zweiten Differentialquotienten von $W(t_{68})$ zur Bezugsfunktion unterhalb von 0 °C gewährleistet ist.

Tabelle 10. Korrektion $\Delta t = t_{68} - t'$ (in °C) für das Platinwiderstandsthermometer gemäß Gl. (96)
(t' = Rohwert von t_{68})

t'	Δt	t'	Δt	t'	Δt
0	0,000	210	+0,035	420	0,000
10	−0,004	220	+0,037	430	−0,005
20	−0,007	230	+0,039	440	−0,010
30	−0,008	240	+0,040	450	−0,015
40	−0,009	250	+0,041	460	−0,020
50	−0,009	260	+0,042	470	−0,024
60	−0,008	270	+0,042	480	−0,028
70	−0,007	280	+0,042	490	−0,032
80	−0,005	290	+0,041	500	−0,036
90	−0,003	300	+0,040	510	−0,039
100	0,000	310	+0,039	520	−0,042
110	+0,003	320	+0,037	530	−0,043
120	+0,006	330	+0,035	540	−0,044
130	+0,010	340	+0,032	550	−0,044
140	+0,013	350	+0,029	560	−0,044
150	+0,017	360	+0,026	570	−0,042
160	+0,020	370	+0,022	580	−0,039
170	+0,023	380	+0,018	590	−0,034
180	+0,026	390	+0,014	600	−0,028
190	+0,029	400	+0,009	610	−0,021
200	+0,032	400	+0,004	620	−0,012

Nach H. Moser [5] können die Gl. (95) und (96) mit guter Näherung auch für Temperaturmessungen bis zum Golderstarrungspunkt (1064,43 °C) verwendet werden, wenn die rechte Seite von Gl. (96) noch mit dem Faktor $[1 - \varepsilon(t'/10643\,°C)^3]$ multipliziert wird. Die Konstante ε ($\approx 0{,}59$) kann aus einer Messung am Golderstarrungspunkt bestimmt werden.

Die IPTS-68 enthält auch die Vorschrift, daß das Widerstandsverhältnis $W(100\,°C) = R_{100}/R_0 = 100\,\alpha + 1$ nicht kleiner als 1,39250 sein darf, während in den Internationalen Temperaturskalen von 1948 und 1927 noch Mindestwerte von 1,3910 bzw. 1,3900 vorgeschrieben waren. Da als Grenzwert für reinstes Platin 1,3928 angenommen werden darf, bedeutet die neue Vorschrift der IPTS-68 eine wesentliche Erhöhung der Anforderungen an den Reinheitsgrad des Platinmeßdrahts, was wiederum der Reproduzierbarkeit der Skala zugute kommt. Die Tatsache, daß $W(100\,°C)$ mit zunehmendem Reinheitsgrad wächst, findet ihre Erklärung in der MATHIESSENschen Regel, die besagt, daß der Temperaturabhängige Widerstand R eines Metalls durch eine Verunreinigung um einen in erster Näherung von der Temperatur unabhängigen Zusatzwiderstand r vergrößert wird. In ähnlicher Weise wirken sich auch mit gewissen Ausnahmen [6] physikalische Strukturänderungen des Meßdrahts aus, wobei im allgemeinen einer größeren Spannungsfreiheit des Drahtes ein kleinerer Widerstand r entspricht. Nach der MATHIESSENschen Regel müssen Verunreinigungen und Strukturänderungen des Meßdrahtes einen geringeren Einfluß auf die Temperaturbestimmung haben, wenn man anstelle des Widerstandsverhältnisses $W(t_{68}) = R_{t_{68}}/R_0$ die Widerstandsdifferenz $R_{t_{68}} - R_0$ in die CALLENDARsche Formel (Gl. 95) einsetzt, vorausgesetzt, daß im Anschluß an jede R_t-Messung das zugehörige R_0 nach langsamer Abkühlung bestimmt wird. Da

$$\frac{[W(t_{68}) - 1]}{\alpha} = 100\,\frac{(R_{t_{68}} - R_0)}{(R_{100} - R_0)} = \frac{(R_{t_{68}} - R_0)}{\alpha'} \tag{97}$$

erhält man mit $R_{t_{68}} - R_0$ bei konstantem $\alpha' = (R_{100} - R_0)/100$ eine bessere Reproduzierbarkeit als mit $W(t_{68})$ bei konstantem α, insbesondere wenn man den Meßbereich des Platinthermometers bis zum Golderstarrungspunkt ausdehnt [7]. Es muß jedoch darauf hingewiesen werden, daß die MATHIESSENsche Regel, die beim Vergleich von Platinthermometern mit Meßdrähten verschiedener Reinheit oder physikalischer Beschaffenheit bisweilen gute Dienste leistet, keine strenge Gültigkeit besitzt, sondern nur eine erste Näherung darstellt.

Temperaturbereich unterhalb von 0 °C

Für den Bereich von 0 °C bis zum Sauerstoffsiedepunkt (−183 °C) hat G. VAN DUSEN [8] im Jahre 1925 die Formel

$$W(t) = R_t/R_0 = 1 + At + Bt^2 + C(t - 100)\,t^3 \tag{98}$$

angegeben, die bis zum Jahre 1968 den Internationalen Temperaturskalen von 1927 und 1948 zugrunde lag. Die Konstanten A und B waren durch Anschlüsse an die normalen Siedepunkte von Wasser und Schwefel bei gleichzeitiger Nullsetzung der Konstanten C zu bestimmen. Sie waren damit identisch mit den entsprechenden Konstanten, der oberhalb von 0 °C geltenden CALLENDARschen Beziehung in der Form $W(t) =$

$= 1 + At + Bt^2$. Die Konstante C war durch Messung des Widerstandes am normalen Sauerstoffsiedepunkt zu ermitteln.

W. HEUSE und J. OTTO [9] konnten schon im Jahre 1932 auf Grund gasthermometrischer Messungen Abweichungen der nach der VAN DUSENschen Formel berechneten Temperaturwerte von der thermodynamischen Skala feststellen. Danach lagen die thermodynamischen Werte bei −80 °C um etwa 0,04 °C höher. Diese Beobachtungen sind später von W. H. KEESOM und B. G. DAMMERS [10] bestätigt worden, die außerdem bei −140 °C eine Abweichung von 0,01 bis 0,02 °C in umgekehrter Richtung fanden. Zu einem ähnlichen Ergebnis führten auch neuere gasthermometrische Messungen von H. PRESTON-THOMAS und C. G. KIRBY [11].

Auch im Bereich unterhalb von −183 °C hat man versucht, die Abhängigkeit des elektrischen Widerstandes des Platins von der Temperatur formelmäßig zu erfassen. So hat z. B. E. GRÜNEISEN [12] eine theoretische Beziehung angegeben, die den elektrischen Widerstand mit der absoluten Temperatur und der spezifischen Wärme c_v verknüpft, die ihrerseits nach der DEBYE-Funktion berechnet werden konnte. Ohne eine geschlossene Theorie haben H. KAMMERLINGH-ONNES [13], W. NERNST [14] und F. A. LINDEMANN [15] rein empirisch den Anschluß an die PLANCKsche Quantenformel gesucht. F. HENNING und J. OTTO [16] haben im Bereich von 14 K bis 90 K das Platinthermometer mit dem Gasthermometer verglichen und unter Verwendung der DEBYE-Funktion eine halbempirische Formel mit 6 Konstanten angegeben, die mit nur geringer Einbuße an Genauigkeit zu einer solchen mit 4 Konstanten vereinfacht werden konnte und deren Brauchbarkeit dem damaligen Stand der Meßtechnik entsprechend auch von anderen Autoren [17, 18] bestätigt wurde. Bemerkenswert ist auch ein vom NATIONAL BUREAU of STANDARDS [19] gemachter Vorschlag, die nach der MATHIESSENschen Regel von der Beschaffenheit des Platinmeßdrahts in erster Näherung unabhängige Funktion

$$Z = f(t) = \frac{R_T - R_1}{R_2 - R_1} \tag{99}$$

zu benutzen und tabellarisch festzulegen, wobei R_1 am Tripelpunkt von Sauerstoff oder am normalen Wasserstoffsiedepunkt und R_2 am normalen Sauerstoffsiedepunkt zu bestimmen war. G. K. WHITE [20] hielt es für zweckmäßiger für R_1 den normalen Heliumsiedepunkt und für R_2 den Eispunkt (273,15 K) zugrunde zu legen. Schließlich sei noch auf die von L. LANDAU und J. POMMERANTSCHUCK [21] und später von W. G. BARBER [22] vorgeschlagene Formel $W(T) = A + BT^2 + CT^5$ hingewiesen, die sich nach Messungen von H. J. HOOYE und F. G. BRICKWEDDE [18] im Temperaturbereich von 10 K bis 15 K als brauchbar erwies und die nach Ansicht anderer Autoren [23 bis 25] unterhalb von 10 K bis herab zu 2 K durch ein vollständiges Polynom 5. Grades ersetzt werden sollte.

Keine der Widerstandtemperaturbeziehungen unterhalb von −183 °C hat sich jedoch so weit durchgesetzt, daß sie die Grundlage einer internationalen Vereinbarung über die Temperaturskala bilden konnten. Mit zunehmender Präzision ergab sich immer mehr die Gewißheit, daß nur mit einer sehr komplizierten Formel eine ausreichende Übereinstimmung mit der thermodynamischen Temperaturskala in diesem Temperaturbereich zu erreichen war. Aus diesen Gründen ist schon vor längerer Zeit von verschiedenen Autoren [16, 18, 26, 27] vorgeschlagen worden, im Bereich tiefer Temperaturen das Widerstandsverhältnis $W(T)$ in Abhängigkeit von der Temperatur T

Tabelle 11. Werte des Widerstandsverhältnisses $W_{\text{CCT-68}}(T_{68})$ bei ganzzahligen Temperaturwerten T_{68} gemäß Gl. (100)

T_{68} in K	$W_{\text{CCT-68}}(T_{68})$	T_{68} in K	$W_{\text{CCT-68}}(T_{68})$	T_{68} in K	$W_{\text{CCT-68}}(T_{68})$
13	0,0012306	64	0,1311119	115	0,3507852
14	0,0014597	65	0,1353036	116	0,3550591
15	0,0017454	66	0,1395129	117	0,3593299
16	0,0020947	67	0,1437380	118	0,3635975
17	0,0025151	68	0,1479777	119	0,3678620
18	0,0030143	69	0,1522306	120	0,3721233
19	0,0035996	70	0,1564954	121	0,3763815
20	0,0042778	71	0,1607711	122	0,3806365
21	0,0050549	72	0,1650564	123	0,3848885
22	0,0059367	73	0,1693505	124	0,3891374
23	0,0069281	74	0,1736524	125	0,3933832
24	0,0080332	75	0,1779612	126	0,3976259
25	0,0092551	76	0,1822760	127	0,4018657
26	0,0105959	77	0,1865963	128	0,4061024
27	0,0120569	78	0,1909211	129	0,4103362
28	0,0136390	79	0,1952499	130	0,4145671
29	0,0153426	80	0,1995821	131	0,4187951
30	0,0171677	81	0,2039171	132	0,4230201
31	0,0191136	82	0,2082544	133	0,4272423
32	0,0211795	83	0,2125935	134	0,4314617
33	0,0233635	84	0,2169339	135	0,4356783
34	0,0256634	85	0,2212752	136	0,4398921
35	0,0280765	86	0,2256171	137	0,4441032
36	0,0305995	87	0,2299591	138	0,4483116
37	0,0332291	88	0,2343010	139	0,4525173
38	0,0359616	89	0,2386425	140	0,4567203
39	0,0387931	90	0,2429832	141	0,4609207
40	0,0417197	91	0,2473229	142	0,4651186
41	0,0447376	92	0,2516613	143	0,4693138
42	0,0478429	93	0,2559983	144	0,4735066
43	0,0510318	94	0,2603337	145	0,4776968
44	0,0543004	95	0,2646672	146	0,4818846
45	0,0576449	96	0,2689987	147	0,4860699
46	0,0610616	97	0,2733281	148	0,4902527
47	0,0645468	98	0,2776552	149	0,4944332
48	0,0680969	99	0,2819799	150	0,4986113
49	0,0717083	100	0,2863020	151	0,5027871
50	0,0753776	101	0,2906216	152	0,5069606
51	0,0791012	102	0,2949384	153	0,5111318
52	0,0828760	103	0,2992524	154	0,5153007
53	0,0866986	104	0,3035636	155	0,5194673
54	0,0905660	105	0,3078718	156	0,5236318
55	0,0944752	106	0,3121771	157	0,5277941
56	0,0984234	107	0,3164794	158	0,5319542
57	0,1024078	108	0,3207786	159	0,5361121
58	0,1064258	109	0,3250747	160	0,5402679
59	0,1104751	110	0,3293677	161	0,5444217
60	0,1145531	111	0,3336575	162	0,5485733
61	0,1186579	112	0,3379442	163	0,5527229
62	0,1227872	113	0,3422277	164	0,5568705
63	0,1269391	114	0,3465080	165	0,5610160

Tabelle 11 (Fortsetzung)

T_{68} in K	$W_{\text{CCT-68}}(T_{68})$	T_{68} in K	$W_{\text{CCT-68}}(T_{68})$	T_{68} in K	$W_{\text{CCT-68}}(T_{68})$
166	0,5651596	202	0,7131317	238	0,8591107
167	0,5693012	203	0,7172117	239	0,8631405
168	0,5734408	204	0,7212903	240	0,8671689
169	0,5775784	205	0,7253673	241	0,8711961
170	0,5817142	206	0,7294429	242	0,8752220
171	0,5858481	207	0,7335169	243	0,8792466
172	0,5899800	208	0,7375895	244	0,8832699
173	0,5941101	209	0,7416606	245	0,8872920
174	0,5982384	210	0,7457303	246	0,8913127
175	0,6023648	211	0,7497984	247	0,8953322
176	0,6064893	212	0,7538652	248	0,8993505
177	0,6106121	213	0,7579305	249	0,9033674
178	0,6147331	214	0,7619943	250	0,9073831
179	0,6188523	215	0,7660567	251	0,9113976
180	0,6229697	216	0,7701177	252	0,9154108
181	0,6270854	217	0,7741773	253	0,9194227
182	0,6311994	218	0,7782355	254	0,9234334
183	0,6353116	219	0,7822922	255	0,9274429
184	0,6394221	220	0,7863476	256	0,9314511
185	0,6435309	221	0,7904015	257	0,9354580
186	0,6476381	222	0,7944541	258	0,9394637
187	0,6517435	223	0,7985053	259	0,9434682
188	0,6558473	224	0,8025551	260	0,9474715
189	0,6599495	225	0,8066035	261	0,9514735
190	0,6640500	226	0,8106506	262	0,9554743
191	0,6681488	227	0,8146963	263	0,9594739
192	0,6722461	228	0,8187406	264	0,9634722
193	0,6763417	229	0,8227836	265	0,9674693
194	0,6804358	230	0,8268253	266	0,9714652
195	0,6845282	231	0,8308656	267	0,9754598
196	0,6886191	232	0,8349046	268	0,9794533
197	0,6927084	233	0,8389422	269	0,9834455
198	0,6967961	234	0,8429786	270	0,9874364
199	0,7008823	235	0,8470136	271	0,9914262
200	0,7049670	236	0,8510473	272	0,9954147
201	0,7090501	237	0,8550796	273	0,9994020

für ein bestimmtes Platinthermometer tabellarisch festzulegen und nur noch die Abweichung $\Delta W(T)$ eines Gebrauchsinstruments von den Bezugswerten der Tabelle formelmäßig zu erfassen, wofür sich dann einfachere Beziehungen ergaben.

Das grundsätzlich gleiche Verfahren ist schließlich auch bei der Festlegung der IPTS-68 für den Temperaturbereich von 13,81 K bis 273,15 K angewendet worden. Die Berechnung der Bezugstabelle geschah in diesem Falle mit Hilfe der Funktion

$$T_{68} = A_0 + \sum_{i=1}^{20} A_i [\ln W_{\text{CCT-68}}(t_{68})]^i, \tag{100}$$

die 21 Konstanten enthält. Grundlage für die Bestimmung dieser Konstanten bildeten vier „nationale Platinskalen", die sich ihrerseits auf gasthermometrische Messungen stützten, sowie die Ergebnisse internationaler Vergleichsmessungen [28]. Eine etwas modifizierte Form der Gleichung (100) in der verbesserten Ausgabe der IPTS$_{68}$ von 1975 (s. I, A, 2) liefert bis auf etwa $\pm 1 \cdot 10^{-5}$ K dieselben Werte für T_{68} und ist damit in der praktischen Auswirkung mit Gl. (100) identisch. Die Bezugswerte $W_{\text{CCT-68}}$ (T_{68}) gelten für ein Platin, das gemäß Gl. (95) einen α-Wert von 0,003925967 °C^{-1} und einen δ-Wert von 1,4963 °C besitzt. Sie sind in gekürzter Form in Tabelle 11 wiedergegeben. Eine ausführliche Tabelle, mit der eine Interpolation mit einer Unsicherheit von $1 \cdot 10^{-4}$ K möglich ist, kann vom Bureau International des Poidset Mesures in Sevres, Frankreich, bezogen werden.

Das Verfahren des Anschlusses eines Platinthermometers an die IPTS-68 wird in Kapitel I D 2 beschrieben. Wenn der gesamte Temperaturbereich von 13,81 K bis 273,15 K erfaßt werden soll, müssen die Abweichungen $\Delta W(T_{68})$ der $W(T_{68})$-Werte von den Bezugswerten der Tabelle 11 an 7 definierenden Fixpunkten — der Anschluß an den Eispunkt ist dabei nicht berücksichtigt — bestimmt werden. Damit können die Konstanten von vier Abweichfunktionen $\Delta W(T_{68}) = f(T_{68})$ berechnet werden, die für vier Unterbereiche der Temperatur verschieden sind. Nach der Beziehung $W(T_{68}) - \Delta W(T_{68}) = W_{\text{CCT-68}}(T_{68})$ kann dann für jedes beliebige $W(T_{68})$ der zugehörige Temperaturwert T_{68} aus der Bezugstabelle entnommen werden, wobei für die Berechnung von $\Delta W(T_{68})$ zunächst ein Rohwert von T_{68} genügt. Nötigenfalls ist das Verfahren der sukzessiven Approximation anzuwenden. Wie man sieht, ist die Verwirklichung der IPTS-Skala bei tiefen Temperaturen sehr kompliziert, doch läßt sich mit dem angegebenen Verfahren eine große Reproduzierbarkeit erreichen unter der Voraussetzung, daß ein sehr reines Platin [$W(100\ °C) \geq 1,39250$] und eine geeignete Thermometerkonstruktion (vgl. V A 3) verwendet wird. Auf Grund eines Vergleichs der Meßergebnisse von 48 Platinthermometern wird die Reproduzierbarkeit der IPTS-68 von R. E. Bedford und C. K. Ma [29] wie folgt geschätzt: 3 mK im Bereich von 13,81 K bis 20,28 K, ± 1 mK im Bereich von 20,28 K bis 54,361 K und ± 2 mK im Bereich von 54,361 K bis 90,188 K. Auch im Bereich von 90,188 K bis 273,15 K dürfte die Reproduzierbarkeit bei wenigen Millikelvin liegen.

Mit Hilfe der Mathiessenschen Regel können die Abweichungen $\Delta W(T_{68}) = W(T_{68}) - W_{\text{CCT-68}}(T_{68})$ von den Bezugswerten der Tabelle für ein Platinthermometer näherungsweise berechnet werden, wenn nur dessen Abweichung $\Delta W(100\ °C) = W(100\ °C) - W_{\text{CCT-68}}(100\ °C)$ bekannt ist. Aus der Beziehung

$$\frac{[W(T_{68}) - 1]}{[W(100\ °C) - 1]} = \frac{[W_{\text{CCT}}(T_{68}) - 1]}{[W_{\text{CCT}}(100\ °C) - 1]}$$

folgt

$$\Delta W(T_{68}) = \Delta W(100\ °C) \frac{[W_{\text{CCT}}(T_{68}) - 1]}{[W_{\text{CCT}}(100\ °C) - 1]}. \tag{101}$$

Da der Wert $W(100\ °C)$ eines Platinthermometers, das den Vorschriften der IPTS-68 genügt, im allgemeinen um nicht mehr als $\pm 0,0001 = \Delta W(100\ °C)$ von dem Bezugswert $W_{\text{CCT-68}}(100\ °C) = 1,3926$ abweicht, sind bei anderen Temperaturen nach Gleichung (101) in erster Näherung folgende maximale Abweichungen $\Delta W(T_{68})$ zu erwarten für den Fall, daß kein Anschluß an die Fixpunkte der Temperaturskala vorgenommen wurde: bei 13 K $\pm$ 0,00026 ($\pm$ 1,1 K), bei 40 K $\pm$ 0,00025 ($\pm$ 0,08$_3$ K), bei 90 K $\pm$ 0,00019 ($\pm$ 0,04$_5$ K), bei 140 K $\pm$ 0,00014 ($\pm$ 0,03$_3$ K) und bei 200 K $\pm$ 0,00008 ($\pm$ 0,01$_8$ K). In ähnlicher Weise können auch die Abweichungen $\Delta W(T_{68})$ technischer

Platinthermometer, bei denen wesentlich kleinere $W(100\ °C)$-Werte zugelassen sind, von den Bezugswerten der Tabelle geschätzt werden. Als Beispiel sei mitgeteilt, daß sich die Unterschiede zwischen den $W(T_{68})$-Werten in der von F. HENNING in der 2. Auflage dieses Buches für ein $W(100\ °C) = 1{,}39086$ berechneten Tabelle und den entsprechenden Werten der Bezugstabelle der IPTS-68 mit einer Unsicherheit von 10 bis 20% nach Gleichung (101) berechnen ließen.

Gleichung (101) ist selbstverständlich auch für Temperaturen oberhalb von 0 °C anwendbar. So entspricht z. B. einem $\Delta W(100\ °C)$ von $\pm\ 0{,}0001$ ein $\Delta W(419{,}58\ °C)$ am Zinkpunkt von $0{,}0004$ ($\pm\ 0{,}1\ °C$), was mit der Erfahrung gut übereinstimmt.

3. Thermometerkonstruktionen

Platinwiderstandsthermometer werden heute je nach dem Verwendungszweck und den Anforderungen an die Genauigkeit in verschiedenen Ausführungen vorwiegend von der Industrie hergestellt. Die Verschiedenheit der Thermometerkonstruktionen für Messungen höchster Präzision, auf die hier besonders eingegangen wird, ist teilweise schon dadurch bedingt, daß sich gewisse allgemeine Anforderungen für verschiedene Temperaturbereiche nicht in gleicher Weise erfüllen lassen.

Allgemeine Anforderungen

Nach den Empfehlungen der IPTS-68 sind bei der Herstellung von Platinthermometern, die für die Verwirklichung dieser Skala benutzt werden sollen, folgende allgemeine Gesichtspunkte zu beachten: Der Meßdraht aus Platin mit $W(100\ °C) \geq 1{,}39250$ muß möglichst spannungsfrei gewickelt sein. Die von den Enden des Meßwiderstandes ausgehenden vier Zuleitungen sollen mindestens auf einer kurzen Strecke ebenfalls aus Platin bestehen. Der Isolationswiderstand der Bauteile, die den Meßwiderstand und die Zuleitungen tragen, muß so groß sein, daß kein störender Nebenschluß auftritt. Alle in der Nähe des Meßwiderstandes befindlichen Bauteile sollen sauber sein und dürfen auch bei hohen Temperaturen nicht mit Platin reagieren. Ähnliches gilt auch für die Gasfüllungen der Thermometer. Auf weitere mehr spezielle Empfehlungen, z. B. über Alterung der Thermometer, wird in den nachfolgenden Abschnitten eingegangen.

Herstellung des Temperaturfühlers

Für Temperaturen bis 630,74 °C verwendet man im allgemeinen Platindrähte von 0,05 bis 0,2 mm Durchmesser, die möglichst spannungsfrei und bifilar — um magnetische Störungen auszuschalten — um einen Träger gewickelt werden. Als solcher eignet sich z. B. ein aus gezähnten Glimmerblättern zusammengestecktes Kreuz oder ein mit entsprechenden Rillen versehener Träger aus einer keramischen Masse (z. B. aus rekristallisiertem Aluminiumoxid) von kreuz- oder kreisförmigem Querschnitt. Für tiefe und nicht zu hohe Temperaturen kommen auch Träger aus einem Glas mit ähnlichem Ausdehnungskoeffizienten wie Platin in Frage. Für Temperaturen oberhalb von 630,74 °C bis zum Golderstarrungspunkt (1064,43 °C) hat sich synthetischer Saphir als Trägermaterial bestens bewährt. In diesem Temperaturbereich verwendet man im allgemeinen dickere Platindrähte von 0,3 bis 0,6 mm Durchmesser, die durch äußere Einwirkungen von Gasen und Dämpfen bei hoher Temperatur weniger beeinflußt werden als dünnere Drähte.

Alle Platindrähte müssen vor der Wicklung etwa 30 Minuten bei 800 °C ausgeglüht werden, damit sie die ihnen durch das Ziehen noch anhaftende Spannung verlieren. Bei der Verwendung von Glimmerkreuzen ist besondere Vorsicht geboten, weil sich dieses Material bei hoher Temperatur aufbläht und weil es Gaseinschlüsse besitzt, die vom Platin aufgenommen werden und dessen spezifischen elektrischen Widerstand beeinflussen können. Auch Wasser kann beim Erhitzen von Glimmer freiwerden und den Isolationswiderstand verringern, sofern es nicht durch Trockenmittel entfernt wird.

In Abbildung 17a ist die lange Zeit gebräuchliche CALLENDARsche Form eines Temperaturfühlers mit Glimmerkreuz dargestellt, das man später oft durch einen Träger aus einer keramischen Masse ersetzt hat. Eine heute noch häufig verwendete Form eines Temperaturfühlers, der nur wenig Raum beansprucht, hat C. R. MEYERS [30] beschrieben. Bei dieser Konstruktion wird ein 0,1 mm starker Platindraht zunächst zu einer Wendel von 0,45 mm Durchmesser aufgewickelt, die ihrerseits bifilar und in loser Form um einen mit Rillen versehenen Träger herumgelegt wird (Abb. 17b). Für Messungen bei tiefen Temperaturen kann dieser Träger durch ein mit entsprechenden Rillen versehenes Glasstäbchen ersetzt werden, in dessen verdickte Enden die Zuleitungsdrähte eingeschmolzen werden können. C. R. BARBER [31] brachte die Platindrahtwendel im Inneren eines Glasröhrchens unter, das anschließend U-förmig gebogen wurde. Er beschrieb ferner eine für tiefe Temperaturen bestimmte nichtbifilare Konstruktion des Temperaturfühlers, die in einem Platinrohr von nur 2,5 mm äußeren Durchmesser untergebracht werden kann [32].

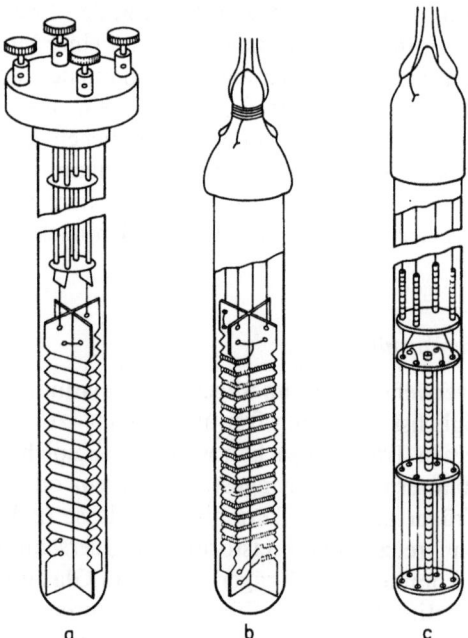

Abb. 17 Verschiedene Konstruktionen von Platinwiderstandsthermometern

Auch für Temperaturmessungen oberhalb von 630,74 °C bis zum Golderstarrungspunkt werden Konstruktionen beschrieben, die von der ursprünglichen CALLENDARschen Form wesentlich abweichen. H. MOSER [7] benutzte eine Anordnung, bei der eine bifilar gewickelte Wendel aus 0,6 mm starkem Platindraht nur an ihren beiden Enden festgehalten wird. C. R. BARBER und W. W. BLANKE [33] wickelten 0,3 mm dicken Platindraht locker auf vier Röhrchen aus rekristalliertem Aluminiumoxid, die parallel zueinander angeordnet und an den Enden miteinander verbunden waren. Eine wesentlich andere Anordnung des Platindrahts wurde erstmalig von J. P. EVANS und G. W. BURNS [34] beschrieben. Bei dieser Konstruktion des Temperaturfühlers, den die Autoren als „bird cage resistor" bezeichnen, wird ein 0,4 bis 0,5 mm starker Platindraht in Richtung der Thermometerachse auf- und abwärts geführt und durch Scheibchen aus synthetischem Saphir, die mit entsprechenden Löchern versehen sind, in seiner Lage festgehalten. Die Saphirscheiben ihrerseits sind durch einen zentralen Platindraht miteinander verbunden, über den zur Einhaltung des Abstands der Scheiben Perlen aus Saphir geschoben sind. Eine ähnliche Konstruktion wurde von F. Z. ALIEVA [35] beschrieben (Abb. 17c).

Anschlußleitungen

Jedes Ende des Meßdrahts wird durch Verschweißen an eine kurze U-förmige Schleife aus dickerem Platindraht angeschlossen, an dessen beiden Enden die Zuleitungen zum Kopf des Thermometers angelötet werden (Innenleitungen). Als solche haben sich z. B. Golddrähte von etwa 0,1 mm Dicke bewährt. Bei Präzisionsthermometern, insbesondere bei solchen für hohe Temperaturen, empfiehlt es sich jedoch, die Innenleitungen ebenfalls aus Platin herzustellen. Man vermeidet auf diese Weise Dämpfe von Fremdmetallen und hat außerdem den Vorteil, daß sich Platindrähte in eine Glashaube am Kopf des Thermometers gasdicht einschmelzen lassen. Zur Isolation der Innenleitungen voneinander dienen mit vier Löchern versehene Scheibchen aus Glimmer oder einem keramischen Material oder Röhrchen aus Porzellan, Quarzglas oder Glas. Bei Thermometern für hohe Temperaturen empfiehlt es sich, als Isolationsmaterial nur Scheiben und Perlen aus Saphir zu verwenden.

Die Berührungsstellen verschiedener Metalle, sei es kurz oberhalb des Temperaturfühlers oder am Kopf des Thermometers, sollten so dicht nebeneinander angeordnet werden, daß sie sich auf gleicher Temperatur befinden, damit sich störende Thermokräfte kompensieren.

Schutzrohre, Gasfüllungen

Als Materialien für Schutzrohre kommen im wesentlichen solche Stoffe in Frage, die auch für die Herstellung der Innenteile verwendet werden, z. B. je nach Temperaturbereich Glas, Quarzglas, feuerfeste, gasdichte (glasierte) keramische Stoffe (z. B. Aluminiumoxid) und Platin. Für technische Thermometer verwendet man auch Rohre aus anderen Werkstoffen, z. B. aus Nickel oder nichtrostendem Stahl. Aus den obengenannten Gründen verdienen für Präzisionsthermometer dünnwandige Rohre aus Platin den Vorzug, zumal sie auch für Gase wie Helium in höherer Temperatur undurchlässig sind, was z. B. für Quarzglasrohre nicht zutrifft. Nach E. H. MC LAREN und E. G. MURDOCK [36] können bei Rohren aus Glas oder Quarzglas, die einem Temperaturgefälle ausgesetzt sind, störende Strahlungsverluste durch Vielfach-Total-Reflexionen auftreten, die durch Aufrauhen (Sandstrahlen) oder durch Schwärzung der Oberfläche unterbunden werden.

Fast bei allen Präzisionsthermometern wird heute das Schutzrohr oben gasdicht abgeschlossen, nachdem man das Innere zuvor bei etwa 450 °C evakuiert und mit einem trockenen Gas gefüllt hat, das bei den Gebrauchstemperaturen nicht kondensiert. Als solche Gase kommen z. B. Helium, Argon, Stickstoff und trockene Luft in Frage, wobei gelegentlich empfohlen wird [37, 38], den ersten drei Gasen etwas Sauerstoff (z. B. 5%) zuzufügen, um eine Desoxydation von Metalloxiden und damit ein Eindringen freigewordener Fremdmetalle in das Pt-Gitter zu verhindern. Nach F. Z. ALIEVA [35] konnte innerhalb der Meßunsicherheit kein Einfluß des Heliumgasdrucks auf den elektrischen Widerstand festgestellt werden, wenn der Druck von 0,07 bar auf 1,6 bar erhöht wurde.

Gesamtausführung

Für wissenschaftliche Zwecke ist eine zylindrische Form von etwa 50 cm Länge, bei der nur der Thermometerfühler auf die zu messende Temperatur gebracht wird, die übliche (Abb. 17a und c). Daneben gibt es die sog. Kapselthermometer von wesentlich geringerer Länge (etwa 6 cm), die ganz eintauchend benutzt werden und insbesondere für Messungen bei tiefen Temperaturen (Einbau in Kryostaten) bestimmt sind (Abb. 17b). Diese Thermometer können mit Rohrdurchmessern von nur wenigen Millimetern hergestellt werden und besitzen daher eine entsprechend kleine thermische Trägheit [33]. Es hat sich als zweckmäßig erwiesen, für Präzisionsthermometer im Temperaturbereich unterhalb von 631 °C Meßwiderstände von etwa 10 oder 25 Ohm bei 0 °C und oberhalb von 630 °C solche von nur wenigen Zehnteln Ohm zu verwenden. Für spezielle Zwecke, wie sie oft in der Technik vorkommen, kann man dem Temperaturfühler jede für den Verwendungszweck geeignete Form geben und ihn zwecks Messung einer mittleren Temperatur z. B. als Fläche, Ring, Spirale oder Stab ausbilden. Oft sind auch besonders stabile spezielle Armaturen erforderlich, z. B. dann, wenn das Thermometer in eine Hochdruckdampfleitung eingebaut werden soll [39].

4. Alterung und Stabilität des Meßwiderstandes

Um eine ausreichende Stabilität des Meßwiderstandes bei verschiedenen Temperaturen zu erhalten, muß dieser nach Fertigstellung des Thermometers mehrere Stunden auf eine Temperatur gebracht werden, die über der höchsten Verwendungstemperatur liegt, aber mindestens 450 °C beträgt (Alterung). Ein Kriterium für ausreichende Stabilität ist die Konstanz des Widerstandes bei einer Bezugstemperatur. Als solche verwendet man bei Thermometern für mittlere und höhere Temperaturen den Wassertripelpunkt (273,16 K) und für Tiefsttemperaturthermometer den normalen Siedepunkt von Helium (4,215 K). Bei Präzisionsthermometern, die bis 631 °C benutzt werden, dürfen die Widerstandsänderungen am Wassertripelpunkt $4 \cdot 10^{-6} R$ entsprechend 1 mK und bei solchen, die nur bis 100 °C verwendet werden, $5 \cdot 10^{-7} R$ nach angemessener Benutzungsdauer nicht überschreiten (nach den Empfehlungen der IPTS-68).

Thermometer, die für Messungen bei hohen Temperaturen bis zum Golderstarrungspunkt (1064,43 °C) bestimmt sind, müssen mehrere Stunden bei etwa 1000 °C gealtert werden. Stabilitätsuntersuchungen, die von verschiedenen Autoren [6, 33, 34, 40, 41] vorgenommen wurden, zeigten, daß in diesem Fall der Abkühlungsgeschwindigkeit eine besondere Bedeutung für die Stabilität zukommt, weil die Gitterleerstellenkonzentration, die sich bei hoher Temperatur einstellt, bei sehr rascher Abkühlung eingefroren wird, während sich bei langsamer Abkühlung der Gleichgewichtswert für tiefe Temperaturen einstellt. Das macht sich z. B. dadurch bemerkbar, daß nach sehr rascher Abkühlung ein bis zu $2 \cdot 10^{-4} R$, entsprechend 0,5 °C, größerer Widerstand am Wassertripelpunkt gefunden werden kann als bei langsamer. Diese Widerstandszunahme läßt sich weitgehend durch längeres Tempern bei etwa 600 °C und anschließende langsame Abkühlung wieder beseitigen. Eine ähnliche Zunahme des Widerstandes, wenn auch nicht im gleichen Ausmaß, kann nach rascher Abkühlung von einer Temperatur oberhalb von 500 °C auf Raumtemperatur auch bei Thermometern beobachtet werden, die nur für Temperaturmessungen bis 631 °C bestimmt sind. Sie kann in diesem Fall durch eine Wärmebehandlung von 30 Minuten bei 500 °C vollständig beseitigt werden. Platinthermometer für hohe Temperaturen, bei denen die obige Vorschrift einer langsamen Abkühlung beachtet wird, können eine Stabilität erreichen, die einer Reproduzierbarkeit des Wassertripelpunktes von wenigen mK und einer solchen des Golderstarrungspunktes von 10 bis 20 mK entspricht und die damit etwa um den Faktor 10 besser ist als die mit dem Platinrhodium-Platin-Thermoelement erreichbare.

Jedes Platinthermometer ist nach der Alterung vor starken Erschütterungen oder Stößen bei der Handhabung oder beim Transport zu schützen, da solche Stöße den Meßwiderstand u. U. erheblich beeinflussen können. So fand E. H. McLaren [42] nach einigen tausend Stößen eine Widerstandszunahme von 0,04%, die nach einer Alterung bei 450 °C nur teilweise wieder zurückging.

5. Erwärmungsfehler, Eintauchtiefe

Die Erwärmung des Meßdrahts durch den Meßstrom muß bei genauen Temperaturmessungen durch eine Korrektion berücksichtigt werden. Zu diesem Zweck bestimmt man bei konstanter Umgebungstemperatur die Widerstandzunahme ΔR beim Übergang von der Meßstromstärke I_1 zu I_2 ($I_2 > I_1$). Entspricht der Zunahme ΔR des Meßwiderstandes die Temperaturerhöhung Δt, so ergeben sich die Temperaturkorrektionen Δt_1 und Δt_2 bei den Meßstromstärken I_1 bzw. I_2 zu

$$\Delta t_1 = \Delta t \frac{I_1^2}{I_2^2 - I_1^2} \quad \text{bzw.} \quad \Delta t_2 = \Delta t \frac{I_2^2}{I_2^2 - I_1^2}. \tag{102}$$

Die Korrektion ist von der Konstruktion des Thermometers und von der Temperatur abhängig. Sie läßt sich im allgemeinen in der Größenordnung von 1 mK halten, wenn man sich je nach Dicke des Meßdrahts bzw. Größe des Meßwiderstandes auf Meßströme von 1 bis 10 mA beschränkt.

Bei Thermometern, die nicht ganz eintauchend benutzt werden, besteht ein wirksames Verfahren zur Kontrolle ausreichender Eintauchtiefe darin, daß der bei einem Metallschmelzpunkt bei verschiedener Eintauchtiefe gefundene Temperaturgradient mit dem übereinstimmt, der sich wegen der Änderung des hydrostatischen Drucks in der Schmelze einstellen muß (vgl. X C 4).

B Widerstandsthermometer mit Meßwiderständen aus anderen Werkstoffen

Die vorzüglichen thermometrischen Eigenschaften des Platins werden außer im Gebiet sehr tiefer Temperaturen von keinem anderen Werkstoff erreicht oder übertroffen. In vielen Fällen jedoch, bei denen es nicht auf höchste Präzision ankommt, z. B. bei Widerstandsthermometern für industrielle Zwecke, werden die Meßwiderstände auch aus anderen reinen Metallen oder aus Legierungen und Halbleitern hergestellt. Im Bereich sehr tiefer Temperaturen, etwa unterhalb 7 K, werden vorwiegend Legierungen und Halbleiter als Widerstandsmaterialien benutzt [43].

Für die Konstruktion der Thermometer mit Meßwiderständen aus anderen Werkstoffen als Platin gelten im allgemeinen ebenfalls die unter V A 3 beschriebenen konstruktiven Gesichtspunkte, wobei die verschiedenen physikalischen und chemischen Eigenschaften der Werkstoffe entsprechend zu berücksichtigen sind.

1. Reine Metalle

Bei tieferen und nicht sehr hohen Temperaturen werden als Materialien für den Meßdraht neben Platin hauptsächlich Nickel, Kupfer und bisweilen auch Eisen verwendet. Letzteres sollte nicht oberhalb von 100 °C benutzt werden. Nickel (und ebenso Eisen) hat den Vorteil eines verhältnismäßig großen Temperaturkoeffizienten des elektrischen Widerstandes $\left(\frac{1}{R_0}\frac{dR}{dT} = 0{,}0064\ \text{K}^{-1}\ \text{bei}\ 0\ °\text{C}\right)$, der im Gegensatz zu Platin oberhalb

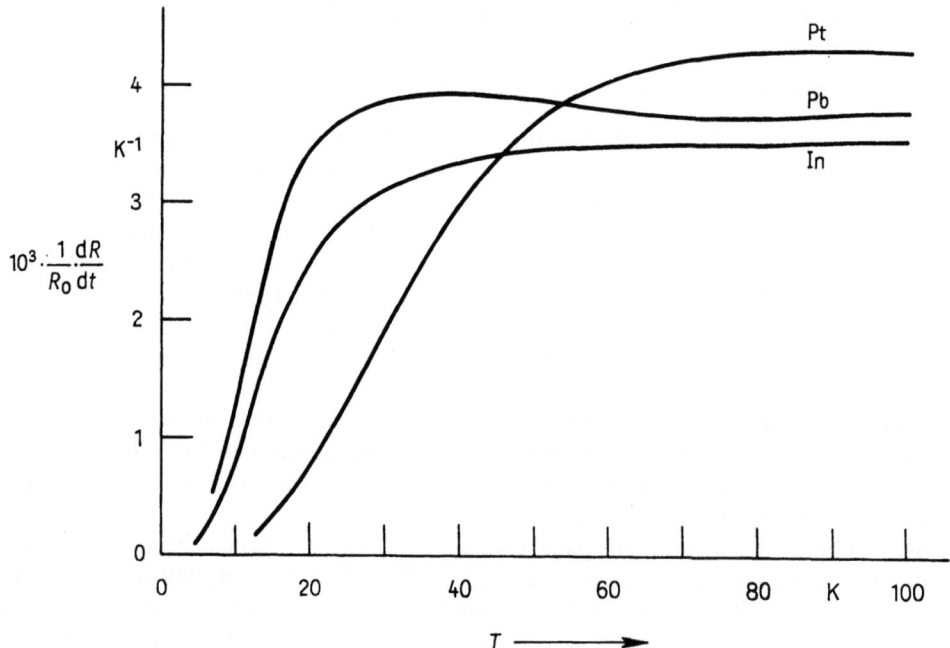

Abb. 18 Widerstandstemperaturkoeffizient von Platin, Blei und Indium bei tiefen Temperaturen

von 0 °C beschleunigt mit der Temperatur zunimmt. Ist ein Thermometer gewünscht, dessen Widerstand in einem bestimmten Temperaturbereich linear mit der Temperatur steigt, so kann man z. B. einen Platindraht und einen Nickeldraht hintereinander schalten, deren Widerstände entsprechend der Krümmung der Widerstandkurven zu wählen sind. Nickelwiderstandsthermometer werden vorwiegend im Temperaturbereich von −60 °C bis 150 °C (bedingt bis 180 °C) verwendet [39, 44].

Auch Kupfer wird gelegentlich als Werkstoff für den Meßdraht von Widerstandsthermometern benutzt. So haben T. M. DAUPHINEE und H. PRESTON-THOMAS [45] ein Kupferwiderstandsthermometer beschrieben, mit dem im Temperaturbereich von 20 K bis 320 K eine sehr gute Reproduzierbarkeit erreicht wurde. Oft wird die Widerstandsänderung von Kupfer auch dazu verwendet, um die Temperatur von Kupferwicklungen elektrischer Geräte zu bestimmen.

Von den zahlreichen reinen Metallen die im Bereich sehr tiefer Temperaturen untersucht worden sind, haben Blei und Indium bisher die besten thermometrischen Eigenschaften gezeigt. Beide Metalle haben gegenüber Platin den Vorteil, daß der starke Abfall des Widerstandstemperaturkoeffizienten $\left(\frac{1}{R_0}\frac{dR}{dT}\right)$ bei wesentlich tieferer Temperatur einsetzt (Abb. 18), was mit der kleineren charakteristischen DEBYE-Temperatur dieser Metalle zusammenhängt.

Bleiwiderstandsthermometer sind von zahlreichen Autoren [46 bis 53] im Gebiet tiefer Temperaturen bis herab zu 7,2 K angewendet worden. Bei dieser Temperatur wird Blei supraleitend, d. h., sein Widerstand nimmt sprungweise den Wert Null an. Ein Indiumwiderstandthermometer, das bis herab zu 3,41 K (Beginn der Supraleitung) brauchbar ist, haben G. K. WHITE und S. B. WOODS [54] beschrieben.

2. Legierungen

Legierungen werden als Meßwiderstände vorwiegend im Bereich tiefer Temperaturen angewendet, da sie bei mittleren und höheren Temperaturen im Vergleich zu reinen Metallen im allgemeinen wesentlich kleinere Widerstandskoeffizienten besitzen. Eine Ausnahme bildet z. B. eine Legierung von 70% Nickel und 30% Eisen, deren spezifischer Widerstand etwa dreimal so groß ist wie der von reinem Nickel und deren Temperaturkoeffizient $\frac{1}{R_0}\frac{dR}{dT}$ zwischen 0 °C und 100 °C mit 0,0048 K^{-1} angegeben wird. Nach G. C. STAUFER und M. H. HUNTER [55] eignet sich diese Legierung für technische Widerstandsthermometer bis 600 °C (magnetischer Umwandlungspunkt).

Manganin und Konstantan, deren Widerstand bis herab zu etwa −140 °C praktisch von der Temperatur unabhängig ist, besitzen bereits unterhalb von 80 K so große Temperaturkoeffizienten, daß sie bis in den Bereich des flüssigen Heliums für die Herstellung von Meßwiderständen in Frage kommen [50, 56]. So liegt z. B. der Temperaturkoeffizient $\frac{1}{R_0}\frac{dR}{dT}$ von Manganin zwischen $6 \cdot 10^{-4}$ K^{-1} (bei 80 K) und $8 \cdot 10^{-4}$ K^{-1} (bei 10 K). Nach C. R. BARBER [43] ist die Reproduzierbarkeit des Widerstandes dieser Legierung beim Übergang von Raumtemperatur zu sehr tiefen Temperaturen nicht besonders gut. Außerdem können Magnetfelder störend wirken.

Unterhalb von 10 K sind nach W. H. KEESOM und Mitarbeiter [57, 58] Meßwiderstände aus Phosphorbronze mit 2% Zinn und 0,05% Blei im Bereich von 1 bis 5 K geeignet. J. D. BABBITT und K. MENDELSSOHN [59] empfehlen für das Gebiet von 3 bis 7 K Legierungen von Silber mit 5% Blei. Auch eine Legierung von 62% Kupfer, 36% Zink, 1,73% Blei und 0,08% Nickel hat sich nach D. H. PARKINSON und L. M. ROBERTS [60] im Bereich von 1,5 K bis 4,2 K bei entsprechender Vorbehandlung bewährt. In diesem Temperaturbereich verläuft die Widerstandstemperaturkurve ziemlich geradlinig mit Abweichungen, die bei 2,8 K einem Temperaturfehler von −0,02 K und bei 1,8 K einem solchen von +0,02 K entsprechen. Alle diese Legierungen für sehr tiefe Temperaturen bedürfen einer sorgfältigen Alterung bei höherer Temperatur, um eine gleichmäßige innere Beschaffenheit zu erreichen und supraleitende Partikel auszuscheiden. Auch Magnetfelder, die den Widerstand beeinflussen, sind zu vermeiden.

3. Halbleiter einschließlich Kohlenstoff

Auch Halbleiter werden in zunehmendem Maße als Meßwiderstände für Widerstandsthermometer verwendet, und zwar für technische Zwecke vorwiegend im Temperaturbereich von −100 °C bis 300 °C bei nicht zu hohen Anforderungen an die Genauigkeit. Daneben haben sich bestimmte Halbleiterwiderstände für Temperaturmessungen bei wissenschaftlichen Untersuchungen im Gebiet sehr tiefer Temperaturen als sehr geeignet erwiesen.

Die meisten Halbleiter haben bei großem spezifischem elektrischem Widerstand einen negativen Temperaturkoeffizienten von 0,02 K^{-1} bis 0,06 K^{-1} bei Zimmertemperatur, der erheblich größer ist als der von reinen Metallen. Sie werden in diesem Falle — da die Leitfähigkeit mit der Temperatur zunimmt — auch als Heißleiter oder Thermistoren bezeichnet. Geringere Bedeutung haben die sog. Kaltleiter, die in einem begrenztem Temperaturbereich einen sehr großen positiven Temperaturkoeffizienten besitzen.

Bereich sehr tiefer Temperaturen [43, 61]

Von den Halbleitern für sehr tiefe Temperaturen sind insbesondere Germanium und Silizium eingehend untersucht worden. Silizium hat sich dabei zwar als sehr temperaturempfindlich, jedoch als nicht so gut reproduzierbar wie Germanium erwiesen, so daß letzteres den Vorzug verdient. Um bei Heliumtemperaturen bis herab zu 1 K eine geeignete Temperaturempfindlichkeit des elektrischen Widerstandes zu erreichen, ist bei Germanium — in ähnlicher Weise auch bei Silizium — eine bestimmte Dotierung, z. B. mit Arsen, Indium, Gallium oder Antimon, erforderlich (1 bis 2 · 10^{17} Fremdatome/cm^3). Reines Germanium ist schon bei der Temperatur des flüssigen Wasserstoffs praktisch ein Isolator. Zu hohe Dotierung erniedrigt die Temperaturempfindlichkeit. Ein von J. E. KUNZLER und Mitarbeiter [62] in geeigneter Weise mit Arsen dotierter Germaniumkristall, der in einer Glashülle mit Heliumfüllung eingeschlossen war, zeigte z. B. folgende Widerstände: 1 Ω bei Zimmertemperatur, 14 Ω bei 10 K und 216 Ω bei 2 K. Die Reproduzierbarkeit bei 4,2 K nach mehrmaligem Erwärmen auf Zimmertemperatur wird mit mindestens 1 mK angegeben. M. H. EDLOW und

H. H. PLUMP [63] fanden bei industriell hergestellten Germaniumwiderstandsthermometern bei ähnlicher Temperaturbehandlung eine Reproduzierbarkeit von wenigen mK.

Auch Kohlenstoff, der eine Zwischenstellung zwischen den Metallen und Halbleitern einnimmt, besitzt einen stark negativen Temperaturkoeffizienten und wird in verschiedener Form im Bereich tiefer Temperaturen als Meßwiderstand benutzt. So stellten W. F. GIAUQUE und Mitarbeiter [64] ein empfindliches Widerstandsthermometer her, indem sie Kohlenstoff in Form von Lampenruß streifenförmig auf eine isolierende Unterlage brachten. Am häufigsten verwendet werden heute Kohlewiderstände aus der Radioindustrie, deren Oberflächen besonders bearbeitet sind. J. R. CLEMENT und E. H. QUINNELL [65] fanden eine gute Reproduzierbarkeit bei derartigen Widerständen entsprechend wenigen Tausendstel Graden, wenn die Temperatur zwischen 4 K und 77 K geändert wurde. Nach diesen Autoren gilt im Bereich von 2 K bis 20 K für bestimmte handelsübliche Kohlewiderstände folgende Beziehung zwischen dem Widerstand R und der Temperatur T:

$$\log R + \frac{K}{\log R} = A + \frac{B}{T} \tag{103}$$

K, A und B sind Konstanten. Von anderen Autoren werden modifizierte Interpolationsformeln angegeben, so z. B. von A. BROWN und Mitarbeiter [66] die Beziehung $\log R = A + BT^{-1} + CT^{-2} - KT^2$ mit den vier Konstanten A, B, C und K. Auch mit Halbleiterdioden ist im Bereich tiefer Temperaturen eine große Temperaturempfindlichkeit und Reproduzierbarkeit erreicht worden. Als besonders geeignet haben sich Galliumarseniddioden bis herab zu 2 K erwiesen, für die H. C. PRADELAUDE [67] eine Interpolationsformel angegeben hat.

Bei allen Präzisionsmessungen mit Halbleiterwiderständen bei tiefen Temperaturen ist darauf zu achten, daß der Widerstand durch Druckänderung und insbesondere auch durch ein Magnetfeld beeinflußt werden kann. Bei großen Meßwiderständen mit kleiner Oberfläche darf der Meßstrom eine gewisse Größe nicht überschreiten, damit Erwärmungsfehler vermieden werden.

Bereich von −100 °C bis 300 °C [39, 68]

Besondere praktische Bedeutung haben industriell hergestellte Halbleiterwiderstandsthermometer für Temperaturmessungen zwischen −100 °C und 300 °C, vorzugsweise im Bereich von −40 °C bis +180 °C gewonnen. In allen Fällen, bei denen es nicht auf hohe Präzision ankommt, haben sie gegenüber metallischen Leitern neben ihrem großen Temperaturkoeffizienten den Vorteil, daß der Widerstand der Anschlußleitungen wegen des hohen Eigenwiderstandes vernachlässigt werden kann und daß sie sich zu sehr kleinen Temperaturfühlern mit geringer thermischer Trägheit ausbilden lassen. Geeignete Halbleiter mit negativem Temperaturkoeffizienten (Thermistoren) bestehen aus sinterfähigen Materialien, z. B. aus festen Lösungen von Fe_3O_4, und Stoffen mit Spinell-Kristall-Aufbau wie Zn_2TiO_4, $MgTiO_4$ oder $MgCr_2O_4$. Um die Reproduzierbarkeit zu verbessern oder um einen bestimmten elektrischen Widerstand zu erreichen, werden oft noch stabilisierende Oxide, z. B. Nickeloxid, Kohlenoxid oder Magnesiumoxid, hinzugefügt. Die Mischung wird mit Hilfe eines plastischen

Bindemittels in die gewünschte Form gepreßt, mit Elektroden versehen und bei einer Temperatur gealtert, die über der höchsten Gebrauchstemperatur liegt.

Die Form der Thermistoren richtet sich nach dem Anwendungszweck. Bevorzugt werden kleine flache Scheibchen zur Messung von Oberflächentemperaturen oder dünne kurze Stäbchen oder Perlen von nur wenigen Millimetern Durchmesser, die eine sehr geringe thermische Trägheit besitzen. So kann z. B. mit einem perlenförmigen Thermistor von 0,5 mm Durchmesser ohne Umhüllung bzw. Glasur eine Halbwertzeit (s. III C) von 0,3 Sekunden in ruhender Luft erreicht werden [68]. Die Reproduzierbarkeit des Widerstandes gut gealterter Thermistoren über längere Zeit im Bereich von −40 °C bis 180 °C entspricht etwa ±0,2 °C [69, 70]. Mit derselben Unsicherheit lassen sich neuerdings auch austauschbare Thermistoren herstellen. Kurzzeitig kann man kleine Temperaturdifferenzen wegen des großen Temperaturkoeffizienten bis auf 0,1 mK genau bestimmen. Als Armaturen, die sehr klein gehalten werden können, verwendet man dünnwandige Rohre aus Glas oder nichtrostendem Stahl, wobei für guten Wärmekontakt mit dem Thermistor zu sorgen ist. Die Temperaturabhängigkeit des Widerstandes von Thermistoren kann in erster Näherung durch die Formel

$$R = A \cdot e^{B/T} \tag{104}$$

mit den Konstanten A und B ausgedrückt werden.

Schließlich sei noch auf die sog. Kaltleiter (PTC-Widerstände) hingewiesen, die aus ferroelektrischen keramischen Werkstoffen z. B. auf der Grundlage von Barium- und Strontiumtitanat bestehen und die in einem begrenzten Temperaturbereich von etwa 20 °C bis 100 °C einen sehr großen positiven Temperaturkoeffizienten besitzen, der außerhalb dieses Bereichs negativ oder auch Null sein kann [71, 72]. Sie eignen sich wegen des engen Temperaturbereichs weniger für Temperaturmessungen, können aber mit Vorteil z. B. zur Auslösung von Übertemperaturschutzschaltern für Motoren benutzt werden.

Bezüglich der Verwendung von Halbleiterdioden und Transistoren als Temperaturfühler im Bereich mittlerer Temperaturen wird auf die einschlägige Literatur verwiesen [73 bis 75].

C Widerstandsmessung

Die Methode der Widerstandsmessung ist nach der angestrebten Meßgenauigkeit auszuwählen. Dabei ist besonders darauf zu achten, daß die Zuleitungen vom Meßdraht zum Meßgerät (Innen- und Außenleitungen) sowie störende Thermokräfte in ausreichendem Maße eliminiert werden.

1. Kompensationsverfahren

Die grundsätzliche Schaltung ist aus Abbildung 19 ersichtlich. Der Meßwiderstand R_{Th} des Thermometers, der mit je zwei Zuleitungen für Stromzufuhr (r_1 und r_2) und für Potentialabnahme (r_3 und r_4) versehen sein muß, ist mit dem Normalwiderstand R_N von gleicher Größenordnung in Reihe geschaltet. Beide Widerstände werden von

Widerstandsmessung

dem konstanten Strom I durchflossen, so daß die Spannungsdifferenz an den Enden des Meßwiderstandes $I \cdot R_{Th} = E_{Th}$ und am Normalwiderstand $I \cdot R_N = E_N$ beträgt, woraus folgt $R_{Th}/R_N = E_{Th}/E_N$.

Das Spannungsverhältnis E_{Th}/R_N bestimmt man am zweckmäßigsten mit einem Kompensationsapparat (K in Abb. 19). Dieser besteht im Prinzip aus einem vom Strom I_K durchflossenen konstanten Widerstand, der in mehrere Dekaden unterteilt und so konstruiert ist, daß der veränderliche Teilwiderstand R_K zwischen a und dem Potentialabgriff bei b (Abb. 19) sehr genau abgelesen werden kann. R_K kann mit Hilfe des thermokraftfreien Umschalters U abwechselnd mit den Potentialzuführungen von R_{Th} und R_N verbunden und bei konstanter Stromstärke I_K so eingestellt werden, daß das Galvanometer G Stromlosigkeit anzeigt. Entsprechen in diesem Fall den Widerständen R_{Th} und R_N die Kompensationswiderstände R_{K_1} und R_{K_2}, so ist $E_{Th} = I \cdot R_{Th} = I_K \cdot R_{K_1}$ und $E_N = I \cdot R_N = I_K \cdot R_{K_2}$, woraus folgt $R_{Th} = R_N \cdot R_{K_1}/R_{K_2}$. Störende Thermokräfte können eliminiert werden, wenn man die Umschalter U_1 und U_2 gleichzeitig umpolt. Mit diesem Kompensationsverfahren läßt sich eine große Meßgenauigkeit von 10^{-6} bis 10^{-7} des elektrischen Widerstandes erreichen. Das Verfahren ist außerdem unabhängig von den Zuleitungswiderständen zum Meßdraht, erfordert jedoch sehr konstante Stromquellen. Ein geeigneter thermokraftfreier Kompensationsapparat ist z. B. von H. DIESSELHORST [76] beschrieben worden. Nach einem von ST. LINDECK und R. ROTHE [77] angegebenen Verfahren, das bei wesentlich geringeren Ansprüchen an die Genauigkeit die Beschaffung eines Kompensationsapparats zu vermeiden gestattet, wird dieser durch eine Normalwiderstandsbüchse mit dem Widerstand R_{NK} ersetzt. Die zur Kompensation erforderlichen Spannungen E_{Th} und E_N stellt man durch entsprechende Einstellung der Stromstärken I_{K_1} und I_{K_2} im Kompensationskreis her, die ihrerseits an einem Milliamperemeter abgelesen werden können. In diesem Falle wird das Spannungsverhältnis $E_{Th}/E_N = I_{K_1}/I_{K_2}$, und es ist $R_{Th} = R_{NK} \cdot I_{K_1}/I_{K_2}$.

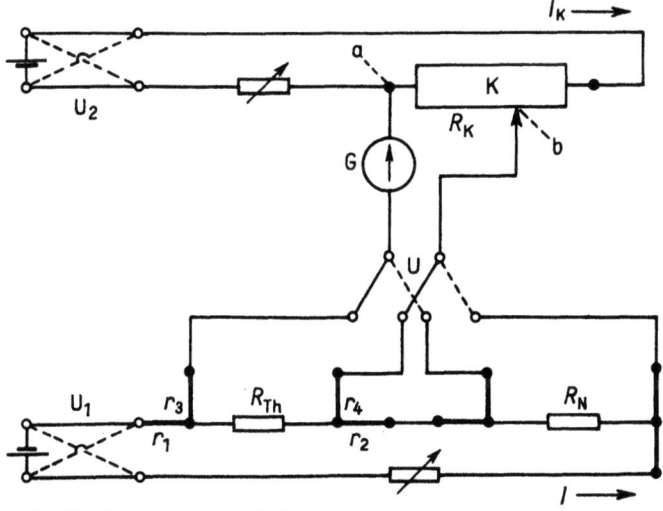

Abb. 19 Kompensationsschaltung

Würde man bei dem Verfahren nach St. Lindeck und R. Rothe auch die Stromstärke I im unteren Meßkreis (Abb. 19) bestimmen, so könnten der Normalwiderstand R_N in diesem Stromkreis und ebenso der Umschalter U wegfallen, und es wäre nur eine Abgleichung der Spannung $E_{Th} = R_{Th} \cdot I$ mit der Spannung $E_{NK} = R_{NK} \cdot I_K$ am Normalwiderstand des Kompensationskreises notwendig, so daß $R_{Th} = R_{NK} \cdot I/I_K$ ist. Eine genaue Bestimmung des Stromverhältnisses I/I_K in zwei getrennten Gleichstromkreisen ist mit dem Stromkomparatorverfahren von M. P. Mac Martin und N. L. Kusters [78] möglich, das J. Sutcliffe [79] zu höchster Präzision entwickelt hat. Bei diesem Verfahren besitzt jeder Gleichstromkreis eine Spule, die um denselben ringförmigen Magnetkern gewickelt ist, eine davon im gegenläufigen Sinne und mit veränderlicher Windungszahl, von der auch Bruchteile an Nebenschlußwicklungen abgegriffen werden können. Wählt man die Windungszahlen n und n_K so, daß $I \cdot n = I_K \cdot n_K$, dann heben sich die Durchflutungen im Magnetkern auf, was sehr genau nachweisbar ist, wenn man über eine dritte Wicklung den Ringkern mit einem Hilfswechselstrom erregt und über eine Detektorwicklung mit Hilfe eines Wechselstromindikators auf das Verschwinden der zweiten Oberwelle einstellt. In diesem Fall ist $I/I_K = n_K/n$.

Kompensationsschaltungen lassen sich insbesondere zur Regelung kontinuierlicher Meßvorgänge mit selbsttätiger Abgleichung versehen. Diese wird erreicht mittels elektronischer Steuerung über Meßverstärker oder auch mittels Steuergalvanometer. Bezüglich technischer Einzelheiten wird auf die einschlägige Literatur verwiesen [80 bis 82] (s. auch VI D).

2. Brückenschaltungen

Oft werden zur Widerstandsmessung auch die Wheatstonesche oder die Thomsonsche Brückenschaltung angewendet, die bei geeigneter Modifizierung etwa die gleiche Genauigkeit liefern können wie die beste Kompensationsschaltung. Sie haben gegenüber dieser den Vorteil, daß sie nicht so sehr von der Konstanz des Meßstroms bzw. der Stromquelle abhängig sind, dafür aber den Nachteil, daß die Zuleitungen zum Meßwiderstand nicht ohne weiteres eliminiert werden.

Abgeglichene Brücken

Besonders geeignete Formen von Brückenschaltungen sind schon frühzeitig von H. L. Callendar [1], W. V. Siemens, von C. W. Waidner und K. G. Burgess [83] sowie von F. E. Smith [84] angegeben worden. Eine Zusammenstellung der Meßmethoden hoher Präzision hat E. F. Mueller [85] gegeben.

Im wesentlichen kommt es darauf an, durch geeignete Maßnahmen den Widerstand der Zuleitungen (Innen- und Außenleitungen) zum Meßdraht eines Thermometers genügend zu eliminieren, es sei denn, daß die Zuleitungswiderstände relativ zu dem z. B. aus einem Halbleiter bestehenden Meßwiderstand vernachlässigt werden können. Bei Thermometern mit zwei Zuleitungen und bei nicht zu hohen Ansprüchen an die Genauigkeit genügt es oft, im Thermometerschutzrohr eine Drahtschleife (Blindschleife) unterzubringen, die aus demselben Material gefertigt ist wie die Zuleitungen zum Meßdraht und die den annähernd gleichen Widerstand $2r$ besitzt wie die beiden

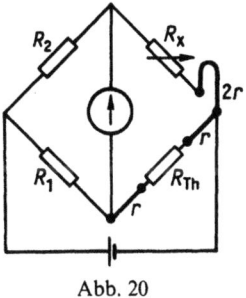 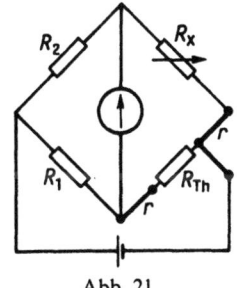 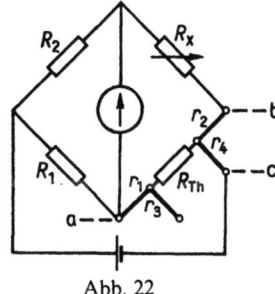

Abb. 20 Abb. 21 Abb. 22

Abb. 20 und 21 WHEATSTONEsche Brückenschaltung mit zwei und drei Zuleitungen zum Meßdraht
Abb. 22 WHEATSTONEsche Brückenschaltung mit vier Zuleitungen zum Meßdraht (SMITH-Brücke, Type I)

Zuleitungen zusammen. Werden die letzteren und die Blindschleife nach Abbildung 20 in verschiedene Brückenzweige gelegt, so ist das Galvanometer stromlos, wenn $R_1 = R_2$ und $R_{Th} = R_x$ sind, und die Widerstände der Zuleitungen und der Blindschleife heben sich gegenseitig auf.

Anstatt eine Blindschleife in das Thermometerschutzrohr einzubauen, verfährt man besonders bei Fernablesung auch so, daß man das eine Ende des Meßdrahts mit einer und das andere Ende mit zwei Zuleitungen versieht, die alle möglichst den gleichen Widerstand besitzen. Auch in diesem Fall ist bei der Brückenschaltung nach Abbildung 21 $R_{Th} = R_x$ (wenn $R_1 = R_2$) unabhängig von den Widerständen der Zuleitungen, sofern diese gleich groß sind, was sich in der Praxis nur bis zu einem gewissen Grad erreichen läßt.

Eine exakte Eliminierung der Zuleitungen ist mit der in Abbildung 22 dargestellten WHEATSTONEschen Brückenschaltung bei Widerstandsthermometern mit 4 Zuleitungen (r_1, r_2, r_3 und r_4) möglich.

Bei dem Anschluß des Thermometers an die Brücke nach Abbildung 22 ist $R_{Th} + r_1 = R_x + r_2$ unter den Voraussetzungen, daß das Galvanometer stromlos und $R_1 = R_2$ ist. Verbindet man stattdessen r_1 mit b, r_2 mit a und r_3 mit c, wobei r_4 frei bleibt, so muß unter den gleichen Voraussetzungen R_x in R'_x abgeändert werden, wenn r_1 nicht genau r_2 ist, und es wird $R_{Th} + r_2 = R'_x + r_1$. Durch Kombination der Meßergebnisse beider Schaltungen wird man unabhängig von den Widerständen der Zuleitungen und erhält $R_{Th} = (R_x + R'_x)/2$.

Dieses bereits von F. E. SMITH [84] (als Type I) angegebene Verfahren zur exakten Eliminierung der Zuleitungswiderstände bildet in etwas modifizierter Form die Grundlage eines von E. F. MUELLER [86] zu hoher Präzision ausgebildeten Meßgeräts, das als MUELLER-Brücke bekannt ist.

Auch mit Hilfe der THOMSON-Brücke kann durch geeignete Maßnahmen eine sehr weitgehende, wenn auch keine ganz exakte Eliminierung der Zuleitungswiderstände erreicht werden. Voraussetzung ist dabei, daß diese nicht sehr voneinander verschieden und klein sind gegenüber dem Meßwiderstand, was in vielen Fällen zutrifft.

Abbildung 23 zeigt die von F. E. SMITH [84] als Type III (allgemein als SMITH-Brücke bezeichnet) angegebene Schaltung in der heute üblichen, von M. GAUTIER [87] beschriebenen, geringfügig modifizierten Form, bei der sich die Bedingung $R_a/R_b = (R_x + R_1)/(R_2 - R_1)$ in einfachster Weise erfüllen läßt. In diesem Fall gilt die

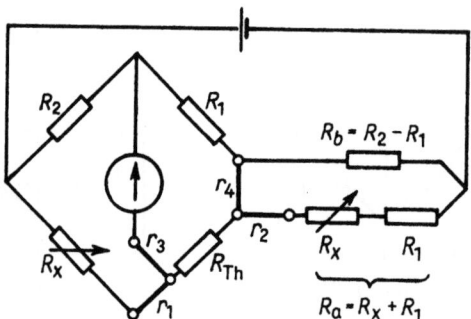

Abb. 23 THOMSONsche Brückenschaltung (SMITH Brücke, Type III)

Beziehung

$$R_{Th} = \frac{R_1}{R_2} \cdot R_x + \frac{R_1}{R_2} \cdot r_1 + \frac{r_4(R_2 - R_1)}{(R_x + R_2 + r_2 + r_4)} \cdot \left[\frac{(R_x + r_1)}{R_2} - \frac{R_x + R_1 + r_2}{(R_2 - R_1)} \right]. \quad (105)$$

In der Praxis wird $R_2 = 1000\,\Omega$ und $R_1 = 10\,\Omega$ gewählt, so daß neben R_2 auch R_x wesentlich größer ist als der Mittelwert $\bar{r}$ der Zuleitungswiderstände. Weichen diese um den Betrag Δr voneinander ab, derart, daß $\Delta r = r_1 - r_4 \geqq r_1 - r_2$ ist, so folgt aus Gleichung (105) in erster Näherung

$$R_{Th} = \frac{R_1}{R_2} \cdot R_x \left[1 + \frac{\Delta r}{R_x} + \frac{\bar{r}^2}{R_x(R_x + R_2)} \right]. \quad (106)$$

Gl. (106) läßt erkennen, bis zu welchem Grad die Widerstände der Zuleitungen in der Brückenschaltung nach Abbildung 23 eliminiert werden. Als Beispiel sei ein Platinwiderstandsthermometer mit einem Meßwiderstand von $10\,\Omega$ ($= R_{Th}$) betrachtet, das mit vier Zuleitungen von je $1\,\Omega$ ($= \bar{r}$) versehen ist, deren Widerstände sich höchstens um 1 % voneinander unterscheiden ($\Delta r = 0{,}01\,\Omega$). In diesem Fall wird $\Delta r/R_x = 1 \cdot 10^{-5}$ entsprechend einer Temperaturdifferenz von $2{,}5 \cdot 10^{-3}$ K und $\bar{r}^2/[R_x(R_x + R_2)] = 5 \cdot 10^{-7}$ entsprechend $1{,}3 \cdot 10^{-4}$ K bei 0 °C. Die letzte Differenz würde auch bestehen bleiben, wenn $\Delta r = 0$ ist.

Schließlich sei noch darauf hingewiesen, daß sich auch mit Wechselstrom betriebene Brückenschaltungen für genaue Widerstandmessungen eignen, sofern der Wechselstromwiderstand (Impedanz) des Thermometers und des Vergleichswiderstandes gegenüber deren Ohmschen Widerstand vernachlässigt werden kann, was im allgemeinen bei bifilarer Wicklung des Thermometers, bei Vergleichswiderständen besonderer Konstruktion und bei Frequenzen bis 400 Hz in hohem Maße zutrifft.

Abbildung 24 zeigt die von J. J. HILL und A. P. MILLER [88] vorgeschlagene THOMSON-Brücke für Wechselstrom. Sie besteht im wesentlichen aus den beiden induktiven Teilern A und B und dem Nullindikator für Wechselstrom G. Dieser kann durch Verschieben der Abgriffe an den Teilern auf Stromlosigkeit eingestellt werden, und zwar derart, daß das Windungsverhältnis $n_1/n_2 = n_3/n_4$ ist. In diesem Falle wird $R_{Th} = R_N \cdot n_1/n_2$. Die Feinstufigkeit der Teiler wird durch Nebenschlußwicklungen erreicht. Der Ohmsche Widerstand der Zuleitungen r_3 und r_4 kann gegenüber der Impedanz der Teiler A und B vernachlässigt werden. Im unteren Teil der Brücke hat die Überbrückung des Teilers B nach dem THOMSON-Prinzip dieselbe Wirkung für die

Widerstandsmessung 103

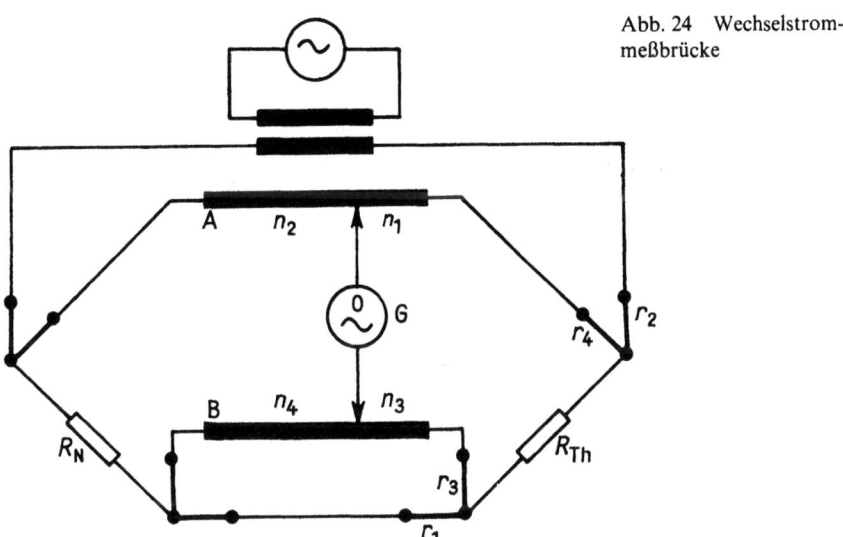

Abb. 24 Wechselstrom-meßbrücke

Zuleitung r_1, falls $n_1/n_2 = n_3/n_4$. Entsprechendes gilt für die Zuleitungen des Vergleichswiderstandes R_N.

Ähnlich wie bei den Kompensationsschaltungen (s. V C 1) können mit elektronischen Hilfsmitteln auch selbstabgleichende Meßbrücken mit registrierender oder digitaler Temperaturanzeige hergestellt werden [80 bis 82].

Unvollständig abgeglichene Brücken

Werden bei der Temperaturmessung keine sehr hohen Anforderungen an die Genauigkeit gestellt, so genügt es oft, eine WHEATSTONEsche Brücke nur für eine bestimmte Temperatur des Widerstandsthermometers abzugleichen und im übrigen den Ausschlag eines Drehspul- oder Milliamperemeters zur Temperaturanzeige zu benutzen. Die Skala des Milliamperemeters kann dann so ausgeführt werden, daß die zu messenden Temperaturen direkt abgelesen werden können. Voraussetzung ist jedoch, daß die Spannung der Stromquelle evtl. unter Verwendung eines Spannungsreglers stets auf denselben Wert eingestellt und konstant gehalten wird. Eine Eliminierung der Zuleitungswiderstände ist nur teilweise möglich. Diese müssen daher konstant und möglichst klein relativ zum Meßwiderstand sein.

Mit Hilfe eines elektronischen Meßverstärkers, der in die Brückendiagonale eingeschaltet wird, kann der Brückenstrom so verstärkt werden, daß auch mit weniger empfindlichen Galvanometern (z. B. mit Drehspullinienschreibern) noch eine große Empfindlichkeit der Temperaturanzeige erreicht wird [39].

3. Quotienteninstrumente

Eine erhebliche Bedeutung für die Widerstands- und Temperaturmessung nach dem Ausschlagverfahren hat auch das Kreuzspulinstrument gefunden. Es besteht aus zwei unter einem bestimmten Winkel von etwa 45° sich kreuzenden und starr miteinander verbundenen Spulen, die in einem inhomogenen Magnetfeld symmetrisch zu dessen Achse drehbar aufgehängt sind. Die Stromzuführungen sind so konstruiert, daß sie praktisch keine mechanische Richtkraft besitzen. Eine solche wird nur durch die in beiden Spulen fließenden Ströme I_N und I bewirkt, und zwar derart, daß der Ablenkungswinkel α dem Verhältnis I_N/I der beiden Ströme proportional ist. Der Vorteil gegenüber einem Drehspulgalvanometer mit mechanischer Richtkraft in einer unvollständig abgeglichenen Brücke besteht darin, daß sich mit Hilfe eines Kreuzspulinstruments Meßanordnungen verwirklichen lassen, die praktisch unabhängig von Spannungsschwankungen der Stromquelle sind.

In der BRUGER-Schaltung [89] nach Abbildung 25 liegen der Meßwiderstand R_{Th} des Thermometers und der Vergleichswiderstand R_N jeweils in Reihe mit einer Spule des Kreuzspulinstruments in zwei Stromkreisen, die von derselben Stromquelle mit der Spannung E gespeist werden. Beträgt die Spannung zwischen den Verzweigungspunkten A und B E' und sind die Widerstände der beiden Spulen gleichgroß ($= R_K$), so ist $I = E'/(R_{Th} + R_K)$ und $I_N = E'/(R_N + R_K)$.

Das für den Ausschlag des Galvanometers maßgebende Stromverhältnis

$$\frac{I_N}{I} = \frac{R_{Th} + R_K}{R_N + R_K} \tag{107}$$

ist somit unabhängig von der Spannung der Stromquelle. Mit Hilfe eines konstanten Widerstandes, der in Reihe zu R_{Th} oder zwischen die Kreuzspulen a und b geschaltet wird, ebenso auch durch Veränderung der Stromstärke (Spannung) kann der Meßbereich in gewissen Grenzen verändert werden. Eine Eliminierung der Zuleitungen zum Meßdraht des Thermometers ist ebenso wie bei anderen Ausschlagverfahren nur teilweise möglich.

Auch bei unabgeglichenen WHEATSTONEschen Brückenschaltungen nach V C 2 läßt sich eine Unabhängigkeit von der Spannungsquelle erreichen, wenn anstelle des Drehspulgalvanometers ein Kreuzspulinstrument verwendet und dessen beide Spulen in die Brückendiagonalen gelegt werden. Für diesen Zweck ist von H. GRÜSS [90] eine ver-

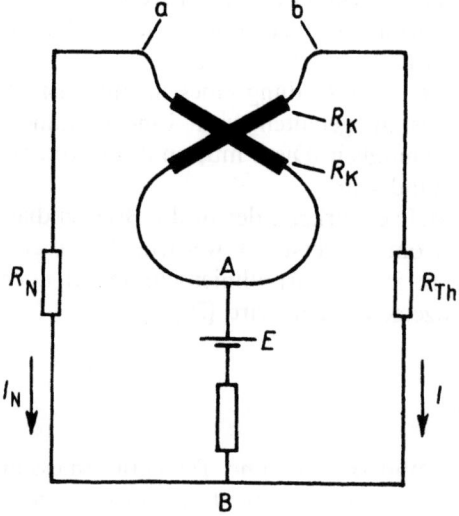

Abb. 25 Kreuzspulinstrument in BRUGER-Schaltung

besserte Form eines Kreuzspulinstruments konstruiert worden, das sich besonders für kleine Quotientenverhältnisse der Stromstärke eignet. Weitere Meßgeräte ähnlicher Art werden z. B. von H. R. EGGERS [91] und von K. SATTELBERG [92] beschrieben. Eine zusammenfassende Übersicht hat C. MOERDER [93] gegeben.

Literatur

[1] CALLENDAR, H. L., Proc. Roy. Soc. *41* (1886) 231; Phil. Trans. *178* (1887) 161
[2] BEATTIE, J. A., Temperature, its Measurement and Control in Science and Industry. 2, Reinhold Publ. Corp., New York 1955, S. 63
[3] BEATTIE, J. A., M. BENEDICT, B. E. BLAISDELL, und J. RAYE, Chem. Phys. *42* (1965) 2274
[4] HALL, J. A., Rapport au Comité International des Poids et Mesures, Comité Consultatif de Thermométrie (1967), T 18
[5] MOSER, H., Comité Consultatif de Thermométrie (1967), Annexe 17, T 91
[6] CORUCCINI, R. J., Journ. Res. Nat. Bur. Stand., *47* (1951) 99
[7] MOSER, H., Ann. Phys. *6* (1930) 332
[8] VAN OUSEN, G., J. Amer. Chem. Soc. *47* (1925) 326
[9] HEUSE, W., und J. OTTO, Ann. Phys. *14* (1932) 181
[10] KEESOM, W. H., und B. G. DAMMERS, Commun. Leiden 239e (1935)
[11] PRESTON-THOMAS, H., und C. G. KIRBY, Metrologia *4* (1968) 30
[12] GRÜNEISEN, E., Phys. Zeitschr. *19* (1918) 382
[13] KAMERLINGH-ONNES, H., Commun. Leiden *119* (1911) 19
[14] NERNST, W., S. B. Akad. Wiss. Berlin (1911) 314; (1912) 316
[15] LINDEMANN, F. A., S. B. Akad. Wiss. Berlin (1911) 316
[16] HENNING, F., und J. OTTO, Phys. Z. *37* (1936) 601 und 633
[17] KEESOM, W. H., und A. BIJL, Commun. Leiden 242b (1936)
[18] HOOYE, H. J., und F. G. BRICKWEDDE, Journ. Res. Nat. Bur. Stand. *22* (1939) 351
[19] P. V. Com. Int. Poids et Mésures *21* (1948) T 84
[20] WHITE, G. K., Experimental Techniques in Low Temperature Physics. Oxford University Press, London 1959, S. 113
[21] LANDAU, L., und J. POMMERANTSCHUSK, Phys. Z. Sowjetunion *10* (1939) 649
[22] BARBER, W. G., Proc. Roy. Cos. London *A158* (1937) 383
[23] KOS, J. F., und J. L. G. LAMARCHE, Canad. J. Phys. *45* (1967) 339
[24] BERRY, R. J., Metrologia *3* (1967) 53
[25] CHAN JET-CHONG, und A. M. FORREST, J. sci. Instrum. (2) *1* (1968) 839
[26] HENNING, F., Handbuch der Physik 9, Berlin 1926, S. 582
[27] DE HAAS, W. J., und J. DE BOER, Commun. Leiden 231c (1933/34)
[28] BEDFORD, R. E., und H. PRESTON-THOMAS, Metrologia *5* (1969) 45
[29] BEDFORD, R. E., und C. K. MA, Metrologia *6* (1970) 89
[30] MEYERS, C. R., Bur. Stand. J. Res. *9* (1932) 807
[31] BARBER, C. R., J. sci. Instrum. *27* (1950) 47
[32] BARBER, C. R., J. sci. Instrum. *32* (1955) 416
[33] BARBER, C. R., und W. W. BLANKE, J. sci. Instrum. *38* (1960) 17
[34] EVANS, J. P., und G. W. BURNS, Temperature, its Measurement and Control. In: Science and Industry *3*, Bd. 2, New York 1962
[35] ALIEVA, F. Z., Comité Consultatif de Thermométrie (1964), Annexe 6, T 46
[36] MCLAREN, E. H., und E. C. MURDOCK, Canad. J. Phys. *46* (1968) 369
[37] BARBER, C. R., und J. A. HALL, Brit appl. Phys. *13* (1962) 147
[38] BERRY, R. J., Comité Consultatif de Thermométrie (1964), Annexe 4, T 40
[39] HUNSINGER, W., Handbuch der Physik 23, Springer, Berlin 1967, S. 393
[40] NAKAYA, S., und H. UCHIYAMA, Comité Consultatif de Thermométrie (1962), Annexe 8, S. 57; (1964), Annexe 5, T 43
[41] CURTIS, D. J., und G. J. THOMAS, Metrologia *4* (1968) 184
[42] MCLAREN, E. H., Canad. J. Phys. *35* (1957) 78

[43] BARBER, C. R., Progress in Cryogenics. London 1960, S. 149 ff
[44] HOGE, H. J., Temperature, its Measurement and Control. 2., New York 1955, S. 287
[45] DAUPHINEE, T. M., und H. PRESTON-THOMAS, Rev. sci. Instrum. 25 (1954) 884
[46] KAMERLINGH-ONNES, H., und J. CLAY, Commun. Leiden 99 (1907) 17
[47] NERNST, W., Ann. Phys. 36 (1911) 395
[48] HENNING, F., Z. Instrkde. 34 (1914) 116
[49] KAMERLINGH-ONNES, H., und W. TUYN, Commun. Leiden, Suppl. 58 zu 169—180 (1926)
[50] MEISSNER, W., Z. Ges. Kälteind. 34 (1927) 197
[51] CLUSIUS, K., Z. phys. Chem. 3 (1929) 73
[52] DE HAAS, W. J., J. DE BOER und C. J. VAN DEN BERG, Commun. Leiden 233b (1933/34)
[53] VAN DEN BERG, C. J., Physica 14 (1948) 135
[54] WHITE, G. K., und S. B. WOODS, Rev. sci. Instrum. 28 (1957) 638
[55] STAUFER, G. C., und M. H. HUNTER, Temperature, its Measurement and Control. 1., New York 1941, S. 1236
[56] KAMERLINGH-ONNES, H., und G. HOLST, Commun. Leiden 142a (1914)
[57] KEESOM, W. H., Commun. Leiden, Suppl. Nr. 80 zu 241—252 (1936) 11
[58] KEESOM, W. H., und J. N. VAN DEN ENDE, Commun. Leiden 203c (1929)
[59] BABBIT, J. D., und K. MENDELSSOHN, Phil. Mag. 20 (1935) 1025
[60] PARKINSON, D. H., und L. M. ROBERTS, Proc. Phys. Soc. B 68 (1955) 386
[61] RUBIN, L. G., Cryogenics 10 (1970) 14
[62] KUNZLER, J. E., T. H. GEBALLE und G. W. HULL, Rev. sci. Instrum. 28 (1957) 96
[63] EDLOW, M. H., und H. H. PLUMB, J. Res. Nat. Bur. Stand. 71 C (1967) 29
[64] GIAUGUE, W. F., J. W. STOUT und C. W. CLARK, J. Amer. Soc. 60 (1938) 1053
[65] CLEMENT, J. R., und E. H. QUINNELL, Rev. Sci. Instr. 23 (1952) 213; 24 (1953) 545
[66] BROWN, A., M. W. ZEMANSKY und H. A. BOORSE, Phys. Rev. 84 (1951) 1050
[67] PRADELAUDE, H. C., Rev. sci. Instrum. 40 (1969) 599
[68] BIRR, H., Z. Messen, Steuern, Regeln 5 (1962) 215
[69] SCARR, R. W. A., und R. A. SETTETINTON, Proc. Instr. Electr. Engrs., B 107 (1960) 395
[70] SCHLEICHER, E., Nachrichtentechnik 11 (1961) 71
[71] BRAUER, H., und E. FENNER, Siemens Z. 38 (1964) 89
[72] HANKE, L., und H. LÖBL, Z. Instrkde. 73 (1965) 89
[73] ALBRECHT, H. J., Geofis. pur. appl. 37 (1957) 191
[74] HÖHNE, W., Z. Messen, Steuern, Regeln 6 (1963) 472
[75] PALLET, J. E., Electronic Engng. 35 (1963) 313
[76] DIESSELHORST, H., Z. Instrkde. 28 (1908) 1
[77] LINDECK, ST., und R. ROTHE, Z. Instrkde. 19 (1899) 242; 20 (1900) 293
[78] MCMARTIN, M. P., und N. L. KUSTERS, IEE Trans. Instr. Meas., Bd. IM-15 (1966) 212
[79] SUTCLIFFE, J., Meßtechnik 78 (1970) 79
[80] PALM, A., Elektrische Meßgeräte und Meßeinrichtungen. 4. Aufl., bearb. v. W. HUNSINGER und G. MÜNCH, Springer, Berlin 1963, S. 281—290
[81] PFLIER, P. M., und H. JAHN, Elektrische Meßgeräte und Meßverfahren. 3. Aufl., Berlin 1965, S. 203—209
[82] STÖCKL, M., und H. WINTERLING, Elektr. Meßtechnik. 3. Aufl., Stuttgart, 1963, S. 141—144
[83] WAIDNER, C. W., und K. G. BURGESS, Nat. Bur. Stand. Bull. 6 (1910) 149
[84] SMITH, F. E., Phil. Mag. 24 (1912) 541
[85] MUELLER, E. F., Temperature, its Measurement and Control. 1., New York 1941, S. 162
[86] MUELLER, E. F., Bur. of Stand. Bull. 13 (1916/17) 547
[87] GAUTIER, M., J. sci. Instrum. 30 (1953) 381
[88] HILL, J. J., und A. P. MÜLLER, I. E. E., 110 (1963) Nr. 2
[89] BRUGER, TH., Elektrotechn. Z. 15 (1894) 333
[90] GRÜSS, H., Wiss. Veröff. Siemens Werke 10 (1932) 137
[91] EGGERS, H. R., Elektrotechn. Z. 5 (1950) 85
[92] SATTELBERG, K., Arch. techn. Messen, 726—10, Aug. 1957; 726—11, Nov. 1957
[93] MOERDER, C., Quotienten- und Produktenanzeige-Geräte. Hamburg—Berlin 1963

VI. Thermopaare

A Allgemeines über thermoelektrische Temperaturmessungen

Seit der Entdeckung, die T. J. SEEBECK im Jahre 1821 machte, ist bekannt, daß in einem Drahtkreis, der aus zwei verschiedenen Metallen zusammengesetzt ist, ein elektrischer Strom fließt, wenn die Verbindungsstellen der Metalle, kurz Lötstellen genannt, sich auf verschiedener Temperatur befinden. Die elektrische Spannung wächst im allgemeinen mit der Temperaturdifferenz der Lötstellen. Die thermoelektrische Messung der Temperatur ist in brauchbarer Weise zuerst von H. LE CHATELIER [1] und C. BARUS [2] durchgeführt worden, während die Versuche in dieser Richtung bereits auf C. S. M. POUILLET [3] zurückgehen.

Besondere Vorzüge

Ein Vorzug der Thermopaare ist, daß man mit ihnen die Temperatur an Stellen sehr geringer Ausdehnung und in einem sehr großen Temperaturbereich von 1 K bis 3000 K messen kann. Unterhalb 700 °C liefern sie im allgemeinen nicht die Genauigkeit der Platinthermometer, über 1000 °C sind sie aber, von den Strahlungspyrometern abgesehen, praktisch die einzigen sekundären Thermometer, die für genaue Messungen brauchbar sind. Handelt es sich um die Beobachtung kleiner Temperaturdifferenzen, so kann man dadurch, daß mehrere gleichartige Thermopaare hintereinander geschaltet werden, verhältnismäßig große thermoelektrische Spannungen erhalten, wenn man die Lötstellen gerader Ordnungszahl auf die eine, diejenigen ungerader Ordnungszahl auf die andere Temperatur bringt. Mit einem einzelnen Thermopaar, das sich in einem evakuierten Raum befindet, lassen sich Temperaturunterschiede nachweisen, die dadurch entstehen, daß die eine Lötstelle von der Strahlung (z. B. eines Sterns) getroffen wird, während die andere dagegen abgeschirmt ist. Eine umfassende Darstellung über die Theorie und die Praxis der Thermoelektrizität wurde von W. F. ROESER [4] veröffentlicht.

Vorzüglich sind die Thermopaare auch zur Bestimmung von Oberflächentemperaturen geeignet [5], wenn die Forderung, daß sich ein hinreichend langer Teil des Thermopaares auf der zu messenden Temperatur befindet, eingehalten wird [6].

Ein weiterer Vorteil der Thermopaare als Temperaturmeßgerät liegt darin, daß es dem Temperaturmeßzweck entsprechend in den vielfältigsten Formen hergestellt werden kann. Für die Messung im tierischen Körper können Thermopaare in Form von Einstecknadeln gefertigt werden und zur Bestimmung von Oberflächentemperaturen in Form von Dünnfilmen mit schichtdickenunabhängigen Thermospannungen, sobald die Filmdicke größer als 2500 Å ist [7]. Bevorzugt finden Thermopaare Verwendung bei der Registrierung kurzzeitiger Temperaturänderungen und bei der Bestimmung von Temperaturen in geometrisch kleinen Objekten. In beiden Fällen muß dann die Wärmekapazität der Elemente sehr klein gehalten und u. U. die Zeitkonstante des Thermopaars besonders berücksichtigt werden [8]. Nach R. DAHLBERG [9] lassen sich noch kleine Quarznadeln von 1 µm Durchmesser im Hochvakuum mit verschiedenen Metallen so aufdampfen, daß damit Thermopaare hergestellt werden können, die noch eine genügende mechanische Festigkeit haben, um tierische und pflanzliche Zellwände durchstoßen zu können. Die praktische Grenze der Meßbarkeit kleiner Temperaturdifferenzen mit Hilfe von Thermopaaren liegt bei 10^{-7} K [10].

Abhängigkeit der Thermospannungen von der Temperatur der Lötstellen und der Metallkombinationen

Die Thermospannung eines Thermopaares, das aus den elektrischen Leitern A und B besteht und dessen Lötstellen sich auf den Temperaturen T und T_0 ($T > T_0$; T_0 = Bezugstemperatur, Nebenlötstelle) befinden, werden mit $E_{AB}(T, T_0)$ bezeichnet. Nach der THOMSONschen Theorie des Thermopaars (s. I B 4) besteht zwischen $E_{AB}(T, T_0)$, den PELTIER-Koeffizienten $\Pi_{AB}(T)$ bzw. $\Pi_{AB}(T_0)$ und den THOMSON-Koeffizienten σ_A und σ_B auf Grund des ersten Hauptsatzes der Thermodynamik folgende Beziehung:

$$E_{AB}(T, T_0) = \Pi_{AB}(T) - \Pi_{AB}(T_0) - \int_{T_0}^{T} (\sigma_A - \sigma_B) \, dT. \qquad (108)$$

Daraus geht hervor, daß sich die Thermospannung zusammensetzt aus positiven und negativen Spannungsanteilen, die an den beiden Lötstellen entstehen [$\Pi_{AB}(T)$ und $\Pi_{AB}(T_0)$], und aus solchen, die in den homogenen Drähten A und B erzeugt werden, wenn in diesen ein Temperaturgefälle besteht ($-\int_{T_0}^{T} \sigma_A \, dT$ und $+\int_{T_0}^{T} (\sigma_B \, dT)$). Wesentlich ist dabei, daß die beiden THOMSON-Koeffizienten σ_A und σ_B bei homogenen Drähten nur Funktionen der Temperatur sind und nicht von der Art des Temperaturgefälles abhängen — der sog. BENEDIX-Effekt sei ausgeschlossen.

Daraus folgt, daß ihre Integralwerte durch die Temperaturen T und T_0 eindeutig bestimmt werden. Da dasselbe für die PELTIER-Koeffizienten gilt, kann auch $E_{AB}(T, T_0)$ nur von den Temperaturen T und T_0 der beiden Lötstellen und — bei homogenen Drähten — nicht von der Art des Temperaturgefälles abhängen. Die Vorzeichen Π und σ sind so festgelegt (s. I B 4), daß bei positivem Ergebnis nach Gleichung (108) bei geschlossenem Stromkreis an der kälteren Lötstelle ein Thermostrom von A nach B fließt. In diesem Fall wird bei geöffnetem Stromkreis nach Abbildung 26a das

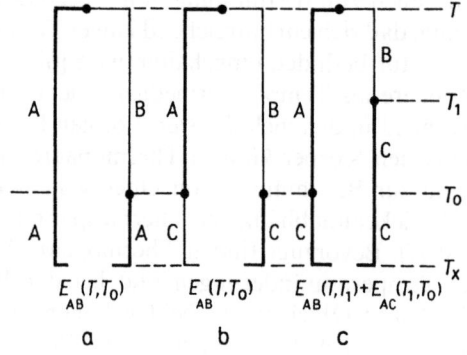

Abb. 26 Thermopaar mit verschiedenen Metallkombinationen

linke Drahtende positiv gegenüber dem rechten. Befinden sich die beiden Drahtenden aus dem Metall A nicht auf der Temperatur T_0 der Nebenlötstelle, sondern auf der beliebigen Temperatur T, so ändert sich $E_{AB}(T, T_0)$ nicht, da sich die in den beiden Schenkeln A zwischen T_0 und T_x entstehenden THOMSON-Spannungen gegenseitig aufheben.

Gewöhnlich verbindet man nach Abbildung 26b die beiden Metalle A und B bei der Bezugstemperatur T_0 mit einem dritten Metall C (z. B. Kupfer). In diesem Fall wird beim Durchlaufen des Stromkreises im Uhrzeigersinn

$$E(T, T_0) = \Pi_{CA}(T_0) + \Pi_{AB}(T) + \Pi_{BC}(T_0) - \int_{T_0}^{T} (\sigma_A - \sigma_B)\, dT. \qquad (109)$$

Bringt man alle Lötstellen auf die gleiche Temperatur T_x, die beliebig gewählt werden kann, so darf keine Thermospannung entstehen. Daher muß

$$\Pi_{CA}(T_x) + \Pi_{AB}(T_x) + \Pi_{BC}(T_x) = 0 \qquad (110)$$

sein. Daraus folgt für $T_x = T_0$, daß Gl. (109) in Gl. (108) übergeht, d. h., daß $E(T, T_0) = E_{AB}(T, T_0)$ unabhängig von den Eigenschaften des Metalls C sein muß.

Befinden sich die beiden Nebenlötstellen nicht auf der gleichen Temperatur, sondern wie in Abbildung 26c die linke auf T_0 und die rechte auf T_1, so wird

$$E(T, T_1, T_0) = \Pi_{CA}(T_0) + \Pi_{AB}(T) + \Pi_{BC}(T_1) - \int_{T_0}^{T_1} (\sigma_A - \sigma_C)\, dT$$
$$- \int_{T_1}^{T} (\sigma_A - \sigma_B)\, dT. \qquad (111)$$

Da für $T_x = T_1$ nach Gleichung (110) $\Pi_{BC}(T_1) = -\Pi_{CA}(T_1) - \Pi_{AB}(T_1)$ und da $-\Pi_{CA}(T_1) = +\Pi_{AC}(T_1)$ und $\Pi_{CA}(T_0) = -\Pi_{AC}(T_0)$ sind, folgt aus Gl. (111) unter Berücksichtigung von Gl. (108)

$$E(T, T_1, T_0) = E_{AB}(T, T_1) + E_{AC}(T_1, T_0). \qquad (112)$$

In ähnlicher Weise läßt sich auch beweisen, daß z. B.

$$E_{AC}(T, T_0) - E_{BC}(T, T_0) = E_{AB}(T, T_0) \qquad (113)$$

sein muß, d. h., daß sich die Thermospannungen verschiedener Metalle relativ zu dem Metall C (z. B. Kupfer) in eine thermoelektrische Spannungsreihe einordnen lassen, aus der die Thermospannung zwischen A und B als Differenz der Spannungen AC und BC berechnet werden kann. Dasselbe gilt auch für die differentielle Thermospannung $e = dE/dT$ [11 bis 13].

B   Thermopaare der Praxis

1.   Thermopaare für mittlere und höhere Temperaturen

Platin-Rhodium-Thermopaare

Das *Platinrhodium(10%)-Platin-Thermopaar* [PtRh(10%)-Pt-Thermopaar] von LE CHATELIER ist wegen seiner guten Reproduktionseigenschaften zur Darstellung der Internationalen Praktischen Temperaturskala (IPTS-68) im Bereich zwischen 630,74 °C

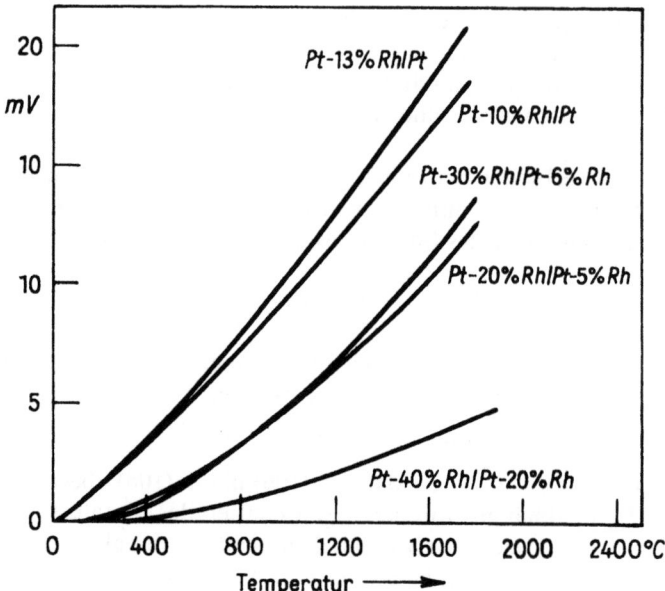

Abb. 27 Thermospannungen von Platin-Rhodium-Thermopaaren

und 1064,43 °C gewählt worden. In diesem Bereich wird die CELSIUS-Temperatur t_{68} der IPTS-68 aus der gemessenen Thermospannung durch das quadratische Polynom $E(t_{68}) = a + bt_{68} + ct_{68}^2$ [s. Gl. (51)] bestimmt. Die Nebenlötstellen müssen sich dabei auf der Temperatur 0 °C befinden. Näheres über die Bestimmung der Konstanten a, b, c und über spezielle Anforderungen, denen dieses Thermopaar bei der Realisierung der gesetzlichen Temperaturskala genügen muß, ist unter I D 2 beschrieben.

Für fundamentale Messungen verwendet man Elemente von 0,35 mm bis 0,85 mm Durchmesser und etwa 1000 mm Länge.

Nach sorgfältiger Reinigung der Drähte und der keramischen Schutzhüllen mit Reinalkohol sollten letztere und der rhodiumlegierte Schenkel längere Zeit auf eine Temperatur oberhalb von 1450 °C und der Pt-Schenkel wenigstens auf 1100 °C gebracht werden. Nach dem spannungsfreien Einziehen der Thermodrähte in die keramischen Kapillaren ist das Thermopaar erneut so lange auf etwa 1100 °C zu erhitzen, bis die durch mechanische Spannungen verursachten örtlichen Inhomogenitäten verschwunden sind.

Mit derartig sorgfältig präparierten Platinrhodium-Platin-Thermopaaren verschiedener Hersteller sind bereits 1932 zwischenstaatliche Vergleichsmessungen ausgeführt worden [14] mit auf 0,2 °C übereinstimmenden Ergebnissen innerhalb des Bereichs von 600 °C bis 1100 °C.

Neben dem LE CHATELIER-Thermopaar mit 10% Rhodiumgehalt des positiven Schenkels werden für den Gebrauch bei etwas höheren Temperaturen auch solche mit 13%, 18%, 20%, 30% oder 40% Rhodium verwendet (Abb. 27). Erhältlich sind auch Thermopaare, bei denen zusätzlich der negative Schenkel mit Rhodium legiert ist. Mit Ausnahme des *Platinrhodium(13%)-Platin-Thermopaares*, dessen Thermospannung etwas größer als diejenige des PtRh(10%)-Pt-Thermopaares ist, sind die Thermospannungen niedriger als die des LE CHATELIER-Thermopaares; das gilt besonders im

Temperaturbereich 0 bis 400 °C, wodurch Änderungen der Nebenlötstellentemperatur nur einen geringen Einfluß auf die Thermospannungen haben.

Die Platin-Rhodium-Thermopaare sind bis 1200 °C nahezu unempfindlich gegen eine oxidierende Atmosphäre, müssen jedoch gegen Silizium, Kohlenstoff und besonders gegen die Dämpfe von Schwefel und Phosphor geschützt werden. Etwas unempfindlicher gegen solche Dämpfe ist das Thermopaar Platinrhodium (30%)-Platin (6%), das unterhalb von 400 °C keine nennenswerte Thermospannung hat und kurzfristig bis 1800 °C verwendet werden kann.

Für den praktischen Gebrauch bei der Thermopaarprüfung ist es bequem, Referenztabellen für die Temperaturabhängigkeit der absoluten und differentiellen Thermospannungen zu benutzen [15 bis 17].

Andere gebräuchliche Thermopaare

Die Zahl der außer dem Platin-Rhodium-Thermopaar im praktischen Gebrauch befindlichen Thermopaare ist groß (Tab. 12).

Ein oft benutztes Thermopaar ist das *Kupfer-Konstantan-Thermopaar*, das sich von tiefen Temperaturen bis zu 600 °C bewährt hat und dessen differentielle Thermospannung von 40 auf 60 µV °C^{-1} ansteigt. Es wird besonders bevorzugt, weil sich sein Widerstand nur wenig mit der Temperatur ändert: Kupfer besitzt einen sehr kleinen spezifischen Widerstand, und der Temperaturkoeffizient des elektrischen Widerstandes von Konstantan ist sehr gering. Die Thermopaare *Silber-Konstantan* und *Eisen-Konstantan* sind bis 650 °C bzw. 900 °C brauchbar. Oberhalb von 700 °C ist jedoch mit einem schnellen Abbrand des Konstantanschenkels zu rechnen. Das

Tabelle 12. Thermospannungen gebräuchlicher Thermopaare in mV (Temperatur der Nebenlötstellen 0 °C)

Temperatur der Hauptlötstelle in °C	Platin (10%) Rhodiumplatin	Kupfer-Konstantan	Nickelchrom-Konstantan	Eisen-Konstantan	Nickelchrom-Nickel
−200		−5,60	−8,82	−7,89	−5,89
−100		−3,38	−5,24	−4,63	−3,55
0	0,00	0,00	0,00	0,00	0,00
20	0,11	0,79	1,19	1,02	0,80
100	0,65	4,28	6,32	5,27	4,10
200	1,44	9,29	13,42	10,78	8,14
300	2,32	14,86	21,03	16,33	12,21
400	3,26	20,87	28,94	21,85	16,40
500	4,23		37,00	27,39	20,64
600	5,24		45,09	33,10	24,90
700	6,27		53,11	39,13	29,13
800	7,35		61,02	45,50	33,28
900	8,45		68,78	51,88	37,33
1000	9,59		76,36	57,94	41,27
1100	10,75			63,78	45,11
1200	11,95			69,54	48,83
1300	13,16				52,40
1400	14,37				
1500	15,58				
1600	16,77				

Thermopaar Eisen-Konstantan zeichnet sich dadurch aus, daß die differentielle Thermospannung nur geringfügig temperaturabhängig ist. Konstantan besteht aus 55% Kupfer und 45% Nickel. Auch Nickel und Nickellegierungen werden zur Herstellung von Thermopaaren bevorzugt verwendet. Bei genauen Messungen muß der bei 350 °C liegende Umwandlungspunkt beachtet werden. Das reine Metall oxidiert leichter als seine Legierungen mit Chrom oder Aluminium. In der freien Atmosphäre kann Nickel bis 1000 °C verwendet werden, z. B. in dem Thermopaar *Nickelchrom-Nickel*, bei dem Thermopaar *Nickel-Kohle* sogar bis 1200 °C, wenn sich das Metall im Inneren eines Kohlerohrs, also in reduzierender Atmosphäre, befindet.

Sehr bekannt sind auch die aus Nickellegierungen gebildeten Thermopaare, insbesondere das Thermopaar *Chromel* (89 Ni + 10 Cr + 1 Fe)/*Alumel* (94 Ni + 2 Al + + 1 Si + 2,5 Mn + 0,5 X) für Temperaturen bis 1300 °C, dessen Thermokraft sehr gut reproduziert werden kann, sowie das hochempfindliche Thermopaar *Chromel-Copel*, dessen Thermospannung um etwa 20% größer ist als die von Kupfer-Konstantan. Copel ist eine Legierung aus Kupfer und Nickel.

2. Thermopaare für sehr hohe Temperaturen

Die Auswahl geeigneter Thermopaare für Temperaturmessungen oberhalb 1600 °C ist gering. Von den zehn metallischen Thermopaaren mit Schmelzpunkten oberhalb 1700 °C sind Osmium und Ruthenium nicht verwendbar, da es bisher nicht gelungen ist, sie in geeigneter Drahtform zu fertigen. Dagegen haben sich die Kombinationen *Iridium-Rhodium*, *Wolfram-Molybdän*, *Iridium-Wolfram* und *Wolfram-Rhenium* für Temperaturmessungen einigermaßen bewährt.

Besondere Vorteile hinsichtlich der Reproduzierbarkeit haben bestimmte Metalllegierungen. Zu nennen ist hier das von O. FEUSSNER [18] erstmalig 1930 angegebene Thermopaar *Iridium-Iridiumrhodium*, das später weiterentwickelt wurde und heute als Ir-Ir(60%)Rh(40%)-Thermopaar bis 2000 °C brauchbar ist; es hat bei dieser Temperatur eine Thermospannung von etwa 31 mV, wenn sich die Nebenlötstellen auf 0 °C befinden. Bei Verwendung in inerten Gasen wie Stickstoff, Argon oder Helium, aber auch in Wasserstoff und im Vakuum hat sich das Thermopaar *Wolfram(3%)Rhenium-Wolfram (25%) Rhenium* — besonders im Bereich von 2000 °C bis 2500 °C — bewährt. Wegen der Oxid- und Karbidbildung des Wolframs darf es jedoch oberhalb 1000 °C nicht in Luft oder in Gegenwart von Kohlenstoff benutzt werden. Montiert werden diese in Magnesium- oder Berylliumoxid eingebetteten Hochtemperaturthermopaare in Mäntel aus Incomb, Tantal, Molybdän oder Niobium. Zwischen 0 °C und 20 °C ist eine Korrektur der Nebenlötstellentemperatur nicht erforderlich. Oberhalb von 20 °C kann bis 40 °C als Ausgleichsleitung Eisen (Plusschenkel) und Kupfer (Minusschenkel) verwendet werden.

Bei den *Nichtmetallen* sind geeignete Paarungen: Borkarbid-Grafit, Siliziumkarbid-Grafit sowie Grafit-Grafit und Siliziumkarbid-Siliziumkarbid in verschiedenen Kristallorientierungen. Die nichtmetallischen Paare müssen dabei zweckmäßig in stickstoffbespülten Kohleschutzrohren montiert sein. Keines dieser Thermopaare, deren Schenkeldicken stets größer als 0,5 mm sein sollten, kann als Präzisionselement bezeichnet werden; Lebensdauer und Reproduzierbarkeit sind wesentlich geringer als bei Thermopaaren aus Platinrhodium-Platin oder Kupfer-Konstantan.

Ein Nachteil aller Hochtemperaturthermopaare ist die große Sprödigkeit und die bei höheren Temperaturen schlechte chemische Verträglichkeit der Thermoschenkel mit den Schutzrohren und der Atmosphäre. Im Hinblick auf die Vielfalt der bei Benutzung dieser Thermopaare zu berücksichtigenden Gesichtspunkte wird auf die Zusammenfassung von F. R. CALDWELL [15] verwiesen.

3. Thermopaare für sehr tiefe Temperaturen

Mit Annäherung an den absoluten Nullpunkt der Temperatur streben nach dem NERNSTschen Wärmetheorem die Thermospannungen E und ebenso $e = \dfrac{dE}{dT}$ dem Nullpunkt zu. In Tabelle 13, die einige für praktische Zwecke geeignete Thermopaare des Tieftemperaturbereichs enthält, ist dies deutlich zu erkennen [19].

Von den ersten drei der in Tabelle 13 aufgeführten Thermopaare ist seit längerer Zeit bekannt, daß sie infolge ihrer geringen Inhomogenitäten eine gute Reproduzierbarkeit haben, die bei dem Kupfer-Konstanten-Element bei etwa 0,3% liegt [20]. Für die Verwendung von Chromel spricht die sehr geringe Wärmeleitfähigkeit (bei 10 K: 4 Wm^{-1}K^{-1}, bei 273 K: 120 Wm^{-1}K^{-1} gegenüber den Werten von Kupfer: 870 Wm^{-1}K^{-1} bzw. 400 Wm^{-1}K^{-1}) und der große spezifische elektrische Widerstand des Materials.

Ein wichtiger Fortschritt wurde 1962 mit der Entwicklung neuer Thermopaare erzielt, bei denen der eine Schenkel aus Chromel und der andere aus einer Gold-Eisen-Legierung besteht [21]. Daß kleine Zusätze von Übergangsmetallen in Gold bei niedrigen Temperaturen zu hohen Thermospannungen führen, wurde schon 1932 von G. BORE-

Tabelle 13. Thermospannungen verschiedener Thermopaare bei tiefen Temperaturen [19]

Thermopar	Chromel-Konstantan		Kupfer-Konstantan		Chromel-Alumel		Chromel-Gold (0,07 Atomprozent Eisen)	
Temperatur in K	E	e	E	e	E	e	E	e
2	1,3	1,14	—	—	0,8	0,54	17,2	10,04
4	4,6	2,09	2,2	1,35	2,2	0,88	39,6	12,23
6	9,6	2,98	5,6	2,01	4,3	1,24	65,7	13,78
8	16,4	3,83	10,2	2,59	7,2	1,62	94,4	14,85
10	24,9	4,65	15,9	3,12	10,8	2,01	124,9	15,56
12	35,0	5,46	22,7	3,63	15,2	2,42	156,4	15,99
14	46,7	6,24	30,4	4,12	20,5	2,84	188,7	16,23
16	60,0	7,01	39,2	4,61	26,6	3,27	221,3	16,33
18	74,7	7,76	48,9	5,09	33,6	3,71	254,0	16,35
20	91,0	8,51	59,5	5,58	41,4	4,15	286,6	16,31
100	1775	31,4	1128	19,4	1042	20,0	1647	18,7
200	5871	49,3	3694	31,4	3767	33,5	3668	21,4
270	9654	58,3	6137	38,5	6335	39,3	5196	22,2

E in μV, e in μV K^{-1}

LIUS und Mitarbeitern festgestellt [22]. Ausführliche Untersuchungen über die Eignung dieser Elemente (mit Eisenzusätzen von 0,02 bis 0,07 Atomprozent) wurden in neuer Zeit von R. L. ROSENBAUM veröffentlicht [23]. Besonders geeignet ist hiernach das Thermopaar *Chromel-Gold* (0,07 Atomprozent Eisen).

Bei Tieftemperaturmessungen können bei Anwesenheit stärkerer Magnetfelder magnetfeldbedingte Änderungen der Thermospannungen bis zu einigen Prozent der Ausgangsspannung auftreten [24, 25], diese Änderungen lassen sich u. U. durch geschickten Einbau der Thermopaare vermeiden [26].

Hinweise über die Alterung (bei den Goldthermopaaren z. B. 12stündige Vakuumtemperung bei 550 °C), Reproduzierbarkeit und Auswahl der Tieftemperaturthermopaare enthalten die von R. S. CRISP [27], L. L. SPARKS [28] und Mitarbeitern veröffentlichten Arbeiten.

C Herstellung, Fehlerquellen und Kalibrierung

1. Einbau in Schutzrohre und elektrische Isolation

Als Einbaubeispiel für ein Hochtemperaturthermopaar, das unter Laboratoriumsbedingungen verwendet wird, diene die in Abbildung 28 wiedergegebene Anordnung.

Um äußere schädliche Einflüsse wie die Einwirkung von Wasserstoff und Gasen, die Schwefel oder Kohlenstoff enthalten können, möglichst zu vermeiden, umgibt man die elektrisch gegeneinander isolierten Drähte des Thermopaares mit einem Schutzrohr.

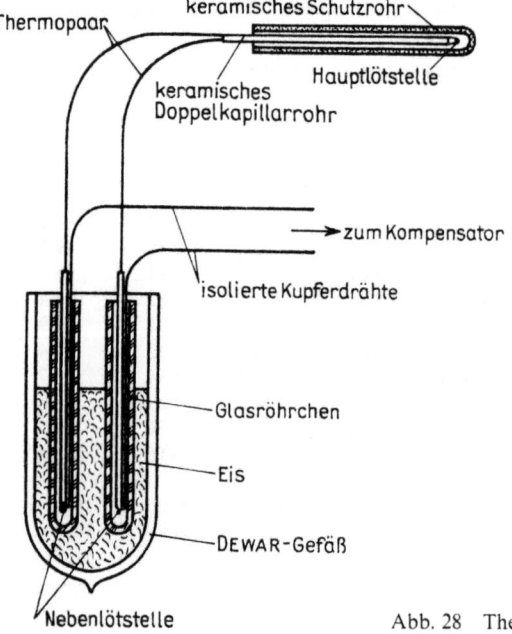

Abb. 28 Thermopaareinbau

Quarzglas ist bis 1000 °C, glasiertes Porzellan bis 1200 °C, glasierte MARQUARTsche Masse oder unglasierte Massen der Porzellanmanufakturen sind bis 1600 °C hitzebeständig. Als hochfeuerfest gelten auch die Pythagorasmasse sowie Silimanit (bis 1700 °C) und Mullit; bis 1950 °C hat sich Spinell bewährt. Die Gebrauchsgrenzen liegen für Magnesia bei 2200 °C, für Zirkonoxid sowie Berylliumoxid bei 2300 °C und für Thoriumoxid bei 2500 °C. Zu beachten ist, daß der Schmelzpunkt keramischer Materialien in Gegenwart von Asbest, Eisen oder Kohle sowie bei Berührung mit Metalloxiden und Alkalien herabgesetzt wird. Bei Einwirkung von Kohle auf Magnesia entsteht oberhalb von 1700 °C in merklichem Betrage Kohlenoxid und Dampf des metallischen Magnesiums. Im Gegensatz zu den meisten anderen Metalloxiden ist Aluminiumoxid (Al_2O_3) bei hoher Temperatur wenig flüchtig.

Von den metallischen Schutzrohren sind solche aus zunderfreiem Stahl bis 1700 °C in oxidierender und reduzierender Atmosphäre verwendbar. Eisen-Chrom-Legierungen haben sich auch in schwefelhaltigen Gasen bewährt. Nickel kann man bis 1100 °C benutzen. Soll das Thermopaar in Glasflüsse eingetaucht werden, so sind Rohre aus Siliziumkarbid, Silit oder Karborundum zu empfehlen. Graphit hat in Schmelzen von Kupfer oder Aluminium Verwendung gefunden, doch sind dann bei Platinthermopaaren besondere Maßnahmen gegen die Schädigung der Drähte zu treffen.

Zur elektrischen Isolierung darf die Umspinnung mit Seide oder Baumwolle nicht über 120 °C verwendet werden; Lackierungen sind bis 200 °C brauchbar, für höhere Temperaturen zieht man die Drähte zuvor durch ausgeglühte Röhrchen aus keramischer Masse. Gegen mechanische Beanspruchung werden die Drähte außerdem gut geschützt, wenn man Porzellanstäbe mit doppelter Längsbohrung benutzt, durch die sie hindurchgezogen werden.

Einen technischen Fortschritt besonders im Hinblick auf die industrielle Temperaturmeßtechnik stellen die in den vergangenen Jahren entwickelten Mantelthermopaare dar (Abb. 29). Hierbei ist das Thermopaar (z. B. Platinrhodium-Platin, Chromel-Alumel oder Eisen-Konstantan) eingebettet in pulverförmiges Magnesium- oder Aluminiumoxid und von einem dünnen Mantel (Außendurchmesser zwischen 0,25 mm und 3,0 mm) aus Stahl umgeben. Die Hauptlötstelle kann wahlweise isoliert oder im Kontakt mit dem Abschlußende des Mantels verbunden sein. Es empfiehlt sich, bei der Verlegung dieser bis zu Längen von 200 m lieferbaren Thermopaare Krümmungsradien zu vermeiden, die kleiner sind als der doppelte Manteldurchmesser.

Industrielle Bauformen sind meist den geltenden nationalen Normvorschriften angepaßt. Je nach Verwendungszweck sind dabei Einbaulängen, Anschlußsockel und Ausgleichsleitungen genau festgelegt [29].

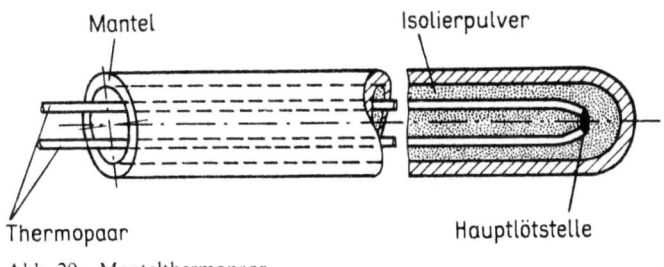

Abb. 29 Mantelthermopaar

2. Störungen der Thermospannung

Durch verschiedenartige Ursachen kann die Temperaturmessung mit Thermopaaren derart beeinflußt werden, daß Fehler bis 10 °C und mehr möglich sind. Um sie zu vermeiden, müssen gewisse Vorsichtsmaßregeln oder Kontrollen angewendet werden.

Zunächst muß man sicher sein, daß kein Fremdstrom — etwa aus der elektrischen Ofenheizung — in den thermoelektrischen Meßkreis gelangt, was wegen der elektrischen Leitfähigkeit keramischer Materialien bei hohen Temperaturen möglich ist. Eine Kontrolle besteht in der kurzfristigen Abschaltung des Heizstroms. Ferner ist darauf zu achten, daß in der Meßanordnung keine zusätzlichen Thermospannungen entstehen, die meßtechnisch nicht eliminiert werden können. Das ist überall dort möglich, wo die beiden Zuleitungen zum Thermopaar, die im allgemeinen aus Kupfer bestehen, mit einem anderen Metall, z. B. demjenigen eines elektrischen Widerstandes, verbunden sind. Man vermeidet solche Störungen, indem man die Verbindungsstellen nahe aneinander rückt und mit einem Wärmeschutz umgibt, so daß sie sich auf gleicher Temperatur befinden. Außerdem verwendet man für die elektrischen Widerstände zweckmäßigerweise ein Material (z. B. Manganin), das bei Zimmertemperatur gegen Kupfer nur eine geringe Thermokraft besitzt.

Störungen der Thermospannung entstehen auch dann, wenn die Drähte der beiden Schenkel eines Thermopaares nicht homogen sind, d. h., wenn deren physikalische oder chemische Beschaffenheit von Ort zu Ort wechselt. In diesem Fall kann man nicht mehr mit demselben temperaturabhängigen THOMSON-Koeffizienten σ an allen Stellen eines Schenkels rechnen. Daher kann auch der Integralwert $\int \sigma dT$, der gemäß Gl. (108) einen Beitrag zur Thermospannung liefert, nicht mehr wie bei homogenen Drähten von der Art des Temperaturgefälles unabhängig sein. Die praktische Auswirkung ist dieselbe wie bei einem Schenkel, der aus mehreren thermoelektrisch etwas verschiedenen Materialien zusammengesetzt ist. Die Thermokraft ist dann von der Art des Temperaturgefälles längs des inhomogenen Schenkels mehr oder weniger abhängig. Einen Hinweis auf solche Inhomogenitäten und deren Größenordnung gewinnt man, wenn man den betreffenden Draht durch eine Bunsenflamme oder über ein Stück Eis zieht und die Potentialdifferenz an seinen Enden sowie deren Schwankungen beobachtet, die nur bei einem homogenen Draht verschwinden [30].

Die Gründe für die Inhomogenität können verschiedener Art sein [31]. Die mechanische Beanspruchung eines Drahtes, z. B. durch das Ziehen bei der Fabrikation oder durch späteres scharfes Biegen, verändern seine Kristallstruktur. Diese ändert sich wieder nach stärkerer Erwärmung und strebt im allgemeinen bei entsprechender Wärmebehandlung einem stabilen Gleichgewichtszustand zu. Durch die sog. *Alterung* des Drahtes, die je nach dem Material bei verschiedener Temperatur vorgenommen werden muß, sucht man diesen Zustand bzw. die Homogenität des Drahtes zu erreichen. So gibt es z. B. für das Platinrhodium-Platin-Thermopaar in der IPTS-68 bestimmte Alterungsvorschriften (s. VI B 1).

Eine weitere Störungsursache liegt in der Zerstäubung gewisser Metalle bei sehr hohen Temperaturen. Das gilt z. B. besonders für Iridium. Infolge von Zerstäubung wird bei einem Platin-Iridium-Platin-Thermopaar der mit Iridium legierte Schenkel bei hohen Temperaturen ständig ärmer an diesem Metall, und der Platinschenkel, der mit den Iridiumdämpfen in Berührung kommt, legiert sich mit Iridium.

Befinden sich die Drähte eines Thermopaares in einer reduzierenden Atmosphäre zusammen mit Silizium- oder Eisenverbindungen, so werden bei Temperaturen oberhalb 700 °C diese Metalle frei und legieren sich dann z. B. leicht mit Edelmetallen wie Platin. Bei sehr hohen Temperaturen sollte daher das keramische Schutzrohr des Thermopaares gasdicht verschlossen und zwecks Verhinderung von reduzierenden Einwirkungen mit einem inerten Gas unter Zusatz von etwas Sauerstoff gefüllt werden.

Für thermoelektrische Temperaturmessungen, bei denen die Thermopaare und ihre Schutzrohre einer Neutronenbestrahlung ausgesetzt sind, muß beachtet werden, daß bei der Absorption thermischer Neutronen in den Materialien Umwandlungen eintreten, die Änderungen der Thermospannungen hervorrufen können. Eine Sonderstellung nimmt Nickel ein, das aus einer größeren Zahl stabiler Isotope besteht und gegenüber Neutronenbestrahlung im Gegensatz zu Kupfer, Wolfram, Platin und Rhodium unempfindlicher ist.

Für Temperaturmessungen in Kernreaktoren sind deshalb auch Nickelchrom-Nickel-Thermopaare besonders geeignet [32].

Unter Umständen muß auch bei Präzisionsmessungen die geringe Druckabhängigkeit der Thermospannung berücksichtigt werden. Diese erniedrigt z. B. bei dem LE CHATELIER-Element die Thermospannung bei 1200 °C um rund 10 µV, 30 µV und 50 µV, wenn anstelle des Atmosphärendrucks das Element einem Druck von 10 kbar, 30 kbar bzw. 50 kbar ausgesetzt wird [33].

3. Kalibrierung und Reproduzierbarkeit

Wenn sich die Nebenlötstellen auf 0 °C befinden, läßt sich die Abhängigkeit der Thermospannung von der Temperatur in den meisten Fällen durch eine Potenzreihe darstellen, wie das z. B. in der IPTS-68 für das Element Platin/Rhodium geschehen ist (s. I D 2). Die in der Gleichung auftretenden Konstanten können durch Vergleich mit den Fundamentalgeräten der IPTS oder durch direkten Anschluß an Temperaturfixpunkte bestimmt werden. Im letzten Fall bringt man die Hauptlötstelle des Thermopaars mit dem Dampf einer unter bestimmtem Druck siedenden Flüssigkeit oder mit einer erstarrenden Metallschmelze in thermischen Kontakt. Dabei muß eine ausreichende Eintauchtiefe gewährleistet sein. Wenn es sich um Fixpunkte von Edelmetallen handelt, wie Gold, Palladium oder Platin, von denen nicht genügende Mengen vorhanden sind, um die Tiegelmethode anzuwenden, bedient man sich der sog. *Drahtmethode*. Diese besteht darin, daß man an der Hauptlötstelle die beiden Schenkel des Elementes vor dem endgültigen Verlöten oder Verschmelzen zunächst durch Zwischenschaltung eines etwa 5 mm langen Drahtes aus jenem Metall verbindet. Dann heizt man das Element unter ständiger Beobachtung der Thermospannung langsam hoch, bis das eingeführte Drahtstück schmilzt und das Thermopaar unterbrochen wird. Zweckmäßig ist es, die Lötstelle mit einer Hülle aus keramischem Material zu umgeben, damit die Wärmekapazität erhöht und damit die Temperaturschwankungen weniger wirksam werden. Bei genügend langsamem Temperaturanstieg kann man feststellen, daß kurz vor der Unterbrechung die Thermospannung etwas schwankt. Der Schmelztemperatur ist diejenige Thermospannung zuzuordnen, die dem Endpunkt des regelmäßigen Anstiegs zugehört. Dieser Punkt läßt sich besonders leicht scharf ermitteln, wenn neben dem Thermopaar mit dem Schmelzdraht ein zweites ohne Schmelzdraht angeordnet wird und wenn man die Differenz der Thermospannungen beider Elemente als Funktion der Zeit darstellt (s. auch VII B 1).

Die Ursache für den unregelmäßigen Anstieg unmittelbar vor dem Schmelzen des Drahtes dürfte darin liegen, daß dessen Oberfläche infolge der Nachbarschaft zu anderen höherschmelzenden Metallen durch Legierung mit deren Dämpfen später schmilzt als der Kern des Drahtes und die Unterbrechung des Thermostromes erst stattfindet, wenn die Schmelztemperatur des Reinmetalls schon ein wenig überschritten ist. Statt die Schenkel des Thermopaares durch den Schmelzdraht zu verbinden, genügt es häufig, ein kurzes Stück des Schmelzdrahtes um die Lötstelle zu wickeln. Im Augenblick des Schmelzens wird durch die latente Wärme bei sonst regelmäßigem Anstieg die Thermospannung erkennbar vermindert.

Die Reproduzierbarkeit der Temperaturmessung mit Thermopaaren wird meist überschätzt [34]. Sie beträgt in günstigen Fällen (z. B. bei Eisen-Konstantan, Nickelchrom-Nickel oder Kupfer-Konstantan-Thermopaaren zwischen -200 °C und 350 °C) für befristete Zeit etwa 0,1 K. Für das die Temperaturskala darstellende Platinrhodium-Platin-Thermopaar mag zwar die Reproduzierbarkeit der Thermospannung an den Fixpunkten oberhalb von 600 °C bei etwa 0,2 K liegen, doch dürften die nach Gl. (51) in den Zwischenbereichen der Interpolation bestimmten Temperaturen auf $\pm$ 0,3 K unsicher sein [30].

D Messung der Thermospannung

Thermospannungen werden entweder nach den Kompensationsverfahren oder nach der weniger genauen Ausschlagmethode bestimmt. Im ersten Fall wird der zu messenden Thermospannung eine gleichgroße und bekannte Gleichspannung entgegengeschaltet; das Thermopaar bleibt stromlos, und sein elektrischer Widerstand hat keinen Einfluß auf die Messung. Im zweiten Fall bestimmt der vom Thermopaar abgegebene Thermostrom die Größe des Ausschlages eines Drehspulinstruments, dessen Eigenwiderstand zusammen mit dem Widerstand des Thermopaares das Meßergebnis mit beeinflußt.

Kompensationsverfahren

Das grundsätzliche Prinzip der Spannungskompensation zeigt Abbildung 30. Durch die Gleichspannungsquelle E, die Widerstände R, R_0 und R_N wird der Kompensatorstrom I so eingestellt, daß bei der Stellung Th des Schalters S das Galvanometer G stromlos bleibt, d. h. die Thermospannung E_{Th} gleich IR_0 ist. Wird S auf die Stellung N geschaltet und der veränderliche Widerstand R_N derart der Normalspannungsquelle (Spannung E_N) angepaßt, daß G wiederum stromlos bleibt, so ist $E_{Th} = \dfrac{R_0}{R_N} \cdot E_N$. Für R_0 und R_N werden temperaturunempfindliche Normalwiderstände und als Normalspannungsquelle häufig das Internationale Weston-Normalelement verwendet, dessen EMK in der Nähe von $t = 20$ °C gegeben ist durch [35]

$$E_N = E_{20} - [39{,}78\,(t - 20\ °C) + 0{,}936\,(t - 20\ °C)^2 \\ - 0{,}0086\,(t - 20\ °C)^3] \cdot 10^{-6}. \tag{114}$$

Messung der Thermospannung

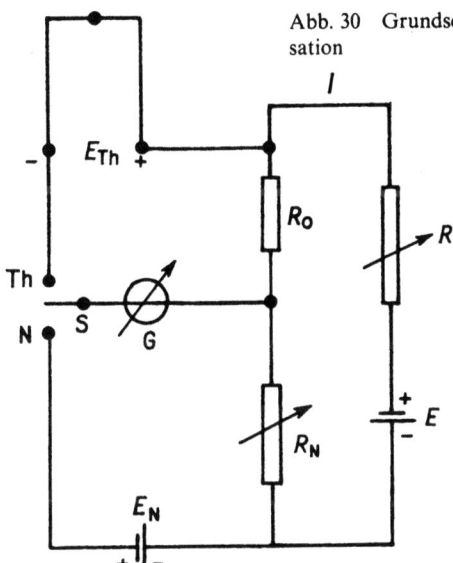

Abb. 30 Grundschaltung der Spannungskompensation

Hierbei ist $E_{20} = 1{,}01830$ V eine Normalspannung (bei 20 °C), von der die Spannungen der einzelnen Normalelemente nur wenig abweichen.

Man kann auf die Normalspannungsquelle E_N verzichten, wenn man wie bei der in technischen Kompensatoren häufig angewandten LINDECK-ROTHE-Schaltung den Strom I direkt mißt (s. V C 1). Im stromlosen Zustand von S ist dann $E_{Th} = I \cdot R_0$, und die Unsicherheit der Messung hängt hier vorwiegend von der Anzeigeunsicherheit des Strommeßgeräts ab. Mit Präzisionskompensatoren lassen sich noch kleine Gleichspannungen auf etwa 10^{-5} genau bestimmen. Bei solchen Kompensatoren müssen Schalter und Kontakte weitgehend aus thermospannungsfreien Bauteilen gefertigt sein; die Isothermie des Kompensators ist durch eine spezielle Thermostatisierung — z. B. durch ein temperaturkonstantes Petroleumbad — zu gewährleisten. Die Schaltung solcher Kompensatoren (z. B. nach H. DIESSELHORST) ist derart, daß die Gegenspannung dekadisch (drei bis sechs Dekaden) einstellbar ist. Zur Eliminierung etwaiger sekundärer Thermospannungen dient ein Kommutator, der sowohl die Gegenspannung als auch die zu ermittelnde Thermospannung umpolt, so daß der Mittelwert zweier kurz hintereinander durchgeführten Messungen der Thermospannungen deren wahren Wert ergibt [36].

Ausschlagverfahren

Hierunter versteht man die Ermittlung der Thermospannung mit Hilfe eines empfindlichen Drehspulgalvanometers, dessen Ausschlag in erster Näherung proportional zum durchflossenen Thermostrom ist. Diese Proportionalität ist um so eher gegeben, je größer der Widerstand des Galvanometers gegenüber dem Widerstand des Thermopaares ist. Die Meßbereiche für diese Drehspulinstrumente sind meist genormt (z. B. 0 °C bis 1200 °C oder 1600 °C für Platinrhodium-Platin, 0 °C bis 600 °C, 900 °C oder 1200 °C für Nickelchrom-Nickel und 0 °C bis 250 °C, 400 °C oder 900 °C für Eisen-Konstantan).

Der Fehler $\delta T/T$, der durch eine Widerstandserhöhung δR_{Th} des Thermopaares verursacht wird, ist

$$\frac{\delta T}{T} \approx \frac{\delta R_{Th}}{R_i + R_{Th}} \tag{115}$$

wobei R_i der Innenwiderstand des Drehspulgalvanometers ist. Zu Lasten der Empfindlichkeit der Anzeige kann man diesen Fehler durch einen temperaturunempfindlichen Vorwiderstand verringern.

Registrierung und digitale Anzeige

Registrierende Instrumente sind meist Zeigerinstrumente mit einer Skaleneinteilung. Der Zeiger drückt dabei kontinuierlich oder in bestimmten Zeitabständen eine Marke auf einen Papierstreifen, der sich unter dem Zeiger zeitproportional fortbewegt. In neuerer Zeit werden in verstärktem Maße Temperaturmeßwerte digital (ziffernmäßig) angezeigt [37]. Prinzipiell kann die digitale Meßmethode die Meßunsicherheiten gegenüber den Kompensationsverfahren nicht verringern, da die Unsicherheit der Messungen überwiegend von der Qualität der Thermopaare abhängt. Andererseits sind die Vorteile der digitalen Meßwerterfassung recht groß; sie liegen in der automatischen Großsichtanzeige, der Registrierbarkeit durch Schreibmaschinen und Drucker sowie in der Möglichkeit der Weiterverarbeitung der Meßergebnisse durch Datenerfassungs- und Fernübertragungseinrichtungen. Zur digitalen Darstellung der Thermospannung muß letztere über einen Analog-Digital-Umsetzer in gleichgroße kleine Spannungsbereiche unterteilt werden, wobei der kleinste Unterteilungsbereich der Größe der kleinsten Ziffernanzeige entspricht. Da für die digitale Anzeige von Thermospannungen ein linearer Zusammenhang zwischen Temperatur und Spannung erforderlich ist, muß durch besondere Korrekturen (die bei komplizierten Verläufen von einem Digitalrechner angebracht werden) die Änderung der differentiellen Thermospannung durch Addition oder Substraktion kleiner Spannungen berücksichtigt werden [38]. Die Möglichkeiten derartiger Schaltungen für selbstabgleichende Meßbrücken, digitale und analoge Meßwertspeicherungen sind zahlreich und von besonderer Bedeutung für die Regeltechnik.

Kompensation der Nebenlötstellentemperatur

Für wissenschaftliche Messungen und amtliche Prüfungen werden die Nebenlötstellen auf die Temperatur t_0 des Eisschmelzpunktes gebracht. Diese Bedingung wird im allgemeinen auch für die Formeln und Tabellen, nach denen man die Temperatur aus der gemessenen Thermospannung entnimmt, vorausgesetzt. Ist diese Bedingung aber nicht erfüllt, befindet sich z. B. die Nebenlötstelle auf einer anderen konstant gehaltenen Temperatur t_1, die man etwa durch einen automatisch eingeregelten Thermostaten erzielt, so wird nicht die der Formel oder der Tabelle zugrunde gelegte elektromotorische Spannung $E(t, t_0)$, sondern $E(t, t_1)$ gemessen. Ist E eine lineare Funktion von t, derart, daß $E = et$, dann wird

$$E(t, t_0) = E(t, t_1) + e(t_1 - t_0) . \tag{116}$$

In der Praxis ist es bisweilen wegen der kurzen Schenkel der Thermopaare (besonders wenn diese aus Edelmetallen bestehen) schwierig, die Nebenlötstelle auf einer genügend konstanten Temperatur zu halten. F. HOFFMANN [39] hat in einem solchen Fall, wo es sich um ein Thermopaar mit spröden und dicken Schenkeln aus Iridiumlegierungen handelte und die Nebenlötstellen unterschiedliche Temperaturen hatten, die freien Enden des Thermopaares mit je einem Kupfer-Konstantan-Thermopaar versehen und mit deren Hilfe die Temperaturen der Nebenlötstelle bestimmt.

Für viele Thermopaare, insbesondere aus Edelmetallen, gibt es Ausgleichsleitungen (z. B. Kupfer-Nickel-Legierungen für das Platinrhodium-Platin-Thermopaar), die dazu dienen, die kurzgehaltenen Thermodrähte zu verlängern, ohne daß gegenüber dem gleichlangen Thermopaar wesentliche Änderungen der Thermospannung auftreten. Voraussetzung hierfür ist, daß die beiden Verbindungsstellen der Ausgleichsschaltungen mit den Thermoschenkeln sich auf gleicher Temperatur befinden und die Ausgleichsleitungen bestimmte thermoelektrische Eigenschaften haben, die bis etwa 200 °C den Ersatz der eigentlichen Thermodrähte ermöglichen.

In der Praxis besteht häufig das Bedürfnis, Thermopaare zu verwenden, bei denen die Temperaturen der Nebenlötstellen keinen Einfluß auf das Meßergebnis haben [40]. Diese Forderung ist erfüllbar, wenn das Thermopaar im Bereich zwischen 0 und etwa 50 °C keine Thermospannung hat. Ein solches Thermopaar (90% Nickel + 10% Kupfer gegen 90% Nickel + 10% Eisen) wurde von W. ROHN [41] angegeben. Die Thermospannung ist noch bei 200 °C praktisch Null und erreicht unterhalb dieser Temperatur Beträge von höchstens 0,2 mV, während bei 800 °C ihr Wert 13 mV beträgt. Ähnliche Thermopaare haben KULBUSCH und KALININ [42] entwickelt. Sie verwandten als Zusatz zum Nickel 20% Eisen und 20% bis 30% Kupfer mit noch 1% oder 2% Mangan und erreichten bei 800 °C eine Thermospannung von etwa 20 mV.

In der Technik werden oft automatische Kompensatoren verwendet, die darauf beruhen, daß sich ein Drahtwiderstand mit hohem Temperaturkoeffizienten auf derselben Temperatur befindet wie die Nebenlötstellen und daß bei Änderung der Temperatur und damit des Widerstandes über einen Nebenschluß oder durch eine Brückenschaltung der Thermospannung eine der Temperaturschwankung entsprechende Potentialdifferenz hinzugefügt wird. Diese Kompensatoren sind jedoch in ihrer Wirkung nur auf einen begrenzten Temperaturbereich beschränkt.

Eine Schaltung für die Ausschlagmethode ist in Abbildung 31 dargestellt. Der in Reihe gelegte Widerstand R_1 habe einen kleinen, der Nebenschlußwiderstand R einen großen Temperaturkoeffizienten. Beide mögen sich auf der Bezugstemperatur T_B der Nebenlötstellen befinden. Zur Messung gelangt die Potentialdifferenz E' zwischen A und B. Wenn man sich den Widerstand der Drähte in dem Betrag R_1 enthalten denkt und die EMK des Thermopaares mit E bezeichnet, so ist bei großem Widerstand im Galvanometerkreis praktisch $E' = ER(R + R_1)^{-1}$. Wächst T_B, so wird E kleiner

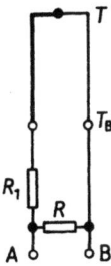

Abb. 31 Kompensation der Nebenlötstellentemperatur T_B bei der Ausschlagmethode

und R größer. Die Kompensation ist vollständig, wenn

$$\frac{dR}{dT_B} = \frac{R}{R_1}\left[\frac{dR_1}{dT_B} - \frac{1}{E}(R + R_1) \cdot \frac{dE}{dT_B}\right]. \tag{117}$$

Literatur

[1] LE CHATELIER, H., Ann. Phys. *2* (1887) 351
[2] BARUS, C., Bull. USA, Geological Survey *54* (1889)
[3] POUILLET, C. S. M., Compt. rend. *3* (1836) 786
[4] ROESER, W. F., J. Appl. Phys. *11* (1940) 388
[5] LÜCK, W., VDI-Ber. 112, Techn. Temper. Mess., Düsseldorf 1966
[6] LINDORF, H., Technische Temperatur Messung. W. Girardet, Essen 1968
[7] MARSHALL, R., L. ATLAS, und T. PUTNER, J. sc. Instrum. *43* (1966) 144
[8] ROOTS, W. K., Fundamentals of Temperature Control. Academic Press, New York and London 1969
[9] DAHLBERG, R., Strahlentherapie *94* (1954) 300
[10] DAHLBERG, R., Z. Naturforsch. B. *10a* (1955) 953
[11] GRIMSEHL, Lehrbuch der Physik. Bd. 4, Teubner, Leipzig 1959
[12] JOFFÉ, A. F., Halbleiter-Thermoelemente (deutsche Ausgabe). Akademie-Verlag, Berlin 1957
[13] HUNSINGER, W., Temperaturmessung. Handbuch der Physik, Bd. XXIII, Springer 1966, S. 373—456
[14] ROESER, W. F., F. H. SCHOFIELD und H. MOSER, Ann. Phys. *17* (1933) 243 und Bur. Stand. J. Res. *11* (1933) 1
[15] CALDWELL, F. R., Thermocouple Materials NBS Mon. 40 (1962)
[16] VDE/VDI-Richtlinien 3511 Techn. Temp. Mess. Febr. 1967
[17] SHENKER, H., J. I. LAURITZEN, R. J. CORRUCCINI und ST. LONEBERGER, Reference Tables for Thermocouples, NBS-Circ. 561 1955
[18] FEUSSNER, O., Elektrotechn. Z. *54* (1933) 155
[19] Manual on the Use of Thermocouples in Temperature Measurem. ASTM Special Technical Publication 470, Philadelphia (USA) 1970
[20] POWELL, R. L., MD. BUNCH und R. J. CORRUCCINI, Cryogenics *1* (1961) 1 und 139
[21] MACDONALD D. K. C., W. B. PEARSON und J. M. TEMPLETON, Proc. Roy. Soc. A, *266* (1962) 161
[22] BORELIUS, G., W. H. KEESOM, C. H. JOHANSSON und J. O. LINDE, Proc. Kon. Akad. Amsterdam *35* (1932) 10
[23] ROSENBAUM, R. L., Rev. sc. Instrum. *39* (1968) 890; *40* (1969) 578
[24] BERMAN, R., J. C. F. BROCK und D. J. HONTLEY, Cryogenics *4* (1964) 233
[25] BERMAN, R., J. KOPP, G. A. SLACK und C. T. WALKER, Phys. Lett. 27 A (1968) 464
[26] RICHARDS, D. B., L. R. EDWARDS und S. LEGVOLD, J. Appl. Phys. *40* (1969) 3836
[27] CRISP, R. S., und W. G. HENRY, Cryogenics *4* (1965) 361
[28] SPARKS, L. L., und W. J. HALL, NBS-Report 9719
[29] VDI-Temperaturmeßregeln DIN 1953
[30] MOSER, H., Ann. Phys. *6* (1930) 1872
[31] JUSTI, J., Leitungsmechanismus und Energieumwandlung in Festkörpern. 2. Aufl., Verl. Vandenhoeck u. Ruprecht, Göttingen 1965
[32] KELLY, H. J., W. W. JOHNSTON und C. D. BAUMANN, The effects of Nuclear Radiation on thermocouples Oak Ridge Nat. Labor. Sympos. Columbus (Ohio) März 1961
[33] HANNEMANN, R. E., und H. M. STRONG, J. Appl. Phys. *36* (1965) 523; *37* (1966) 612
[34] NBS-Techn. News *45* (1961) Nr. 3 Vol. 45
[35] FROEHLICH, M., F. MELCHERT und O. STEINER, Metrologia *7* (1971) 58
[36] GRIFFITH, E., Methods of Measuring Temperature. London 1947
[37] BORUCKI, L., und J. DITTMANN, Digitale Meßtechnik. Springer Verlag 1966
[38] HÜCK, A., VDE/VDI Tagung Technische Temperaturmessung, VDI-Bericht Nr. 112, Düsseldorf 1966
[39] HOFFMANN, F., Z. Phys. *27* (1924) 287
[40] HUNSINGER, W., Arch. Techn. Mess., J 2402—2, 1966
[41] ROHN, W., Z. Metallkde. (1924) 297
[42] KULBUSCH und KALININ, Präzisionsindustrie. H. 3/4, Moskau 1933

VII. Optische Temperaturmeßverfahren für Festkörper

A Theoretische Grundlagen

1. Strahlungsgrößen

a) Energetische Größen

Als Temperaturstrahlung, oft auch als Wärmestrahlung, bezeichnet man die von der Oberfläche eines Körpers ausgehende elektromagnetische Strahlung, deren Eigenschaften nur von der Temperatur und der chemisch-physikalischen Beschaffenheit der strahlenden Oberfläche des Körpers abhängen. Der als Emission bezeichnete Akt der Strahlungsentstehung findet in materiellen Volumenelementen statt und entzieht sich im allgemeinen der Beobachtung. Der Messung zugänglich ist die von der Oberfläche hindurchgelassene Strahlung.

Für die Strahlung sind einige Größen [1] kennzeichnend, die im folgenden beschrieben werden. Die von der Oberfläche eines Temperaturstrahlers in der Zeiteinheit ausgestrahlte Energie heißt *Strahlungsfluß* oder *Strahlungsleistung* und wird mit Φ bezeichnet, ihre Einheit ist W. *Spezifische Ausstrahlung M* nennt man die von der Oberflächeneinheit in den Halbraum ausgestrahlte Leistung. Es ist

$$M = \frac{d\Phi}{df}. \tag{118}$$

df bedeutet das strahlende Flächenelement. Einheit von M ist Wcm^{-2}. Unter *Strahlstärke I* versteht man den Strahlungsfluß in die Raumwinkeleinheit. Demnach ist

$$I = \frac{d\Phi}{d\Omega}. \tag{119}$$

Ω ist der Raumwinkel in Steradiant (sr). Einheit von I ist Wsr^{-1}. Eine mit der Strahlungsleistung $d\Phi$ bestrahlte Fläche da unterliegt der *Bestrahlungsstärke*

$$E = \frac{d\Phi}{da}. \tag{120}$$

Einheit von E ist Wcm^{-2}.

Man denke sich das strahlende Flächenelement df im Mittelpunkt einer Kugel vom Radius R angeordnet und betrachte die Strahlungsleistung, die von df unter dem Winkel $\vartheta (0 \leq \vartheta \leq \pi/2)$ gegen die Flächennormale nach dem Oberflächenelement df' der Kugel gesandt wird. Sie kann ausgedrückt werden durch

$$d^2\Phi = L\, df \cos\vartheta\, \frac{df'}{R^2} = L\, df \cos\vartheta\, d\Omega. \tag{121}$$

$d\Omega$ ist der Raumwinkel, der von dem Kegel gebildet wird, dessen Spitze im Kugelmittelpunkt liegt und dessen Grundfläche df' ist. Liegt df' bei dem Azimutwinkel

$\varphi (0 \leq \varphi \leq 2\pi)$, so ist $\mathrm{d}f' = R^2 \sin \vartheta \, \mathrm{d}\vartheta \, \mathrm{d}\varphi$ und $\mathrm{d}\Omega = \sin \vartheta \, \mathrm{d}\vartheta \, \mathrm{d}\varphi$. Die Größe L wird *Strahldichte* genannt. Ihre Einheit ist $\mathrm{Wcm}^{-2}\mathrm{sr}^{-1}$.

Die Strahldichte kennzeichnet die Strahlungseigenschaften unabhängig von der Größe des strahlenden Flächenelements df. Sie hängt im allgemeinen noch von ϑ und φ ab. Lediglich beim Schwarzen Körper besteht diese Abhängigkeit nicht. Entsprechend dem LAMBERTschen Kosinusgesetz herrscht dann strenge Proportionalität zwischen $\mathrm{d}^2\Phi$ und $\cos \vartheta$. L bleibt beim Strahlungstransport durch optische Linsen und Spiegel invariant, wenn von Absorptions- und Reflexionsverlusten durch die Abbildungsoptik abgesehen wird.

Die von df in einen größeren räumlichen Winkel des Halbraums ausgestrahlte Leistung erhält man aus (121), indem man den Ausdruck für $\mathrm{d}^2\Phi$ nach Ω integriert: $\mathrm{d}\Phi = \mathrm{d}f \int L \cos \vartheta \, \mathrm{d}\Omega$.

Für die durch (118) definierte spezifische Ausstrahlung findet man jetzt

$$M = \frac{\mathrm{d}\Phi}{\mathrm{d}f} = \int_0^{2\pi} \int_0^{\pi/2} L \sin \vartheta \cos \vartheta \, \mathrm{d}\vartheta \, \mathrm{d}\varphi \, . \tag{122}$$

Unter Annahme des LAMBERTschen Kosinusgesetzes wird

$$M = \pi \Omega_0 \cdot L \, . \tag{123}$$

$\Omega_0 = 1\mathrm{sr}$ ist die Raumwinkelkonstante vom Zahlenwert 1.

Da durch jedes Strahlenbündel Energie mit der endlichen Lichtgeschwindigkeit c hindurchströmt, befindet sich in jedem Volumenelement des Bündels elektromagnetische Energie. An einer beliebigen Stelle des Strahlungsfeldes kann man die *räumliche Energiedichte $\bar{u}$ der Strahlung* folgendermaßen ermitteln: Man denke sich um diese Stelle als Zentrum eine Kugelfläche vom Radius r gelegt. Ein Flächenelement $\mathrm{d}\sigma$ der Kugel strahlt einem parallelen und sehr viel größeren Flächenelement $\mathrm{d}\sigma'$ im Zentrum während der Zeit $\mathrm{d}t$ die Energie $L \frac{\mathrm{d}\sigma \, \mathrm{d}\sigma'}{r^2} \mathrm{d}t$ zu. Diese nimmt, wenn sie das Zentrum erreicht hat, den Raum eines Zylinders mit der Grundfläche $\mathrm{d}\sigma'$ und der Höhe $c \, \mathrm{d}t$ ein und hat das Volumen $\mathrm{d}\sigma' c \, \mathrm{d}t$. Auf die Volumeneinheit entfällt der Energiebetrag $\frac{L \mathrm{d}\sigma}{cr^2} = \frac{L}{c} \mathrm{d}\Omega$, wo $\mathrm{d}\Omega$ der Öffnungswinkel ist, unter dem $\mathrm{d}\sigma$ vom Zentrum aus erscheint. Die räumliche Energiedichte $\bar{u}$ der Strahlung erhält man durch Integration über alle Richtungen des Raumes zu

$$\bar{u} = \frac{1}{c} \int L \, \mathrm{d}\Omega \, . \tag{124}$$

Wenn L für alle Richtungen konstant ist, wird

$$\bar{u} = \frac{4\pi L}{c} \cdot \Omega_0 \, . \tag{125}$$

Einheit von $\bar{u}$ ist Wscm^{-3}.

Die hier aufgezählten Strahlungsgrößen gelten für eine noch nicht spektral zerlegte Strahlung. Auch der Ausstrahlung in einem endlichen Wellenlängenintervall von λ' bis λ kann eine Strahldichte L' zugeschrieben werden. Wenn die mittlere Strahldichte $L'/(\lambda - \lambda')$ in diesem Bereich bei unbegrenzter Annäherung von λ' an λ dem Grenzwert L_λ zustrebt, kann L dargestellt werden durch

$$L = \int_0^\infty L_\lambda \, d\lambda \,.\tag{126}$$

L_λ heißt *spektrale* oder *monochromatische Strahldichte*. Ihre Einheit ist $Wcm^{-3}sr^{-1}$. Nach dem Muster von Gl. (126) kann man auch die Strahlstärke, die spezifische Ausstrahlung und die Energiedichte der Strahlung spektral zerlegen

$$I = \int_0^\infty I_\lambda \, d\lambda; \quad M = \int_0^\infty M_\lambda \, d\lambda; \quad \bar{u} = \int_0^\infty \bar{u}_\lambda \, d\lambda \,.$$

Für den monochromatischen Strahlungsfluß, der von der strahlenden Fläche df unter dem Winkel ϑ in den Raumwinkel $d\Omega$ ausgesandt wird, erhält man aus (121)

$$d^3\Phi = L_\lambda \, df \cos\vartheta \, d\Omega \, d\lambda \,.\tag{127}$$

Das ist die vielverwendete Grundformel der Strahlung.

In theoretischen Überlegungen werden die spektralen Größen meist nicht auf die Wellenlänge, sondern auf die Frequenz v bezogen. Es gilt $L_\lambda(\lambda) \cdot d\lambda = L_v(v) \cdot dv$. Daraus folgt mit $v = c/\lambda$

$$L_\lambda(\lambda) = \frac{c}{\lambda^2} \cdot L_v(v) \,.\tag{128}$$

$L_\lambda(\lambda)$ und $L_v(v)$ unterscheiden sich voneinander sowohl in der Dimension als auch im spektralen Verlauf.

b) **Photometrische Grundgrößen**

Den vorher besprochenen physikalischen Strahlungsgrößen entsprechen photometrische Größen, die nicht wie bisher energetisch, sondern nach der Lichtempfindung des menschlichen Auges bewertet werden. Statt von der Stahlungsleistung, der Strahldichte und der Strahlstärke spricht man jetzt von *Lichtstrom*, *Leuchtdichte* und *Lichtstärke*. Der Bestrahlungsstärke ist die *Beleuchtungsstärke* zugeordnet. Das physikalische System verwendet als Grundgröße die Strahlungsleistung mit dem Watt W als Einheit. In der Photometrie ist die Lichtstärke die Grundgröße, und ihre Einheit ist die *candela* (cd). Nach den Beschlüssen der 13. Generalkonferenz für Maß und Gewicht 1967 versteht man darunter die Lichtstärke eines auf der Temperatur des erstarrenden Platins gehaltenen Schwarzen Körpers, dessen Flächenöffnung $1/60$ cm² beträgt. Dieser Schwarze Strahler hat die Leuchtdichte 60 $cdcm^{-2}$.

Die Photometrie hat Methoden entwickelt, um Lichtstärken und Leuchtdichten unabhängig von der Farbe in der Einheit cd bzw. $cdcm^{-2}$ zu messen.

Das von der Wellenlänge λ abhängige Verhältnis

$$K(\lambda) = \frac{\text{photometrisch in cd gemessene Lichtstärke}}{\text{energetisch in } Wsr^{-1} \text{ gemessene Strahlstärke}}\tag{129}$$

hat die Dimension $cdsrW^{-1}$ und heißt *spektrales photometrisches Strahlungsäquivalent*.

Innerhalb eines Gesichtsfeldwinkels von 2° liegt für das helladaptierte Auge (Tagessehen) das Maximum von $K(\lambda)$ bei der Wellenlänge $\lambda_m = 555$ nm. Setzt man $K(\lambda) = K(\lambda_m) V(\lambda)$, so wird der *relative spektrale Hellempfindlichkeitsgrad* $V(\lambda)$ des menschlichen „Normalauges" gleich 1 für $\lambda = \lambda_m$. Für das dunkeladaptierte Auge (Nachtsehen) erhält man andere Werte der relativen Hellempfindlichkeitsgrade, die mit

Optische Temperaturmeßverfahren für Festkörper

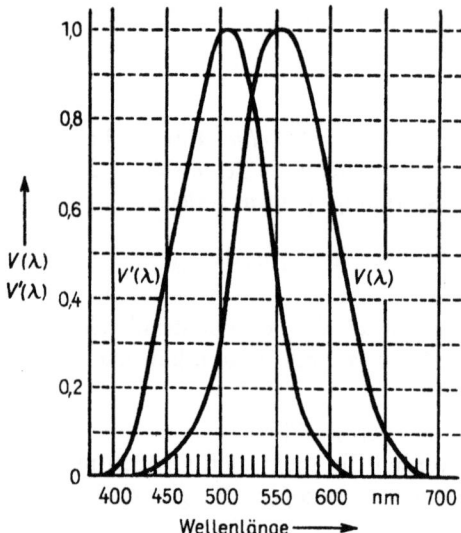

Abb. 32 Relativer spektraler Empfindlichkeitsgrad für das helladaptierte [$V(\lambda)$] und das dunkeladaptierte ($V'(\lambda)$)] menschliche Auge

Tabelle 14. Internationale Werte der spektralen Hellempfindlichkeit $V(\lambda)$ des menschlichen Auges

λ µm	$V(\lambda)$	λ µm	$V(\lambda)$	λ µm	$V(\lambda)$	λ µm	$V(\lambda)$	λ µm	$V(\lambda)$
0,380	0,00000	0,465	0,074	0,550	0,995	0,635	0,217	0,720	0,00105
0,385	0,00004	0,470	0,091	0,555	1,000	0,640	0,175	0,725	0,00074
0,390	0,0001	0,475	0,113	0,560	0,995	0,645	0,138	0,730	0,00052
0,395	0,0002	0,480	0,139	0,565	0,979	0,650	0,107	0,735	0,00036
0,400	0,0004	0,485	0,169	0,570	0,952	0,655	0,082	0,740	0,00025
0,405	0,0006	0,490	0,208	0,575	0,915	0,660	0,061	0,745	0,00017
0,410	0,0012	0,495	0,259	0,580	0,870	0,665	0,045	0,750	0,00012
0,415	0,0022	0,500	0,323	0,585	0,816	0,670	0,032	0,755	0,00008
0,420	0,0040	0,505	0,407	0,590	0,757	0,675	0,023	0,760	0,00006
0,425	0,0073	0,510	0,503	0,595	0,695	0,680	0,017	0,765	0,00004
0,430	0,0116	0,515	0,608	0,600	0,631	0,685	0,0119	0,770	0,00003
0,435	0,0168	0,520	0,710	0,605	0,567	0,690	0,0082	0,775	0,000021
0,440	0,023	0,525	0,793	0,610	0,503	0,695	0,0057	0,780	0,000015
0,445	0,030	0,530	0,862	0,615	0,441	0,700	0,0041	0,785	0,000000
0,450	0,038	0,535	0,915	0,620	0,381	0,705	0,0029		
0,455	0,048	0,540	0,954	0,625	0,321	0,710	0,0021		
0,460	0,060	0,545	0,980	0,630	0,265	0,715	0,00148		

$V'(\lambda)$ bezeichnet werden. Das Maximum von $V'(\lambda)$ liegt bei etwa 510 nm, ist also nach kürzeren Wellenlängen verschoben. Der Verlauf von $V(\lambda)$ und von $V'(\lambda)$ sind in Abbildung 32 und die Zahlenwerte für $V(\lambda)$ in Tabelle 14 wiedergegeben.

Kennzeichnet man die photometrischen Größen der Deutlichkeit halber durch den Index v, so wird die Lichtstärke durch I_v ausgedrückt. Zwischen ihr und der Strahlstärke $I = \int I_\lambda(\lambda) \, d\lambda$ gilt dann nach Gl. (129)

$$I_v = K(\lambda_m) \int_0^\infty I_\lambda(\lambda) \, V(\lambda) \, d\lambda . \tag{130}$$

In der visuellen Pyrometrie beruht die Temperaturbestimmung auf der Messung von Leuchtdichteverhältnissen Schwarzer Körper. Sinngemäß zu (130) erhält man folgende Beziehung zwischen Leuchtdichte L_v und spektraler Strahldichte.

$$L_v = K(\lambda_m) \cdot \int_0^\infty L_\lambda(\lambda)\, V(\lambda)\, d\lambda \,. \tag{131}$$

Indem man die Leuchtdichte des Schwarzen Körpers beim Erstarrungspunkt des Platins zu 60 cdcm^{-2} normiert, wird die Konstante $K(\lambda_m)$ zu 673 cdsr W^{-1} festgelegt.

2. Strahlung des Schwarzen Körpers

In einem evakuierten Hohlraum, der von absorbierenden und für Strahlung undurchlässigen Wänden von überall gleicher und konstanter Temperatur umschlossen ist, bildet sich eine charakteristische Strahlung aus, die *Schwarze Strahlung* oder *Hohlraumstrahlung* genannt wird. Sie steht mit den Wänden im thermischen Gleichgewicht. Durch die hinreichend kleine Öffnung der Wand, die das Strahlungsgleichgewicht nicht merklich ändern darf, kann man die Schwarze Strahlung nach außen leiten und außerhalb des Hohlraums untersuchen. In die Öffnung eindringende Strahlung wird nicht nach außen reflektiert, sondern verschwindet im Innern nach vielfachen Reflexionen und Absorptionen an der Wand. Der aus dem Hohlraum und der Öffnung bestehende Strahler heißt *Schwarzer Körper* oder *Hohlraumstrahler*.

a) KIRCHHOFFsche Gesetze

G. R. KIRCHHOFF [2] hat im Jahre 1859 einige wichtige Gesetze über die Strahlungseigenschaften im Schwarzen Körper aufgestellt. Er zeigte, daß die spektrale Strahldichte $L_{\lambda,S}(\lambda, T)$ und ebenso die spektrale Energiedichte $\bar{u}_{\lambda,S}(\lambda, T)$ unabhängig von der chemischen und physikalischen Beschaffenheit der Wand nur Funktionen von Temperatur T und Wellenlänge λ sind (auf den Schwarzen Körper bezogene Strahlungsgrößen werden durch den Index S gekennzeichnet). Wäre das nicht der Fall, könnte man für zwei aus verschiedenen Stoffen hergestellte Hohlräume a und b z. B. erreichen, daß $\bar{u}_{\lambda,S}^{(a)}(\lambda, T) > \bar{u}_{\lambda,S}^{(b)}(\lambda, T)$ ist. Man denke sich nun jeden Hohlraumkörper mit einer Öffnung versehen und die Öffnungen durch ein kurzes Rohrstück miteinander verbunden, das ein für Strahlung des Bereichs $\lambda \pm d\lambda$ durchlässiges Filter enthält. a sendet dann mehr Strahlung nach b aus als b nach a. Daher müßte die Temperatur in b „von selbst" steigen, die in a sinken, was dem zweiten Hauptsatz widerspricht. $L_{\lambda,S}(\lambda, T)$ ist also unabhängig vom Wandmaterial. Durch eine ähnliche Überlegung, bei der angenommen wird, daß sich vor der Öffnung von a ein mit a fest verbundenes Polarisationsfilter befindet und daß sich a um beliebige Winkel um die Rohrachse des Zwischenstücks drehen läßt, kann man nachweisen, daß die Strahlung in jedem Hohlraum unpolarisiert sein muß. Das Gleichgewicht erfordert, daß jedem Strahlenbündel im Hohlraum ein genau entgegengesetztes von gleichen Abmessungen und mit gleicher spektraler Strahldichte entspricht. Ein auf das Oberflächenelement df der Wand gerichtetes Strahlenbündel bringt nach Gl. (127) die spektrale Strahlungsleistung $df L_{\lambda,S}(\lambda, T)\, d\lambda \cos \vartheta\, d\Omega$ nach df. Von dieser wird der Bruchteil $\alpha(\lambda)$ von der Wand absorbiert und in Wärme umgewandelt, während der Bruchteil $\varrho(\lambda)$ je nach der Oberflächenbeschaffenheit von df entweder regulär reflektiert oder diffus in den Halbraum zurückgeworfen wird. $\varrho(\lambda)$ und $\alpha(\lambda)$ heißen „spektraler Reflexionsgrad" bzw. „spektraler Absorptionsgrad". Da die Wand als lichtundurchlässig vorausgesetzt wird, gilt

$$\alpha(\lambda) + \varrho(\lambda) = 1 \:. \tag{132}$$

Die von df dem Strahlungsraum durch Absorption entzogene Strahlungsleistung $\alpha(\lambda)\, L_{\lambda,\,\mathrm{s}}\, \mathrm{d}f\, \mathrm{d}\lambda\, \cos\vartheta\, \mathrm{d}\Omega$ muß zur Erhaltung des Gleichgewichts durch die thermische Emission der Wand an der Stelle df wieder in den Hohlraum geschafft werden. Das von der Stelle df emittierte Strahlenbündel, das dem auftreffenden Bündel entgegengesetzt gerichtet ist, hat daher die spektrale Strahldichte

$$L_\lambda(\lambda, T) = \alpha(\lambda)\, L_{\lambda,\,\mathrm{s}}(\lambda, T) \:. \tag{133}$$

Da die Wand aus beliebigem strahlungsundurchlässigem Stoff bestehen darf, gilt diese Gleichung allgemein. Sie ist der Ausdruck des zweiten KIRCHHOFFschen Satzes. Mit Hilfe der Materialkonstanten $\alpha(\lambda)$ wird die spektrale Strahldichte eines beliebigen thermischen Strahlers auf die zur gleichen Wellenlänge gehörende Strahldichte des Schwarzen Körpers gleicher Temperatur zurückgeführt. Da $\alpha(\lambda) < 1$ ist, bleibt die spektrale Strahldichte eines realen Temperaturstrahlers stets kleiner als die des Schwarzen Körpers bei der gleichen Temperatur und der gleichen Wellenlänge. Alle pyrometrischen Verfahren, die aus der Strahlung erhitzter Körper deren Temperaturen bestimmen, haben den KIRCHHOFFschen Satz zur Grundlage.

Der Satz nimmt eine andere Form an, wenn man den Begriff des *spektralen Emissionsgrades* $\varepsilon(\lambda)$ einführt. Durch $\varepsilon(\lambda)$ läßt sich die spektrale Strahldichte eines beliebigen Strahlers in Bruchteilen der für die gleiche Wellenlänge und die gleiche Temperatur geltenden Strahldichte des Schwarzen Körpers ausdrücken. $\varepsilon(\lambda)$ wird definiert durch

$$L_\lambda(\lambda, T) = \varepsilon(\lambda)\, L_{\lambda,\,\mathrm{s}}(\lambda, T) \:. \tag{134}$$

Der KIRCHHOFFsche Satz lautet jetzt

$$\varepsilon(\lambda) = \alpha(\lambda) \:. \tag{135}$$

Der spektrale Emissionsgrad $\varepsilon(\lambda)$ eines beliebigen thermischen Strahlers für eine beliebige Wellenlänge und eine beliebige Ausstrahlungsrichtung stimmt mit dem spektralen Absorptionsgrad $\alpha(\lambda)$ für die aus der entgegengesetzten Richtung einfallende Strahlung gleicher Wellenlänge überein.

Nach dem LAMBERTschen Gesetz sind $\alpha(\lambda)$, $\varepsilon(\lambda)$ und $\varrho(\lambda)$ unabhängig von der Strahlungsrichtung.

b) WIENsches Verschiebungsgesetz

Die spektrale Strahldichte des Schwarzen Körpers war bei KIRCHHOFF eine noch unbekannte Funktion von Temperatur und Wellenlänge. Einen Schritt weiter führte ein Gedankenversuch von W. WIEN [3] (1893). Er betrachtete einen Hohlraum, der von nicht absorbierenden, diffus reflektierenden Wänden und der Oberfläche eines beweglichen Kolbens mit absolut spiegelnder Kolbenfläche umgeben war. Die in diesem Raum enthaltene Schwarze Strahlung kann durch Bewegung des Kolbens adiabatisch komprimiert oder dilatiert werden, ohne ihren Charakter als Schwarze Strahlung zu verlieren. Da Absorptionen und Emissionen nicht vorkommen, lassen sich die Farb- und Energieänderungen berechnen, die an den monochromatischen Strahlenbündeln bei der Reflexion am bewegten Spiegel unter Berücksichtigung des

Dopplereffekts und des Strahlungsdrucks auftreten. Die Rechnung liefert für die spektrale Strahldichte

$$L_{\lambda,s}(\lambda, T) = \frac{c^2}{\lambda^5 \Omega_0} \cdot F\left(\frac{\lambda T}{c}\right). \tag{136}$$

c bedeutet die Lichtgeschwindigkeit und Ω_0 die Raumwinkelkonstante vom Zahlenwert 1 sr.

Das ‚WIENsche Verschiebungsgesetz' führt die spektrale Strahldichte des Schwarzen Körpers auf eine unbekannte Funktion F einer einzigen Veränderlichen $F\left(\frac{\lambda T}{c}\right)$ zurück.

Aus Gl. (136) lassen sich eine Reihe wichtiger Folgerungen ziehen. Da $L_{\lambda,s}(\lambda, T)$ für $\lambda = 0$ und für $\lambda = \infty$ verschwindet, muß die spektrale Strahldichte für jede Temperatur T ein Maximum haben, das sich errechnet aus $\frac{\partial}{\partial \lambda} L_{\lambda,s}(\lambda, T) = 0$ oder aus

$$\frac{\lambda T}{c} F'\left(\frac{\lambda T}{c}\right) - 5 F\left(\frac{\lambda T}{c}\right) = 0.$$

Die Lösung dieser Gleichung führt auf einen konstanten Wert für $\frac{\lambda T}{c}$. Für die zum Maximum der spektralen Strahldichte gehörende Wellenlänge $\lambda = \lambda_m$ gilt die Beziehung

$$\lambda_m \cdot T = b = \text{konst.} \tag{137}$$

Diese Wellenlänge verschiebt sich bei Temperaturerhöhung nach kürzeren Wellenlängen. Das Strahldichtemaximum selbst ist proportional zu T^5 entsprechend der Beziehung

$$L_{\lambda,s}(\lambda_m, T) = \frac{c^2}{\Omega_0 b^5} \cdot F\left(\frac{b}{c}\right) \cdot T^5. \tag{138}$$

Unter Berücksichtigung von Gl (123) liefert die Integration der Gl. (136) nach λ, wenn man noch die Variable $x = \frac{\lambda T}{c}$ einführt, das STEFAN-BOLTZMANNsche Gesetz

$$M_s(T) = \pi \Omega_0 \cdot \int_0^\infty L_{\lambda,s}(\lambda, T)\, d\lambda = \frac{\pi}{c^2} \int_0^\infty \frac{F(x)}{x^5}\, dx \cdot T^4 = \sigma T^4. \tag{139}$$

e) PLANCKsches Strahlungsgesetz

Um den expliziten Ausdruck der Funktion F im WIENschen Verschiebungsgesetz übereinstimmend mit den Beobachtungen angeben zu können, mußte noch ein weiterer Weg zurückgelegt werden, der durch das Wort Quantentheorie gekennzeichnet ist. Zunächst fand F. PASCHEN [4] auf empirischem Wege eine Strahlungsformel, die seine Messungen befriedigend darstellte. Sie enthielt 3 Konstanten, c_1, α, c_2, und lautete

$$L_{\lambda,s}(\lambda, T) = \frac{c_1}{\pi \Omega_0} \cdot \lambda^{-\alpha} \cdot e^{-\frac{c_2}{\lambda T}}.$$

Aus molekularkinetischen Betrachtungen leitete W. WIEN [5] eine Formel ab, die mit der vorstehenden übereinstimmte, wenn man $\alpha = 5$ setzte:

$$L_{\lambda,\text{s}}(\lambda, T) = \frac{c_1}{\pi \Omega_0} \lambda^{-5} \cdot e^{-\frac{c_2}{\lambda T}} \ . \tag{140}$$

Gegen die Ableitung der WIENschen Formel hatten O. LUMMER und E. PRINGSHEIM [6] Einwände erhoben.

Klassische Mechanik und Elektrodynamik sowie klassische Statistik führten zu der Strahlungsgleichung

$$L_{\lambda,\text{s}}(\lambda, T) = \frac{2ckT}{\Omega_0 \lambda^4} \ , \tag{141}$$

die zuerst von Lord RAYLEIGH [7] 1900 angegeben und später von J. H. JEANS [8] auf breiter Basis abgeleitet wurde; k bedeutet die BOLTZMANNsche Konstante. Die RAYLEIGHsche Formel widerspricht dem STEFAN-BOLTZMANNschen Gesetz und führt zur sog. *Ultraviolettkatastrophe*, da sie fordert, daß die Strahldichte für $\lambda = 0$ unendlich groß sein muß.

Die WIENsche Strahlungsformel schien zunächst durch Versuche von F. PASCHEN [4] und H. WANNER [9] bestätigt. Andere Forscher wie O. LUMMER und E. PRINGSHEIM [6], H. RUBENS und F. KURLBAUM [10], H. BECKMANN [11] sowie H. RUBENS [12] haben jedoch Abweichungen dieser Formel von den Beobachtungsergebnissen im Gebiet langer Wellen und hoher Temperaturen gefunden. In diesem Bereich zeigte die RAYLEIGHsche Formel eine befriedigendere Übereinstimmung mit den Messungen. Später wurde auch F. PASCHEN [13], der seine früheren Beobachtungen durch neue ergänzte, zu denselben Abweichungen vom WIENschen Gesetz geführt. Die historischen Tatsachen dieser Entwicklung haben O. LUMMER und E. PRINGSHEIM [6] sowie H. KANGRO [17] ausführlich beschrieben.

M. PLANCK hat zunächst die Strahlungsgesetze von WIEN und RAYLEIGH in einer gelungenen Interpolationsformel vereinigt, wodurch Übereinstimmung mit den Beobachtungen erzielt wurde. Die nachfolgende theoretische Begründung [14] brachte die Einführung des PLANCKschen Wirkungsquantums h und stellte die Strahlungstheorie auf eine neue Grundlage.

In einem von einer wärmedurchlässigen Hülle abgeschlossenen Hohlraum mit absorbierenden und emittierenden Körpern bildet sich unabhängig von der chemischen Natur dieser Körper die Gleichgewichtsstrahlung aus. Da die mit der Strahlung in Wechselwirkung stehenden Substanzen in weitem Umfang willkürlich wählbar sind, dürfen sie durch möglichst einfach gebaute Gebilde — ideale Oszillatoren — ersetzt werden. PLANCK untersuchte zunächst unabhängig von der Strahlung die Verteilung der Energie in dem Oszillatorensystem beim thermodynamischen Gleichgewicht. Im Gegensatz zu den Vorstellungen der klassischen Physik machte er die Annahme, daß die Energie E eines Oszillators der Schwingungszahl v nur ganzzahlige Vielfache n von hv betragen kann:

$$E = n \cdot hv \ .$$

Wenn sich die Oszillatoren in Wechselwirkung mit der Strahlung des Hohlraums befinden und sich jetzt für die Oszillatoren der gleiche stationäre Zustand einstellt, der vorher thermodynamisch abgeleitet war, dann hat die Strahlung die Eigenschaften der Schwarzen Strahlung und besitzt die „normale Energieverteilung".

Theoretische Grundlagen

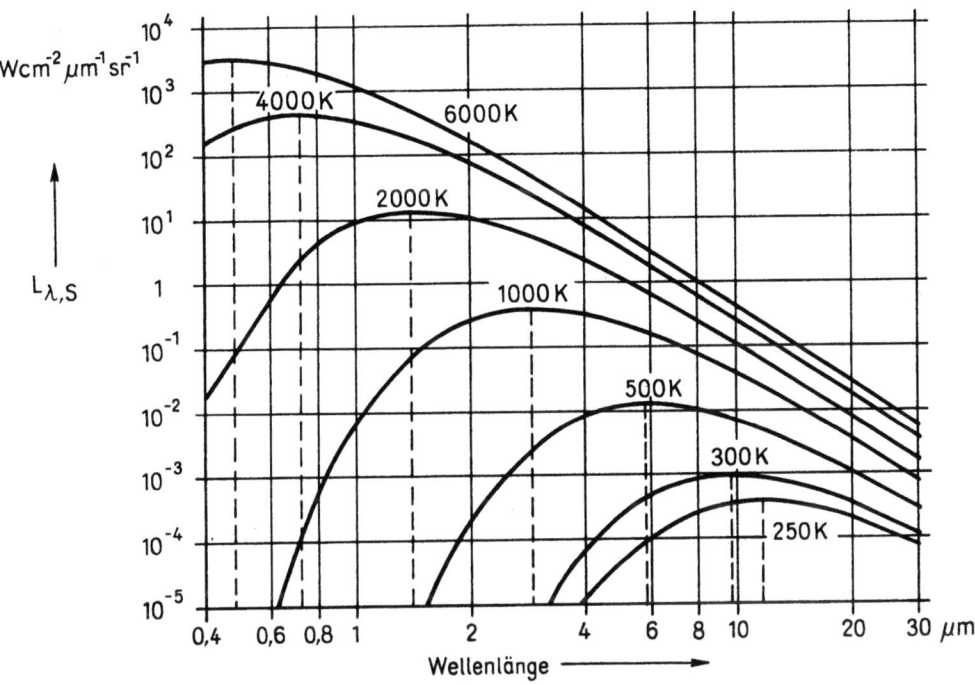

Abb. 33 Spektrale Strahldichte des Schwarzen Körpers

Auf diesem Wege erhielt M. PLANCK für die auf das Vakuum bezogene spektrale Strahldichte $L_{\lambda,\,s}(\lambda, T)$ eines unpolarisierten Strahlenbündels im Schwarzen Körper der Temperatur T

$$L_{\lambda,\,s}(\lambda, T) = \frac{c_1}{\pi \Omega_0} \cdot \lambda^{-5} \cdot \left[e^{\frac{c_2}{\lambda T}} - 1 \right]^{-1} \qquad (142)$$

mit den Konstanten $c_1 = 2\pi\, c^2 h = (3{,}7415 \pm 0{,}0003) \cdot 10^{-12}$ Wcm², $c_2 = \frac{ch}{k}$
$= (1{,}43879 \pm 0{,}00019)$ cmK (international festgelegter Wert: $c_2 = 1{,}4388$ cmK; $c =$ Lichtgeschwindigkeit im Vakuum, $h =$ PLANCKsches Wirkungsquantum, $k =$ BOLTZMANNsche Konstante, $\Omega_0 = 1$ sr).

Bei linear polarisierter Strahlung verringert sich c_1 auf die Hälfte des obigen Wertes.

Einen Überblick über den Verlauf der PLANCKschen Funktion in Abhängigkeit von Temperatur T und Wellenlänge λ gibt Abbildung 33.

Für $\lambda T \gg c_2$ geht die PLANCKsche Gleichung über in die RAYLEIGHsche Formel Gl. (141), für $\lambda T \ll c_2$ in die WIENsche Formel Gl. (140).

Aus $\frac{\partial L_{\lambda,\,s}}{\partial \lambda} = 0$ kann nun für jede Temperatur T die zum Maximum der Strahldichte gehörende Wellenlänge $\lambda = \lambda_m$ und das Strahldichtemaximum selbst zahlenmäßig bestimmt werden.

Aus dem WIENschen Verschiebungsgesetz folgt:

$$\lambda_m \cdot T = \frac{c_2}{\beta} = b = (2{,}8978 \pm 0{,}0004) \cdot 10^{-1}\,\text{cmK}, \tag{143}$$

wobei $\beta = 4{,}9651142\ldots$ die Lösung der transzendenten Gleichung $\beta = 5(1 - e^{-\beta})$ ist.

Aus λ_m kann über Gl. (143) die Temperatur T ermittelt werden, wenn in der Nachbarschaft von $L_{\lambda,\,s}(\lambda_m, T)$ mehrere Werte der spektralen Strahldichte gemessen wurden. Ist der Verlauf von $L_{\lambda,\,s}$ aber derart flach, daß λ_m und damit T nur mit größerer Unsicherheit bestimmbar werden, so kann durch Einführung eines Rechenfaktors p die Meßkurve $L_{\lambda,\,s}$ derart verschmälert werden, daß der Maximalwert $L_{\lambda,\,s}(\lambda_m, T)$ und damit λ_m und T aus dem gemessenen Verlauf von $L_{\lambda,\,s}$ genauer ermittelt werden können. Die Funktion $\lambda^p \cdot L_{\lambda,\,s}(\lambda, T)$ mit beliebig wählbaren negativen p-Werten und durch $p < 4$ begrenzten positiven Werten hat nämlich für jede Temperatur T ein Maximum bei einer Wellenlänge $\lambda_{m,\,p}$, die sich aus $\lambda_{m,\,p} \cdot T = \frac{c_2}{\beta_p} = b_p$ bestimmen läßt [15].

Die Konstante β_p kann aus p als Lösung der transzendenten Gleichung $\beta_p = (5 - p) \times (1 - e^{-\beta_p})$ berechnet werden. Für $p < 0$ ist b_p kleiner als b in Gl. (143). In diesem Fall verschiebt sich das Maximum der Funktion mit wachsendem $|p|$ nach kleineren Wellenlängen und ist schärfer als für $p = 0$. Zum Beispiel ist nach Gl. (143) $\lambda_m = 2{,}166\,\mu\text{m}$ für $T = T_{Au} = 1337{,}58\,\text{K}$ (Golderstarrungspunkt), während die Funktion $\lambda^{-10} \cdot L_{\lambda,\,s}(\lambda, T_{Au})$ ein schärferes Maximum bei $\lambda_{m,-10} = 0{,}717\,\mu\text{m}$ hat. Für positive

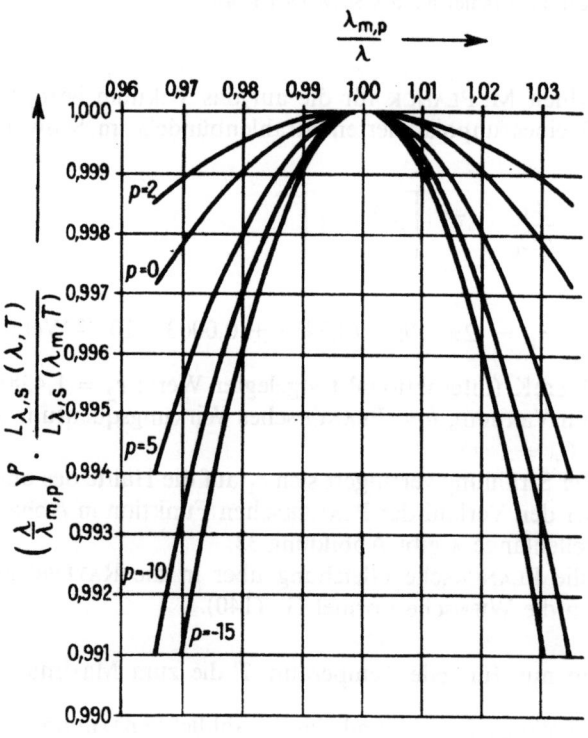

Abb. 34   Relativer Verlauf von $\lambda^p \cdot L_{\lambda,\,s}(\lambda, T)$ in der Umgebung des Maximums

p-Werte ist das Maximum von $\lambda^p \cdot L_{\lambda,s}(\lambda, T)$ flacher als das von $L_{\lambda,s}(\lambda, T)$ und liegt bei Wellenlängen, die größer als λ_m sind. Der relative Verlauf von $\lambda^p \cdot L_{\lambda,s}(\lambda, T)$ in der Umgebung des Maximums ist in Abbildung 34 für verschiedene Werte von p dargestellt. Die Funktion ist in bezug auf das Maximum und in naher Entfernung hiervon symmetrisch. Das erleichtert das Auffinden von p. Für 2 Strahldichten bei den Wellenlängen λ_1 und λ_2, die nicht mehr als 3% voneinander abweichen, bestimmt man p in guter Annäherung aus $\lambda_1^p L_{\lambda,s}(\lambda_1, T) = \lambda_2^p L_{\lambda,s}(\lambda_2, T)$. Diesem p entspricht dann

$$\lambda_{m,p} = \frac{1}{2}(\lambda_1 + \lambda_2).$$

Für das Maximum der Strahldichte folgt

$$L_{\lambda,s}(\lambda_m, T) = \frac{c_1(5b - c_2)}{c_2 b^5 \pi \Omega_0} \cdot T^5 = (4{,}095 \pm 0{,}003) \cdot 10^{-12} \cdot T^5 \, \text{Wcm}^{-3} \, \text{sr}^{-1}. \tag{144}$$

$\dfrac{L_{\lambda,s}(\lambda, T)}{L_{\lambda,s}(\lambda_m, T)}$ ist ein Maß für die relative Energieverteilung des Schwarzen Körpers und kann als Funktion *nur* von λT oder *nur* von λ_m/λ dargestellt werden. Im letzteren Fall geht die Konstante c_2 nicht in die Funktion ein.

$$\frac{L_{\lambda,s}(\lambda, T)}{L_{\lambda,s}(\lambda_m, T)} = A_1(\lambda T)^{-5} \cdot \left(e^{\frac{c_2}{\lambda T}} - 1\right)^{-1} = A_2\left(\frac{\lambda_m}{\lambda}\right)^5 \left(e^{\frac{\beta\lambda_m}{\lambda}} - 1\right)^{-1}. \tag{145}$$

In Gl. (145) sind $A_1 = \dfrac{c_2 b^5}{5b - c_2} = (2{,}9052 \pm 0{,}0020) \cdot 10^{-1} \, \text{cm}^5 \text{K}^5$ und $A_2 = \dfrac{\beta}{5 - \beta}$ = 142,325 ... Aus der Kurve $p = 0$ in Abbildung 33 ist der Gang der relativen Strahldichteverteilungen in unmittelbarer Nähe der Strahldichtemaxima zu erkennen. Die spezifische Ausstrahlung des Schwarzen Körpers für den gesamten Wellenlängenbereich wird durch Integration unter Berücksichtigung von Gl. (123) erhalten und liefert für das STEFAN-BOLTZMANNsche Gesetz den bereits in (I B 6) abgeleiteten Ausdruck $M_s(T) = \sigma T^4$. Wird σ gemäß Gl. (32) aus den Zahlenwerten der Konstanten c_1 und c_2 berechnet, so erhält man den Wert $(5{,}6697 \pm 0{,}0029) \cdot 10^{-8} \, \text{Wm}^{-2} \, \text{K}^{-4}$, während bei einer kürzlichen Neubestimmung aus Gesamtstrahlungsmessungen der Wert $(5{,}6644 \pm 0{,}0075) \cdot 10^{-8} \, \text{Wm}^{-2} \, \text{K}^{-4}$ erhalten wurde. Gibt man beiden Daten gleiches Gewicht, so dürfte der wahrscheinlichste Wert bei $\sigma = (5{,}667 \pm 0{,}008) \cdot 10^{-8} \, \text{Wm}^{-2} \, \text{K}^{-4}$ liegen. Die Gl. (32) und (142) bis (145) sind auf Vakuum bezogen und gelten in guter Näherung auch für Zimmerluft, falls Absorptionsgebiete, z. B. für Wasserdampf und Kohlensäure, ausgeschaltet werden. In nicht absorbierenden Medien mit den Brechzahlen n, n' genügen die spektralen Strahldichten $L_{\lambda,s,n}(\lambda, T)$, $L_{\lambda,s,n'}(\lambda', T)$ den Beziehungen

$$\frac{1}{n^3} \cdot L_{\lambda,s,n}(\lambda, T) = \frac{1}{n'^3} \cdot L_{\lambda,s,n'}(\lambda', T) \tag{146}$$

mit $n\lambda = n'\lambda'$.

P. JORDAN [16] hat die PLANCKsche Gleichung mit Rücksicht auf die im Innern der Fixsterne vorkommenden Temperaturen abgeändert, indem er statt $\dfrac{1}{T}$ den Ausdruck $\dfrac{1}{T}\left(1 - \dfrac{T}{T_m}\right)$ setzte. T_m bezeichnet eine nicht übersteigbare Höchsttemperatur von etwa 10^{12} K. Sie wird theoretisch erst bei einem Strahler erreicht, dem unendlich große Energie zugeführt wird.

d)   Temperatur und Strahlung des Schwarzen Körpers

Um durch Strahlungsmessungen Temperaturen in der thermodynamischen Skala bestimmen zu können, muß der Anschluß an thermometrische Fundamentalpunkte gesucht werden.

Nach der *Gesamtstrahlungsmethode* kann die Temperatur T in bezug zu einem Fixpunkt (z. B. T_{Au} = Golderstarrungstemperatur) entweder aus der Differenz $M_S(T_{Au}) - M_S(T) = \sigma(T_{Au}^4 - T^4)$ oder aus dem Verhältnis $M_S(T_{Au})/M_S(T)$, also aus der Gleichung

$$T = T_{Au} \left[\frac{M_S(T)}{M_S(T_{Au})} \right]^{1/4} \tag{147}$$

ermittelt werden. Obwohl in Gl. (147) die Konstante σ nicht auftritt und die Unsicherheit der Temperaturbestimmung nur 1/4 derjenigen Unsicherheit ist, mit der das Gesamtstrahlungsverhältnis gemessen wird, sind bei der Festlegung der sekundären Fixpunkte der Internationalen Temperaturskala Messungen nach Gl. (147) noch nicht berücksichtigt worden. Der Grund liegt in der notwendigerweise zu erfassenden Gesamtstrahlung über den ganzen Spektralbereich elektromagnetischer Strahlung, innerhalb dessen dann auch die Strahlungsempfänger (VII B 3c) eine stets gleichgroße Empfindlichkeit haben müßten.

Nach der *Isothermenmethode* bestimmt man die Temperatur T eines Schwarzen Strahlers aus den spektralen Strahldichten $L_{\lambda,S}(\lambda_1, T)$ und $L_{\lambda,S}(\lambda_2, T)$ für zwei bekannte Wellenlängen λ_1 und λ_2. Die PLANCKsche Formel liefert dann die Beziehung

$$L_{\lambda,S}(\lambda_1, T)/L_{\lambda,S}(\lambda_2, T) = (\lambda_2/\lambda_1)^5 \cdot [\exp(c_2/\lambda_2 T) - 1] [\exp(c_2/\lambda_1 T) - 1]^{-1}, \tag{148}$$

aus der sich T errechnen läßt. Ist T gegeben, so läßt sich auf diesem Wege auch c_2 bestimmen. In früheren Jahren hat man viel Mühe darauf verwendet, den Zahlenwert von c_2 möglichst genau aus Strahlungsmessungen zu ermitteln. In diesem Zusammenhang seien die umfangreichen Arbeiten von E. WARBURG und Mitarbeiter [17] in der Physikalisch-Technischen Reichsanstalt und von W. W. COBLENTZ [18] im Bureau of Standards erwähnt. Gegenwärtig wird dem aus den Konstanten c, h und k berechneten Wert von $c_2 = hc/k = 1{,}4388$ cmK größere Sicherheit zugesprochen.

Die Isothermenmethode ist nur selten angewendet worden, weil sie erheblichen experimentellen Aufwand und schwierige Messungen erfordert. Die spektralen Strahldichten müssen auf die Spaltbreite Null des benutzten Monochromators korrigiert und bei Benutzung eines Prismas wegen der Abhängigkeit der Brechzahl n von der Wellenlänge auf das sog. Normalspektrum bezogen werden. Auch muß der Durchlaßgrad der ganzen Anordnung als Funktion von λ bekannt sein und berücksichtigt werden.

Größere Bedeutung besitzt die *Methode der Isochromaten*, bei der das spektrale Strahldichteverhältnis von Schwarzen Körpern bei zwei verschiedenen Temperaturen, aber der gleichen Wellenlänge gemessen wird. Wenn eine der beiden Temperaturen bekannt ist, läßt sich die andere aus dem gemessenen Verhältnis berechnen. Gewöhnlich wird die Temperatur T_{Au} des erstarrenden Goldes als Bezugstemperatur gewählt. Die WIENsche Gleichung liefert, wenn das spektrale Strahldichteverhältnis bei der Wellenlänge λ mit Q bezeichnet wird, für die Bestimmung von T die in der Pyrometrie oft benutzte Gleichung

$$\frac{1}{T_{Au}} - \frac{1}{T} = \frac{\lambda}{c_2} \ln\left(\frac{L_{\lambda,s}(\lambda, T)}{L_{\lambda,s}(\lambda, T_{Au})}\right) = \frac{\lambda}{c_2} \ln Q. \qquad (149)$$

Die Temperaturberechnung nach Gl. (149) ist bemerkenswert genau. Nur wenn das Produkt λT sehr groß gegenüber c_2 ist und eine hohe Meßgenauigkeit angestrebt wird, muß die WIENsche durch die PLANCKsche Formel ersetzt werden, was dadurch geschehen kann, daß von der rechten Seite der Gl. (149) das Korrektionsglied

$$k(\lambda, T) = \frac{\lambda}{c_2} \cdot \ln\left[\frac{\exp(c_2/\lambda T)}{\exp(c_2/\lambda T) - 1 + Q^{-1}}\right] \qquad (150)$$

subtrahiert wird, wobei Q^{-1} bei stets ausreichender Genauigkeit vernachlässigt werden kann.

Bei der Wellenlänge $\lambda = 0{,}65$ μm sind z. B. auf Grund der obigen Korrektion die nach der WIENschen Formel (149) gemessenen Temperaturen um folgende Beträge $\Delta T = T^2 k(\lambda, T)$ zu erniedrigen: bei 2500 K um 0,04 K, bei 3000 K um 0,25 K, bei 4000 K um 2,9 K und bei 5000 K um 14 K.

Für die Berechnung der Temperatur T_{68} nach der IPTS-68, wofür die PLANCKsche Formel vorgeschrieben ist (s. I C 2), ergibt sich nach der korrigierten Gl. (149) folgende Beziehung

$$T_{68} = \frac{T_{Au}}{1 - T_{Au} \cdot \dfrac{\lambda}{c_2} \cdot \ln Q + T_{Au} \cdot k(\lambda, T_{68})}. \qquad (151)$$

Neben dem durch $k(\lambda, T)$ rechnerisch eliminierbaren Fehler wird der experimentelle Fehler ΔT der Temperaturmessung durch die Unsicherheit ΔQ bei der Bestimmung des Strahldichtequotienten und durch die Unsicherheit $\Delta \lambda$ bei der Berechnung der wirksamen Wellenlänge λ (s. VII A 5) festgelegt. Man erreicht bei genaueren Messungen $\Delta Q/Q = 0{,}005$ und $\Delta \lambda/\lambda = 0{,}0001$.

Für den experimentellen Temperaturfehler ΔT folgt aus Gl. (149)

$$\Delta T = \frac{T^2}{c_2} \cdot \left(\lambda \cdot \left|\frac{\Delta Q}{Q}\right| + |\ln Q \cdot \Delta \lambda|\right). \qquad (152)$$

Für 3000 K und den angegebenen minimalen Unsicherheiten folgt daraus $\Delta T = 2{,}6$ K bei $\lambda = 0{,}65$ μm.

3. Strahlung beliebiger Festkörper

Schwarze Temperatur

Für reale Temperaturstrahler gibt es kein allgemein gültiges Gesetz, das die spektrale Strahldichte als Funktion von Temperatur T und Wellenlänge λ beschreibt. Die wahre Temperatur T läßt sich aus der Strahldichte allein nicht ohne weiteres ableiten. Jedoch kann man ihr die Temperatur eines Schwarzen Körpers zuordnen, der bei der Beobachtungswellenlänge die gleiche Strahldichte hat wie der reale Strahler. Die so erhaltene Temperatur $T_S(\lambda)$, die noch von der Wellenlänge abhängig ist, heißt *Schwarze Temperatur* oder *Strahldichtetemperatur*. Die Schwarze Temperatur eines realen Strahlers ist keine thermodynamische Temperatur, sondern eine Hilfsgröße zu ihrer Bestimmung und kann ebenso wie eine Reihe anderer in diesem Abschnitt behandelter Größen als eine *Pseudotemperatur* bezeichnet werden. Die Definitionsgleichung der Schwarzen Temperatur lautet

$$L_\lambda(\lambda, T) = L_{\lambda,S}(\lambda, T_S(\lambda)). \tag{153}$$

Hieraus liefert das KIRCHHOFFsche Gesetz in der Form $L_\lambda(\lambda, T) = \alpha(\lambda, T) L_{\lambda,S}(\lambda, T)$ in Verbindung mit der PLANCKschen Formel die folgende Beziehung zwischen Wahrer und Schwarzer Temperatur:

$$\frac{1}{T_S(\lambda)} = \frac{1}{T} - \frac{\lambda}{c_2} \cdot \ln \alpha(\lambda, T) - \frac{\lambda}{c_2} \cdot \ln \left[\frac{1 - \exp\left(-\dfrac{c_2}{\lambda T_S(\lambda)}\right)}{1 - \exp\left(-\dfrac{c_2}{\lambda T}\right)} \right]. \tag{154}$$

Das letzte Glied auf der rechten Seite verschwindet, falls die spektralen Strahldichten durch die WIENsche Gleichung ausgedrückt werden dürfen. Das trifft bis auf die Abweichungen von 0,1 % bei der vorwiegend verwendeten Wellenlänge $\lambda = 0{,}65$ µm für Temperaturen bis 3200 K zu. Gl. (154) nimmt dann die einfache Form an:

$$\frac{1}{T_S(\lambda)} = \frac{1}{T} - \frac{\lambda}{c_2} \ln \alpha(\lambda, T). \tag{155}$$

Wegen $\alpha(\lambda, T) < 1$ ist die Schwarze Temperatur stets niedriger als die Wahre Temperatur. Sie ist nur dann unabhängig von der Wellenlänge λ, wenn sich der Absorptionsgrad durch $\alpha(\lambda, T) = \exp\left(-\dfrac{k}{\lambda}\right)$ darstellen läßt, wobei die Konstante k positiv sein muß.

Im angelsächsischen Sprachgebrauch wird in der Pyrometrie oft der Begriff „Mired"-Skala (hergeleitet von Micro reciprocel degree) benutzt. 1 *Mired* entspricht einer Temperatur von 10000 K oder T K gleich $\dfrac{10^4}{T}$ Mired.

Ebenso wie die spektrale Strahldichte eines realen Strahlers durch seine Schwarze Temperatur ausgedrückt werden kann, läßt sich auch seiner Gesamtstrahldichte eine Temperatur $T_{S,G}$ des Schwarzen Körpers zuordnen, die als *Gesamtstrahlungstemperatur* bezeichnet wird. Sie ist gleich der Temperatur eines Schwarzen Körpers, dessen Gesamtstrahlungsdichte $L_S(T_{S,G})$ gleich der des realen Strahlers ist. Zwischen Gesamtstrahlungstemperatur $T_{S,G}$ und Wahrer Temperatur T besteht nach dem KIRCHHOFFschen Gesetz die Beziehung

$$T_{S,G} = T \cdot [\alpha_G(T)]^{1/4},$$

wobei $\alpha_G(T)$ den Gesamtabsorptionsgrad des Strahlers bedeutet.

Theoretische Grundlagen

Verteilungstemperatur

Für einen beliebigen Strahler läßt sich auch die Verteilung der spektralen Strahldichten in einem endlichen Wellenlängenintervall wenigstens angenähert durch eine Temperatur T_V des Schwarzen Körpers wiedergeben, dessen spektrale Strahldichten in dem betrachteten Intervall denen des Strahlers proportional sind. T_V heißt die *Verteilungstemperatur* des Strahlers und ist definiert durch

$$L_\lambda(\lambda, T) = \varepsilon_V \cdot L_{\lambda,\,S}(\lambda, T_V) \,. \tag{156}$$

Die Konstante ε_V heißt *Farbemissionsgrad*.

Hat der Strahler im ganzen sichtbaren Bereich eine konstante Verteilungstemperatur, so ruft er den gleichen Farbeindruck hervor wie ein Schwarzer Körper dieser Temperatur. Im allgemeinen wird Gl. (156) in einem größeren Spektralbereich nur angenähert erfüllt. Falls jedoch eine Verteilungstemperatur T_V in einem endlichen Wellenlängengebiet existiert, lassen sich für diesen Bereich aus Gl. (156) über den KIRCHHOFFschen Satz folgende Beziehungen zwischen T_V und $T_S(\lambda)$ sowie zwischen T_V und T ableiten:

$$\frac{1}{T_V} = \frac{1}{T_S(\lambda)} + \frac{\lambda}{c_2} \cdot \ln \varepsilon_V + \frac{\lambda}{c_2} \ln \left[\frac{1 - \exp\left(-\dfrac{c_2}{\lambda T_S(\lambda)}\right)}{1 - \exp\left(-\dfrac{c_2}{\lambda T_V}\right)} \right], \tag{157}$$

$$\frac{1}{T_V} = \frac{1}{T} + \frac{\lambda}{c_2} \cdot \ln \left(\frac{\varepsilon_V}{\alpha(\lambda)}\right) + \frac{\lambda}{c_2} \ln \left[\frac{1 - \exp\left(-\dfrac{c_2}{\lambda T}\right)}{1 - \exp\left(-\dfrac{c_2}{\lambda T_V}\right)} \right]. \tag{158}$$

Wird die WIENsche Strahlungsformel benutzt, was in der praktischen Pyrometrie fast stets zulässig ist, so verschwinden die letzten Glieder auf der rechten Seite von Gl. (157) und (158).

Verhältnistemperatur

Zur Kennzeichnung der Verteilung der spektralen Strahldichte zwischen den Wellenlängen λ_1 und λ_2 verwendet man oft den Begriff der Verhältnistemperatur T_r (r = ratio). Darunter versteht man die Temperatur des Schwarzen Körpers, für den das Verhältnis der monochromatischen Strahldichten bei den Wellenlängen λ_1 und λ_2 ebenso groß wie bei dem betrachteten Strahler ist. T_r wird definiert durch

$$L_\lambda(\lambda_1, T)/L_\lambda(\lambda_2, T) = L_{\lambda,\,S}(\lambda_1, T_r)/L_{\lambda,\,S}(\lambda_2, T_r) \,. \tag{159}$$

Falls im Intervall zwischen λ_1 und λ_2 und den Grenzen des Intervalls eine konstante Verteilungstemperatur existiert, ist Gl. (159) eine Folge von Gl. (156). Aus Gl. (159) leitet man mit Hilfe der WIENschen Gleichung die Beziehung ab:

$$\frac{1}{T_r} = \frac{[\lambda_1 T_S(\lambda_1)]^{-1} - [\lambda_2 T_S(\lambda_2)]^{-1}}{\lambda_1^{-1} - \lambda_2^{-1}}, \tag{160}$$

$$\frac{1}{T_r} = \frac{1}{T} + \frac{\lambda_1 \cdot \lambda_2}{c_2(\lambda_1 - \lambda_2)} \cdot \ln \left(\frac{\alpha(\lambda_1)}{\alpha(\lambda_2)}\right). \tag{161}$$

Sehr oft bestimmt man die Verhältnistemperatur aus dem Rot-Grün-Verhältnis der Strahldichten. In Gl. (160) hat man dann für λ_1 und λ_2 Wellenlängen aus dem roten und grünen Teil des Spektrums einzusetzen. Aus den Gl. (160) oder (161) läßt sich stets eine Verhältnistemperatur errechnen. Sie charakterisiert aber nur dann auch den Strahldichteverlauf im Innern des Intervalls λ_1 bis λ_2, wenn aus beliebigen Wertepaaren λ', λ'' innerhalb des betrachteten Intervalls annähernd gleiche Werte für T_r erhalten werden. In diesem Fall existiert auch eine Verteilungstemperatur T_v, die mit T_r übereinstimmt.

Differentielle Verteilungstemperatur

Die Definitionsgleichung (156) läßt sich stets streng erfüllen, wenn das betrachtete Spektralintervall differentiell klein ist. Wird ε_v aus Gl. (156) eliminiert, so erhält man

$$\frac{1}{L_\lambda(\lambda, T)} \cdot \frac{\partial}{\partial \lambda} L_\lambda(\lambda, T) = \frac{1}{L_{\lambda,s}(\lambda, T_v)} \cdot \frac{\partial}{\partial \lambda} L_{\lambda,s}(\lambda, T_v) \,. \tag{162}$$

Aus Gl. (162) läßt sich eine von der Wellenlänge λ abhängige differentielle Verteilungstemperatur ableiten, die für $\lim (\lambda_1 - \lambda_2) \to 0$ auch aus Gl. (159) folgt:

$$\frac{1}{T_v(\lambda)} \left(1 - \exp\left(-\frac{c_2}{\lambda T_v(\lambda)}\right)\right)^{-1} = \frac{1}{T}\left(1 - \exp\left(-\frac{c_2}{\lambda T}\right)\right)^{-1} + \frac{\lambda^2}{c_2} \cdot \frac{\partial \ln \alpha}{\partial \lambda} \,,$$

$$\frac{1}{T_v(\lambda)} = \frac{\partial}{\partial \frac{1}{\lambda}}\left(\frac{1}{\lambda T_s(\lambda)}\right) \cdot \frac{1 - \exp\left(-\dfrac{c_2}{\lambda T_v(\lambda)}\right)}{1 - \exp\left(-\dfrac{c_2}{\lambda T_s(\lambda)}\right)} \,. \tag{163}$$

Gl. (163) geht bei Beschränkung auf die WIENsche Formel über in

$$\frac{1}{T_v(\lambda)} = \frac{1}{T} + \frac{\lambda^2}{c_2} \cdot \frac{\partial \ln \alpha}{\partial \lambda} = \frac{\partial}{\partial \frac{1}{\lambda}}\left(\frac{1}{\lambda T_s(\lambda)}\right) \,. \tag{164}$$

Für einen grauen Strahler ist α unabhängig von λ, und es gilt $T_v = T_r = T$.

Mit Hilfe des Begriffs der differentiellen Verteilungstemperatur kann man eine dem WIENschen Verschiebungsgesetz entsprechende allgemeine Beziehung ableiten, die für alle Temperaturstrahler gültig ist. Aus der Bedingung für das Maximum der Strahldichte in Verbindung mit dem KIRCHHOFFschen Gesetz folgt

$$L_{\lambda,s}(\lambda, T) \cdot \frac{\partial \alpha}{\partial \lambda} + \alpha \frac{\partial}{\partial \lambda} L_{\lambda,s}(\lambda, T) = 0 \,. \tag{165}$$

Einsetzen der PLANCKschen Formel liefert

$$\frac{c_2}{\lambda T}\left[1 - \exp\left(-\frac{c_2}{\lambda T}\right)\right]^{-1} + \lambda \frac{\partial}{\partial \lambda} \ln \alpha - 5 = 0 \,. \tag{166}$$

Die allgemeingültige Beziehung (163) vereinfacht diesen Ausdruck auf

$$\frac{c_2}{\lambda T_v(\lambda)} - 5\left[1 - \exp\left(-\frac{c_2}{\lambda T_v(\lambda)}\right)\right] = 0 \,. \tag{167}$$

Setzt man zur Abkürzung $k = \dfrac{c_2}{\lambda T_V(\lambda)}$, so wird $k - 5(1 - e^{-k}) = 0$. Die Lösung dieser Gleichung führt zu $\lambda_m \cdot T_V(\lambda_m) = \dfrac{c_2}{k_0}$ mit $k_0 = 4{,}96511\ldots$, λ_m bezeichnet die Wellenlänge für das Maximum der Strahldichte.

Beim Maximum der spektralen Strahldichte eines beliebigen Temperaturstrahlers ist das Produkt aus Wellenlänge und differentieller Verteilungstemperatur eine Konstante, die mit der Konstanten im WIENschen Verschiebungsgesetz übereinstimmt.

Ebenso wie bei dem Schwarzen Körper (s. VII A 2c) läßt sich auch bei dem natürlichen Strahler zeigen, daß das Produkt $\lambda^p \cdot L_\lambda(\lambda, T)$ ein Maximum aufweist, sofern positive p durch $p < 4$ begrenzt sind, während negative p beliebig groß sein können. Für das Maximum der Funktion gilt die Beziehung

$$\lambda_{m,p} \cdot T_V(\lambda_{m,p}) = \dfrac{c_2}{k_p}. \tag{168}$$

Hier ist $\lambda_{m,p}$ die Wellenlänge beim Maximum von $\lambda^p L_\lambda(\lambda, T)$ und k_p Lösung der transzendenten Gleichung $k_p = (5 - p)(1 - e^{-k_p})$.

4. Emissionsgrad und Wahre Temperatur

Aus der leicht zu messenden Schwarzen Temperatur kann die Wahre Temperatur eines realen Strahlers erhalten werden, wenn sein Emissionsgrad $\varepsilon(\lambda)$ bekannt ist, der nach dem KIRCHHOFFschen Gesetz mit dem Absorptionsgrad $\alpha(\lambda)$ zahlenmäßig übereinstimmt. Zwischen Wahrer Temperatur T und Schwarzer Temperatur $T_S(\lambda)$ gilt dann Formel (155).

Setzt man voraus, daß der Prüfkörper eine ebene, glatte Oberfläche hat, undurchsichtig ist und auftreffende Strahlung regulär reflektiert, dann kann man mit Hilfe der FRESNELschen Formeln aus dem Verhalten der Ausstrahlung in Abhängigkeit von der Ausstrahlungsrichtung allgemeine Methoden zur Ermittlung des Emissionsgrades angeben. Hierbei wird lediglich die Eigenstrahlung des Prüfkörpers ausgenutzt, um seinen Emissionsgrad und seine Wahre Temperatur zu erhalten. Ist der untersuchte Körper ein Metall, so besteht für den infraroten Spektralbereich eine Beziehung zwischen Emissionsgrad, Temperatur, Wellenlänge und spezifischem Widerstand, die zuerst von E. HAGEN und H. RUBENS aufgestellt wurde und um so genauer gilt, je größer die Wellenlänge ist [19].

a) FRESNELsche Formeln

Da der Strahler als für Licht undurchlässig angenommen wird, läßt sich der Emissionsgrad $\varepsilon(\lambda)$ in gleicher Weise wie der Absorptionsgrad $\alpha(\lambda)$ durch

$$\varepsilon(\lambda) = \alpha(\lambda) = 1 - \varrho(\lambda) \tag{169}$$

auf den Reflexionsgrad $\varrho(\lambda)$ zurückführen. Fällt natürliche, nichtpolarisierte Strahlung innerhalb eines zwischen Null und $\dfrac{\pi}{2}$ liegenden Winkels auf die Oberfläche eines regulär reflektierenden Körpers, so ist die reflektierte Strahlung nicht mehr natürlich, sondern mehr oder weniger polarisiert. Zweckmäßig betrachtet man den Vorgang der Reflexion für linear polarisierte Strahlung und unterscheidet die beiden Fälle, in denen der elektrische Vektor in der Einfallsebene (Index p) oder senkrecht zur Einfallsebene (Index s) schwingt. Einfallende unpolarisierte Strahlung der Strahldichte L denke man sich in die beiden aufeinander senkrecht stehenden linear polarisierten Komponenten mit den Strahldichten $L^{(p)}$ und $L^{(s)}$ zerlegt. Es ist $L = L^{(p)} + L^{(s)}$ mit $L^{(p)} = L^{(s)} = \frac{1}{2} L$.

Bei Reflexion unpolarisierter Strahlung hat der reflektierte Anteil die Strahldichte ϱL. Denkt man sich die unpolarisierte Strahlung in die beiden linear polarisierten Komponenten mit den Strahldichten $L^{(p)}$ und $L^{(s)}$ zerlegt, so kann man die Strahldichte des reflektierten Betrags auch durch $\varrho_s L^{(s)} + \varrho_p L^{(p)}$ ausdrücken, wobei $\varrho L = \varrho_p L^{(p)} + \varrho_s L^{(s)}$ ist oder

$$\varrho = \frac{1}{2}(\varrho_p + \varrho_s) \tag{170}$$

Eine Abhängigkeit der Reflexionsgrade ϱ_p und ϱ_s vom Einfallswinkel ϑ wird durch die FRESNELschen Formeln beschrieben:

$$\varrho_p = \left| \frac{\tan(\vartheta - \chi)}{\tan(\vartheta + \chi)} \right|^2 \quad , \quad \varrho_s = \left| \frac{\sin(\vartheta - \chi)}{\sin(\vartheta + \chi)} \right|^2. \tag{171}$$

Hier bedeutet χ den für absorbierende Körper komplexen Brechungswinkel. ϑ und χ sind miteinander durch das Brechungsgesetz in der Form

$$\sin \vartheta = (n - ik) \sin \chi \tag{172}$$

verbunden. *Brechzahl n* und *Absorptionskonstante k* werden unter dem Namen *Optische Konstanten* zusammengefaßt.

Bei senkrechter Reflexion sind ϑ und χ gleich Null. Bei sehr kleinen Einfallswinkeln dürfen die trigonometrischen Funktionen sin und tan durch die Winkel ersetzt werden. Demnach erhält man für senkrechten Strahlungseinfall

$$\varrho_p(0) = \varrho_s(0) = \varrho(0) = \frac{(n-1)^2 + k^2}{(n+1)^2 + k^2}. \tag{173}$$

Aus Gl. (170) folgt für den Absorptionsgrad

$$\alpha(0) = \frac{4n}{(n+1)^2 + k^2}. \tag{174}$$

Für den Einfallswinkel $\vartheta = \frac{\pi}{4}$ erhält man aus der Gl. (171)

$$\varrho_p\left(\frac{\pi}{4}\right) = \varrho_s^2\left(\frac{\pi}{4}\right). \tag{175}$$

Diese Beziehung bildet die Grundlage für eine Methode, die aus der Eigenstrahlung eines unter dem Winkel $\vartheta = \frac{\pi}{4}$ anvisierten Körpers seine Absorptionsgrade $1 - \varrho_p\left(\frac{\pi}{4}\right)$, $1 - \varrho_s\left(\frac{\pi}{4}\right)$ und damit auch seine Wahre Temperatur T zu ermitteln gestattet. Zunächst liefert der KIRCHHOFFsche Satz für die spektralen Strahldichten $L^{(p)}_{\lambda, \pi/4}$, $L^{(s)}_{\lambda, \pi/4}$ die

Gleichungen

$$L^{(p)}_{\lambda,\pi/4} = \left(1 - \varrho_p\left(\frac{\pi}{4}\right)\right) \cdot L^{(p)}_{\lambda,s} \quad \text{und} \quad L^{(s)}_{\lambda,\pi/4} = \left(1 - \varrho_s\left(\frac{\pi}{4}\right)\right) \cdot L^{(s)}_{\lambda,s} \quad (176)$$

Daraus erhält man durch Division unter Berücksichtigung von Gl. (175)

$$\frac{L^{(p)}_{\lambda,\pi/4}(\lambda,T)}{L^{(s)}_{\lambda,\pi/4}(\lambda,T)} = 1 + \varrho_s\left(\frac{\pi}{4}, \lambda, T\right). \quad (177)$$

Da der Quotient der Strahldichten leicht gemessen werden kann, sind hierdurch auch $\varrho_p\left(\frac{\pi}{4}, \lambda, T\right)$, $\varrho_s\left(\frac{\pi}{4}, \lambda, T\right)$ und damit die Emissionsgrade $1 - \varrho_p\left(\frac{\pi}{4}, \lambda, T\right)$ und $1 - \varrho_s\left(\frac{\pi}{4}, \lambda, T\right)$ bekannt. Aus der Schwarzen Temperatur $T_S\left(\frac{\pi}{4}, \lambda\right)$ des unter $\vartheta = \frac{\pi}{4}$ anvisierten Strahlers bestimmt man schließlich aus Gl. (154) unter Berücksichtigung von Gl. (170) die Wahre Temperatur durch

$$\frac{1}{T} = \frac{1}{T_S}\left(\frac{\pi}{4}, \lambda\right) + \frac{\lambda}{c_2} \cdot \ln\left[1 - \frac{1}{2}\left(\varrho_p\left(\frac{\pi}{4}, \lambda, T\right) + \varrho_s\left(\frac{\pi}{4}, \lambda, T\right)\right)\right].$$

b) Optische Konstanten

Wird der komplexe Brechungswinkel χ aus den FRESNELschen Formeln mit Hilfe des Brechungsgesetzes (172) eliminiert, so erhält man Beziehungen, die $\varrho_p(\vartheta)$ und $\varrho_s(\vartheta)$ als Funktion des Einfallswinkels ϑ und der optischen Konstanten n, k darstellen. Die umständliche, aber elementare Rechnung führt auf die beiden Gleichungen

$$\varrho_s(\vartheta) = \frac{A - \sqrt{2}\cos\vartheta\sqrt{n^2 - k^2 - \sin^2\vartheta + A} + \cos^2\vartheta}{A + \sqrt{2}\cos\vartheta\sqrt{n^2 - k^2 - \sin^2\vartheta + A} + \cos^2\vartheta}, \quad (178)$$

$$\frac{\varrho_p(\vartheta)}{\varrho_s(\vartheta)} = \frac{A \cdot \cos^2\vartheta - \sqrt{2}\sin^2\vartheta\cos\vartheta\sqrt{n^2 - k^2 - \sin^2\vartheta + A} + \sin^4\vartheta}{A \cdot \cos^2\vartheta + \sqrt{2}\sin^2\vartheta\cos\vartheta\sqrt{n^2 - k^2 - \sin^2\vartheta + A} + \sin^4\vartheta} \quad (179)$$

mit der Abkürzung $A = \sqrt{(n^2 + k^2 + \sin^2\vartheta)^2 - 4n^2\sin^2\vartheta}$.

Die Quadratwurzeln haben positives Vorzeichen. Die Kenntnis der optischen Konstanten bringt den Vorteil, daß man den Reflexionsgrad und damit den Absorptionsgrad für jeden beliebigen Einfallswinkel angeben kann. Als erste haben M. v. LAUE und F. F. MARTENS [20] die optischen Konstanten eines glühenden Metallbandes aus der Eigenstrahlung im sichtbaren Gebiet bestimmt. Sie ermittelten aus ihren Messungen die Größe

$$Q = \frac{1 - \varrho_s(\vartheta)}{1 - \varrho_p(\vartheta)} - \cos^2\vartheta$$

für die aus Gl. (178) und (179) die Beziehung folgt

$$Q = \sin^2\vartheta \cdot [A + \sin^2\vartheta]^{-1} \cdot \sqrt{2}\cos\vartheta \cdot [(n^2 - k^2 - \sin^2\vartheta + A)^{1/2} - \cos 2\vartheta]. \quad (180)$$

Unter der vereinfachenden Annahme, daß $(n^2 + k^2)^2 > 2 \cdot |n^2 - k^2|$ ist, ergaben sich brauchbare Näherungsformeln, aus denen die optischen Konstanten bestimmt wurden.

In neuerer Zeit haben C. TINGWALDT, U. SCHLEY, J. VERCH und S. TAKATA [21] ein einfaches Iterationsverfahren zur Berechnung von n und k angegeben.

Auf bequemere Art, aber nicht mit gleicher Genauigkeit kann man die optischen Konstanten aus Messungen des Reflexionsgrades bzw. des Emissionsgrades bei den Winkeln $\vartheta = 0$ und $\vartheta = \frac{\pi}{4}$ errechnen. Die Wahl gerade dieser Winkel empfiehlt sich, weil man dann, ohne Beobachtungen im polarisierten Licht auszuführen, also ohne Zuhilfenahme von Polarisatoren, die Reflexionsgrade bzw. Emissionsgrade für die durch die Indizes s und p bezeichneten Schwingungsrichtungen senkrecht und parallel zur Ausstrahlungsrichtung angeben kann. Für $\vartheta = 0$ ist nach Gl. (173) $\varrho(0) = [(n-1)^2 + k^2] / [(n+1)^2 + k^2]$. Daraus wird die Rechengröße gebildet

$$V(0) = \frac{1 - \varrho(0)}{1 + \varrho(0)} = \frac{2n}{n^2 + 1 + k^2}. \tag{181}$$

Für $\vartheta = \frac{\pi}{4}$ läßt sich der Reflexionsgrad für unpolarisierte Strahlung, also $\varrho\left(\frac{\pi}{4}\right)$ nach Gl. (170) und (175) ausdrücken durch $\varrho\left(\frac{\pi}{4}\right) = \frac{1}{2}\left(\varrho_s\left(\frac{\pi}{4}\right) + \varrho_s^2\left(\frac{\pi}{4}\right)\right)$. Hieraus folgt

$$\varrho_s\left(\frac{\pi}{4}\right) = -\frac{1}{2} + \sqrt{2 \cdot \varrho\left(\frac{\pi}{4}\right) + \frac{1}{4}}, \tag{182}$$

wobei der Wert der Wurzel positiv ist. Mit Hilfe von Gl. (182) bildet man aus den Messungen die zweite Rechengröße $V\left(\frac{\pi}{4}\right) = \left[1 - \varrho_s\left(\frac{\pi}{4}\right)\right] / \left[1 + \varrho_s\left(\frac{\pi}{4}\right)\right]$, die durch Gl. (179) umgeformt werden kann in

$$V\left(\frac{\pi}{4}\right) = \frac{\sqrt{n^2 - k^2 - \frac{1}{2} + \sqrt{\left(n^2 + k^2 + \frac{1}{2}\right)^2 - 2n^2}}}{\sqrt{\left(n^2 + k^2 + \frac{1}{2}\right)^2 - 2n^2} + \frac{1}{2}}. \tag{183}$$

Aus den Gl. (181) und (183) erhält man n als Lösung der quadratischen Gleichung $n^2 + 2an + b = 0$

$$\text{mit } a = \frac{1 - V^2\left(\frac{\pi}{4}\right)}{V(0) \cdot \left[2 \cdot \frac{V^2\left(\frac{\pi}{4}\right)}{V^2(0)} - \left(1 + V^2\left(\frac{\pi}{4}\right)\right)\right]}$$

$$b = \frac{\left(1 - V^2\left(\frac{\pi}{4}\right)\right)\left(1 - \frac{V^2\left(\frac{\pi}{4}\right)}{V^2(0)}\right)}{\left[2 \cdot \frac{V^2\left(\frac{\pi}{4}\right)}{V^2(0)} - \left(1 + V^2\left(\frac{\pi}{4}\right)\right)\right]^2} \tag{184}$$

Den Wert für k liefert Gl. (181), indem man hier den aus Gl. (184) gewonnenen n-Wert einsetzt.

Optische Konstanten der Gesamtstrahlung

Bei durch Strahlung verursachten Wärmeübergangsprozessen spielt der sog. *hemisphärische Gesamtemissionsgrad* eine wichtige Rolle. Darunter versteht man den für die gesamte Ausstrahlung in den Halbraum maßgebenden Emissionsgrad. Der Gesamtemissionsgrad $\varepsilon(\vartheta, T)$ für eine vorgegebene Richtung ϑ setzt sich aus den spektralen Größen $\varepsilon(\vartheta, \lambda, T)$ zusammen nach der Gleichung

$$\varepsilon(\vartheta, T) = \frac{\int_0^\infty \varepsilon(\vartheta, \lambda, T)\, L_{\lambda,\,s}(\lambda, T)\, d\lambda}{\int_0^\infty L_{\lambda,\,s}(\lambda, T)\, d\lambda}, \tag{185}$$

während $\varepsilon(\vartheta, T)$ den hemisphärischen Gesamtemissionsgrad $\varepsilon_A(T)$ bestimmt:

$$\varepsilon_A(T) = \frac{\int_{\varphi=0}^{2\pi} \int_{\vartheta=0}^{\pi/2} \varepsilon(\vartheta, T)\, L_S(T) \cos\vartheta \sin\vartheta\, d\vartheta\, d\varphi}{\pi L_S(T)}$$

oder

$$\varepsilon_A(T) = 2 \cdot \int_0^{\pi/2} \varepsilon(\vartheta, T) \cos\vartheta \sin\vartheta\, d\vartheta. \tag{186}$$

Nach Gl. (185 ist $\varepsilon(\vartheta, T)$ ein Mittelwert aus allen spektralen Größen $\varepsilon(\vartheta, \lambda, T)$ und muß mit einem spektralen Emissionsgrad für eine eindeutig bestimmte, aber zahlenmäßig nicht angebbare Wellenlänge $\lambda = \lambda_0$ übereinstimmen. Man könnte zweifeln, ob für verschiedene Werte ϑ diese Wellenlänge λ_0 den gleichen Wert behält. Hier hilft folgende Überlegung weiter. Bildet man nach dem Muster von Gl. (185) den Ausdruck für $\varepsilon(\vartheta, T) + \varepsilon(\vartheta', T)$, wobei $\vartheta' \neq \vartheta$ ist, so erhält man einen Mittelwert für die spektrale Größe $\varepsilon(\vartheta, \lambda, T) + \varepsilon(\vartheta', \lambda, T)$, der mit einem speziellen Wert der Summe übereinstimmen muß. Beide Summanden in der Summe gehören zur gleichen Wellenlänge. Die vorher mit λ_0 bezeichnete Wellenlänge gilt also für alle Richtungen ϑ.

Da man jedem $\varepsilon(\vartheta, T)$ eine konstante Wellenlänge zuordnen kann, darf man $\varepsilon(\vartheta, T) = 1 - \frac{1}{2}[\varrho_p(\vartheta, T) + \varrho_s(\vartheta, T)]$ setzen und auf ϱ_p und ϱ_s die FRESNELschen Gleichungen anwenden. Wählt man die Gleichungen für $\vartheta = 0$ und $\vartheta = \frac{\pi}{4}$, so kann man daraus, wie vorher beschrieben, die optischen Konstanten bestimmen; n ergibt sich wieder als Lösung der quadratischen Gl. (184).

Bei der Berechnung hemisphärischer Gesamtemissionsgrade von Metallen kann man nicht immer n als Lösung der Gl. (184) bestimmen. Falls die Temperatur T so niedrig ist, daß λ_0 weit im Infraroten liegt, gilt in guter Annäherung $n = k$. In diesem Fall kann man $n = k$ aus dem Reflexionsgrad $\varrho(0)$ nach Formel (173) bestimmen.

c) **KRAMERS-KRONIG-Relation**

Bei der senkrechten Reflexion einer ebenen Welle an einer absorbierenden Oberfläche läßt sich das Amplitudenverhältnis r von reflektierter zu einfallender Welle darstellen

durch
$$r = \sqrt{\varrho(\lambda)}\, e^{-i\psi}. \qquad (187)$$

$\varrho(\lambda)$ ist identisch mit dem Reflexionsgrad für senkrechte Inzidenz und ψ ist die bei der Reflexion auftretende Phasenverschiebung. Den Inhalt von Gl. (187) kann man auch mit Hilfe des komplexen Brechungsindex $n = n - ik$ ausdrücken durch

$$r = \frac{n-1}{n+1} = \frac{n-1-ik}{n+1-ik}. \qquad (188)$$

Die Gl. (187) und (188) liefern nach einigen Umformungen

$$n = \frac{1-\varrho(\lambda)}{1+\varrho(\lambda)-2\sqrt{\varrho(\lambda)}\cos\psi}, \quad k = \frac{2\sqrt{\varrho(\lambda)}\sin\psi}{1+\varrho(\lambda)-2\sqrt{\varrho(\lambda)}\cos\psi}. \qquad (189)$$

n und k sind demnach eindeutig durch den Reflexionsgrad $\varrho(\lambda)$ und die Phasenverschiebung ψ bestimmt. Bei der Berechnung von n und k macht man Gebrauch von einem Satz der Funktionentheorie, wonach unter sehr allgemeinen Voraussetzungen eine Beziehung zwischen dem Realteil und dem Imaginärteil komplexer Funktionen besteht.

Für die Funktion $f(z) = \bar{u}(x,y) + iv(x,y)$ gilt nämlich

$$\int_0^\infty \frac{\bar{u}(x,0)\,dx}{x^2 - x_0^2} = \frac{\pi}{2x_0} v(x_0, 0). \qquad (190)$$

Setzt man $x = \lambda$ und wendet man diesen Satz auf $\ln r = \frac{1}{2}\ln \varrho(\lambda) - i\psi(\lambda)$ an, so wird

$$\psi(\lambda_0) = \frac{\lambda_0}{\pi} \cdot \int_0^\infty \frac{\ln \varrho(\lambda)\,d\lambda}{\lambda^2 - \lambda_0^2} \qquad (191)$$

oder nach partieller Integration

$$\psi(\lambda_0) = \frac{1}{2\pi} \cdot \int_0^{\lambda_0} \frac{d}{d\lambda} \ln \varrho(\lambda) \cdot \ln \frac{\lambda_0 + \lambda}{\lambda_0 - \lambda} d\lambda +$$

$$+ \frac{1}{2\pi} \int_{\lambda_0}^\infty \frac{d}{d\lambda} \ln \varrho(\lambda) \cdot \ln \frac{\lambda_0 + \lambda}{\lambda_0 - \lambda} d\lambda. \qquad (192)$$

Diese *Kramers-Kronig-Relation* wird den weiteren Überlegungen zugrunde gelegt. Der Vergleich mit Gl. (189) zeigt, daß man n und k berechnen kann, wenn die Reflexionsspektren in ihrem gesamten Wellenlängenbereich bekannt sind. Das trifft im allgemeinen nicht zu. Man muß sich mit Integrationen entsprechend Gl. (192) über möglichst große Teilbereiche begnügen, hat aber dann keinen Anhaltspunkt über die Unsicherheit bei der Berechnung von ψ. Falls jedoch innerhalb des Integrationsbereichs außer den Reflexionsspektren auch einige Werte der optischen Konstanten vorliegen, lassen sich einwandfreie Näherungslösungen für die Ermittlung von ψ angeben. Das bekannte Reflexionsspektrum liege in dem Gebiet zwischen λ_1 und λ_2, und es werde

Theoretische Grundlagen

$\lambda_1 < \lambda_0 < \lambda_2$ vorausgesetzt. Für $\psi_1(\lambda_0)$ wird dann

$$\psi_1(\lambda_0) = \frac{1}{2\pi} \cdot \int_{\lambda_1}^{\lambda_0} \frac{d}{d\lambda} \ln \varrho(\lambda) \cdot \ln \frac{\lambda_0 + \lambda}{\lambda_0 - \lambda} \cdot d\lambda +$$

$$+ \frac{1}{2\pi} \cdot \int_{\lambda_0}^{\lambda_2} \frac{d}{d\lambda} \ln \varrho(\lambda) \cdot \ln \frac{\lambda_0 + \lambda}{\lambda_0 - \lambda} \cdot d\lambda$$

berechnet. Zur vollständigen Lösung ist noch der Differenzbetrag $\Delta\psi(\lambda_0) = \psi(\lambda_0) - \psi_1(\lambda_0)$ zu bestimmen, der in den kurzwelligen Anteil

$$\Delta\psi(\lambda_0) = \frac{1}{2\pi} \cdot \int_0^{\lambda_1} \frac{d}{d\lambda} \ln \varrho(\lambda) \cdot \ln \left(\frac{\lambda_0 + \lambda}{\lambda_0 - \lambda} \right) d\lambda \tag{193}$$

und den langwelligen Anteil

$$\Delta\psi_\infty(\lambda_0) = \frac{1}{2\pi} \cdot \int_{\lambda_2}^{\infty} \frac{d}{d\lambda} \ln \varrho(\lambda) \cdot \ln \left(\frac{\lambda_0 + \lambda}{\lambda_0 - \lambda} \right) \cdot d\lambda \tag{194}$$

zerlegt werden kann. Im kurzwelligen Bereich ist $\lambda < \lambda_0$ und im langwelligen Gebiet $\lambda > \lambda_0$. Die beiden Restanteile lassen sich in Reihen nach Potenzen von λ_0 entwickeln. Es ist

$$\Delta\psi_0(\lambda_0) = \sum_{m=0}^{\infty} a_{2m+1} \cdot \lambda_0^{-(2m+1)}$$

mit $\quad a_{2m+1} = \frac{1}{2m+1} \cdot \frac{1}{\pi} \cdot \int_0^{\lambda_1} \frac{d}{d\lambda} \ln \varrho(\lambda) \cdot \lambda^{2m+1} d\lambda$

und $\quad \Delta\psi_\infty(\lambda_0) = \sum_{m=0}^{\infty} b_{2m+1} \lambda_0^{2m+1}$

mit $\quad b_{2m+1} = \frac{1}{2m+1} \cdot \frac{1}{\pi} \cdot \int_{\lambda_2}^{\infty} \frac{d}{d\lambda} \ln \varrho(\lambda) \cdot \lambda^{-(2m+1)} d\lambda$.

Für die Bestimmung der Phasenverschiebung haben die Restglieder des kurzwelligen Bereichs ein größeres Gewicht als die des langwelligen Gebiets, da für große Wellenlängen $\frac{d}{d\lambda} \ln \varrho(\lambda)$ asymptotisch gegen 0 strebt. Für die Berechnung der Phasenverschiebung hat man schließlich folgende Näherungslösungen:

1. Näherung $\psi(\lambda_0) = \psi_1(\lambda_0) + a_1 \lambda_0^{-1}$,
2. Näherung $\psi(\lambda_0) = \psi_1(\lambda_0) + a_1 \lambda_0^{-1} + b_1 \lambda$,
3. Näherung $\psi(\lambda_0) = \psi_1(\lambda_0) + a_1 \lambda_0^{-1} + a_3 \lambda^{-3}$,
4. Näherung $\psi(\lambda_0) = \psi_1(\lambda_0) + a_1 \lambda_0^{-1} + a_3 \lambda^{-3} + b_1 \lambda$.

Die unbekannten Koeffizienten a_1, b_1, a_3 lassen sich berechnen, wenn die optischen Konstanten für eine oder mehrere Wellenlängen zwischen λ_1 und λ_2 bekannt sind. Der Vergleich der aufeinanderfolgenden Näherungen liefert dann auch Anhaltspunkte über die Genauigkeit der Ergebnisse.

d) HAGEN-RUBENS-Beziehung

Bei nichtabsorbierenden Körpern hat das Brechungsgesetz die einfache Form $\sin \vartheta = n \times \sin \chi$. Nach der MAXWELLschen Beziehung ist n durch $n = \sqrt{\varepsilon/\varepsilon_0}$ bestimmt. ε ist die Dielektrizitätskonstante und ε_0 die Feldkonstante. Für leitende Körper ändert sich die erste MAXWELLsche Gleichung derart, daß zu dem Verschiebungsstrom $\varepsilon \dot{E}$ der Leitungsstrom σE additiv hinzukommt. Bei periodischen Vorgängen mit der Kreisfrequenz ω kann E durch $ae^{i\omega t}$ ausgedrückt werden, wo a eine von t unabhängige Konstante ist. $\varepsilon \dot{E}$ wird dann ersetzt durch $i\omega \varepsilon E$. Durch das Hinzutreten des Leitungsstroms ändert sich dieser Ausdruck in $i\omega \varepsilon E + \sigma E = i\omega E \left(\varepsilon - \dfrac{\sigma}{\omega} i \right)$. Formal lassen sich jetzt die Rechnungen wie bei Nichtleitern ausführen, falls ε durch die komplexe Dielektrizitätskonstante $\varepsilon' = \varepsilon - \dfrac{\sigma}{\omega} i$ ersetzt wird. Auch die Brechzahl wird dann komplex

$$n = \sqrt{\varepsilon'/\varepsilon_0} = n - ik . \tag{195}$$

Die so definierten optischen Konstanten genügen den Beziehungen $n^2 - k^2 = \varepsilon/\varepsilon_0$ und $2nk = \dfrac{\sigma}{\varepsilon_0 \omega}$. Für ideale Leiter ($\sigma \to \infty$) wird $\dfrac{n^2 - k^2}{2nk} = \dfrac{\varepsilon \omega}{\sigma} \to 0$, also $n = k$.

Diese Gleichung gilt in guter Annäherung auch für normale Leiter, falls die Frequenz ω so niedrig ist, daß σ der Gleichstromleitfähigkeit nahekommt. Unter dieser nur für das infrarote Gebiet geltenden Voraussetzung wird

$$n = k = \sqrt{\dfrac{\sigma}{2\varepsilon_0 \omega}} . \tag{196}$$

Setzt man diesen Wert in Gl. (174) ein, so erhält man für den Absorptionsgrad $\alpha(0, \lambda)$ für senkrechte Einstrahlung nach einigen Umformungen die Zahlenwertgleichung

$$\alpha(0, \lambda) \approx 0{,}365 \sqrt{\dfrac{R}{\lambda}} - 0{,}067 \dfrac{R}{\lambda} . \tag{197}$$

λ bedeutet hier die Wellenlänge in Zentimeter und R den von T abhängigen spezifischen Widerstand in Ωcm. Für die Anwendung dieser Gleichung reicht das erste Glied stets aus. Berechnet man aus Gl. (197) den Gesamtemissionsgrad $\varepsilon(0, T)$ für senkrechten Strahlungsaustritt, so erhält man

$$\varepsilon(0, T) = 0{,}578 \sqrt{RT} - 0{,}178\, RT + 0{,}0584\, (RT)^{3/8} \tag{198}$$

und bei Verwendung der FRESNELschen Gleichungen den hemisphärischen Gesamtemissionsgrad

$$\varepsilon_\Delta = 0{,}571 \sqrt{RT} - 0{,}632\, RT . \tag{199}$$

Die beiden letzten Formeln haben den Charakter von Näherungsformeln für relativ niedrige Temperaturen, bei denen die ausgesandte Strahlung im Infraroten liegt.

5. Wirksame Wellenlänge

Wird die Meßstrahlung nur durch Filter oder Monochromatoren mit endlicher spektraler Durchlaßbreite ausgesondert, so ist die Strahlung nicht mehr monochromatisch. Auch werden Strahlen, die zu unterschiedlichen Wellenlängen gehören, nicht mehr in gleicher Weise im Empfänger bewertet, falls dessen Empfindlichkeit von der Wellenlänge abhängt. Dieser Fall liegt bei visuellen Messungen wegen der spektralen Abhängigkeit der Augenempfindlichkeit vor. Verwendet man ein visuelles Pyrometer für die Temperaturmessung am Schwarzen Körper, so ist das experimentelle Ergebnis für die Berechnung der Temperatur nicht mehr ein Strahldichteverhältnis sondern ein Leuchtdichteverhältnis. Es besteht aus der durch das Filter und die Augenempfindlichkeit spektral begrenzten Leuchtdichte des Schwarzen Körpers unbekannter Temperatur und der des Schwarzen Körpers bekannter Bezugstemperatur. Durch Rechnung kann man hieraus ein zahlenmäßig gleiches monochromatisches Strahldichteverhältnis für die beiden Schwarzen Körper ableiten. Die zu den Strahldichten gehörende Wellenlänge heißt *effektive* oder *wirksame Wellenlänge*. Diesen Begriff haben E. P. HYDE, F. E. CADY und W. E. FORSYTHE [22] zuerst in die Pyrometrie eingeführt.

a) Anwendung auf Schwarze Körper

Nach den Vorschriften der Internationalen Praktischen Temperaturskala von 1968 wird die Temperatur T eines Schwarzen Körpers aus dem Verhältnis Q seiner spektralen Strahldichten $L_{\lambda,s}(\lambda, T)$ und $L_{\lambda,s}(\lambda, T_{Au})$ von der Temperatur des erstarrenden Goldes, $T_{Au} = 1337{,}58$ K, bestimmt (s. I D 2 und VII A 2 d). Dieses Verhältnis kann aus dem Durchlaßgrad D eines rotierenden Sektors erhalten werden, der $L_{\lambda,s}(\lambda, T)$ direkt auf $L_{\lambda,s}(\lambda, T_{Au})$ erniedrigt:

$$Q = \frac{1}{D} = \frac{L_{\lambda,s}(\lambda, T)}{L_{\lambda,s}(\lambda, T_{Au})}. \tag{200}$$

Gl. (200) ist ein aus einer pyrometrischen Messung erhaltenes Rechenergebnis. Die Messungen denke man sich zunächst mit einem visuellen Pyrometer vorgenommen, das mit einem Farbglas vom spektralen Durchlaßgrad $F(\lambda)$ ausgerüstet ist. Zunächst wird eine Einstellung vor dem Schwarzen Körper bei der Temperatur T_{Au} gemacht. Dann wird das Gerät unter Zwischenschaltung eines rotierenden Sektors auf den Schwarzen Körper der gesuchten Temperatur T gerichtet. Der Durchlaßgrad D des rotierenden Sektors wird so groß gewählt, daß die gleiche pyrometrische Einstellung erreicht wird wie vorher ohne Sektor vor dem Bezugsstrahler. Dann gilt für D folgende Gleichung

$$\frac{1}{D} = \frac{\int L_{\lambda,s}(\lambda, T) \cdot F(\lambda) \cdot V(\lambda)\, d\lambda}{\int L_{\lambda,s}(\lambda, T_{Au}) \cdot F(\lambda) \cdot V(\lambda)\, d\lambda}. \tag{201}$$

Hier bedeutet $V(\lambda)$ die international festgelegte Hellempfindlichkeit des menschlichen Auges.

Die Grenzen der Integrale werden durch den Verlauf von $F(\lambda) \cdot V(\lambda)$ bestimmt. Benutzt man zur Strahlungsschwächung statt des rotierenden Sektors Rauch- oder Graugläser, deren Durchlaßgrade $R(\lambda)$ noch von der Wellenlänge abhängen, so tritt anstelle von Gl. (201) die Beziehung

$$\int L_{\lambda,\mathrm{S}}(\lambda, T) R(\lambda) F(\lambda) V(\lambda) \, d\lambda = \int L_{\lambda,\mathrm{S}}(\lambda, T_{\mathrm{Au}}) F(\lambda) V(\lambda) \, d\lambda. \tag{202}$$

Die linke Seite läßt sich umformen in

$$\int L_{\lambda,\mathrm{S}}(\lambda, T) R(\lambda) F(\lambda) V(\lambda) \, d\lambda = R(T) \cdot \int L_{\lambda,\mathrm{S}}(\lambda, T) F(\lambda) V(\lambda) \, d\lambda. \tag{203}$$

$R(T)$ ist der visuell gemessene Gesamtdurchlaßgrad des Rauchglases für die von dem Filter $F(\lambda)$ insgesamt durchgelassene Strahlung des Schwarzen Körpers der Temperatur T. Da $R(\lambda)$, $F(\lambda)$ bekannt sind, läßt sich $R(T)$ in (203) numerisch als Funktion von T berechnen. $R(T)$ ist eine nur langsam veränderliche Funktion der Temperatur.

Formal gleiche Beziehungen treten auf, wenn man die Temperatur des Schwarzen Körpers aus dem Meßergebnis eines photoelektrischen Pyrometers mit linearem Strahlungsdedektor zu bestimmen hat. Das von der Meßstrahlung durchsetzte Filter habe den spektralen Durchlaßgrad $F(\lambda)$ und der Empfänger die relative spektrale Empfindlichkeit $A(\lambda)$.

Wenn das Pyrometer auf einen Schwarzen Körper der Temperatur T gerichtet ist, darf seine Anzeige, der Photostrom I_{Ph}, proportional dem Ausdruck $\int L_{\lambda,\mathrm{S}}(\lambda, T) F(\lambda) \times A(\lambda) \, d\lambda$ gesetzt werden. Die unbekannte Temperatur T ist zu ermitteln aus dem Verhältnis

$$\frac{I_{\mathrm{Ph}}(T)}{I_{\mathrm{Ph}}(T_{\mathrm{Au}})} = \frac{\int L_{\lambda,\mathrm{S}}(\lambda, T) F(\lambda) A(\lambda) \, d\lambda}{\int L_{\lambda,\mathrm{S}}(\lambda, T_{\mathrm{Au}}) F(\lambda) A(\lambda) \, d\lambda}. \tag{204}$$

T kann aus den Gl. (201), (203) und (204) auf verschiedene Weise berechnet werden. Früher bestimmte man die Temperatur mit Hilfe der wirksamen oder effektiven Wellenlänge. Mit Hilfe dieses Begriffs kann man die rechte Seite in den Gl. (201) und (203) folgendermaßen umformen:

$$\frac{\int L_{\lambda,\mathrm{S}}(\lambda, T) F(\lambda) V(\lambda) \, d\lambda}{\int L_{\lambda,\mathrm{S}}(\lambda, T_{\mathrm{Au}}) F(\lambda) V(\lambda) \, d\lambda} = \frac{L_{\lambda,\mathrm{S}}(\lambda_{\mathrm{w}}, T)}{L_{\lambda,\mathrm{S}}(\lambda_{\mathrm{w}}, T_{\mathrm{Au}})}. \tag{205}$$

λ_{w} ist eine Funktion der beiden Temperaturen T_{Au} und T. Man kann diese Funktion numerisch für eine Reihe von Temperaturen T berechnen.

Der Begriff der wirksamen Wellenlänge ist nicht auf die visuelle Pyrometrie beschränkt. Analog zu Gl. (205) läßt sich in der photoelektrischen Pyrometrie eine wirksame Wellenlänge λ'_{w} durch

$$\frac{\int L_{\lambda,\mathrm{S}}(\lambda, T) F(\lambda) A(\lambda) \, d\lambda}{\int L_{\lambda,\mathrm{S}}(\lambda, T_{\mathrm{Au}}) F(\lambda) A(\lambda) \, d\lambda} = \frac{L_{\lambda,\mathrm{S}}(\lambda'_{\mathrm{w}}, T)}{L_{\lambda,\mathrm{S}}(\lambda'_{\mathrm{w}}, T_{\mathrm{Au}})} \tag{206}$$

definieren. λ_{w} und λ'_{w} sind durch die Gl. (205) und (206) eindeutig bestimmt. Das kann man leicht aus dem ersten Mittelwertsatz der Integralrechnung nachweisen.

Unter der Annahme, daß λ_{w} bekannt ist, erhält man unter Verwendung der WIENschen Formel (149) die Temperatur T in Gl. (201) und (203) aus

$$\frac{1}{T} = \frac{1}{T_{\mathrm{Au}}} - \frac{\lambda_{\mathrm{w}}(T_{\mathrm{Au}}, T)}{c_2} \ln \frac{1}{D} \tag{207}$$

bzw.

$$\frac{1}{T} = \frac{1}{T_{\mathrm{Au}}} - \frac{\lambda_{\mathrm{w}}(T_{\mathrm{Au}}, T)}{c_2} \ln \frac{1}{R(T)}. \tag{208}$$

Theoretische Grundlagen

Bei Kenntnis von λ'_w folgt mit Gl. (204) die Beziehung

$$\frac{1}{T} = \frac{1}{T_{Au}} - \frac{\lambda'_w(T_{Au}, T)}{c_2} \ln \frac{I_{Ph}(T)}{I_{Ph}(T_{Au})}. \tag{209}$$

b) **Wirksame Grenzwellenlänge**

Die wirksame Wellenlänge läßt sich explizit als Funktion zweier jetzt T, T_0 genannter Temperaturen darstellen, wenn der Zusammenhang zwischen ihr und der von P. D. FOOTE [23] eingeführten *wirksamen Grenzwellenlänge* bekannt ist. Darunter versteht man den Grenzwert der wirksamen Wellenlänge für den Fall $\lim_{T_0 \to T} \lambda_w(T, T_0) = \lambda_g(T)$.
Gl. (205) liefert, wenn man T_{Au} durch T_0 ersetzt, für die wirksame Wellenlänge $\lambda_w(T, T_0)$ den Ausdruck

$$-\frac{1}{\lambda_w(T, T_0)} = \frac{\ln \int L_{\lambda, s}(\lambda, T) F(\lambda) V(\lambda) d\lambda - \ln \int L_{\lambda, s}(\lambda, T_0) F(\lambda) V(\lambda) d\lambda}{c_2 \left(\frac{1}{T} - \frac{1}{T_0}\right)} \tag{210}$$

Der Grenzwert $\frac{1}{\lambda_g(T)}$ hat daher die Form $0:0$. Man erhält ihn, wenn man Zähler und Nenner auf der rechten Seite von Gl. (210) nach T differenziert:

$$\frac{1}{\lambda_g(T)} = \frac{\int \frac{1}{\lambda} \cdot L_{\lambda, s}(\lambda, T) F(\lambda) V(\lambda) d\lambda}{\int L_{\lambda, s}(\lambda, T) F(\lambda) V(\lambda) d\lambda}. \tag{211}$$

Die numerische Auswertung dieser Gleichung für bekannte Filter $F(\lambda)$ und bekannte Temperaturen T führt auf Ausdrücke der Form

$$\frac{1}{\lambda_g(T)} = a + \frac{b}{T} \tag{212}$$

bei höheren Genauigkeitsforderungen zu

$$\frac{1}{\lambda_g(T)} = \alpha + \frac{\beta}{T} + \frac{\gamma}{T^2}. \tag{213}$$

a, b und α, β, γ sind Konstante.

Der funktionale Zusammenhang zwischen λ_g und λ_w folgt aus den Gleichungen (210) und (211):

$$\int_{T_0}^{T} \frac{dT}{T^2 \lambda_g(T)} = \frac{1}{\lambda_w(T, T_0)} \left(\frac{1}{T_0} - \frac{1}{T}\right). \tag{214}$$

Einsetzen von Gl. (212) ergibt die einfache Beziehung

$$\frac{1}{\lambda_w(T, T_0)} = \frac{1}{2}\left(\frac{1}{\lambda_g(T)} + \frac{1}{\lambda_g T_0)}\right). \tag{215}$$

Die zuverlässigere Gleichung (213) liefert

$$\frac{1}{\lambda_w(T, T_0)} = \frac{1}{2}\left[\frac{1}{\lambda_g(T)} + \frac{1}{\lambda_g(T_0)} - \frac{\gamma}{3}\left(\frac{1}{T} + \frac{1}{T_0}\right)^2\right]. \tag{216}$$

c) Schwarze Temperaturen realer Strahler

Die Definitionsgleichung der Schwarzen Temperatur $T_s(\lambda)$

$$L_\lambda(\lambda, T) = L_{\lambda,s}(\lambda; T_s(\lambda)) \tag{217}$$

ist zu ihrer Bestimmung ungeeignet, da jeder Vergleich mit dem Schwarzen Körper zu der Beziehung

$$\int L_\lambda(\lambda, T)\, F(\lambda)\, V(\lambda)\, d\lambda = \int L_{\lambda,s}(\lambda, T_s)\, F(\lambda)\, V(\lambda)\, d\lambda \tag{218}$$

führt, in der T_s zwar ein Zahlenwert für die Schwarze Temperatur des Strahlers bedeutet, die zu T_s gehörende Wellenlänge λ aber unbekannt ist. Zu ihrer Festlegung wird wieder der Begriff der wirksamen Wellenlänge herangezogen. Aus Gl. (218) kann man nach Einführung der Verteilungstemperatur T_V und des Farbemissionsgrades $\varepsilon(T_V)$ folgende Definitionsgleichung für die wirksame Wellenlänge ableiten:

$$\varepsilon(T_V) = \frac{\int L_{\lambda,s}(\lambda, T_s)\, F(\lambda)\, V(\lambda)\, d\lambda}{\int L_{\lambda,s}(\lambda, T_V)\, F(\lambda)\, V(\lambda)\, d\lambda} = \frac{L_{\lambda,s}(\lambda_w, T_s)}{L_{\lambda,s}(\lambda_w, T_V)}. \tag{219}$$

Ein Vergleich mit der Gl. (157) läßt erkennen, daß die zur Schwarzen Temperatur T_s gehörende Wellenlänge mit der wirksamen Wellenlänge $\lambda_w(T_V, T_s)$ übereinstimmt.

Im englischen und französischen Schrifttum wird die wirksame Wellenlänge in dem zuletzt behandelten Fall auf etwas andere Weise ermittelt. Man definiert die Schwarze Temperatur durch eine Größe T'_s in der Gleichung

$$\int L_\lambda(\lambda, T)\, R(\lambda)\, F(\lambda)\, V(\lambda)\, d\lambda = \int L_{\lambda,s}(\lambda, T'_s)\, R(\lambda)\, F(\lambda)\, V(\lambda)\, d\lambda$$

und erhält

$$\frac{1}{T'_s} = \frac{1}{T_{Au}} - \frac{\lambda_w(T'_s, T_{Au})}{c_2} \cdot \ln\frac{1}{R(T'_s)}, \tag{220}$$

wobei sich T'_s auf ein Farbfilter des Durchlaßgrades $R(\lambda)\,F(\lambda)$ bezieht.

d) Rechenverfahren

Die Rechenverfahren zur Bestimmung der Temperaturen von Schwarzen Körpern und der Schwarzen Temperaturen beliebiger Temperaturstrahler führen zu genaueren Ergebnissen, wenn die WIENsche Gleichung konsequent durch die PLANCKsche Formel ersetzt wird. Dieses Vorgehen ist jedoch nur sinnvoll, wenn das Meßgerät empfindlich ist und eine so geringe Meßunsicherheit aufweist, daß die Differenz zwischen den aus den beiden Spektralformeln errechneten Temperaturen von dem Gerät wahrgenommen werden kann. Das trifft für photoelektrische Präzisionspyrometer zu.

Wenn die Strahldichten durch die PLANCKsche Formel ausgedrückt werden, wird die Bestimmung von T umständlicher als früher. Für die Lösung der Aufgabe kommen verschiedene Wege in Frage. Ein allgemein anwendbares Verfahren beruht wieder auf dem Begriff der wirksamen Wellenlänge. Es gelingt jetzt aber nicht mehr, die wirksame Wellenlänge in einfacher Form durch die Grenzwellenlänge explizit darzustellen. Das erkennt man, wenn man den Ausdruck für die Grenzwellenlänge $\lambda_g(T)$ aus der Definition der wirksamen Wellenlänge ableitet. Er lautet

$$\frac{c_2}{\lambda_g(T)\cdot T^2}\cdot\left[1-\exp\left(-\frac{c_2}{\lambda_g(T)\cdot T}\right)\right]^{-1} = \frac{\int \frac{\partial}{\partial T} L_{\lambda,s}(\lambda, T)\, F(\lambda)\, A(\lambda)\, d\lambda}{\int L_{\lambda,s}(\lambda, T)\, F(\lambda)\, A(\lambda)\, d\lambda}. \tag{221}$$

Theoretische Grundlagen

Der Zusammenhang von Grenzwellenlänge und wirksamer Wellenlänge wird gegeben durch

$$\int_{T_{Au}}^{T} \frac{c_2}{\lambda_g(T) \cdot T^2} \cdot \left[1 - \exp\left(-\frac{c_2}{\lambda_g(T) \cdot T}\right)\right]^{-1} dT$$

$$= \frac{c_2}{\lambda'_w(T, T_{Au})} \cdot \left(\frac{1}{T_{Au}} - \frac{1}{T}\right) + \ln \left[\frac{1 - \exp\left(-\dfrac{c_2}{\lambda'_w(T, T_{Au}) T_{Au}}\right)}{1 - \exp\left(-\dfrac{c_2}{\lambda'_w(T, T_{Au}) T}\right)}\right]. \quad (222)$$

Diese unhandlichen Gleichungen lassen eine einfache Beziehung zwischen Grenzwellenlänge und wirksamer Wellenlänge nicht mehr zu.

Dagegen bestehen keine Schwierigkeiten, die wirksame Wellenlänge aus den Definitionsgleichungen (205) bzw. (206) numerisch zu berechnen. Dazu hat man die Integrale in diesen Gleichungen für die Temperaturen T_{Au} und für eine Anzahl höherer Temperaturen T auszuwerten und die Quotienten der Integrale zu bilden. Aus Tabellen der PLANCKschen Funktionen [24] sucht man bei den gleichen Temperaturen T_{Au} und T für eine Wellenlänge innerhalb des Integrationsbereichs der Integrale jene beiden Werte, deren Verhältnis gleich dem Quotienten der Integrale ist. Es gibt eine einzige Wellenlänge mit der gewünschten Eigenschaft, eben die wirksame Wellenlänge. Sie ist eine langsam veränderliche Funktion von T. Für den Gebrauch wird man zweckmäßig $\lambda_w(T, T_{Au})$ und $\lambda'_w(T, T_{Au})$ in Abhängigkeit von T tabellieren.

Die Temperaturen von Schwarzen Körpern und die Schwarzen Temperaturen beliebiger Strahler können auch ohne den Begriff der wirksamen Wellenlänge aus dem Meßergebnis bestimmt werden. Wenn man die Integrale in den Gl. (205) oder (206) für die Temperatur T_{Au} und für bekannte höhere Temperaturen T auswertet und die entsprechenden Quotienten bildet, so nehmen diese mit wachsendem T monoton zu. Werden die Verhältnisse der Integrale als Funktion von T tabelliert, so können die gesuchten Temperaturen T aus dem Meßergebnis direkt abgelesen werden. In gleicher Weise kann man vorgehen, wenn es sich um die Berechnung von Schwarzen Temperaturen T_S handelt. Allerdings ist dann die zu T_S gehörende Wellenlänge noch unbestimmt. Zu ihrer Festlegung wird gewöhnlich die wirksame Wellenlänge $\lambda = \lambda_w(T_S, T_V)$ gewählt. H. J. JUNG, J. VERCH [25] beschrieben ein analytisches Näherungsverfahren, um T aus Gl. (202) zu berechnen. Durch Logarithmieren der Gleichung entsteht

$$- \ln D = - \ln \int L_{\lambda, S}(\lambda, T_{Au}) F(\lambda) V(\lambda) d\lambda + \ln \int L_{\lambda, S}(\lambda, T) F(\lambda) V(\lambda) d\lambda. \quad (223)$$

Die Logarithmen der Integrale lassen sich in Potenzreihen von $\dfrac{1}{T_{Au}}$ bzw. $\dfrac{1}{T}$ entwickeln, die rasch konvergieren, so daß sie nach dem vierten Glied abgebrochen werden dürfen:

$$\ln \int L_{\lambda, S}(\lambda, T) F(\lambda) V(\lambda) d\lambda = a_0 + \frac{a_1}{T} + \frac{a_2}{T^2} + \frac{a_3}{T^3}.$$

Aus Gl. (223) entsteht

$$\frac{1}{T}\left(1 + \frac{a_2/a_1}{T} + \frac{a_2/a_1}{T^2}\right) = \frac{1}{T_{Au}} + \frac{a_2/a_1}{T_{Au}^2} + \frac{a_3/a_1}{T_{Au}^3} - \frac{1}{a_1}\ln D = X. \quad (224)$$

Die mit X bezeichnete rechte Seite dieser Gleichung ist als bekannt anzusehen. Ersetzt man in der Klammer von Gl. (224) $\frac{1}{T}$ näherungsweise durch X, so wird

$$\frac{1}{T} = \frac{X}{1 + a_2/a_1 \cdot X + a_3/a_1 \cdot X^2}.\qquad(225)$$

Man gewinnt bessere Näherungen, wenn man Gl. (225) in den Klammerausdruck von Gl. (224) einsetzt und dieses Verfahren notfalls wiederholt. Die allgemeine Lösung hat die Form

$$\frac{1}{T} = X \cdot f(X),$$

wo $f(X)$ einen Wert nahe bei 1 annimmt. Schon die erste Näherung Gl. (225) bestätigt diese Form. Im allgemeinen Fall stellt man $\frac{1}{f(X)}$ durch eine Potenzreihe von X dar, die mit dem quadratischen Glied abgebrochen wird: $1/f(X) = A + BX + CX^2$. Als Endergebnis erhält man

$$T = AX^{-1} + B + CX.\qquad(226)$$

Im Jahre 1973 wurden von H. J. JUNG und J. VERCH [25] die durch Gl. (223) bis (226) beschriebenen Methoden dadurch vereinfacht, daß $\ln \int L_{\lambda,s} \cdot F \cdot V \cdot d\lambda = a + b/(T - c)$ gesetzt wurde, wodurch nur lineare Gleichungssysteme auftraten und Iterationen überflüssig wurden. Bei allen diesen Berechnungsmethoden liegen die Abweichungen der Temperaturbestimmungen zwischen 1000 K und 3000 K für ein Rotfilter RG2 gegenüber der strengen Formel (82) unterhalb von 0,04 K (hinsichtlich der Filterauswahl s. VII B 4a sowie die Arbeiten von H. J. JUNG [25], F. RIGHINI [94], R. D. LEE u. Mitarbeiter [94]).

B Geräte und Hilfsmittel der optischen Pyrometrie

Abgesehen von der Temperaturermittlung über das STEFAN-BOLTZMANNsche Gesetz der Gesamtstrahlung erfordern die anderen optischen Meßmethoden komplizierte Geräte für Erzeugung, Nachweis, Schwächung und Filterung der Strahlung. Neben den eigentlichen Pyrometern gehören damit zu den Hilfgeräten der optischen Pyrometrie Schwarze Strahler, Sekundärstrahler, Empfänger und die Vorrichtungen zur Strahlungsschwächung und -filterung.

1. Schwarze Strahler

Schwarze Strahler zur Realisierung der Fixpunkte

Eine fast ideale Form des Schwarzen Strahlers ist zuerst von F. HOFFMANN und W. MEISSNER [26] erprobt worden. Sie führten einen kugelförmig gestalteten Hohlraum

Geräte und Hilfsmittel der optischen Pyrometrie

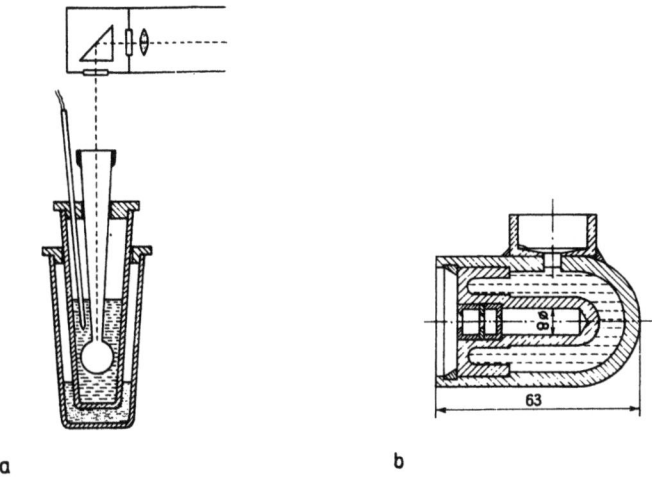

a b

Abb. 35 Tauchstrahler für den Golderstarrungspunkt. *a* vertikale Form nach F. HOFFMANN und W. MEISSNER; *b* horizontale Form nach C. TINGWALDT und H. KUNZ

(vgl. Abb. 35a) von einigen Kubikzentimetern Inhalt mit einem trichterförmigen Ansatz aus keramischer Masse, Grafit oder Magnesia in einen Schmelztiegel mit flüssigem Gold oder Palladium und beobachteten mit Hilfe eines totalreflektierenden Prismas die aus dem Hohlraum austretende Strahlung. Während das Metall erstarrt oder schmilzt, läßt sich leicht die Temperatur und damit die ihr eindeutig zugeordnete Strahldichte der Schwarzen Strahlung genügend lange konstant halten (s. auch X C 4). Eine horizontale Ausführungsform zur Selbstherstellung von Tauschstrahlern für den Gold- und Silbererstarrungspunkt beschreiben C. TINGWALDT und H. KUNZ [27] (Abb. 35b). Der eigentliche, von den Schmelzmetallen umgebene und mit Kobaltoxid geschwärzte Hohlraum hat bei einem Innendurchmesser von 8 mm eine Länge von 20 mm. Die Austrittsöffnung von 1,5 mm (bzw. 0,9 mm) gewährleistet einen hinreichend hohen Grad an Schwarzstrahlung. Die Metallbeschickung erfolgt von oben über den abnehmbaren Deckel. Die gesamte Strahleranordnung wird direkt in einen regelbaren Heizofen gebracht. Einen ähnlichen Horizontalstrahler aus Grafit für den Kupfererstarrungspunkt beschreibt auch R. D. LEE [28] in allen Einzelheiten, die für die Selbstherstellung erforderlich sind. Aus Grafit besteht auch der Vertikalstrahler, den D. FÖRSTE [29] zur Aufstellung einer Verteilungstemperaturskala entwickelt und angewendet hat.

Zur Abschätzung des Fehlers, der durch die Öffnung des Hohlraums verursacht wird, dient folgende Betrachtung: Trifft ein Strahlungsfluß von der Stärke 1 eine diffus reflektierende Fläche, deren Reflektionsvermögen ϱ ist, so hat diese Fläche die Strahldichte L, und von ihr geht in den Halbraum der Strahlungsstrom $L\pi = \varrho$ aus. Ist der Halbraum bis auf eine Öffnung geschlossen, die unter dem räumlichen Winkel Ω von der Fläche aus in Richtung ihrer Normalen erscheint, so geht von der zurückgeworfenen Strahlung der Anteil $\Delta L = L\Omega = \dfrac{\varrho \cdot \Omega}{\pi}$ verloren. Der Rest $1 - \dfrac{\varrho \cdot \Omega}{\pi}$ wird also durch den mit der Öffnung versehenen Raum absorbiert. Der Absorptionsgrad α und demnach aus der Emissionsgrad ε eines solchen Hohlraumes ist also nicht 1, sondern, wenn die Öffnung im Abstand *l* von der Fläche kreisförmig ist und den Durchmesser *d* besitzt,

$$\varepsilon = 1 - \frac{\varrho \cdot d^2}{4 \cdot l^2} . \tag{227}$$

Mit $d = 0{,}3$ cm, $l = 1{,}5$ cm, $\varrho = 0{,}5$ erhält man $\varepsilon = 0{,}995$. Gl. (227) läßt erkennen, wie man bei gleichbleibenden Abmessungen den Emissionsgrad des Hohlraums verbessern kann, wenn man als Baustoff ein Material möglichst geringen Reflexionsgrades wählt.

Genauere Berechnungen über die Hohlraumschwärze haben C. GOUFFÉ sowie E. M. SPARROW und Mitarbeiter veröffentlicht. G. BAUER [30] hat diese Berechnungen experimentell bestätigt und genauere Zusammenhänge zwischen dem Emissionsgrad ε eines zylindrischen Hohlraums und dem Emissionsgrad $1 - \varrho$ des Wandmaterials angegeben, z. B. $\varepsilon \approx 1 - \varrho/\{(1 - \varrho) \cdot [1 + 4 \, (l/d)^2]\}$ für einen Zylinder mit ebener Hinterwand.

Schwarze Strahler veränderlicher Temperatur

Schwarze Strahler für hohe veränderliche Temperaturen wurden zuerst von O. LUMMER und F. KURLBAUM verwirklicht [31]. E. BRODHUN und F. HOFFMANN haben später diese Strahler dadurch verbessert, daß die eigentliche Hohlraumkammer keine unmittelbare Berührung zum Heizrohr hatte und nur indirekt durch Strahlung erwärmt wurde [32].

Der wesentliche Teil des Hohlraumstrahlers ist ein zylindrisches keramisches Rohr B (Abb. 36), das im Kurzschluß mit Hilfe der Platinmanschette C beheizt wird und das im Innern neben der geschwärzten Hohlraumkammer A die Kammern zur Strahlungsbegrenzung und zur Halterung des Thermopaares D enthält. Die durch Aufheizung und Abkühlung bewirkte Verschiebung der Kammern und des Thermopaares werden durch Federn G verhindert. Durch die Zusatzheizungen H wird die Isothermie der Hohlraumkammer gewährleistet. Bei längerem Gebrauch des Schwarzen Strahlers oberhalb von 1500 K kann sich das Heizrohr leicht durchbiegen und muß dann durch Drehen in seiner Lage verändert werden. Ein wichtiges Kriterium für die Güte des Strahlers ist das Verschwinden sämtlicher Helligkeitsunterschiede der Hohlraumkammer im Glühzustand. Es ist anzustreben, daß die Helligkeit des innersten Diaphragmas die gleiche ist wie die der mittleren Scheidewand, auf der die Lötstelle des Thermopaares ruht. Nur dann sich die Bedingungen der homogenen Hohlraumstrahlung erfüllt, wenn die Flächenelemente gleich hell erscheinen und keine Einzelheiten im Inneren von A mehr unterschieden werden können. E. BRODHUN und F. HOFFMANN [32] haben dadurch eine Verbesserung der älteren Konstruktion erreicht, daß sie in die Kammer A noch einen Hohlraum einbauten, der nur mittelbar, und zwar durch die Strahlung der Wände des größeren, geheizt wird. Die Lötstelle des Thermopaars brachten auch sie in Berührung mit der hinteren Fläche des Hohlraums.

Für Temperaturen oberhalb von 1500 °C werden zur Herstellung von Schwarzen Strahlern vorwiegend Wolfram und Grafit als Material der zumeist im Kurzschluß

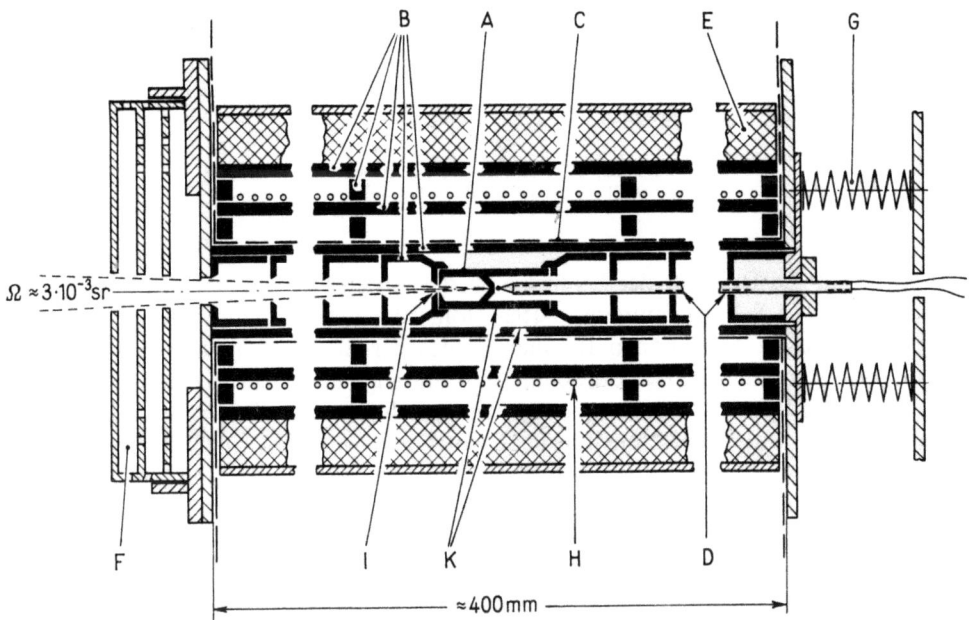

Abb. 36 Hohlraumstrahler veränderlicher Temperatur. Es bedeuten: A Hohlraumkammer, B Kammer, Rohre und Ringe aus Keramik, C Manschette aus Pt 5% Rh zur elektrischen Kurzschlußbeheizung, D Doppelkapillare für Pt-Pt 10% Rh-Thermopaar, E Isolierung aus Schaumkeramik, F Blenden zur Verringerung der Luftkonvektion; H Zusatzheizung für Isothermie der Hohlraumkammer, I Strahlungsöffnung (2 mm bis 4 mm ⌀) der Hohlraumkammer, K Schwärzung durch Kobaltoxid

beheizten Strahlungsrohre verwendet. Einen fensterlosen Strahler aus Grafit mit Kammern aus Aluminiumoxid beschreibt H. MAGDEBURG [22] in Kapitel XI. Das Heizrohr hat hier ein spezielles Dickenprofil (in der Mitte dicker als am Rand) zur Verbesserung des achsialen Temperaturprofils. F. ANACKER und R. MANNKOPFF [33] geben die Konstruktion eines Schwarzen Strahlers aus Grafit an, mit dem Temperaturen bis zur Sublimationstemperatur (4000 K) von Grafit leicht reproduziert werden können. Bei dem Durchlaufen hoher Temperaturbereiche muß durch konstruktive Maßnahmen die freie thermische Ausdehnung des Heizrohrs gewährleistet sein. Häufig verschieben sich bei Temperaturerhöhungen auch die Innenkammern und gehen dann bei der Abkühlung nicht in ihre Ausgangslage zurück. Durch geeignete Federkräfte lassen sich jedoch die temperaturabhängigen Kammerverlagerungen reproduzierbar gestalten.

Anschluß Schwarzer Strahler an Temperaturfixpunkte

Bei der Schmelztiegelmethode taucht der Hohlraumstrahler direkt in das Schmelzgut ein. Die Menge des Schmelzguts muß stets so bemessen sein, daß der Tauchtiegel tief genug in die Schmelze eintaucht und eine hinreichende Schwarzstrahlung gewährleistet. Zweckmäßig ist es, den Tauchtiegel im nichteingetauchten Zustand geometrisch zu justieren und den Ofen mit der Schmelze dann von unten hochzufahren. Ein gutes

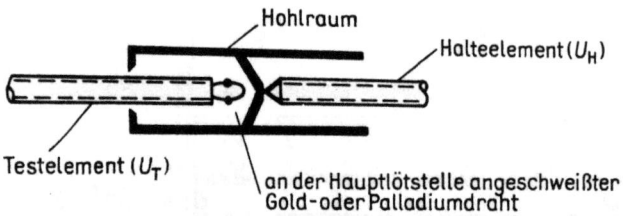

Abb. 37 Anschluß Schwarzer Strahler an den Gold- oder Palladiumschmelzpunkt nach der Drahtmethode

Kriterium für die Reinheit der Schmelze ist die hinreichende Übereinstimmung von Erstarrungs- und Schmelztemperatur (bei Gold besser als 0,1 °C). Wenn die Erstarrungscharakteristik trotz hohen Reinheitsgrades der Schmelze nicht gut ausgeprägt ist, kann das daran liegen, daß die Schmelze nicht lange und nicht weit genug (empfehlenswert 40 °C) über den Erstarrungspunkt hinaus erhitzt wurde. Bei Platin-, Palladium-, Kupfer-, Gold- und Silberschmelzen beobachtet man vor dem Erstarren immer eine starke (20 °C und mehr) Unterkühlung der Schmelze. Kupfer und Silber lassen sich am besten in reinen Grafittiegeln schmelzen; diese Schmelzen müssen mit Grafitpulver bedeckt werden, u. Oxydationen und Spratzen zu verhindern. Bei direktem pyrometrischen Beobachten des Erstarrungspunktes hat der horizontale Strahler gegenüber dem vertikalen Tauchstrahler den Vorteil, daß hier ein Umlenkprisma oder -spiegel nicht benötigt wird. Die Erstarrungsdauer der Schmelze liegt bei 15 Minuten und ist damit lang genug für eine hinreichende Anzahl pyrometrischer Meßpunkte. Wenn jedoch eine größere Zahl von Anschlußwerten benötigt wird (z. B. bei der Einmessung von Pyrometern mit mehreren Farbfiltern), so sollte ein horizontaler Schwarzer Strahler einstellbarer Temperatur möglichst mit Hilfe eines objektiven pyrometrischen Meßverfahrens an einen senkrecht unter ihm stehenden Tauchstrahler an den Erstarrungspunkt angeschlossen werden. Das geschieht durch abwechselndes Beobachten des Schmelz- und Horizontalstrahlers über einen Schwenkspiegel, dessen Reflexionsgrad dann den Anschlußwert nicht beeinflußt. Nach dem Erstarren der Schmelze wird der Spiegel entfernt, und der an den Erstarrungspunkt angeschlossene Schwarze Strahler kann dann über mehrere Stunden zur Beobachtung benutzt werden.

In recht einfacher Weise lassen sich Hohlraumstrahler nach der sog. Drahtmethode für die Schmelztemperaturen des Goldes (oder Palladiums) kalibrieren (Abb. 37). Dazu wird ein Platinrhodium-Platin-Thermopaar (Schenkeldicke etwa 0,3 mm) in die Innenkammer des Strahlers eingeführt und die Differenz seiner Thermospannung U_T gegenüber der Thermospannung U_H eines eingebauten Thermopaares etwa für 1000 °C, 1050 °C, 1065 °C und 1085 °C bei konstanter Temperatur bestimmt. Anschließend wird die Hauptlötstelle des ersten Thermopaares durchgeschnitten und an die beiden freien Schenkel ein etwa 0,3 mm starker und 5 bis 8 mm langer reiner Golddraht angeschweißt. Die Differenzmessungen werden bei 1000 °C und 1050 °C wiederholt und dem Ofen dann ein Temperaturgang von rund 1 °C min^{-1} aufgeprägt, wobei der zeitliche Verlauf von U_T und U_H ständig registriert wird. Ist die Schmelztemperatur in der Innenkammer des Hohlraums erreicht, so zieht sich infolge der Oberflächenspannung der Golddraht zu einer kleinen Kugel an den Schenkelenden zusammen, und wenige Sekunden bleibt die Thermospannung von U_T so lange konstant, bis die Schmelzwärme des Goldes an die Umgebung abgegeben ist. Die Thermospannungen haben dann etwa den in Abbildung 38 aufgezeichneten Verlauf.

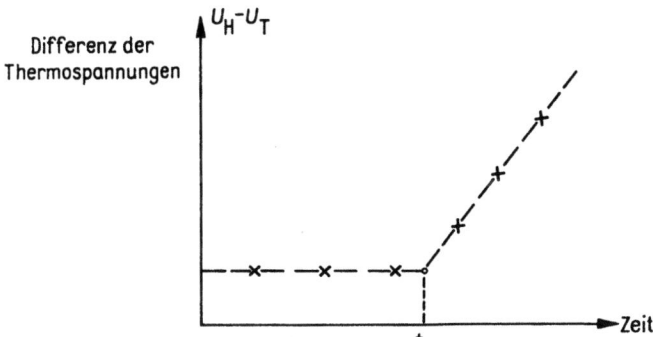

Abb. 38 Zeitlicher Verlauf der Thermospannungen bei der Drahtmethode (U_H Halteelement, U_T Testelement, t_0 Schmelzzeit)

Im Anschluß an diese Beobachtungen wird das erste Element wiederum an der Hauptlötstelle abgeschnitten, neu verschweißt, und die ursprünglichen Differenzmessungen wiederholt. Ergibt sich hierbei eine Differenz $\Delta_2 U = U_H(t_{Au}) - U_T(t_{Au})$ und vor der Golddrahtverschweißung eine entsprechende Differenz $\Delta_1 U$, so ist die Thermospannung $U_H(t_{Au})$ des Heizelements bei der Hohlraumtemperatur des schmelzenden Goldes

$$U_H(t_{Au}) = U_T(t_{Au}) + \frac{1}{2}(\Delta_1 U + \Delta_2 U). \tag{228}$$

$U_T(t_{Au})$ ist die Thermospannung des Testelements zur Zeit t_0. Die Drahtmethode ist auf etwa 0,5 °C genau und sollte nicht ganz kritiklos angewendet werden (Differenzen der einzelnen Thermospannungen bei konstanter und steigender Ofentemperatur). Durch das Einführen größerer Testthermopaare wird manchmal die Strahlungsabkühlung des Hohlraums verhindert, so daß für den öffnungsfreien Strahler zu niedrige Thermospannungen zugrundegelegt werden.

Die Plättchenmethode stellt eine Abwandlung der Drahtmethode dar und hat ihr gegenüber den Vorteil, daß der Strahlungsaustausch zwischen der Hohlraumkammer und dem Außenraum nicht gestört wird. Im kalten Zustand wird an die aufgerauhte Kammerrückwand ein blank spiegelndes Edelmetallplättchen gelegt und der Strahler aufgeheizt. Die Strahlung der Kammer ist zunächst nicht schwarz. Wird der Schmelzpunkt erreicht, so fällt wegen der geringen Wärmekapazität das Plättchen wie ein Vorhang zusammen und bleibt als störungsfreie kleine Schmelzkugel auf dem Kammerboden haften. Die Strahldichte des Hohlraums steigt am Schmelzpunkt um 20% bis 40% schlagartig an; der Zeitpunkt des Schmelzens ist damit leicht beobachtbar. Die Brauchbarkeit dieser Methode wurde von H. MAGDEBURG [34] für den Gold- und Platinschmelzpunkt nachgewiesen.

2. Nichtschwarze Strahler

a) Wolframlampen

Wolframrohrlampe

Bei Wolframrohrlampen besteht der Leuchtkörper meist aus einem senkrecht stehenden oder horizontal liegenden Röhrchen aus 0,04 mm starkem Wolframblech von 3 mm

Innendurchmesser und 25 mm Länge. Das Wolframrohr ist an Molybdän- und Nickelelektroden befestigt und kann sich beim Erwärmen spannungsfrei ausdehnen. Bei der vertikalen Ausführung hat das Röhrchen in Längsrichtung einen 0,2 mm bis 0,3 mm breiten Schlitz, der sich über die ganze Röhrchenlänge erstreckt und Schwarzstrahlung emittiert. Zur Erhöhung des Emissionsgrades wird die Flächennormale des Schlitzes um 10 bis 20° gegenüber der Flächennormalen des Quarzaustrittsfensters der Lampe verdreht. Die Heizung der Lampe erfolgt mit Gleichstrom (z. B. 55 A bei 5,7 V für 2600 K; bei Betrieb mit Wechselstrom von 50 Hz beträgt die Welligkeit der Strahldichte etwa 3%). Der Emissionsgrad der Lampe ist im sichtbaren Spektralbereich nahezu gleich 1. Für die Kalibrierung von Pyrometern und als Strahldichtenormal ist die Lampe gut geeignet, doch muß ihre Wahre Temperatur bei jedem Hochheizen erneut bestimmt werden, da die Strom-Temperatur-Kurve wenig reproduzierbar ist.

Wolframbandlampe

Bei der Wolframbandlampe wird innerhalb eines mit einem Fenster versehenen Glaskolbens ein Wolframband (Richtwerte: Länge 35 mm, Breite 2 mm, Dicke 0,02 mm, Stromstärke 4,5 A mit 0,006 A°C^{-1}, Spannung 1,2 V, Temperatur 1064 °C) durch elektrischen Gleichstrom zum Glühen gebracht. Ähnlich wie bei den Pyrometerlampen sollten auch bei Wolframbandlampen zu jeder Strommessung die Lampenspannungen genau ermittelt werden, um Widerstandsänderungen des Wolframbandes erkennen zu können. Das Band ist häufig mit einer Kerbe versehen, um den Ort der Temperaturbeobachtung besser festlegen zu können.

Tabelle 15. Spektrale Strahldichten der fensterlosen Wolframbandlampe (Zahlenwerte in W cm^{-2} nm^{-1} sr^{-1}) in Abhängigkeit der Wahren Temperatur des Wolframbandes

Wellenlänge in nm	Temperatur 1600 K	2000 K	2400 K	2800 K
250	1,327 (−12)*)	1,713 (−9)	2,012 (−7)	5,999 (−6)
300	2,305 (−10)	9,054 (−8)	4,826 (−6)	8,212 (−5)
350	7,677 (−9)	1,287 (−6)	3,894 (−5)	4,428 (−4)
400	9,753 (−8)	8,605 (−6)	1,698 (−4)	1,422 (−3)
450	6,484 (−7)	3,470 (−5)	4,900 (−4)	3,233 (−3)
500	2,790 (−6)	1,001 (−4)	1,083 (−3)	5,906 (−3)
550	8,768 (−6)	2,268 (−4)	1,973 (−3)	9,210 (−3)
600	2,178 (−5)	4,289 (−4)	3,110 (−3)	1,275 (−2)
650	4,554 (−5)	7,117 (−4)	4,422 (−3)	1,623 (−2)
700	8,346 (−5)	1,068 (−3)	5,803 (−3)	1,934 (−2)
750	1,373 (−4)	1,476 (−3)	7,137 (−3)	2,186 (−2)
800	2,067 (−4)	1,909 (−3)	8,329 (−3)	2,369 (−2)
850	2,897 (−4)	2,341 (−3)	9,347 (−3)	2,495 (−2)
900	3,826 (−4)	2,752 (−3)	1,017 (−2)	2,572 (−2)
950	4,803 (−4)	3,116 (−3)	1,077 (−2)	2,598 (−2)
1000	5,796 (−4)	3,432 (−3)	1,116 (−2)	2,583 (−2)
2000	8,779 (−4)	2,368 (−3)	4,743 (−3)	8,006 (−3)
3000	3,82 (−4)	8,18 (−4)	1,43 (−3)	2,20 (−3)
4000	1,65 (−4)	3,16 (−4)	5,13 (−4)	7,55 (−4)
5000	7,86 (−4)	1,41 (−4)	2,18 (−4)	3,10 (−4)

*) (−12) bedeutet · 10^{-12}

Tabelle 16. Emissionsgrad und pyrometrische Temperaturen der Wolframstrahlung

T_W	ε	$10^4 \cdot \dfrac{d\varepsilon}{d\lambda}$	T_S	T_F	$T_W - T_S$	$T_F - T_W$
1000	0,4600	0,92	962	1002	38	2
1100	0,4581	0,93	1054	1105	46	5
1200	0,4563	0,95	1146	1208	54	8
1300	0,4544	0,97	1237	1311	63	11
1400	0,4526	1,00	1327	1413	73	13
1500	0,4507	1,03	1416	1516	84	16
1600	0,4489	1,06	1504	1619	96	19
1700	0,4470	1,10	1591	1722	109	22
1800	0,4452	1,13	1678	1825	122	25
1900	0,4434	1,17	1764	1927	136	27
2000	0,4416	1,20	1849	2030	151	30
2100	0,4397	1,24	1934	2134	166	34
2200	0,4379	1,27	2018	2237	182	37
2300	0,4360	1,31	2101	2340	199	40
2400	0,4342	1,34	2183	2444	217	44
2500	0,4323	1,38	2264	2548	236	48
2600	0,4305	1,42	2345	2651	255	51
2700	0,4286	1,46	2425	2755	275	55
2800	0,4268	1,50	2504	2859	296	59
2900	0,4249	1,55	2582	2964	318	64
3000	0,4231	1,59	2660	3068	340	68

Wahre Temperatur (T_W in K), Emissionsgrad ε (bei der Wellenlänge $\lambda = 650$ nm), Schwarze Temperatur (T_S in K) für $\lambda = 650$ nm bei Berücksichtigung eines Durchlaßgrades von 0,92 für die Lampenhülle und einer Farbtemperatur T_F (in K, bezogen auf den sichtbaren Spektralbereich)

Für Lampen bis zu 1600 K gibt es Ausführungsformen mit evakuierten Lampenkolben und oberhalb von 1600 K gasgefüllte und daher stärker neigungsempfindliche Lampen. Der sehr gute Eignungsgrad der Wolframbandlampen als Sekundärstrahler beruht einmal in der bequemen Handhabung dieser Lichtquellen und zum anderen in der Beobachtung, daß die strahlungsoptischen Eigenschaften und ihre Temperaturunabhängigkeit stets als reproduzierbar und unabhängig vom Fertigungsort des Wolframs gefunden wurden.

Unter Bezug auf die von J. DE VOS gemessenen Werte geben die Tabellen 15 und 16 die für die Temperaturmessung wichtigsten Daten wieder [35].

Kontrollmessungen an Sekundärpyrometern sollten nach H. KUNZ [36] besser mit kalibrierten Wolframbandlampen als mit Primärpyrometern ausgeführt werden. Besondere Aufmerksamkeit ist dabei jedoch zu legen auf die Neigungsempfindlichkeit, die Art der Temperaturverteilung auf dem Band, die Umgebungstemperatur und auf häufig beobachtete zyklische Strahldichteänderungen. Internationale Bandlampenvergleiche mehrerer Staatsinstitute ergaben Reproduzierbarkeiten von ± 2 K im Bereich bis 1300 K und ± 3 K im Bereich von 1300 K bis 2400 K.

b)   Niederstromkohlebogen

Die Eignung des Niederstromkohlebogens als Strahlungsnormal beruht sowohl auf dem hohen Emissionsgrad als auch auf der Beobachtung, daß es beim Erreichen der

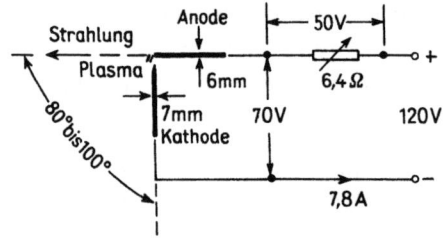

Abb. 39 Schaltung des Niederstromkohlebogens

Sublimationstemperatur einen Heizstrombereich gibt, in dem die Strahldichte des positiven Bogenkraters unabhängig vom Strom wird. Die Stromdichte auf der Anodenoberfläche stellt sich dabei konstant auf einen Wert von etwa 40 Acm^{-2} ein; Veränderungen der zugeführten elektrischen Leistung bewirken hier lediglich Änderungen in der Größe des Brennflecks. Auch die Winkelstellung zwischen beiden Elektroden (etwa 90°) hat kaum einen meßbaren Einfluß auf die thermophysikalischen Bogeneigenschaften. Das Schaltprinzip des Niederstromkohlebogens ist aus Abbildung 39 zu ersehen.

Anode und Kathode bestehen aus reinem Grafit. Bei Berührung der Elektroden entsteht zwischen ihnen ein (zur Strahlung des Kraters der Anode nur unwesentlich beitragendes) Lichtbogenplasma, wenn zwischen Anode und Kathode eine Brennspannung von etwa 70 V aufrecht erhalten wird. Infolge der fallenden Stromspannungscharakteristik muß dem Bogen ein Widerstand vorgeschaltet werden, damit der Brennstrom von etwa 7,8 A aufrecht erhalten wird.

Präzisionsmessungen der strahlungsoptischen Eigenschaften des Niederstromkohlebogens wurden erstmalig von H. G. Mc Pherson durchgeführt und später ergänzt durch J. Euler, J. P. Mehltretter, H. Magdeburg und K. Schurer. Im Hinblick auf den Kohlebogen als Temperaturfixpunkt (Oberflächentemperatur des positiven Kraters) dürften die Messungen von K. Schurer und hinsichtlich der Eigenschaften als Strahldichtenormal (im Wellenlängenbereich von 0,25 µm bis 15 µm) die Beobachtungen von H. Magdeburg z. Z. als am meisten gesichert gelten [37].

Unterhalb des Spektralbereichs von 0,59 µm wird die Strahlung des in Luft brennenden Anodenkraters z. T. überlagert von Linien und Banden. Die stärksten liegen bei 0,25 µm (C-, B- und Si-Linien), 0,36 µm (CN-Banden), 0,38 µm (CN-Banden), 0,41 µm (CN-Banden), 0,52 µm (C_2-Swan-Banden) und 0,59 µm (Na-Linien). Für astrophysikalische Zwecke ist die Abhängigkeit der Anodenoberflächentemperatur vom Umgebungsdruck von Bedeutung. Bei 530 mbar wird die Temperatur um 60 K und bei 270 mbar um 200 K erniedrigt. Ein Niederstrom-Kohlebogen-Strahlungsnormal erfährt also eine Temperaturerniedrigung von 38 K, wenn es auf einem Berg in 3600 m Höhe betrieben wird; die spektrale Strahldichte bei einer Wellenlänge von 0,6 µm erniedrigt sich dann um 5%. Vermutlich könnten die Strahlungseigenschaften des Kohlebogens verbessert werden, wenn die Elektroden in einer geschlossenen Hülle bei umgebender Argonatmosphäre gebrannt werden (geringerer Abbrand, ruhigere Brennlage, kleinere Druckabhängigkeit).

Für den praktischen Betrieb des in Luft brennenden Kohlebogens muß durch eine geeignete elektromechanische Vorrichtung für die Aufrechterhaltung des günstigsten Elektrodenabstandes gesorgt werden. Normalerweise setzt bei Strömen von etwa 10 A die sog. „Zischgrenze" des Bogens ein, der Strom sollte dann so eingestellt werden,

Tabelle 17. Wahre Temperaturen der Anodenoberfläche des Niederstromkohlebogens

Hersteller	Elektroden-bezeichnung	Wahre Temperaturen	Unsicherheit
Ringsdorff	RWO	3480 K	±8 K
	RWI	3825	5
	RWII	3810	8
	RWIV	3865	10
Ultra Carbon	U 1	3810	8
	U 2	3815	8
	U 7	3815	8
	UF4S	3805	10
	ST	3815	8
National Carbon	AGKSP	3795	12
	SPK	3810	8
	L113 SP	3790	12
Conradty	Noris H	3775	15
	Noris Vacuum	3785	15

daß die Anodentemperatur einen Höchstwert erreicht (etwa 20% unterhalb des Stromes der „Zischgrenze"). Die maximalen Wahren Temperaturen des positiven Kraters handelsüblicher Kohlesorten sind in Tabelle 17 aufgeführt.

Tabelle 18. Spektrale Strahldichten des Kohlebogens in $W\,cm^{-3}\,sr^{-1}$

Wellenlänge	Spektrale Strahldichten	
	RW II	Noris H
0,25 µm	0,403 *(5)	0,325 *(5)
0,30	0,164 (6)	0,142 (6)
0,40	0,931 (6)	0,839 (6)
0,50	0,201 (7)	0,185 (7)
0,60	0,283 (7)	0,266 (7)
0,62	0,295 (7)	0,277 (7)
0,64	0,304 (7)	0,287 (7)
0,66	0,312 (7)	0,295 (7)
0,68	0,319 (7)	0,301 (7)
0,70	0,323 (7)	0,306 (7)
0,80	0,326 (7)	0,310 (7)
0,90	0,307 (7)	0,295 (7)
1,00	0,277 (7)	0,268 (7)
2,00	0,658 (6)	0,647 (6)
3,00	0,190 (6)	0,189 (6)
4,00	0,708 (5)	0,714 (5)
5,00	0,317 (5)	0,322 (5)
10,00	0,230 (4)	0,235 (4)
15,00	0,467 (3)	0,475 (3)

* (5) bedeutet $\cdot 10^5$

Verwendet man als Anoden die Kohlesorten RW II (Durchmesser 6,35 mm, Strom 7,3 A) oder NORIS H (Durchmesser 6 mm, Strom 7,3 A) und in beiden Fällen als Kathodenmaterial Noris D (Durchmesser 7 mm) so gelten die spektralen Strahldichtewerte für die Strahlung des positiven Anodenkraters wie sie in Tabelle 18 aufgeführt werden.

c) **Andere Sekundärstrahler**

Quecksilberhochdruckbrenner aus Quarzglas mit einer Leistungsaufnahme von 250 W und genau festgelegten Konstruktionsdaten eignen sich zum Kalibrieren von Strahlungsquellen und Empfängern im mittleren und langwelligen UV-Bereich, wenn die Umgebung der Elektroden durch Blenden so abgeschirmt wird, daß nur ein definierter Bereich von etwa 8 mm Länge zur Ausstrahlung gelangt [38]. Der in XI D beschriebene Plasmakaskadenbrenner ist von B. WENDE und G. BOLDT im Hinblick auf seine Eigenschaften als Strahlungsnormal untersucht worden [39]. In Analogie zur Bandlampe ist auch hier die Stromstärke bestimmend für die Strahldichte. Bei einem Strom von 70 A betragen die spektralen Strahldichten $4 \cdot 10^6$ Wcm^{-3} sr^{-1} ($\lambda = 250$ nm) und $11 \cdot 10^6$ Wcm^{-3} sr^{-1} ($\lambda = 600$ nm); die Werte ändern sich für 110 A auf $5 \cdot 10^6$ bzw. $11 \cdot 10^6$ Wcm^{-3} sr^{-1}. Die Gesamtreproduzierbarkeit der Brennerstrahldichte beträgt etwa 2%. Änderungen des Atmosphärendrucks um 1 mbar führen zu Strahldichteveränderungen von 0,2%, während der Gasdurchsatz des Argons bis zu Maximalwerten von 10 cm^3 s^{-1} praktisch ohne Einfluß ist. Trotzdem erfordert natürlich der Brennbetrieb einen großen experimentellen Aufwand, doch sich die Vorteile dieses sekundären Langzeitstrahlungsnormals unterhalb 400 nm erheblich. Für den praktischen Betrieb sollte die Brennerstrahlung bei einer oder mehreren Wellenlängen absolut an den Kohlebogen angeschlossen werden.

Ebenfalls für das Vakuum-UV bestimmt, beschreiben R. E. HUFFMAN, J. C. LARRABEE und Y. TANAKA eine Entladungslampe, die durch einen Thyratronmodulator angeregt wird (7 kV, 8 kHz, 132 mA) und mit verschiedenen Edelgasen gefüllt werden kann [40]. Geeignet sind im Spektralbereich von 580 bis 1100 Å Helium, von 1050 bis 1550 Å Argon, von 1250 bis 1800 Å Krypton und von 1480 bis 2000 Å Xenon.

In neuerer Zeit wird auch die Vorwärtsstrahlung relativistisch beschleunigter Elektronen in Elektronensynchrotons als Standardstrahlung im Vakuum-UV und nahen UV ausgenutzt. Die spektrale Strahldichteverteilung sowie die Polarisations- und Winkelverteilung in Abhängigkeit von der Elektronenenergie und dem Bahnradius sind von J. SCHWINGER sowie von D. H. TOMBOULIAW und P. L. HARTMANN erstmalig genau berechnet und inzwischen experimentell bestätigt worden. Mit Hilfe geeigneter Blenden und Vakuumsysteme wird die Strahlung tangential aus der Elektronenkreisbahn herausgeführt und im sichtbaren Bereich an den Schwarzen Strahler angeschlossen. Die Strahlung ist stark polarisiert, der Raumwinkel der Emission ist um so kleiner (z. B. bei $\lambda = 10$ Å kleiner als 10^{-3} sr bei Elektronenenergien von 6 GeV), je kleiner die Wellenlänge und je höher die Elektronenenergie ist. In Analogie zur Hohlraumstrahlung verschiebt sich das Maximum der spektralen Strahldichte mit größerer Elektronenenergie zu kürzeren Wellenlängen [95].

Bezüglich weiterer Sekundärstrahler wie Globarstrahler, HEFNER-, Wasserstoff- und Deuteriumlampen, Xenonhöchstdrucklampen, Hohlkathoden und Funken siehe J. EULER und R. LUDWIG [41] sowie G. BAUER [46].

Geräte und Hilfsmittel der optischen Pyrometrie

3. Strahlungsempfänger

a) Empfängerparameter

In den vergangenen Jahren sind viele und neue Strahlungsempfänger von der Industrie in den Handel gebracht worden, so daß es notwendig wurde, die Empfängereigenschaften einheitlich zu kennzeichnen. Die beiden wichtigsten Kennzeichnungen (für die es im deutschsprachigen Raum noch keine entsprechende Bezeichnung gibt) sind die Maßzahlen $\overline{NEP}$ („Äquivalente Rauschzahl" oder „Noise Equivalent Power") und das von H. C. JONES [42] eingeführte D („Detectivity") $D = (\overline{NEP})^{-1}$ bzw. $D^* = \sqrt{A} \cdot D$ (A = Empfängerfläche in cm²). Von zwei Empfängern gleicher Art ist derjenige als Strahlungsdetektor besser geeignet, für den D^* den größeren (oder $\overline{NEP}$ den kleineren) Zahlenwert hat.

An einem Empfänger mit der Fläche A, dem der Strahlungsstrom $\Phi = E \cdot A$ (E = Bestrahlungsstärke z. B. in Wcm^{-2}) zugeführt wird, tritt infolge der Bestrahlung eine („Signal"-)Spannung U auf. Als Empfindlichkeit ε^* wird dann definiert

$$\varepsilon^* = \frac{U}{\Phi} = \frac{U}{EA} \text{ in VW}^{-1}. \tag{229}$$

Charakteristische Werte für ε^* in VW^{-1} sind (die Klammern bedeuten Richtwerte für den Widerstand): Vakuumthermoelement 5 (1 kΩ), Vakuumphotozellen 30 (10 MΩ), gasgefüllte Photozellen 60 (10 MΩ), Photovervielfacher $2{,}5 \cdot 10^6$ (500 kΩ), Bleisulfid-Photowiderstand $7 \cdot 10^5$ (1 MΩ), Siliziumphotodioden $2 \cdot 10^5$ (1 MΩ). Die relative spektrale Empfindlichkeit $\varepsilon_r^*(\lambda)$ wird als dimensionslose Zahl durch Normierung auf $\varepsilon_{max}^* = 1$ erhalten.

Bei Abwesenheit anderer Rauschquellen ist die kleinste am Empfänger nachweisbare Spannung $\overline{U}$ gegeben durch die NYQUIST-Formel

$$\overline{U} = \sqrt{\overline{U^2}} = \sqrt{4kTR\Delta f}. \tag{230}$$

T = Empfängertemperatur, k = BOLTZMANN-Konstante und R = Empfängerwiderstand.

Δf ist die Frequenzbandbreite des ganzen Nachweissystems (z. B. des Strahlungsempfängers einschließlich eines nachgeschalteten Verstärkers). Für einen Empfänger mit der Impedanz $Z(f)$ und einem nachgeschalteten Verstärker mit der frequenzabhängigen Verstärkung $V(f)$ muß $R\Delta f$ ersetzt werden durch den Ausdruck $\int_0^\infty Re[Z(f)] V(f)^2 \, df$, wobei $Re\, Z(f)$ der Realteil der Impedanz Z und $\int_0^\infty V(f)^2 \, df = 1$ ist.

Weiter versteht man unter „Signal-Rausch-Verhältnis" S^* den Ausdruck $S^* = U/\overline{U}$. Die „Äquivalente Rauschzahl" $(\overline{NEP})$ ist definiert durch

$$\overline{NEP} = \frac{\Phi}{S^*} \cdot \frac{1}{\sqrt{\Delta f}} = E \cdot A \cdot \left(\frac{\overline{U}}{U}\right) \cdot \frac{1}{\sqrt{\Delta f}} \text{ in W(Hz)}^{-1/2}. \tag{231}$$

Hiernach gibt also der Parameter $\overline{NEP}$ den kleinsten nachweisbaren Strahlungsstrom $\Phi = \overline{NEP} \sqrt{\Delta f}$ an, der bei einem Signal-Rausch-Verhältnis von $U/\overline{U} = 1$ und einer Bandbreite von $\Delta f = 1$ Hz ermittelt werden kann. Bei Empfängern, die lediglich

NYQUIST-Rauschen haben, ist

$$\overline{NEP} = \frac{1}{\varepsilon^*} \cdot \sqrt{4kTR} \ .$$

Für den „Empfindlichkeitsparameter" D* gilt

$$D^* = \frac{\sqrt{A}}{\overline{NEP}} \quad \text{in cm W}^{-1} \text{(Hz)}^{1/2} \ . \tag{232}$$

Die Größen ε^*, S^*, $\overline{NEP}$ und D^* hängen in charakteristischer Weise von der Wellenlänge der Strahlung ab. In den Fällen, in denen die Parameter bezogen werden auf die Schwarze Strahlung der Temperatur T, sind Mittelwerte z. B. für die Empfindlichkeit folgender Art gemeint:

$$\overline{\varepsilon^*} = \left[\int_0^\infty \varepsilon^*(\lambda) \cdot L_{\lambda,\,s}(\lambda, T) \, d\lambda \right] : \left[\int_0^\infty L_{\lambda,\,s}(\lambda, T) \, d\lambda \right]. \tag{233}$$

Bezogen auf $T = 500$ K haben thermische Empfänger $\overline{NEP}$-Werte zwischen 10^{-8} und 10^{-9}, während für p-leitendes und golddotiertes Germanium (Ge/Au) als Photoleiter der Zahlenwert bei $5 \cdot 10^{-11}$ W(Hz)$^{1/2}$ liegt. In den Katalogdaten der Hersteller wird meist in der Form $D^*(\lambda, f, A)$ oder $D^*(T, f, A)$ zum Ausdruck gebracht, daß der Zahlenwert von D^* sich entweder auf die Wellenlänge λ oder auf die Strahlung eines Schwarzen Strahlers der Temperatur T bezieht, wobei der Empfänger mit fHz moduliert ist und eine Fläche von A cm^2 hat. Thermische und spektrale Abhängigkeiten von D^* sind für einige gebräuchliche Infrarotempfänger in Abbildung 40 dargestellt.

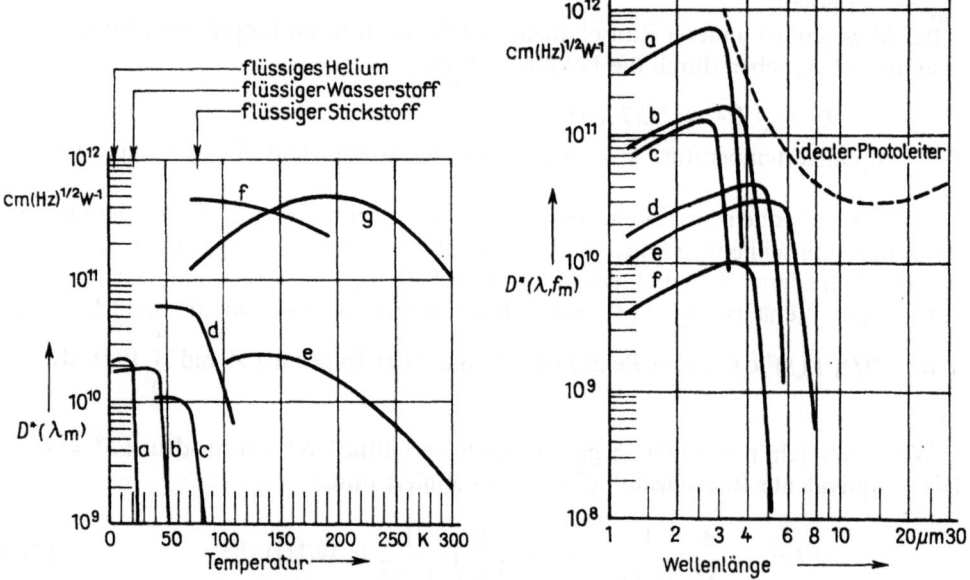

Abb. 40 Temperatur- und Wellenlängen-Abhängigkeit der „Detectivity" D* verschiedener Infrarotempfänger (D*(λ, f_m) bezogen auf den Halbraum).
Links: a: Ge/Cu (1,8 kHz); b: Ge/Hg (1,8 kHz); c: Ge/Au (1,8 kHz); d: InSb (1,8 kHz); e: PbSe (0,84 kHz); f: InAs (1,8 kHz); g: PbS (0,15 kHz).
Rechts: a: PbS (77 K); b: PbS (193 K); c: PbS (295 K); d: PbSe (77 K); e: PbSe (193 K); f: PbSe (295 K).

H. JUNG hat die Proportionalität zwischen der Bestrahlungsstärke E am Ort des Empfängers und seines Ausgangssignals i (Thermospannung oder Photostrom) auf eine andere Art nachgewiesen [90]. Für einen linearen Empfänger gilt $i = a + bE$, für einen nichtlinearen zumindest $i = a + bE + cE^2$ (a, b, c = Konstanten). Wird nun der auf den Empfänger gelangende Strahlungsstrom mit der Frequenz f moduliert, ist also $E = E_0 \sin(2\pi ft)$ (t = Zeit), so tritt im Falle der Nichtlinearität und wegen $\sin^2(2\pi ft)$ bei der Beobachtung von i eine Oberwelle mit der Frequenz $2f$ auf. Durch geschickte Abwandlung des Verfahrens lassen sich die Amplituden der auftretenden Zwischenfrequenzen und damit die Bereiche der Proportionalität zwischen E und i sehr genau bestimmen. Übersichten über Linearitätsprobleme bei Strahlungsempfängern haben G. SAUERBREY und C. L. SANDERS [91] veröffentlicht (s. a. [43, 89]).

b) Photoempfänger

In der *Photozelle* wird der äußere photoelektrische Effekt ausgenutzt, der darin besteht, daß die durch Bestrahlung der Photokathode dort erzeugten freien Elektronen mit Hilfe einer Saugspannung zur Photoanode gelangen und damit der Messung zugänglich werden [58].

Der Raum, in dem sich Anode (Geometrie: Stift, Bügel oder Netz) und Photokathode (Geometrie: flächenhaft aufgebrachte Schicht) befinden, ist entweder evakuiert (Vakuumphotozelle) oder zwecks Empfindlichkeitssteigerung durch Stoßionisation mit einem Edelgas gefüllt. Der spektrale Bereich der Empfindlichkeit reicht vom Vakuumultraviolett bis zum nahen Infrarot (max. etwa 1200 nm für zäsiumhaltige Kathoden).

Vakuumphotozellen sind zeitlich gut konstant, ihre (stabile) Empfindlichkeit liegt zwischen 15 µA lm^{-1} und 200 µA lm^{-1}, die Anzeige ist nahezu trägheitslos, so daß Strahlungsmodulationen bis zu 100 MHz aufgelöst werden können. Gasgefüllte Zellen haben zwar eine zehnfach höhere Empfindlichkeit, doch sind ihre Stromspannungscharakteristiken weniger stabil, die obere Modulationsfrequenz bereits bei 10 kHz begrenzt und die Lebensdauer kleiner als die der Vakuumzellen.

Vielfachphotozellen (Multiplier, Sekundärelektronenvervielfacher oder auch Photovervielfacher genannt) sind Vakuumphotozellen, in denen die Zahl der infolge Bestrahlung der Kathode durch den äußeren Photoeffekt freigemachten Elektronen durch Sekundäremission an weiteren Elektroden (Dynoden) verstärkt wird und hinter der Anode als verstärkter Photostrom zur Messung gelangt. Der Aufbau dieses Strahlungsempfängers ist aus Abbildung 41 ersichtlich.

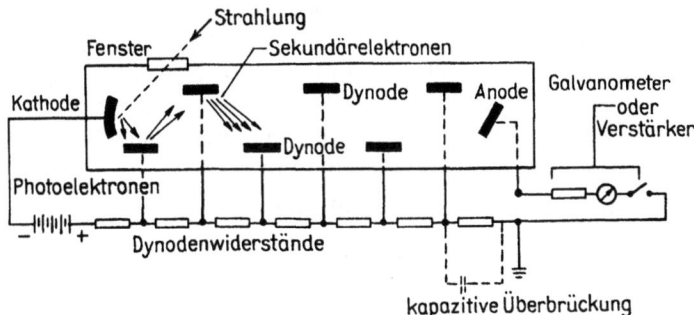

Abb. 41 Aufbau einer Vielfachphotozelle

Die Spannung zwischen den elektronenoptisch zueinander fokussierten Dynoden beträgt etwa 200 V, während die Gesamtspannung zwischen Kathode und Anode zwischen 500 V und 3000 V eingestellt werden kann. Entsprechend erhöht sich die Empfindlichkeit gegenüber den Einfachphotozellen. (Die Verstärkung des Elektronenstroms erreicht Werte über 10^8). Es gibt industrielle Ausführungsformen zur Kühlung und magnetischen Abschirmung der Vielfachphotozellen (zur Steigerung der Empfindlichkeit und Erhöhung des Signal-Rausch-Verhältnisses). Häufig ist es angebracht, die Dynodenwiderstände kapazitiv zu überbrücken, um die Frequenzabhängigkeit (beim Impulsbetrieb) von Strahlungsstrom und Photostrom beeinflussen zu können oder (wenn die Dynodenspannung bei den letzten Dynodenstufen etwa um 20% ansteigt) um bei verringerter Stromverstärkung einen größeren Proportionalitätsbereich zu erhalten. Weiter sind dynodenlose Vielfachphotozellen konstruiert worden, bei denen mit Hilfe geeigneter Magnetfelder die Sekundärelektronen elektronenoptisch optimal zur Anode gelenkt werden [96]. In bezug auf die Eignung der Vielfachphotozellen für strahlungsthermometrische Messungen hat H. KUNZ [43] umfangreiche Untersuchungen angestellt, die besonders in der Präzisionspyrometrie beachtet werden sollten. Hierzu gehört die Berücksichtigung der Umgebungstemperatur auf die Drift und spektrale Empfindlichkeit der Zellen, der Spannungsverteilung auf die Dynoden, der Linearitätseigenschaften usw. Zweifelsohne ist die Vielfachphotozelle heute das am meisten geeignete Meßgerät zur Ermittlung der relativ kleinen Strahlungsströme im Spektralbereich bis 1 µm, insbesondere dann, wenn die Genauigkeitsanforderungen der Messungen in der Gegend von $0,1^0/_{00}$ liegen. Die spektralen Empfindlichkeitsverteilungen entsprechen denen der Einfachphotozellen, wobei höhere Empfindlichkeiten im langwelligen Bereich (maximal bis 1,3 µm) durch größere Drift und höhere Dunkelströme erkauft werden. Die Versorgungsspannung der Zelle muß sorgfältig stabilisierten Hochspannungsquellen entnommen werden. Sollen z. B. bei einer 10stufigen Zelle die Verstärkungsschwankungen unterhalb von 0,1% liegen, so muß die Speisespannung auf 0,01% konstant gehalten werden. Der Querstrom durch die Dynodenwiderstände sollte etwa um den Faktor 100 größer sein als der im Mittel entnommene Anodenstrom, der wiederum für Präzisionsmessungen nicht größer als 0,1 mA sein sollte.

Photoelemente ergeben (ohne zusätzliche Versorgungsspannung) bei Bestrahlung infolge des Sperrschichtphotoeffekts eine von der Bestrahlungsstärke abhängige Spannung. Der Aufbau des Elements ist einfach, z. B. grenzt eine p-leitende Siliziumschicht die der Strahlungsseite zugekehrt ist, an eine n-leitende Siliziumschicht. Beide Schichten sind mit Elektroden versehen, die einem niederohmigen Strommeßinstrument zugeführt werden. Als Halbleitermaterial werden neben Silizium auch Selen, Germanium und Kupferoxid verwendet. Die Kennlinien der Elemente verlaufen bei Beleuchtungsstärken bis 1000 lx in Spannungsbereichen bis 500 mV und Strombereichen bis 50 µA. In der Raumfahrttechnik dienen Photoelemente oft als elektrische Energieversorgungsaggregate mit einem Wirkungsgrad von etwa 10%, denen bei mittlerer Sonnenbestrahlung eine Leistung von 1,5 mWcm^{-2} entnommen werden kann.

Bei Präzisionsmessungen sollte ein Photoelement (Silizium) nur im Kurzschlußbetrieb verwendet werden [44], da in diesem Fall eine höhere Linearität der Anzeige erreicht wird und die Eigentemperatur des Elements einen nur geringen Einfluß hat. Das mit besonders berechneten Filtern bestückte Siliziumphotoelement ist hervorragend

Tabelle 19. Photowiderstände

Typ	Langwellige Grenze des Meßbereichs	Wellenlänge maximaler Empfindlichkeit	Arbeitstemperatur des Empfängers
InAs	3,1 µm	2,9 µm	77 K
PbS	3,5	2,5	193
PbS	4,0	3,0	77
PbS	3,1	2,6	298
InSb	6,1	5,4	77
PbSe	5,5	4,5	193
PbSe	7,6	5,3	77
Ge(+Hg)	15,0	13,0	28
Ge(+Au)	12,0	5,5	77
PbSe	4,7	3,9	298
Ge(+Cu)	30,0	24,0	4,2

geeignet zur Nachbildung eines Empfängers mit einer dem menschlichen Auge gleichen spektralen Hellempfindlichkeit.

Bei *Photowiderständen* wird die Abhängigkeit der elektrischen Leitfähigkeit von Halbleitern (Kadmiumsulfid, Bleisulfid oder III-V-Verbindungen, z. B. Indiumantimonid) von der Bestrahlungsstärke ausgenutzt. Der Photowiderstand sinkt mit größer werdender Bestrahlungsstärke, beide Größen, im logarithmischen Maßstab aufgetragen, ergeben einen nahezu linearen Zusammenhang. Die absolute und spektrale Empfindlichkeit kann durch Erniedrigung der Eigentemperatur erhöht, bzw. zur langwelligen Seite des Spektrums hin verschoben werden. Photowiderstände sind im allgemeinen ohne Empfindlichkeitseinbuße bis 10 kHz modulierbar und erreichen D*-Werte der Größenordnung 10^{11} cm W^{-1} (Hz)$^{1/2}$.

Tabelle 19 gibt einen Überblick über gebräuchliche Photowiderstände.

Auf die Konstanz der Eigentemperatur ist prinzipiell bei allen Halbleiterempfängern besonders zu achten; Photowiderstände, deren Temperatur von 20 °C auf 40 °C geändert werden, können Empfindlichkeitsänderungen um den Faktor 2 aufweisen. Im allgemeinen wird die auf den Photowiderstand fallende Strahlung zuvor mit 900 Hz moduliert (wegen des $1/f$-Rauschens der Halbleiter wird bei diesen Frequenzen ein optimales Signal-Rausch-Verhältnis erreicht) und die am Photowiderstand abfallende Wechselspannung einem rauscharmen Verstärker, sodann einem Bandfilter (900 Hz) und endlich dem Niederfrequenzverstärker zugeführt. Bei Messungen nahe der Nachweisschwelle empfiehlt sich jedoch stets die Benutzung von Verstärkern in Verbindung mit phasenempfindlichen Gleichrichtern.

c) **Thermische Empfänger**

Unter dem Begriff „Thermische Strahlungsempfänger" versteht man die Thermopaare, Thermosäulen (hintereinandergeschaltete Thermopaare), Bolometer, Radiometer (Thermopaar, das zugleich die Spule eines hochempfindlichen Drehspulgalvanometers bildet) und GOLAY-Zellen. Die auf den Empfänger gelangende Strahlungsleistung wird wellenlängenunabhängig (die Spektralempfindlichkeit wird zumeist durch das Fenstermaterial bestimmt) von einer geschwärzten Schicht absorbiert, also unmittelbar in Wärme umgesetzt. Die mittlere Rauschäquivalenzzahl der thermischen Empfänger liegt bei 10^{-10}, d. h., Strahlungsströme unterhalb von 10^{-10} W lassen sich mit thermischen Empfängern kaum nachweisen, es sei denn, die Zahl der Beobachtungen wird erheblich erhöht, so daß die GAUSS-Verteilung für die Meßgrößen (im einfachen Fall die Galvanometerausschläge) den Beobachtungswert mit beeinflussen. Allgemein beträgt die kleinste, mit thermischen Empfängern noch nachweisbare Strahlungsleistung

$$\overline{\Phi} = \sqrt{\frac{1}{\tau} 4A\sigma k T^5} \,. \tag{234}$$

In Gleichung (234) sind $\tau = (2\Delta f)^{-1}$ die Zeitkonstante des Nachweisinstruments, σ und k die Konstanten von STEFAN-BOLTZMANN und von BOLTZMANN.

Bei *Strahlungsthermopaaren* ist in weiten Bereichen die Proportionalität zwischen dem auf die geschwärzte Hauptlötstelle auffallenden Strahlungsstrom und den an den Nebenlötstellen auftretenden Thermospannungen gewährleistet. Für die Strahlungsmessung wäre es theoretisch günstig, wenn das Thermopaar neben einer geringen elektrischen eine hohe thermische Leitfähigkeit hätte. Diese Forderung steht jedoch sowohl für metallische als auch für halbleitende Thermopaarmaterialien im Widerspruch zum WIEDEMANN-FRANZschen Gesetz. Die maximal mit Einfachthermopaaren erreichbaren differentiellen Thermospannungen liegen bei 100 µV K^{-1}, und derartige Elemente sind meist niederohmig (10 Ω bis 10^3 Ω). Trotz aller Fortschritte der Meßtechnik ist wegen der relativ großen Zeitkonstanten der Thermopaare (0,01 s bis 10 s) und ihrer sehr geringen abgebbaren elektrischen Leistung (minimal 10^{-20} W) das Drehspulgalvanometer auch heute noch für Präzisionsmessungen eines der am meisten angewandten Meßgeräte für die Messung sehr geringer Thermospannungen [45]. Für die Absolutbestimmungen von Bestrahlungsstärken und Strahlungsleistungen ist das Thermopaar besonders geeignet; erreicht werden Meßgenauigkeiten unterhalb von 0,3%.

Bei den *Bolometern* wird die Widerstandsänderung ΔR gemessen, die ein geschwärzter Metallstreifen (Abmessungen z. B. 1 cm $\times$ $5 \cdot 10^{-1}$ cm $\times$ $2 \cdot 10^{-1}$ cm) des Widerstandes R und des spezifischen Widerstandes ϱ beim Bestrahlen erfährt:

$$\Delta R = \frac{1}{\varrho} \cdot \left(\frac{d\varrho}{dT}\right) \cdot R \cdot \Delta T. \tag{235}$$

ΔT ist die Temperaturdifferenz zwischen bestrahltem und unbestrahltem Zustand und ist wie bei allen thermischen Empfängern begrenzt durch

$$\Delta T_{\min} = T \sqrt{\frac{k}{C}} \tag{236}$$

(k = BOLTZMANN-Konstante, C = Wärmekapazität des Empfängers).

Für den spezifischen Widerstand gilt innerhalb eines weiten Temperaturbereichs der lineare Ausdruck $\varrho = \varrho_0 (1 + \alpha t)$, wobei ϱ_0 der spez. Widerstand bei $t = 0$ °C ist.

Für Nickel und Eisen ist der Temperaturkoeffizient des kompakten Metalls $\alpha \approx 0{,}006$, er wird jedoch bei aufgedampften Dünnschichten wesentlich größer. Bei diesen Metallen ist α umgekehrt proportional zu T, während bei Halbleitern eine Proportionalität zu T^{-2} besteht und der Zahlenwert selbst um Faktoren bis 100 größer ist (z. B. bei den Oxiden einiger Übergangsmetalle, die als Thermistoren Verwendung finden). Im Bereich der Supraleitung nimmt α besonders hohe Werte an, und die Strahlungsempfindlichkeit kann bei gleichzeitiger Reduktion der Zeitkonstanten erheblich vergrößert werden, wenn als Bolometermaterial Supraleiter verwendet werden. Die Verwendung derartig hochempfindlicher Bolometer hat natürlich nur dann einen praktischen Nutzen, wenn die dadurch bedingte Größe ΔT_{min} in Gleichung (236) der erreichten thermometrischen Konstanz der Helium- oder Wasserstoffthermostaten entspricht.

In absolutem Maß findet man die Strahlungsleistung, wenn man die Widerstandserhöhung der Bolometerstreifen infolge der Bestrahlung mit der Widerstandserhöhung vergleicht, die sie durch Erhöhung des Meßstroms, also durch Zufuhr äußerer elektrischer Leistung, erfahren [46].

Pneumatische Detektoren (GOLAY-Zellen), die nach Art des Gasthermometers arbeiten, sind zuerst von M. J. E. GOLAY [47] entwickelt worden. Die Strahlung gelangt in ein kleines Gasvolumen, das sich durch Absorption erwärmt, wodurch sich z. B. eine Membran als Bauteil eines elektrischen Kondensators einer festen Kondensatorplatte nähert. Die Kapazitätsänderung ist dann ein Maß für die absorbierte Strahlungsleistung und unabhängig von der Wellenlänge, wenn das Gas einschließlich der Innenkammer die gesamte Strahlung absorbiert. Selektiv absorbierende Gase und Kammerwände sind andererseits besonders geeignet, die Strahlung nachzuweisen, welche diejenigen erhitzten Gase aussenden, die auch in der Zelle als Absorptionsgas verwendet werden. Für den Fall nichtselektiver Materialien liegt die Rauschäquivalentzahl unterhalb von 10^{-10}.

d) **Halbleiterinfrarotempfänger**

Halbleiterphotodioden gleichen in ihrem Aufbau den Photoelementen. Ausgenutzt wird hier die Abhängigkeit des Widerstandes von der Bestrahlungsstärke bei dem in Sperrichtung gepolten p–n-Übergang. In Strahlungspyrometern werden *Photodioden* nur selten als Empfänger verwendet, oft dagegen wegen des geringen Preises als ergänzende Regeltechnische Elemente, z. B. für die Triggerung (bis 100 kHz) oder Phasensteuerung phasenempfindlicher Gleichrichter. Ähnliches gilt für den *Phototransistor*, dessen Ersatzschaltbild durch eine strahlungsempfindliche Photodiode mit nachfolgenden temperaturunabhängigen Transistorverstärkern aufgefaßt werden kann.

Thermistorbolometer (Thermistor: abgeleitet aus „Thermally sensivity resistor") sind im Prinzip Bolometerempfänger aus speziell gesinterten, wenige μm starken Mangan-, Kobalt- oder Nickeloxiden. Durch Material und Schichtdicke läßt sich der Bereich spektraler Empfindlichkeit in bestimmten Grenzen beeinflussen. Relativ neuartige Strahlungsempfänger für den Ultrarotbereich sind die *pyroelektrischen Empfänger* und die auf dem ETTINGHAUSEN-NERNST-Effekt beruhenden Detektoren. Bei den letzteren liegt die Empfängerfläche zwischen den Polen eines Magnetfeldes. Die auf die Oberfläche treffende Strahlung erzeugt im Halbleitermaterial (InSb-NiSb) einen Temperaturgradienten und damit eine elektrische Spannung senkrecht zum Magnetfeld und senkrecht zur Einfallsstrahlung. Im langwelligen Bereich (>7 μm) ist die Zeitkonstante mit 100 μs um den Faktor 10 größer als in Spektralbereichen unterhalb von 7 μm. Die auf dem pyroelektrischen Effekt beruhenden Infrarotempfänger aus ferroelektrischen Kristallen (z. B. Triglyzinsulfat), die das Dielektrikum eines Kondensators bilden, haben gegenüber anderen Empfängern gewisse Vorteile. Der Effekt selbst besteht im Auftreten entgegengesetzter Ladungen bei Temperaturänderungen infolge

Tabelle 20. Charakteristische Werte von Strahlungsempfängern

Typ	Strahlungsempfindliches Material	Spektralbereich der Empfindlichkeit in µm	Empfängerfläche in mm²	Speisespannung in V	Arbeitswiderstand in Ω	Empfindlichkeit	Dunkelstrom in A
Vakuumphotozelle	SbCs	0,23—0,6	700	min. 4	10^{10}	60 µA lm^{-1} ①	10^{-12}
	AgOCs	0,5 —1,0	550	min. 4	10^{10}	20 µA lm^{-1} ①	10^{-12}
gasgefüllte Photozelle	SbCs	0,3 —0,6	450	85	10^6	130 µA lm^{-1} ①	10^{-7}
Vielfachphotozelle mit 10 Dynoden	SbCs	0,25—0,6	800	1800	—	60 µA lm^{-1} ①	$5 \cdot 10^{-8}$
	AgOCs	0,4 —1,1	800	1800	—	20 µA lm^{-1} ①	10^{-5}
Photoelement	Si	0,7 —1,1	3	1 ②	—	3 mA lm^{-1} ①	$3 \cdot 10^{-7}$
Photodiode	Ge	0,4 —1,7	1	30 ②	—	50 mA lm^{-1} ①	$2 \cdot 10^{-5}$
PIN-Photodiode	Si	0,4 —1,1	1	10	0	0,5 AW^{-1}	$4 \cdot 10^{-10}$
Phototransistor	Ge	0,4 —1,7	7	15 ③	—	130 mA lm^{-1} ①	$3 \cdot 10^{-4}$
Photowiderstand	CdS ④	0,46—0,85	40	110	10^3	⑤	⑤
	ImSb ④	1,0 —7,5	3	—		⑥	⑥
Strahlungsthermopaar	Pt-Te	0,3 —40	5	—	12 ⑦	2 VW^{-1}	⑧
	Pt-Te	0,3 —40	0,5	—	20 ⑦	10 VW^{-1}	⑧

① bestrahlt mit einer Lichtquelle der Farbtemperatur 2850 K
② negative Diodenspannung
③ Kollektor-Emitterspannung
④ bezogen auf 20 °C
⑤ Widerstand 10^3 Ω bei 100 lx (Farbtemperatur 2700 K) und 10^7 Ω im unbelichteten Zustand
⑥ Widerstand 55 Ω bei $2 \cdot 10^{-6}$ W (Empfindlichkeitsmaximum) und 100 Ω im unbestrahlten Zustand. Äquivalente Rauschleistung $4 \cdot 10^{-9}$ W (6 µm, 10^3 Hz)
⑦ Elementeninnenwiderstand
⑧ Rauschspannung 10^{-10} V (1 Hz)

Strahlungsabsorption im Innern des Kristalls. Durch das Fehlen des $1/f$-Rauschens ist die Verwendung bei niedrigen Frequenzen f besonders günstig. Die Empfänger arbeiten im Bereich der Raumtemperaturen, und der Empfindlichkeitsbereich wird lediglich durch den Durchlaßgrad des Fensters begrenzt (z. B. 0,5 µm bis 40 µm bei KRS-5-Fenstern, die Gleichlichtempfindlichkeit liegt bei $\varepsilon^* = 5 \cdot 10^5$ VW^{-1}, die Größen der Empfängerflächen zwischen 0,1 mm² und 100 mm²). Eine Übersicht der Eigenschaften technischer Strahlungsempfänger gibt Tabelle 20 wieder.

e)   **Auge**

Das menschliche Auge ist gut geeignet, die Gleichheit der Leuchtdichten zweier aneinandergrenzender gleichfarbiger Felder festzustellen. Solange die Leuchtdichte des

Umfeldes größer als 30 cdm^{-2} ist, beurteilt das Auge die Strahlung nach dem spektralen Hellempfindlichkeitsgrad $V(\lambda)$ (s. Tab. 14 und VII A), dessen Maximalwert 1 bei der Wellenlänge 555 nm liegt. Bei geringeren Leuchtdichten verschiebt sich die $V(\lambda)$-Kurve zu kleineren Wellenlängen, um im Bereich des Stäbchensehens bei Leuchtdichten unterhalb von 10^{-3} cdm^{-2} in die Kurve $V'(\lambda)$ für das Dunkelsehen überzugehen. Das Maximum der Augenempfindlichkeit liegt hier bei $\lambda = 515$ nm. Da die Leuchtdichte in der Austrittspupille eines visuellen Pyrometers, das mit einem üblichen Rotfilter versehen ist, bei Beobachtung vor einem Schwarzen Körper erst dann kleiner als 10^{-3} cdm^{-2} wird, wenn die Hohlraumtemperatur unterhalb 700 °C liegt, ist der Übergang von $V(\lambda)$ nach $V'(\lambda)$ in der Pyrometrie ohne Bedeutung.

Definitionsgemäß ist die Leuchtdichte $L_{v,s}$ bei der Temperatur T_{Pt} des schmelzenden Platins für einen Schwarzen Körper

$$L_{v,s}(T_{Pt}) = K_m \cdot \int_0^\infty L_{\lambda,s}(T_{Pt}) V(\lambda) \, d\lambda = 6 \cdot 10^5 \text{ cdm}^{-2} . \tag{237}$$

Eliminiert man das photometrische Strahlungsäquivalent K_m aus der letzten Gleichung, so folgt für die Temperaturabhängigkeit der Leuchtdichte

$$L_{v,s}(T) = 6 \cdot 10^5 \, \frac{\int_0^\infty L_{\lambda,s}(T) V(\lambda) \, d\lambda}{\int_0^\infty L_{\lambda,s}(T_{Pt}) V(\lambda) \, d\lambda} . \tag{238}$$

In guter Annäherung läßt sich hierfür im Temperaturbereich 1000 K bis 3000 K ein Polynom angeben [24]:

$$\log L_{v,s}(T) = 7{,}229701 - 11{,}517665 \cdot 10^3 \cdot \left(\frac{1}{T}\right)$$
$$+ 0{,}849096 \cdot 10^6 \cdot \left(\frac{1}{T}\right)^2 - 0{,}129244 \cdot 10^9 \cdot \left(\frac{1}{T}\right)^3 , \tag{239}$$

$L_{v,s}$ in cd cm^{-2}, T in K .

Gl. (238) ist prinzipiell geeignet für die Temperaturmessung an Schwarzen Strahlern mit Hilfe von Leuchtdichtephotometern.

Wichtig ist die Eigenschaft des menschlichen Auges, Leuchtdichteunterschiede gleichfarbiger Umfelder festzustellen. Ist die Leuchtdichte größer als 30 cdm^{-2} (im Licht eines Rotfilters entsprechen dem etwa 900 °C eines Schwarzen Körpers), so sind derartige Leuchtdifferenzen vom Auge mit Unsicherheiten kleiner als 1% wahrnehmbar.

1. Optische Filter und Strahlungsschwächungen

a) Optische Filter

Zur Aussonderung bestimmter Spektralbereiche werden in Pyrometern entweder in der Schmelze gefärbte Filter oder Interferenzfilter verwendet. Bei beiden Filterarten ist der Durchlaßgrad stets von der Neigung des Strahlenbündels gegen die Normale der Filterfläche abhängig, so daß die Aufstellung der Filter dort erfolgen sollte, wo der

Strahlengang parallel zur optischen Achse verläuft, beim Glühfadenpyrometer also zwischen dem Okular und dem Beobachterauge. Bei homogen gefärbten Farbfiltern läßt sich die Neigungs- und Schichtdickenabhängigkeit des Durchlaßgrades τ aus der Veränderung der Schichtdicke d berechnen; τ ist proportional zu $e^{-\varkappa d}$ ($\varkappa$ = Absorptionskoeffizient, der in verschiedener Weise auch im Bereich der Raumtemperaturen schwach temperaturabhängig sein kann). Bei Interferenzfiltern (herstellbar im Spektralbereich zwischen 0,25 µm bis 20 µm) verschiebt sich das Maximum des Durchlaßgrades von λ_0 beim Neigungswinkel $\vartheta = 0$ zu λ_ϑ bei ϑ gemäß

$$\lambda_\vartheta = \lambda_0 \cdot \frac{1}{n} \sqrt{n^2 - \sin^2 \alpha}, \qquad (240)$$

wobei n die Brechzahl des Filters ist; zusätzlich wird der Durchlaßbereich verbreitert. Interferenzfilter zeigen eine Abhängigkeit von der Raumtemperatur derart, daß bei steigenden Temperaturen sich das Durchlaßmaximum zu längeren Wellenlängen hin verschiebt. Wird in einem optischen Pyrometer ein Interferenzfilter verwendet, so sollte das Filter stets von Zeit zu Zeit auf Spektralbereiche (innerhalb der Grenzen der Spektralempfindlichkeit des Empfängers) zusätzlicher Durchlässigkeit geprüft werden. Solche sekundären Durchlässigkeiten werden durch mechanisch, thermisch oder hygroskopisch bedingte Schichtdickenänderungen des Filters verursacht.

Der Durchlaßgrad sollte so bestimmt werden, daß die Strahlbündelneigung der späteren Einbaulage im Pyrometer entspricht. Hierbei ist der Absolutwert des Durchlaßgrades τ von sekundärer Bedeutung. Sehr wichtig dagegen ist die genaue Kenntnis des relativen spektralen Verlaufs von $\tau(\lambda)$, besonders in den spektralen Bereichen starker τ-Änderung. Hier sollten zur Vermeidung von Streulichteinflüssen sicherheitshalber Zusatzmessungen unter Verwendung von Spektrallinien und isolierenden Zusatzfiltern durchgeführt werden, z. B. mit 2 mm starken Schottfiltern RG1 in Verbindung mit einer Cd-Lampe zur Isolierung der 6439 Å-Linie [48].

Zur Veranschaulichung der Größenordnung der Änderungen der wirksamen Wellenlängen gibt (nach Formel 205 und 210) Tabelle 21 die Zahlenwerte für das in Glühfadenpyrometern häufig benutzte Filter RG 2 (heute zumeist durch das Filter RG 630 ersetzt) wieder. Bezugsdaten sind dabei der Golderstarrungspunkt und Schwächungen durch rotierende Sektoren.

H. J. JUNG und J. VERCH haben ein Verfahren angegeben zur Bestimmung der optimalen Halbwertsbreite $\Delta\lambda_0$ eines Spektralfilters des Durchlaßgrades $F(\lambda)$, dessen wirksame Grenzwellenlängen nach Formel (213) bekannt sind oder dessen maximale Durchlaßgrade annähernd symmetrisch zur Wellenlänge λ_0 liegen [25]. Das Optimum von $\Delta\lambda_0$ folgt aus den Forderungen, daß einmal $\Delta\lambda_0$ klein genug sein muß, um die Unsicherheit

Tabelle 21. Wirksame Wellenlängen und wirksame Grenzwellenlänge eines SCHOTT-Filters RG 2 (2 mm)

	Hohlraumtemperatur in K					
	1000	1200	1400	1600	1800	2000
Wirksame Wellenlänge in nm	656,1	654,8	654,0	653,4	653,0	652,6
Wirksame Grenzwellenlänge in nm	657,9	655,5	653,8	652,6	651,8	651,2

in der Bestimmung der wirksamen Grenzwellenlänge λ_g herabzusetzen, andererseits groß genug sein soll, um dem Auge oder einem objektiven Empfänger der Empfindlichkeit $V(\lambda)$ bei einer spektralen Strahldichteverteilung $L_{\lambda,S}(\lambda, T)$ ein hinreichend großes Signal-Rausch-Verhältnis zu gewährleisten. Die Lage von λ_g wird bestimmt durch $I(\lambda, T) = L_{\lambda,S}(\lambda, T) V(\lambda) F(\lambda)$, aus dessen Differentiation

$$S = \frac{1}{I} \cdot \frac{\partial I}{\partial \lambda} = \frac{\partial \ln I}{\partial \lambda} = \frac{\partial \ln L_{\lambda,S}}{\partial \lambda} + \frac{\partial \ln V}{\partial \lambda} + \frac{\partial \ln F}{\partial \lambda}$$

folgt. Unter Berücksichtigung von Formel (213) lassen sich die Beziehungen ableiten

$$\frac{d\lambda_g}{d\left(\frac{1}{T}\right)} = \beta \quad \text{und} \quad \frac{d\lambda_g}{dS} = \frac{\beta}{c_2} \cdot \lambda_0^2. \tag{241}$$

H. J. JUNG und J. VERCH behandeln nun zwei Filtertypen, das Rechteckfilter mit $F(\lambda) = 1$ im Bereich $\lambda_0 - \frac{d}{2} \leq \lambda \leq \lambda_0 + \frac{d}{2}$ [$F(\lambda) = 0$ außerhalb dieses Bereichs] und das Filter vom GAUSS-Typ mit

$$F(\lambda) = \exp\left[-\frac{(\lambda - \lambda_0)^2}{2\sigma^2}\right]. \tag{242}$$

Für diese Filter ergeben sich Ausdrücke, die bei vorgegebener Unsicherheit von $I(\lambda, T)$ Rückschlüsse auf die Größenordnungen der zu fordernden Halbwertsbreiten d und 2σ zulassen. Man erhält für das Rechteckfilter

$$\frac{d\lambda_g}{d\left(\frac{1}{T}\right)} = \frac{c_2}{12} \cdot \frac{d^2}{\lambda_0^2}, \quad \frac{d\lambda_g}{dS} = \frac{d^2}{12} \tag{243}$$

und für das GAUSS-Filter

$$\frac{d\lambda_g}{d\left(\frac{1}{T}\right)} = c_2 \cdot \frac{\sigma^2}{\lambda_0^2}, \quad \frac{d\lambda_g}{dS} = \sigma^2. \tag{244}$$

Beträgt z. B. die aus den experimentellen Spektralmessungen ermittelte Unsicherheit von $\delta\left(\frac{1}{I} \cdot \frac{\partial I}{\partial \lambda}\right) = \delta S = \pm 5 \cdot 10^{-4} \text{ nm}^{-1}$ und besteht die Forderung, die Temperaturmessung mit einer Unsicherheit durchzuführen, daß gemäß Gl. (205) und (216) $\delta\lambda_g = \pm 0,1$ nm sein darf, so folgt daraus für ein GAUSS-Filter $\sigma^2 \leq 200$ nm^2 und damit eine maximale Halbwertsbreite von 33 nm. Für das Rechteckfilter kann die Bandbreite maximal 49 nm betragen, da dielektrische Vielschichtinterferenzfilter die durch Gl. (243) beschriebenen Eigenschaften in guter Näherung erfüllen.

Prinzipiell muß man bei allen optischen Pyrometern neben den Durchlaßgraden der Filter, den Empfindlichkeitswerten des Empfängers, auch die spektralen Durchlaßgrade der zwischen Strahler und Empfänger liegenden Medien kennen, um nach Multiplikation aller dieser Größen miteinander die wirksamen Wellenlängen berechnen zu können. Da die wichtigsten selektiven Einflüsse durch die Absorptionsbanden des Wasserdampfes (2,5 bis 3,0 µm und 5,2 bis 7,0 µm) und des Kohlendioxids (bei 2,7 und 4,3 µm)

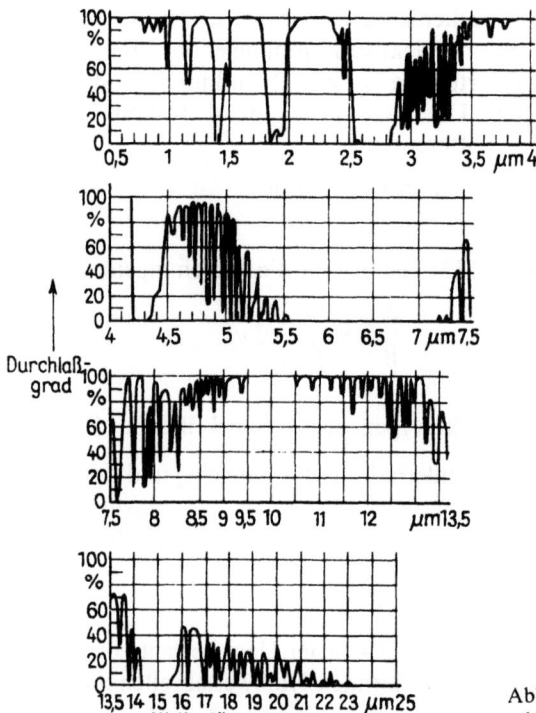

Abb. 42 Spektraler Durchlaßgrad einer horizontalen 300 m dicken irdischen Atmosphäre

gegeben sind, haben allein hierdurch objektive Pyrometer entfernungsabhängige Anzeigen. Je nach atmosphärischer Gegebenheit können Gesamtstrahlungspyrometer pro 1 m Entfernungsänderung Temperaturdifferenzen von 5 °C bis 10 °C anzeigen. Sollen solche Temperaturänderungen unterhalb von 1 % der Anzeige liegen, so dürfen objektive Pyrometer von der zu messenden Strahlungsfläche eine bestimmte Maximalentfernung nicht überschreiten. Diese liegt bei 2 m für Pyrometer mit Glaslinsen, bei 1,2 m für Pyrometer mit Linsen aus geschmolzenem Quarz und bei 0,6 m für Pyrometer mit Arsentrisulfidlinsen. Vermeiden lassen sich diese Fehler, wenn die Durchlaßbereiche der optischen Filter in den Durchlaßbereichen der Atmosphäre liegen (Abb. 42).

Der wichtigste Spektralbereich für objektive strahlungsthermometrische Messungen liegt zwischen 0,4 µm und 40 µm. Die in diesem Bereich empfindlichen Strahlungsempfänger befinden sich oft in Spezialkryostaten, um auf die Temperaturen des flüssigen Heliums oder Stickstoffs abgekühlt zu werden. Das Abschlußfenster für die Empfänger soll dabei nach Möglichkeit nicht beschlagen, wegen der Reflexionsverluste niedrige Brechzahlen haben, wenig toxisch und nicht hygroskopisch sein, über bestimmte Werte der mechanischen und thermischen Festigkeit verfügen und letztlich in einem weiten Spektralbereich durchlässig sein. Da sich die gestellten Forderungen meist gegenseitig ausschließen, ist die Wahl an geeigneten Infrarotmaterialien beschränkt. Gebräuchliche Materialien für das Infrarotgebiet sind u. a. Flußspat (0,2 bis 10 µm), Lithiumfluorid (0,1 bis 5 µm), Kaliumbromid (0,2 bis 22 µm), Pyrexglas (0,35 bis 2,5 µm), Quarz (0,2 bis 3 µm), Saphir (0,2 bis 6,5 µm), Glimmer (0,4 bis 8,0 µm), Steinsalz (0,2 bis 12 µm), Silberchlorid (1 bis 20 µm) und Thalliumbromidjodid (KRS 5) (2 bis 30 µm). In dünnen, jedoch noch mechanisch festen Schichten haben diese Ma-

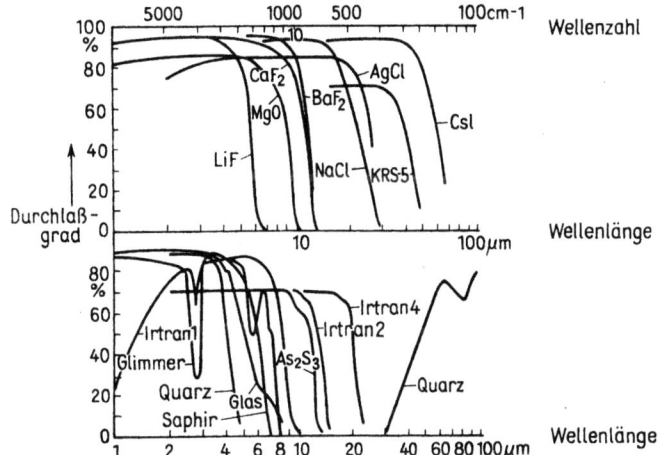

Abb. 43 Spektraler Durchlaßgrad (in %) verschiedener Infrarotmaterialien in Abhängigkeit von Wellenlänge (in µm) und Wellenzahl (in cm^{-1}) (Schichtdicken verschieden zwischen 0,05 bis 30 mm)

terialien Durchlaßgrade oberhalb von 0,7 in den in Klammern aufgeführten Spektralbereichen. Die Brechzahl wird stets in Richtung größerer Wellenlängen kleiner, entsprechend wird die Brennweite einer Linse größer für wachsende Wellenlängen, so daß mitunter eine Nachfokussierung bei Linsenpyrometern erforderlich ist. Die Änderung der Brennweite einer Flußspatlinse beträgt z. B. 30% innerhalb des Spektralbereichs zwischen 1 µm und 9 µm. Einige Filtermaterialien sind in Abbildung 43 angegeben.

Bei hygroskopischen Materialien wie Steinsalz sollte die Temperatur mindestens 10 °C über dem Taupunkt liegen, um Materialauflösungen zu vermeiden. Angebracht ist auch die Verwendung von Trockensubstanzen (Silikagel), die in unmittelbarer Nachbarschaft der Fenster gelagert werden sollten. Als weitere infrarotdurchlässige Materialien finden neben Natriumchlorid oft die Ionenkristalle Lithiumfluorid, Kalziumfluorid, Kaliumchlorid, Kaliumbromid, Kaliumjodid, Thalliumbromid u. a. m. Verwendung.

Häufig verwendet wird das bis 40 µm durchlässige und unter der Bezeichnung KRS-5 in den Handel gebrachte toxische Material. Als Beispiel für eines der in den letzten Jahren neuentwickelten „Infrarotgläser" sei das auch im sichtbaren Bereich durchlässige keramische Material „Yttralox" (Zusammensetzung: 91% Y_2O_3 + 9% ThO_2) erwähnt. Der Durchlaßgrad (etwa 0,8) reicht von 0,5 µm bis 10 µm. „Yttralox" hat günstige mechanische und elektrische Eigenschaften [spez. Widerstände $5 \cdot 10^{10}$ Ωcm (500 °C), 10^6 Ωcm (900 °C)], die es für viele Anwendungszwecke geeignet machen. Infolge derartiger Neuentwicklungen infrarottransparenter Materialien ist auch die Einengung des Spektralbereichs (z. B. zur Eliminierung störender Kohlenstoff-, Kohlendioxid- und Wasserbanden) mit käuflichen und engdurchlässigen Interferenzfiltern heute bis zu Wellenlängen von 20 µm möglich.

b) **Strahlungsschwächungen**

Die Lichtschwächung Q wird in präziser Form mit Hilfe eines *rotierenden Sektors* erreicht. Seine Wirkung beruht darauf, daß eine schnellrotierende Scheibe mit einem radial verlaufenden Sektorausschnitt das Licht des Strahlers während jeden Umlaufs in geometrisch meßbarem Verhältnis nur für einen bestimmten Bruchteil der Umlaufzeit hindurchläßt. Nach dem TALBOTschen Gesetz ist die Wirkung der schnell aufeinanderfolgenden Lichteindrücke auch im menschlichen Auge die gleiche wie bei einer konstant bleibenden Lichtquelle von der mittleren Intensität der vom Sektor hindurchgelassenen Strahlung. Als Mindestgeschwindigkeit gilt diejenige, bei der der Lichteindruck nicht mehr als flackernd empfunden wird. Im allgemeinen wird dies bereits bei 30 Lichteindrücken pro Sekunde der Fall sein.

Hat die Öffnung des Sektors die Größe von φ Winkelgraden, so ist seine Durchlässigkeit $\tau = \varphi/360$. E. BRODHUN und G. KORTÜM haben rotierende Sektoren konstruiert, mit denen Genauigkeiten von 0,1 % erreicht werden [49]. Im allgemeinen wird der kleinste noch mit genügender Schärfe herstellbare und noch auf 0,5 % ausmeßbare Öffnungswinkel 3° bis 4° nicht unterschreiten dürfen. Es ist dann bereits darauf zu achten, daß die Ränder des Sektorwinkels das vom Strahler ausgehende Lichtbündel nicht weiter einengen, als es dem Öffnungswinkel des optischen Meßgeräts entspricht, mit dem die Helligkeitsabgleichung vorgenommen wird. Deshalb ist zu empfehlen, bei optischen Pyrometern den Sektor entweder zwischen der Objektivlinse und der Pyrometerlampe, und zwar möglichst nahe dieser Lampe, oder am Ort des Zwischenbildes des Strahlers anzuordnen. Durch einen rotierenden Sektor läßt sich im allgemeinen die Strahlungsintensität nicht stärker schwächen als um den Faktor $V = 200$; ausgehend vom Golderstarrungspunkt kann man auf diese Weise eine Temperatur von etwa 1967 K messen. Will man zu höheren Temperaturen gelangen, so muß man sich eines Hilfsstrahlers bedienen, von dem gefordert wird, daß seine Temperatur T_H während der Meßreihe unverändert bleibt. Man stellt dann sowohl die Lichtschwächung V_1 fest, um von T_{Au} zu T_H zu gelangen als auch die Lichtschwächung V_2, mit der man von T_H aus die Temperatur T erreichen kann. In diesem Falle gilt bei der Wellenlänge $\lambda = 0,65$ μm die Beziehung

$$\frac{1}{T} = [7{,}4762 - 1{,}0402 \cdot \log(V_1 V_2)] \cdot 10^{-4}. \tag{245}$$

Mit einer einzigen Messung lassen sich wesentlich höhere Lichtschwächungen als $V = 200$ erzielen, wenn man ein reelles Bild des Strahlers S (Abb. 44) auf einem weißen Schirm C durch eine Linse L entwirft und die Leuchtdichte dieses Bildes bestimmt. Bei dieser Methode der Lichtschwächung durch Abbildung ist die Schwächung V praktisch ebenso unabhängig von der Wellenlänge wie bei dem rotierenden Sektor. Der Schirm C wird zweckmäßig aus einer Metallplatte hergestellt, die man durch den Rauch von brennendem Magnesium mit einer undurchsichtigen weißen Schicht bedeckt. Die von der Strahlung ausgefüllten Raumwinkel sind, wenn F die durchsetzte Fläche der Linse und $2r$ den Durchmesser bedeuten, gegeben durch

$$\Omega = \frac{F}{a^2} \quad \text{und} \quad \Omega' = \frac{F}{a'^2} = \frac{\pi r^2}{b^2}. \tag{246}$$

Auf dem Schirm entsteht ein Bild des Strahlers, das diesen mit der flächenhaften Vergrößerung $\beta^2 = \left(\dfrac{a'}{a}\right)^2 = \dfrac{\Omega}{\Omega'}$ darstellt. Bezeichnet L_v die Leuchtdichte des Strahlers, so geht senkrecht zu seiner Oberfläche in den räumlichen Winkel Ω der Lichtstrom $L_v \Omega$, und die Beleuchtungsstärke des Bildes ist $E_v = L_v \Omega \tau_L \cdot \dfrac{1}{\beta'^2}$ ($\tau_L =$ Durchlässigkeit der

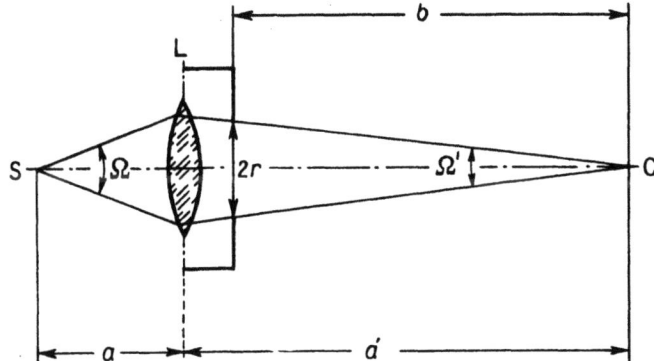

Abb. 44 Strahlungsschwächung durch Abbildung

Linse). Von dem Betrag E_v wird der Anteil ϱE_v zurückgeworfen (ϱ = diffuser Reflexionsgrad des Magnesiumschirms). Dieser Anteil läßt sich andererseits aus der Leuchtdichte L'_v des Bildes berechnen, so daß die Beleuchtungsstärke auch darstellbar ist als $E = \dfrac{L'_v \pi}{\varrho}$. Aus den beiden Beziehungen für E folgt die Lichtschwächung zu

$$\frac{L_v}{L'_v} = \frac{\beta'^2}{\Omega} \cdot \frac{\pi}{\tau_L} \cdot \frac{1}{\varrho} = \frac{1}{\Omega'} \cdot \frac{\pi}{\tau_L} \cdot \frac{1}{\varrho} = \frac{b^2}{r^2} \cdot \frac{1}{\tau_L \varrho}. \tag{247}$$

Wird der zum Reflexionswinkel ϑ gehörige Reflexionsgrad mit ϱ_ϑ bezeichnet, so gilt empirisch für rotes Licht

$$\varrho_\vartheta = \varrho \left[1 - 1{,}3 \cdot \sin^4 \left(\frac{\vartheta}{2} \right) \right]. \tag{248}$$

Zahlenwerte für die Wellenlängen- und Winkelabhängigkeit der Reflexionsgrade von Magnesiumkarbonat und Magnesiumoxid findet man unter [50] und [51] sowie in VII D 4.

Die Durchlässigkeit τ_L der Linse wird im wesentlichen durch den Reflexionsverlust des Lichts an den Linsenflächen bedingt und hat die Größenordnung 0,9. Soll die Durchlässigkeit besonders bestimmt werden, so geschieht dies dadurch, daß man das Bild einer Lichtquelle zunächst mit einer beliebigen Linse L' entwirft und dann die Linse L' durch die hintereinander angeordneten Linsen L' und L ersetzt; das Verhältnis der Leuchtdichten des Bildes bei diesen beiden Anordnungen liefert unmittelbar die gesuchte Durchlässigkeit. Die verschiedene Vergrößerung beider Bilder spielt keine Rolle, wie aus Gl. (247) geschlossen werden kann. Wichtig ist aber, daß die zu untersuchende Linse bei der Bestimmung ihrer Durchlässigkeit in gleicher Weise von dem Lichtkegel durchsetzt wird wie bei ihrer Anwendung zur Erzeugung der Lichtschwächung. Nach Gl. (247) wird V im wesentlichen durch das Quadrat des Quotienten b/r bestimmt, so daß durch dieses Verfahren die Lichtschwächung in sehr weiten Grenzen verändert, leicht bis zu Werten von einigen Tausend gesteigert und genügend genau bestimmt werden kann.

Zur Messung von τ_L kann auch das Bild der Lichtquelle pyrometriert werden (Ergebnis T); dann wird die auszumessende Linse an den Ort des Lichtquellenbildes gesetzt und erneut pyrometriert (Ergebnis T'). Den Durchlaßgrad τ_L erhält man dann aus Gleichung (149), wenn dort T_{Au} durch T' und Q durch τ_L ersetzt werden.

Stellt man zwei an den Kathetenflächen geschwärzte rechtwinklige *Prismen* gegenüber, an deren Hypothenusenflächen ein Lichtstrahl zweimal unter einem Winkel von 45° reflektiert wird, so erzielt man eine Lichtschwächung etwa um den Faktor 200, wobei die Abhängigkeit von der Wellenlänge kaum bemerkbar ist.

Ein sehr bequemes Mittel zur Lichtschwächung bieten die *Rauchgläser*, die allerdings meist den nicht unerheblichen Nachteil aufweisen, daß ihre Durchlässigkeit mit der Wellenlänge des Lichts veränderlich ist. Infolge dieser Abhängigkeit ist die Durchlässigkeit dieser Gläser keine Konstante, sondern von der spektralen Energieverteilung des Strahlers und damit von der Temperatur des Schwarzen Körpers abhängig, dessen Lichtemission geschwächt werden soll. Hat das Filter für die Wellenlänge λ den Durchlaßgrad $\tau(\lambda)$ und ist für die auftreffende Strahlung die spektrale Strahldichte $L_\lambda(\lambda, T)$, so ist der Durchlaßgrad des Filters im Bereich zwischen λ_1 und λ_2 gegeben durch die Beziehung

$$\tau(\lambda_1, \lambda_2) = \frac{\int_{\lambda_1}^{\lambda_2} \tau(\lambda) \cdot L_\lambda(\lambda, T) \, d\lambda}{\int_{\lambda_1}^{\lambda_2} L_\lambda(\lambda, T) \, d\lambda} \, . \tag{249}$$

Wenn man zwei Rauchgläser miteinander kombiniert, wäre es falsch, die Durchlässigkeit für die Kombination durch Multiplikation der für beide Gläser gefundenen Werte $\tau_1(\lambda) \cdot \tau_2(\lambda)$ zu errechnen, sondern man muß eine neue Integration ausführen, indem man in Gl. (249) statt der spektralen Durchlässigkeit $\tau_1(\lambda) \cdot \tau_2(\lambda)$ direkt die gemeinsam gemessene spektrale Durchlässigkeit beider Rauchgläser einführt. Darüber hinaus ist auf die Reflexion des Lichts zwischen den beiden Rauchgläsern Rücksicht zu nehmen, falls sie genau parallel zueinander stehen. Bezeichnet man den Reflexionsgrad an einer Glasfläche mit ϱ, ferner den anteiligen Lichtverlust, den ein nicht wieder zurückgeworfener Strahl im Innern des Absorptionsglases von der Dicke d erleidet, mit $\alpha = e^{-\varkappa L}$, so findet man, unter Berücksichtigung des im Innern des Glases mehrfach hin- und hergeworfenen Strahls, daß die spektrale Durchlässigkeit D und der Reflexionsgrad R des absorbierenden Glaskörpers durch

$$D = \frac{(1-\varrho)^2 \cdot \alpha}{1-(\varrho\alpha)^2} \quad \text{und} \quad R = \frac{\varrho[1 + (1-2\varrho)\alpha^2]}{1-(\varrho\alpha)^2} \tag{250}$$

gegeben sind, wobei D und R von λ abhängen.

Für zwei parallel hintereinander geschaltete Absorptionsgläser, deren spektrale Durchlässigkeit mit D_1 und D_2 und deren spektrale Reflexionsgrade mit R_1 und R_2 bezeichnet werden, gilt unter Berücksichtigung der zwischen den beiden Gläsern stattfindenden Reflexion für die Durchlässigkeit und den Reflexionsgrad

$$D = \frac{D_1 \cdot D_2}{1 - R_1 R_2} \quad \text{und} \quad R = R_1 + \frac{R_2 D_1^2}{1 - R_1 R_2} \, . \tag{251}$$

Hierbei ist vorausgesetzt, daß der Lichtstrahl zuerst durch das Rauchglas 1 und dann durch das Rauchglas 2 hindurchtritt. Entsprechende Ausdrücke für drei und mehr Rauchgläser lassen sich in entsprechender Weise leicht aufstellen.

Die Durchlässigkeit der Rauchgläser ist geringfügig von ihrer eigenen Temperatur abhängig. Für SCHOTTsche Gläser aus der Schmelze 12554 wurde bei einer Durchlässigkeit $D = 0,1$ im roten Licht gefunden, daß diese zwischen Zimmertemperatur und 100 °C um etwa 0,07% pro Grad mit zunehmender Temperatur wächst. Bei anderen Rauchgläsern ist auch ein negativer Temperaturkoeffizient beobachtet worden. Der stets verhältnismäßig kleine Koeffizient wird im allgemeinen unberücksichtigt bleiben können. Bei dem Glühfadenpyrometer sollten die Rauchgläser, ebenso wie der rotierende Sektor, am besten zwischen der Pyrometerlampe und der Objektivlinse angeordnet sein.

In den letzten Jahren sind mehrere sog. neutrale Graugläser in den Handel gebracht oder in Laboratorien für spezielle Zwecke hergestellt worden, die in gewissen Spektralbereichen eine von der Wellenlänge sehr wenig abhängige Durchlässigkeit besitzen. Aber auch bei den besten Graufiltern wechselt die Durchlässigkeit mit der Wellenlänge um einige Prozent, so daß bei hohen Ansprüchen an die Genauigkeit eine besondere Bestimmung der Filterdurchlässigkeit unerläßlich ist.

Prinzipiell kann die Strahlungsschwächung auch mit Hilfe zweier gegenseitig um den Winkel α verdrehter *Polarisatoren* erreicht werden. Die Schwächung ist dann proportional zu $\tan^2 \alpha$, so daß bei gut ausgeführten Anordnungen (paralleler Strahlengang, Verwendung von GLAN-THOMSON-Prismen mit Präzisionseinstellung des Winkels) Strahlungsschwächungen bis zu $V = 500$ reproduzierbar erzeugt werden können.

C   Optische Pyrometer

Es gibt zwei Hauptarten von Strahlungspyrometern, nämlich Instrumente, bei denen das menschliche Auge zur Bewertung der Leuchtdichtegleichheit eines glühenden Pyrometerfadens mit dem anvisierten Umfeld herangezogen wird, und Strahlungspyrometer, bei denen physikalische Empfänger (Strahlungsthermopaare, Bolometer, GOLAY-Empfänger, Photo- und Vielfachphotozellen, Photoelemente, Photowiderstände usw.) diese Bewertung vornehmen. Im ersten Fall spricht man häufig von Glühfaden-, subjektiven oder visuellen Teilstrahlungspyrometern und im zweiten Fall von photoelektrischen oder objektiven Pyrometern. Weitere Möglichkeiten der Kennzeichnung von Pyrometern lassen sich ableiten aus dem verwendeten Spektralbereich (Bandstrahlungspyrometer, Gesamtstrahlungspyrometer), der angewandten Meßmethode (Strahldichte-, Verteilungs- oder Farbpyrometer) oder den benutzten Bauteilen (Glühfaden-, Linsen- oder Photozellenpyrometer). Da die Mannigfalt bekannter Pyrometerbauarten eine eindeutige Begriffsbezeichnung kaum gestattet, soll im folgenden nur in beschränkter Weise von der obigen Kennzeichnung Gebrauch gemacht werden.

Hat ein Pyrometer ein Filter der wirksamen Wellenlänge λ_w und einen Empfänger mit einem elektrischen Ausgang E, so läßt sich diese Anordnung entweder als Meßgerät für die Temperatur T_S [$E = E(T_S, \lambda_w)$] oder — nach Umrechnung über Gl. (142, 153) — als Gerät für die spektrale Strahldichte $L_\lambda(\lambda_W, T)$ mit $E = E(L_\lambda)$ kalibrieren. Bei allen Pyrometern ist die Anordnung der wirksamen Blenden von großer Bedeutung, da hierdurch Gesichtsfeld und Strahlungstransport vom Objekt zum Empfänger festgelegt sind.

180 Optische Temperaturmeßverfahren für Festkörper

1. Strahlungstransport durch optische Instrumente

a) Pyrometer

Im einfachsten Fall kann ein objektives Pyrometer aus einem Empfänger E mit einem vorgesetzten Blendensystem (Abb. 45) bestehen. Steht dieses Pyrometer in der Entfernung a vor der homogen strahlenden Fläche, so werden die Flächenelemente zwischen B' und C' keinen Beitrag zum Empfängersignal liefern; von der Streustrahlung sei dabei abgesehen. Die Zone A'B', die durch eine weitere Blende verkleinert werden könnte, beeinflußt das Signal teilweise, während alle Elemente in der Kreisfläche AA' die Empfängerfläche voll bestrahlen können. Zwischen Blendengrößen, Entfernungen und den Objektgrößen bestehen also bestimmte Beziehungen als Voraussetzungen für ein entfernungsunabhängiges Meßverfahren. Andere Verfahren (z. B. Verhältnismessungen bei zwei unterschiedlichen Wellenlängenbereichen) sind weniger streng an jene Bedingungen gebunden, so daß diese Pyrometerkonstruktionen in ihrer Vielfalt des optischen Aufbaus stärker variiert werden können. Abbildung 46 entspricht ein objektives Teilstrahlungspyrometer. Das optische System besteht aus den beiden Teilsystemen I und II mit den reellen Blenden AB und GB als Apertur- und Gesichtsfeldblenden. Eine kreisförmige Strahlerfläche vom Radius r_0 wird auf die Bildebene derart abgebildet, daß durch die Blende BE nur Strahlung durch die Kreisfläche vom Radius y' auf den Empfänger E gelangt. Der Größe y' in der Bildebene entspricht in der Objektebene die Größe y, wobei der Empfänger nur dann voll ausgeleuchtet wird, solange $y < r_0$; für $y > r_0$ wird die Anzeige von E abhängig von der Instrumentenentfernung a. Der von OE ausgesandte Strahlungsstrom Φ wird vorwiegend bestimmt

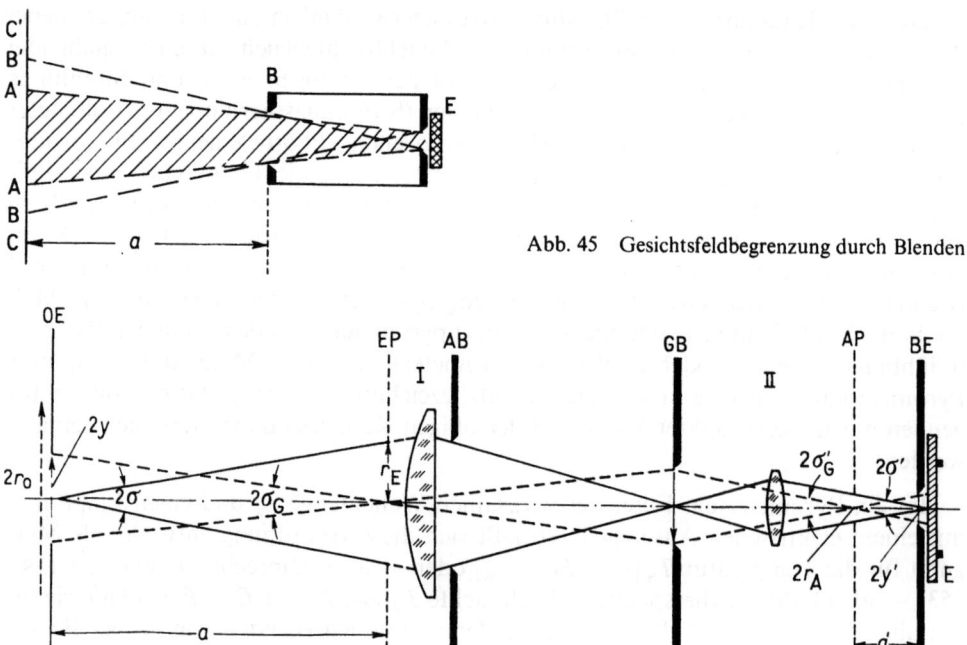

Abb. 45 Gesichtsfeldbegrenzung durch Blenden

Abb. 46 Strahlungstransport durch optische Pyrometer

durch die Größe der Aperturblende, die ihrerseits keinen Einfluß auf den Gesichtsfeldwinkel σ_G hat. Das von I entworfene Bild der Aperturblende ist die Eintrittspupille EP, das von II entworfene Bild von AB die Austrittspupille AP. In Abbildung 46 liegt die Gesichtsfeldblende am Ort des ersten Zwischenbildes, so daß Eintritts- und Austrittsluken als Bilder von GB in der Objekt- und Bildebene liegen. Die Gesichtsfeldwinkel σ_G, σ_G' werden bestimmt durch die Lagen der Eintritts- und Austrittspupillen und durch den Durchmesser der Gesichtsfeldblende.

Unter der Voraussetzung einer bildfehler- und vignettierungsfreien optischen Abbildung von OE nach BE gelten für kleine Größen nahe der optischen Achse die Beziehungen

$$y\sigma = r_E \sigma_G = y'\sigma' = r_A \sigma_G' \quad , \tag{252}$$

$$r_E = a\sigma , \qquad r_A = \sigma' a' . \tag{253}$$

Wenn das System I—II den Transmissionsgrad τ hat, so muß der (mit der Strahldichte L) von y in die Eintrittspupille gelangende Strahlungsstrom gleich sein dem Strahlungsstrom, der von der Austrittspupille (mit der Strahldichte L') durch die Öffnung y' gesandt wird:

$$L \cdot y^2 \pi \cdot \frac{r_E^2 \pi}{a^2} \cdot \tau = L' \cdot y'^2 \pi \cdot \frac{r_A^2 \cdot \pi}{a'^2} .$$

Hieraus folgt unter Berücksichtigung von (252 und 253) $L\tau = L'$.

Beim Strahlungstransport durch optische Instrumente ist (bis auf die Durchlässigkeitsverluste) die Strahldichte eine invariante Größe. Demnach ist die Bestrahlungsstärke E am Ort des Bildes und Empfängers auf der Ebene BE mit $\Omega_0 = 1$ sr gegeben durch

$$E = \Omega_0 \cdot L \cdot \tau \cdot \pi \cdot \left(\frac{r_A}{a'}\right)^2 . \tag{254}$$

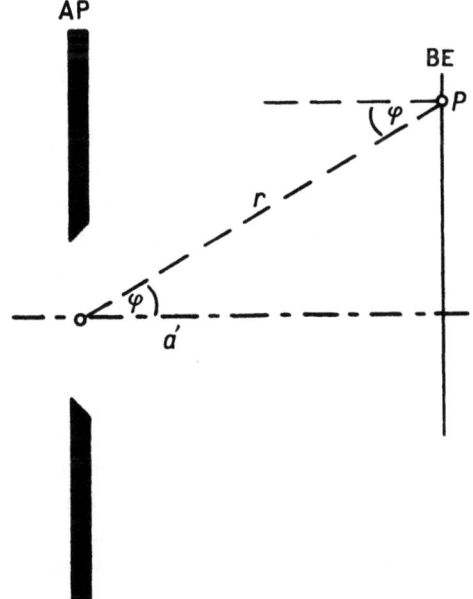

Abb. 47 Zum $\cos^4$-Abfall der Bestrahlungsstärke

Bei größeren Bildfeldern wird die Bestrahlungsstärke E_P für Bildpunkte P (Abb. 47) mit größerem Abstand zur optischen Achse kleiner. Es ist dann

$$E_P = \Omega_0 \cdot L \cdot \tau \cdot \left(\frac{r_A}{r}\right)^2 \cdot \cos^2 \varphi = \Omega_0 \cdot L \cdot \tau \cdot \left(\frac{r_A}{a'}\right)^2 \cos^4 \varphi = E \cos^4 \varphi.$$
(255)

Dieser Intensitätsabfall mit der 4. Potenz des Kosinus läßt sich auch dann nicht vermeiden, wenn die Aperturblende als Projektionszentrum in den objektseitigen Brennpunkt des nachgeordneten optischen Systems verlegt und die Austrittspupille in den objektseitigen Bildraum nach Unendlich abgebildet wird.

Die optische Anordnung (Abb. 46) gewährleistet eine entfernungsunabhängige Strahlungsmessung nur dann, wenn der Gesichtsfeldkegel mit dem Winkel σ_G des Instruments das Strahlungsfeld voll erfaßt oder wenn die der Empfängeröffnung y' zugeordnete Gegenstandsgröße y kleiner als die Größe r_0 des Strahlungsfeldes ist. Für die Bedingung $r_0 > y$ läßt sich in 1. Näherung aus Gl. (252) und (253) die Bedingung ableiten

$$r_0 > \alpha \cdot a,$$
(256)

wobei die Gerätekonstante α gegeben ist durch $\alpha = 1/\alpha'(r_A/r_E) \cdot \lambda'$. Für etwas größere Öffnungswinkel gelten für optische Systeme in Luft ($n = n'$) die HELMHOLTZschen Gleichungen in der Form

$$y \tan \sigma = r_E \tan \sigma_G$$
(257)

und

$$y \sin \sigma = r_A \tan \sigma'_G \cos \sigma'.$$
(258)

Hieraus ergibt sich die etwas schärfere Formulierung für die Unabhängigkeit der Empfängeranzeige von der Entfernung zu

$$r_0 > y' \cdot \left(\frac{r_A}{r_E}\right) \cdot \sqrt{\frac{a^2 + r_E^2}{a'^2 + r_A^2}}.$$
(259)

Um Temperaturmessungen an möglichst kleinen Strahlungsobjekten mit Hilfe derartiger Strahlungspyrometer durchzuführen, sollten Pyrometerkonstruktionen mit großem Öffnungsverhältnis (große Eintritts- und kleine Austrittspupille) bevorzugt werden. Zur Verringerung des Gesichtsfeldes sollten die Empfängerblenden klein und die Abstände des Empfängers von der Austrittspupille groß sein. Die beiden letzten Forderungen müssen andererseits wieder abgestimmt werden mit dem im Widerspruch hierzu gewünschten und für kleine Meßunsicherheiten notwendigerweise groß zu wählenden Signal-Rausch-Verhältnis des Empfängers.

Zu beachten ist, daß es andererseits aber auch eine nicht zu unterschreitende Minimalentfernung a gibt, die von der Möglichkeit der Scharfeinstellung des Objekts (in die Gesichtsfeldblende) und damit von den Konstruktionsdaten (Brennweiten, Blendenabstände) abhängt. Damit steht wiederum a' in Beziehung zu a, so daß vor der Inbetriebnahme des Pyrometers eine experimentelle Überprüfung der Größe des Gesichtsfeldwinkels, z. B. durch eine rückwärtige Beleuchtung des Pyrometers, vorgenommen werden sollte.

Optische Pyrometer

b) Spektralgeräte

Als Beispiel für den Strahlungstransport durch Spektralgeräte werde ein Prismenspektrograph angeführt; wobei die Ergebnisse dieses Abschnitts dann leicht auf Spektralpyrometer, Monochromatoren und Gitterspektrometer übertragen werden können.

Beleuchtet man den Eintrittsspalt des Geräts mit einer Lichtquelle, so werden an einem Ort x_0 auf der Ebene der photographischen Platte bestimmte Strahlungsanteile, die vom Eintrittsspalt ausgehen, registriert. Es ergibt sich damit ein Bild, wie es in Abbildung 48 dargestellt ist.

Die Strahlungsenergie, die von einem Flächenanteil $h\,dy$ des Eintrittsspalts auf ein Flächenelement der Größe $h'\,dx$ in der Zeit t emittiert wird, ist

$$dQ = t \cdot L_\lambda \cdot \tau(\lambda)\, \Omega\, d\lambda\, h\, dy, \qquad (260)$$

dabei sind $\tau(\lambda)$ und Ω der Durchlaßgrad und der Raumwinkel. Die Bestrahlung auf der Fläche $h'\,dx$ wird damit

$$dH = t \cdot L_\lambda \tau(\lambda)\, \Omega\, \frac{d\lambda}{dx} \cdot \frac{h}{h'} \cdot dy. \qquad (261)$$

Nun ist $h'/h = \beta'_s$ die Lateralvergrößerung senkrecht zur Dispersionsrichtung und $\dfrac{d\lambda}{dx} = \delta(\lambda)$ die lineare Dispersion. Damit wird

$$dH = t \cdot L_\lambda \cdot \tau(\lambda)\, \Omega \cdot \frac{1}{\beta'_s} \cdot \delta(\lambda)\, dy. \qquad (262)$$

Um die gesamte vom Eintrittsspalt herrührende Bestrahlung für das Flächenelement der Plattenebene zu erhalten, muß die letzte Gleichung von $y = -b/2$ bis $+b/2$

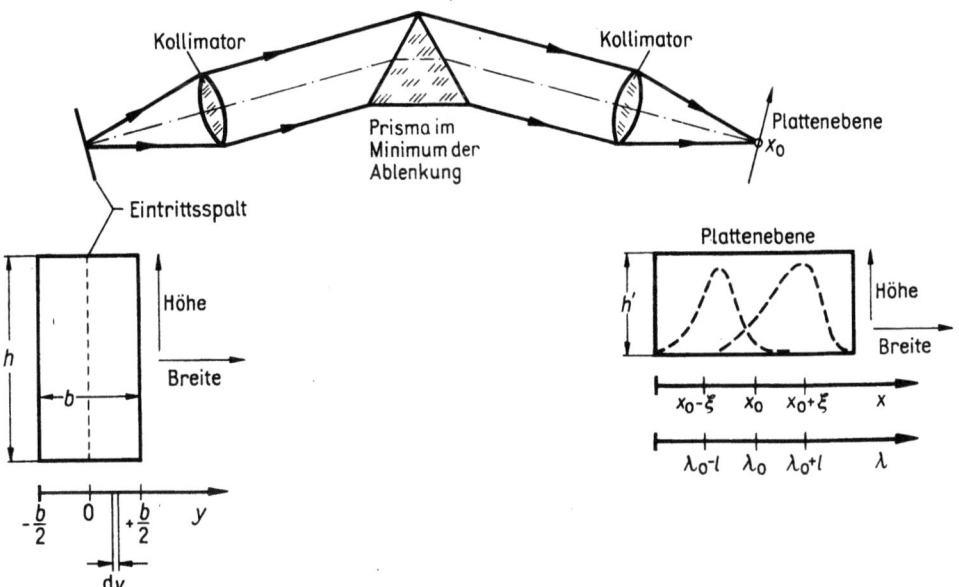

Abb. 48 Strahlungsüberlagerungen in der photographischen Plattenebene eines Spektrographen

integriert werden. Die Integrationsvariable y werde nun ersetzt durch das entsprechende Wellenlängenintervall

$$l = \lambda - \lambda_0 = \delta(\lambda_0) \cdot (x - x_0) ,$$
$$x - x_0 = \xi .$$
(263)

Damit wird $l = \delta(\lambda_0) \cdot \xi = \delta(\lambda_0) \cdot \beta'_p \cdot y$, also $l/[\delta(\lambda_0) \beta'_p]$.

Die Lateralvergrößerung β'_p parallel zur Dispersionsrichtung ist etwas verschieden von β'_s. Zur experimentellen Bestimmung von β'_p wird das Bild eines Eintrittsspalts bekannter größerer Breite b ausgemessen, wobei der Eintrittsspalt durch eine Linie geringer Spektralbreite beleuchtet wird. Die Integration für dH ergibt damit

$$H(x_0) = t \cdot \Omega \cdot \frac{1}{\beta'_s \beta'_p} \cdot \tau(\lambda_0) \cdot \int_{-\frac{1}{2}\beta'_p \delta(\lambda_0) b}^{+\frac{1}{2}\beta'_p \delta(\lambda_0) b} L_\lambda d\lambda .$$
(264)

Bei sehr breitem Eintrittsspalt ist die Integrationsgrenze größer als die Spektralbreite $\Delta\lambda$ der Linie. Damit wird die Abhängigkeit der Belichtung von der Plattenkoordinate

$$H(x_0) = t\Omega \cdot \frac{1}{\beta'_s \beta'_p} \cdot \tau(\lambda_0) \cdot \int_{\Delta\lambda} L_\lambda \, d\lambda .$$
(265)

Die Registrierung von H ergibt einen relativ breiten Bereich, in dem H unabhängig von x ist. Bei schmalem Spalt ist dagegen $\beta'_p \delta(\lambda) b \ll \Delta\lambda$. Damit wird

$$H(x_0) = t\Omega \cdot \frac{1}{\beta'_s} \cdot \tau(\lambda_0) \, \delta(\lambda_0) \cdot b \cdot L_\lambda .$$
(266)

Die Strahldichte $\int_{\Delta\lambda} L_\lambda \, d\lambda$ der Linie muß aus der Registrierung der Belichtung $H(x_0)$ über den gesamten Bereich von $x_0 - \xi$ bis $x_0 + \xi$ durch Integration ermittelt werden.

Nun muß man neben der Spektrallinie auch bei gleicher Belichtungszeit einen Normalstrahler (N) bekannter spektraler Strahldichte photographisch aufnehmen (s. VII B 1, 2). Bei schmalem Spalt verhalten sich die spektralen Strahldichten von Linie und Normalstrahler wie die registrierten Belichtungen, und die Bestimmung von $L_{\text{Linie}} = \int_{\Delta\lambda} L_\lambda \, d\lambda$ wird wiederum auf eine Planimetrierung zurückgeführt. Bei Aufnahmen mit breitem Spalt dagegen gilt nach Gl. (265) und (266):

$$\frac{H(x_0)}{H_N(x_0)} = \frac{1}{\beta'_p} \cdot \frac{1}{\delta(\lambda_0) \, b \cdot L_{\lambda, N}} \cdot \int_{\Delta\lambda} L_\lambda \, d\lambda .$$
(267)

Daraus folgt die Strahldichte der Linie

$$\int_{\Delta\lambda} L_\lambda \, d\lambda = \left(\frac{H(x_0)}{H_N(x_0)}\right) \cdot \beta'_p \cdot \delta(\lambda_0) \cdot b \cdot L_{\lambda, N} .$$
(268)

$H(x_0)$ und $H_N(x_0)$ sind die Belichtungen von Linie und Normalstrahler an der Stelle λ_0 des registrierten Plateaus, und $L_\lambda = L_{\lambda, N}(\lambda_0)$ ist die spektrale Strahldichte des Normalstrahlers an der Stelle λ_0.

Wird in der visuellen Pyrometrie die Meßstrahlung nicht durch ein Farbfilter, sondern durch einen Monochromator spektral zerlegt, so kann auch unter Beachtung der Überlegungen von VII A 5 die zugehörige wirksame Wellenlänge λ_w errechnet werden.

Hierbei werde angenommen, daß die Eintritts- und Austrittsspalte von gleicher Größe hb sind und die Breiten b so klein sein mögen, daß der Einfluß der Dispersion vernachlässigt werden kann. Bei einer bestimmten Monochromatoreinstellung ist dann der Austrittsspalt ausgeleuchtet mit Strahlung der Wellenlänge λ_0, während der Eintrittsspalt mit spektral unzerlegter Strahlung beleuchtet wird. Aus dem Austrittsspalt gelangt also nur Strahlung des Wellenlängenintervalls $\lambda_0 - l$ bis $\lambda_0 + l$. Strahlung der Wellenlänge $\lambda_0 - \eta$ oder $\lambda_0 + \eta$ ($\eta < l$) füllt nicht mehr die ganze Breite b des Spaltes aus, sondern nur den Bruchteil $\frac{1}{l}(l - \eta)$, der demnach proportional ist zum Durchlaßgrad des Monochromators für Strahlung der Wellenlänge $\lambda_0 \pm \eta$. Die wirksame Wellenlänge für zwei Strahlungsströme, deren spektrale Strahldichteverteilungen durch die Temperaturen T und T_0 bestimmt sind, folgt dann aus

$$\frac{L_{\lambda,s}(\lambda_w, T)}{L_{\lambda,s}(\lambda_w, T_0)} = \frac{\int_0^l \frac{l-\eta}{l} \cdot [L_{\lambda,s}(\lambda_0 - \eta, T) V(\lambda_0 - \eta) + L_{\lambda,s}(\lambda_0 + \eta, T) V(\lambda_0 + \eta)] \, d\eta}{\int_0^l \frac{l-\eta}{l} [L_{\lambda,s}(\lambda_0 - \eta, T_0) V(\lambda_0 - \eta) + L_{\lambda,s}(\lambda_0 + \eta, T_0) V(\lambda_0 + \eta)] \, d\eta}.$$

Zur Auswertung der Integrale wird $L_{\lambda,s}(\lambda, T) V(\lambda) = f(\lambda, T)$ gesetzt und $f(\lambda_0 \pm \eta, T)$ in eine TAYLOR-Reihe nach η entwickelt, die beim kubischen Glied abgebrochen wird. Die Integration liefert

$$\frac{L_{\lambda,s}(\lambda_0, T)}{L_{\lambda,s}(\lambda_0, T_0)} \frac{K(T)}{K(T_0)} = \frac{L_{\lambda,s}(\lambda_w, T)}{L_{\lambda,s}(\lambda_w, T_0)} \tag{270}$$

mit

$$K = 1 + \frac{l^2}{12} \cdot \frac{1}{f(\lambda_0, T)} \cdot \left(\frac{\partial^2 f(\lambda, T)}{\partial^2 \lambda^2}\right)_{\lambda_0}. \tag{271}$$

Für $\Delta\lambda = \lambda_w - \lambda_0$ erhält man damit

$$\frac{\Delta\lambda_0}{\lambda_0} = \frac{\ln K}{\frac{c_2}{\lambda_0}\left(\frac{1}{T} - \frac{1}{T_0}\right)}$$

und für den Fall sehr kleiner Spaltbreiten schließlich

$$\frac{\lambda_w - \lambda_0}{\lambda_0} = l^2 \cdot \left[\frac{c_2}{12\lambda_0^3}\left(\frac{1}{T} - \frac{1}{T_0}\right) + \frac{1}{6\lambda_0} \cdot \frac{1}{V(\lambda_0)} \cdot \left(\frac{dV(\lambda)}{d\lambda}\right) - \frac{1}{\lambda_0^2}\right]. \tag{272}$$

Für $T = 1800$ K, $T_0 = 1300$ K, $l = 0{,}02$ µm und $\lambda_0 = 0{,}65$ µm erhält man damit ein nicht mehr vernachlässigbares $\Delta\lambda_0 = 0{,}0027$ µm, dessen Zahlenwert bei halb so großer Spaltbreite um den vierten Teil kleiner wird.

Bei Monochromatoren ist die Auswahl der Breiten des Eintritts- und Austrittsspalts dem Verwendungszweck und der Gesamtempfindlichkeit anzupassen. Bei Spalt-

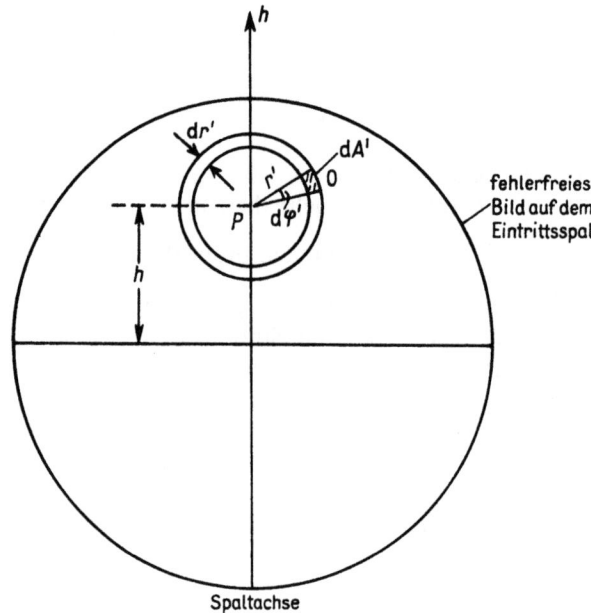

Abb. 49 Entzerrung von Linienprofilen

breiten unterhalb von 10 μm werden die Messungen durch die Beugung und für Spaltbreiten oberhalb von 500 μm durch ungenügende spektrale Auflösung und größeren Streulichtanteil (Verhinderungsmaßnahme: Spektralfilter vor dem Eintrittsspalt) verschlechtert. Der Strahlungsstrom einer Spektrallinie hinter dem Austrittsspalt ist bei breitem Austrittsspalt (200 μm) proportional der Breite des Eintrittsspalts, bei kleineren Austrittsspalten (50 μm) jedoch nur dann, wenn die Größe des Eintrittsspalts 40 μm nicht übersteigt; bei größeren Werten wird der Strahlungsstrom der Linie unabhängig vom Eintrittsspalt.

Für die optische Abbildung von Volumenstrahlern sollte stets die Schärfentiefe dem Auflösungsvermögen der abbildenden Optik angepaßt sein. Mangelnde Schärfentiefe (trotz stärkerer Abblendung der Optik), geringes Auflösungsvermögen und Ablenkung durch Schlieren verursachen Verwaschungen des Intensitätsverlaufs bei der Registrierung von Linien. Hierdurch wird die Entzerrung des gemessenen Intensitätsverlaufs mit Hilfe der zuvor bestimmten Apparatfunktion notwendig (Abb. 49).

Im Punkt 0 sei der wahre Strahlungsfluß $E(r)\,dA$. Nun sei der Anteil von $E(r)\,dA$, der von dA nach P gelangt, $\psi(r')$ (ψ = durch Messung oder Rechnung bekannte Apparatefunktion nach VIII B).

Es ist also $E(r)\,\psi(r')\,dA = E(r)\,\psi(r')\,r'\,dr'\,d\varphi'$. Integriert man über alle Flächenanteile des Bildes, so erhält man den durch den Spalt des Spaltgeräts hindurchgelangenden Strahlungsfluß.

$$\Phi(h) = \int_{r=0}^{\infty} \int_{\varphi'=0}^{2\pi} E(r)\,\psi(r')\,r'\,dr'\,d\varphi'. \qquad (273)$$

Die gesuchte Bestrahlungsstärke $E(r)$ als Lösung dieser Integralgleichung erhält man durch systematisches, versuchsweises Einsetzen steil verlaufender Funktionen $E(r)$, bis sich der gemessene Wert $\Phi(h)$ ergibt.

2. Visuelle Pyrometer

a) Glühfadenpyrometer

Eines der wichtigsten Instrumente der optischen Pyrometrie ist immer noch das erstmals von L. HOLBORN und F. KURLBAUM [92] beschriebene Glühfadenpyrometer, bei dem das menschliche Auge die Leuchtdichtegleichheit zwischen dem Pyrometerlampenfaden und der durch das Pyrometer abgebildeten strahlenden Fläche feststellt. Im einfachsten Fall besteht das Glühfadenpyrometer aus dem Objekt O (Abb. 50), das die strahlende Fläche in der Ebene der Pyrometerlampe PL abbildet. Das Auge Au betrachtet mit Hilfe des Okulars OK über ein Farbfilter F sowohl PL als auch das Bild von A. Ist das Bild von A (bei PL) zu hell, so kann die Leuchtdichte von A durch ein Schwächungsfilter S meßbar erniedrigt werden. Die Leuchtdichte wird durch elektrische Helligkeitsregelung des Fadens der Pyrometerlampe abgeglichen (Abb. 51).

Maßgebend für die Helligkeit des Pyrometerfadens ist dessen Leuchtdichte „im Lichte des Filters", also der Ausdruck $\int_0^\infty L_{\lambda, s}(\lambda, T) \cdot V(\lambda) \cdot \tau(\lambda) \, d\lambda$. Wegen der Sprektralverteilung der Schwarzen Strahlung, die bei Temperaturen um 1000 K im roten Spektralbereich bedeutend höhere energetische Werte hat als in den anderen Spektralbereichen, wird als Filter mit dem Durchlaßgrad $\tau(\lambda)$ ein Rotfilter bevorzugt. Die Helligkeit ist dann groß genug, um bei einem Schwarzen Strahler der Temperatur von 750 °C Helligkeitsunterschiede festzustellen, denen Temperaturänderungen von 2 K und weniger entsprechen. Zwischen 800 °C und 700 °C kann u. U. auf das Rotfilter ganz verzichtet werden. Die dann wirksame pyrometrische Wellenlänge liegt bei diesen Temperaturen zwischen 0,60 µm und 0,61 µm und ist die CROVA-Wellenlänge des menschlichen Auges. Verwendet man ein Grünfilter, so sind genaue pyrometrische Einstellung erst ab 900 °C und bei Verwendung eines Blaufilters erst ab 1050 °C möglich.

Über die Fähigkeit des menschlichen Auges, Leuchtdichte- und Farbkontraste und damit Temperaturunterschiede zu erkennen, siehe J. EULER und R. LUDWIG [41].

Die Brennweiten der vergüteten Pyrometerobjektive liegen meist im Bereich zwischen 10 cm und 50 cm. Wichtig ist es, daß diese Objektive im Hinblick auf die sphärische und chromatische Aberration gut korrigiert sind und daß sie in einem geschwärzten

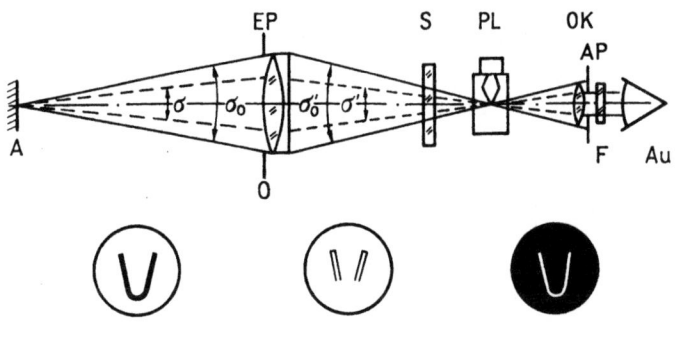

Abb. 50 Strahlengang im Glühfadenpyrometer

Lampenstrom zu niedrig: Pyrometerfaden erscheint dunkel gegenüber Umfeld

Abgleichung: Spitze des Pyrometerfadens nicht sichtbar

Lampenstrom zu hoch: Pyrometerfaden erscheint heller gegenüber dunklem Umfeld

Abb. 51 Leuchtdichteabgleich beim Glühfadenpyrometer

Tubus mit präziser Geradführung zur Scharfeinstellung der Abbildung bewegt werden können.

Zur Strahlungsschwächung dienen vorwiegend Neutralfilter verschiedener Dicke vom Typ Schott NG 4. Bei den Pyrometerlampen sollten nur schlierenfreie Glaskolben verwendet werden, und die Stellung der Lampe sollte so sein, daß die Reflexionsbilder des Fadens außerhalb des zentralen Gesichtsfeldes liegen. Eine Alterung (mehrere Stunden bei 2200 °C bis zur Konstanz des Fadenwiderstandes) der Pyrometerlampe sollte der Kalibrierung stets vorausgehen; bei späterem Gebrauch darf der Lampenstrom nie größer sein als derjenige Wert, der einer Fadentemperatur von 1350 °C entspricht. Zu beachten ist weiterhin, daß bei manchen Pyrometerlampen mit relativ kurzem Faden die Strom-Temperatur-Abhängigkeit von der Umgebungstemperatur beeinflußt wird. Die Okulare, hinter denen sich die Farbfilter (Typ Schott RG 2 oder RG 630) befinden, haben im allgemeinen Vergrößerungen zwischen 2 und 10.

Weiter ist darauf zu achten, daß das Bild der Austrittspupille AP möglichst scharf in der Ebene der Eintrittspupille (EP; meist Fassungsring des Objektivs) liegt und kleiner ist als die Eintrittspupille selbst. Vignettierungen des Pyrometers lassen sich dadurch vermeiden, daß eine hellstrahlende Sekundärlampe, an Stelle der Pyrometerlampe in das Pyrometer gesetzt, ihr vom Objektiv entworfenes Bild auf dem Strahler (Bandlampe oder Hohlraumstrahler) beobachtet und durch die Pyrometerlampenstellung notfalls korrigiert wird. Die Pyrometerlampe selbst steht im thermischen Energieaustausch mit der Umgebung. Es ist deshalb bei einer größeren Stromänderung der Lampe eine hinreichend lange Zeit abzuwarten (etwa 2 bis 5 Minuten), bevor aus der Strommessung der Lampe auf die Temperatur des anvisierten Strahlers geschlossen werden kann. Die Lampenkalibrierung (Strom-Temperatur-Zuordnung von 750 °C bis 1300 °C in Schritten von 50 °C) sollte bei Präzisionspyrometern spätestens alle 2 Jahre überprüft werden.

Durch Einmessung vor dem Schwarzen Körper ordnet man jeder Stromstärke i der Pyrometerlampe eine bestimmte Temperatur t zu. Dann kann man $t = f(i)$ darstellen und bei der praktischen Anwendung des Geräts aus dem zum optischen Gleichgewicht gehörenden Strom i auf die Temperatur t schließen. Bei den üblichen Pyrometerlampen entspricht im mittleren Meßbereich einer Veränderung der Stromstärke um 1% eine prozentual etwa gleich große Änderung der absoluten Temperatur des Glühfadens oder eine Helligkeitsänderung von 5% bis 10%. Der unmittelbare Vergleich mit dem Schwarzen Körper wird gewöhnlich bis etwa 1350 °C vorgenommen.

Für die Funktion $t(i)$ wählt man zweckmäßig eine in bezug auf i quadratische Formel und berücksichtigt die Abweichungen von dieser auf graphischem Wege. Gewöhnlich besitzt i die Größenordnung von 0,5 A. Bei Präzisionsmessungen ist es notwendig, die Stromstärke mindestens auf $1\%_{00}$ ihres Betrages zu bestimmen. Da die üblichen Ampèremeter hierfür nicht ausreichen, bedient man sich am besten einer Kompensationsmethode, indem man den Lampenstrom durch eine Widerstandsbuchse von etwa 0,1 Ω leitet und die Potentialdifferenz an den Klemmen dieser Buchse nach einem der Verfahren bestimmt, die für die Ermittlung der Potentialdifferenz von Thermoelementen angegeben sind.

Durch eine Lichtschwächung D reduziert man die spektrale Strahldichte $L_{\lambda,\mathrm{S}}(\lambda, T)$ eines sehr intensiven Strahlers auf den Betrag $L_{\lambda,\mathrm{S}}(\lambda, T_\mathrm{B}) = DL_{\lambda,\mathrm{S}}(\lambda, T)$ derart, daß die Bezugstemperatur T_B in den Meßbereich der Pyrometerlampe fällt, und rechnet dann nach der Beziehung $\frac{1}{T} = \frac{1}{T} - \frac{\lambda_w}{c_2} \ln \frac{1}{D}$ die gesuchte Temperatur aus. Kombiniert man mit dem Glühfadenpyrometer, das im Bereich von 1000 °C bis 1350 °C an den Schwarzen Körper angeschlossen sein möge, eine Lichtschwächung vom Betrag $D = 0,01$, so kann man bei der Wellenlänge $\lambda = 0,65$ µm, für die $\frac{1}{c_2} \cdot \lambda \cdot \ln \frac{1}{D}$ $= 2.0805 \cdot 10^{-4}$ ist, die spektrale Strahldichte der Strahlung eines Schwarzen Körpers von 1459 °C auf die Intensität bei 1000 °C reduzieren und gleichzeitig in entsprechender Weise von der gemessenen Temperatur den Übergang zur Temperatur 733 °C schaffen. Durch eine solche einfache Maßnahme läßt sich der Meßbereich des Glühfadenpyrometers beträchtlich erweitern.

Die Forderung, daß die hellste Stelle des Glühfadens auf dem leuchtenden Hintergrund verschwinden soll, d. h. daß die Leuchtdichten beider Strahler gleich sind, ist nicht immer mit der erwünschten Schärfe erfüllbar. Die Folge davon ist, daß dann die Meßgenauigkeit wesentlich beeinträchtigt wird. Man kann die Störung vermeiden, wenn man die räumlichen Öffnungswinkel σ und σ' (s. Abb. 50) des Objektivs und des Okulars in ihrer Größe richtig aufeinander und auf den Durchmesser $2r$ des Glühfadens abstimmt. Ist der Öffnungswinkel des Objektivs zu klein, so tritt eine dunkle, ist er zu groß, tritt eine helle Begrenzungslinie des Glühfadens auf.

G. RIBAUT [52] empfiehlt, auch wenn eine vollständige Abgleichung möglich ist, nicht auf völliges Verschwinden des Fadens einzustellen, sondern vielmehr eine gewisse Kontrastwirkung auszunutzen, die man dadurch erzielt, daß man eine leicht entfernbare Glasplatte zwischen Objektiv und Strahler schiebt und dann die Glühlampe so einregelt, daß ihr Faden ohne die Glasplatte ebensoviel zu dunkel wie mit der Glasplatte zu hell erscheint. Eine ähnliche Methode beschreibt J. EULER [53]. Er erreichte auf diese Weise eine Verbesserung des Leuchtdichteabgleichs von 0,4% auf 0,1%. Eingehende Untersuchungen über das Verschwinden des Glühfadens und die hierfür geltenden optimalen Bedingungen wurden von C. O. FAIRCHILD und W. H. HOOVER [54] mit dem Ergebnis ausgeführt, daß die in Tabelle 22 aufgestellten Forderungen erfüllt sein müssen [41].

Für einen Glühfaden vom Durchmesser 0,1 mm ist die völlige Abgleichung nicht mehr möglich, wenn $\sigma' > 0,02$ rad ist, während für einen Faden vom Durchmesser 0,05 mm der Winkel σ' noch 0,04 rad (lineares Öffnungsverhältnis etwa 1 : 4,5) betragen darf. Der Glühfaden muß also um so dünner sein, je größer die Lichtstärke des Pyrometers sein soll. Eine Möglichkeit, störende Lichtreflexe und Beugungserscheinungen des Fadens zu beseitigen, besteht darin, daß ein lichtstarkes Objektiv von der zu messenden Lichtquelle (die eine hohe Strahldichte oder Temperaturen oberhalb von

Tabelle 22. Bedingungen für das Verschwinden des Glühfadens

$2r = 0,04$ bis $0,06$ mm		$2r = 0,1$ mm	
σ: > 0,04	$\sigma' = 0,01$	σ: > 0,04	$\sigma' = 0,01$
0,06 — 0,16	0,02	0,05 — 0,07	0,02
0,08 — 0,13	0,04	—	

Die Raumwinkel σ und σ' (Abb. 50) sind in Radiant (57,3° ≙ 1 rad) gemessen; $2r$ ist der Durchmesser des Glühfadens.

2000 K haben sollte) ein vergrößertes Bild auf einem Magnesiumschirm entwirft. Durch diffuse Reflexion wird der Winkel σ' künstlich vergrößert, wenn der Schirm mit einem Pyrometer schwacher Vergrößerung anvisiert wird.

In manchen Fällen (Temperaturbestimmung an glühenden Metallspitzen) kann in das Meßobjekt auch direkt das Band einer *Wolframlampe* abgebildet werden, wobei der Lampenstrom solange verändert wird, bis der mit Hilfe eines Metallmikroskops (diese Mikroskope haben vergrößerte Arbeitsabstände) sowohl das Lampenbild als auch das Meßobjekt betrachtende Beobachter die Leuchtdichtegleichheit feststellt. Unter Berücksichtigung der Strahlungsschwächung durch das Abbildungsobjektiv kann dann direkt von hinten oder in einem gesonderten Meßgang durch das Pyrometer die Objektivtemperatur ermittelt werden. Zur Verminderung der Meßunsicherheit empfiehlt es sich, hinter das Okular des Mikroskops das Pyrometerfilter zu setzen.

Die besonders in den vergangenen Jahren zur industriellen Fertigungsreife entwickelte *Faseroptik* [55] ermöglicht wegen der hohen numerischen Apertur der einzelnen geordneten und ungeordneten Lichtleitbündel, die zudem noch aus hochschmelzenden Materialien (Quarz) hergestellt werden können, vielfache Anwendungsmöglichkeiten besonders in der Mikropyrometrie. Die FAIRSCHILD-HOOVER-Bedingung (s. Tab. 21) kann hier z. B. dadurch umgangen werden, daß der Beobachter mit Hilfe des geometrisch geordneten Bündels, ähnlich wie bei der Endoskopie, das Objekt betrachtet und daß der sonst der Objektbeleuchtung dienende und eingefädelte zweite Endoskopzweig ebenfalls zum Okularteil geführt wird. Im Gesichtsfeld erscheinen dadurch nebeneinander Bildpunkte, die das Beobachterauge nicht auflösen kann und die z. T. vom strahlenden Objekt und teils von der Beleuchtungslampe (die hier die Pyrometerlampe ersetzt) herrühren.

b) **Kreuzfaden-, Papierstreifen- und Bildwandlerpyrometer**

Kreuzfadenpyrometer

Das Kreuzfadenpyrometer ist ein Glühfadenpyrometer mit unveränderlicher Helligkeit der Glühfäden. Wesentlich ist, daß die Einstellung dieser Helligkeit ohne ein besonderes Meßinstrument vorgenommen werden kann. Zu dem Zweck befinden sich in der Pyrometerlampe zwei hintereinanderstehende und sich in der Sichtrichtung kreuzende Glühfäden 1 und 2 (Abb. 52) von verschiedenem Querschnitt und von verschiedener Oberfläche, die nach G. RIBAUT [52] in zwei von demselben Hauptstrom sich abzweigenden Drahtleitungen ABC und ADC liegen. Beide Glühfäden werden auf die gleiche Helligkeit gebracht.

Die einem Glühfaden zugeführte Energie geht sowohl durch Leitung entsprechend der Größe des Querschnitts als auch durch Strahlung entsprechend der Größe der Fläche (und deren Emissionsgrad) verloren. Bei tiefen Temperaturen überwiegt der Verlust der Leitung, bei hohen der (annähernd mit der 4. Potenz der Temperatur wachsende) Verlust durch Strahlung. Der Glühfaden mit dem kleinen Querschnitt und der großen Oberfläche hat bei geringen Stromstärken die höhere, bei hohen Stromstärken die tiefere Temperatur im Vergleich mit dem Faden von dem größeren Querschnitt und der kleineren Oberfläche. Werden beide Drähte von verschiedenen Strömen i_1 und i_2 durchflossen, so gibt es für jedes Wertepaar i_1 und i_2 eine bestimmte Temperatur bzw. Helligkeit, die beiden Drähten gemeinsam ist. Ist das Verhältnis $i_1:i_2$ beider

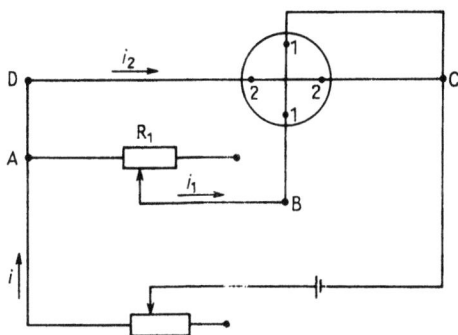

Abb. 52 Schaltung des Kreuzfadenpyrometers

Stromstärken festgelegt, wie es durch die angegebene Schaltung der Fall ist, so gibt es im allgemeinen nur ein ganz bestimmtes Wertepaar i_1 und i_2, für das gleiche Helligkeit erzielt werden kann.

Ist $i_2 = a \cdot i_1$, so ist $i = i_1 + i_2 = i_1(1 + a)$. Der durch die Helligkeitsgleichheit bestimmte Strom i_1 legt also auch den Gesamtstrom i fest.

Der Widerstand R_1 dient dazu, die Strahlung der Glühfäden auf einen bestimmten gewünschten Betrag einzustellen. Bei dem von H. GRÜSS und G. HAASE [56] konstruierten Gerät ist der eine Glühfaden durch ein Band ersetzt, und die Querschnitte der beiden Stromleiter sind so abgeglichen, daß sie bei einer Helligkeit, die einem Schwarzen Körper von 900 °C entspricht, gleich hell erscheinen, wenn sie hintereinander von demselben Strom durchflossen werden. Der vorher mit a bezeichnete Faktor hat in diesem Falle also den Wert 1 und kann im Gegensatz zu der zuerst genannten Schaltung nicht verändert werden, so daß für ein gegebenes Instrument die Bezugstemperatur stets die gleiche bleiben muß.

Der Helligkeitsvergleich mit dem Objekt, dessen Temperatur gemessen werden soll, wird mit Hilfe einer kreisförmigen Grauglasscheibe vorgenommen, deren Segmente stetig veränderliche Lichtdurchlässigkeiten besitzen und die zwischen Objekt und Vergleichslampe angeordnet ist.

Papierstreifenpyrometer

Von J. EULER [57] wurde ein filterloses Papierstreifenpyrometer angegeben, das den Meßbereich visueller Teilstrahlungspyrometer bis zu Temperaturen von 550 °C herabsetzt. Bei diesem Gerät steht in der Bildebene des Pyrometerobjektivs an Stelle der Pyrometerlampe ein rötlichgelb gefärbter dünner Papierstreifen, der seitlich von der kalibrierten Vergleichslichtquelle über ein die Farbtemperatur herabsetzendes Filter beleuchtet wird. In dieser Form entfällt die einschränkende Bedingung für die Öffnungswinkel von Pyrometerobjektiv und Okular, so daß gegenüber dem Fadenpyrometer ein um den Faktor 100 größerer Lichtstrom zur Beobachtung gelangt, wodurch der Meßbereich zu tieferen Temperaturen hin erweitert wird.

Bildwandlerpyrometer

Den Aufbau eines Bildwandlerpyrometers zeigt Abbildung 53. Der Temperaturstrahler S wird durch den Achromaten O_1 am Ort der Pyrometerlampe P und beide

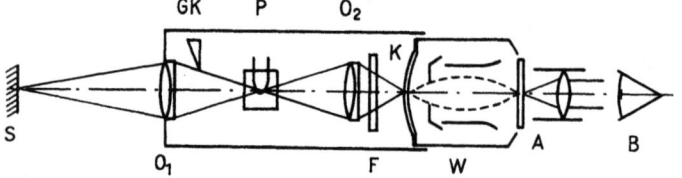

Abb. 53 Schema des Bildwandlerpyrometers

zusammen durch O_2 über das Filter F (z. B. Infrarotinterferenzfilter) auf der Photokathode K des Bildwandlers W abgebildet. Das elektronenoptische System des Bildwandlers bildet die von K emittierten Elektronen auf dem Fluoreszenzschirm A ab, so daß der Beobachter B auf dem Schirm A sowohl den Strahler S als auch den auf gleiche Helligkeit einzustellenden Pyrometerfaden P sieht. Die Kalibrierung des Geräts gleicht derjenigen des Glühfadenpyrometers und kann je nach Temperaturbereich mit oder ohne Filter oder Graukeil GK vorgenommen werden. Kathoden mit äußerem lichtelektrischen Effekt sind bis zu Wellenlängen von 1,5 μm herstellbar. Entsprechend lassen sich derartige Geräte ab 200 °C genügend genau kalibrieren. Das Filter F ermöglicht die Bestimmung der wirksamen Wellenlänge des Geräts nach den in Abschnitt VII A 5 angegebenen Methoden, wobei an Stelle der Augenempfindlichkeit $V(\lambda)$ die relative spektrale Empfindlichkeit $\varepsilon_r^*(\lambda)$ des Bildwandlers bei konstantem Betriebszustand zu setzen ist. Bei höheren Temperaturen können (z. B. bei gleichzeitiger Temperaturmessung und visueller Betriebsüberwachung in Industrieofenanlagen) an Stelle des Bildwandlers auch Fernsehaufnahmeröhren (Vidicon, Ikonoskop, Imago-Orthikon) verwendet werden. Ein Vorteil dieser Meßmethode liegt darin, daß das beobachtende Auge durch verhältnismäßig einfache photographische oder photoelektrische Anordnungen ersetzt werden kann. Hierdurch lassen sich Kurzzeitmessungen durchführen mit Belichtungszeiten bis zu 10^{-7} s [58].

c) Farbpyrometer

Wird ein Hohlraumstrahler erhitzt, so erscheint seine strahlende Fläche dem menschlichen Auge bei Temperaturen um 700 °C dunkelrot, bei 1250 °C hellgelb und ab 1800 °C blauweiß, ohne daß eine neutrale Strahlungsschwächung (z. B. ein rotierender Sektor, Rauch oder Nebel) den Farbeindruck zu ändern vermag. In der Farbmetrik [59] kann man nun jedem Farbreiz Größen x, y, z zuordnen, die *Normfarbwertanteile* genannt werden und den Farbort in einer x-(Abszisse)-y-(Ordinate)-Ebene festlegen, wobei $x + y + z = 1$ ist. Reale Farben liegen in der x–y-Ebene innerhalb eines geschlossenen Kurvenzuges, bei dem eine bestimmte Linie diejenigen Farborte wiedergibt, die eindeutig einem Hohlraumstrahler bestimmter Temperatur zugeordnet sind. Je höher dabei die Hohlraumtemperatur ist, um so mehr werden die Farborte zu einem bestimmten Punkt hin zusammengedrängt. Ein Temperaturstrahler, der weder schwarz noch grau strahlt, wird dann einen Farbort haben, der nicht genau auf der erwähnten Linie liegt, sondern lediglich in seiner Nachbarschaft. Die Projektion dieses Farborts auf den Kurvenzug des Hohlraumstrahlers mit Hilfe der sog. JUDDschen *Geraden* ergibt dann die gesuchte Farbtemperatur T_F der strahlenden Oberfläche mit der spektralen Strahldichte $L_\lambda(\lambda, T)$.

Zur Ermittlung von T_F wird wie folgt vorgegangen: Aus dem gemessenen Verlauf

$L_\lambda(\lambda, T)$ werden die *Normfarbwerte* X, Y, Z gebildet gemäß

$$X = k \cdot \int_0^\infty L_\lambda(\lambda, T) \cdot \bar{x}(\lambda) \cdot d\lambda,$$

und
$$Y = k \cdot \int_0^\infty L_\lambda(\lambda, T) \cdot \bar{y}(\lambda) \cdot d\lambda$$

$$Z = k \cdot \int_0^\infty L_\lambda(\lambda, T) \cdot \bar{z}(\lambda) \cdot d\lambda$$

Der Normierungsfaktor k folgt aus

$$100 \cdot k = \int_0^\infty L_\lambda(\lambda, T) \cdot \bar{y}(\lambda) \, d\lambda. \tag{275}$$

Die Normalspektralwerte $\bar{x}(\lambda)$, $\bar{y}(\lambda) \equiv V(\lambda)$ und $\bar{z}(\lambda)$ liegen als international genormte Zahlenwerte für den sichtbaren Spektralbereich in Tabellenform mit der Schrittweite 1 nm vor [60] und repräsentieren die drei spektralen Grundempfindlichkeiten der Retinarezeptoren des menschlichen Auges. Aus den Normfarbwerten erhält man dann den gesuchten Farbort und damit T_F über die Normfarbwertanteile

$$x = \frac{X}{X+Y+Z}, \quad y = \frac{Y}{X+Y+Z} \text{ und } z = \frac{Z}{X+Y+Z}. \tag{276}$$

Zu beachten ist hierbei, daß die Normspektralwerte sowohl für einen Beobachter mit einem Gesichtsfeld von 2° als auch von 10° tabelliert sind und daß für farbpyrometrische Anwendungen die Tabellenwerte des kleineren Gesichtsfeldes benutzt werden müssen. Die Empfindlichkeit dieses Meß- und Rechenverfahrens im Bereich der Farbtemperaturen zwischen 1300 K bis 4000 K dürfte etwa 2 K bis 10 K betragen.

Bei der direkten subjektiven Methode zur Bestimmung der *Farbtemperatur* bedient man sich oft des von G. NAESFA [61] angegebenen *Farbpyrometers*. Über das Meßverfahren mit diesem Gerät sind nähere Angaben von K. GUTHMANN [62] gemacht worden. Dieses Pyrometer (Abb. 54) beruht darauf, daß durch rot- und gründurchlässige Filter aus der betrachteten Strahlung der Anteil an rotem und grünem Licht ausgesondert und zu einer Mischfarbe vereinigt wird. Je höhere die Temperatur der zu messenden Strahlung ist, um so größer ist der Anteil an grünem Licht im Vergleich

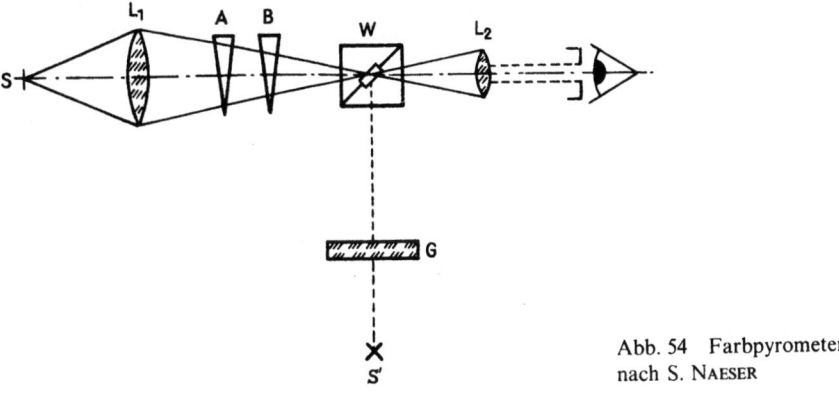

Abb. 54 Farbpyrometer nach S. NAESER

zum roten Licht, und um so stärker muß sich zugleich die Mischfarbe nach Grün zu verändern. Dies verhindert man durch Verschiebung eines Rot-Grün-Keils A, durch den es möglich ist, den grünen und roten Anteil der Strahlung verschieden stark zu schwächen. So gelingt es, einen Farbabgleich mit der durch ein Farbglas G veränderten Strahlung einer Vergleichslichtquelle S' zu erreichen [93]. Die Verschiebung des Rot-Grün-Keils gegenüber einer Anfangsstellung gibt nach Einmessung des Geräts vor dem Schwarzen Körper ein Maß für die gesuchte Farbtemperatur. Ein Graukeil B dient dazu, die zu messende Strahlung und die Vergleichsstrahlung auf gleiche Helligkeit zu bringen. Die Farbtemperatur und die aus der Stellung von B ermittelte Schwarze Temperatur werden an Skalen abgelesen, die mit den Keilen A und B verbunden sind. Für spezielle Zwecke, wie sie z. B. in der Stahl- und Eisenindustrie vorliegen, hat man den Graukeil mit einer zusätzlichen Färgung versehen, um das von dem geschmolzenen Metall ausgehende Licht einer „Grauen" Strahlung anzugleichen. Dadurch fällt die gemessene Temperatur möglichst nahe mit der wahren Temperatur zusammen. Nach einer Bemerkung von K. Guthmann [62] findet man mit dem Gerät an allen Stellen der Oberfläche von flüssigem Stahl nahezu gleiche Farbtemperaturen unabhängig davon, ob eine Oxidschicht vorhanden ist oder nicht; gleichzeitig werden jedoch sehr verschiedene Schwarze Temperaturen gemessen.

Im Bereich der Wienschen Näherung der Planckschen Strahlungsformel gilt für die Farbtemperatur T_F, wenn sie aus den bei den effektiven Wellenlängen λ_1 und λ_2 zugehörigen Schwarzen Temperaturen $T_S(\lambda_1)$ und $T_S(\lambda_2)$ bestimmt wird,

$$T_F = \left[\frac{1}{\lambda_1} - \frac{1}{\lambda_2}\right] \cdot \left[\frac{1}{\lambda_1 T_S(\lambda_1)} - \frac{1}{\lambda_2 T_S(\lambda_2)}\right]^{-1}. \qquad (277)$$

Hiernach kann die Farbtemperatur mit jedem subjektiven oder objektiven Pyrometer bestimmt werden, das primär mindestens bei zwei Wellenlängen an den Schwarzen Strahler angeschlossen ist. In der objektiven Pyrometrie wird T_F häufig aus dem „Rot-Blau"-Verhältnis und in der subjektiven Pyrometrie aus den Schwarzen Temperaturen im Licht eines Grün- und Rotfilters ermittelt. Der Begriff „Farbtemperatur" wie er sich als Definition aus der obigen Gleichung ergibt, muß jedoch kritisch angewandt werden, denn nur bei wenigen Strahlern wird man innerhalb der Meßgenauigkeit stets ein und denselben Wert für T_F erhalten, wenn die Schwarzen Temperaturen bei mehreren Wellenlängen zur Bestimmung von T_F ermittelt werden. Der Grund für derartige Abweichungen liegt stets darin, daß nur wenige Strahler als „grau" zu bezeichnen sind, für die T_F nur wenig von λ abhängt.

Technische Ausführungsformen von Farbpyrometern gibt es in vielfältiger Art [63]. Offensichtlich haben sich diejenigen Geräte besser bewährt, bei denen ein Empfänger abwechselnd zwei verschieden gefilterte Spektralintensitäten mißt (gegenüber Ausführungsformen mit zwei verschiedenen Empfängern mit je einem, doch untereinander unterschiedlichen Filter). Die Vorteile derartiger Farbpyrometer gegenüber den Strahldichtepyrometern liegen in einer relativ großen Entfernungsunabhängigkeit der Anzeige, der leichten elektrischen Meßarbeit der Quotienten zweier elektrischer Ströme und in dem relativ kleinen Unterschied zwischen Meßgröße (Farbtemperatur) und wahrer Temperatur.

d) Spezielle Pyrometerarten

Das älteste Pyrometer wurde von H. LE CHATELIER [64] konstruiert und nach Einführung des Glühfadenpyrometers durch L. HOLBORN und F. KURLBAUM von C. FÉRY [65] verbessert. Der als Vergleichslichtquelle dienende Glühfaden wird stets auf derselben Temperatur gehalten. Die Abgleichung gegen die Helligkeit des Strahlers, dessen Temperatur gemessen werden soll, wird durch zwei in den Strahlengang eingeschaltete und verstellbare Grauglaskeile erreicht.

Das früher häufig verwendete *Pyrometer von* H. WANNER [66] besitzt ebenso wie das Pyrometer von LE CHATELIER-FÉRY eine bei unveränderlicher Temperatur brennende Glühlampe. Die Wellenlänge λ, bei der die Beobachtung stattfindet, wird hier durch spektrale Zerlegung des Lichts bestimmt. Die Schwächung der Strahlung des Glühkörpers, dessen Temperatur gemessen werden soll, geschieht wie bei dem KÖNIGschen *Spektralpyrometer* durch eine Polarisationseinrichtung. Der Strahler und die Vergleichslichtquelle beleuchten je einen Teil des Objektivspalts und je eine von zwei Flächen, die im Gesichtsfeld des Geräts nebeneinander erscheinen. Durch ein WOLLASTONsches Kalkspatprisma wird erreicht, daß das vorher bereits spektral zerlegte Licht der beiden Lichtquellen in einem ordentlichen und einen außerordentlichen Strahl aufgespalten wird, deren Polarisationsebenen senkrecht zueinander stehen. Das Licht wird so geleitet, daß die beiden Hälften des Gesichtsfeldes von Strahlung verschiedener Polarisationsebenen beleuchtet werden. Durch Drehen eines Nicols, der als Analysator dient, lassen sich beide Flächen auf gleiche Helligkeit einstellen.

Das Prinzip der Schwächung durch Polarisation liegt auch dem *Spektralphotometer von* KÖNIG-MARTENS zugrunde. Dieses Gerät besitzt den Vorzug für beliebige Wellenlängen des Lichts einstellbar zu sein.

Das *Spektralpyrometer* vereinigt ein gewöhnliches Glühfadenpyrometer mit einem Spektrometer und bietet die Möglichkeit, die Helligkeit des Strahlers in einem beliebigen und eng begrenzten Wellenlängenbereich des Lichts zu beobachten. Das Gerät wurde von F. HENNING [68] angegeben und erprobt.

e) Kalibrierung visueller Pyrometer

Die Kalibrierung eines Glühfadenpyrometers sei etwas ausführlicher behandelt, da sie repräsentativ ist für die Kalibrierung aller optischen Temperaturmeßgeräte.

Bei einem Präzisionspyrometer muß die (meist reelle) Austrittspupille durch das Okular so in die Eintrittspupille (Fassung des Objektivs) abgebildet werden, daß das Bild der Austrittspupille stets kleiner ist als die Eintrittspupille. Um das zu prüfen, wird das Farbfilter entfernt und die Austrittspupille mit parallelem Licht bestrahlt. Auf einem Stück Mattpapier, das an das Objektiv gehalten wird, ist dann die Lage der Austrittspupille unschwer zu erkennen. Beachtet werden muß, daß auch bei ausgezogenem Objektivtubus die Austrittspupille vignettierungsfrei in der beschriebenen Art abgebildet wird; bei zu großem Bild der Pupille muß diese durch eine verkleinerte Lochblende hinter dem Okular ersetzt werden.

Häufig wird die Einstellung für das Verschwinden des Pyrometerfadens dadurch erleichtert, daß die Stromrichtung der Lampe umgepolt oder die Lampe um 180° zu ihrer Vertikalachse gedreht wird. Eine Vorprüfung der Farbfilter ist besonders bei Interferenzfiltern zu empfehlen. Im allgemeinen reicht die visuelle Betrachtung der

Filter mit Hilfe eines Taschenspektroskops aus, um evtl. vorhandene Spektralbereiche zusätzlicher Durchlässigkeit zu erkennen.

Ist dem Pyrometer ein Ampèremeter beigefügt, so ist seine Stromanzeige gesondert zu prüfen. Häufig haben diese Ampèremeter zwei oder mehrere untereinanderliegende Temperaturbereichsteilungen. Einer bestimmten Zeigerstellung des Ampèremeters entsprechen dann zwei oder mehrere Temperaturen, wobei die Differenzen der reziproken KELVIN-Werte über den gesamten Skalenbereich hinreichend konstant sein sollten.

Nicht immer sind die Pyrometerlampen hinreichend gealtert. Bei Präzisionsmessungen sollten die Lampen nie höhere Schwarze Temperaturen als 1350 °C haben, ihre Alterung hat dann bei 2200 °C zu erfolgen (Einstellung vor einer Bandlampe). Für die Beobachtung der Alterung (Brenndauer 10 Stunden) ist neben der Strommessung zusätzlich eine Spannungsmessung erforderlich. Die Gleichstromalterung (Polung wie im späteren Meßzustand) kann als abgeschlossen angesehen werden, wenn nach dem Ausschalten der Lampen und Wiedereinschalten (bei 2200 °C) bei gleichem Strom keine Widerstandsänderung mehr beobachtet wird. Polung und Lage der Lampe (Objektiv- und Okularseite) sollten gekennzeichnet werden. Mit Hilfe von Strom- und Spannungsmessungen ist auch der Einfluß der Raumtemperatur auf die Stromtemperaturkennlinien der Pyrometerlampe gesondert zu untersuchen.

Ein Präzisionspyrometer sollte stets vor einem Schwarzen Strahler eingemessen werden. Die Entfernung des Strahlers zum Pyrometer muß dabei groß genug sein, damit das Pyrometerobjektiv vom Strahler voll ausgeleuchtet wird. Sehr bequem ist die Kalibrierung, wenn der Strahler ein eingebautes kalibriertes Thermopaar hat.

Ohne Kenntnis der wirksamen Wellenlänge des Filters gewinnt man dann den Zusammenhang zwischen Pyrometerstrom und Schwarzer Temperatur z. B. von 750 °C bis 1350 °C in Abständen von je 50 °C „im Licht des Farbfilters".

Prinzipiell ist für die Präzisionspyrometer der spektrale Durchlaßgrad des Farbfilters gesondert zu bestimmen, um die wirksame Wellenlänge berechnen zu können. Bei den häufig verwendeten Schottfiltern RG 2 oder RG 630 muß bei den Messungen größere Sorgfalt in der Nähe der Absorptionskante aufgewendet werden (Benutzung von Spektrallampen als Monochromatorlichtquellen nach H. FRÜHLING [48]). Bei Kenntnis der wirksamen Wellenlänge kann das Pyrometer unschwer ober- und unterhalb des Golderstarrungspunktes an den Hohlraumstrahler oder eine Bandlampe mit Hilfe von rotierenden Sektoren angeschlossen werden. Für die im Pyrometer fest eingebauten Neutralfilter zur Schwächung der Strahlung muß stets der spektrale Durchlaßgrad $\tau(\lambda)$ bestimmt werden. Da diese stark absorbierenden Filter jedoch meist in einem schwach konvergenten Strahlengang liegen, sollte durch mehrere zusätzliche Messungen der „pyrometrischen Schwächung" $A = \dfrac{1}{T_1} - \dfrac{1}{T_2}$ der Durchlaßgrad $\tau_0 \cdot \tau(\lambda)$ bestimmt werden, wobei τ_0 gewonnen wird. Für $T_1 > T_2$ und mit $F(\lambda)$ als Filterdurchlaßgrad ergibt sich so vor dem Schwarzen Strahler

$$\tau_0 \cdot \int_0^\infty L_{\lambda,\,s}(T_1)\tau(\lambda)F(\lambda)V(\lambda)\,d\lambda = \int_0^\infty L_{\lambda,\,s}(T_2)F(\lambda)V(\lambda)\,d\lambda\,. \qquad (278)$$

Hieraus kann τ_0 bestimmt werden, wenn T_1 und T_2 bekannt sind.

Zur vollständigen Kalibrierung eines Präzisionspyrometers sind also folgende Schritte erforderlich: Strom-Temperatur-Zuordnung der Pyrometerlampe im Licht der

Farbfilter im gewünschten Temperaturbereich (etwa 750 bis 1350 °C); Bestimmung der spektralen Durchlaßgrade von Farb- und Neutralfiltern; Berechnung der wirksamen Wellenlängen in Abhängigkeit von der Temperatur für die erforderlichen Kombinationen von Farb- und Neutralfiltern; Messung der pyrometrischen Schwächungen der Neutralfilter (Zusatzlinsen usw.) in Abhängigkeit von der „unteren" Temperatur (T_1). Die wirksamen Wellenlängen und die pyrometrischen Schwächungen sind ebenfalls für die Strahlung der Wolframbandlampe zu berechnen ($L_{\lambda,s}$ ist zu ersetzen durch $\varepsilon(\lambda, T) L_{\lambda,s}$ mit ε = Emissionsgrad). Wird nun mit einem derart kalibrierten Pyrometer ein unbekannter Strahler anvisiert, so ergibt sich aus dem Pyrometerstrom die Schwarze Temperatur dieses Strahlers, also diejenige Temperatur des Schwarzen Strahlers, die bei dem Hohlraumstrahler zu demselben pyrometrischen Abgleich führen würde wie bei der Messung vor dem unbekannten Strahler, dessen wahre Temperatur, je nach Maßgabe des Emissionsgrades, oberhalb der Schwarzen Temperatur liegt.

Der Pyrometerlampenfaden darf nicht über eine Eigentemperatur von 1400 °C hinaus belastet werden, das Rotfilter sollte eine effektive Wellenlänge von 0,655 μm ± 0,01 μm haben und die „pyrometrische Schwächung" $A = \frac{1}{T_u} - \frac{1}{T}$ (T_u „untere" Temperatur, die durch den Pyrometerlampenstrom der Einstellung gegeben ist, T „obere" Temperatur des Meßobjekts) sollte innerhalb der Toleranz $\pm 1,5 \cdot 10^{-6}$ K^{-1} temperaturunabhängig sein.

Bei der Kalibrierung werden die Pyrometer nach der Beschaffenheitsprüfung direkt an den Schwarzen Strahler angeschlossen. Die Meßergebnisse werden in Form von Tabellen und Polynomkoeffizienten für die Pyrometerlampen (in Schritten von 50 °C), Filter (in Schritten von 10 nm) und pyrometrischen Schwächungen (gegebenenfalls auch deren Abhängigkeit von der Farbtemperatur) sowie für die elektrischen Meßinstrumente erhalten. Als Beispiel diene ein Pyrometer, das u. a. mit einem Blaufilter ausgerüstet sei und neben dem Rauchglas als Schwächungsglied auch (für bestimmte Entfernungseinstellungen zum Objekt) ein Zusatzobjektiv habe. Das Prüfungsergebnis habe folgende Form:

Pyrometerlampenstrom im Licht des Blaufilters:

Bei t =	1050 °C ist i =	214,7 mA
	1100	224,5
	1150	234,4
	1200	244,7
	1250	255,9
Unsicherheit:		0,6 mA

Für die pyrometrischen Schwächungen des Rauchglases (A_1) und des Zusatzobjektivs (A_2) im Licht des Blaufilters mögen folgende Zahlenwerte gelten

$A_1 = (1{,}577 \pm 0{,}023) \cdot 10^{-4}$ K^{-1},
$A_2 = (0{,}038 \pm 0{,}020) \cdot 10^{-4}$ K^{-1}.

Ergibt nun bei Verwendung des Rauchglases und des Zusatzobjektivs der Helligkeitsabgleich eine Stromstärke der Pyrometerlampe von 234,4 mA, so ist die untere Temperatur $t_u = 1150$ °C, also $T_u = 1423{,}2$ K oder $\frac{1}{T_u} = 7{,}026 \cdot 10^{-4}$ K^{-1}.

Die Summe der pyrometrischen Schwächungen ist

$$A = A_1 + A_2 = 1{,}615 \cdot 10^{-4}\,\mathrm{K}^{-1}.$$

Damit wird

$$\frac{1}{T} = \frac{1}{T_u} - A = 5{,}411 \cdot 10^{-4}\,\mathrm{K}^{-1}.$$

Die gesuchte Temperatur ist also $T = 1848\,\mathrm{K}$ oder $t = 1575\,°\mathrm{C}$ bei einer maximalen Unsicherheit von $\pm 15\,\mathrm{K}$.

Die Kalibrierung schließt im allgemeinen auch die Angaben für das verwendete Strommeßgerät mit ein. Diese Geräte haben häufig einen unterdrückten Strombereich. Die Anzeigegenauigkeit muß groß genug sein, damit z. B. für eine bis 300 mA belastbare Pyrometerlampe im mittleren Meßbereich eine Stromänderung von etwa 0,1 %, die einer Temperaturänderung von 1 °C entspricht, reproduzierbar gemessen werden kann.

3. Objektive Pyrometer

Anstelle des menschlichen Auges können auch physikalische Empfänger zur Bewertung der Strahldichtegleichheit verwendet werden. Derartige objektive Pyrometer haben gegenüber den visuellen Pyrometern vorwiegend die Vorteile kürzerer Meßzeit und größerer Empfindlichkeit. Infolge der Infrarotempfindlichkeit sind diese Geräte besonders geeignet für strahlungsthermometrische Messungen unterhalb 1000 K. In den meisten Fällen können zur Temperaturermittlung die bisherigen Ausführungen und Gleichungen übernommen werden, wenn die Augenempfindlichkeit $V(\lambda)$ durch die spektrale Empfindlichkeit des Nachweisgeräts ersetzt wird. Der wichtigste Bauteil des objektiven Pyrometers ist der zugehörige Strahlungsempfänger, dessen Zeitkonstante, Empfindlichkeit und Anzeigelinearität den Verwendungsbereich des Pyrometers entscheidend beeinflussen.

Über die Empfängerparameter ε^*, $\overline{U}$, $\overline{NEP}$ und D^* wird man in Form von numerischen Richtwerten durch den Hersteller informiert. Hat z. B. ein thermischer Empfänger die Eigentemperatur T_B und soll durch ihn die Temperatur T einer strahlenden Fläche A mit dem Emissionsgrad ε ermittelt werden, so steht für die Messung der Strahlungsstrom

$$\Phi = \frac{\sigma}{\pi} \cdot A \cdot \Omega \cdot \varepsilon \cdot (T^4 - T_B^4) \tag{279}$$

zur Verfügung, wenn Ω der nutzbare Raumwinkel der Meßanordnung ist. Aus Φ und Gleichung (231) ergibt sich dann die erforderliche Bandbreite Δf der Meßanordnung, wenn die benötigte Meßgenauigkeit durch den Zahlenwert des erforderlichen Signal-Rausch-Verhältnisses S^* ausgedrückt wird.

Die Strahlungsleistung Φ, die ein Strahlungspyrometer von einem Schwarzen Temperaturstrahler der Temperatur T erhält, beträgt nach Gleichung (127)

$$\Phi = 2c_1 \cdot A\Omega \cdot \lambda^{-5} \cdot e^{-\frac{c_2}{\lambda T}} \cdot \Delta\lambda. \tag{280}$$

Hieraus folgt mit

$$\frac{\partial \Phi}{\partial T} = 2c_1 c_2 A\Omega \lambda^{-6} \cdot T^{-2} e^{-\frac{c_2}{\lambda T}} \cdot \Delta\lambda$$

Optische Pyrometer

und mit der Forderung [für die äquivalente Rauschzahl, Gl. (231)] $S^* = 1$

$$\Delta\Phi_{\text{Min}} = \overline{NEP} \cdot \sqrt{\Delta f}. \qquad (281)$$

Die mit einem Strahlungspyrometer im Gültigkeitsbereich der WIENschen Strahlungsformel noch nachweisbare kleinste Temperaturdifferenz ergibt sich dann zu

$$\Delta T = (2c_1 c_2 A\Omega \, \Delta\lambda)^{-1} \cdot \sqrt{\Delta f} \cdot \overline{NEP} \; T^2 \lambda^6 \, e^{\frac{c_2}{\lambda T}}. \qquad (282)$$

Aus Gl. (282) findet man durch partielle Differentation nach λ, daß ΔT für $\lambda = \frac{1}{6} \cdot \frac{1}{T} c_2$ (also in Nachbarschaft des Strahldichtemaximums bei $\lambda = \frac{1}{5} \cdot \frac{1}{T} \cdot c_2$ gemäß Gleichung (143) ein Minimum wird, für das dann gilt

$$\Delta T_{\text{Min}} = 1{,}4 \cdot 10^{10} \cdot (A\Omega \, \Delta\lambda)^{-1} \cdot \sqrt{\Delta f} \cdot \overline{NEP} \cdot T^4. \qquad (283)$$

Dabei sind die Größen ($A\Omega \, \Delta\lambda$) in cm³ und die Bandbreite Δf des nachgeschalteten Verstärkers in Hz einzusetzen. Ein stickstoffgekühlter Ge-Photowiderstand ($\overline{NEP} \approx 10^{-10}$) könnte demnach theoretisch noch bei einer schwarzen Fläche ($A = 1$ cm²) der Temperatur 100 K Temperaturunterschiede von 0,5 mK nachweisen, wenn der Empfänger im Maximum der Empfindlichkeit bei der Wellenlänge 24 µm (Filterbreite $\Delta\lambda = 10$ µm) arbeiten würde und das Pyrometer bei einem wirksamen Raumwinkel $\Omega = 0{,}3$ sr einen nachgeschalteten rauscharmen Verstärker der Bandbreite 100 Hz hätte.

Die Gleichungen (281) und (282) gelten unter der Voraussetzung, daß die kleinste nachweisbare Strahlungsleistung $\overline{NEP}$ des Empfängers oberhalb der Strahlungsleistung liegt, die durch das Strahlungsrauschen gegeben ist [69].

Bei tiefen Temperaturen und insbesondere bei photoelektrischen Empfängern mit niedrigen Modulationsfrequenzen ist das jedoch nicht immer der Fall. Unter Benutzung des durch Gl. (231) angegebenen Signal-Rausch-Verhältnisses S^* berechnet sich für diesen Fall die Zahl n der Photonen, die in der Zeit $(2 \cdot \Delta f)^{-1}$ mit dem Strahlungsstrom $\Delta\Phi$ dem Empfänger zugeführt werden, zu

$$n = \Delta\Phi \cdot \frac{1}{2\Delta f} \cdot \frac{1}{h\nu} \cdot S^*. \qquad (284)$$

Hierbei ist $h\nu$ die Strahlungsenergie bei der Wellenlänge $\lambda = c/\nu$. Die kleinste nachweisbare Zahl $\bar{n}$ ist gleich $\sqrt{2n}$, da zwei verschiedene und unabhängige Strahlungsfluktuationen zu den Schwankungen beitragen. Wird nun Gleichung 284 partiell nach T differenziert, so erhält man in Analogie zu den vorangegangenen Berechnungen die kleinste nachweisbare Temperaturdifferenz

$$\Delta T = \sqrt{\frac{hc\, \Delta f\, S^*}{2c_1 A\Omega \, \Delta\lambda}} \cdot \frac{1}{c_2} \cdot \lambda^3 \, T^2 \, e^{\frac{c_2}{\lambda T}}.$$

Auch in diesem Fall wird ΔT zu einem Minimum bei der Wellenlänge $\lambda = \frac{c_2}{6T}$. Damit ergibt sich

$$\Delta T_{\text{Min}} = 4{,}4 \cdot 10^{-7} \cdot (A\Omega \, \Delta\lambda)^{-1/2} \cdot S^{*-1/2} \cdot (\Delta f)^{1/2} \cdot T^{-1}. \qquad (285)$$

Während die Gl. 285 für den Fall gilt, daß die Rauschleistung der Strahlungsoberfläche niedriger ist als das Empfängerrauschen selbst, gelten die Gl. (281) und (283) für den umgekehrten Fall.

Für Gesamtstrahlungsempfänger, deren Meßgrenze durch das Strahlungsrauschen gegeben ist, gilt mit $\overline{NEP} = \sqrt{4A\sigma kT^5}$ (σ = STEFAN-BOLTZMANN-Konstante) nach Gl. (281)

$$\overline{\Delta\Phi_{\text{Min}}} = \sqrt{4A\sigma kT^5\,\Delta f}\,. \tag{286}$$

Bei Raumtemperatur hat dann ein Strahlungsthermoelement, dessen Strahlungsempfindlichkeit 4 VW^{-1} beträgt bei einer Empfängerfläche von 0,07 cm² und einer Zeitkonstanten von $1/\Delta f = 0{,}5$ s, eine Rauschspannung von $2 \cdot 10^{-11}$ V. Damit liegt hier die Grenze der Nachweisbarkeit von Strahlungsströmen bei $5 \cdot 10^{-12}$ W.

a)   **Gesamtstrahlungspyrometer**

Ist L_S die Strahldichte der schwarz strahlenden Fläche AB, so ist der auf den Empfänger CD gelangende Strahlungsstrom gegeben (Abb. 55) durch

$$\Phi = L_S \frac{f_1 f_2}{a^2} = \frac{\sigma}{\pi} \cdot \frac{f_1 f_2}{a^2} \cdot T^4\,, \tag{287}$$

wenn die Blenden 1 und 2 mit den Öffnungsflächen f_1 und f_2 sich im Abstand a voneinander befinden und wenn weder die abschirmenden Blenden noch die Empfängerfläche f_2 reflektieren oder zurückstrahlen. Schließt man an die Hauptmessung eine zweite an, bei der an Stelle des betrachteten Strahlers eine durch strömendes Wasser auf der Temperatur T_B gehaltene schwarze Fläche tritt, so ist die Differenz der beiden zur Messung gelangenden Strahlungsströme durch

$$\Delta\Phi = \frac{\sigma}{\pi} \cdot \frac{f_1 f_2}{a^2} \cdot (T^4 - T_B^4) \tag{288}$$

gegeben. Strahlen die beiden gegenüberstehenden Flächen nicht wie Schwarze Körper, sondern besitzen sie den Absorptionsgrad α_1 bzw. α_2, so gibt, falls beide Flächen unendlich ausgedehnt (ohne Blenden) sind, die Flächeneinheit der Fläche f_1 an die Fläche f_2 pro Sekunde unter Berücksichtigung der wiederholten Reflexionen bei Gültigkeit des Kosinusgesetzes die Strahlungsenergie $\Delta\Phi'$ ab:

$$\Delta\Phi' = \pi \cdot [L_{1,\,s} - L_{2,\,s}] \left[\frac{1}{\alpha_1} + \frac{1}{\alpha_2} - 1\right]^{-1}\,. \tag{289}$$

Die Bezeichnung Gesamtstrahlungspyrometer wird am ehesten noch gerechtfertigt, wenn die Abbildungsoptik aus einem metallischen Hohlspiegel besteht und als Detektor ein thermischer Empfänger verwendet wird. Abbildung 56 gibt den Aufbau eines technischen Gesamtstrahlungspyrometers wieder.

Mit diesen Pyrometern wird im allgemeinen ein Spektralgebiet von 0,4 µm bis 10 µm erfaßt. Der Meßbereich kann zwischen -40 °C und 600 °C liegen. Bei Einstellzeiten von 1 s bis 2 s sind die Meßfehler meist kleiner als ± 5 °C, wenn der Gesamtemissionsgrad genau genug bekannt ist. Anstelle eines Einfachthermopaares werden häufig auch Thermosäulen als Empfänger verwandt. Die Thermospannungen erreichen dann Werte, die je nach Emissionsgrad und Temperatur oft über 100 mV liegen, wobei die Skalen der verwendeten Drehspulinstrumente wegen des T^4-Gesetzes bei größeren Temperaturen entsprechend größere Teilstrichabstände haben.

Optische Pyrometer

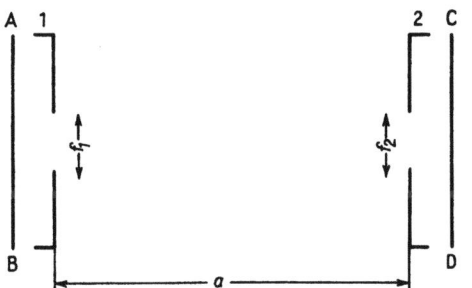

Abb. 55 Begrenzung des Strahlungsstroms durch Blenden

Anstelle von Hohlspiegeln werden in technischen Pyrometern auch Linsen verwendet, die entweder aus Glas, Quarz, Fluorid, Flußspat oder anderen infrarotdurchlässigen Materialien bestehen. Gegenüber den Pyrometern mit metallischen Spiegeln ist hier jedoch die Meßbarkeit der Temperatur zu tiefen Werten hin beschränkt, da z. B. Glas mit der bei 2,2 µm liegenden Absorptionskante bei 300 °C nur 1% und bei 2000 °C erst 25% der Gesamtstrahlung durchläßt.

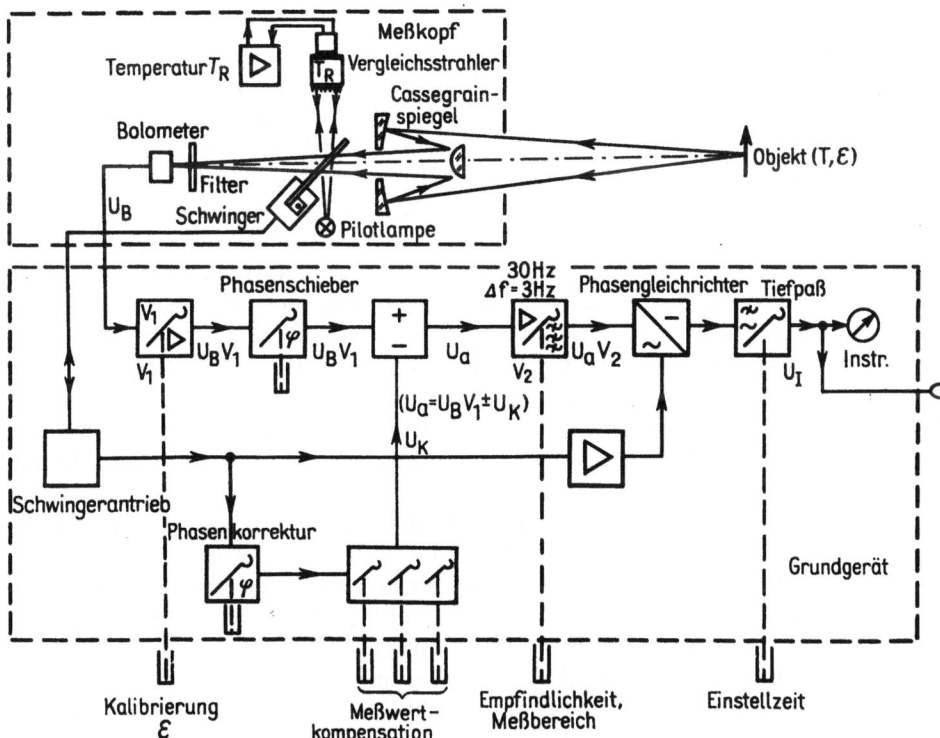

Abb. 56 Optischer Meßkopf und elektronisches Grundgerät des Gesamtstrahlungspyrometers „Heimann KT 3"

Auch für Gesamtstrahlungspyrometer läßt sich eine Gesamtstrahlungstemperatur definieren, deren Abhängigkeit z. B. von der Schwarzen und Wahren Temperatur sowie vom Gesamtemissionsgrad rechnerisch erfaßbar ist. Man errechnet dann für die verschiedenen Betriebsbedingungen Korrekturen, die bis 50% des Temperaturmeßwerts selbst betragen [70]. Aus diesem Grunde sollte man bei diesen Pyrometern prinzipiell nur den empirisch erhaltenen Zusammenhang zwischen der Temperatur des Meßgutes und der Temperaturanzeige benutzen und eher größere Sorgfalt auf die Kalibrierung und den oft notwendigen ortsfesten Einbau der Geräte legen. Um bei der Warmbehandlung von Eisen, Kunststoffen und Keramik die Temperatur messen zu können, ist es angebracht, das mit einem Berührungsthermometer versehene Meßgut vor dem ortsfesten Einbau des Pyrometers direkt als Kalibrierstrahler zu benutzen oder auf einem anderen Wege (z. B. unter Verwendung einseitig geschlossener geschwärzter Zylinderrohre, die vom Pyrometer anivisert werden) den gewünschten Zusammenhang zu gewinnen.

Wichtig bei der Beseitigung zusätzlicher Fehlerquellen in der Gesamtstrahlungspyrometrie ist die Eliminierung der Absorptionsbanden des Kohlendioxids (2,7 μm; 4,3 μm und 14,7 μm), des Kohlenstoffs (2,3 μm; 4,7 μm) und des Wasserdampfes (1,8 μm; 2,7 μm und 6,5 μm), die stets einen gewissen Einfluß auf das Meßergebnis haben (s. auch Abb. 41).

b) Strahldichtepyrometer

Strahldichtepyrometer werden in den vielfältigsten Bauarten geliefert, z. B. mit oder ohne Vergleichslampe, mit linearisierter, z. T. digitaler Anzeige oder anschließenden Operationsverstärkern für die Prozeßführung. Die Grundelemente dieser Geräte sind jedoch stets gleich: Die Strahlungsfläche wird auf der Empfängerfläche über ein Filter abgebildet und der Strahlungsstrom mit einer zur Erzeugung geringer Rauschäquivalentzahlen optimaler Frequenz moduliert. Die Korrektur für den Emissionsgrad erfolgt durch geeignete Strom- oder Spannungsteiler, wobei die elektrischen Größen durch schmalbandige, rauscharme Verstärker in Verbindung mit phasenempfindlichen Gleichrichtern verstärkt werden. Häufig sind einige Pyrometerelemente wie Empfänger und Filter austauschbar, ohne daß die Geräte nachkalibriert werden müssen. Strahldichtepyrometer werden auch oft zur automatischen Prozeßsteuerung verwendet. Ein einfaches Beispiel gibt Abbildung 57 wieder, bei der das Meßprinzip auf dem Vergleich der von dem zu messenden Strahler S und einer Vergleichslampe V emittierten Strahlungsströme beruht. Beide Strahlungsströme werden moduliert durch den vom Motor M_1 angetriebenen Sektorspiegel Sp, der die Hälfte der Strahlung von S durchläßt. Die Strahlung durchläuft ein Spektralfilter F und fällt dann auf den Empfänger E, wird durch V_1 verstärkt und z. B. durch das Instrument I angezeigt. Sind die Strahlungsströme von S und V ungleich, so wird durch V_1 ein Signal verstärkt. Nun ist mit M_1 ein Umschalter U verbunden, der das Ausgangssignal von E in bezug auf die Modulation durch Sp phasenstarr gleichrichtet. Das Instrument I zeigt einen Ausschlag nach der einen oder anderen Seite, je nachdem, ob die Strahlung von S oder von V größer ist. Durch Verschieben des Graukeils K kann das Signal und damit die Anzeige von I auf Null gebracht und die Stellung von K an der in Temperaturgraden kalibrierten Skala SK abgelesen werden. Wird an Stelle von I ein zweiter Verstärker V_2 an den Ausgang von V_1 angeschlossen, so kann dieser wiederum einen Motor M_2 steuern, der K automatisch in die den Strahlungsabgleich bewirkende Stellung bringt. Auf diese Weise kann z. B. auch die Heizenergie eines Ofens S derart gesteuert werden, daß dieser eine vorgegebene Temperatur beibehält.

Optische Pyrometer

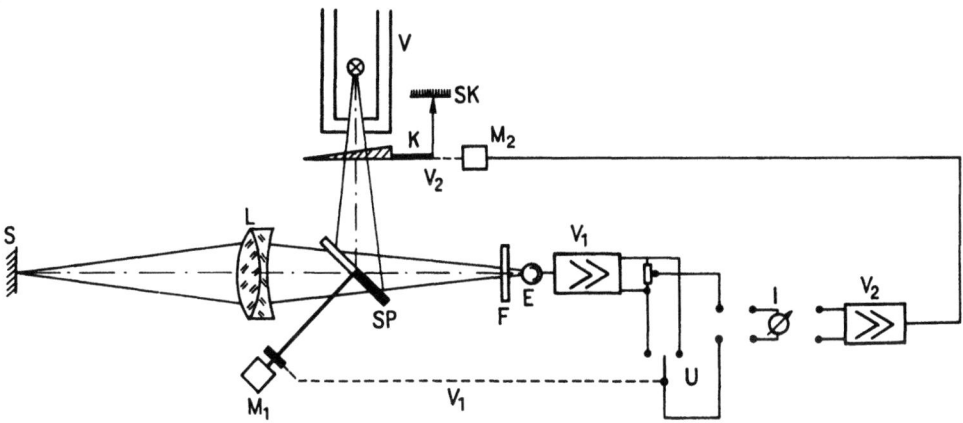

Abb. 57 Strahldichtepyrometer für Meß- und Regelzwecke

Die Möglichkeiten der Konstruktion dieser Pyrometer sind bei der Vielzahl der heute zur Verfügung stehenden Strahlungsempfänger außerordentlich groß. Ist eine zusätzliche elektrische Energieversorgung nicht möglich, so wird man Pyrometer mit Strahlungsthermoelementen verwenden oder man wird bei längeren Wellenlängen Empfänger mit langwelliger Infrarotempfindlichkeit dort bevorzugen, wo relativ niedrige Temperaturen zu ermitteln sind.

c) **Verhältnis- und Standardpyrometer**

Verhältnispyrometer

Aus dem Verhältnis $V = L_\lambda(\lambda_1, T)/L_\lambda(\lambda_2, T) = \varepsilon(\lambda_1, T) L_{\lambda,s}(\lambda_1, T)/\varepsilon(\lambda_2, T) L_{\lambda,s}(\lambda_2, T)$ läßt sich bei bekanntem $\varepsilon(\lambda_1)$ und $\varepsilon(\lambda_2)$ in Analogie zu den visuellen Farbpyrometern die Temperatur T bestimmen. Wird dieses Verhältnis mit objektiven Empfängern gemessen, so nennt man diese Geräte Verhältnis- oder Quotientenpyrometer. Sie haben den Nachteil, daß ihre Anzeige von der fünften Potenz der Wellenlänge abhängt, und den Vorteil, daß bei den meisten Konstruktionen eine Vergleichslampe überflüssig wird. Die beiden Filterbereiche können den Meßgegebenheiten angepaßt werden, und für die Quotientenbildung V lassen sich relativ einfache elektronische Schaltungen angeben. Abbildung 58 zeigt das Prinzip eines Verhältnispyrometers. Die von A emittierte Strahlung gelangt abwechselnd durch die rotierenden Spektralfilter λ_1, λ_2 auf den Empfänger E, aus dessen Ausgangssignalen der Quotient V gebildet wird. Macht sich bei der Messung sehr kurzzeitiger Temperaturänderungen die Zeitdifferenz zwischen den $\lambda_1 - \lambda_2$-Signalen störend bemerkbar, so lassen sich viele realisierbare optische Anordnungen angeben, bei denen mit Hilfe von zwei Empfängern störungslose Beobachtungen ermöglicht werden. Verhältnispyrometer gestatten schnelle und weitgehend entfernungsunabhängige Beobachtungen. Zur Erhöhung des Signal-Rausch-Verhältnisses der Anzeige ist eine phasenstarre Kopplung der Umdrehungsfrequenz der Welle W an die Empfängerverstärker zu empfehlen.

Ein anderes Meßprinzip beruht auf den optischen Eigenschaften von Indiumphosphid, das die Strahlung unterhalb der Wellenlänge von 1 µm stark reflektiert und für

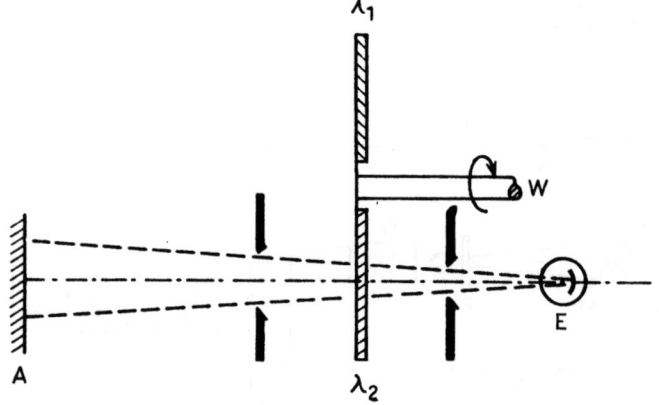

Abb. 58 Verhältnispyrometer

die Strahlung oberhalb von 1 µm durchlässig ist. Führt man die reflektierten und transmittierten Strahlungsanteile je einem Siliziumphotoelement zu, so lassen sich aus den elektrischen Strömen der Photoelemente temperaturabhängige Quotienten bilden (für die Strahlungsanteile ober- und unterhalb 1 µm), die für sehr viele metallische und keramische Materialien direkt als Maß für die wahren Oberflächentemperaturen gelten können.

Standardpyrometer

Zur Realisierung der optischen Temperaturskala sind sog. Standardpyrometer entwickelt worden, die bei zumeist ortsfestem Aufbau in bestimmten Zeitintervallen direkt an den Golderstarrungspunkt angeschlossen werden. Mit Hilfe dieser Standardpyrometer lassen sich dann wiederum Sekundärstrahler (Bandlampen) einmessen, die

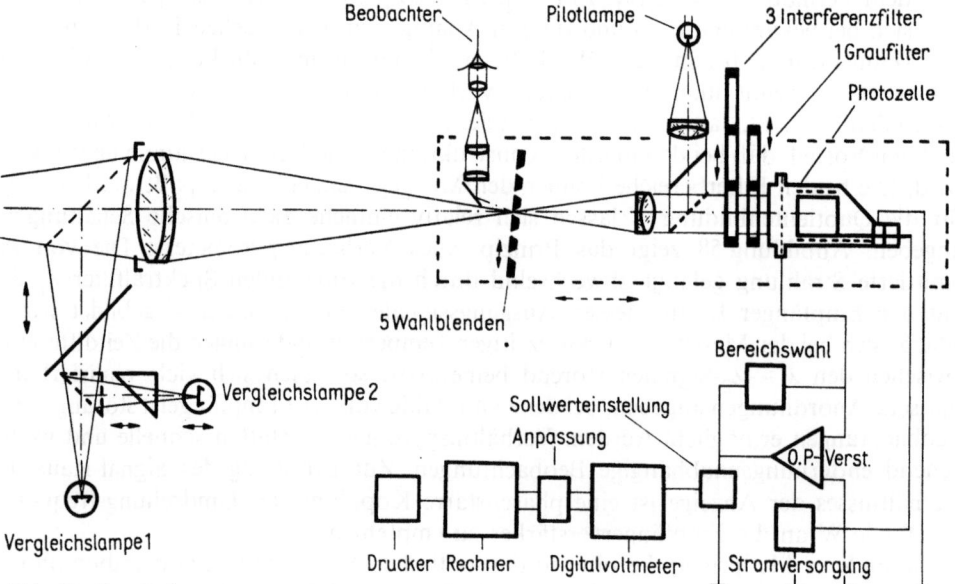

Abb. 59 Standardpyrometer nach H. KUNZ

durch ihre Temperatur-Heizstrom-Zuordnung die Skala repräsentieren. Abbildung 59 zeigt das von H. KUNZ [71] entworfene Standardpyrometer, das im Wellenlängenbereich von 0,5 bis 0,75 µm und innerhalb des Entfernungsbereichs 0,65 m bis 1,5 m den unterschiedlichsten Meßbedingungen angepaßt werden kann. Bei diesem Pyrometer wurde besondere Sorgfalt auf die Anzeigelinearität und Driftvermeidung des Empfängers gelegt. Die Funktionsweise des Pyrometers, dessen Unsicherheit in der Messung von Strahldichteverhältnissen mit $3 \cdot 10^{-4}$ angegeben wird, geht aus Abbildung 59 hervor. Unter Verzicht auf die Strahlengänge der beiden Vergleichslampen kann das Gerät in vereinfachter Form auch für industrielle Temperaturmessungen verwendet werden.

4. Fehlerquellen

Die in der optischen Pyrometrie erreichten Temperaturmeßgenauigkeiten werden im allgemeinen überschätzt. Ein Beispiel hierfür ist der Zahlenwert für die Temperatur des Platinerstarrungspunkts, die nach der IPTS-68 2045,15 K beträgt und für die aus pyrometrischen Beobachtungen wenige Jahre später die Werte (2040,8 ± 0,3) K (oder unter Berücksichtigung des Brechzahleinflusses (2041,1 ± 0,3) K [73]) bzw. (2042,5 ± 1) K erhalten wurde [72] (s. auch X C 4e). Bereits bei der ersten Kalibrierung eines Pyrometers vor dem Hohlraumstrahler kann durch dessen unvollständige Schwärze ein erheblicher Fehler auftreten. Der Begriff Kalibrierung bedeute z. B., daß die Pyrometerlampen- oder die Empfängereinstellungen einer spektralen Strahldichte entsprechen, die ein Schwarzer Körper der Temperatur 1400 K bei der Wellenlänge $\lambda = 0,65$ µm hat. Ist nun der Emissionsgrad dieses Strahlers gleich 0,95, so genügt für einen idealen Schwarzen Strahler eine Temperatur von 1395,5 K, die bei der Wellenlänge von 0,65 µm zur gleichen Strahldichte führt. Hier liegt bei der Kalibrierung bereits ein Meßfehler von 4,5 K vor, der auf 6 K vergrößert wird, wenn für eine strahlende Oberfläche mit Hilfe einer 10prozentigen Strahlungsschwächung die Schwarze Temperatur von 1632 K ermittelt werden soll.

Zahlreiche weitere systematische Fehler können die pyrometrischen Temperaturmessungen verfälschen [36]. Von besonderer Bedeutung sind Unsicherheiten der Strahlungsschwächung, der Linearität der Anzeigen, der wirksamen Wellenlängen, der Streustrahlung und der mangelhaft erfolgten Alterung der Vergleichslampe. Soweit die in VII A beschriebenen Zusammenhänge zwischen der zu ermittelnden Temperatur und den Bezugsgrößen c_2, T_{Au}, λ, τ, $V(\lambda)$, $\varepsilon(\lambda)$ usw. analytisch bekannt sind, läßt sich durch Differentiation der zugehörigen Gleichung die Temperaturunsicherheit meist einfach errechnen. Schwieriger zu erfassen sind dagegen die nur experimentell zu bestimmenden Einflüsse der Raumtemperatur auf Lampen und Empfänger [36], der Polarisation durch Linsen, Filter und Empfänger sowie die Strahldichteabhängigkeit von der Brechzahl der erhitzten Luft [73].

Ein systematischer Fehler ist auch die Beugung der Strahlungsbündel an der kleinen Öffnungsfläche des Hohlraums. Dieser Fehler wird wegen des WIENschen Verschiebungsgesetzes bei niedrigen Hohlraumtemperaturen größer, weil sich die Strahlungsintensitäten zu größeren Wellenlängen hin verschieben, wodurch das Verhältnis von wirksamer Wellenlänge zum Öffnungsdurchmesser — und damit der Beugungswinkel — größer wird. Eine Vergrößerung der Hohlraumöffnung bedeutet andererseits aber eine

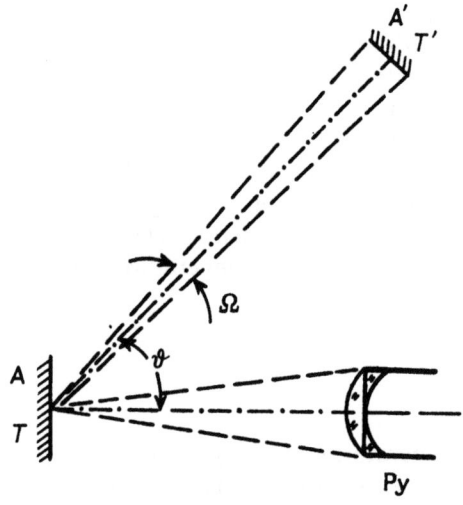

Abb. 60 Fehlereinfluß durch Fremdlichtquellen

Verringerung der Hohlraumschwärze, also eine größer werdende Abweichung vom PLANCKschen Strahlungsgesetz.

Die Unsicherheit δT_{Au} für den Golderstarrungspunkt als Bezugstemperatur liegt etwa bei $\pm 0{,}2$ K. Die relativen Unsicherheiten in der Ermittlung der wirksamen Wellenlängen und des Verhältnisses zweier Strahlungsströme dürften Zahlenwerte von 10^{-5} und 10^{-4} kaum unterschreiten.

W. R. BLEVIN [73] hat den Einfluß der Brechzahl von Luft bei pyrometrischen Untersuchungen berechnet. In der PLANCKschen Formel ist λ die Vakuumwellenlänge, die in einem Medium der Brechzahl n durch $n \cdot \lambda$ ersetzt werden muß. Setzt man für n den Wert 1,00028 bei der Vakuumwellenlänge $\lambda = 655$ nm, so erhöhen sich die Temperaturen der IPTS-68 bei 2000 K und 3000 K auf 2000,28 K und 3001,04 K. Am Platinerstarrungspunkt beträgt diese Korrektur somit 0,3 K.

Bei visuellen Pyrometern kommen zusätzliche unsystematische Fehler durch die Ermüdung des Beobachterauges hinzu sowie systematische Fehler dadurch, daß das menschliche Auge nicht in der Lage ist, eine bestimmte Spektralfarbe der Wellenlänge λ von einer anderen der Wellenlänge λ' zu unterscheiden, wenn $\lambda - \lambda'$ einen gewissen Schwellenwert $\Delta\lambda$ unterschreitet. Dieser Fehler ist von J. EULER und W. SCHNEIDER eingehend behandelt [74] und in Abhängigkeit von der Gesichtsfeldgröße, der Wellenlänge, Temperatur und Beobachtungszeit experimentell ermittelt worden. Mit Hilfe von Kontrasteinrichtungen gelang es, den Schwellenwert künstlich zu erniedrigen und die visuelle Einstellunsicherheit selbst bei Temperaturen von 1500 K auf $\pm 0{,}1$ K zu reduzieren.

Den systematischen Meßfehler, der dadurch entsteht, daß bei Temperaturen unterhalb 800 °C das Auge nicht mehr hellempfindlich ist, haben J. LOHRENGEL und W. GORSKI untersucht [75]. Bei 800 °C bleibt dieser Fehler bei Benutzung eines Rotfilters noch weit unterhalb von 1 K und ist damit kleiner als die anderen Fehlereinflüsse. Wird das Filter entfernt, so erhält man noch bei 750 °C zwischen der Einstellung mit und ohne Filter (also bei der CROVA-*Wellenlänge*) kaum größere Abweichungen als ± 1 K.

Abschließend sei noch auf einen häufig unterschätzten Meßfehler hingewiesen, der dadurch entsteht, daß auf die beobachtete Meßfläche A (mit der Temperatur T) Strahlung von einer Fremdquelle A' (mit der Temperatur T') gelangt (Abb. 60) und an A diffus reflektiert wird, so daß dem Pyrometerbeobachter die spektrale Strahldichte $L_\lambda(\lambda, T)$ des Meßobjekts um den Betrag

$$\Delta L_\lambda = \frac{\Omega}{\pi} \cdot \cos \vartheta \cdot \varrho \cdot L_\lambda(\lambda, T') \tag{290}$$

verfälscht dargeboten wird. Hierin sind $L_\lambda(\lambda, T')$ die spektrale Strahldichte der Fremdquelle, ϑ der Neigungswinkel zwischen den Flächennormalen von A und A', Ω der Raumwinkel der Strahlung von A' nach A und ϱ der diffuse Reflexionsgrad von A. Mit dem Pyrometer Py wird also eine verfälschte Temperatur T'' gemessen, die aus der Gleichung

$$L_\lambda(\lambda, T) + \frac{\Omega}{\pi} \cdot \cos \vartheta \cdot \varrho \cdot L_\lambda(\lambda, T') = L_\lambda(\lambda, T'') \tag{291}$$

zu bestimmen ist. Werden für die spektralen Strahldichten die WIENschen Näherungen eingesetzt, so folgt für die Wahre Temperatur

$$T = \frac{c_2}{\lambda} \cdot \left[\ln \left(e^{-\frac{c_2}{\lambda T''}} - \frac{\Omega \cdot \cos \vartheta \cdot \varrho}{\pi \cdot \varepsilon} \cdot e^{-\frac{c_2}{\lambda T'}} \right)^{-1} \right]^{-1}. \tag{292}$$

In diesem Ausdruck ist der Emissionsgrad ε (von A) im allgemeinen verschieden von $1 - \varrho$.

D Messung wahrer Temperaturen

1. Bekannte Emissionsgrade

Ein Festkörper der Temperatur T hat eine bestimmte Strahldichte L, die stets kleiner als die Strahldichte L_S des Schwarzen Strahlers ist. Bohrt man in den Festkörper verschieden tiefe Löcher (Abb. 61), so erreicht von einer bestimmten Lochtiefe ab die den Löchern zugehörige Strahldichte mit großer Annäherung die Hohlraumstrahldichte [84].

Die Emission von Temperaturstrahlern wird gekennzeichnet durch den Emissionsgrad ε, der durch die optischen Konstanten n (Brechzahl) und k (Absorptionskoeffizient) eindeutig bestimmt ist und von der Wellenlänge λ, der Temperatur und der Oberflächenbeschaffenheit abhängt. Für stark absorbierende und undurchsichtige Körper gilt für ϱ als Reflexionsgrad der senkrecht emittierenden Oberfläche

$$\varrho(\lambda) = 1 - \varepsilon(\lambda) = 1 - \frac{L_\lambda}{L_{\lambda,S}} = \frac{[n(\lambda) - 1]^2 + k^2(\lambda)}{[n(\lambda) + 1]^2 + k^2(\lambda)}. \tag{293}$$

Für ϱ hat Gl. (293) auch Gültigkeit, wenn der Körper (der Dicke d) durchsichtig ist. Der Durchlaßgrad einer solchen Planplatte der Dicke d ist unter Berücksichtigung

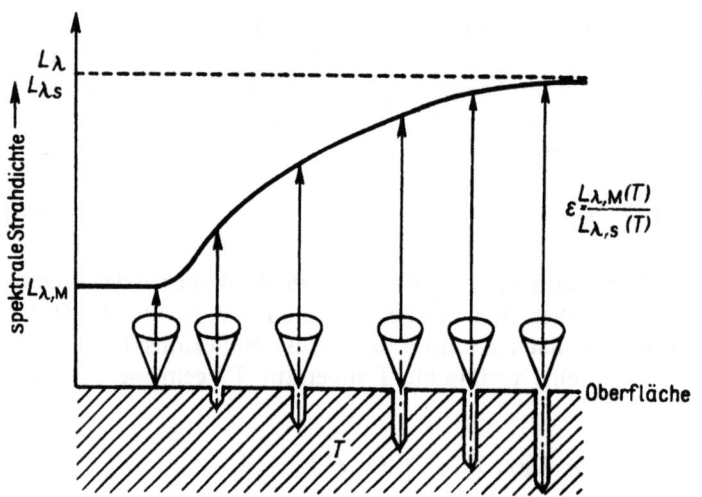

Abb. 61 Steigerung der spektralen Strahldichte L_λ eines Festkörpers der Temperatur T durch verschiedene Lochtiefen bis zum maximal möglichen Wert $L_{\lambda,s}$ des Hohlraumstrahlers

von Mehrfachreflexionen gegeben durch

$$\tau = \frac{(1-\varrho)^2 e^{-kd} \cdot (1+x^2)}{(1-\varrho e^{-kd})^2 + 4\varrho e^{-kd} \cdot \sin^2(\varphi+\psi)} \qquad (294)$$

mit

$$K = \frac{4\pi k}{\lambda_{\text{Vac}}}, \quad k = nx, \quad \varphi = \frac{2\pi nd}{\lambda_{\text{Vac}}} \quad \text{und} \quad \tan\psi = \frac{2k}{n^2+k^2-1}. \qquad (295)$$

Für den Emissionsgrad senkrecht zur Oberfläche gilt in guter Näherung

$$\varepsilon \approx (1-\varrho) \cdot (1-e^{-Kd}) \,. \qquad (296)$$

Hieraus folgt für sehr durchsichtige Körper mit $Kd \ll 1$

$$\varepsilon \approx Kd(1-\varrho) = \frac{16\pi knd}{\lambda[(n+1)^2+k^2]} \qquad (297)$$

und für stark reflektierende (metallische) Proben großer Absorption mit $Kd \gg 1$

$$\varepsilon \approx 1-\varrho = \frac{4n}{(n+1)^2+k^2}. \qquad (298)$$

Bei bekanntem ε oder ϱ ist es mit Hilfe des KIRCHHOFFschen Gesetzes [(Gl. (134)] stets möglich, aus der gemessenen spektralen Strahldichte die Oberflächentemperatur des Körpers zu bestimmen. Vornehmlich muß dabei auf die experimentellen Werte von ε Bezug genommen werden (Tabellenwerte und Meßmethoden: [76]), da theoretische Aussagen über die Temperatur- und Wellenlängenabhängigkeit von ε bei Festkörpern und Flüssigkeiten für die Temperaturmessungen lediglich in qualitativer Hinsicht möglich sind [77]. Wird mit einem Pyrometer die Festkörperoberfläche [mit der spektralen Strahldichte $L_\lambda(\lambda, T_W)$] anvisiert, so erhält man die zugehörige Schwarze Temperatur $T_S(\lambda)$ direkt aus der pyrometrischen Beobachtung.

Die Wahre Temperatur T_W ist nach Gl. (154) stets bestimmbar, wenn die zur Wellenlänge λ gehörige Schwarze Temperatur T_S und der Emissionsgrad $\varepsilon = \varepsilon(\lambda, T_W)$ bekannt sind

$$\frac{1}{T_W} = \frac{1}{T_S} - \frac{\lambda}{c_2} \cdot \ln\left(\frac{1}{\varepsilon}\right). \qquad (299)$$

Formel (299) wird komplizierter, wenn das ihr zugrunde liegende WIENsche Näherungsgesetz nicht mehr genügt. Bei vielen Festkörpern ist oft der qualitative Spektralverlauf von $\varepsilon(\lambda)$ bekannt, und manchmal sind Wellenlängenpaare (λ_1, λ_2) angebbar, für die der Emissionsgrad bei einer bestimmten Temperatur gleich ist, also $\varepsilon = \varepsilon(\lambda_1) = \varepsilon(\lambda_2)$ ist. Für die Wolframstrahlung sind z. B. im Bereich zwischen 1500 K bis 2500 K solche Wellenlängenpaare gegeben bei $\lambda_1 = 0{,}33$ µm und $\lambda_2 = 0{,}42$ µm. In diesem Fall folgt die Wahre Temperatur aus

$$\frac{1}{T_W} = \frac{1}{2} \cdot \left(\frac{1}{T_S(\lambda_1)} + \frac{1}{T_S(\lambda_2)} - \frac{1}{c_2}(\lambda_1 + \lambda_2) \cdot \ln\frac{1}{\varepsilon}\right). \qquad (300)$$

Sie kann mit einem Quotienten- oder Farbpyrometer ermittelt werden.

Umgekehrt kann aber auch bei einer bestimmten Wellenlänge der Emissionsgrad in weiten Bereichen temperaturunabhängig sein, z. B. bei Wolfram am sog. *X-Punkt* bei $\lambda = 1{,}27$ µm. Das bedeutet, daß die Wahre Temperatur dann aus der Schwarzen Temperatur berechnet werden kann, wenn bei einer beliebigen Temperatur einmal die Differenz zwischen Wahrer und Schwarzer Temperatur ermittelt wurde.

2. Polarisationsmethoden

Nach dem KIRCHHOFFschen Gesetz gilt zwischen den spektralen Strahldichten $L_{\lambda,S}(T)$ eines Hohlraumstrahlers der Temperatur T und der Strahldichte $L_\lambda(T)$ eines undurchlässigen Körpers der gleichen Temperatur die Beziehung $L_\lambda(T) = (1 - \varrho) L_{\lambda,S}(T)$. Hierbei ist ϱ der Reflexionsgrad der Körperoberfläche bei der Wellenlänge λ. Bestrahlt nun der Hohlraum die Körperoberfläche, so wird der Anteil $\varrho \cdot L_{\lambda,S}$ reflektiert und gibt zusammen mit dem von der Oberfläche selbst emittierten Anteil $(1 - \varrho) L_{\lambda,S}(T)$ unter geometrisch gleichen Bedingungen einen Strahlungsstrom, der genau so groß ist wie der des Hohlraumstrahlers. Voraussetzung dabei ist, daß Hohlraum und Körper die gleiche Temperatur haben. Umgekehrt läßt sich aus der Gleichheit der Strahlungsströme von Hohlraumstrahler und Eigenemission des Körpers plus reflektierter Hohlraumstrahlung auf Temperaturgleichheit schließen. Nach diesem Prinzip haben W. G. FASTIE, C. TINGWALDT, G. FALCKENBERG und J. EULER [78] Oberflächentemperaturen gemessen und geeignete pyrometrische Anordnungen angegeben. Von C. TINGWALDT wurde dieses Verfahren der Aufprojektion von Strahlung in modifizierter Form zur direkten Ermittlung wahrer Temperaturen glühender Metalloberflächen angewandt [79].

Bei schrägem Strahlungseinfall setzt sich der Reflexionsgrad ϱ aus den beiden Reflexionsgraden ϱ_s und ϱ_p für senkrecht und parallel polarisierte Strahlung gemäß Gl. (170) zu $\varrho = \frac{1}{2}(\varrho_s + \varrho_p)$ zusammen (Abb. 62).

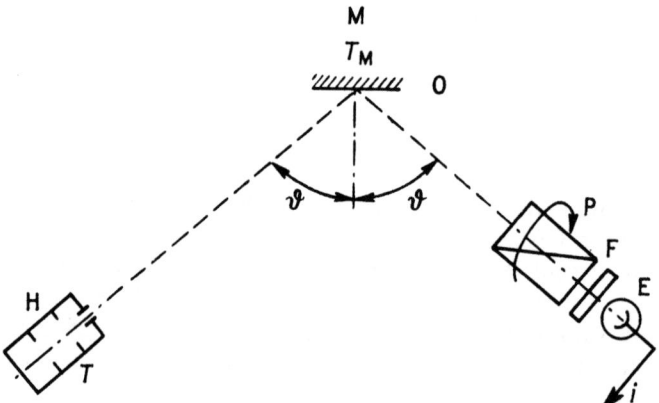

Abb. 62 Messung wahrer Temperaturen an spiegelnden Oberflächen

Die Strahlung des Hohlraums H, die an der spiegelnden Metalloberfläche M reflektiert werde, gelange nun durch den drehbaren Polarisator P und das Spektralfilter F auf den Empfänger E, der den Photostrom i erzeugt. Solange die Temperatur T des Hohlraums verschieden ist von derjenigen der Oberfläche (T_M) wird der Photostrom bei gleichförmiger Drehung von P sinusförmig geändert. Die Modulation verschwindet für $T = T_M$, da dann gilt $i_{max} = i_{min} = i$ oder mit a als Proportionalitätskonstanten für Strahlungsstrom und Photostrom

$$\varrho_s L_{\lambda,s}(T) + (1 - \varrho_s) L_{\lambda,s}(T_M) = a \cdot i, \tag{301}$$

$$\varrho_p L_{\lambda,s}(T) + (1 - \varrho_p) \cdot L_{\lambda,s}(T_M) = a \cdot i. \tag{302}$$

Hieraus folgt $L_{\lambda,s}(T) = L_{\lambda,s}(T_M)$ oder $T = T_M$. Die Temperatur von M ist somit bestimmbar aus der veränderbaren Temperatur von H und der Beobachtung von i derart, daß sich i beim Drehen von P nicht ändern darf. In der Praxis kann H z. B. durch eine Bandlampe, die senkrecht zur Strahlungsrichtung steht, ersetzt werden. Die Gleichungen (301) und (302) müssen dann unter Berücksichtigung der Durchlaßgrade der verwendeten optischen Bauteile entsprechend modifiziert werden. Der Winkel φ sollte etwa 45° bis 60° betragen.

Die praktische Ausführungsform wird durch Abbildung 63 wiedergegeben. Die Linse L_1 bildet die Bandlampe H auf der Probe M ab. M und das Bild von H werden durch die Linsen L_2, L_3 am Ort eines Zwischenbildes Z abgebildet. Der Polarisator P (z. B. ein GLAN-THOMSON-Prisma) steht im parallelen Strahlengang, während das Pyrometer Py auf Z eingestellt ist. Da H in diesem Fall kein Schwarzer Strahler ist, würde ein bestimmter Bruchteil polarisierter Strahlung, der von M ausgeht und durch H zurückreflektiert wird, die Messungen verfälschen, wenn dieser Anteil nicht rechnerisch bei der experimentellen Bestimmung mit berücksichtigt wird. Schwingt der elektrische Vektor in der Emissionsebene von M, so muß die Temperatur von H erhöht und bei einer zu starken Schwingung senkrecht zur Emissionsebene erniedrigt werden, um die Polarisation zu kompensieren. Unter Verwendung des WIENschen Gesetzes folgt für die Wahre Temperatur T_M der Metalloberfläche, wenn T_H die Wahre Temperatur der Bandlampe H ist,

$$\frac{1}{T_M} = \frac{1}{T_H} - \frac{\lambda}{c_2} \cdot \ln\left[1 + \tau_{HM}^2 \varrho_p \varrho_s \varrho_H\right]. \tag{303}$$

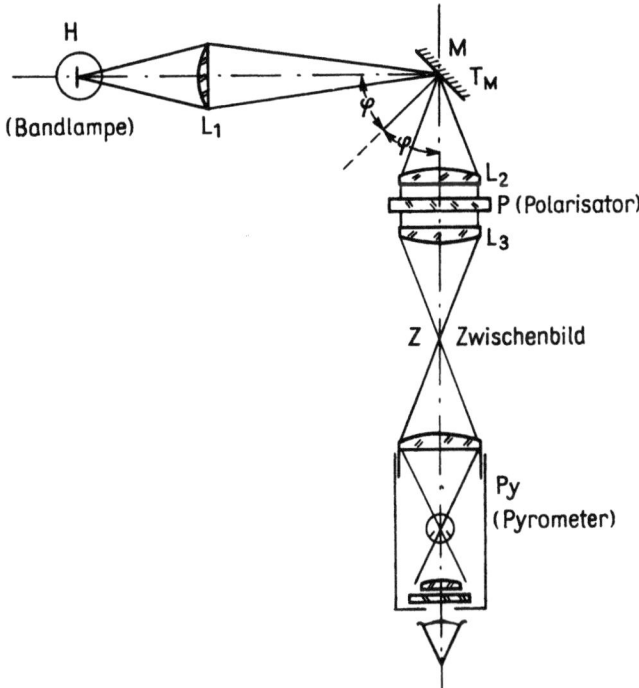

Abb. 63 Experimentelle Anordnung zur Bestimmung wahrer Temperaturen

Hierbei ist τ_{HM} der Durchlaßgrad der optischen Medien zwischen H und M und ϱ_H der für senkrechte Reflexion gültige Reflexionsgrad von H. Handelt es sich bei dem Pyrometer um ein visuelles Meßgerät, so muß dieses zunächst derart kalibriert werden, daß der Zusammenhang zwischen Pyrometerstrom i und Strahldichte L (im Filterbereich λ) bekannt ist. Dies geschieht am einfachsten durch eine senkrechte Beobachtung von H unter Benutzung rotierender Sektoren.

3. Eigenemission

Das Verhalten der reflektierten und emittierten elektromagnetischen Strahlung an bzw. von blanken metallischen Flächen wird durch die FRESNELschen Formeln (Gl. 171) beschrieben.

In Abbildung 64 wird die Einfallsebene zum Punkt P einer Metallfläche M gebildet durch das Flächenlot L und die Ausstrahlungsrichtung A. Je größer der Winkel φ ist, um so stärker ist die von M emittierte oder von M reflektierte Strahlung elliptisch polarisiert. Parallel zur Einfallsebene emittiertes Licht hat einen größeren Emissionsgrad oder eine stärkere Schwärze als die Strahlung, die senkrecht zur Einfallsebene polarisiert ist [80]. Wird demnach ein mit einem Polarisator bestücktes Pyrometer schräg gegen die Fläche gerichtet, so erhält man eine wesentlich niedrigere Schwarze Temperatur für die parallel polarisierte Strahlung gegenüber derjenigen für senkrecht polarisierte Strahlung. Ein derartiges Pyrometer wurde von W. PEPPERHOFF beschrieben, der zeigen konnte, daß bei 1400 °C die bei $\varphi = 80°$ gemessenen Schwarzen Temperaturen im parallel polarisierten Licht bei verschiedenen Metallen bis auf wenige

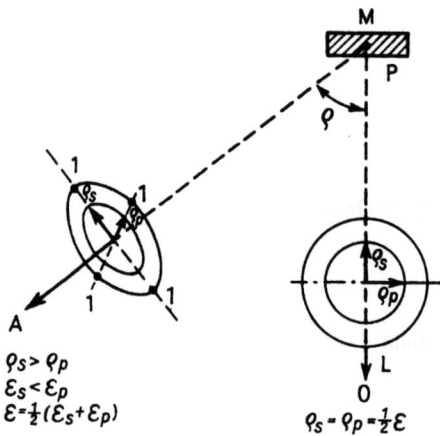

Abb. 64 Reflexion (ϱ) und Emission (ε) blanker Metallflächen

Grade mit der wahren Oberflächentemperatur übereinstimmten. Die Ergebnisse waren zudem nur wenig von der Rauhigkeit und Oxidbelegung der Oberflächen abhängig [81].

Eine andere Methode zur Schwärzung und Messung wahrer Temperaturen frei strahlender Oberflächen wurde von J. R. Pattison [82] angegeben. Hierbei wird eine stark reflektierende Kugelkalotte über die zu messende Oberfläche gesetzt, wodurch eine Schwärzungsvergrößerung der Strahlerfläche erreicht wird. Die Strahlung selbst wird durch eine kleine Öffnung in der Kalotte einem Strahlungsempfänger zugeführt. Eine ausführliche Beschreibung der mit dieser Methode erreichbaren Meßunsicherheiten und der Fehlerquellen geben J. Euler und R. Ludwig [41] an.

Ist der Beobachtungswinkel zwischen Pyrometer und strahlender Fläche $\varphi = 45°$, so kann man auf den Hilfsstrahler H (Abb. 63) verzichten. Nach Gleichung (175) folgt für diesen Winkel $\varrho_p = \varrho_s^2$.

Ist die Proportionalität zwischen Photostrom i und Strahlungsstrom gewährleistet, so wird beim Drehen des Polarisators ein Maximalwert i_p und ein Minimalwert i_s beobachtet. Daraus folgt

$$\varrho_s = \left(\frac{i_p}{i_s}\right) - 1 \quad \text{und} \quad \varrho_p = \left[\left(\frac{i_p}{i_s}\right) - 1\right]^2. \quad \text{Für } \varphi = 45°$$

ergibt sich damit der Zahlenwert des Emissionsgrades zu $\varepsilon_{45°} = 2 - (\varrho_s + \varrho_p)$. Bei senkrechter Beobachtung, also bei $\varphi = 0$, erhält man die nur wenig voneinander abweichenden Photoströme i_p und i_s. Daraus ergibt sich der Emissionsgrad ε der

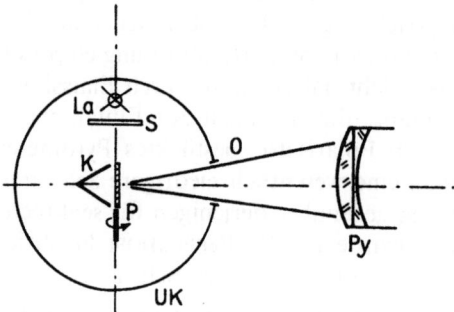

Abb. 65 Reflexions-, Absorptions- und Temperaturbestimmungen mit der Ulbrichtschen Kugel

Oberfläche bei senkrechter Beobachtung zu

$$\varepsilon_{\varphi=0} = \frac{(i_s + i_p)_{\varphi=0°}}{(i_s + i_p)_{\varphi=45°}} \cdot \varepsilon_{45°} . \tag{304}$$

Die Wahre Temperatur T erhält man aus Gleichung (178), indem man für $T_S(\lambda)$ die bei senkrechter Richtung zusätzlich zu bestimmende Schwarze Temperatur der Oberfläche M einsetzt [83].

4. Spezielle Verfahren

In neuerer Zeit haben D. P. DEWITT und H. KUNZ [85] ein interessantes Verfahren zur pyrometrischen Bestimmung Wahrer Temperaturen angegeben. Nach Gl. (161) läßt sich die Wahre Temperatur T aus den gemessenen Schwarzen Temperaturen $T_S(\lambda_1)$, $T_S(\lambda_2)$ bestimmen, wenn das Verhältnis $\alpha(\lambda_1)/\alpha(\lambda_2)$ der Absorptionskoeffizienten der strahlenden Oberfläche bekannt ist. Bestrahlt man diese Oberfläche mit einem Laser, dessen Emissionen bei den Wellenlängen λ_1 und λ_2 liegen, so werden sich während der Dauer der Bestrahlung die Oberflächentemperaturen um die Beträge ΔT_1 und ΔT_2 erhöhen. Das Verhältnis $\Delta T_1 : \Delta T_2$ ist dann für $\Delta T \ll T$ gleich dem Ausdruck $[\alpha(\lambda_1) \cdot E_2]/[\alpha(\lambda_2) E_1]$, in dem E_1 und E_2 die mit einem thermischen Empfänger gemessenen Bestrahlungsstärken auf der Oberfläche sind. Nun beobachtet man die Strahldichte $L(\lambda_0)$ der Oberfläche mit einem Pyrometer, das mit einem Filter versehen ist, dessen wirksame Wellenlänge λ_0 beträgt. Wird dann das eine Laserstrahlbündel derart abgeschwächt, daß bei der Laserstrahlung λ_1 die gleiche Strahldichteerhöhung (bei λ_0) festgestellt wird wie bei der λ_2-Bestrahlung, so folgt $\Delta T_1 = \Delta T_2$. Damit ergibt sich der Quotient der Absorptionsgrade direkt aus dem Verhältnis der durch die beiden Laserbestrahlungen auf der Oberfläche hervorgerufenen Bestrahlungsstärken. Die Wahre Temperatur der Fläche im unbestrahlten Zustand ist dann berechenbar aus den gemessenen Schwarzen Temperaturen $T_S(\lambda_1)$, $T_S(\lambda_2)$ und dem ermittelten Quotienten E_1/E_2.

Nach diesem Verfahren ließ sich im Bereich der Glühtemperaturen einer Wolframbandlampe der Quotient $\alpha(\lambda_1) : \alpha(\lambda_2)$ auf etwa 0,2 % genau ermitteln; die Unsicherheit bei der Bestimmung der Wahren Temperatur beträgt einige Grade und kann aus der Gl. (161) berechnet werden. Die einflußreichste Fehlerquelle bei diesem Verfahren ist der durch die intensive Laserstrahlung verursachte und die Messungen verfälschende hohe Streulichtanteil. Benutzt wurden bei der zitierten Arbeit Laseremissionen der Wellenlängen 521 nm, 531 nm und 647 nm. Zur Beobachtung der Strahldichteänderung wurde ein Filter der Wellenlänge $\lambda_0 = 745$ nm verwendet, das die Laserstrahlung in meßbarer Größe nicht mehr durchließ. Durch Defokussierung wurde der Radius der bestrahlten Fläche auf etwa 0,5 mm festgelegt. Mit einem Laser, dessen Strahlungsleistungen bei λ_1 und λ_2 in der Größenordnung von 1 W lagen, ließen sich auch auf den Stirnseiten von 3,5 mm dicken und 100 mm langen glühenden Platinstäben gut meßbare Strahldichteerhöhungen von 6 % und mehr erreichen.

In Fortsetzung der Untersuchungen von F. A. BENFORD, H. J. NICHOLAS und H. C. HAMAKER [86] hat C. TINGWALDT [87] eine Methode verfeinert, die mit Hilfe der ULBRICHTschen Kugel UK an Proben beliebiger Gestalt und Temperatur die Durchlaß-, Absorptions-, Emissions- und Reflexionsgrade τ, α, ε und ϱ zu bestimmen gestattet (Abb. 65). Unter Anwendung des *Reziprozitätstheorems* von H. v. HELMHOLTZ [88] erhält man die Wahre Temperatur T der in Kugelmitte liegenden und drehbaren Probe P auf folgende Weise: Durch die Öffnung O der durch die Lampe La zusätzlich beleuchtbaren Kugel gelangt die Strahlung in das Pyrometer Py. K ist ein geschwärzter Kegelkörper, der vor P angebracht ist, und S ein Strahlungsschutz (Schatter), der die direkte Bestrahlung von P durch La verhindert. Die innere Kugelwand ist mit weißem diffus reflektierenden Magnesiumoxid bedampft. Das Pyrometer ist in Strahldichteeinheiten kalibriert. Entfernt man K und P und visiert mit Py die Hinterwand der Kugel an, so ergibt sich ein Strahldichtewert L_λ. Dagegen erhält man L'_λ, wenn die Oberfläche von P beobachtet wird, wobei K hinter P steht. Aus dem Verhältnis von L'_λ zu L_λ folgt $\varrho(\lambda)$ bei der Beobachtungswellenlänge λ. Bei $\lambda = 0{,}66$ µm fand C. TINGWALDT auf diese Weise für Magnesiumoxid die Reflexionsgrade 0,958, 0,960, 0964 und 0,969 für die Einfallswinkel 5°, 40°, 60° und 80° (s. auch Tab. 22). Wird im Falle einer durchlässigen Probe eine dritte Beobachtung ohne K durchgeführt, so erhält man L''_λ, τ und α aus den Beziehungen $L''_\lambda = (\tau + \varrho) L_\lambda$, $\alpha = 1 - \varrho - \tau$.

Auf ähnliche Weise läßt sich die Wahre Temperatur T von P bestimmen, wenn es sich bei P um einen selbstleuchtenden Temperaturstrahler handelt. Die meßbare spektrale Strahldichte von P ist dann $L_\lambda(\lambda, T)$. Mit eingeschalteter Lampe La erhält man eine Schwarze Temperatur T_S aus der gemessenen Strahldichtesumme $L_\lambda(\lambda, T) + \varrho \cdot L_{\lambda, S}(\lambda, T_S)$. Wird die Helligkeit von La nun so eingeregelt, daß das Ein- oder Ausschalten von P keinen Einfluß auf die Strahldichtemessung (Proben- und Kugelfläche) hat, so ist die Gleichung $L_\lambda(\lambda, T) + \varrho L_{\lambda, S}(\lambda, T_S) = L_{\lambda, S}(\lambda, T_S)$ nur für $T = T_S$ erfüllt. Glüht die Probe P wie bei einer Bandlampe in einer Glashülle, so muß der Durchlaßgrad der Hülle zusätzlich berücksichtigt werden.

Das Verfahren läßt sich für objektive Pyrometer so abändern, daß nicht das Verschwinden der Umfeldstrahldichte von P beobachtet wird, sondern daß durch Veränderung von T_S die Meßgröße $y = L_\lambda(\lambda, T) + \varrho L_{\lambda, S}(\lambda, T_S)$ in Abhängigkeit von $x = L_{\lambda, S}(\lambda, T_S)$ bestimmt wird. Man erhält damit eine Gerade $y(x)$, aus deren Steigung oder Abszisse x die Wahre Temperatur T bestimmt werden kann.

Eine andere pyrometrische Methode der Bestimmung Wahrer Temperaturen von blanken oder diffus reflektierenden Oberflächen ist die des Emissionsausgleichs durch Aufprojektion eines Temperaturstrahlers hoher Strahldichte (z. B. eines Niederstromkohlebogens). Bei dieser Aufprojektion muß durch geeignete Wärmeschutzfilter eine Aufheizung der Meßoberfläche verhindert werden. Die Wahre Temperatur erhält man wiederum aus den gemessenen einzelnen Strahlungsströmen, die von der Probe selbst und durch zusätzliche Reflexion der Vergleichsstrahlung in das Pyrometer gelangen.

Unter bestimmten Bedingungen lassen sich Verhältnispyrometer so gestalten, daß der Einfluß des Emissionsgrades bei der Messung eliminiert werden kann [63]. Ist ein solches Pyrometer mit drei Farbfiltern der wirksamen Wellenlängen $\lambda_1, \lambda_2, \lambda_3$ versehen und ist $\varepsilon(\lambda)$ innerhalb dieses Wellenlängenbereichs eine lineare Funktion von λ, wobei $\lambda_2 - \lambda_1 = \lambda_3 - \lambda_2$ sei, so gilt $\varepsilon(\lambda_1) \cdot \varepsilon(\lambda_3) = \varepsilon^2(\lambda_2)$. Wird nun mit $\varepsilon(\lambda) = \alpha(\lambda)$ Gl. (155) für die drei gemessenen Schwarzen Temperaturen $T_S(\lambda_1)$, $T_S(\lambda_2)$ und $T_S(\lambda_3)$ angewandt, so wird für die Wahre Temperatur eine Beziehung gewonnen, in der die Emissionsgrade nicht vorkommen. Das Verfahren ist jedoch mit größeren Unsicherheiten behaftet, da doppelte Strahldichtequotienten zu messen sind, die Temperaturabhängigkeit von ε nicht unbeachtet bleiben darf und wegen der Linearitätsforderung die ausgesuchten Wellenlängenbereiche relativ eng zueinander benachbart liegen müssen.

Literatur

[1] Internation. Wörterbuch der Lichttechnik Publ. CIE — 1966 — 3. Aufl. DIN 5031 (1970)
[2] KIRCHHOFF, G. R., Gesammelte Abhandlungen. J. A. Barth, Leipzig 1882, 574
[3] WIEN, W., Sitz. Ber. Akadem. d. Wiss. Berlin (1893) 55; Wiedemann Ann. *52* (1894) 132
[4] PASCHEN, F., Ann. Phys. *60* (1897) 662; Sitz. Ber. Akadem. d. Wiss. Berlin 1899, 5 (mit WANNER, H.), 405 und 959
[5] WIEN, W., Wiedemann Ann. *58* (1896) 662
[6] LUMMER, O., und E. PRINGSHEIM, Verh. Dtsch. Phys. Ges. *1* (1899) 23 und 215; *2* (1900) 163
[7] Lord RAYLEIGH, Phil. Mag. *49* (1900) 539
[8] JEANS, J. H., Phil. Mag. (1909) 229
[9] WANNER, H., Ann. Phys. *2* (1900) 141
[10] RUBENS, H., und F. KURLBAUM, Ann. Phys. *4* (1901) 649
[11] BECKMANN, H., Diss., Tübingen 1898
[12] RUBENS, H., Wiedemann Ann. *69* (1899) 579
[13] PASCHEN, F., Ann. Phys. *4* (1901) 278
[14] PLANCK, M., Wärmestrahlung. 3. Aufl., Leipzig 1919
[15] TINGWALDT, C., und J. LOHRENGEL, PTB-Mitt. *6* (1968) 446
[16] JORDAN, P., Phys. Z. *45* (1945) 233
[17] KANGRO, H., Vorgeschichte des Planckschen Strahlungsgesetzes. Wiesbaden 1970
[18] COBLENTZ, W. W., Bur. Stand. Sc. Pap. *17* (1921) 7
[19] HAGEN, E., und H. RUBENS, Ann. Phys. *11* (1903) 873
[20] v. LAUE, M., und F. F. MARTENS, Phys. Z. *8* (1907) 853
[21] TINGWALDT, C., U. SCHLEY, J. VERCH und S. TAKATA, Optik *22* (1965) 48
[22] HYDE, E. P., F. E. CADY und W. E. FORSYTHE, Astrophys. J. *42* (1915)
[23] FOOTE, P. D., Bur. Stand. Bull. *12* (1916) 483
[24] HAHN, D., J. METZDORF, U. SCHLEY und J. VERCH, Tabellen der Planckfunktionen. Vieweg, Braunschweig 1964
[25] VERCH, J., Optik *19* (1962) 640
JUNG, H. J., und J. VERCH, Optik *38* (1973) 95
[26] HOFFMANN, F., und W. MEISSNER, Ann. Phys. *60* (1919) 201
[27] TINGWALDT, C., und H. KUNZ, Optik *15* (1958) 333
[28] LEE, R. D., NBS, Techn. Note 483, 1969
[29] FÖRSTE, D., Diss., Braunschweig 1963
GROLL, M., VDI-Z. *114* (1972) 253
[30] GOUFFÉE, C., Rev. Opt. *24* (1945) 1
SPARROW, E. M., L. U. ALBERS und E. R. G. ECKERT, J. Heat Transf. *84c* (1962) 73
BAUER, G., Optik *28* (1968) 177
BAUER, G., und K. BISCHOFF, Proc. 5. IMEKO-Symp. Budapest 1971, S. 323
[31] LUMMER, O., und F. KURLBAUM, Verh. Dtsch. Phys. Ges. *17* (1898) 106; Ann. Phys. *5* (1901) 831
[32] HOFFMANN, F., und E. BRODHUN, Z. Phys. *37* (1926) 137
[33] ANNACKER, F., und R. MANNKOPF, Z. Phys. *155* (1959) 1, 16
[34] MAGDEBURG, H., Z. Instr. *72* (1964) 205
[35] DE VOS, J. C., Physica *XX* (1954) 690
[36] KUNZ, H., VDE-Ber. *112* (1966) 37
TAKATA, S., Bull. Nat. Res. Lab. of Metrol. — Tokyo *7* (1963) 7
[37] McPHERSON, H. G., J. Opt. Soc. Am. *30* (1940) 189
EULER, J., Sitz. Ber. Heidelberger Akadem. d. Wiss. (mathem.-naturw. Kl.) 4. Abh. 1956/57, S. 413
MEHLTRETTER, J. P., Diss., Heidelberg 1962
MAGDEBURG, H., und U. SCHLEY, Z. angew. Phys. *20* (1966) 465
SCHURER, K., Proefschrift, Utrecht 1969
[38] EULER, J., Ann. Phys. *14* (1954) 155
[39] WENDE, B., Z. angew. Phys. *20* (1966) 473
BOLDT, S., Space Science Reviews *11* (1970) 728
[40] HUFFMANN, R. E., J. C. LARRABEE und Y. TANAKA, Appl. Optics *4* (1965) 1581
[41] EULER, J., und R. LUDWIG, Arbeitsmethoden der optischen Pyrometrie. G. Braun, Karlsruhe 1960

[42] Jones, H. C., Electron. Phys. *11* (1959) 87
[43] Kunz, H., Diss., Braunschweig 1968
[44] Gründler, W., Arch. Techn. Mess. J. 390 (1960)
[45] Hoffmann, F., und U. Schley, Z. angew. Phys. *7* (1955) 113
[46] Bauer, G., Strahlungsmessungen im optischen Bereich. Fr. Vieweg. Braunschweig 1962
[47] Golay, M. J. E., Rev. Sci. Instr. *18* (1947) 347, 357
[48] Frühling, H. G., Die Farbe *2* (1953) H. 1/2
[49] Brodhun, E., und G. Kortüm, Z. Instr. *24* (1904) 13; *54* (1934) 373
[50] Pokriwski, G. J., Z. Phys. *35* (1926) 390
[51] Benford, F., G. P. Lloyd und S. Schwarz, J. Opt. Soc. Am. *38* (1948) 445
[52] Ribaut, G., Mesure des Temperatures. Paris 1936
[53] Euler, J., Optik *15* (1958) 372
[54] Fairchild, C. O., und W. H. Hoover, J. Opt. Soc. Am. *7* (1912) 543
[55] Tiedeken, R., Faseroptik und ihre Anwendungen. Akad. Verl., Leipzig 1967
[56] Grüss, H., und G. Haase, Siemens Z. *11* (1931) 297
[57] Euler, J., Z. angew. Phys. *2* (1950) 508
[58] Görlich, P., Die Photozellen. Die Anwendung der Photozellen. Akad. Verl., Leipzig 1951
   Garbuny, M., T. P. Vogl und J. R. Hansen, Journ. Opt. Soc. Am. *51* (1961) 261
[59] DIN 5033, Farbmessung, Bl. 1—9, 1970/72
[60] CIE-Publicat. No. 15, 1971 Bureau Centrale de la CIE, Paris
[61] Naeser, G., Arch. f. Eisenhüttenwes. *9* (1935/36) 483
[62] Guthmann, K., Stahl u. Eisen *56* (1936) 481
[63] Lieneweg, F., und A. Schaller, Arch. Techn. Mess. 1960, 241, 267
   Lieneweg, F., VDI-Ber. *112* (1966) 13
   Katys, G. F., Pyrometer für die Regelung und Überwachung wärmetechn. Anlagen. VEB-Verlag Technik, Berlin 1964
   Pyatt, E. C., Brit. J. Appl. Phys., 1954, 264
   Kühn, E., Diss., Hannover 1967, Schweissen u. Schneiden *22* (1970) 258
[64] Le Chatelier, H., J. de Phys. *1* (1892) 185
[65] Féry, C., J. de Phys. *3* (1904) 32
[66] Wanner, H., Phys. Z. *1* (1900) 226.
[67] Hoffmann, F., und C. Tingwaldt, Optische Pyrometrie. Braunschweig, 1938
[68] Henning, F., Z. Inst. *30* (1910) 39
   Henning, F., und W. Heuse, Z. Phys. *29* (1924) 157
[69] Eichhorn, G., und G. Hettner, Ann. Phys. *3* (1946) 120
[70] Harrison, T. R., J. Opt. Soc. Am. *35* (1945) 708
[71] Kunz, H., Metrologia *5* (1969) 88
[72] Quinn, H. J., und T. R. D. Chandler, Metrologia *7* (1971) 132
   Jones, O. C., Metrologia *8* (1972) 126
[73] Blevin, W. R., Metrologia (1972) 146
[74] Euler, J., und W. Schneider, Z. angew. Phys. *3* (1951) 459
[75] Lohrengel, J., und W. Gorski, Lichttechnik *25* (1973) 308
[76] Neuer, G., Wärme- u. Stoffübertrag. *4* (1971) 133
   Lohrengel, J., Diss., Braunschweig 1969
   Touloukian, Y. S., Data Book of Therm. Phys. Prop. Purdue Univers.-Lafayette, Indiana
   Gubareff, G. G., J. E. Janssen und R. H. Torborg, Therm. Rad. Prop. Surv. Washington 1963
   Landoldt-Börnstein, 6. Aufl., Bd. VI 4a, 47 (1965)
[77] Kauer, E., Philips Techn. Rundschau *25* (1963/64) 271
   Ehrenreich, H., und H. R. Phillipp, Phys. Rev. *128* (1962) 1622
[78] Fastic, W. G., J. Opt. Soc. Am. *4* (1951) 872
   Tingwaldt, C., Optik *9* (1952) 323
   Falckenberg, G., Arch. Techn. Mess. *241* (1956) V2162—3, 27
   Euler, J., Elektrowärme *16* (1958) 194
[79] Tingwaldt, C., Metallknde. *2* (1960) 116
[80] Pepperhoff, W., Arch. für d. Eisenhüttenwes. *30* (1959) 131
[81] Pepperhoff, W., Z. angew. Phys. *12* (1960) 168

[82] Pattison, J. R., J. Iron Steel Inst. *191* (1959) 163
[83] Tingwaldt, C., und U. Schley, Z. Instr. *69* (1961) 205
[84] Buckley, H., Phil. Mag. *4* (1927) 753; *6* (1928) 447; *17* (1934) 576
[85] De Witt, D. P., und H. Kunz, Temperature, Its Measurement and Control in Science and Ind. 5. Symp., Wash. D.C., 1971; Vol. 4 (1972), 599—610
[86] Benford, F. A., Gen. Electr. Rev. *23* (1920) 72
Benford, F. A., und G. P. Lloyd, J. Opt. Soc. Am. *38* (1948) 445
Nicholas, H. J., NBS, J. Res., *1* (1928) 29
Hamaker, H. C., Physica III (1936) 561
[87] Tingwaldt, C., Optik *9* (1952) 323
[88] v. Helmholtz, H., Handbuch d. physiologischen Optik, 2. Aufl., Hamburg—Leipzig 1896, 207
Tingwaldt, C., Optik *9* (1952) 248
[89] Bischoff, K., Z. Instr. *69* (1961) 143
[90] Jung, H. J., Z. angew. Phys. *30* (1971) 338; *31* (1971) 170
[91] Sauerbrey, G., Appl. Opt. *11* (1972) 2576
Sanders, C. L., NBSJ. Res. *76* A (1972) Nr. 5
[92] Holborn, L., und F. Kurlbaum, Ann. d. Phys. *10* (1903) 225
[93] Pepperhoff, W., Temperaturstrahlung. Darmstadt 1956
[94] Righini, F., A. Rossa und G. Ruffino, Temperature, Its Measurement and Control in Science and Ind. 5. Symp., Wash. D.C. 1971; Vol. *4* (1972) 413
Lee, R. D., H. J. Kostkowski, T. J. Quinn, P. R. Chandler, T. P. Jones, J. Tapping und H. Kunz, Temperature, Its Measurement and Control in Science and Ind. 5. Sympos., Wash. D.C. 1971; Vol. *4* (1972) 377
[95] Böhm, W., D. Labs, D. Lemke und E. Pilz, Forsch. Ber. BMwF—F.B.W. 69—09, 1969

VIII. Optische Meßverfahren für heiße Gase und Plasmen

A Theoretische Grundlagen

Oberhalb bestimmter Temperaturen existiert die Materie bei normalem Druck nur im gasförmigen Aggregatzustand. Im thermischen Gleichgewicht bestimmt die Temperatur bei gegebener Zusammensetzung des Gases die spektrale Verteilung der emittierten elektromagnetischen Strahlung. Neben größeren Kontinuumsbereichen beobachtet man bei einigen 10^3 K neben den mehr oder weniger verbreiterten Atomlinien die Rotationsspektren im fernen Infrarot (10 bis 100 µm), die Rotations-Schwingungs-Spektren im nahen Infrarot (1 bis 10 µm) und im kurzwelligen Spektralbereich (0,1 bis 1 µm) die Elektronenbandenspektren. Mit steigender Temperatur dissoziieren die Moleküle; oberhalb von 10^4 K sind keine Molekülspektren mehr erkennbar. Das erhitzte Gas besteht nunmehr aus neutralen Atomen, deren Ionen und Elektronen. Eine weitere Temperatursteigerung bewirkt nicht nur ein starkes Anwachsen der Strahlungsemission, sondern wegen der fortschreitenden Ionisierung auch eine Steigerung der elektrischen und thermischen Leitfähigkeit bei hoher Beweglichkeit und geringer Dichte der Teilchen. Für einen metallischen Festkörper gleicher elektrischer Leitfähigkeit ist dagegen die Beweglichkeit gering und die Teilchendichte groß. Oberhalb einer bestimmten Grenztemperatur besteht das Gas ausschließlich aus vollionisierten Atomkernen und Elektronen. Das Emissionsspektrum ist ein Kontinuum, das nicht von Linien überlagert ist. Bei Wasserstoff ist das unter Normaldruck bereits bei $2 \cdot 10^4$ K der Fall. Wegen des unterschiedlichen physikalischen Verhaltens gegenüber den drei bekannten Aggregatzuständen bezeichnet man den Zustand eines ganz oder teilweise ionisierten, im allgemeinen nicht entarteten und daher durch die BOLTZMANN-Statistik beschreibbaren Gases als vierten Aggregatzustand, oder nach J. LANGMUIR als Plasma. Der Übergangsbereich von heißem Gas zum Plasma liegt zwischen 10^3 K und 10^4 K. Für die bei diesen Temperaturen angewandten optischen Meßverfahren ist es im Gegensatz zur optischen Pyrometrie der Festkörper von Bedeutung, daß die in das Meßgerät gelangende Strahlung von Volumenstrahlern herrührt [1].

1. Strahlungsgrößen für Volumenstrahler

Der von einem Volumenelement $dV = dA \cdot dl$ (dA = Fläche, dl = Länge des Elements) in den Raumwinkel $d\Omega$ emittierte Strahlungsstrom $d^3\Phi$ (z. B. in W) ist gegeben durch

$$d^3\Phi = \tilde{\varepsilon} \cdot dV \cdot d\Omega . \tag{305}$$

Hierin ist $\tilde{\varepsilon}$ der *Emissionskoeffizient*, der die Gesamtstrahlung des Elements dV kennzeichnet und zum Unterschied gegenüber dem dimensionslosen Emissionsgrad ε der Flächenstrahler mit einer Tilde versehen wird. Im Wellenlängenbereich $d\lambda$ (oder Frequenzbereich dv) der Wellenlänge λ (oder Frequenz v) folgt aus Gl. (305)

$$d^3\Phi = \tilde{\varepsilon}_\lambda \cdot dV \cdot d\Omega \cdot d\lambda \tag{306}$$

oder
$$d^3\Phi = \tilde{\varepsilon}_\nu \cdot dV \cdot d\Omega \cdot d\nu \tag{307}$$
($\tilde{\varepsilon}_\lambda$ in W cm^{-4} sr^{-1}, $\tilde{\varepsilon}_\nu$ in Ws cm^{-3} sr^{-1}).

Ferner gilt $\tilde{\varepsilon}_\lambda \cdot d\lambda = \tilde{\varepsilon}_\nu \cdot d\nu$ und $\lambda\nu = c$ (c = Lichtgeschwindigkeit). Die Brechzahl n kann bis zum fernen Infraroten, d. h. für Frequenzen weit oberhalb der Plasmafrequenz (s. VIII B 8, 9) für heiße Gase und Plasmen mit großer Annäherung gleich Eins gesetzt werden.

Im Sinne der EINSTEINschen Formulierung der Strahlungsgesetze muß zwischen den Emissionskoeffizienten $\tilde{\varepsilon}^{(s)}$ der *spontanen* und $\tilde{\varepsilon}^{(e)}$ der *erzwungenen Emission* (*negative Absorption*) unterschieden werden, und es gilt: $\tilde{\varepsilon}^{(s)} = \tilde{\varepsilon}^{(e)} \cdot \left[\exp\left(\dfrac{c_2}{\lambda T}\right) - 1\right]$. Solange die zweite Strahlungskonstante c_2 wesentlich größer als λT ist, kann der Einfluß der erzwungenen Emission vernachlässigt werden (bei $T = 10^4$ K und $\lambda = 0{,}5\,\mu$m ist $\tilde{\varepsilon}^{(s)}$ noch um den Faktor 20 größer als $\tilde{\varepsilon}^{(e)}$). Ein entsprechender Unterschied muß auch bei den *Absorptionskoeffizienten* $\varkappa(\lambda)$, $\varkappa(\nu)$ beachtet werden. Hier ist es üblich, zwischen dem (durch die Messung erhaltenen) effektiven Absorptionskoeffizienten $\varkappa_{\text{eff}}(\lambda)$ und dem (für die Theorie wichtigen) spontanen Absorptionskoeffizienten $\varkappa(\lambda)$ zu unterscheiden. Dabei ist

$$\varkappa_{\text{eff}}(\lambda) = \varkappa(\lambda)\left[1 - \exp\left(-\dfrac{c_2}{\lambda T}\right)\right]. \tag{308}$$

Die spezifischen Eigenschaften der Gaspartikel und damit ihre theoretischen Bezeichnungen beziehen sich auf die spontanen Koeffizienten, während die meßbaren Größen $\tilde{\varepsilon}_\lambda = \tilde{\varepsilon}_\lambda^{(s)} + \tilde{\varepsilon}_\lambda^{(e)} = \tilde{\varepsilon}_\lambda^{(s)}\left[1 - \exp\left(-\dfrac{c_2}{\lambda T}\right)\right]^{-1}$ und $\varkappa_{\text{eff}}(\lambda)$ sind. Nur dort, wo es notwendig erscheint, wird auf die Unterschiede zwischen den spontanen, erzwungenen und effektiven Koeffizienten besonders eingegangen.

Der (monochromatische) Absorptionskoeffizient $\varkappa(\lambda)$ ist gleich der relativen Strahlstärkeänderung $-dI_\lambda/I_\lambda$, die ein Strahlungsbündel durch Absorption in einem Volumenstrahler der Schichtdicke dl erfährt:

$$\varkappa(\lambda) = -\dfrac{1}{I_\lambda} \cdot \dfrac{dI_\lambda}{dl} = \dfrac{1}{\Phi_\lambda} \cdot \dfrac{d\Phi_\lambda}{dl} = -\dfrac{1}{L_\lambda} \cdot \dfrac{dL_\lambda}{dl}. \tag{309}$$

Häufig werden auch der Massenabsorptionskoeffizient $\varkappa_M = \varkappa/\varrho$ (ϱ = Dichte) und der atomare Absorptionskoeffizient $\varkappa_A = \varkappa/N$ (N = Zahl der auf die Volumeneinheit bezogenen, am Absorptionsprozeß beteiligten Teilchen) benötigt, da $\varkappa_M$ und $\varkappa_A$ ein Maß für den Wirkungsquerschnitt der im Volumen auftretenden Absorptionsprozesse sind.

2. Zusammenhang zwischen Flächen- und Volumenstrahler

Geringe Absorption, konstante Temperatur

Einem gleichmäßig strahlenden Zylinder von der Fläche dA und der Länge l, dessen Eigenstrahlung bei gleichförmiger Temperatur innerhalb des Volumens nur unwesent-

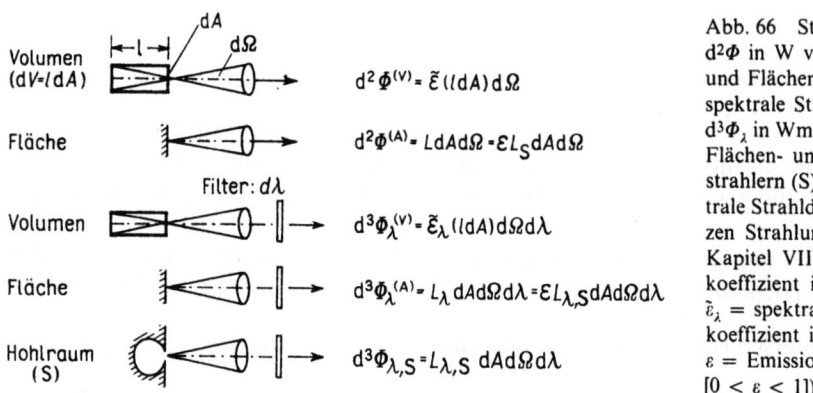

Abb. 66 Strahlungsströme $d^2\Phi$ in W von Volumen- (V) und Flächenstrahlern (A); spektrale Strahlungsströme $d^3\Phi_\lambda$ in Wm^{-1} von Volumen-, Flächen- und Hohlraumstrahlern (S). ($L_{\lambda,s}$ = spektrale Strahldichte der Schwarzen Strahlung [Formel 21 in Kapitel VII], $\tilde{\varepsilon}$ = Emissionskoeffizient in Wm^{-3}sr^{-1}, $\tilde{\varepsilon}_\lambda$ = spektraler Emissionskoeffizient in Wm^{-4}sr^{-1}. ε = Emissionsgrad [$0 < \varepsilon < 1$])

lich absorbiert wird („optisch dünn"), läßt sich ein monochromatischer Emissionsgrad $\varepsilon(\lambda)$ (nach VII A 2a) zuordnen (Abb. 66), hierbei ist

$$\varepsilon(\lambda) = 1 - \exp[-\varkappa(\lambda) \cdot l]. \tag{310}$$

$\varepsilon(\lambda)$ [$0 < \varepsilon < 1$] ist zugleich der meßbare Absorptionsgrad eines Elements von der Länge l. Der Durchlaßgrad $D(\lambda)$ [$0 < D < 1$] ist $D(\lambda) = \exp[-\varkappa(\lambda) \cdot l]$ und bei inhomogenen Schichten $D(\lambda) = \exp(-\int_0^l \varkappa(\lambda, l)dl)$.

Bei der Bestimmung des Emissionskoeffizienten $\tilde{\varepsilon}_\lambda$ des Volumenstrahlers wird der von diesem in die Meßapparatur (z. B. eines Monochromaten) gelangende Strahlungsstrom

$$d^3\Phi^{(V)} = \tilde{\varepsilon}_\lambda \cdot dV \cdot d\Omega \cdot d\lambda = \tilde{\varepsilon}_\lambda \, dA \cdot l \cdot d\Omega \cdot d\lambda \tag{311}$$

verglichen mit dem bekannten Strahlungsstrom eines Flächenstrahlers (z. B. Bandlampe, Anode des Kohlenbogens; s. Abb. 66). $d^3\Phi^{(A)} = \varepsilon(\lambda) L_{\lambda,s} \, dA \, d\Omega \, d\lambda$ ($L_{\lambda,s}$ = spektrale Strahldichte des Hohlraumstrahlers gleicher Temperatur wie der des Flächenstrahlers). Das aus den Anzeigen des Strahlungsempfängers gemessene Verhältnis $Q = d^3\Phi^{(V)}/d^3\Phi^{(A)}$ gestattet dann die Ermittlung des spektralen Emissionskoeffizienten

$$\tilde{\varepsilon}_\lambda = \frac{1}{l} \cdot \varepsilon(\lambda) \cdot L_{\lambda,s}(\lambda, T). \tag{312}$$

Dabei ist es wichtig, daß durch einen geeigneten optischen Aufbau bei den Vergleichsmessungen die Gleichheit der Raumwinkel gewährleistet wird.

Geringe Absorption, ungleichförmige Temperatur

Die Strahlung kommt bei einem Volumenstrahler oft aus Schichten verschiedener Temperatur mit rotationssymmetrischer Verteilung (Abb. 67). Das Spektralgerät (ES = Eintrittsspalt) ist auf eine feste Wellenlänge λ eingestellt. Der Volumenbereich ABCD des strahlenden Gaszylinders wird durch die Linse L auf dem Eintrittsspalt abgebildet, und durch Verschiebung des Gasvolumens („side on") von $x = 0$ bis $x = R$ wird die Strahldichteverteilung $L_\lambda^{(v)}(x)$ ausgemessen. Die Größe $L_\lambda^{(v)}(x) = 2 \cdot \int_r^R \tilde{\varepsilon}_\lambda(r) \, dy$

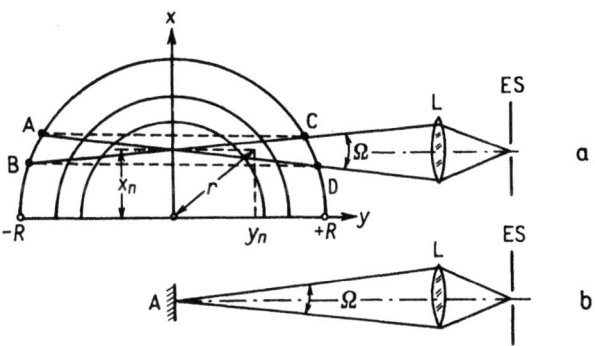

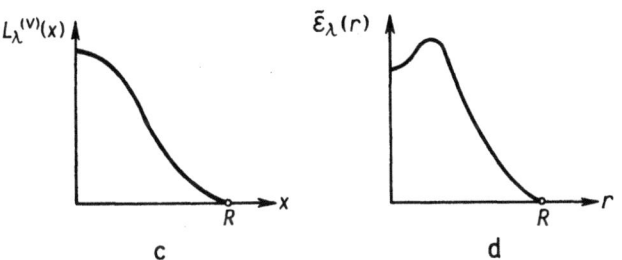

Abb. 67 Ermittlung der Radialverteilung (d) des spektralen Emissionskoeffizienten $\tilde{\varepsilon}_\lambda(r)$ eines rotationssymmetrischen absorptionsfreien Plasmas (a) aus der gemessenen Querverteilung der spektralen Strahldichte $L_\lambda^{(v)}(x)$ (erhalten durch Vergleich mit b) (c).

wird durch Vergleichsmessungen mit dem Normalflächenstrahler A erhalten. Aus der Umkehrung der letzten Gleichung erhält man die numerisch auszuwertende ABELsche Integralgleichung

$$\tilde{\varepsilon}_\lambda(r) = -\frac{1}{\pi} \cdot \int_{x=r}^{R} \left\{ \frac{\mathrm{d}}{\mathrm{d}x} L_\lambda^{(v)}(x) \right\} \cdot \frac{\mathrm{d}x}{\sqrt{x^2 - r^2}}. \tag{313}$$

Zur Lösung dieser Gleichung wurden Analogrechengeräte, graphische und numerische Methoden entwickelt [2]. Werden aus der Registrierkurve $L_\lambda^{(v)}(x)$ zehn Wertepaare $\{L_\lambda^{(v)}\}_k = L_\lambda^{(v)}(x_k)$, $x_k \{x_0 = 0, x_1 = 0,1\,R$ bis $x_9 = 0,9\,R\}$ zur Umrechnung für $(\tilde{\varepsilon}_\lambda)_j \{j = 0$ bis $j = 9$; $(\tilde{\varepsilon}_\lambda)_7$ mit $j = 7$ bedeutet also $\tilde{\varepsilon}(r = 0,7\,R)\}$ herangezogen, so kann mit einer Unsicherheit von 0,2% im Bereich von $r = 0$ bis $r = 0,8\,R$ und 2% oberhalb $0,8\,R$ die Radialverteilung

$$\tilde{\varepsilon}_{\lambda(r)} = (\tilde{\varepsilon}_\lambda)_j = \frac{1}{R} \sum_k a_{jk} \cdot (L_\lambda^{(v)})_k$$

aus dem Koeffizientenschema der Tabelle 23 ermittelt werden [3].

Im Gegensatz zur Kontinuumsstrahlung ist bei der Emission von Spektrallinien nicht die Temperaturabhängigkeit, sondern die des Emissionskoeffizienten der Linie aus

$$\tilde{\varepsilon}(T) = \int_{\text{Linie}} \tilde{\varepsilon}_\lambda \, \mathrm{d}\lambda = \int_{\text{Linie}} \tilde{\varepsilon}_\nu \, \mathrm{d}\nu \tag{314}$$

berechenbar [4].

Zweckmäßig wird die Bestimmung von ε so durchgeführt, daß die spektrale Spaltbreite des optischen Meßgeräts genau der Flügel-Linien-Breite angepaßt wird und der mitgemessene Kontinuumsbereich unterhalb der Spektrallinie durch Zusatzmessungen jenseits der Linie im Kontinuumsbereich (bei gleichem $\Delta\lambda$) von der Primärmessung

Tabelle 23. Koeffizientenschema zur Bestimmung der Radialverteilung des Emissionskoeffizienten aus der ABELschen Integralgleichung

k	j = 0	j = 1	j = 2	j = 3	j = 4	j = 5	j = 6	j = 7	j = 8	j = 9
0	+7,625972	+0,463415								
1	−5,800962	+3,606300	+0,323954							
2	−0,584698	−2,951278	+2,653847	+0,263182						
3	−0,339474	−0,182401	−2,058371	+2,198581	+0,227286					
4	−0,197038	−0,214891	−0,138728	−1,666071	+1,918418	+0,202929				
5	−0,126877	−0,134649	−0,162498	−0,112322	−1,434904	+1,723807	+0,185020			
6	−0,088278	−0,092042	−0,105026	−0,133815	−0,095626	−1,278587	+1,578512	+0,171141		
7	−0,064907	−0,066934	−0,073682	−0,087694	−0,115548	−0,084151	−1,164009	+0,159977	+1,381857	+0,251406
8	−0,048250	−0,049410	−0,053181	−0,060617	−0,074289	−0,100408	−0,072617	−1,070717	−1,037290	+0,984158
9	−0,044883	−0,045711	−0,048354	−0,053365	−0,061987	−0,076986	−0,104895	−0,086465		

abgezogen wird. Dieses Verfahren erspart erhebliche Meß- und Rechenarbeit bei der sog. „Abelung"", ist jedoch weniger genaus als die spektrale Aufnahme der Linienprofile selbst und der anschließenden Planimetrierung zur Bestimmung von $\tilde{\varepsilon}(T)$.

Stärkere Absorption, ungleichförmige Temperatur

Eine in ihrer Lineardimension von $x = 0$ bis $x = l$ ausgedehnte Gasschicht emittiert an der Stelle x im Bereich $d\lambda$ aus dem Volumenelement $dA\,dx$ den Strahlungsstrom $\tilde{\varepsilon}_\lambda\,dA\,dx\,d\Omega\,d\lambda$. Vom gleichen Volumenelement wird durch den von $x = 0$ bis x emittierten Strahlungsstrom Φ_λ der Anteil $\Phi_\lambda \cdot \varkappa_{\text{eff}}(\lambda)\,dx$ absorbiert. Der hiernach vom Volumenelement effektiv emittierte Strahlungsstrom ist dann

$$d\Phi_\lambda(x) = \tilde{\varepsilon}_\lambda(x)\,dA\,dx\,d\Omega\,d\lambda - \varkappa_{\text{eff}} \cdot \Phi_\lambda(x)\,dx$$

oder in bezug auf die Strahldichte

$$dL_\lambda = (\tilde{\varepsilon}_\lambda - \varkappa_{\text{eff}} \cdot L_\lambda)\,dx\,. \qquad (315)$$

Nach dem KIRCHHOFFschen Gesetz (s. VIII A 3) ist $\tilde{\varepsilon}_\lambda = \varkappa_{\text{eff}}(\lambda) \cdot L_{\lambda,\text{s}}$, und damit wird aus Gl. (315) mit Gl. (308)

$$\frac{d}{dx}L_\lambda(T) = [L_{\lambda,\text{s}}(T) - L_\lambda(T)]\,\varkappa(\lambda) \cdot \left[1 - \exp\left(-\frac{c_2}{\lambda T}\right)\right]. \qquad (316)$$

Gl. (316) ist die *Differentialgleichung der Plasmastrahlung*. Bei inhomogener Temperatur $T(x)$ muß beachtet werden, daß die Größen L_λ und $\varkappa$ Funktionen von x sind. Für räumlich konstante Temperaturen ergibt die Integration von Gl. (316)

$$L_\lambda(l) = L_{\lambda,\text{s}}(T) \cdot \left[1 - \exp\left\{-\varkappa(\lambda)\left[1 - \exp\left(-\frac{c_2}{\lambda T}\right)\right] \cdot l\right\}\right]. \qquad (317)$$

$L_\lambda(l)$ ist also die spektrale Strahldichte einer temperaturhomogenen leuchtenden Gassäule der Länge l, deren Absorptionskoeffizient bei der Wellenlänge λ gleich $\varkappa_{\text{eff}}$ ist. Entwickelt man Gl. (317) in eine Reihe der Form

$$L_\lambda = L_{\lambda,\text{s}}[1 - \exp(-\varkappa_{\text{eff}} \cdot l)]$$
$$\approx L_{\lambda,\text{s}} \cdot \left[\varkappa_{\text{eff}} \cdot l - \frac{1}{2}\varkappa_{\text{eff}}^2 \cdot l^2 + \frac{1}{6}\varkappa_{\text{eff}}^3 \cdot l^3 - \cdots\right]$$

und bricht die Reihe mit dem zweiten Glied ab, so erhält man unter Berücksichtigung des KIRCHHOFFschen Satzes

$$L_\lambda \approx \tilde{\varepsilon}_\lambda \cdot l \cdot \left[1 - \frac{1}{2}\varkappa_{\text{eff}} \cdot l\right] = \sqrt{D} \cdot \tilde{\varepsilon}_\lambda \cdot l\,. \qquad (318)$$

Hierin ist der Durchlaßgrad D der Gassäule

$$D = \exp\left(-2\int_0^l \varkappa_{\text{eff}}(l)\,dl\right). \qquad (319)$$

Bei der Ermittlung der radialen Temperaturverteilung absorbierender Plasmen (Absorptionsgrade unterhalb 80%) mit Hilfe der ABELschen Integralgleichung (313) muß diese ersetzt werden durch

$$\tilde{\varepsilon}_\lambda(r) = -\frac{1}{\pi} \cdot \int_{x=r}^{R} \frac{d}{dx}\left|\sqrt{D(x)}\,L_\lambda^{(v)}(x)\right| \cdot \frac{dx}{\sqrt{x^2 - r^2}}. \qquad (320)$$

In absorbierenden Plasmen muß also zur Bestimmung der radialen Emissionskoeffizienten und mit der radialen Temperaturverteilung der Durchlaßgrad $D(x)$ zusätzlich ermittelt werden.

3. KIRCHHOFFsches Gesetz für Volumenstrahler

Unter der Voraussetzung eines lokalen thermischen Gleichgewichts gilt das KIRCHHOFFsche Gesetz für Volumenstrahler in folgender Form:

$$\tilde{\varepsilon}_\lambda(\lambda, T) = \varkappa_{\text{eff}} \cdot L_{\lambda,s} = \varkappa \cdot (1 - e^{-\frac{c_2}{\lambda T}}) L_{\lambda,s}$$

$$= \varkappa(\lambda, T) \cdot \frac{c_1}{\lambda^5} \cdot \frac{1}{\Omega_0} \cdot e^{-\frac{c_2}{\lambda T}} \cdot \frac{e^{\frac{c_2}{\lambda T}} - 1}{e^{\frac{c_2}{\lambda T}} + 1} \qquad (321)$$

Eine andere Schreibweise von Gl. (321) wird mehr der meßbaren Strahldichte L_λ des Volumenstrahlers gerecht:

$$L_\lambda = L_{\lambda,s} \cdot (1 - e^{-\varkappa_{\text{eff}} \cdot l}) \cdot (1 - \varrho), \qquad (322)$$

wobei mit großer Annäherung der Reflexionsgrad ϱ der Gasabschlußschicht gleich Null gesetzt werden kann. Hinsichtlich der „*optischen Dicke*" $\tau = \varkappa_{\text{eff}} \cdot l$ müssen drei Fälle unterschieden werden. Bei optisch dünner Schicht ist $\tau < 0{,}02$, hier gilt $L_\lambda = \varkappa_{\text{eff}} \cdot l \cdot L_{\lambda,s}$. Im Übergangsbereich $0{,}02 < \tau < 4{,}6$ muß im Hinblick auf die geforderte Meßunsicherheit abgeschätzt werden, an welcher Stelle die Reihenentwicklung für $e^{-\tau}$ abgebrochen werden kann. Bei optisch dicker Schicht, $\tau > 4{,}6$, ist $L_\lambda \approx L_{\lambda,s}$, d. h., aus der Schicht wird Schwarze Strahlung emittiert. Für die Kontinuumsstrahlung ist die Möglichkeit der Emission von Hohlraumstrahlung durch W. FINKELNBURG [5] und P. BOGEN [6], für die Linienstrahlung von G. BOLDT [7], B. WENDE und H. STUCK [8] untersucht worden (s. auch VIII B 5).

4. Thermische Ionisation und Dissoziation

a) SAHA-EGGERT-Gleichung

Im thermischen Gleichgewicht sind die Teilchendichten und Partialdrücke der beteiligten Gaskomponenten in bestimmter Weise von der Temperatur abhängig. Die Temperaturbestimmung wird häufig erleichtert, wenn diese Größen oder die zugeordneten Dissoziations- oder Ionisationsgrade numerisch ermittelbar sind. Im Dissoziationsbereich gilt das Massenwirkungsgesetz von GULDBERG-WAAGE; die Verteilung der Energie auf die Elektronenterme, auf die kinetische Energie sowie auf die Schwingungs- und Rotationszustände ist schon bei Vernachlässigung der Wechselwirkungsenergie relativ kompliziert. Einfacher übersehbar ist dagegen der Vorgang der Ionisation, der durch die SAHA-EGGERT-Gleichung beschrieben wird. Hier gilt

$$S_r(T) = \frac{n_{r+1}}{n_r} \cdot n_e = 2 \cdot \frac{Z_{r+1}(T)}{Z_r(T)} \cdot \frac{1}{h^3} \cdot (2\pi m_e k)^{3/2} \cdot T^{3/2} \cdot e^{-\frac{\chi_r - \Delta\chi_r}{kT}} \qquad (323)$$

oder

$$S_r(T) = 2 \cdot \frac{Z_{r+1}(T)}{Z_r(T)} \cdot S^*(T) \qquad (324)$$

Theoretische Grundlagen

mit
$$S^*(T) = 2{,}4125 \cdot 10^{15} \cdot T^{3/2} \cdot e^{-\frac{\chi_r - \Delta\chi_r}{kT}} \qquad (325)$$

(S^* in cm^{-3}, T in K).

Hierbei sind

n_r Teilchendichte (z. B. in cm^{-3}) aller r-fach ionisierten Atome ($r = 0$ für Neutralteilchen, $r = 1$ für einfach ionisierte Atome usw.); n_{r+1} Teilchendichte aller $r + 1$-fach ionisierten Atome; n_e Teilchendichte der Elektronen; Z_r, Z_{r+1} Zustandssummen der r- und $r+1$-fach ionisierten Atome, $m_e = 9{,}108 \cdot 10^{-28}$ g Ruhemasse des Elektrons; $h = 6{,}626 \cdot 10^{-27}$ erg s = PLANCK-Konstante; $k = 1{,}381 \cdot 10^{-16}$ erg K^{-1} = BOLTZMANN-Konstante; χ_r = Ionisationsenergie; $\Delta\chi_r$ = Erniedrigungsbetrag von χ_r.

Für die *Ionisationsenergie-Erniedrigung* geben H. R. GRIEM [9] sowie G. ECKER und W. KRÖLL [10] in guter Übereinstimmung folgenden Zusammenhang an:

$$\Delta\chi_r = 2e^3 \left(\frac{2\pi}{k}\right)^{1/2} \cdot \left(\frac{n_e}{T}\right)^{1/2}, \qquad (326)$$

$$\Delta\chi_r = 2{,}95 \cdot 10^{-8} \cdot \left(\frac{n_e}{T}\right)^{1/2}$$

(e = Elektronenladung; $\Delta\chi_r$ in eV, n_e in cm^{-3}, T in K; z. B. $\Delta\chi_r = 0{,}069$ eV für $n_e = 6{,}6 \cdot 10^{16}$ cm^{-3} und $T = 12000$ K). Von n_r-Teilchen befinden sich $n_{r,m}$ Teilchen in einem Energiezustand $E_{r,m}$. Die Verteilung gehorcht dem von BOLTZMANN angegebenen Verteilungsgesetz:

$$n_{r,m} = n_r \cdot g_{r,m} \cdot \frac{1}{Z_r(T)} \cdot e^{-\frac{E_{rm}}{kT}}. \qquad (327)$$

$g_{r,m}$ ist das statische Gewicht des Zustandes r, m.

Für die Zustandssumme selbst gilt

$$Z_r(T) = \sum_{m=0}^{m_{max}} g_{r,m} \cdot e^{-\frac{E_{r,m}}{kT}}. \qquad (328)$$

Die Summierung beginnt beim Grundzustand ($m = 0$) und endet bei demjenigen gebundenen Term ($m = m_{max}$), von dem ab das Elektron als vom Atom befreit angesehen werden kann. Für die Berechnung der SAHA-Gleichung, der BOLTZMANN-*Verteilung* und der Zustandssummen ist also die Kenntnis der Termschemata für die betrachteten Atome und Ionen Voraussetzung. Die Termwerte für die einzelnen Atome findet man bei CH. E. MOORE [11].

Für einige wichtige Atome der Ordnungszahl Z und für die Relativmasse M sind die statistischen Gewichte g der Grundzustände und die Ionisationsenergien (in eV) dem Tabellenwerk von H. W. DRAWIN und P. FELENBOK [12] entnommen und in Tabelle 24 aufgeführt.

b)   **Partialdrücke und Ionisationsgrad**

Bei einfacher Ionisation besteht ein Einkomponentengas aus Neutralteilchen (n_0), Ionen (n_1) und Elektronen ($n_e = n_1$). Hier gilt nach Gl. (323):

$$\frac{n_1}{n_0} \cdot n_e = \frac{n_e^2}{n_0} = S_0(T). \qquad (329)$$

Tabelle 24. Statistische Gewichte (g) und Ionisationsenergien χ (in eV) [12]

Z	Element	M[**])	g_0	χ_0	g_1	χ_1	g_2	χ_2	g_3	χ_3	g_4	χ_4	g_5	χ_5	g_6	χ_6
1	H	1,008	2	13,595	1	54,400										
2	He	4,003	1	24,580	2		1									
6	C	12,01	9	11,256	6	24,376	1	47,864	2	64,476	1	391,986	2	489,84	1	666,83
7	N	14,01	4	14,54	9	29,605	6	47,426	1	77,450	2	97,863	1	551,925	2	739,114
8	O	16,00	9	13,614	4	35,108	9	54,886	6	77,394	1	113,873	2	138,08	1	
10	Ne	20,18	1	21,559	6	41,07	9	64	4	97,16	9	126,4	6	157,91	1	
11	Na	23,00	2	5,138	1	47,29	6	71,65	9	98,88	4	138,6	9	172,36	6	208,444
18	Ar	39,94	1	15,755	6	27,62	9	40,90	4	59,79	9	75,0	6	91,3	1	124,0
26	Fe	55,85	25	7,90	30	16,18	25	30,64	6	56[*])	25	79[*])	28	105[*])	21	133[*])
29	Cu	63,54	2	7,724	1	20,29	10	36,83								
36	Kr	83,7	1	13,996	6	24,56	9	36,9	52		65		80			101
47	Ag	107,88	2	7,574	1	21,48	10	34,82	16	45,5		68				
54	Xe	131,3	1	12,127	5[*])	21,2	9	32,1		45,5		62		83		
55	Cs	132,9	2	3,893	1	25,1		35,0		46		61		78		
80	Hg	200,6	1	10,43	2	18,751	1	34,2								

[*]) Wert nicht gesichert, [**]) Umrechnung: Masse $= 1{,}6598 \cdot M \cdot 10^{-24}$ g

War n die Teilchendichte des Gases vor der Aufheizung, so wird danach durch die Ionisation die Zahl der Teilchen erhöht. Bei der Temperatur T und dem Druck p sind von den ursprünglich n Teilchen nur noch n_0 Neutralteilchen vorhanden. Wird mit $x(0 < x < 1)$ der Ionisationsgrad bezeichnet, so gilt

$$xn = n_1 = n_e, \tag{330}$$
$$(1 - x)n = n_0. \tag{331}$$

Der Gesamtdruck p des Plasmas wird durch das DALTONsche Gesetz bestimmt:

$$p = p_0 + p_1 + p_e = (n_0 + n_1 + n_e)kT. \tag{332}$$

Dabei sind p_0, p_1 und p_e die Partialdrücke der Neutralteilchen, Ionen und Elektroden. Hiermit wird eine zweite Schreibweise der SAHA-EGGERT-Gleichung (323) erhalten:

$$\frac{x^2}{1-x^2} \cdot p = kT \cdot S_0(T). \tag{333}$$

Eine geringfügige Korrektur des DALTONschen Gesetzes gibt H. R. GRIEM [9] an. Die SAHA-Gleichung ermöglicht in Verbindung mit dem DALTONschen Gesetz die vollständige Bestimmung der Größen n, $n_1 = n_e$, n_0, p und T, wenn zwei dieser Größen gemessen werden können. Für den Fall der Mehrfachionisation oder beim Vorliegen von Mehrkomponentengasen wird die Zahl der Gleichungen vergrößert.

Ein Plasma habe X Konstituenten (z. B. $X = 3$ für Ar, O und C) und Y Komponenten (z. B. $Y = 8$ für Ar, Ar$^+$, Ar^{++}, O, O$^+$, C, C$^+$ und e$^-$). Dann stehen an Gleichungen zur Verfügung: $Y - X - 1$-SAHA-EGGERT-Gleichungen, eine Gleichung der elektrischen Quasineutralität ($n_1 = n_e$) und eine DALTON-Gleichung. Das sind zusammen $Y - X + 1$ Gleichungen für Y-Unbekannte. Die fehlenden $X - 1$-Gleichungen müssen aus dem bekannten Mischungsverhältnis gewonnen werden. Kom-

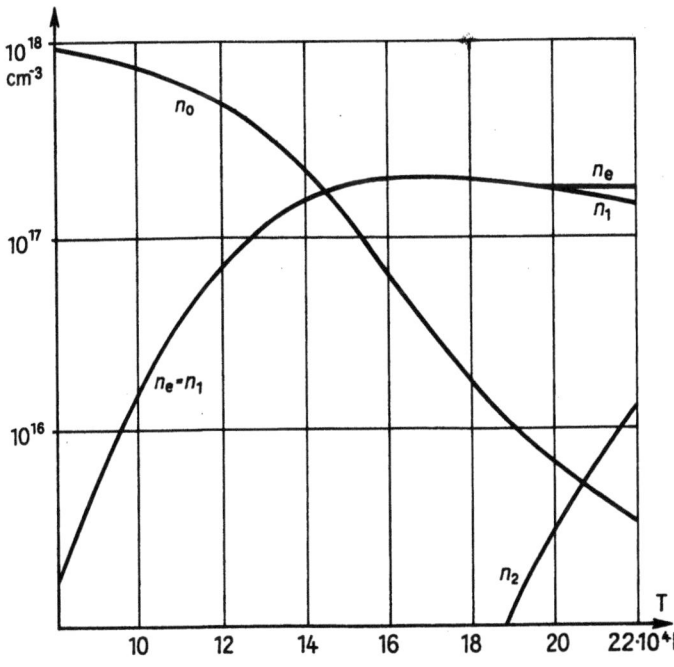

Abb. 68 Teilchendichten in einem Argonplasma bei 1 bar. (n_0 = Neutralteilchen, n_e = Elektronen, n_1 = einfach ionisierte Teilchen, n_2 = zweifach ionisierte Teilchen)

plizierter wird die Temperatur- und Druckbestimmung eines Plasmas unbekannter Zusammensetzung.

Für die praktische Temperaturbestimmung an Plasmen bekannter Zusammensetzung empfiehlt es sich, den Temperaturverlauf der Zustandssummen und Besetzungsdichten bei denjenigen Wellenlängen oder Spektrallinien, bei denen die Messungen erfolgen sollen, zuvor graphisch oder tabellarisch aufzuzeichnen. Die Gesamtteilchendichte eines thermischen Argonplasmas in Abhängigkeit von der Temperatur wird durch Abbildung 68 wiedergegeben.

Für die numerische Auswertung der SAHA-EGGERT-Gleichung sind die nachstehenden Zahlenwertgleichungen von Nutzen:

$$\ln\left(\frac{n_e}{n_r} \cdot p_e\right) \approx -\chi_r \cdot \frac{5040}{T} + \frac{5}{2}\ln T - 0{,}48 \tag{334}$$

($p_e = n_e k T$ in dyn cm^{-2}, χ_r in eV, 1 eV = $1{,}6020 \cdot 10^{-12}$ erg $\hat{=}$ 8067,5 cm^{-1}).

$$n = 9{,}656 \cdot 10^{18} \cdot \frac{p}{T}$$

(n in cm^{-3}, p in Torr, T in K);

$$\frac{\chi}{kT} = 1{,}439 \cdot \frac{\chi}{T}$$

(χ in cm^{-1}, T in K);

$$\frac{\chi}{kT} = 1{,}160 \cdot \frac{\chi}{T}$$

(χ in eV, T in K).

Für wasserstoffähnliche Zustände der Hauptquantenzahl n^* (m_e = Elektronenmasse):

$$\frac{\chi}{kT} = 1{,}570 \cdot 10^5 \cdot \frac{Z^2}{T} \cdot n^* \quad (T \text{ in K}), \quad (2\pi m_e k)^{3/2} \cdot h^{-3}$$

$$= 2{,}4125 \cdot 10^{15} \text{ cm}^{-3} \text{ K}^{-3/2},$$

$(2\pi m_e k)^{3/2} k^{5/2} h^{-3} = 0{,}33307$ dyn cm^{-2} K$^{-5/2}$.

$\lambda U = 1{,}240 \cdot 10^4$ (λ in cm, U in V).

c) **Thermische Dissoziation**

Die Dissoziation eines Moleküls AB, das aus den Atomen A und B besteht, also der Reaktionsvorgang AB $\rightleftharpoons$ A + B, ist für die Temperaturmessung im Bereich von 1000 K bis 5000 K von Bedeutung, da hierdurch die optische Temperaturbestimmung chemischer Reaktionen erleichtert und häufig erst ermöglicht wird. In Anlehnung an den vorangegangenen Abschnitt wird der Dissoziationsgrad $\alpha(0 < \alpha < 1)$ definiert durch

$$\alpha \cdot n = n_A = n_B \quad \text{und} \quad (1 - \alpha) \cdot n = n_{AB}. \tag{335}$$

Es bedeuten n = Teilchendichte der Moleküle AB vor der Dissoziation; n_{AB} = Teilchendichte der nach der Dissoziation verbleibenden Moleküle AB; $n_A = n_B$ Teilchendichte der Atome A und B nach der Dissoziation.

Für die Partialdrücke gilt $P = P_{AB} + P_A + P_B$ mit $P_{AB} = n_{AB}kT$ und $P_A = P_B = n_A kT = n_B kT$.

Für die Dissoziationsenergie χ_D der Konstanten K_p des *Massenwirkungsgesetzes von* GULDBERG *und* WAAGE sowie der Zustandssummen Z_{AB}, Z_A, Z_B der Reaktionsteilnehmer bestehen folgende Verknüpfungen:

$$\frac{n_A}{n_{AB}} \cdot n_B = \frac{Z_A(T) \cdot Z_B(T)}{Z_{AB}(T)} \cdot e^{-\frac{\chi_D}{kT}} = \frac{K_p}{kT} = \frac{1}{kT} \cdot \frac{P_A P_B}{P_{AB}}. \tag{336}$$

Die Konstante K_p kann mit Hilfe des VAN T'HOFFschen Gesetzes aus der Reaktionsenergie berechnet werden [13], doch wird aus spektroskopischen Gründen zur Temperaturbestimmung die Berechnung der Zustandssummen zur Ermittlung der Temperaturabhängigkeit der Teilchendichten und Partialdrücke meist vorgezogen (Zahlenwerte bei G. HERZBERG [14]; Rechenmethoden bei J. N. GODNEW [15]).

Die Energie E des Moleküls AB verteilt sich auf die Anteile der Elektronenanregung (E_i), Translation (E_{Tr}), Rotation (E_{Rot}) und Kernschwingung (E_{Schw}). Unter Berücksichtigung der Nullpunktenergie E_0 gilt

$$E = E_0 + E_i + E_{Tr} + E_{Rot} + E_{Schw}. \tag{337}$$

Die Zustandsumme $Z_{AB} = \sum_m e^{-\frac{E_m}{kT}}$, die über alle energetischen Besetzungsmöglichkeiten summiert wird, spaltet sich dann auf in $Z_{AB} = Z_0 Z_i Z_{Tr} Z_{Rot} Z_{Schw}$. Für die Atome entfallen die beiden letzten Besetzungsmöglichkeiten; somit wird

$$Z_A = Z_0 Z_i Z_{Tr} \tag{338}$$

mit den Einzelbeträgen $Z_0 = \exp(-E_0/kT)$ und $Z_i = Z_{el} = \sum_m g_m \exp(-E_m/kT)$.

Dabei sind g_m das statistische Gewicht und E_m die Energiedifferenz zum Grundzustand E_0. Für Moleküle ist $g_0 = Z_i$ das statistische Gewicht des Grundzustandes. Die Zustandssummen Z_{Tr}, Z_{Rot}, Z_{Schw} der Translationen, Rotationen und Schwingungen sind gegeben durch

$$Z_{Tr} = \frac{1}{h^3}(2\pi mkT)^{3/2}, \qquad Z_{Rot} = \frac{8\pi^2}{h^2} \cdot \Theta \cdot \frac{1}{\sigma} \cdot kT$$

$$Z_{Schw} = \frac{1}{1 - e^{-hv_e/kT}}. \tag{339}$$

In Gl. (339) ist $\sigma = 1$, wenn das Atom A vom Atom B verschieden ist, und $\sigma = 2$ für A = B; v_e ist die Schwingungsfrequenz im Gleichgewichtszustand. Beträgt für die Massen m_A, m_B der Gleichgewichtsabstand r_e, so ist das Trägheitsmoment Θ gegeben durch

$$\Theta = m_A m_B (m_A + m_B)^{-1} r_e^2 \tag{340}$$

und die Dissoziationsenergie durch

$$\chi_D = E_{0,A} + E_{0,B} - E_{0,AB}.$$

Die Gleichgewichtskonstante (und damit der Dissoziationsgrad) läßt sich nunmehr als Funktion der Temperatur angeben

$$K_p = \frac{Z_A \cdot Z_B}{Z_{AB}} \cdot kT = \frac{Z_{i,A} \cdot Z_{i,B}}{g_0} \cdot \frac{1}{h} \cdot (2\pi kT)^{3/2} \cdot \left(\frac{m_A \cdot m_B}{m_A + m_B}\right)^{3/2}$$
$$\cdot \frac{\sigma}{8\pi^2 \vartheta} \cdot e^{-\frac{\chi_D}{kT}} \cdot \left(1 - e^{-\frac{h\nu_e}{kT}}\right). \tag{341}$$

Die Werte Z_i lassen sich aus dem Termschema berechnen. Der Ausdruck (341) für K_p berücksichtigt nicht die Wechselwirkung zwischen den Schwingungs- und Rotationszuständen (Verbesserung s. bei J. D. FAST [16]). Trotzdem hat sich dieses Modell des starren Rotators und harmonischen Oszillators als eine zumeist ausreichende Näherung für die spektroskopische Temperaturbestimmung bewährt. Für die in Hochdruckentladungen wichtigen Jodreaktionen $J_2 \rightleftharpoons J + J$ und $InJ \rightleftharpoons In + J$ bestimmte J. FRIEDRICH [17] den Dissoziationsgrad unter Zugrundelegung der Werte aus Tabelle 25.

Ein Gas, das aus nur einer Konstituenten besteht kann sich bei höheren Temperaturen in mehrere Komponenten aufspalten (z. B. Sauerstoff in O_2, O_2^+, O^-, O, O^+, e^-). Die rechnerische Behandlung wird dadurch sehr erschwert, besonders, wenn neben der Dissoziation auch die Ionisationsvorgänge mit berücksichtigt werden müssen. Prinzipiell wirken sich dabei Drucksteigerungen erniedrigend auf die Ionisations- und Dissoziationsgrade aus (Beispiel Wasserstoff bei $T = 5000$ K; $\alpha = 0,96$ (für 1 bar), 0,73 (für 10 bar) und 0,32 (für 100 bar).

Tabelle 25. Zahlenwerte zur Berechnung der Gleichgewichtskonstante

	g_0	$\frac{1}{m_{AB}} \cdot m_A \cdot m_B$	ω_e	r_e	ϑ	χ_p
J_2	1	$1,0535 \cdot 10^{-22}$ g	214,57 cm^{-1}	$2,666 \cdot 10^{-8}$ cm	$7,493 \cdot 10^{-38}$ gcm²	1,5427 eV
InJ	1	$1,0008 \cdot 10^{-22}$ g	177,1 cm^{-1}	$2,86 \cdot 10^{-8}$ cm	$8,186 \cdot 10^{-38}$ gcm²	2,7 eV

ω_e = Schwingungsfrequenz, r_e = Atomabstand

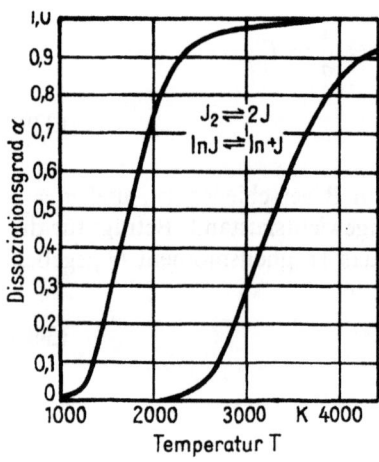

Abb. 69 Dissoziationsgrad der Reaktionen $J_2 \rightleftharpoons 2J$ und $InJ \rightleftharpoons In + J$ bei 1 bar

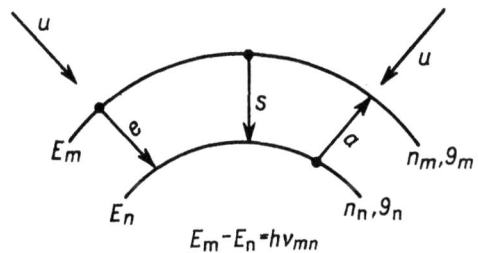

Abb. 70 Absorption (a), erzwungene (e) kohärente und spontane (s) inkohärente Emission

Der Vorteil der SAHA-EGGERT-Gleichung und des Massenwirkungsgesetzes für die praktische Temperaturmessung liegt darin, daß die Ionisationsgrade x und Dissoziationsgrade α für die meisten bekannten Gase in Abhängigkeit von Druck und Temperatur voraus berechenbar sind. Mit Hilfe einer berechneten Tabelle läßt sich dann die Temperatur bei bekanntem Druck und gemessenen x- oder α-Werten bestimmen.

5. Linienstrahlung

Übergangswahrscheinlichkeiten, Oszillatorenstärken

In einem isotropen Plasma ist innerhalb des Volumens an jedem Ort eine Strahlungsdichte $\bar{u}$ (in Wsm^{-3}) vorhanden, die mit der Strahldichte L (in Wm^{-2}sr^{-1}) in folgendem Zusammenhang steht ($\Omega_0 = 1$ sr):

$$\bar{u} = \frac{4\pi}{c} \Omega_0 L, \qquad \bar{u}_\lambda = \frac{4\pi}{c} \Omega_0 L_\lambda \quad \text{und} \quad \bar{u}_\nu = \frac{4\pi}{c} L_\nu. \tag{342}$$

Innerhalb des Volumens mögen sich nun n_m Teilchen (statistisches Gewicht g_m) auf dem Energieniveau E_m und n_n Teilchen (statistisches Gewicht g_n) auf dem Energieniveau E_n befinden (Abb. 70). Je höher die umgebende Strahlungsdichte $\bar{u}$ ist, um so größer wird die (zu $\bar{u}$ kohärente) erzwungene Emission (häufig auch „Negative Absorption" genannt), und um so stärker wird auch die Absorption sein. Von $\bar{u}$ unabhängig ist dagegen der Anteil der spontanen Emission. Die Wahrscheinlichkeiten für den in der Zeiteinheit erfolgten Übergang von E_m nach E_n ist für die erzwungene Emission $B_{mn}\bar{u}_\nu$, für die spontane Emission A_{mn} und für den Absorptionsübergang von E_n nach E_m gleich $B_{nm}\bar{u}_\nu$. Die Zahl der Übergänge pro Zeit und Raumeinheit ist durch das Produkt der Wahrscheinlichkeit mit den zugeordneten Besetzungsdichten gegeben, nämlich durch $B_{mn} \cdot \bar{u}_\nu \cdot n_m$, $A_{mn} \cdot n_m$ und $B_{nm} \cdot \bar{u}_\nu \cdot n_n$. Nach Multiplikation mit $\frac{1}{4\pi} h\nu$ erhält man die emittierte oder absorbierte Strahlungsleistung pro Volumen- und Raumwinkeleinheit. Mit $L(\nu) = \int L_\nu \, d\nu$ folgt aus Gl. (314) für die spontane Emission

$$\tilde{\varepsilon}^{(s)}(\nu) = A_{mn} \cdot \frac{1}{4\pi} \cdot h\nu \cdot n_m \tag{343}$$

für die erzwungene Emission

$$\tilde{\varepsilon}^{(e)}(\nu) = B_{mn} \cdot \frac{1}{4\pi} \cdot h\nu \cdot \bar{u}_\nu n_m \tag{344}$$

und für die Absorption

$$\varkappa(v) \cdot L(v) = B_{nm} \cdot \frac{1}{4\pi} \cdot hv \cdot \bar{u}_v \cdot n_n . \tag{345}$$

Im thermischen Gleichgewicht muß die Zahl der Emissionsakte gleich der Zahl der Absorptionsakte sein:

$$B_{mn} \cdot \bar{u}_v \cdot n_m + A_{mn} \cdot n_m = B_{nm} \cdot n_n . \tag{346}$$

Unter der gleichen Voraussetzung ergibt sich die Besetzungsdichte der Energieniveaus nach dem BOLTZMANNschen Gesetz zu

$$\frac{n_m}{n_n} = \frac{g_m}{g_n} \cdot e^{-\frac{E_m - E_n}{kT}} = \frac{g_m}{g_n} \cdot e^{-\frac{hv_{mn}}{kT}} . \tag{347}$$

Setzt man für $\bar{u}_v$ den Ausdruck für die Hohlraumstrahlung ein, so folgen aus den letzten beiden Gleichungen die allgemein gültigen Beziehungen

$$g_m \cdot B_{mn} = g_n \cdot B_{nm} , \tag{348}$$

$$A_{mn} = \frac{8\pi hv^3}{c^3} \cdot B_{mn} = \frac{8\pi hv^3}{c^3} \cdot \frac{g_n}{g_m} \cdot B_{nm} . \tag{349}$$

Zwischen den EINSTEINschen *Übergangswahrscheinlichkeiten* und der klassischen *Oszillatorenstärke* f_{nm} (f_{nm}: Verhältnis der Gesamtzahl der Oszillatoren zur Zahl der absorbierenden Oszillatoren) besteht folgende Beziehung

$$f_{nm} = \frac{m_e}{\pi c^2} \cdot hv \cdot B_{nm} = \frac{m_e c^3}{8\pi^2 c^2 v^2} \cdot \frac{g_m}{g_n} : A_{mn} . \tag{350}$$

Analog zu Gl. (348) definiert man noch die Emissionsoszillatorenstärke f_{mn}

$$g_m \cdot f_{mn} = g_n \cdot f_{nm} .$$

Das Intensitätsverhältnis von spontaner zur erzwungenen Emission folgt aus (343) und (344) zu

$$\frac{\tilde{\varepsilon}^{(s)}(v)}{\tilde{\varepsilon}^{(e)}(v)} = \int \tilde{\varepsilon}_v^{(s)} dv / \int \tilde{\varepsilon}_v^{(e)} dv = e^{\frac{hv}{kT}} - 1 = e^{\frac{c_2}{\lambda T}} - 1 . \tag{351}$$

Bei einer Temperatur von 10^4 K und im sichtbaren Spektralbereich ($\lambda = 0.5$ µm) ist die spontane Emission immer noch um den Faktor 20 größer als der Anteil der erzwungenen Emission. Je mehr die thermische Strahlung den Wert der Hohlraumstrahlung erreicht, um so stärker ist der Einfluß der erzwungenen Emission mit zu berücksichtigen (Zahlenwerte atomarer Übergangswahrscheinlichkeiten s. [18]).

Linienemission aus optisch dünner Schicht

Der spontane Emissionskoeffizient $\tilde{\varepsilon} = \int_\lambda \tilde{\varepsilon}_\lambda \, d\lambda = \int_v \tilde{\varepsilon}_v \, dv$ einer Linie ist nach Abbildung 71

$$\tilde{\varepsilon} = \frac{1}{4\pi} A_{mn} \cdot n_m \cdot hv . \tag{352}$$

Theoretische Grundlagen

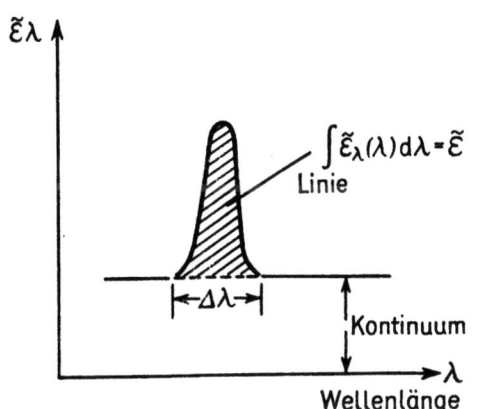

Abb. 71 Zur Ermittlung des Emissionskoeffizienten $\tilde{\varepsilon}$

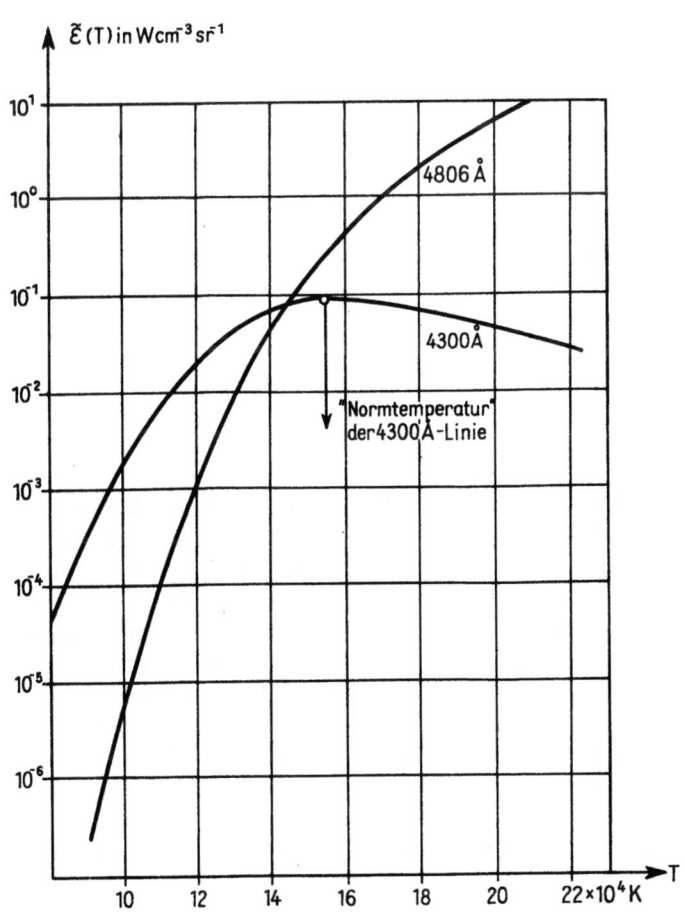

Abb. 72 Temperaturabhängigkeit der Emissionskoeffizienten für die Argonionenlinie (4806 Å) und Neutrallinie (4300 Å) eines Argonplasmas (1 bar) nach H. Brockmann und J. Uhlenbusch [63]

Mit

$$n_m = \frac{g_m}{g_n} \cdot n_n \, e^{-\frac{E_m - E_n}{kT}} = n_0 \frac{g_m}{Z_0} e^{-\frac{hv}{kT}} \qquad (353)$$

wird mit $hv = E_m - E_n$

$$\tilde{\varepsilon} = \frac{1}{4\pi} \cdot A_{mn} \cdot hv \cdot \frac{g_m}{Z_0} \cdot n_0 \cdot e^{-\frac{hv}{kT}} \qquad (354)$$

(n_0 = Teilchendichte eines Ionisationszustandes; g_m = statistisches Gewicht des Quantenzustandes m; $Z_0 = \sum_m g_m \exp(-E_m/kT)$ = Zustandssumme).

Für die Anwendung der BOLTZMANN-Formel ist das thermische Gleichgewicht Voraussetzung. Beim Fehlen von Hohlraumstrahlung (fast immer der Fall, mit Ausnahme der Resonanzlinien) muß stets geprüft werden, ob die Häufigkeit der anregenden Teilchenstöße groß gegen die Zahl der Emissionsakte ist, da in diesem Fall meist das thermische Gleichgewicht gewährleistet ist. Ein sicheres Kriterium dafür bietet die Übereinstimmung der nach verschiedenen Methoden gemessenen Temperaturwerte.

Als Beispiel für die Temperaturabhängigkeit des Linien-Emissionskoeffizienten diene Abbildung 72. Man erkennt deutlich, daß die Temperaturbestimmung oberhalb von 11 000 K aus den Ionenlinien von Ar^+ hier vorteilhafter ist als eine Messung aus der Neutralatomlinie von Ar. Bei 12 000 K kann die Temperatur noch auf $\pm 1\%$ genau ermittelt werden, wenn die Bestimmung des Emissionskoeffizienten auf $\pm 24\%$ unsicher ist. Für eine später zu beschreibende Meßmethode (VIII B 5) ist es von Bedeutung, daß $\tilde{\varepsilon}(T)$ infolge von Verarmung der Teilchen eines bestimmten Ionisationszustandes bei einer bestimmten hohen Temperatur (der sog. Normtemperatur) ein Maximum erreicht. Bei der Absolutmessung von $\tilde{\varepsilon}$ kann die Temperaturbestimmung zweideutig sein und zu Schwierigkeiten in der Auswahl der beiden Temperaturwerte führen, wenn die Temperaturabhängigkeit von $\tilde{\varepsilon}$ einen Bereich geringer thermischer Breite umfaßt.

6. Kontinuumsstrahlung

Der Emissionskoeffizient für wasserstoffähnliche Plasmen ist nach der klassischen Theorie von H. A. KRAMERS und A. UNSÖLD [19] berechnet und später durch quantenmechanische Korrekturfaktoren (GAUNT-Faktoren, ξ-Korrekturen) verbessert worden [20]. Die beiden wichtigsten physikalischen Prozesse, die zu einer Emission kontinuierlicher Strahlung führen, werden von Elektronen verursacht, die im Feld der Ionen Änderungen der Beschleunigung erfahren, wobei die Elektronen entweder eingefangen werden (frei-gebunden-Strahlung = Rekombinationsstrahlung; fg) oder sich als freie Elektronen wieder aus dem Anziehungsbereich der Ionenfelder entfernen können (ff- oder frei-frei-Strahlung = Bremsstrahlung). Im ersten Fall konvergiert die Intensität der spektralen Verteilung der fg-Strahlung zu einer bestimmten Wellenlängengrenze hin.

Die gesamte *Kontinuumsstrahlung* setzt sich demnach aus zwei Anteilen zusammen:

$$\tilde{\varepsilon}_\lambda = \tilde{\varepsilon}^{ff} + \tilde{\varepsilon}_\lambda^{fg}. \qquad (355)$$

Da nun für die *ff*- und *fg*-Anteile die Wellenlängen- und Temperaturabhängigkeiten bekannt sind, ist es für die Temperaturmessung wichtig, denjenigen Spektralbereich zu wählen, in dem die Temperaturabhängigkeit von $\tilde{\varepsilon}_\lambda^{ff}$, $\tilde{\varepsilon}_\lambda^{fg}$ oder $\tilde{\varepsilon}_\lambda$ am stärksten ausgeprägt ist. Die Voraussetzungen, nämlich das Vorliegen eines optisch dünnen und wasserstoffähnlichen Plasmas und das Fehlen anderer physikalischer Prozesse (z. B. Anlagerungskontinua schwerer Ionen oder Atome), die ebenfalls zu der Emission kontinuierlicher elektromagnetischer Strahlung führen, ist zuvor stets gesondert zu untersuchen.

Für das frei-frei-Kontinuum gilt [21] mit $\tilde{\varepsilon}_\lambda^{ff}$ in erg s^{-1} cm^{-4} sr^{-1}:

$$\tilde{\varepsilon}_\lambda^{ff} = C \cdot \frac{1}{\lambda^2} \cdot g_{ff}(\lambda, T) \cdot Z^2 \cdot \frac{n_e n_i}{\sqrt{kT}} \cdot e^{-\frac{c_2}{\lambda T}}. \tag{356}$$

Es bedeuten: λ = Wellenlänge in cm, $n_e = n_i$ = Teilchendichten der Elektronen und Ionen in cm^{-3}, Z = Effektive Kernladungszahl (= 1 für Wasserstoff- und Deuteriumplasmen), g = GAUNT-Faktor (etwa 1 im sichtbaren und 5 bis 6 im Infraroten) gemäß

$$g_{ff}(\text{Infrarot}) = \frac{\sqrt{3}}{\pi} \left[\ln\left(\frac{3}{2} \frac{c_2}{\lambda T}\right) \right]. \text{ Ferner ist}$$

$$C = \frac{32\pi^2 e^6}{3\sqrt{3}\, c^2 (2\pi m_e)^{3/2}} = 1{,}91 \cdot 10^{-36} \text{ cm}^7 \text{ g}^{3/2} \text{ s}^{-4} \text{ sr}^{-1}.$$

Im langwelligen Spektralbereich erhält man mit $\lambda T \gg c_2$

$$\tilde{\varepsilon}_\lambda^{ff} \approx \text{const.} \frac{1}{\lambda^2} \cdot n_e^2 \cdot \frac{1}{\sqrt{T}}. \tag{357}$$

Die langwellige Emission ist also nur schwach von der Temperatur, dagegen stark von der Elektronendichte abhängig. Eine Absolutbestimmung von $\tilde{\varepsilon}^{ff}$ führt also zunächst zu n_e und über die SAHA-Gleichung (323) zur Temperatur T. Besondere Aufmerksamkeit ist möglichen Verunreinigungen des Plasmas zu widmen. Im allgemeinen macht sich hier Sauerstoff stark bemerkbar, der bei sehr hohen Temperaturen (10^7 K) im stark ionisierten Zustand (für O^{IX} ist $Z^2 = 64$) zu erheblichen Verfälschungen (25%) in der Bestimmung von n_e führt.

Die Näherung für den kurzwelligen Spektralbereich, also für $\lambda T \ll c_2$ führt zu

$$\tilde{\varepsilon}_\lambda^{ff} \approx \text{const.} \frac{1}{\lambda^2} \cdot n_e^2 \cdot \frac{1}{\sqrt{T}} \cdot e^{-\frac{c_2}{\lambda T}}. \tag{358}$$

Charakteristisch für diesen Spektralbereich ist der starke Abfall der Kontinuumsintensität bei Annäherung an Wellenlängenbereiche, die oft im Gebiet der weichen Röntgenstrahlung liegen und die Anwendung von Röntgen-Kristall-Spektrometern nahelegen [22].

Die Intensität der Rekombinationsstrahlung konvergiert bei einer Wellenlänge λ_0, die gegeben ist durch

$$\lambda_0 = \frac{hc}{\chi - E_n} = \frac{12400}{\chi - E_n} \quad (\lambda \text{ in Å}, \chi - E_n \text{ in eV}).$$

Unmittelbar neben λ_0 (d. h. für $\lambda \lesssim \lambda_0$) tritt ein Intensitätssprung der Kontinuumsstrahlung auf, dessen Gradient bei niedrigen Quantenzahlen n deutlich meßbar von der Temperatur abhängt und in der Astrophysik seit langer Zeit zur spektroskopischen Temperaturbestimmung von Sternoberflächen ausgenutzt wird.

Für die *fg*-Strahlung selbst gilt

$$\tilde{\varepsilon}_\lambda^{fg} = C \cdot \frac{1}{\lambda^2} \cdot \frac{n_e^2}{T^{3/2}} \cdot Z^4 \cdot e^{-\frac{\chi_{z-1} - h\nu}{kT}} \cdot \sum_n g_n(\lambda) \cdot \frac{1}{n^3} \cdot e^{-\frac{E_n}{kT}} \tag{359}$$

mit

$$C = \frac{128\pi^4 m_e e^{10}}{c^2 h^3 (6\pi m_e k)^{3/2}} = 5{,}16 \cdot 10^{-23} \qquad \text{c-g-s-Einheiten.}$$

Die Überlagerung der $\tilde{\varepsilon}_\lambda^{ff}$- und $\tilde{\varepsilon}_\lambda^{fg}$-Strahlung führt zur Strahlung $\tilde{\varepsilon}_\lambda$ des Gesamtkontinuums, das für wasserstoffähnliche Spektren und bei hohen Hauptquantenzahlen n der *fg*-Anteile wie folgt beschrieben wird

$$\tilde{\varepsilon}_\lambda = C \cdot \frac{1}{\lambda^2} \cdot g(\lambda, T) \cdot Z^2 \cdot \frac{n_e^2}{\sqrt{kT}}. \tag{360}$$

Da auch hier $g(\lambda, T)$ nur sehr schwach λ- und T-abhängig ist, wird der frequenzbezogene Emissionskoeffizient $\tilde{\varepsilon}_\nu$ wegen $\tilde{\varepsilon}_\nu \sim \lambda^2 \tilde{\varepsilon}_\lambda$ praktisch von der Frequenz ν unabhängig.

B Meßmethoden

1. Strahldichte-Absorptions-Messung

a) Meßanordnung

Die Temperaturmeßeinrichtung geht aus Abbildung 73 hervor. Der Vergleichsstrahler V (z. B. Bandlampe) wird durch die Linse L_1 am Ort P der zu bestimmenden Temperatur abgebildet. Die Linse L_2 bildet für den Schwenkspiegel Sp entweder P oder den Normstrahler N (z. B. Kohlebogen) auf dem Eintrittsspalt des Spektralgeräts M_0 ab. Der Photovervielfacher E empfängt die spektral gefilterte Strahlung der Quellen N, P und V. Bei vollständiger Linearität sind die Photoströme i von E proportional zu den spektralen Strahldichten von P und N. Die Proportionalität kann in einfacher Weise durch einen in seiner Durchlässigkeit verstellbaren rotierenden Sektor S (man erreicht Durchlaßgrade bis 1:200), der zwischen N und Sp in den Strahlengang gestellt wird, überprüft werden. Dieses Verfahren der Linearitätsprüfung ist jedoch dann nicht eindeutig, wenn die Meßanordnung eine frequenzabhängige Empfindlichkeit hat (kapazitive Überbrückung der Vervielfacherdynoden!). In diesem Fall wendet man zweckmäßig folgendes Verfahren an [23], das sich in vieler Hinsicht modifizieren läßt [24]. Die durch Klappen abdeckbaren Lichtquellen L_1, L_2, ... bestrahlen zunächst einzeln den Empfänger E, dessen Photoströme i_1, i_2, ... registriert werden. Durch wahlweises Verschieben der Klappen können nun zwei oder mehrere Quellen E bestrahlen; die Linearität des Empfängers ist dann gesichert, wenn $(i_1) + (i_2) = (i_1 + i_2)$ ist (s. auch VII B 3a) usw.

Die Methode der Temperaturmessung besteht in einem einfachen Fall darin, die spektrale Strahldichte L_λ und den Absorptionsgrad α von P zu messen. Nach (VII A 2)

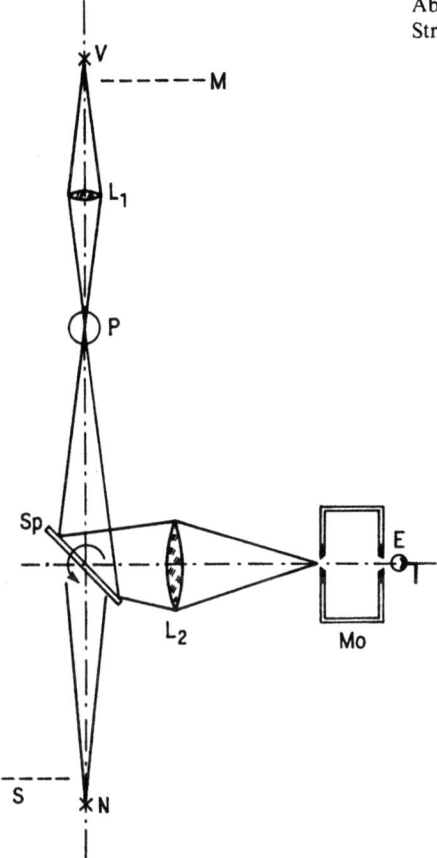

Abb. 73 Optische Anordnung zur Ermittlung der Strahldichte

gilt

$$L_\lambda(T) = \alpha(\lambda, T) \cdot L_{\lambda, S}(\lambda, T). \tag{361}$$

$L_{\lambda, S}(\lambda, T)$ = spektrale Strahldichte des Hohlraumstrahlers bei der Temperatur T und der am Spektralgerät eingestellten Wellenlänge λ; $\alpha(\lambda, T)$ = Absorptionsgrad der Flamme oder des Plasmas.

Nun seien i_0 = Dunkelstrom der Meßanordnung von E, i_N = Photostrom von E bei Abbildung des Normalstrahlers auf M, i_P = Photostrom, hervorgerufen durch die Strahlung von P allein, i_V = Photostrom, hervorgerufen durch V allein (P entfernt oder kalt), i_{V+P} = Photostrom, hervorgerufen durch V und zusätzlicher Eigenstrahlung von P, $L_{\lambda, N}$ = bekannte spektrale Strahldichte des Normalstrahlers.

Dann folgen daraus unter der Voraussetzung der Linearität

$$L_\lambda = L_{\lambda, N} \cdot \frac{i_P - i_o}{i_N - i_o} \quad \text{und} \quad \alpha = 1 - \frac{i_{V+P} - i_P}{i_V - i_0}. \tag{362}$$

Die zu bestimmende Temperatur ergibt sich mit den gemessenen Werten L_λ und α aus der Gleichung

$$e^{\frac{c_2}{\lambda T}} = 1 + \frac{c_1}{\lambda^5} \cdot \alpha \cdot \frac{1}{L_\lambda}. \tag{363}$$

Um die Eigenstrahlung von P (Abb. 73) auszuschließen, empfiehlt sich für die Bestimmung von α eine Modulation des Lichts von V durch den Modulator M, der dann zweckmäßigerweise gleichzeitig einen phasenempfindlichen Verstärker zur Messung der Photoströme ansteuert.

Voraussetzung für die Anwendbarkeit der Methode ist ein genügend von Null abweichender Absorptionsgrad α des Gases (Messung im Infraroten). Der Vorteil des Verfahrens liegt darin, daß die stöchiometrische Zusammensetzung und der Druck des strahlenden Volumens nicht bekannt zu sein brauchen. Zur Bestimmung von α ist u. U. ein Gas- oder Impulslaser geeignet, doch ist dann besondere Sorgfalt auf die irregulären Ablenkungen des stark kohärenten Laserstrahlers durch die Schlierenbereiche der schwankenden räumlichen Dichten am Anfang und Ende der Hochtemperaturzonen zu legen.

Da in den seltensten Fällen innerhalb einer größeren Schichtdicke die Temperatur unverändert ist, muß durch Bestimmung der Strahldichte- und Absorptionsquerverteilungen mit Hilfe der ABELschen Integralrechnung nach VIII A 2 der genaue örtliche Temperaturverlauf ermittelt werden. Das kann bei photographischer Registrierung der Intensitäten in einfacher Weise dadurch geschehen, daß der gesamte Querbereich des Gasstrahlers auf den Eintrittsspalt maßstabgerecht abgebildet und die Schwärzungsverteilung örtlich dem Volumen zugeordnet und ausphotometriert wird.

b) Einfluß der Absorption

Besondere Aufmerksamkeit ist geboten, wenn aus der gemessenen Strahldichte L_λ des strahlenden Gases nach Gl. (321) der spektrale (spontane) Emissionskoeffizient $\tilde{\varepsilon}_\lambda$ ermittelt werden soll. Am Ende einer Gasschicht wird im allgemeinen die Temperatur stark abfallen. Nach VIII A 5 ist nun der spektrale Emissionskoeffizient proportional zu $\exp\left(-\dfrac{E_n}{kT}\right)$. Wegen $E_m > E_n$ wird die Absorption die Emission überwiegen, und es kommt in diesen kälteren Schichten zu einer Reabsorption, die zur „*Selbstumkehr*" führt. Aber auch in einer temperaturhomogenen Schicht macht sich der Einfluß der Absorption $\Delta\tilde{\varepsilon}_\lambda$ auf den spektralen Emissionskoeffizienten $\tilde{\varepsilon}_\lambda$ meßbar bemerkbar, wenn nur das Verhältnis der Plasmastrahldichte L_λ zur Hohlraumstrahldichte groß genug ist. Aus Gl. (309) und (317) folgt

$$\frac{\Delta\tilde{\varepsilon}_\lambda}{\tilde{\varepsilon}_\lambda} = 1 - \frac{L_\lambda}{L_{\lambda,s}} \cdot \frac{1}{\ln\left[1 - \left(\dfrac{L_\lambda}{L_{\lambda,s}}\right)\right]^{-1}}. \tag{364}$$

In Annäherung wird damit der Temperaturfehler $\Delta T/T$ gleich $\Delta\tilde{\varepsilon}_\lambda/\tilde{\varepsilon}_\lambda \approx 0{,}5 \cdot L_\lambda/L_{\lambda,s}$.

Für den Fall der Linienstrahlung bedeutet dies, daß der Absorptionsfehler (bei der Bestimmung von $\tilde{\varepsilon}_\lambda$) sich besonders stark im Linienkern und schwächer an den Flügeln der Linie auswirkt. Für Temperaturmessungen aus dem Linienprofil (s. VIII B 4) von $\tilde{\varepsilon}_\lambda$ ist die Korrektion gegeben durch

$$\Delta\tilde{\varepsilon}_\lambda = \frac{1}{l} \cdot \left[L_{\lambda,s} \cdot \ln\left(1 - \frac{L_\lambda}{L_{\lambda,s}}\right)^{-1} - L_\lambda \right] \tag{365}$$

(l = Schichtdicke).

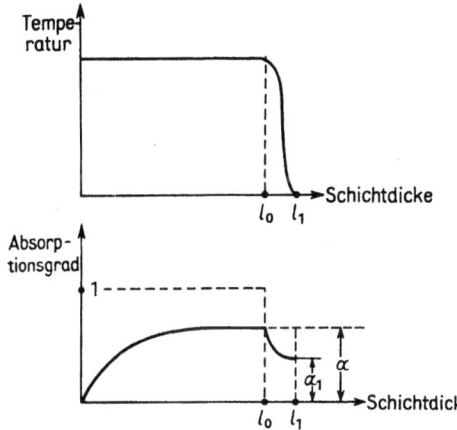

Abb. 74 Einfluß der Absorption durch vorgelagerte kühle Schichten

Tritt die aus Gebieten hoher Temperatur kommende Strahlung anschließend durch kühlere Schichten, so muß der angenäherte Temperaturverlauf bekannt sein, um mit Hilfe der Gl. (365) den Absorptionseinfluß berechnen zu können. In diesem Fall muß auch bei der Temperaturbestimmung aus Strahldichte-Absorptions-Messungen der Absorptionseinfluß mit berücksichtigt werden. Abbildung 74 zeigt schematisch den Verlauf von Temperatur und Strahldichte in Abhängigkeit von der Schichtdicke l des strahlenden Gases. α_1 ist der aus der Messung ermittelte Absorptionsgrad und α derjenige Wert, der nach der Gleichung $L_\lambda = \alpha \cdot L_{\lambda,s}$ zur richtigen Temperatur T führt. α wird aus α_1 berechnet, nachdem zuvor $T(l)$ als Funktion von l angenähert ermittelt wurde. Die größte Genauigkeit der Temperaturbestimmung wird im vorliegenden Fall demnach nicht bei optisch dicken Schichten erhalten, sondern wenn in $\alpha = 1 - \exp(-\varkappa l)$ die Größe $\varkappa l$ zwischen 3 und 5 liegt.

c) **Bichromatenmethode**

Diese von H. BAUER [25] angegebene Meßmethode erfordert vier spektrale Strahldichtemessungen für die Mitte λ_M und den Rand λ_R der Wellenlängenskala einer Spektrallinie sowohl in Längsrichtung („end-on": $L^e_{\lambda_M}$ und $L^e_{\lambda_R}$) als auch in Querrichtung („side-on": $L^q_{\lambda_M}$, $L^q_{\lambda_R}$) eines zylindrischen Bogenplasmas (Abb. 75).

Für optisch dünne Schichten gewinnt man aus den Bezeichnungen der Abbildung 75 die Gleichungen

$$\frac{\tau^q_{\lambda_R}}{\tau^q_{\lambda_M}} \approx \frac{\tau^e_{\lambda_R}}{\tau^e_{\lambda_M}}, \quad \tau = \varkappa l, \quad L^e_{\lambda_R} = L_{\lambda_R,s} \cdot \tau^e_{\lambda_R},$$

$$L^e_{\lambda_M} = L_{\lambda_M,s}\left(1 - e^{-\tau^e_{\lambda_M}}\right), \quad L^q_{\lambda_R} = L_{\lambda_R,s} \cdot \tau^q_{\lambda_R}$$

und

$$L^q_{\lambda_M} = L_{\lambda_M,s}\left(1 - e^{-\tau^q_{\lambda_M}}\right).$$

Hieraus erhält man eine Bestimmungsgleichung für $\tau^e_{\lambda_M}$, nämlich

$$\frac{1}{\tau^e_{\lambda_M}} \cdot (1 - e^{-\tau^e_{\lambda_M}}) = \left(\frac{L^e_{\lambda_M}}{L^e_{\lambda_R}}\right)\left(\frac{L^q_{\lambda_R}}{L^q_{\lambda_M}}\right) \qquad (366)$$

240 Optische Meßverfahren für heiße Gase und Plasmen

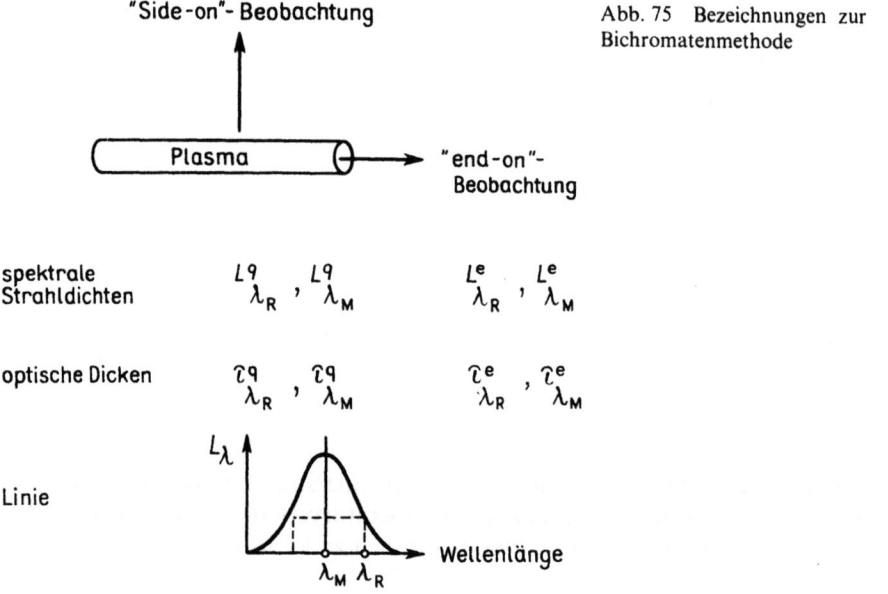

Abb. 75 Bezeichnungen zur Bichromatenmethode

Die Temperatur wird aus der Längsbeobachtung

$$L^e_{\lambda_M} = L_{\lambda_M, s} \cdot (1 - e^{-\tau^e_{\lambda_M}}) \qquad (367)$$

über die PLANCK-Funktion $L_{\lambda, s}$ nach Gl. (142) berechnet. Der Temperaturmeßfehler $\dfrac{\Delta T}{T}$ der Bichromatenmethode hängt von der optischen Dicke ab. In grober Näherung ist $\dfrac{\Delta T}{T} = 0{,}04$ für $\tau = 1$ und $0{,}02$ für $\tau > 3$.

Für einen Xenonhochdruckbogen mit einer Temperatur von 9000 K wurde nach dieser Methode eine Temperaturmeßgenauigkeit von $\pm 3\%$ erreicht, wenn die absolute Strahldichte $L^e_{\lambda_M}$ auf $\pm 4\%$ und die Strahldichtequotienten auf $\pm 2\%$ genau bestimmt wurden.

d) **Strahldichteverdopplung durch Spiegelung**

Die optische Dicke oder die Strahldichte eines heißen Gasvolumens lassen sich dadurch nahezu verdoppeln, daß durch einen rückwärtig angebrachten Hohlspiegel die vom Volumen emittierte Strahlung im Gas abgebildet und der reflektierte Strahlungsanteil zusammen mit dem in Vorwärtsrichtung ausgesandten Anteil vom Spektralgerät empfangen wird (Abb. 76). Für die Temperaturbestimmung gelten folgende Überlegungen.

Ohne Hohlspiegel beträgt die Plasmastrahldichte $L^o_\lambda = L_{\lambda, s}(1 - e^{-\tau})$ mit $\tau = \varkappa l$. Mit Spiegel wird dagegen die Strahldichte $L^m_\lambda = L^o_\lambda \cdot \varrho \cdot e^{-\tau} + L^o_\lambda$ registriert (ϱ = Re-

Meßmethoden

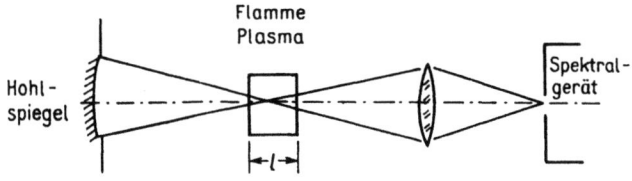

Abb. 76 Methode der Strahldichteverdoppelung

flexionsgrad des Spiegels). Hieraus ergibt sich der unbekannte Wert von τ aus

$$e^{-\tau} = \frac{1}{\varrho}\left(\frac{L_\lambda^m}{L_\lambda^o} - 1\right) \tag{368}$$

mit den leicht meßbaren Größen ϱ und $\dfrac{L_\lambda^m}{L_\lambda^o}$.

Die Temperatur erhält man aus $L_{\lambda,S}$ (nach Gl. (142)) und der zusätzlich zu ermittelnden Plasmastrahldichte L_λ^o, wobei $L_\lambda^o = L_{\lambda,S}(1 - e^{-\tau})$ ist. An Stelle des Spektralgeräts kann auch ein kalibriertes optisches Pyrometer verwendet werden. Mißt man die Schwarzen Temperaturen T_S^m, T_S^o mit und ohne Spiegel, so ergibt sich unter Verwendung der WIENschen Näherung des PLANCK-Gesetzes

$$\frac{1}{T_S^o} - \frac{1}{T_S^m} = \frac{\lambda}{c_2} \ln(1 + \varrho e^{-\tau}) \tag{369}$$

(λ = wirksame Wellenlänge des Pyrometers).
Damit läßt sich nun der Durchlaßgrad $e^{-\tau}$ des Plasmas aus den Schwarzen Temperaturen T_S^o und T_S^m bestimmen. Die Plasmatemperatur T folgt aus der pyrometrischen Beziehung

$$\frac{1}{T} = \frac{1}{T_S^o} + \frac{c_2}{\lambda} \ln\left(\frac{1}{1-e^{-\tau}}\right). \tag{370}$$

Hiernach ist die wirksame optische Dicke $\bar{\tau}$ im Fall der Rückspiegelung gegeben durch

$$\bar{\tau} = \tau - \ln(1 - \varrho + \varrho e^{-\tau}). \tag{371}$$

Für kleine optische Dicken wird also $\bar{\tau} = \tau(1 + \varrho)$, d. h., die optische Dicke wird durch die Rückspiegelung nahezu verdoppelt.

Diese Methode der Temperaturmessung ist nicht nur für die Kontinuumsstrahlung anwendbar, sondern auch für Linienstrahlung, sofern die spektrale Spaltbreite des Spektralgeräts hinreichend klein gegen die Halbwertsbreite der Linie ist.

e) **Pyrometrische Verfahren**

Temperaturbestimmungen an leuchtenden Flammen können mit Hilfe optischer Pyrometer durchgeführt werden, indem die spektrale Strahldichte eines Strahlers (Wolframbandlampe, Kohlebogen) sowohl direkt als auch durch die Flamme hindurch ermittelt wird (Abb. 77). Ist der Absorptionsgrad $\alpha(\lambda, T)$, der Durchlaßgrad $1 - \alpha(\lambda, T)$ und die spektrale Strahldichte der Flamme $L_\lambda(\lambda, T)$ so gilt

$$L_{\lambda,S}(\lambda, T_S) \cdot [1 - \alpha(\lambda, T)] + L_\lambda(\lambda, T) = L_{\lambda,S}(\lambda, T_S'), \tag{372}$$

wobei $L_{\lambda,S}(\lambda, T_S)$, $L_{\lambda,S}(\lambda, T_S')$ die beobachteten spektralen Strahldichten eines Hohlraumstrahlers bei der Wellenlänge λ und den Temperaturen T_S und T'_S sind. Verändert man die Temperatur der Bandlampe derart, daß die Strahldichte sich nicht ändert, wenn die Flamme in den Strahlengang gebracht wird, so ist $L_{\lambda,S}(\lambda, T_S) = L_{\lambda,S}(\lambda, T'_S)$, also $T_S = T'_S$. Die Wahre Temperatur der Flamme ist ebenfalls gleich T_S, wie aus der Beziehung $L_\lambda(\lambda, T) = \alpha(\lambda, T_S) L_{\lambda,S}(\lambda, T_S)$ leicht einzusehen ist.

Die Bezeichnung von T_S als Wahre Temperatur ist nicht eindeutig, da hier für T_S lediglich ein der maximalen Kerntemperatur nahekommender Zahlenwert erhalten wird, es sei denn, daß unter Zuhilfenahme einer stärkeren Gesichtsfeldbegrenzung des Pyrometers die in VIII A 2 beschriebene Methode der „Abelung" zur Bestimmung der radialen Temperaturverteilung der Flamme angewendet wird. Unter Umständen muß der Reflexionsgrad ϱ (für beide Begrenzungsflächen) der Flamme mit berücksichtigt werden. Mit $\alpha = 1 - e^{-xl}$ (l = Flammendicke) erhält man für den Durchlaßgrad D

$$D = (1 - \varrho)^2 e^{-xl} \tag{373}$$

und für den Emissionsgrad ε

$$\varepsilon = (1 - \varrho)(1 - e^{-xl}). \tag{374}$$

Damit läßt sich die Gleichgewichtsbedingung zur Bestimmung der Flammentemperatur T darstellen durch

$$L_{\lambda,S}(\lambda, T_S) \cdot [1 - D] = \varepsilon \cdot L_{\lambda,S}(\lambda, T) \tag{375}$$

oder

$$L_{\lambda,S}(\lambda, T) = \psi \cdot L_{\lambda,S}(\lambda, T_S). \tag{376}$$

Mit

$$\psi = \frac{1-D}{\varepsilon} = \frac{1 - (1-\varrho)^2 e^{-xl}}{(1-\varrho)(1-e^{-xl})}$$

ergibt sich die Flammentemperatur dann aus

$$\frac{1}{T} = \frac{1}{T_S} - \frac{\lambda}{c_2} \ln \psi. \tag{377}$$

Den Absorptionskoeffizienten x kann man nach G. MIE [26] darstellen durch $x = C \cdot \lambda^{-n}$, wobei n von der Größe der in der Flamme leuchtenden Teilchen abhängt und im Bereich zwischen 0,9 und 1,2 liegt [27]; C ist eine Materialkonstante.

Wenn einem Strahler für einen größeren Spektralbereich eine Farbtemperatur (VII A 3) zugeordnet werden kann, so muß sein Absorptionsgrad die Beziehung $\alpha(\lambda) = K_1 e^{\frac{K_2}{\lambda}}$ (K_1, K_2 Konstanten) erfüllen. Eine leuchtende Flamme gehorcht dieser Bedingung nur näherungsweise für einen Wellenbereich von λ bis λ_0, wobei $\frac{1}{\lambda} = \frac{1}{\lambda_0}(1 + \varepsilon)$ und ε eine kleine Zahl ist. Mit der Abkürzung $\delta = \frac{C}{\lambda_0^n}$ erhält man dann

$$\ln K_1 = \ln(1 - e^{-\delta}), \qquad K_2 = \lambda_0 \cdot \frac{n \cdot \delta}{e^\delta - 1}. \tag{378}$$

Nunmehr kann man nach F. RÖSSLER der Flamme eine Farbtemperatur T_F zuordnen und Beziehungen zwischen T_F, der Wahren Temperatur T und der Schwarzen Temperatur T_S ableiten [28]:

$$\frac{1}{T} - \frac{1}{T_F} = \frac{K_2}{c_2} = \frac{\lambda_0}{c_2} \cdot \frac{n\delta}{e^\delta - 1} \quad \text{und} \quad \frac{1}{T} - \frac{1}{T_S} = \frac{\lambda_0}{c_2} \ln(1 - e^{-\delta}). \tag{379}$$

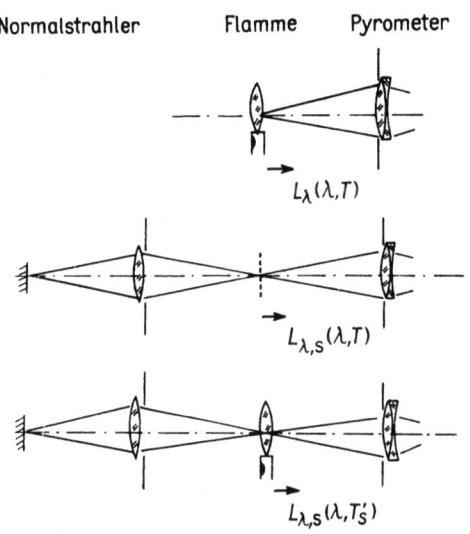

Abb. 77 Bestimmung der Flammentemperatur aus Strahldichtemessungen

Bei sehr kleiner optischer Dicke δ der Flamme ist $T_F > T$ und unabhängig von δ. Im Grenzfall ($\delta = 0$) ist $T_S = 0$, während sich für große Werte von δ $T_F = T = T_S$ ergibt; die Flamme strahlt dann wie ein Schwarzer Körper.

2. Kontinuumsmessung

Die Formeln (355 bis 360) für die Kontinuumsstrahlung von Plasmen sind stets als mehr oder weniger brauchbare Näherungsgleichungen für die wahren Kontinuumsintensitäten anzusehen. Dies gilt besonders für Plasmen, die nicht als wasserstoffähnlich zu bezeichnen sind oder sich aus mehreren Gaskomponenten zusammensetzen. Die konstanten Faktoren in den Formeln sind mit der größten Unsicherheit behaftet, während — besonders in begrenzten Temperatur- und Spektralbereichen-, die Temperatur- und Wellenlängenabhängigkeit, recht gut wiedergegeben wird. Die Genauigkeit der Temperaturmessung mit Hilfe der Kontinuumsstrahlung kann erhöht werden, wenn der Proportionalitätsfaktor bei einer bestimmten Temperatur gesondert bestimmt wird. Als Beispiel diene ein beliebiges Einkomponentenplasma mit einem Emissionskoeffizienten für das Gesamtkontinuum nach Gl. (355), also

$$\tilde{\varepsilon}_\lambda = \bar{C} \cdot \frac{1}{\lambda^2} \cdot \frac{n_e^2}{\sqrt{T}} \text{ in erg s}^{-1} \text{ cm}^{-4} \text{ sr}^{-1} \tag{380}$$

($\bar{C} \approx 1{,}6 \cdot 10^{-28}$ für Wasserstoff).

Bringt man nun in schwacher Dotierung Wasserstoff in das Plasma, bestimmt die Temperatur aus den Wasserstofflinien (H_α, H_β) und mißt gleichzeitig die Strahldichte des Plasmas, so läßt sich der Proportionalitätsfaktor bestimmen (z. B. wurde für ein optisch dünnes Argonplasma unter Atmosphärendruck für $\bar{C}$ der Wert $2{,}72 \cdot 10^{-28}$ gefunden).

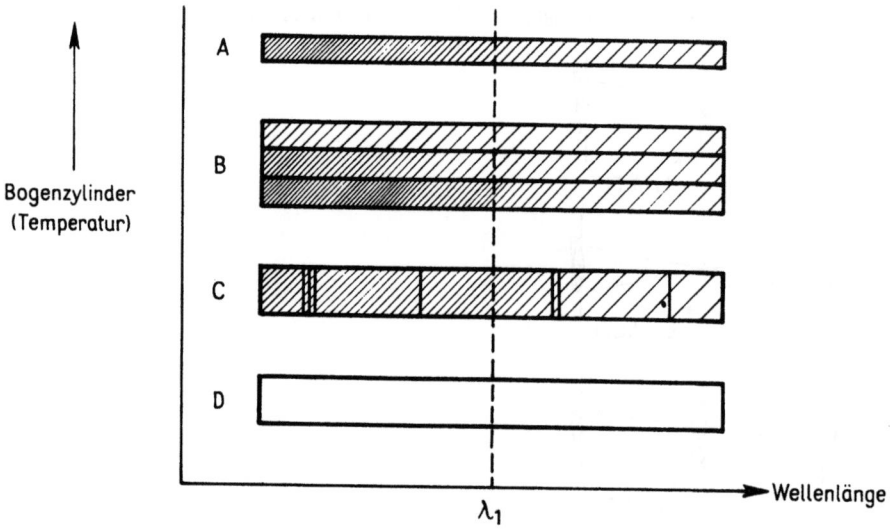

Abb. 78 Photographische Registrierung eines Bogenplasmas

Als nächster Schritt muß die Temperaturabhängigkeit der Elektronendichte n_e berechnet werden. Hierfür folgt aus (323), (324) und (325) für $p = 1$ bar

$$n_e = -C(kT)^{3/2} \cdot e^{-\frac{\chi_r}{kT}} + \left[C^2(kT)^{6/2} \cdot e^{-\frac{2\chi_r}{kT}} + \frac{c}{kT}(kT)^{3/2} e^{-\frac{\chi_r}{kT}} \right]. \quad (381)$$

Nunmehr kann mit Hilfe von Gl. (380) T als Funktion von $\tilde{\varepsilon}_\lambda$ oder L_λ dargestellt werden für den Temperaturbereich, der erwartungsgemäß die zu messenden Temperaturen enthält.

Es möge sich z. B. um eine zylindrische Plasmasäule handeln, deren Temperaturverlauf senkrecht zur Zylinderachse („side-on") zu ermitteln ist. Die Säule werde dann so auf dem Eintrittsspalt des Spektrographen abgebildet, daß der Zylinderdurchmesser mit der Höhenbegrenzung des Eintrittsspalts übereinstimmt und der Normalstrahler (z. B. Anode des Kohlebogens) mit dem gleichen Abbildungsmaßstab abgebildet wird (Abb. 78). Mit einer photographischen Meßmethode wird zunächst (bei stets gleicher und gegebenenfalls zu überprüfender Belichtungszeit) das Spektrum des Normalstrahlers aufgenommen (A). Anschließend sollte eine Aufnahme mit mehreren Stufenfiltern erfolgen (B), dann das Spektrum des Plasmas (C) und abschließend eine Markierungsaufnahme (D) zur Bestimmung des Abbildungsmaßstabes aufgenommen werden. Mit Hilfe eines Spektrallinienphotometers werden dann entlang der Linie λ_1 die drei Aufnahmen A, B und C photometriert. Daraus ergibt sich die Schwärzungskurve (Abb. 79a), bei der die Ordinate die Plattenschwärzung (Photometeranzeige) und die Abszisse den Logarithmus log L_λ der spektralen Strahldichte darstellt mit dem größten meßbaren Schwärzungswert für die spektrale Strahldichte des Kohlebogens. Für den Fall, daß die Intensität des Bogenplasmas größer als diejenige des Kohlebogens ist, sind die Aufnahmen B zusätzlich in Verbindung mit dem Bogenplasma zu machen. Die spektralen Durchlaßgrade $D(\lambda)$ der verschiedenen Stufenfilter (fünf bis acht) sind getrennt zu bestimmen und als $D(\lambda) \cdot L_\lambda$ in die Schwärzungskurve einzutragen. Die Schwärzungskurve des Plasmas (Abb. 79b) wird nun zunächst (mit Hilfe von D,

Meßmethoden

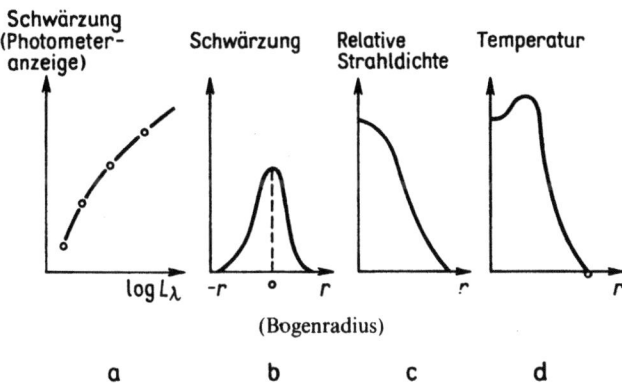

Abb. 79 · Photographische Methode der spektroskopischen Temperaturbestimmung

Abb. 78) in Abhängigkeit vom Bogenradius r dargestellt (Abb. 79b) und mittels der Schwärzungskurve (Abb. 79a) umgezeichnet in die relative Intensitätskurve (Abb. 79c) als Funktion von r. Zuletzt wird über die Auswertung der ABELschen Integralgleichung nach Gl. (313) der endgültig gesuchte radiale Temperaturverlauf des Plasmas erhalten (Abb. 79d). Schematisch gibt Abbildung 79 die einzelnen Schritte für die photographische Methode der Temperaturbestimmung wieder.

3. Methode der Linienumkehr

Die Temperatur nichtleuchtender Flammen läßt sich mit Hilfe des KIRCHHOFFschen Gesetzes von der Gleichheit der Absorption und der Emission bestimmen, wenn man die Flamme durch ein eingeführtes Salz spektral färbt und die Umkehr der Spektrallinie, die diese Färbung bewirkt, vor einem kontinuierlichen Strahler, dessen Intensität verändert werden kann, beobachtet. Zu diesem Zweck entwirft man von dem kontinuierlichen Strahler mit einer Linse ein Bild in die Flamme und beobachtet nun mit einem Spektrometer, auf dessen Spalt durch eine zweite Linse die Flamme und der Strahler abgebildet werden, bei welcher Strahldichte bzw. Schwarzen Temperatur T_S des Strahlers die betrachtete Spektrallinie weder hell auf dunklem Grunde noch dunkel auf hellem Grunde erscheint, sondern gerade verschwindet. Dann ist die spektrale Strahldichte $L_\lambda(\lambda, T)$ der Flamme ebenso groß wie der in der Flamme absorbierte Bruchteil $\alpha(\lambda, T) L_{\lambda,S}(\lambda, T_S)$ des Strahlers. Hierbei möge der Intensitätsverlust des Strahlers durch die erste Linse schon berücksichtigt sein. Ist $\alpha(\lambda, T)$ der Absorptionsgrad der Flamme, so gilt

$$L_\lambda(\lambda, T) = \alpha(\lambda, T) L_{\lambda,S}(\lambda, T_S) . \tag{382}$$

Aus $\alpha(\lambda, T) = L_\lambda(\lambda, T)/L_{\lambda,S}(\lambda, T)$ folgt, daß die Temperatur T der Flamme gleich der Schwarzen Temperatur T_S des kontinuierlichen Strahlers ist, der entweder eine Wolframbandlampe oder ein durch Graukeile geschwächter Gleichstromkohlebogen sein kann. Im letzten Fall ist eine Färbung der Flamme mit Natrium nicht zu empfehlen, da der positive Krater des Kohlebogens im allgemeinen infolge von Verunreinigungen selbst die Natriumlinie emittiert, also aborbierenden Natriumdampf entwickelt. Die Reflexion der auf die Flamme auftreffenden Strahlung kann hierbei vernachlässigt werden.

Um die Messung einwandfrei durchzuführen, muß der Öffnungswinkel der Linse vor der Flamme kleiner sein als derjenige der Linse, welche die Flamme auf dem Eintrittsspalt abbildet.

Die Methode der Linienumkehr wurde zuerst von CH. FÉRY [29] angegeben und ist später in vielfacher Weise zur Bestimmung der Temperatur heißer Gase sowie von Raketenstrahlen und schnell veränderlichen Explosionsvorgängen angewandt worden [30].

Die Spektrallinien, an denen die Beobachtung vorgenommen wird, müssen Resonanzlinien sein, denn bei diesen allein ist die für die Methode grundlegende Voraussetzung der Gleichheit von Absorption und Emission erfüllt. Die Resonanzlinie ist die erste Linie der Hauptserie. Sie entsteht dadurch, daß ein von dem Grundzustand auf die nächsthöhere Quantenenergie gehobenes Elektron wieder in den Grundzustand zurückfällt. Würde bei der Absorption ein Elektron etwa um zwei Quantenstufen gehoben werden, so kann bei der Emission die Energie in drei verschiedenen Spektrallinien enthalten sein, die beim Sprung vom zweiten auf das erste Niveau, anschließend vom ersten auf den Grundzustand oder durch Sprung unmittelbar vom zweiten auf den Grundzustand entstehen. Resonanzlinien sind z. B. beim Lithium die Linie $\lambda = 6708$ Å beim Natrium und Kalium die Doppellinien 5890/5896 Å bzw. 7665/7699 Å und beim Thallium die Linie 5350 Å. Die Übergangswahrscheinlichkeiten für die beiden Doppellinien des Natriums und Kaliums sind $6,3 \cdot 10^7$ s^{-1} und $3,7 \cdot 10^7$ s^{-1} und das Verhältnis der statistischen Gewichte für die $3^2 S_{1/2} - 3^2 P$ und $4^2 S_{1/2} - 4^2 P$-Übergänge in beiden Fällen 6/2. Einwandfreie Temperaturmessungen werden nach dieser Methode nur dann erhalten, wenn in der Flamme Temperaturgleichgewicht besteht. In der Reaktionszone der Flamme und in Bereichen mit starken Temperaturgradienten ist das im allgemeinen nicht der Fall, und man erhält dann Elektronentemperaturen, die von den Temperaturen der Flammenpartikel mehr oder weniger stark abweichen.

4. Linienmessungen

Die Temperaturabhängigkeit des Emissionskoeffizienten $\tilde{\varepsilon}(T) = \int \tilde{\varepsilon}_\lambda(\lambda) \, d\lambda$ einer Spektrallinie läßt sich stets zur Messung der Temperatur ausnutzen. Voraussetzung dabei ist die vorangegangene Berechnung von $\tilde{\varepsilon}(T)$ gemäß Gl. (354). In der Praxis bewährt haben sich dabei drei Methoden, nämlich die Absolutbestimmung von $\tilde{\varepsilon}(T)$, die Messung von $\tilde{\varepsilon}(T)/\tilde{\varepsilon}_1(T)$ — bekannt als Relativmethode —, bei der Linien gleichen oder unterschiedlichen Ionisationsgrades und unterschiedlicher Wellenlänge zur Messung herangezogen werden können, und die Bestimmung des Verhältnisses der Linienemission zur Kontinuumsemission. Im letzten Fall muß man sehr genau auf die Gleichheit der spektral ausgesonderten Wellenlängengrenzen achten. Alle drei Verfahren kann man dadurch variieren, daß zusätzlich verschiedene Teilchenarten gemessen werden, z. B. das Strahldichteverhältnis einer neutralen Kohlenstofflinie zur einfach ionisierten Sauerstofflinie usw. Obwohl die Relativmessung gleicher Teilchen unterschiedlicher Ionisationsgrades i. A. zu den größten Meßgenauigkeiten für die Temperatur führen, lassen sich allgemeine Kriterien für die Aussage einer Meßmethode nicht aufstellen. Zu empfehlen ist stets eine analytische Vorausberechnung des Temperaturverlaufs und der zu erwartenden Meßunsicherheiten $\Delta T/T$ nach den Gl. (323) und (354).

Es sei das Verhältnis $Q = \tilde{\varepsilon}_2/\tilde{\varepsilon}_1$ zweier Linien bestimmt worden, die von gleich-

Meßmethoden

artigen Teilchen unterschiedlichen Ionisationsgrades emittiert wurden. Zusätzlich sei der absolute Emissionskoeffizient $\tilde{\varepsilon}_2$ gemessen worden. In Gl. (323) ist also $r = 1$ und 2, $n_2 = n_e$. Nach Gl. (354) ist

$$\tilde{\varepsilon}_1 = \left(\frac{1}{4\pi}\right) A_1 h v_1 g_1 \left(\frac{1}{Z_1}\right) n_1 \exp\left(-\frac{E_1}{kT}\right)$$

mit $E_1 = h v_1$. Für $\tilde{\varepsilon}_2$ gilt diese Beziehung mit dem Index 2. Werden nun aus beiden Gleichungen (für $\tilde{\varepsilon}_1$, $\tilde{\varepsilon}_2$) und aus Gl. (323) die Größen n_1 und n_2 eliminiert, so ergibt sich die Temperatur zu

$$\ln(Q\tilde{\varepsilon}_2) = \ln a + \frac{3}{2}\ln(kT) - \frac{1}{kT}(\chi_1 - \Delta\chi_1 + E_1 - 2E_2) \qquad (383)$$

mit den relativen Fehlern

$$\frac{\Delta T}{T} \approx 10^{-6} T \left(\frac{\Delta\tilde{\varepsilon}_1}{\tilde{\varepsilon}_1} + 2 \cdot \frac{\Delta\tilde{\varepsilon}_2}{\tilde{\varepsilon}_2}\right)$$

und

$$\frac{\Delta n_2}{n_2} \approx \frac{1}{2} \frac{\Delta\tilde{\varepsilon}_1}{\tilde{\varepsilon}_1} + 2 \cdot 10^{-6} \cdot T \frac{\Delta\tilde{\varepsilon}_2}{\tilde{\varepsilon}_2}.$$

In Gl. (383), die unter Vernachlässigung von $\ln(kT)$ durch Iteration gelöst werden kann, ist

$$a = \frac{1}{2\pi} \cdot \frac{1}{Z_2} \cdot \frac{g_2^2}{g_1} \cdot \frac{A_2^2}{A_1} \cdot \frac{1}{h^2} \cdot \left(\frac{v_2}{v_1}\right)^2 \cdot (2\pi m_e)^{3/2}.$$

Ist aus einer zusätzlichen Messung (z. B. nach VIII B6) die Elektronendichte $n_e = n_2$ bekannt, so ist es zweckmäßig, die folgende Gleichung zur Temperaturermittlung zu verwenden, da hier die Linienintensitäten $Q = \tilde{\varepsilon}_2/\tilde{\varepsilon}_1$ nur relativ zueinander bestimmt zu werden brauchen

$$kT = \frac{\chi_1 - \Delta\chi_1 + E_1 - E_2}{\frac{3}{2}\ln(kT) - \ln n_2 - \ln Q - \ln b}. \qquad (384)$$

In Gl. (384) ist

$$b = \frac{1}{2} \cdot \frac{g_1}{g_2} \cdot \frac{A_1}{A_2} \cdot h^3 \cdot \frac{v_1}{v_2} \cdot (2\pi m_e)^{-3/2}.$$

Liegen Bereiche mit größeren Anteilen mehrfach ionisierter Teilchen vor, so muß die SAHA-Gleichung entsprechend mehrfach angesetzt werden, wodurch sich kompliziertere Ausdrücke für die Temperaturen und Teilchendichten ergeben. Bevor man sich zur Anwendung der einen oder anderen Meßmethode entschließt, sollte eine rechnerische Abschätzung der zu erwartenden Fehler durchgeführt werden. Besonderes Augenmerk ist auch auf die Konsistenz der verschiedenen veröffentlichten Übergangswahrscheinlichkeiten und auf das Vorliegen einer optisch dünnen Schicht zu legen. Die Messung des Strahldichteverhältnisses $L_2/L_1 = \tilde{\varepsilon}_2/\tilde{\varepsilon}_1$ von einer Ionen- zur Neutrallinie bei zusätzlich gemessener Dichte n_e kann den Temperaturmeßfehler gegenüber einer Relativmessung von Linien gleichen Ionisationsgrades u. U. um den Faktor 20 verringern.

Auch in meßtechnischer Hinsicht läßt sich die Genauigkeit der Temperaturbestimmung häufig günstig beeinflussen. Beim „Durchfahren" einer Linie durch konstante Drehung des Gitters oder Prismas der Spektralapparatur ändert sich die Spannung am Ausgang des Photovervielfachers. Durch Nachschalten eines Spannung-Frequenz-Wandlers mit angeschlossenem Zählwerk kann dessen Zählrate proportional zum Integral der spektralen Strahldichte über den Wellenlängenbereich $\Delta\lambda$ der Linie gemacht werden. Ein auf dieselbe Wellenlänge eingestellter Normalstrahler ermöglicht dann die Bestimmung des Kalibrierungsfaktors und damit eine sehr genaue Ermittlung von $L = \int_{\Delta\lambda} L_\lambda \, d\lambda$.

Der spektrale Strahldichteverlauf einer Linie ist unter Berücksichtigung der Selbstabsorption:

$$L_\lambda = l \cdot \tilde{\varepsilon}_\lambda = L_{\lambda,s}(\lambda, T) \cdot [1 - e^{-x(\lambda,T) \cdot l}]. \tag{385}$$

Für eine strahlende Gasschicht mit $xl \ll 1$ („optisch dünn") ist

$$L_\lambda = L_{\lambda,s}(\lambda, T) \, x(\lambda, T) \cdot l = l \cdot \tilde{\varepsilon}_\lambda(\lambda, T). \tag{386}$$

Die Prüfung, ob die beobachtete Linie „optisch dünn" ist, läßt sich also — wenn auch experimentell schwierig — ermitteln durch Variation der Schichtdicke l. Einfacher ist es jedoch, die spektralen Strahldichteverläufe einer „side-on" und „end-on" gemessenen Linie im logarithmischen Maßstab in einem „side-on"—„end-on" Koordinatensystem aufzutragen. Liegen die bis zum Linienmaximum aufgetragenen Meßpunkte auf einer 45°-Geraden, so ist die Linie „optisch dünn", anderenfalls erhält man eine kleinere Neigung, die auf Selbstabsorption hinweist. Manchmal ist es vorteilhaft, nach Abbildung 80 den $\ln \tilde{\varepsilon}_1(T)$ als Ordinate und den für eine zweite Linie berechneten Verlauf von $\ln \tilde{\varepsilon}_2(T)$ als Abszisse gegeneinander aufzutragen. Man erhält dann einen Kurvenverlauf, auf dem die Temperaturen markiert werden können.

Häufig ist bei einem zylindersymmetrischen Plasma die Temperatur $T(r_0)$ an einer bestimmten Stelle des Rarius r_0 bekannt, wobei die übrige Verteilung $T(r)$ zu bestimmen ist. Für Spektrallinien, die von gleichartigen, jedoch nur schwach ionisierten Teilchen ausgehen, läßt sich dann $T(r)$ aus der nachstehenden Gleichung bestimmen:

$$\frac{L(r)}{L(r_0)} = \frac{T(r_0)}{T(r)} \cdot e^{-\frac{E_m}{k}\left(\frac{1}{T(r)} - \frac{1}{T(r_0)}\right)} \tag{387}$$

Bezieht sich die Messung auf gleichartige Teilchen desselben Ionisationsgrades, so erhält man

$$\frac{L_1}{L_2} = \frac{\tilde{\varepsilon}_1}{\tilde{\varepsilon}_2} = \frac{A_1 g_1 \lambda_2}{A_2 g_2 \lambda_1} e^{-\frac{1}{kT}(E_1 - E_2)} \tag{388}$$

und

$$\frac{\Delta T}{T} = \frac{kT}{E_1 - E_2} \cdot \frac{\Delta\left(\frac{L_1}{L_2}\right)}{\left(\frac{L_1}{L_2}\right)}. \tag{389}$$

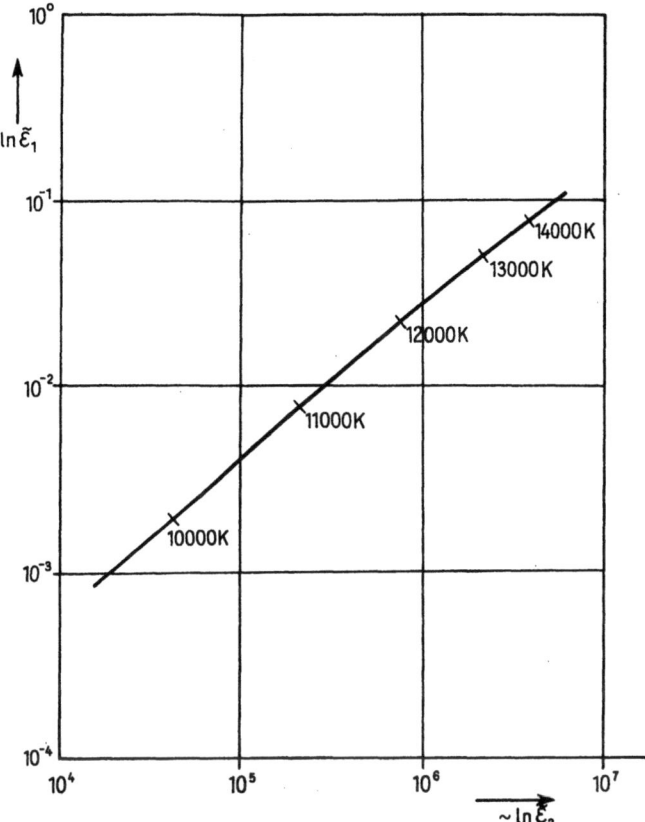

Abb. 80 Darstellung der Temperaturabhängigkeit von $\ln \tilde{\varepsilon}_1$ über $\ln \tilde{\varepsilon}_2$ der 430 nm- und 496 nm-Neutrallinien eines 1 bar-Argonplasmas

Der Vorteil dieser Meßmethoden besteht darin, daß keine Kenntnis der Teilchendichte vorausgesetzt wird; jedoch muß die Energiedifferenz $E_1 - E_2 = h(v_1 - v_2)$ der ausgewählten Linien hinreichend groß sein (größer als 2 eV). Logarithmiert man Gleichung (388) und trägt für verschiedene Linien das gemessene Intensitätsverhältnis als Funktion der Energiedifferenzen auf, so erhält man die Temperatur aus der Steigung der aufgetragenen Geraden.

Die Temperaturmeßverfahren aus den Linienintensitäten lassen sich in vielfältiger Form variieren, wie ein anschließendes Beispiel zeigen soll. Angenommen, das Plasma habe eine so hohe Temperatur, daß neben den Neutralteilchen ($n_0, Z_0, \ldots$) auch wesentliche Anteile an einfach geladenen Ionen ($n_1, Z_1, \ldots$) und zweifach geladenen Ionen ($n_2, Z_2 \ldots$) vorliegen. Aus den Gleichungen (323) und (354) folgen dann für die fünf Unbekannten n_0, n_e, n_1, n_2 und T nachstehende fünf Gleichungen ($E_0 = hv_0$, $E_1 = hv_1$).

$$\tilde{\varepsilon}_0 = \frac{1}{4\pi} A_0 h v_0 \frac{g_0}{Z_0} n_0 e^{-\frac{E_0}{kT}}, \tag{390}$$

$$\tilde{\varepsilon}_1 = \frac{1}{4\pi} \cdot A_1 h v_1 \frac{g_1}{Z_1} n_1 e^{-\frac{E_1}{kT}}, \tag{391}$$

$$\frac{n_1 n_e}{n_0} = 2 \cdot \frac{Z_1}{Z_0} \cdot \frac{1}{h^3} (2\pi m_e)^{3/2} (kT)^{3/2} e^{-\frac{\chi_0}{kT}}, \qquad (392)$$

$$\frac{n_2 n_e}{n_1} = 2 \cdot \frac{Z_2}{Z_1} \cdot \frac{1}{h^3} (2\pi m_e)^{3/2} (kT)^{3/2} e^{-\frac{\chi_1}{kT}}, \qquad (393)$$

$$n_e = n_1 + 2n_2. \qquad (394)$$

Als Meßgrößen seien die absolute Linienintensität $\tilde{\varepsilon}_1$ (bei der Frequenz v_1 oder Wellenlänge λ_1) und das Intensitätsverhältnis $V = \tilde{\varepsilon}_0/\tilde{\varepsilon}_1$ einer Neutrallinie (bei der Frequenz v_0) zur Ionenlinie bekannt. Führt man nun die Abkürzungen ein

$$b_{01} = 2 \frac{Z_1}{Z_0} \cdot \frac{1}{h^3} (2\pi m_e)^{3/2} (kT)^{3/2} e^{-\frac{\chi_0}{kT}}, \qquad (395)$$

$$b_{12} = 2 \frac{Z_2}{Z_1} \cdot \frac{1}{h^3} (2\pi m_e)^{3/2} (kT)^{3/2} e^{-\frac{\chi_1}{kT}}, \qquad (396)$$

$$b_0 = \frac{1}{4\pi} A_0 h v_0 \frac{g_0}{Z_0} \quad \text{und} \quad b_1 = \frac{1}{4\pi} \cdot A_1 h v_1 \cdot \frac{g_1}{Z_1},$$

so wird

$$n_0 = \frac{\tilde{\varepsilon}_0}{b_0} e^{\frac{E_0}{kT}} \quad \text{und} \quad n_1 = \frac{\tilde{\varepsilon}_1}{b_1} e^{\frac{E_1}{kT}}.$$

Die Ionendichte n_2 wird nun über Gl. (393) eliminiert, und nach umständlicher, aber elementarer Rechnung erhält man

$$\frac{1}{\tilde{\varepsilon}_1} \cdot V \cdot \varphi(T) = 1 + \frac{1}{V} \cdot \psi(T). \qquad (397)$$

Hierin sind

$$\varphi(T) = \frac{b_{01} b_1^2}{b_0} (kT)^{3/2} \, i \, e^{\frac{1}{kT}(E_0 - 2E_1)}$$

und

$$\psi(T) = 2 \cdot \frac{b_{12} b_0}{b_{01}} \cdot e^{\frac{1}{kT}(E_1 - E_0)}$$

Nach Auflösen und Logarithmieren der Gl. (397) folgt

$$\ln\left(\frac{1}{V}\right) = \ln(2\varphi) - \ln\tilde{\varepsilon}_1 - \ln\left[1 \pm \sqrt{1 + \frac{1}{\tilde{\varepsilon}_1} \cdot 4 \cdot \varphi \cdot \psi}\right]. \qquad (398)$$

Mit Hilfe von Gl. (398) kann die Temperatur z. B. dadurch ermittelt werden, daß $\ln(1/V)$ in Abhängigkeit von der Temperatur und für verschiedene $\tilde{\varepsilon}$-Zahlen dargestellt wird, wobei dann für ein gemessenes Wertepaar $V - \tilde{\varepsilon}_1$ und die gesuchte Temperatur Gl. (398) befriedigt wird. Für relativ niedrige Temperaturen ist die Ionendichte n_1 annähernd gleich der Elektronendichte und der Temperaturmeßfehler $\delta T \approx T^2 \cdot 10^{-6}$ $(2\delta V/V + \delta\tilde{\varepsilon}_1/\tilde{\varepsilon}_1)$, dieser Fehler wird größer mit stärkerer Ionisierung bei höheren Temperaturen.

Nach D. R. INGLIS und R. TELLER [31] lassen sich die Elektronen und Ionendichten n_e aus derjenigen Quantenzahl n^* bestimmen, die in einer Linienserie (z. B. der BALMER-Linien) diejenige Linie kennzeichnet, die als letzte gerade noch aus dem emittierten Kontinuum als solche nachweisbar ist. Hierfür gilt die Beziehung $\log n_e = 23{,}26 - 7{,}5 \log n^*$, woraus die Temperatur T z. B. durch Einsetzen in die SAHA-Gleichung gewonnen werden kann.

5. Normtemperaturen und Linienschwarzstrahlung

Berechnet man nach Gl. (354) den Emissionskoeffizient $\tilde{\varepsilon}(T)$ einer Spektrallinie, so durchläuft $\tilde{\varepsilon}(T)$ infolge der bei höheren Temperaturen durch Ionisation auftretenden Teilchenerniedrigung ein Maximum $\tilde{\varepsilon}(T_N)$ bei einer bestimmten Temperatur T_N, der sog. Normtemperatur (s. Abb. 72). Läßt sich demnach die Temperatur eines Plasmas über T_N hinaus verändern und anschließend auf die Temperatur T bringen, so kann man T aus dem gemessenen Verhältnis $Q = \tilde{\varepsilon}(T_N)/\tilde{\varepsilon}(T)$ ermitteln. Auf diese Meßmöglichkeit hat in spezieller Form zuerst R. W. LARENZ [32] hingewiesen. Ein derartiges Maximum ergibt sich auch bei Molekülspektren, wo die Teilchenverarmung infolge Dissoziation verursacht wird, d. h., die Methode der Normtemperaturbestimmung ist auf Temperaturmessungen aus den Molekülspektren ebenfalls anwendbar. Bei den Atomlinien folgt aus der SAHA-Gleichung (323), daß T_N schwach druckabhängig ist, und zwar wird T_N um 14% erhöht oder um den gleichen Betrag erniedrigt, wenn der Druck von 1 bar um den Faktor 100 bzw. 1/100 verändert wird. Vernachlässigt man die geringfügige Temperaturabhängigkeit von Z in Gl. (323), so folgt für Q

$$Q(T) = \frac{\tilde{\varepsilon}(T_N)}{\tilde{\varepsilon}(T)} = \frac{n_0(T_N)}{n_0(T)} \cdot e^{-\frac{E_m}{kT}\left(\frac{1}{T_N} - \frac{1}{T}\right)}. \tag{399}$$

Aus Gl. (399) läßt sich dann bei bekanntem Intensitätsverhältnis $Q(T)$ die Temperatur und ihr relativer Fehler berechnen. Einige Werte von T_N sind nach [33]: Al I 3961 Å —8100 K, Pb I 2663 Å—8800 K, C I 2478 Å—12800 K, Ar II 3851 Å—26800 K, während für die Ar-I-Linie 4300 Å nach Abbildung 72 T_N bei 15500 K liegt.

Unter bestimmten Umständen können die Linienintensitäten die Strahldichte der Hohlraumstrahlung erreichen. Häufig liegen dann die Linien im Vakuumultraviolett [7, 8] und werden verursacht durch Übergänge in den Grundzustand. Solche Linien sind z. B. beim Wasserstoff die Linie LYMAN-α bei $\lambda = 1216$ Å, und beim Kohlenstoff die Multiplet-Linien 1656,3, 1656,9, 1657,0, 1657,4, 1657,9 und 1658,1 Å. Derartige Linien strahlen also „Schwarz" (Schichtdicken- und Teilchenkonzentrationsänderungen erhöhen die Strahldichte dann nicht mehr), so daß die üblichen pyrometrischen Temperaturmeßverfahren ohne Kenntnis bestimmter atomarer Eigenschaften (Übergangswahrscheinlichkeiten, Druck oder Teilchendichten) eine Bestimmung der thermodynamischen Temperatur gestatten. In dem erwähnten Spektralbereich läßt sich z. Z. eine relative Temperaturmeßgenauigkeit $\frac{\Delta T}{T} = 0{,}007$ erreichen. Das Meßprinzip geht aus Abbildung 81 hervor. Das unter Atmosphärendruck stehende Hochtemperaturplasma Pl ist zunächst durch einen Verschluß vom Vakuumspektrographen VS, dessen Innendruck kleiner als 10^{-5} mbar ist, getrennt. Kurzzeitig (etwa 10 s) läßt sich durch

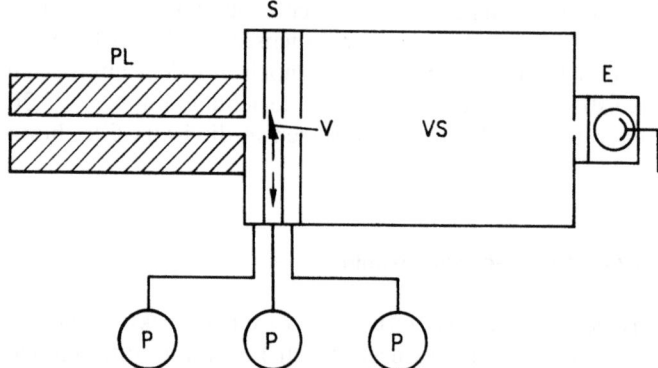

Abb. 81 Anschluß einer Plasmaquelle Pl an einen Vakuumspektrographen VS zur Temperaturmessung mit Hilfe schwarzstrahlender Linien im Vakuum-UV

ein geeignetes Schleusen- (S) und Pumpsystem (P) die Druckdifferenz zur Registrierung der emittierten Linien durch den Empfänger E aufrecht erhalten.

Abbildung 82b zeigt die Form einer schwarzstrahlenden Linie. $L_{\lambda,s}$ kann hier lediglich durch Temperaturerhöhung vergrößert werden. Im Spektralbereich $\Delta \lambda$ ist die Linie abgeflacht (evtl. mit einer aus der PLANCK-Funktion berechenbaren schwachen Steigung) und hat u. U. in der Mitte einen schmalen Absorptionsbereich (E) infolge von Absorption kühler Teilchen im Inneren des Spektrographen. Ist für eine derartige Linie die (relative) spektrale Strahldichte $L_{\lambda,s}$ für eine bestimmte Temperatur T registriert worden, so läßt sich isochromatisch jede andere Temperatur T' einfach ermitteln (Voraussetzung: Vorhandensein der Schwarzstrahlung bei T' und Linearität des Empfängers). Andererseits kann nach dem Isothermenverfahren eine unbekannte Temperatur aus den Registrierungen zweier bei verschiedenen Wellenlängen λ_1, λ_2 auftretenden Schwarzen Linien bestimmt werden, wenn die spektralen relativen Empfindlichkeiten (multipliziert mit den apparativen Durchlaßgraden) der Empfängeranordnung bei λ_1 und λ_2 bekannt sind.

6. Linienprofile

Das spektrale Profil einer Linie wird durch mehrere physikalische Mechanismen bestimmt. Durch die Strahlungsdämpfung hat zunächst jede Linie eine natürliche spektrale Breite, die im Bereich von 10^{-4} Å liegt und gegenüber den anderen Verbreiterungsmechanismen stets vernachlässigt werden darf [34].

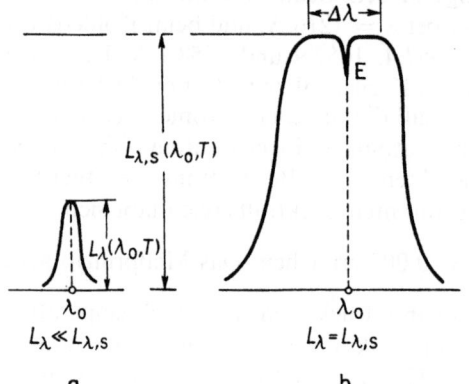

Abb. 82 Optisch dünne (a) und optisch dicke (b) Emission einer Spektrallinie

Im thermischen Gleichgewicht haben die strahlenden Atome, Elektronen und Ionen zwischen den Zusammenstößen Geschwindigkeiten, die proportional zur Wurzel aus der Temperatur sind und durch das MAXWELLsche Geschwindigkeitsgesetz beschrieben werden. Der *Dopplereffekt* verursacht eine Verbreiterung der emittierten Spektrallinien, wobei das Linienprofil durch eine *Gauss-Verteilung* bestimmt wird:

$$\tilde{\varepsilon}_\lambda = \tilde{\varepsilon}_{\lambda_0} \cdot \exp\left[-\frac{4 \ln 2}{(\Delta \lambda)_0^2} \cdot (\lambda - \lambda_0)^2 \right]. \tag{400}$$

In Gl. (400) sind $\tilde{\varepsilon}_\lambda$ und $\tilde{\varepsilon}_{\lambda_0}$ die spektralen Emissionskoeffizienten der dopplerverbreiterten Linie bei den Wellenlängen λ und λ_0; $\Delta \lambda_0$ ist die ganze Halbwertsbreite der Linie. Aus der Halbwertbreite ist über Gl. (400) die Temperatur T bestimmbar, wenn das Atomgewicht M des strahlenden Teilchens bekannt ist (R = Gaskonstante)

$$\Delta \lambda_0 = 2\lambda_0 \sqrt{\frac{1}{M} \cdot 2 \cdot \ln 2 \cdot RT}. \tag{401}$$

Die Schwierigkeiten bei der Temperaturbestimmung aus der Dopplerverbreiterung von Linien rühren von den kleinen Zahlenwerten der meist unter 1 Å liegenden Halbwertsbreiten her, die nur mit hochauflösenden Spektralgeräten oder mit Interferometern und bei höheren Temperaturen auf etwa 10% genau bestimmt werden können.

Größere Bedeutung für die Temperaturmessung in Plasmen haben die Linienprofile, die durch den linearen oder quadratischen *Starkeffekt* verursacht werden und durch die zunächst die Teilchendichten der Elektronen und Ionen aus den Verbreiterungen und Verschiebungen der Linien erhalten werden. Es sei der spektrale Emissionskoeffizient, also $\tilde{\varepsilon}_\lambda(\Delta \lambda)$, mit $\Delta \lambda = \lambda - \lambda_0$ (λ_0 = Wellenlänge der nichtverbreiterten Linie) einer unverschobenen Linie bestimmt und durch $\int_0^\infty \tilde{\varepsilon}_{\lambda,r}(\Delta \lambda) \, d\lambda = 1$ auf 1 normiert worden. Für Starkeffekt-verbreiterte Linien gibt es nun ein theoretisches Linienprofil $S(\alpha)$ mit $\int_0^\infty S(\alpha) = 1$, das zuerst von S. VERWEY [35] und in neuerer Zeit von H. R. GRIEM und Mitarb. [36] für die Wasserstofflinien Ly$_\alpha$, Ly$_\beta$, H$_\alpha$, H$_\beta$, H$_\gamma$, H$_\delta$ und die HeI-Linien 4447 Å sowie für die bei 4686 Å und 3203 Å gelegenen Linien des einfach ionisierten Heliums in Abhängigkeit von der Elektronendichte n_e und der Temperatur T tabelliert wurde. Zur Bestimmung von n_e muß nun z. B. durch das von H. MAECKER angegebene Verfahren [37] $\tilde{\varepsilon}_{\lambda,r}$ optimal dem Verlauf $S(\alpha)$ angepaßt werden. Hierbei ist $\alpha = \dfrac{\Delta \lambda}{F_0}$ und F_0 die Normalfeldstärke des Mikrofeldes, wobei $F_0 = 2{,}61 \cdot n_e^{2/3}$ in elektrostatischen Einheiten ($e = 4{,}803 \cdot 10^{-10}$ und $n_e^{2/3}$ in cm^{-2}) einzusetzen ist. Aus der Deckungsgleichheit des gemessenen Linienprofils $\tilde{\varepsilon}_{\lambda,r}$ mit $S(\alpha) \equiv S\left(\dfrac{\Delta \lambda}{F_0}\right)$ ergibt sich dann der Zahlenwert für F_0, daraus die Elektronendichte und die Temperatur wiederum aus der SAHA-Gleichung. Für dieses Verfahren eignen sich wegen ihres linearen Starkeffekts besonders die Wasserstofflinien, für die mit

Tabelle 26. Abhängigkeit des Koeffizienten $10^{14} \cdot C(n_e, T)$ in $\text{Å}^{-3/2}\text{cm}^{-3}$ von der Elektronendichte n_e (in cm^{-3}) und der Temperatur T (in K) für die Wasserstofflinien H_β ($\lambda = 4861{,}3$ Å) und H_γ ($\lambda = 4340{,}5$ Å)

T	$n_e = 10^{15}$		$n_e = 10^{16}$		$n_e = 10^{17}$	
	H_β	H_γ	H_β	H_γ	H_β	H_γ
10 000	3,58	4,41	3,30	2,90	2,98	2,73
20 000	3,55	6,68	3,21	3,01	3,03	2,81
40 000	3,52	3,77	3,30	3,46	2,87	2,30

der Funktion $C(n_e, T)$ folgende Zahlenwertgleichung für n_e (in cm^{-3}) bei einer vollen Halbwertsbreite $\Delta\lambda_0$ der Linie gilt

$$n_e = C(n_e, T)\,\Delta\lambda_0^{3/2} \quad \text{(ZWG)}. \tag{402}$$

Nach H. GRIEM gelten für die BALMER-Linien H_β und H_γ die in Tabelle 26 aufgeführten Werte [38]. Die Linie H_β hat ein unsymmetrisches Profil mit zwei Maxima; die kurzwellige Intensität ist etwas größer. L. P. KUDRIN und G. V. SHOLIN [39] geben für $n_e = 10^{16}$, 10^{17} und 10^{18} cm^{-3} die Rotverschiebungen $\lambda - \lambda_0$ ($\lambda > \lambda_0$) gegenüber der ungestörten H_β-Linie (λ_0) mit 0,9, 4,2 und 19 Å und die Blauverschiebungen $\lambda_0 - \lambda$ ($\lambda < \lambda_0$) mit 1,0, 4,5 und 21,5 Å an. Nach D. D. BURGESS [40] kann für bestimmte Linien (z. B. HeII 4806 Å) der Starkeffekt auch zur direkten Temperaturbestimmung ausgenutzt werden, indem die von H. GRIEM berechneten d/w-Verhältnisse (Linienverschiebung/Halbwertsbreite) in Abhängigkeit von der Temperatur aufgezeichnet werden. In diesem Zusammenhang sei weiter auf die ausführlichen Untersuchungen von P. SCHULZ und B. WENDE [41] sowie von J. BUES, T. HAAG und J. RICHTER [42] hingewiesen.

Schwierig wird die Auswertung von Profilmessungen, wenn sich benachbarte Linien überlappen und z. B. ein Gesamtprofil nach Abbildung 83 ergeben. Nach W. LOCHTE-HOLTGREVEN und J. RICHTER [43] gilt dann bei symmetrischen Profilen für das Verhältnis der beiden spektralen Emissionskoeffizienten und mit den Bezeichnungen in Abbildung 83:

$$\frac{\tilde{\varepsilon}_\lambda(\lambda_1)}{\tilde{\varepsilon}_\lambda(\lambda_2)} = \frac{\tilde{\varepsilon}_1}{\tilde{\varepsilon}_2} \cdot \frac{1 + \left(\frac{\delta_1}{\delta_2}\right)^2 \left(1 - \frac{\tilde{\varepsilon}_2}{\tilde{\varepsilon}_1}\right)}{1 + \left(\frac{\delta_1}{\delta_2}\right)^2 \left(1 - \frac{\tilde{\varepsilon}_1}{\tilde{\varepsilon}_2}\right)}. \tag{403}$$

Gl. (403) muß z. B. beachtet werden, wenn die Temperatur nach einer von H. BARTELS angegebenen Methode [44] aus den Kuppelstrahldichten von Linien ermittelt wird.

Neben der Verbreiterung durch *Strahlungsdämpfung*, Doppler- und Starkeffekt werden die Spektrallinien durch Resonanz- und VAN DER WAAL-Wechselwirkungen der strahlenden mit den benachbarten Teilchen sowie durch die nur experimentell erfaßbaren Absorptionsprozesse längs des Strahlungspfades (mit Temperaturgradienten) verbreitert. Das beobachtete Linienprofil $P_B(\Delta\lambda)$ ($P_B \sim \tilde{\varepsilon}_\lambda$; $\Delta\lambda = \lambda - \lambda_0$) enthält zudem noch Profilverfälschungen durch das apparative Linienprofil $P_A(\Delta\lambda)$, das durch Beugung und Streuung der Meßapparatur verursacht wird.

Die *Resonanzverbreiterung* ist proportional zur Teilchendichte und λ_0^3 während die

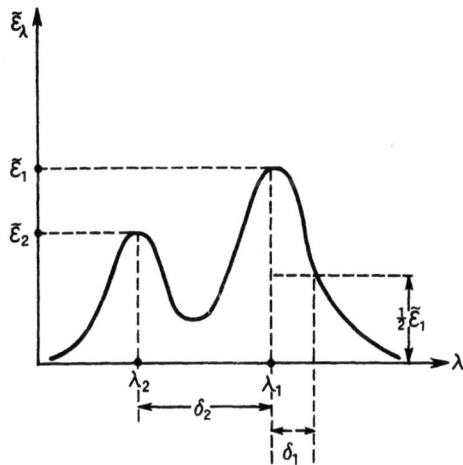

Abb. 83 Überlappung verbreiterter Linien

VON DER WAAL-*Verbreiterung* eine ganze Halbwertsbreite $\Delta\lambda_0$ hat, die gegeben ist durch

$$\Delta\lambda = B \cdot \left[T\left(\frac{1}{m_1} + \frac{1}{m_2}\right)\right]^{3/10} \cdot \lambda_0^2 \cdot n_0. \tag{404}$$

Hier sind m_1 und m_2 die Massen der strahlenden Teilchen und der Störteilchen, n_0 die Teilchendichte, λ_0 die Wellenlänge der unverbreiterten Linie und B ein aus der Theorie der Stoßverbreiterung folgender Zahlenwert. Abbildung 84 zeigt die Größenordnungen der durch *Faltungen* oder Entfaltungen eliminierbaren Halbwertsbreiten $\Delta\lambda_0$ der wichtigsten Verbreiterungsmechanismen. Faltungen von zwei Dopplerprofilen oder zwei GAUSS-Profilen führen wiederum jeweils zu Doppler- oder GAUSS-Profilen. In beiden Fällen ist die gesamte Halbwertsbreite dann gleich der Summe der einzelnen Halbwertsbreiten. Dagegen führt die Faltung eines GAUSS-Profils mit einem *Dispersionsprofil* $P = \left[1 + \left(\Delta\lambda\Big/\frac{1}{2}\Delta\lambda_0\right)^2\right]^{-1}$ zu einem VOIGT-*Profil*, dessen Halbwerts-

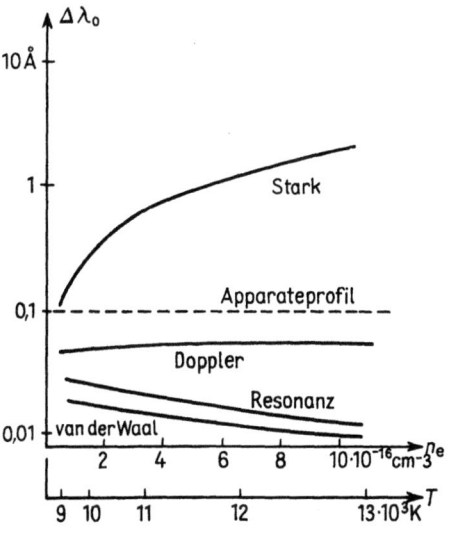

Abb. 84 Halbwertsbreiten $\Delta\lambda_0$ in Abhängigkeit von der Elektronendichte (n_e) und Temperatur (T) eines 1 bar-Argonplasmas ($\lambda_0 = 4300,1$ Å) nach Messungen von B. WENDE [44] mit einem 3,4 m-Gittermonochromator

breite nur vom Verhältnis der GAUSS- zur Dispersionshalbwertsbreite abhängt (s. a. Gl. (420)).

Zur Bestimmung des *Apparateprofils* eignen sich Laser oder Gasentladungslampen mit Linien sehr kleiner Halbwertsbreite. Beleuchtet man den Eintrittsspalt unter den gleichen optischen Bedingungen wie bei der Bestimmung der auszumessenden Linie, so erhält man das Apparateprofil $P_A(\Delta\lambda)$, wobei $\Delta\lambda = \lambda - \lambda_0$ die Spektrometereinstellung kennzeichnet. Ist für die zu messende Linie nun das Profil $P_B(\Delta\lambda)$ gefunden worden, so ergibt sich das *wahre Profil* $P_w(\Delta\lambda)$ aus

$$P_w(\Delta\lambda) = \int_{-\infty}^{+\infty} P_A(\Delta\lambda - \Delta\lambda^*) \, P_B(\Delta\lambda^*) \, d(\Delta\lambda^*)$$

$$= \int_{-\infty}^{+\infty} = P_B(\Delta\lambda - \Delta\lambda^*) \, P_A(\Delta\lambda^*) \, d(\Delta\lambda^*) \, . \tag{405}$$

Hinsichtlich der Lösung dieser Integralgleichung durch geeignet angepaßte Profile sei auf die Speziallteratur verwiesen [45].

7. Bandenspektren

Die von einem zweiatomigen Molekül bei der Frequenz ν durch Elektronen-, Schwingungs- und Rotationsänderungen emittierte oder absorbierte Energie ΔE folgt aus Gl. (337)

$$\Delta E = h\nu = (E_i - E'_i) + (E_{Schw} - E'_{Schw}) + (E_{Rot} - E'_{Rot}) \, . \tag{406}$$

Die gestrichenen Werte beziehen sich dabei auf Zustände niedriger Energie. Die Energieübergänge der Moleküle werden hinsichtlich der Molekülspektren analog zu den Termschemata der Atome beschrieben. Den S-, P- und D-Termen der Atome entsprechen also die Σ-, Π- und Δ-Terme. Die Differenzen $\Delta E_{Rot} = (E_{Rot} - E'_{Rot})$ sind dabei wesentlich kleiner als diejenigen von $\Delta E_i = (E_i - E'_i)$ und $\Delta E_{Schw} = (E_{Schw} - E'_{Schw})$, d. h., die Rotationsniveaus liegen relativ eng beieinander und bilden *Bandensysteme*. Die kleinsten Energiequanten sind also die *Rotationsquanten*, die im Gegensatz zu den *Schwingungsquanten* Energie absorbieren oder emittieren können, ohne daß sich die Schwingungs- oder Elektronenzustände ändern. Eine zusätzliche Voraussetzung für die Strahlungsemission oder -absorption des Moleküls ist eine mit der energetischen Änderung parallel verlaufende Änderung des Dipolmoments; das Molekül muß infrarotaktiv sein.

Für die Rotationsenergie gilt

$$E_{Rot} = \frac{h^2}{8\pi^2 \theta} \cdot I \cdot (I + 1), \tag{407}$$

wobei I die *Rotationsquantenzahl* ist, für die die Auswahlregel $\Delta I = \pm 1$ gilt; θ ist das Trägheitsmoment nach Gl. (340). Aus der Kombination zweier Rotationsterme ergeben sich die Rotationsfrequenzen zu $h/4\pi^2\theta$, $2h/4\pi^2\theta$, $3h/4\pi^2\theta$ usw., aus ihnen kann in einfacher Weise das Trägheitsmoment ermittelt werden.

Wird durch Strahlungsabsorption der Schwingungszustand eines Moleküls verändert, so ändert sich zugleich der Rotationszustand infolge der geänderten Verteilung der Elektronenmassen. Mit den Rotationskonstanten $B = h/8\pi^2\theta c$ und

$B' = h/8\pi^2\theta'c$ (c = Vakuumlichtgeschwindigkeit) gilt für ein solches Rotationsschwingungsspektrum

$$h\nu = h\nu_{Schw} + h\nu_{Rot}. \tag{408}$$

Für einen bestimmten Schwingungszustand ist $h\nu_{Schw}$ eine Konstante, ν_{Schw} bestimmt dabei in Annäherung die Frequenzen, um die sich die Rotationsfrequenzen gruppieren.

Dabei ist

$$\nu_{Rot} = BcI(I+1) - B'cI'(I'+1). \tag{409}$$

Wird nun Strahlung der Frequenz ν vom Molekül absorbiert, so kann neben der Schwingungsanregung entweder die Rotationsfrequenz erhöht ($\nu > \nu_{Schw}$) oder erniedrigt ($\nu < \nu_{Schw}$) werden, da im letzten Fall die Rotationsenergie zugunsten der Schwingungsenergie vermindert wird.

Im ersten Fall ($\nu > \nu_{Schw}$) entspricht I der höheren, I' der niedrigeren Rotationsenergie, und mit $I = I' + 1$ erhält man den R-Zweig der Rotationsbande zu

$$\nu_R = c(B - B')(I'+1)^2 + c(B + B')(I'+1) \tag{410}$$

($I' = 0, 1, 2, 3, \ldots$ oder $\Delta I = +1$).

Im zweiten Fall ($\nu < \nu_{Schw}$) wird die noch fehlende Energie zur Schwingungsanregung aus der durch Absorption der Strahlung bewirkten Rotationsenergieerniedrigung gewonnen. Hier wird $I < I'$, $\Delta I = -1$. Dieser Teil der Rotationsbande, dessen Frequenzen ν_P unterhalb der Schwingungsfrequenz liegen, wird als P-Zweig bezeichnet

$$\nu_P = c(B - B')I'^2 - c(B + B')I' \tag{411}$$

($I' = 1, 2, 3, \ldots$).

Der P-Zweig wird an dem Fehlen der Nullinie $I' = 0$ erkannt. $B - B'$ ist sehr klein, und für nicht zu große Werte von I' (unterhalb 6) lassen sich die Gl. (410) und (411) vereinfachen zu

$$\begin{aligned}\nu_R &\approx c(B + B')(I'+1) \quad (I' = 0, 1, 2, 3, \ldots),\\ \nu_P &\approx c(B + B')I' \quad (I' = 1, 2, 3, \ldots). \end{aligned} \tag{412}$$

Man erhält beidseitig zur Schwingungsfrequenz Linien mit den Abständen $c(B + B')$ $\approx 2cB$. Die reine Schwingungslinie ist wegen $I' \geq 1$ beim P-Zweig in dem Bandensystem nicht direkt zu erkennen (Abb. 85). Die B-Werte sind vom Schwingungszustand abhängig; mit der *Schwingungsquantenzahl* v und einer positiven Konstante a erhält man

$$B_v = B - a\left(v + \frac{1}{2}\right). \tag{413}$$

Zur Temperaturbestimmung aus den Molekularspektren kann Gl. (352) in folgender Form geschrieben werden

$$\tilde{\varepsilon} = \frac{1}{4\pi} \cdot A_{vv'II'} \cdot h\nu_{vv'II'} \cdot n_{vI}. \tag{414}$$

Hierdurch wird zum Ausdruck gebracht, daß Schwingungsübergänge (v, v') im allgemeinen auch die Rotationszustände (I, I') ändern. Die Übergangswahrscheinlichkeit $A_{vv'II'}$ ist nun proportional zum Quadrat des Matrixelements $R_{vv'II'}$ und das statistische Gewicht für einen Rotationszustand I gleich $2I + 1$. Damit wird nach Gl. (349) $n_{vI} = (2I + 1) \exp\{-hI(I+1)/8\pi^2\theta kT\}$. Für den Emissionskoeffizienten gilt dann

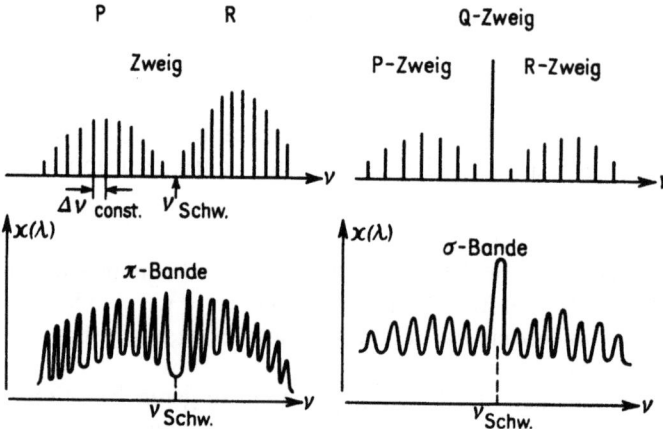

Abb. 85 Schematische Darstellung der Rotationsschwingungsspektren

mit Z_{Rot} nach Gl. (339)

$$\tilde{\varepsilon}_{vv'II'} = \frac{16}{3}\pi^3 \cdot \frac{1}{h^4 c^3} \cdot (hv_{vv'II'})^4 \cdot \frac{n_0(2I+1)}{Z_{Rot}} |R_{vv'II'}|^2 e^{-\frac{E_{vl}}{kT}}, \quad (415)$$

während der Absorptionskoeffizient $\varkappa_{vv'II'}$ wegen Gl. (321) nur der ersten Potenz von $(hv_{vv'II'})$ proportional ist.

Zu unterscheiden sind nun drei Fälle, für welche das Matrixelement $R = \langle \psi^* | \Sigma e_i x_i | \psi \rangle$ verschiedene Werte liefert. Ist R separierbar in die voneinander unabhängigen Rotations- und Schwingungsanteile $P_{II'}$ und $P_{vv'}$, also $|R_{vv'II'}|^2 = P_{vv'} P_{II'}$ und ist der Anteil der Schwingungsübergänge klein, so ist $P_{vv'} = |\bar{R}_{El}|^2 q_{vv'}$. Ist $|\bar{R}_{El}|^2$ für alle Rotationsschwingungsbanden ein Mittelwert und $q_{vv'}$ der sog. FRANCK-CONDOR-Faktor [46], so wird für das Matrixelement $|R_{vv'II'}|^2 = |\bar{R}_{El}|^2 P_{II'} \cdot q_{vv'}$.

Wenn R_{El} zwar für die verschiedenen Schwingungsbanden, nicht jedoch innerhalb eines Bandensystems verschieden ist, so gilt

$$|R_{vv'II'}|^2 = P_{II'} \cdot P_{vv'} \quad \text{mit} \quad P_{vv'} = |R_{El}|^2 \cdot q_{vv'}.$$

Der allgemeine Fall der gleichzeitigen Wechselwirkung von Schwingungs- und Rotationsvorgängen führt zum Ausdruck

$$|R_{vv'II'}|^2 = |R_{El}|^2 P_{II'} q_{vv'II'}. \quad (416)$$

Die drei verschiedenen Möglichkeiten dieser Beschreibung von Emissionskoeffizienten sind von R. WATSON und W. R. FERGUSON im Hinblick auf die Temperaturmessung behandelt worden [47].

Aus den Schwingungsenergien kann die Temperatur ermittelt werden, wenn die relativen Schwingungsübergangswahrscheinlichkeiten $A'_{vv'}$ bekannt sind. Der Emissionskoeffizient für derartige vv'-Übergänge ist nach Gl. (354) und (349)

$$\tilde{\varepsilon}_{vv'} = \bar{c} A'_{vv'} \cdot E^4_{vv'} \cdot n_v. \quad (417)$$

Mit $E_{vv'} = hv$ und $n_v = n_0 e^{-\frac{E_v}{kT}}$ und mit der für alle Banden eines gegebenen Elektronenschwingungssystems gleich großen Konstanten $\bar{c}$ wird damit

$$\tilde{\varepsilon}_{vv'} = \bar{c} \cdot A'_{vv'} \cdot h^4 \cdot v^4_{vv'} \cdot n_0 \cdot e^{-\frac{E_v}{kT}}. \quad (418)$$

Die Temperatur läßt sich dadurch bestimmen, daß $\ln \tilde{\varepsilon}/v_{vv'}^4$ über $\ln E_v$ aufgetragen und aus der Neigung der erhaltenen Geraden die Größe kT ermittelt wird. Anderseits kann man zwei Banden a, b miteinander vergleichen, d. h. die Intensitätsverhältnisse

$$V_1 = \frac{\tilde{\varepsilon}_{v_a v'_a}}{\tilde{\varepsilon}_{v_b v'_b}} \text{ experimentell bestimmen.}$$

Mit

$$V_2 = \frac{E_{v_b v'_b}}{E_{v_a v'_a}} = \frac{v_{v_b v'_b}}{v_{v_a v'_a}} \quad \text{und} \quad V_3 = \frac{A'_{v_b v'_b}}{A'_{v_a v'_a}}$$

erhält man dann durch Logarithmieren die gesuchte Temperatur zu

$$T = \frac{h(v_b - v_a)}{k[\ln V_1 + 4 \ln V_2 + \ln V_3]}. \tag{419}$$

Eine Vernachlässigung der Selbstabsorption von Schwingungs- und Rotationslinien führt häufig zu größeren Fehlern in der Temperaturbestimmung. Der Mechanismus der Linienverbreiterung muß dann durch normierte Profilfunktionen berücksichtigt werden. Sind die Linienprofile unverschoben und symmetrisch, so kann die Linienverbreiterung beschrieben werden durch ein VOIGT-Profil

$$P_\lambda^{(V)} = \frac{2}{\Delta \lambda_D} \cdot \frac{\ln 2}{\pi} \cdot \frac{a}{\pi} \cdot \int_{-\infty}^{+\infty} \frac{e^{-y^2}}{a^2(w-y)} dy. \tag{420}$$

In Gl. (420) sind $y = \frac{2}{\Delta \lambda_D} \sqrt{\ln 2} \, (\lambda - \lambda_0)$, $w = 2 \cdot \frac{\lambda - \lambda_0}{\Delta \lambda_D} \sqrt{\ln 2}$ und $a = \frac{\Delta \lambda_{L_0}}{\Delta \lambda_D} \sqrt{\ln 2}$ proportional dem Verhältnis von LORENTZ- zur Dopplerbreite. $P_\lambda^{(V)}$ folgt aus dem Faltungsprodukt der LORENTZ-Profile und Dopplerprofile. Die genauere Temperaturbestimmung unter Berücksichtigung der Linienverbreiterungen durch Profilfunktionen wird rechnerisch sehr aufwendig; ein Beispiel findet man in der Arbeit von G. G. MATTSCHUK und H. J. FISSAN [48].

Optische Temperaturmessungen aus den Molekülspektren können in vielfacher Weise abgewandelt werden [46]. Eine genaue Methode wurde von H. J. KOSTKOWSKI und H. P. BROIDA [49] beschrieben, wobei die Temperaturabhängigkeit des Minimums der Durchlässigkeit isolierter Linien zur Messung benutzt wurde. Wenn das Spektrum einer Rotationsschwingungsbande spektrometrisch nicht aufgelöst werden kann, so lassen sich Meßverfahren angeben, die aus den integrierten Bandenintensitäten die Temperatur zu bestimmen gestatten [50]. Eine Temperaturbestimmung aus Molekülspektren läßt sich auch stets dann durchführen, wenn nach Gl. (310) der Absorptionskoeffizient $\varkappa(v, T)$ über eine Bande der Breite Δv ermittelt wurde. Die Temperatur T einer homogenen Flammenschicht der Dicke l ergibt sich aus der nachstehenden Gleichung für den ebenfalls zu messenden Emissionskoeffizienten $\tilde{\varepsilon}$ aus den Gl. (312) und (354):

$$\tilde{\varepsilon} = \frac{2h}{c} \cdot \frac{1}{\Omega_0} \cdot \frac{1}{l} \cdot \int_{\Delta v} v^3 \left[1 - e^{-\varkappa(v,T)l} \right] \left[e^{\frac{hv}{kT}} - 1 \right]^{-1} dv. \tag{421}$$

8. Interferometrische Temperaturmessungen

Aus der Dichte n_e der Elektronen läßt sich mit interferometrischen oder *Schlierenmethoden* die Elektronentemperatur bestimmen, die im thermischen Gleichgewicht identisch mit der Gastemperatur ist. Die Meßmethode beruht darauf, daß freie Elektronen einen Beitrag zur Dispersion der Brechzahl n liefern, der für N_k ungedämpfte Oszillatoren der Oszillatorstärke f_k bei der Resonanzfrequenz ν_k gegeben ist durch

$$n^2 - 1 = \frac{e^2}{\pi m_e} \cdot \sum_k \frac{N_k \cdot f_k}{\nu_k^2 - \nu^2} . \tag{422}$$

Für freie Elektronen ist für ν_k die *Plasmafrequenz* $\nu_p = \sqrt{e^2 n_e / \pi m_e} = 8970 \sqrt{n_e}$ zu setzen (n_e in cm^{-3}) wobei ν_p je nach der Dichte der Elektronen Werte zwischen 10^5 Hz (Interstellares Gas) und 10^{14} Hz (Plasmen) annehmen kann. Entsprechend liegen die Wellenlängen der Plasmaresonanzen zwischen den Spektralbereichen der Radiowellen und des Ultraviolettgebiets. Für freie Elektronen ist weiterhin $\Sigma_k N_k = n_e$ und $f_k = 1$ zu setzen (vollständiges Mitschwingen). Aus Gl. (422) wird dann

$$n^2 - 1 = \frac{e^2}{\pi m_e} \cdot \frac{n_e}{\nu_p^2 - \nu^2} \tag{423}$$

oder nach Differentiation und für $\nu \gg \nu_p$

$$2n \cdot \Delta n = \frac{e^2}{\pi m_e} \cdot \frac{1}{\nu^2} \cdot \Delta n_e . \tag{424}$$

Da $n \approx 1$, ergibt sich die Näherung

$$\Delta n = n - 1 = \frac{e^2}{2\pi m_e} \cdot \frac{1}{\nu^2} \cdot \Delta n_e \tag{425}$$

oder bei Verwendung einer monochromatischen Lichtquelle der Frequenz $\nu \gg \nu_p$

$$\Delta n = \text{const.} \, \Delta n_e . \tag{426}$$

Benutzt werde nun ein Interferometer vom Typ MACH-ZEHNDER (Abb. 86), in dem unter Verwendung halbdurchlässiger Spiegel S die von der Lichtquelle Q emittierten Strahlungsbündel aufgespalten werden in die Anteile I und II, die ihrerseits wiederum die Medien M_1, M_2 in der Länge l durchstrahlen. Beide Bündel werden in der optischen Apparatur A vereinigt und erzeugen (z. B. auf einer Photoplatte) ein Interferenzfeld, dessen Interferenzstreifen gegenseitig um z Streifen verschoben sind, wenn das eine Strahlungsbündel gegenüber dem anderen ein Medium durchlaufen hat, dessen Brechzahl um Δn größer ist. Dann gilt mit $\nu = c/\lambda$ die Gleichung $z \cdot \lambda = l \cdot \Delta n$ oder bei kontinuierlicher Änderung der Brechzahl $z \cdot \lambda = \int_0^l \Delta n \, dl$. Unter Berücksichtigung von Gl. (425) folgt dann

$$z = \frac{1}{\lambda} l \, \Delta n = \frac{l \lambda e^2}{c^2 \pi m_e} \cdot \Delta n_e \tag{427}$$

oder

$$z = \text{const.} \int_0^l \Delta n_e \, dl . \tag{428}$$

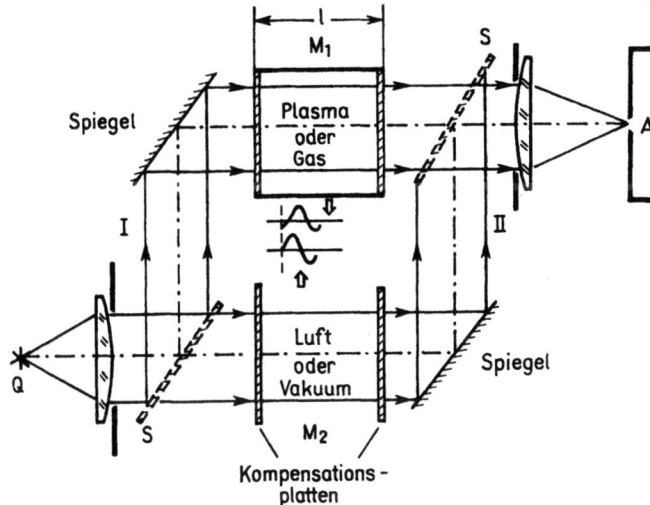

Abb. 86 Prinzip des MACH-ZEHNDER-Interferometers

Damit wird das Problem der Temperaturmessung zurückgeführt auf die Bestimmung der Elektronendichte, die ihrerseits wieder durch die Auszählung der Interferenzstreifenverschiebung ermittelt wird.

Die Methode ist aber auch anwendbar auf die Bestimmung der Dichte ϱ eines Gases der Temperatur T. Hier gilt mit einer für das Gas charakteristischen Größe K die Beziehung $n - 1 = K\varrho$. Mit $n = \frac{\lambda_{vac}}{\lambda}$ ergibt sich die Zahl z der Wellenlängen λ auf der durchstrahlten Strecke l zu $z = \frac{l}{\lambda} = \frac{l}{\lambda_{vac}} \cdot (K\varrho + 1) \cdot l$. Ist nun die Gasdichte in M_2 gleich ϱ_0 und in M gleich ϱ, so ergibt sich eine Änderung der Streifenzahl gemäß

$$\Delta z = \frac{1}{\lambda_{vac}} \cdot (\varrho - \varrho_0) K \cdot l. \tag{429}$$

Für Luft von $0\,°C\,(T = T_0)$ ist bei dem Druck von 1 bar und der Wellenlänge $\lambda = 0{,}589\,\mu m$ der Natriumlinie $n - 1 = 0{,}000292$ und $\varrho_0 = 0{,}001293\,g\,cm^{-3}$, also $K = 0{,}226\,g^{-1}\,cm^3$. Man kann somit ϱ berechnen und findet unter der Voraussetzung, daß bei der Messung der Gasdruck p_0 unverändert bleibt, $T = \frac{\varrho_0}{\varrho} T_0$ [51].

Die Abzählung der Interferenzstreifen kann man durch ein Kompensationsverfahren ersetzen, wenn man den zweiten Teil des aufgespaltenen Lichtstrahls durch eine Gasschicht der Dicke l_2 leitet, in der bei unverändertem Volumen und bei konstant gehaltener Temperatur T_0 der Gasdruck p meßbar verändert werden kann. Da für ideale Gase $\varrho = p/RT$ ist, so wird durch Änderung des Drucks vom Anfangswert p_0 bis zum Endwert p die Zahl der Wellenlängen in der Schicht geändert um

$$\Delta z' = \frac{K}{RT_0} \cdot \frac{1}{\lambda_{vac}} \cdot (p - p_0) l_2 = K\varrho_0 \frac{1}{p_0} (p - p_0) \frac{1}{\lambda_{vac}} l_2. \tag{430}$$

Im Falle der Kompensation, d. h., wenn im ganzen die Zahl der durch das Gesichtsfeld

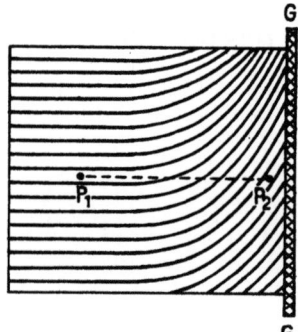

Abb. 87 Interferenzsysteme heißer Platten

getretenen Interferenzstreifen Null ist, muß $\Delta z = \Delta z'$ sein, man erhält

$$\frac{\varrho - \varrho_0}{\varrho_0} = \frac{l_2}{l_1} \cdot \frac{1}{p_0} (p - p_0) = \frac{T_0 - T}{T}. \tag{431}$$

Im Gesichtsfeld des Interferometers entsteht bei homogenem Licht ein Streifensystem, wie es in Abbildung 87 dargestellt ist. In kleinem Abstand (Punkt P_2) von der geheizten ebenen Platte G sind die Streifen gekrümmt, in größerem Abstand (Punkt P_1), wo die Temperatur und der Brechungsindex sich praktisch nicht sehr mit der Entfernung ändern, verlaufen sie parallel. Ist l die Länge der beheizten Strecke, so folgt bei dem Brechungsexponenten n bzw. der Dichte ϱ und der Temperatur T die auf diese Strecke entfallende Anzahl z der Wellenlängen aus Gl. (429). Je größer T, desto kleiner ist ϱ und um so kleiner ist auch die Zahl z der Interferenzstreifen oder Wellenlängen pro Länge l parallel zur beheizten Platte. Die Differenz $z_2 - z_1$ der den Punkten P_2 und P_1 zugehörigen Wellenlängenzahlen, d. h. die Zahl der Interferenzstreifen, die man durchschneidet, wenn man senkrecht zur Platte von P_2 nach P_1 fortschreitet, ist bei gegebenem Gasdruck, entsprechend Gl. (429) gegeben durch

$$z_2 - z_1 = \Delta z = \frac{l}{\lambda_{vac}} \cdot K(\varrho_2 - \varrho_1) = \frac{l}{\varrho_{vac}} \cdot \frac{1}{\varrho_1} (n_1 - 1)(\varrho_2 - \varrho_1)$$

$$= \frac{l}{\lambda_{vac}} (n_1 - 1)\left(\frac{T_1}{T_2} - 1\right). \tag{432}$$

Damit folgt die Temperatur T_2 im Punkt P_2, wenn im Punkt P_1 die Temperatur T_1 direkt gemessen ist, aus der Beziehung

$$T_2 = T_1 + \frac{(n_1 - n_2) T_1}{(n_2 - n_1) + \dfrac{l}{\lambda_{vac}} (n_1 - 1)}. \tag{433}$$

Ähnliche Überlegungen lassen sich für die Schlierenmethode zur Bestimmung der Teilchendichten anstellen [52]. Hinsichtlich der Erweiterung der interferometrischen Verfahren durch die Methoden der *Differentialinterferometrie* und *Interferenzholographie* sei auf die Arbeiten von U. GRIGULL und W. HAUF verwiesen [53].

9. Sonstige Meßverfahren für hohe Temperaturen

Hohe Temperaturen können in speziellen Fällen mit den Methoden der Mikrowellentechnik bestimmt werden [54]. Ist in einem Plasma die Stoßfrequenz ω_S der Elektronen sehr viel kleiner als die Frequenz ω, so gilt für die Brechzahl n die Formel

$$n^2 = 1 - \left(\frac{\omega_p}{\omega}\right)^2, \qquad (434)$$

wobei die Plasmafrequenz ω_p gegeben ist durch $\omega_p^2 = 4\pi e^2 n_e/m_e$ (n_e, m_e Teilchendichte und Masse der Elektronen). Wird also ein Plasma mit der Frequenz ω eines Mikrowellensenders bestrahlt, so wird die Strahlung totalreflektiert, wenn der Sender Strahlung emittiert, deren Kreisfrequenz ω kleiner als ω_p ist (n wird dann imaginär). Setzt die Totalreflexion also bei der Frequenz ω_T ein, so folgt daraus eine Elektronendichte von $n_e = m_e \omega^2/4\pi e^2$ und aus n_e wiederum die Temperatur T des Plasmas. Da bei den z. Z. verfügbaren Mikrowellensendern kaum Frequenzen über 10^{11} Hz intensiv genug emittiert werden können, ist dieses Verfahren der Totalreflexion begrenzt auf die Bestimmung von Elektronendichten bis zu 10^{14} cm^{-3} und Plasmatemperaturen unterhalb 10^4 K (bei Atmosphärendruck). Genauer kann man die Elektronendichte mit Hilfe von Mikrowellen nach interferometrischen Verfahren bestimmen, wobei die Plasmaausdehnung auch hier stets größer als die Mikrowellenlänge $\lambda = 2\pi c/\omega$ (c = Lichtgeschwindigkeit) sein muß. Die Senderstrahlung wird dabei in zwei kohärente Strahlungsbündel aufgeteilt, wobei das eine Bündel durch das Plasma geleitet wird und dadurch am Ort des Empfängers durch Interferenz mit dem ersten Bündel ein Überlagerungssignal hervorruft, aus dem die Phasendifferenz der beiden Bündel und hieraus wiederum n_e und T berechnet werden können.

Bei Anwesenheit eines Magnetfeldes ist für elektromagnetische Strahlung das Plasma nicht mehr isotrop, und bei der Ausbreitung der Strahlung in Magnetfeldrichtung muß man die Brechzahlen n_r (rechtszirkulare Welle) und n_l (linkszirkulare Welle) unterscheiden, da sich dann die Elektronen in verschiedener Richtung zur Feldachse drehen. Eine linear polarisierte Strahlung wird dadurch in ihrer Polarisationsrichtung um den Winkel α gedreht (FARADAY-*Effekt*), der vom Unterschied $n_r - n_l$ abhängt und aus dem wiederum auf die Elektronendichte und die Temperatur geschlossen werden kann [55].

Temperaturmessungen im Mikrowellenbereich können andererseits auch direkt aus der in diesem Spektralbereich meist auftretenden und durch das RAYLEIGH-JEAN-Gesetz bestimmten Hohlraumstrahlungsleistung (*Mikrowellenrauschen*) durchgeführt werden [56]. Die empfangene Strahlungsleistung, die relativ zu einem Vergleichsstrahler bekannter Temperatur gemessen wird, ist direkt proportional zur Temperatur T und der benutzten Frequenzbandbreite Δf der Meßanordnung. Vorausgesetzt ist dabei, daß das Plasma für die Mikrowelle λ hinreichend optisch dick ist und die räumliche Plasmaausdehnung einige Skintiefen $\delta = \lambda/2\pi\varkappa(\lambda, T)$ ($\varkappa$ = Absorptionskoeffizient) beträgt.

Für die Bestimmung sehr hoher Temperaturen gibt es zahlreiche indirekte Verfahren, wie z. B. die Methode der *Zyklotronionenresonanz* (für die Ionendichten), die Ermittlung von Linien- und Kontinuumsstrahlung im Röntgenbereich und die Messung der kohärenten und nichtkohärenten *Lichtstreuung* an Plasmateilchen [57].

Unter den nichtoptischen Verfahren sind die bekanntesten die kalorimetrischen und Sondenmethoden (z. B. mit piezoelektrischen Drucksonden) sowie die massenspektroskopischen Methoden zur Bestimmung der Teilchendichten [58].

Durch das Einbringen von Isotopen (z. B. Hg^{203}) in das Plasma kann man auf die Dichte schließen, und mit kernphysikalischen Meßmethoden zur Bestimmung der Neutronenrate können Temperaturen oberhalb von 10^6 K aus der dann einsetzenden *Neutronenemission* bestimmt werden [59].

Oft besteht das Temperaturmeßproblem darin, sehr schnell verlaufende Temperaturänderungen zu erfassen. Hierzu müssen die Spektren meist mit Hilfe von *Schmier-* und *Trommelkameras* oder Drehspiegelanordnungen nicht nur zeitlich-spektral sondern auch räumlich-spektral aufgelöst werden [60]. Unter bestimmten Bedingungen kann man auf die spektrale Auflösung verzichten, z. B., wenn aus dem zeitlichen Verlauf der Stoßwellenfront eines Stoßrohres die Teilchengeschwindigkeit und daraus über die RANKINE-HUGONIOT-*Gleichungen*, die Temperatur berechnet wird [61].

Für kurzzeitspektroskopische Temperaturmessungen läßt sich die Meßzeit durch *Kerrzellen*, Bildwandler oder Drehspiegelanordnungen bis auf 10^{-8} begrenzen [62].

Literatur

[1] LOCHTE-HOLTGREVEN, W., Plasma Diagnosties. North-Holl. Publ. Comp., Amsterdam 1968
GRIEM. H.. Plasma Spectroscopy. McGraw-Hill, New York 1964
DICKERMAN, P. J., Optical Spectrometric, Measurements of High Temperatures. Univ. Press, Chicago 1961
SPITZER, L., Physics of Fully Jonized Gases. Intersain. Publ. Inc., London 1956
WEIZEL, W., und R. ROMPE, Theorie elektr. Lichtbögen und Funken. J. A. Barth. Leipzig 1949
MARR, G. V., Plasma Spectroscopy. Elsevier Publ. Comp., Amsterdam 1968
MARR, G. V., Quantitative Molecular Spectroscopy and Gas Emissivities. Addison-Wesley, Reading Mass. 1959
TOURIN, R. H., Spectroscopic Gas Temperature Measurement (Pyrometrie of Hot Gases and Plasmas). Elsevier Publ. Comp., Amsterdam—London—Ny—1966
GAYDON, A. G., Spectroscopy of Flames. Wiley—NY 1957
GAYDON, A. G., und H. G. WOLFHARD, Flames, their Structure, Radiation and Temperature. Chapman and Hall, London 1953
[2] BECKER, L., und H. W. DRAWIN, Z. Instr. *72* (1964) 251
ELDER, P., T. JERRICK und J. W. BIRKELAND, Appl. Opt. *4* (1965) 589
CREMERS, J. J., und C. BIRKEBAD, Appl. Opt. *4* (1966) 1057
[3] BOCKASTEN, K., J. Opt. Soc. Am. *51* (1961) 943
[4] JAHN, R. E., VI Confer. Intern. sur les Phénomen d'Ionisation dans des Gas. IV S. 15, Paris 1963
[5] FINCKELNBURG, W., Journ. Opt. Soc. Am. *39* (1949) 185
[6] BOGEN, P., H. CONRADS und D. RUSBÜLDT. Z. Phys. *186* (1965) 240
[7] BOLDT, G., Z. Naturf. *18a* (1963) 1107
[8] WENDE, B., und H. STUCK, J. Opt. Soc. Am. *62* (1972) 96
[9] GRIEM, H. R., Phys. Rev. *128* (1962) 997
[10] ECKER, G., und W. KRÖLL, Forsch. Ber. Land Nordrhein-Westfalen Nr. 1221 1962
ECKER, G., und W. KRÖLL, Phys. Fluids *6* (1963) 62
[11] MOORE, CH. E., Atomic Energy Levels, Vol. I, II, III, ... NBS-Wsh. Circ. Nr. 467 (1949, 1952, 1958)
[12] DRAWIN, H. W., und P. FELENBOK, Data for Plasmas. Gauthier-Villars, Paris 1965
[13] ZEISE, H., Thermodynamik, Tabellen. Bd. III/I, S. Hirzel, Leipzig 1954
LANDOLT-BÖRNSTEIN, Zahlenwerte u. Funktionen. II. Bd. 5. Teilb., Springer 1968
[14] HERZBERG, G., Molecular Spectra and Molecular Structure I. 2. Aufl., Toronto—New York—London 1951

[15] GODNEW, J. N., Berechnung thermodynamischer Funktionen aus Moleküldaten. VEB Dtsch. Verlag der Wissenschaften, Berlin 1963
[16] FAST, J. D., Philips Res. Rep. *2* (1947) 382
[17] FRIEDRICH, J., Techn. Wiss. Abh., Osram-GmbH. Bd. 9, 1967
[18] GLENNON, B. M., und W. L. WIESE, NBS-Monogr. *50* (1962)
WIESE, W. L., M. W. SMITH und B. M. GLENNON, Atomic Transition Probabilities. Vol. I (H bis Ne), NBS, NSRDS-NB4, 1966
[19] KRAMERS, H. A., Phil. Mag. *46* (1923) 836
UNSÖLD, A., Ann. Phys. *33* (1938) 607
MAECKER, H., und TH. PETERS, Z. Phys. *139* (1954) 448
HETT, J. H., und J. B. GILSTEIN, Jet Propulsion *25* (1955) 119
FINKELNBURG, W., und TH. PETERS, Kontinuierliche Spektren, Handb. Physik, S. FLÜGGE, XXVIII, 1957
SIMMONS, F. S., und A. G. DE BELL, J. Opt. Soc. Am. *48* (1958) 717
EBERHAGEN, A., Z. angew. Phys. *20* (1966) 244
LOCHTE-HOLTGREVEN, W., und J. RICHTER, In: Plasma Diagnostics, North Holl. Publ. Comp., Amsterdam 1968
[20] UNSÖLD, A., Physik der Sternatmosphären. 2. Aufl., Springer 1955
BIBERMANN, L. M., und G. E. NORMAN, J. Quant. Spectrosc. Radiat. Transfer *3* (1963) 221; Opt. and Spectr. *8* (1960) 230
SCHLÜTER, D., Z. Phys. *210* (1968) 80
GAUNT, J. A., Phil. Trans. Roy. Soc., London *229* (1930) 163
[21] MAECKER, H., und TH. PETERS, Z. Phys. *139* (1954) 448
[22] ALCOCK, A. J., P. P. PASHININ und S. A. RAMSDEN, Phys. Rev. Lett. *17* (1966) 528
BOGEN, P., In: Plasma Diagnostics (Herausgeber W. LOCHTE-HOLTGREVEN), North-Holland Publ. Comp., Amsterdam 1968
[23] HOPPMANN, H., Techn. Wiss. Abh., Osram-GmbH. *7* (1958) 306
[24] BISCHOFF, K., Z. Inst. *69* (1961) 143
[25] BAUER, H., Zur Temperaturmessung an Plasmaschichten mittlerer Absorption. Osram-Augsburg, Sonderdruck III D 817, (1960)
[26] MIE, G., Ann. Phys. *25* (1908) 377
[27] SCHACK, Z. techn. Phys. *6* (1925) 530
NAESER, G., und W. PEPPERHOFF, Arch. Eis. Hütt. Wes. *22* (1951) 9
[28] RÖSSLER, F., Z. angew. Phys. *2* (1950) 161
[29] FÉRY, CH., Compt. Rend. *137* (1903) 909
[30] HETT, J. H., und J. B. GILSTEIN, Jet Propulsion *25* (1955) 119
RÖSSLER, F., Z. angew. Physik *4* (1952) 22
SIMMONS, F. S., und A. G. DE BELL, J. Opt. Soc. Am. *48* (1958) 717
[31] INGLIS, D. R., und R. TELLER, Astophys. J. *90* (1939) 439
VIDAL, C. R., J. Quant. Spectrosc. Radiat. Transfer *6* (1966) 461
[32] LARENZ, R. W., Z. Phys. *129* (1951) 327
[33] SPÄTH, H., und H. KREMPL, Z. angew. Phys. *12* (1960) 8
CHUANG, H., Appl. Optics *4* (1965) 1589
BÖGERSHAUSEN, W., und H. KREMPL, Z. angew. Phys. *22* (1967) 165
[34] TRAVING, G., Über die Theorie der Druckverbreiterung von Spektrallinien. G. Braun, Karlsruhe 1960
[35] VERWEY, S., Publ. Astron. Inst., Amsterdam (1936) 5
[36] GRIEM, H. R., A. C. KOLB und K. Y. SHEN, Phys. Rev. *116* (1959) 4. Astrophys. J. *135* (1962) 272
[37] MAECKER, H., Z. Phys. *136* (1953) 119
[38] GRIEM, H. R., Phys. Rev. Lett. *17* (1966) 509 (s. auch [1] GRIEM, H. R.)
[39] KUDRIN, L. P., und G. V. SHOLIN, Sov. Phys. Doklady *7* (1963) 1015
[40] BURGESS, D. D., Phys. Lett. *10* (1964) 286
[41] WENDE, B., und P. SCHULZ, Z. Phys. *208* (1968) 116
[42] BUES, J., T. HAAG und J. RICHTER, Univ. Kiel, Lab.-Ber. Inst. Exp. Phys., 1969
RICHTER, J., Z. Astrophys. *61* (1965) 57
[43] LOCHTE-HOLTGREVEN, W., und J. RICHTER, In: Plasma Diagnostics (Herausg. W. LOCHTE-HOLTGREVEN), North-Holl. Publ. Comp., Amsterdam 1968
[44] BARTELS, H., Z. Phys. *127* (1950) 243; *128* (1950) 546

[45] HUNGER, K., Z. Astrophys. *39* (1956) 36
ARMSTRONG, B. H., J. Quant. Spectr. Radiative Transfer *7* (1967) 61
[46] HERZBERG, G., Spectra of Diatomic Molecules, 2. Aufl., Van Nostrand, New York 1950
[47] WATSON, R., und W. R. FERGUSON, J. Quant. Radiat. Transfer *5* (1965) 595
[48] MATTSCHUCK, G. G., und H. J. FISSAN, Chem. Ing. Techn. *44* (1972) 15
[49] KOSTKOWSKI, H. J., und H. P. BROIDA, J. Opt. Soc. Am. *46* (1956) 246
[50] FERRISO, C. C., und C. B. LUDWIG, Appl. Optics *4* (1965) 47
[51] KENNARD, R. B., Bur. Stand. J. Res. *8* (1932) 787
[52] SCHARDIN, H., Erg. exakt. Naturw. *20* (1942) 303
[53] GRIGULL, U., und W. HAUF, VDI-Ber. *198* (1973) 19
[54] HERMANSDORFER, H., In: Plasma Diagnostics (Herausg. W. LOCHTE-HOLTGREVEN, North-Holl. Publ. Comp., Amsterdam 1968
[55] HERTZ, G., und R. ROMPE, Einführung in die Plasma-Physik und ihre technische Anwendung. Akademie-Verlag, Berlin 1965
[56] STRAITON, A. W., C. W. TOLBERT und C. O. BRITT, J. Appl. Phys. *29* (1958) 776
THOMASSEN, K. L., J. Appl. Phys. *36* (1965) 3642
[57] KUNZE, H. J., In: Plasma Diagnostics (Herausg. W. LOCHTE-HOLTGREVEN), North Holl. Publ. Comp., Amsterdam 1968
[58] DRAWIN, H. W., In: Plasma Diagnostics (Herausg. W. LOCHTE-HOLTGREVEN, North Holl. Publ. Comp., Amsterdam 1968
[59] GLASTONE, S., und R. H. LOVBERG, Kontroll. thermonukl. Reaktionen, K. Thiemig, München 1964
[60] BARTELS, H., und B. EISELT, Optik *6* (1950) 56
FIEDLER, H., Proc. VII Congr. High-Speed Photography, O. Hellwich, Zürich 1965
[61] LEWIS, B., und G. VON ELBE, Combustion, Flames and Explosions of Gases. Academ. Press, New York 1951
[62] OERTEL, H., Stoßrohre. Springer, Wien, New York 1966
FRÜNGEL, F. B. A., High Speed Pulse Technology. I, II. Academie Press, New York, 1965
BÖTTICHER, W., Untersuchung von starken Stoßwellen. Stand Dez. 1966, 1. Phys. Inst., Univ. Kiel 1967
[63] BROCKMANN, H., und J. UHLENBUSCH, Ber. HMP 123, 1. Phys. Inst., TH-Aachen 1968

IX. Sonstige Temperaturmeßverfahren

In diesem Kapitel werden Meßverfahren beschrieben, mit deren Hilfe man thermodynamische Temperaturen bestimmen kann (Abschn. A bis D) und solche, deren Vorteile in der praxisbezogenen technischen Anwendung liegen (Abschn. E.)

A Akustisches Thermometer

Die *Schallgeschwindigkeit* v in Gasen kann bei kleinen Amplituden der Schallwelle und isentropem Verlauf des Ausbreitungsvorgangs aus der Beziehung

$$v = \sqrt{\left(\frac{\partial p}{\partial \varrho}\right)_S} \tag{435}$$

berechnet werden. Gl. (435) bringt zum Ausdruck, daß die Zustandsänderung des Druckes p und der Dichte ϱ isentrop (S = const) erfolgen muß. Für ideale Gase ergeben sich einfache Zusammenhänge. Mit der Differentialgleichung ihrer Isentropen erhält man nach Gl. (435) die Schallgeschwindigkeit v_0 idealer Gase

$$v_0 = \sqrt{\left(\frac{c_p}{c_v}\right)_{p=0} \frac{R_m T}{M}}, \tag{436}$$

wenn $\frac{c_p}{c_v}$ das Verhältnis der spezifischen Wärmekapazitäten bei konstantem Druck bzw. bei konstantem Volumen, R_m die allgemeine Gaskonstante, T die Temperatur und M die Molmasse bedeuten. Die einfache Beziehung wird häufig angewendet, um aus der gemessenen Schallgeschwindigkeit die Wärmekapazität von Gasen zu ermitteln oder die Temperatur zu bestimmen. Werden zur Messung der Schallgeschwindigkeit sehr hohe Frequenzen verwendet, bei denen molekulare Relaxationsprozesse auftreten, so wird die Schallgeschwindigkeit stark frequenzabhängig (Schalldispersion), was durch Gl. (436) nicht beschrieben werden kann. Da das ideale Gas nicht existiert, muß die Schallgeschwindigkeit für den realen Gaszustand berechnet werden. Die Berechnungen lassen sich besonders gut für Edelgase, wie z. B. für ⁴Helium, mit dem Temperaturbestimmungen aus Schallgeschwindigkeitsmessungen bei tiefen Temperaturen ausgeführt wurden, vornehmen. Mit der Virialform der thermischen Zustandsgleichung für ⁴Helium und der Reihenentwicklung der Wärmekapazitäten für endliche Drücke wird in Verbindung mit Gl. (435) das Quadrat der Schallgeschwindigkeit in gasförmigem Helium

$$v^2 = \left(\frac{c_p}{c_v}\right)_{p=0} \frac{R_m T}{M} (1 + \alpha p + \beta p^2 + \cdots) = v_0^2 (1 + \alpha p + \beta p^2 + \cdots). \tag{437}$$

Die Koeffizienten α und β hängen von den Virialkoeffizienten der verwendeten thermischen Zustandsgleichung für ⁴Helium ab.

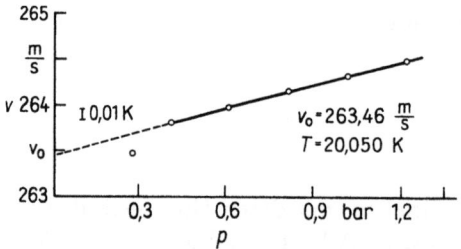

Abb. 88 Abhängigkeit der Schallgeschwindigkeit v vom Druck p für $T = 20,050$ K

In der Praxis wird die Schallgeschwindigkeit von ^{4}Helium bei konstanter Temperatur und hinreichend kleinem Druck gemessen, so daß die Schallgeschwindigkeit v_0 im idealen Gaszustand über eine angepaßte Funktion durch Extrapolation der Meßwerte auf den Druck Null (Abb. 88) gewonnen werden kann. Da für ^{4}Helium $\left(\dfrac{c_p}{c_v}\right)_{p=0} = \dfrac{5}{3}$, $R_m = 8,31434 \dfrac{\text{J}}{\text{mol K}}$ und $M = 4,0026 \dfrac{\text{g}}{\text{mol}}$ ist, kann die Temperatur T berechnet werden. Der Temperaturbereich von 2 K bis 20 K gilt als bester Bereich, um mit Hilfe der Schallgeschwindigkeitsmessungen Temperaturbestimmungen vorzunehmen, weil die Anforderungen an die Meßgenauigkeit hier kleiner sind als bei höheren Temperaturen. Die Meßunsicherheiten von R_m und M können bei tiefen Temperaturen vernachlässigt werden. Darüber hinaus werden bei Messungen mit dem akustischen Thermometer komplizierte Korrektionen vermieden, die im Falle gasthermometrischer Untersuchungen, z. B. hinsichtlich der Wärmeausdehnung, des schädlichen Volumens, des Einflusses der Virialkoeffizienten, der thermomolekularen Druckdifferenz und der Adsorption angebracht werden müssen [1]. Auch an die Druckmessung sind nicht die hohen Anforderungen zu stellen wie in der Gasthermometrie. Die systematischen Fehler, die beim akustischen Thermometer im Bereich von 2 K bis 20 K auftreten können, sind in einer Arbeit von A. R. Colclough [2] ausführlich diskutiert. Diese Arbeit enthält außerdem zahlreiche Literaturhinweise auf Arbeiten, die mit dem akustischen Thermometer in Zusammenhang stehen.

Zur Bestimmung der Schallgeschwindigkeit in Abhängigkeit vom Druck bei vorgegebener Temperatur müssen *Frequenz* und *Wellenlänge* gemessen werden. Hierfür stehen verschiedene Methoden zur Verfügung. Das hier beschriebene Verfahren basiert auf der Erzeugung stehender Wellen in gasförmigem Helium, wobei in der Apparatur die Länge der schwingenden Gassäule bei konstanter Frequenz geändert wird. Diese Anordnung wird im allgemeinen als akustisches Interferometer bezeichnet. Wegen der besonderen Anwendung dieses Verfahrens in der Thermometrie ist die Bezeichnung akustisches Interferometer zur Temperaturbestimmung oder auch abgekürzt akustisches Thermometer üblich.

In Abbildung 89 ist das *akustische Interferometer* dargestellt, das H. H. Plumb und Mitarb. [1] für die Temperaturbestimmung im Bereich von 2 K bis 20 K entwickelt haben. Die Apparatur besteht aus einem mit flüssigem Helium oder flüssigem Wasserstoff temperierten Vakuumbehälter, der das akustische Interferometer aufnimmt. Im unteren Teil des Behälters befindet sich innerhalb eines starkwandigen Kupferzylinders der mit gasförmigem Helium gefüllte Gasraum. Der Druck im Gasraum kann über Bohrungen im Kolben mit einem Manometer gemessen werden. Im Boden des Gasraumes ist ein Quarzkristall angebracht, der von einem Hochfrequenzgenerator zu

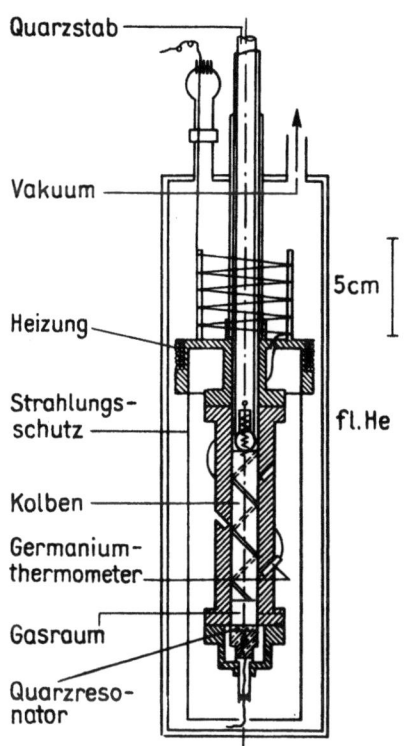

Abb. 89 Akustisches Interferometer für tiefe Temperaturen

Schwingungen angeregt wird. Nach oben wird der Gasraum durch einen verschiebbaren Kolben aus Kupfer begrenzt, dessen Stirnfläche als Reflektorplatte ausgebildet ist. Der Abstand zwischen Quarzkristall und Reflektorplatte kann mittels einer Mikrometerschraube, die am Quarzstab außerhalb des Kryostaten angebracht ist, meßbar geändert werden. Die Ultraschallwellen des in seiner Eigenfrequenz (400 kHz, 1000 kHz) angeregten Schallgebers durchlaufen das gasförmige Helium, werden an dem Reflektor zurückgeworfen und von dem Quarzkristall wieder reflektiert. Wenn der Abstand zwischen Quarzkristall Q und Reflektor R (Abb. 90) ein Vielfaches der halben Schallwellenlänge λ ist, bildet sich in der Gassäule ein stehendes Wellenfeld aus. Bei einer Verschiebung der Reflektorplatte um $\frac{\lambda}{2}$ treten periodisch Resonanzstellen auf. Da der Quarzkristall im Resonanzfall ein Maximum an Energie abgeben muß, kann die Verschiebung des Reflektors z. B. durch den Verlauf der am Quarzkristall anliegenden Wechselspannung gemessen werden. Sie ändert sich periodisch mit $\frac{\lambda}{2}$ und weist Maximalwerte auf, wenn der Abstand zwischen Schallgeber und Reflektor ein Vielfaches von $\frac{\lambda}{2}$ ist. Mit dieser Anordnung kann die Wellenlänge mit hoher Präzision bestimmt werden.

Für die Bestimmung einer mittleren Wellenlänge mit dem akustischen Interferometer ist Voraussetzung, daß Schallgeber und Reflektor in allen Stellungen des Reflektors parallel bleiben. Die Parallelität wird mit einem optischen Interferometer überprüft.

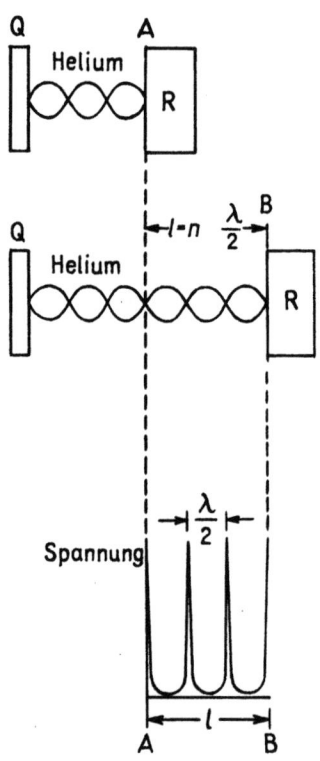

Abb. 90 Schematische Darstellung der Bestimmung der Wellenlänge mit dem akustischen Interferometer

Außerdem ist von großer Wichtigkeit, daß hochreines Helium verwendet wird, auch wenn bei sehr tiefen Temperaturen die gasförmigen Verunreinigungen ausgefroren sind. Darüber hinaus muß eine Präzisionsverschiebung des Kolbens mit der Reflektorplatte gewährleistet sein. Diese Verschiebung wird mit einem Invarmikrometer über den Quarzstab spielfrei übertragen. Im Rahmen der Meßunsicherheit von 1 µm entspricht die außerhalb des Kryostaten am Mikrometer abgelesene Verschiebung des Quarzstabes der Verschiebung der Reflektorplatte. A. R. COLCLOUGH [3] hat in letzter Zeit ein akustisches Interferometer entwickelt, bei dem die Abstände zwischen den Resonanzstellen mit einem Laserinterferometer gemessen werden, das sich im Kryostaten befindet. Die Untersuchungen wurden bei tieferen Frequenzen im Bereich von etwa 2 kHz bis 7 kHz durchgeführt.

Um bei der Festlegung thermodynamischer Temperaturen systematische Fehler aufzudecken, ist es von Vorteil, verschiedene Meßverfahren für die Temperaturbestimmung heranzuziehen. Das akustische Thermometer hat im Bereich tiefer Temperaturen wertvolle Informationen geliefert, die systematisch von den 1968 bekannten gasthermometrischen Ergebnissen abweichen. Bei der Festlegung der Temperatur für den Wasserstoffsiedepunkt in der IPTS-68 wurde zum ersten Mal ein Temperaturwert mit berücksichtigt, der mit einem akustischen Thermometer von H. H. PLUMB und Mitarb. [4] gemessen war. Es wird bemerkt, daß das akustische Thermometer einen Temperaturwert ergab, der um etwa 15 mK über dem Mittelwert gasthermometrischer Untersuchungen lag. Auch im Heliumbereich fanden H. H. PLUMB und Mitarb. mit dem akustischen Thermometer Temperaturen, die höher sind als die der Heliumdampfdruckskalen (s. IV C 3). Der Unterschied am Siedepunkt von ⁴Helium beträgt etwa 8 mK. Vor kurzem ausgeführte Messungen mit dem akustischen Thermometer durch A. R. COLCLOUGH [3] und mit dem Gasthermometer durch K. H. BERRY [5] haben die Ergebnisse von H. H. PLUMB und Mitarb. bestätigt.

B Rauschthermometer

1928 leitete H. NYQUIST [6] mit Hilfe der Thermodynamik folgende frequenz- und temperaturabhängige Formel ab für das mittlere Rauschspannungsquadrat $\overline{\Delta U^2}$ an einer beliebigen passiven und unbelasteten Impedanz $\vec{Z}$ der Temperatur T

$$\overline{\Delta U}^2 = \frac{hf}{kT}(e^{\frac{hf}{kT}} - 1)^{-1} 4kT \mathrm{Re}[\vec{Z}(f)]\,\Delta f \tag{438}$$

(h = PLANCKsches Wirkungsquant, k = BOLTZMANN-Konstante und f = Frequenz).

$\mathrm{Re}[\vec{Z}(f)]$ ist der Realteil der komplexen Impedanz. Bei einer Parallelkombination eines Widerstandes R und einer Kapazität C ist $\mathrm{Re}[\vec{Z}] = R \cdot \{1 + (2\pi fRC)^2\}^{-1}$ und im Falle eines induktions- und kapazitätsfreien Widerstandes gleich R. Noch im selben Jahr konnte J. B. JOHNSON [7] die Formel (438) experimentell bestätigen. In praktischen Fällen ist $hf \ll kT$, wodurch Gl. (438) für einen Widerstand übergeht in

$$\overline{\Delta U^2} = 4kTR\,\Delta f. \tag{439}$$

Prinzipiell bietet somit die NYQUIST-Formel die Möglichkeit der Bestimmung thermodynamischer Temperaturen. Für hohe Temperaturen wurde dieses Verfahren erstmalig von J. B. GARRISON und A. W. LAWSON angewandt [7], später in vielfältiger Form für Temperaturmessungen im Tieftemperaturbereich, bei hohen Drücken und in Kernreaktoren [8]. Im letzten Fall dürfte die Anwendung dieses Verfahrens gegenüber anderen Meßmethoden bestimmte Vorteile haben, da Rauschthermometer weitgehend unabhängig sind von äußeren Einflüssen wie thermisch-mechanischen Belastungen und der Reaktorstrahlung. Nachteilig sind die kleinen zu messenden Rauschspannungen, die im Bereich der Zimmertemperaturen und bei $\Delta f = 100$ Hz für einen Widerstand von 100 Ω z. B. bei 0,4 μV liegen. Das Prinzip einer Rauschtemperatur-

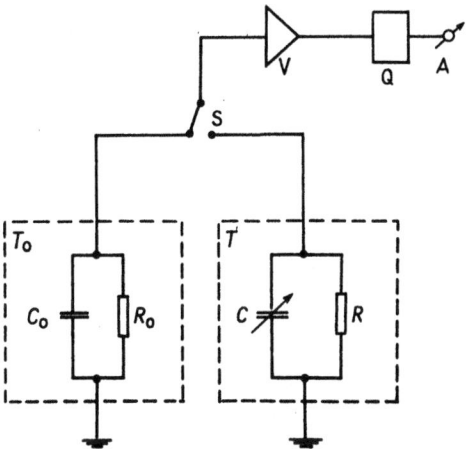

Abb. 91 Prinzip des Rauschthermometers

messung zeigt Abbildung 91. Die einstellbaren und gesondert zu bestimmenden Kapazitäten C_0, C und Widerstände R_0, R befinden sich in Thermostaten der Temperaturen T_0 und T.

T_0 kann z. B. die Erstarrungstemperatur des Wassers sein, T ist die zu ermittelnde Temperatur. Das vom Verstärker V verstärkte Spannungssignal wird durch Q quadriert und durch A angezeigt, wobei $\bar{V}(f)$ die frequenzabhängige Verstärkung und $\overline{\Delta U_G^2}$ das Eigenrauschen der Verstärkeranordnung beschreiben. Ändert sich bei einer bestimmten Einstellung von C die Anzeige bei A nicht, wenn der Schalter S von dem einen RC-Kreis auf den anderen umgestellt wird, so gilt

$$4kT_0R_0 \int_0^\infty \frac{|\bar{V}(f)|^2\,df}{1 + (2\pi f R_0 C_0)^2} + \overline{\Delta U_G^2}$$

$$= 4kTR \int_0^\infty \frac{|\bar{V}(f)|^2\,df}{1 + (2\pi f RC)^2} + \overline{\Delta U_G^2}. \qquad (440)$$

Für eine Einstellung $R_0C_0 = RC$ folgt die gesuchte Temperatur zu $T = T_0(R_0/R)$. Bei dieser Vergleichsmethode wird das Eigenrauschen der Meßanordnung weitgehend eliminiert oder auch vollständig, wenn wie bei der Messung sehr niedriger Temperaturen die Methode der Kreuzkorrelation [9] angewandt wird. Diese elektronische Anordnung enthält noch einen zusätzlichen Integrator zur Festlegung der Meßzeit, da die Meßgrößen statistisch nach einer GAUSS-Verteilung schwankende Größen sind und deshalb die Unsicherheit der Messungen durch eine längere Meßdauer verringert werden kann. Kürzere Meßzeiten lassen sich nur durch vergrößerte Frequenzbandbreiten Δf [Gl. (430)] erreichen.

Eine Variante der Temperaturbestimmung aus dem NYQUIST-Rauschen haben A. D. BRODSKII und A. V. SAVATEEV [10] angegeben. Durch Amplitudendiskriminierung der Rauschspannung erhalten sie die absolute Temperatur des Widerstandes aus der pro Zeiteinheit registrierten Impulszahl.

Verschiedene Beobachtungen deuten darauf hin, daß bei größerem apparativem Aufwand mit Rauschthermometern Temperaturen im Bereich von 0,1 K bis 3000 K gemessen und Meßunsicherheiten bis 0,1 % erreicht werden können. Das gilt besonders für den Bereich der Supraleitungstemperaturen, da hier mit Hilfe des JOSEPHSON-Effekts die Rauschspannung besonders genau bestimmt werden kann [11].

C   Magnetisches Thermometer

Temperaturen unterhalb von 30 K lassen sich durch reversible adiabate oder isentrope *Entmagnetisierung* eines paramagnetischen Salzes (vgl. I B 5) durch Messung der magnetischen Suszeptibilität χ_m bestimmen [12]. Neu entwickelte, einfacher zu handhabende Temperaturmeßverfahren haben die Anwendung des magnetischen Thermometers auf Temperaturen unter 1 K beschränkt. Nach den Vorschlägen von P. DEBYE und W. F. GIAUQUE wurde das Verfahren der Entmagnetisierung paramagnetischer Salze erstmals 1933 in Leiden und in Berkeley verwirklicht.

In den einfachsten Fällen gehorcht die *magnetische Suszeptibilität* χ_m eines paramagnetischen Salzes dem CURIE-Gesetz

$$\chi_m = \frac{C}{T}, \tag{441}$$

wobei C als CURIE-Konstante des betreffenden Stoffes bezeichnet wird. Die Suszeptibilität χ_m ist definiert als Verhältnis der Magnetisierung M und der magnetischen Feldstärke H

$$\chi_m = \frac{M}{H}. \tag{442}$$

Gl. (442) sagt aus, daß ein paramagnetischer Stoff, der in das Magnetfeld H einer stromdurchflossenen Spule eingeführt wird, eine Magnetisierung M erfährt, die dem äußeren Feld H gleichgerichtet und proportional ist.

Die Ursache für die bei paramagnetischen Stoffen auftretende Magnetisierung M sind magnetische Momente m, die ihren Ursprung in den Ionen haben. Im feldfreien Raum werden sich die magnetischen Momente vollkommen willkürlich orientieren und sich in ihren magnetischen Wirkungen nach außen hin aufheben. Mit zunehmendem äußeren Richtfeld H stellen sich immer mehr magnetische Momente in die Richtungsquantelungslagen mit kleinem Winkel zum magnetischen Feld. Dieser Tendenz zur Ausrichtung der magnetischen Momente wirkt die Temperaturbewegung entgegen. Für die Einstellung der magnetischen Momente in Feldrichtung ist der Ausdruck $\frac{mH}{kT}$ bestimmend. Hierin ist mH die potentielle Energie des magnetischen Moments m im Feld H, kT ist der thermischen Energie des Ions proportional. Aus Energiebetrachtungen folgt, daß erst bei sehr tiefen Temperaturen, bei denen die thermische Energie gering ist, eine hohe Magnetisierung erreicht werden kann. Bei noch tieferen Temperaturen im Bereich von 0,3 mK bis 0,2 K werden die paramagnetischen Salze ferromagnetisch oder antiferromagnetisch, weil die thermische Energie nicht mehr ausreicht, nach der Entmagnetisierung den Zustand willkürlicher Orientierung der magnetischen Momente wieder herzustellen. Diese Temperatur begrenzt die Erzeugung tiefer Temperaturen durch reversible adiabate Entmagnetisierung.

Das CURIE-Gesetz stellt die Grundgleichung für die Messung sehr tiefer Temperaturen dar. Da die auftretenden Wechselwirkungskräfte der paramagnetischen Ionen des Salzes nicht berücksichtigt sind, treten Abweichungen auf. Das Gesetz beruht auf derselben Idealisierung, die der thermischen Zustandsgleichung idealer Gase zugrunde liegt.

Bei geringer Wechselwirkung wird die Abhängigkeit der magnetischen Suszeptibilität χ_m von der Temperatur T besser durch das Gesetz von CURIE-WEISS

$$\chi_m = \frac{C}{T^*} = \frac{C}{T + \Delta} \tag{443}$$

wiedergegeben. T^* wird als *magnetische Temperatur* bezeichnet. Δ ist bei dem für Temperaturmessungen unterhalb von 1 K viel verwendeten Einkristall aus Cer-Magnesium-Nitrat [$Ce_2Mg_3(NO_3)_{12} \cdot 24\ H_2O$] nach neuen Untersuchungen ungefähr 0,3 mK für Temperaturen oberhalb 0,03 K [13]; bei anderen Salzen wie z. B. Gadoliniumsulfat [$Gd_2(SO_4)_3 \cdot 8\ H_2O$] und Mangan-Ammoniumsulfat [$Mn(NH_4)_2(SO_4)_2 \cdot$

6 H₂O] ist $\Delta < 0{,}2$ K. In der Praxis werden diese beiden Salze jedoch nur für Temperaturmessungen über 1 K verwendet. Soll mit Gl. (443) die Temperatur bestimmt werden, so müssen C und Δ bekannt sein.

Die Konstante C wird aus Messungen der magnetischen Suszeptibilität bei Temperaturen $T > 1$ K abgeleitet, bei denen das CURIE-Gesetz gilt. In diesem Temperaturbereich stehen andere Verfahren zur Bestimmung thermodynamischer Temperaturen zur Verfügung. An die Suszeptibilitätsmessungen werden dabei hohe Anforderungen gestellt. In einigen Fällen kann die Konstante Δ für Salze bestimmter Formgebung (Zylinder, Ellipsoid oder Kugel) als Einkristall oder gepreßtes Pulver unter Berücksichtigung der Wechselwirkung zwischen den paramagnetischen Ionen berechnet werden [14, 15, 16]. In den meisten Fällen reicht die Genauigkeit der berechneten Werte für eine genaue Temperaturbestimmung nicht aus.

Die Konstante Δ kann auch experimentell ermittelt werden. Die hierfür notwendige Beziehung zwischen der magnetischen Temperatur $T^* = T + \Delta$ und der thermodynamischen Temperatur T läßt sich aus den Gesetzen der Thermodynamik bestimmen. Eine Ableitung mit Hilfe des CARNOT-Kreisprozesses ist in I B 5 angegeben. Da die experimentelle Ausführung dieses Prozesses mit verhältnismäßig großen Fehlern verbunden ist, wird bei Temperaturmessungen häufig ein anderes Verfahren verwendet, das von R. P. HUDSON [17] und auch von M. W. ZEMANSKY [18] beschrieben ist. Dabei wird davon ausgegangen, daß ein paramagnetisches Salz bei einer bekannten Temperatur T_B im Bereich des flüssigen Heliums magnetisiert wird. Der Wert T_B soll der thermodynamischen Temperaturskala entsprechen. Für eine isotherme Magnetisierung bis zu einer magnetischen Feldstärke H_i wird die Entropiedifferenz ΔS_i gegen einen vorgegebenen Bezugszustand ($H = 0$) berechnet. Die Berechnung kann bei diesen Temperaturen ($T > 1$ K) mit ausreichender Genauigkeit durchgeführt werden, weil die Wechselwirkung zwischen den paramagnetischen Ionen vernachlässigt werden kann. Anschließend wird das Salz, ausgehend von den Werten der magnetischen Feldstärke $H_i(T_B)$, isentrop entmagnetisiert bis zur Feldstärke $H = 0$. Dabei kühlt sich die paramagnetische Substanz von T_B auf T^* ab. Die Endtemperaturen werden unter Zugrundelegung des Gesetzes von CURIE-WEISS bestimmt. Nach diesen Zustandsänderungen ist für $H = 0$ die Abhängigkeit der Entropiedifferenz ΔS von der magnetischen Temperatur T^* bekannt. Danach wird die innere Energie ΔU_i bestimmt, die erforderlich ist, um das Salz bei $H = 0$ auf die unterschiedlichen bekannten Werte T_i^* zu erwärmen. Die Energie wird dabei durch eine *Gammastrahlungsquelle* zugeführt. Damit ist für $H = 0$ auch die Abhängigkeit der Differenz der inneren Energie ΔU von T^* bekannt. Aus den beiden Funktionen kann die magnetische Temperatur T^* eliminiert werden. Man erhält damit eine Beziehung zwischen ΔU und ΔS für die Feldstärke $H = 0$. Nach dem zweiten Hauptsatz der Thermodynamik gilt für $H = 0$

$$T \, dS = dU \tag{444}$$

und damit

$$T = \frac{dU}{dS}. \tag{445}$$

Diese erwähnte Methode, die magnetische Temperatur T^* zu eliminieren, wurde auch von R. P. HUDSON und Mitarb. [13] bei der Entmagnetisierung eines Einkristalls in Kugelform aus Cer-Magnesium-Nitrat angewendet. Dieses Salz ist wegen der geringen

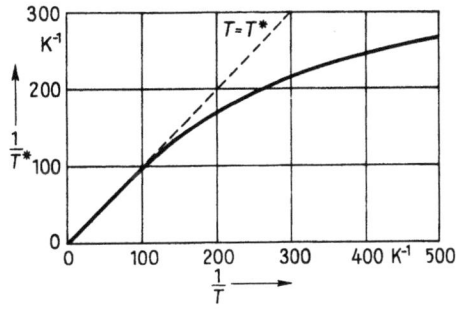

Abb. 92 Beziehung zwischen der magnetischen Temperatur T^* und der Temperatur T für eine Kugel aus Cer-Magnesium-Nitrat

Wechselwirkung zwischen den paramagnetischen Ionen bevorzugt zur Temperaturbestimmung bei extrem tiefen Temperaturen geeignet. Die experimentelle Durchführung dieser komplizierten Messungen ergab die Beziehung zwischen T^* und T im Temperaturbereich von 1,6 mK bis 50 mK. Abbildung 92 veranschaulicht diesen Zusammenhang. Die Untersuchungen haben ergeben, daß die Abhängigkeit der magnetischen Suszeptibilität χ_m von der thermodynamischen Temperatur T durch das Gesetz von CURIE-WEISS bis herab zu 30 mK mit $\Delta = T^* - T = 0,3$ mK wiedergegeben wird. Unterhalb von 30 mK wird die Differenz $T^* - T$ größer und erreicht den Wert 2,0 mK bei $T = 1,6$ mK.

Neben Cer-Magnesium-Nitrat, das für die Messung sehr tiefer Temperaturen besonders gut geeignet ist, können noch andere paramagnetische Salze zur Temperaturbestimmung herangezogen werden, die in einer zusammenfassenden Darstellung über den Fortschritt auf dem Gebiet der Tieftemperaturthermometrie von L. G. RUBIN [19] genannt sind. Diese Arbeit enthält neben Angaben über die Unsicherheit zahlreiche Literaturhinweise auf neuere Untersuchungen, die mit der magnetischen Temperaturbestimmung in Zusammenhang stehen.

Abbildung 93 zeigt das Prinzip der Apparatur, mit der R. P. HUDSON und Mitarb. [13] Messungen an Cer-Magnesium-Nitrat vorgenommen haben. Die Anordnung besteht aus einem ^{4}Helium-Kryostaten, dessen Temperatur über ein Dampfdruckthermometer, das mit ^{3}Helium gefüllt ist, bestimmt wird. Die Ausgangstemperatur des

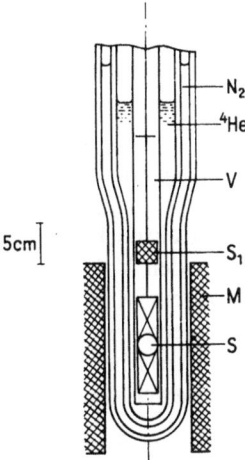

Abb. 93 Entmagnetisierungsapparatur

Badkryostaten ist etwa 1 K. Bei dieser Temperatur ist das flüssige Helium bereits superfluid, so daß sich in der Badflüssigkeit keine wesentliche vertikale Temperaturschichtung ausbilden kann. Im Heliumbad befindet sich das Vakuumgefäß V, das die zu magnetisierende Probe S (Kugel mit einem Durchmesser von 2,7 cm) aufnimmt. Diese Kugel ist in einem Rahmen aus Pyrexglas mit Nylonfäden aufgehängt. Der Rahmen wird durch die Entmagnetisierung der zylindrischen Probe S_1 (Mangan-Ammoniumsulfat) gekühlt, die mit ihm thermisch verbunden ist.

Um Abbildung 93 übersichtlich zu halten, sind die für die Suszeptibilitätsmessung erforderlichen beiden Induktionsspulen, die sich in Höhe des Rahmens aus Pyrexglas außen auf dem Vakuumgefäß V befinden, nicht eingezeichnet. Da neben der Probe S auch das Salz S_1 im gleichen Arbeitsgang magnetisiert wird, sind die Magnetpole M in vertikaler Richtung verschiebbar.

Vor dem Einschalten des Magneten M wird ³Helium als Kontaktgas mit einem Druck von 1 µbar in das Vakuumgefäß V gelassen, das die paramagnetischen Stoffe S und S_1 enthält. Hierdurch wird ein guter Wärmeübergang zwischen den Salzen und dem Heliumbad hergestellt. Als Kontaktgas ist ³Helium verwendet worden, weil es leichter abgepumpt werden kann als ⁴Helium. Bei der anschließend vorgenommenen Magnetisierung der Probe S und des Salzes S_1 wird die entstehende Magnetisierungswärme über das Kontaktgas an das Heliumbad abgeführt. Um eine isotherme Magnetisierung zu erreichen, muß dieser Zustand länger als 10 min andauern. Die relativen Stromstärkeschwankungen des Magneten bleiben dabei unter $1 \cdot 10^{-4}$. Anschließend wird das Kontaktgas abgepumpt und danach die Entmagnetisierung vorgenommen. Hierdurch tritt im Salz S_1 und in der Kugel S, an die noch eine zu untersuchende Probe thermisch abgekoppelt werden kann, eine Temperaturerniedrigung auf. Die geringe Wärmeleitfähigkeit der Salze bei tiefen Temperaturen wirft dabei besondere Probleme auf. Die Temperatur wird, nachdem der Kryostat aus dem Magneten gedreht ist, nach dem Gesetz von CURIE-WEISS durch Messen der magnetischen Suszeptibilität über die Gegeninduktivität der erwähnten Spulen mit Gleich- oder Wechselstromverfahren gemessen [15, 20]. Die Differenz $T - T^*$ muß gegebenenfalls als Korrektion berücksichtigt werden.

Abschließend sei noch erwähnt, daß das magnetische Thermometer im Laufe der letzten Jahre für grundlegende Untersuchungen zur Festlegung einer internationalen praktischen Temperaturskala unterhalb von 14 K eingesetzt worden ist [21, 22].

D   Kernresonanzthermometer

Im Jahre 1951 leitete H. BAYER [23] einen theoretischen Ausdruck für die Absorptionsfrequenz v der Kernquadrupolresonanz ab. In Abwesenheit äußerer magnetischer Felder können Atomkerne mit einem Kernspin größer als Eins ein elektrisches Quadrupolmoment $\vec{Q}$ haben, das in Wechselwirkung tritt mit dem von den Valenzelektronen der Atomhülle hervorgerufenen elektrischen Feld. $\vec{Q}$ ist dabei ein Maß für die Abweichung von der Kugelgestalt des Kerns. Infolge dieser Asymmetrie präzessiert der Kern mit der Frequenz v um die durch den Gradienten des elektrischen Feldes vorgegebene Achse. In quantenmechanischer Deutung werden dadurch zwei zusätzliche Energieniveaus der Größe $hv = \frac{1}{2} e\vec{Q}\vec{q}$ (h = PLANCKsche Konstante, e = Elementarladung, $\vec{q}$ = elektrischer Feldgradient längs seiner Tensorhauptachse) erzeugt. Für die Resonanzfrequenz selbst gilt

$$\nu(T) = \nu_0 \left\{ 1 - \frac{3h}{8\pi^2} \cdot \sum_i \frac{\theta_i}{\nu_i} \left[\frac{1}{2} + (e^{\frac{h\nu_i}{kT}} - 1)^{-1} \right] \right\}. \tag{446}$$

In Gl. (446) wird die Summe über die Schwingungsmöglichkeiten (Moden) i des Gitters gebildet, θ_i ist ein Trägheitsfaktor der i-ten Mode und $\nu_0 = e\vec{Q}\vec{q}/2h$ die einem starren Gitter zugeordnete Resonanzfrequenz. Die Theorie von H. BAYER wurde später von T. KUSHIDA, G. B. BENEDEK und N. BLOEMBERGEN [24] erweitert, und die Verfahren zur Temperaturbestimmung aus der Kernresonanz wurden von C. DEAN, R. V. POUND [25], G. BENEDEK, T. KUSHIDA [26] und J. VANIER [27] entwickelt.

Aus Kern-Quadrupol-Resonanzfrequenzen lassen sich Temperaturen etwa im Bereich zwischen 12 K bis 500 K bestimmen. Ein Nachteil dieses Verfahrens ist stets die relativ lange Meßdauer, die darauf beruht, daß die Kernspins viel Zeit benötigen, um mit dem Atomgitter in das thermische Gleichgewicht zu gelangen. Bei dem häufig benutzten Chlorisotop (^{35}Cl), das in Form von Kalziumchloratkristallen als Thermometersubstanz verwendet wird, nimmt die eigentliche Meßgröße, nämlich die Resonanzfrequenz ν = 29,038781 Hz bei 11,86 K, stetig ab auf den Wert ν = 28,090566 Hz bei 297,71 K. Zur Temperaturmessung wird das Kalziumchlorat in geringer Menge (einige mm^3) innerhalb einer Hochfrequenzspule untergebracht, wobei die in einem zylindrischen Metallmantel ($\sim$10 Millimeter Durchmesser, 35 Millimeter Länge) befindliche Kupferspule mit 10 Windungen und einem Durchmesser von etwa 7 mm zusammen mit dem Kalziumchlorat als thermometrischer Fühler dient. Die Hochfrequenzleistung (einige µJ) wird der Spule durch einen in der Frequenz abstimmbaren Oszillator zugeführt und die Resonanzkurve mit Hilfe modulierter phasenempfindlicher Verstärker aufgenommen. Gemessen wird dabei entweder die absorbierte Leistung oder diejenige Spannung, die nach Eingabe eines Hochfrequenzimpulses induziert wird [28]. Die gemessenen Resonanzkurven sind in bezug auf die Resonanzfrequenz ν symmetrisch schwach verbreitert ($\sim$500 Hz), weil Wechselwirkungen der Kerne, Verunreinigungen der Substanz usw. nicht völlig eliminiert werden können. Wichtig ist eine vollständige Abschirmung gegenüber dem äußeren erdmagnetischen Feld. Die Nachweisempfindlichkeit dieses Verfahrens liegt bei 0,2 mK und die Temperaturempfindlichkeit $d\nu/dT$ zwischen 1 kHz K^{-1} (bei 20 K) und 3 kHz K^{-1} (bei 140 K). Wenn T sehr viel kleiner als die DEBEYE-Temperatur des Probenmaterials ist, wird $d\nu/dT$ so klein, daß dieses Verfahren zur Temperaturmessung ungeeignet wird. Infolge der Kompressibilität des Gitters verändert sich ν etwas bei erhöhtem Druck, z. B. um 30 Hz, wenn bei Raumtemperaturen der Druck um 1 bar erhöht wird.

Bei tiefen Temperaturen wird die Kern-Quadrupol-Resonanz-Methode ergänzt durch die *Kern-Magnet-Resonanz-Verfahren* für ferro- und antiferromagnetische Salze. Hier wird die durch den starken Kernmagnetismus verursachte temperaturabhängige Präzession des Kernspins ausgenutzt. Die Meßbereiche hängen von der NÉEL-Temperatur T_N (Übergang vom paramagnetischen in den antiferromagnetischen Zustand) ab.

Die Meßmethode zur Bestimmung der Resonanzfrequenzen gleicht der zuvor beschriebenen. In Tabelle 27 sind für je ein ferro- und antiferromagnetisches Salz die wichtigsten Eigenschaften aufgeführt. Hinsichtlich der Abhängigkeit der Resonanzfrequenz von der Temperatur bei diesen noch in der Entwicklung befindlichen Meßverfahren sei auf die Übersichtsarbeit von J. VANIER [29] verwiesen.

Tabelle 27. Salze für Kern-Magnet-Resonanzmessungen

Salz	Umwandlungs-temperatur	Resonanz-kern	Resonanz-frequenz (bei 4,2 K)	T in K	Linien-breite Δv in kHz	$\frac{1}{\Delta v} \cdot \frac{dv}{dT}$ in K^{-1}
CrBr$_3$ (ferro-magnetisch)	$T_c = 32{,}56$ K	53 Cr	57,442 MHz	5	10	32
				10	15	35
				20	45	23
M$_n$F$_2$ (antiferro-magnetisch)	$T_N = 68$ K	19 F	159,97 MHz	5	30	0,4
				10	30	5
				20	30	20

Neben den eigentlichen Kernresonanzverfahren gibt es zusätzliche berührungslose Meßmethoden für tiefe Temperaturen. Die bekanntesten Verfahren beruhen auf der Bestimmung der Besetzungszahlen n_m der durch ein Magnetfeld aufgespalteten Energieniveaus E_m und auf der Ermittlung der Anisotropie der γ-Strahlung. Im ersten Fall ist n_m proportional zu $\exp(-E_m/kT)$. Die Ausmessung von E_m geschieht vorteilhafterweise durch Ausnutzung des MÖSSBAUER-Effekts, wobei die Probe (z. B. ^{57}CoFe), deren Temperatur bestimmt werden soll, entweder als Gammastrahlenquelle oder als Absorber ausgebildet werden kann. In Abhängigkeit von der Geschwindigkeit der Strahlenquelle erhält man einen Verlauf der relativen Gammazählrate, aus dem die Energieniveaus ermittelt werden können. Die Größe n_m ist bei bekannten Proben theoretisch vorgegeben, so daß aus den berechneten und gemessenen Größen die Temperatur ermittelt werden kann [30]. Der Nachteil dieser Meßmethode für Temperaturen unterhalb 1 K liegt in der großen Meßdauer von einigen Stunden. Das Verfahren der Gamma-Anisotropie-Messung erfordert dagegen nur Meßzeiten von einigen Minuten, ist dafür aber lediglich für Temperaturen, die kleiner als 0,3 K sind, geeignet. Gemessen wird die Abhängigkeit der gesamten Gammastrahlung $I(\vartheta, T)$ vom Emissionswinkel ϑ für einen bestimmten Kernübergang. Die Winkel- und Temperaturabhängigkeit dieser Strahlung $I(\vartheta, T)$ ist theoretisch bekannt. Die zu bestimmende Temperatur T tritt in $I(\vartheta, T)$ in Form des BOLTZMANN-Ausdrucks $\exp(-E_m/kT)$ auf [31].

E Spezielle technische Meßverfahren

Grundsätzlich kann jede durch die Temperatur verursachte und feststellbare Änderung einer physikalischen Größe oder Eigenschaft eines Stoffes zur Temperaturbestimmung herangezogen werden. Beispiele hierfür sind die Ausnutzung der Temperaturabhängigkeit des Elastizitätskoeffizienten, der Röntgenstrahlungsabsorption und der Lumineszenz. Das Erreichen oder Überschreiten bestimmter Temperaturen kann z. B. durch Beobachtung des Schmelzens oder der Farbänderung speziell reproduzierbar hergestellter Körper festgestellt werden (*Schmelzkörper, Segerkegel, Thermocolore*).

Ferner ist es möglich durch Bestimmung des Zeitverhaltens eines üblichen Thermometers, das nur kurzzeitig der zu messenden Temperatur ausgesetzt war, diese zu berechnen. Schließlich gibt es noch spezielle Methoden zur Messung der Oberflächentemperatur, wobei — falls diese von Ort zu Ort verschieden ist — die Bestimmung der zweidimensionalen Temperaturverteilung durch Messung der von der Fläche ausgehenden Infrarotstrahlung besondere Bedeutung erlangt hat.

Nachfolgend werden einige derartige Geräte und Meßverfahren, die sich in der Praxis besonders bewährt haben, näher beschrieben.

1. Quarzthermometer

Werden bestimmte Kristalle (z. B. Quarz, Turmalin, Rohrzucker u. a.) mit polaren Achsen senkrecht zu diesen Achsen mechanisch deformiert, so können an den Enden der polaren Achsen entgegengesetzte elektrische Ladungen auftreten. Dieser Vorgang heißt *piezoelektrischer Effekt* und kann auch in umgekehrter Richtung verlaufen (Elektrostriktion), wenn durch Einwirken periodischer elektrischer Felder die Piezokristalle phasengleich zur Erregerfrequenz mechanisch deformiert werden. Wichtig ist, daß die Piezokristalle mehrere polare Achsen und auch mehrere *Eigenschwingungs-Resonanz-Frequenzen* haben, z. B. die der Längs-, Scher- und Dickenschwingungen. Im letzteren Fall ist die Grundschwingung durch die Resonanzfrequenz $f = \frac{1}{2} d \sqrt{E/\varrho}$ und deren Oberschwingungen durch das $n$fache ($n = 1, 2, 3, \ldots$) von f gegeben. Hierbei sind d die Dicke, ϱ die Dichte und E die Elastizitätskonstante in Nm^{-2}, also diejenige Kraft pro Flächeneinheit, die eine Dickenänderung vom Zahlenwert der Dicke selbst hervorruft. Die Größen d, E und ϱ und damit auch f sind von der Temperatur abhängig, d. h., es kann aus der Verschiebung der Resonanzfrequenz f auf die Änderung der Temperatur geschlossen werden. Innerhalb des Kristalls gibt es zwei bevorzugte Achsen oder Schnittflächen; bei der einen ist f nur sehr wenig, bei der zweiten dagegen sehr stark von T abhängig. Im ersten Fall sind derartig geschnittene Quarzkristalle sehr gut zur Herstellung von Quarzuhren, im zweiten Fall als Quarzthermometer geeignet. Durch systematische Untersuchungen [32] fand man eine Schnittflächenrichtung, bei der ein nahezu linearer Zusammenhang $f = f_0 + aT$ zwischen Frequenz f (in Hz) und Temperatur T (in K) besteht. Die Resonanzfrequenz f_0 kann durch Formgebung des Kristalls etwas verändert werden. Typische Werte sind $f_0 = 28$ MHz und $a \approx 1000$ HzK^{-1} mit einem Linearitätsfehler kleiner als $2 \cdot 10^{-3}\%$.

Für die Herstellung eines solchen Quarzthermometers wird das mit Elektroden versehene kleine Quarzplättchen in ein Gehäuse gebracht, das mit Helium niedrigen Drucks gefüllt ist, um die Zeitkonstante der Fühleranordnung auf etwa 5 s zu begrenzen. Die Erregerfrequenz wird durch besondere Kabel dem Quarzkristall zugeführt und die Änderung der Schwingungsfrequenz direkt zu einer digitalen Anzeige umgewertet. Quarzthermometer, die im Bereich zwischen -250 °C und $+250$ °C zur Temperaturmessung geeignet sind, werden nach den üblichen Methoden kalibriert, z. B. durch Festlegen der Resonanzfrequenz beim Tripelpunkt des Wassers. Die Langzeitänderungen der Anzeige sind klein und liegen (bedingt durch die Kristallalterung) bei 10 mK/Monat, während das Auflösungsvermögen etwa 1 mK beträgt. Strahlenschäden des Quarzkristalls durch Gammastrahlung (unterhalb von 10^8 r) und thermische

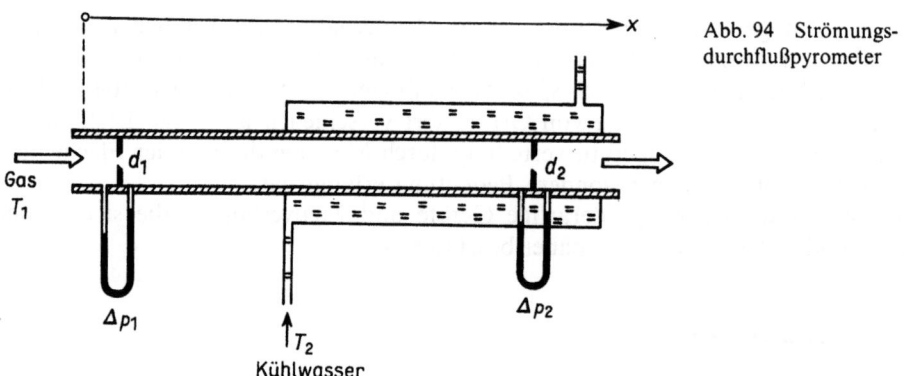

Abb. 94 Strömungsdurchflußpyrometer

Neutronen verursachen keine nennenswerte Änderung der Resonanzfrequenz, während eine Neutronenbestrahlung mit Energien oberhalb von 0,1 eV permanente Kristallschäden hervorrufen kann.

2. Pneumatische und Druckthermometer

Für die Temperaturmessung von heißen Gasen haben sich Meßverfahren bewährt, die gemäß Abbildung 94 darauf beruhen, daß der Gasstrom, dessen Temperatur T_1 gemessen werden soll, innerhalb der Strecke x durch ein mit Blenden (Durchmesser d_1, d_2) versehenes Rohr abgesaugt wird [33]. Durch Kühlung des Gases hinter der ersten Blende auf T_2 wird die Temperatur T, der Druck P und die Mengenstromdichte M von der Achsenkoordinate x des Rohres abhängig. In grober Vereinfachung erhält man aus der BERNOULLIschen Gleichung mit den zwischen den Blenden auftretenden Druckdifferenzen Δp_1 und Δp_2 die Einlauftemperatur T_1 des Gases

$$T_1 \approx T_2 \cdot \frac{d_1^2}{d_2^2} \cdot \frac{\Delta p_1}{\Delta p_2}. \tag{447}$$

In Gl. (447) ist T_2 die als bekannt vorauszusetzende Kühlwassertemperatur; das Verhältnis der Blendenflächen kann durch eine zusätzliche Druckmessung bei bekannten T_1-, T_2-Werten gesondert bestimmt werden.

Der genauere Zusammenhang zwischen T_1 und den Drücken längs des Rohres ist komplizierter als der Ausdruck in Gl. (447), weil der Strömungszustand des kompressiblen Gases, die Wandreibung, der Wärmeübergang vom Gas zur Wand und die Durchlaufzeit für die Rohrstrecke einen Einfluß haben. Für $T(x)$, $p(x)$ und $M(x)$ lassen sich drei simultane nichtlineare Differentialgleichungen aufstellen, in denen die Rohrgeometrie, die Wärmeübergangszahl, die Kompressibilität und der Widerstandsbeiwert auftreten. Da diese Differentialgleichungen geschlossen nicht lösbar sind, müssen durch schrittweise numerische Berechnung des Gleichungssystems diejenigen Lösungen gesucht werden, die dem Meßproblem (hohe oder niedrige Gastemperaturen und Machzahlen, schwach von T abhängige Meßdrucke u. a. m.) optimal angepaßt sind. Dabei ergeben turbulente Rohrströmungen größere temperaturunabhängige Druckänderungen in der Meßstrecke. Die Druckunterschiede selbst sind um so kleiner, je höher die Einlauftemperaturen sind und je größer die geometrische Entfernung vom Einlaufort ist. S. FÖRSTER hat die Meßmöglichkeiten dieses pneumatischen Verfahrens sehr genau beschrieben [34] und zwischen den aus den erwähnten Differentialgleichungen erhaltenen Lösungen und den unabhängig davon ermittelten Daten auch für Gastemperaturen bis 3000 K Übereinstimmung bis auf 5% erreicht. Die Länge der Meßstrecke sollte nicht kleiner als das 50fache und nicht größer als das 75fache des Rohrdurchmessers sein.

Speziell für die Temperaturbestimmung von Flammen sind zahlreiche Sondengeräte entwickelt worden, bei denen die heißen Gase abgesaugt, dann an der Hauptlötstelle eines geschützten Thermopaares vorbeigeführt und durch ein Kühlsystem weitergeleitet werden. Je nach Ausführungsform nennt man diese Geräte *Absaugethermopaare, Schallströmungsdurchflußthermometer* und *Doppeldüsenrohrthermometer*. Um mit dem genauesten dieser Thermometer, dem Absaugethermometer, einwandfreie Messungen zu erhalten, muß es für verschiedene Sauggeschwindigkeiten kalibriert werden.

Druckthermometer

Bei behinderter thermischer Ausdehnung übt eine erwärmte Flüssigkeit (z. B. Quecksilber) auf einen angeschlossenen Druckanzeiger (Abb. 95a) eine Kraft aus, die ein Maß für die Temperatur T des Fühlers ist. Der Temperaturfühler eines solchen Geräts besteht aus einer Stahlampulle A, die durch ein enges Kapillarrohr K (bis 50 m Länge) mit dem Manometer M, dessen Skala in Temperaturgrade geteilt ist, in Verbindung steht. Bei Drücken oberhalb 100 bar kann die elastische Nachwirkung der Ampulle und der Verbindungsleitung zwischen Temperaturfühler und Anzeigegerät zu größeren Fehlern führen. Durch eine zweite Verbindungsleitung nach Abbildung (95b) läßt sich ein Teil des Meßfehlers ausschalten.

Technische Instrumente mit Quecksilberfüllung sind bis 600 °C benutzt worden und eignen sich besonders für Fernablesung. Als Flüssigkeiten werden außerdem Pentan, Toluol und Anilin verwendet [35].

3. Pulsmethode

Ein Verfahren, um z. B. mit Thermopaaren Temperaturen in erhitzten Gasen zu messen, die über den Schmelzpunkten der Thermomaterialien liegen, ist die Puls-

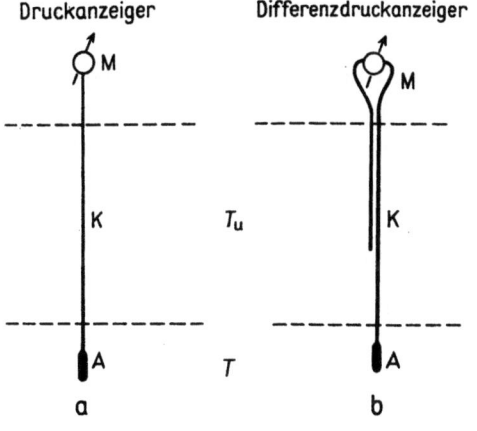

Abb. 95 Druckthermometer ohne (a) und mit (b) Korrektur für die Umgebungstemperatur T_u

methode. Hierbei wird das Thermopaar nur periodisch während der Zeit t der Gastemperatur T_G ausgesetzt. Die Temperatur T der Hauptlötstelle ist dann eine Exponentialfunktion der Zeit t. Wächst T zu stark an, so kühlt ein zur Hauptlötstelle hin gerichteter Luftstrom das Element wieder ab. Das gesamte Meßsystem besteht aus dem Thermopaar, der Kühlvorrichtung und einem nachgeschalteten Operationsverstärker.

Ist zur Zeit Null die Temperatur der Hauptlötstelle gleich T_A, so gilt nach Gl. (77)

$$T = T_G - e^{-\frac{t}{k}} \cdot (T_G - T_A) \tag{448}$$

(k = Zeitkonstante).

Aus dieser und ihrer nach der Zeit differenzierten Gleichung folgt dann

$$T_G = T + k \cdot \frac{dT}{dt}. \tag{449}$$

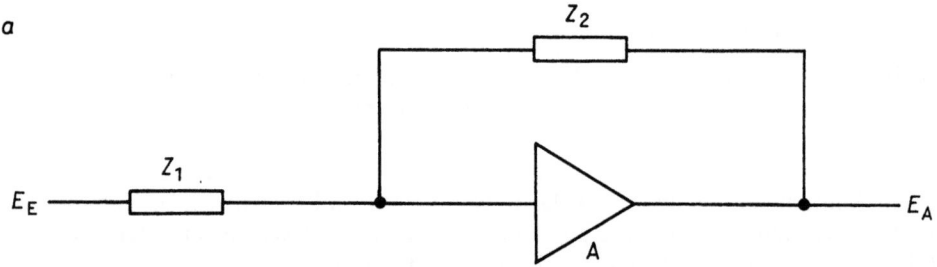

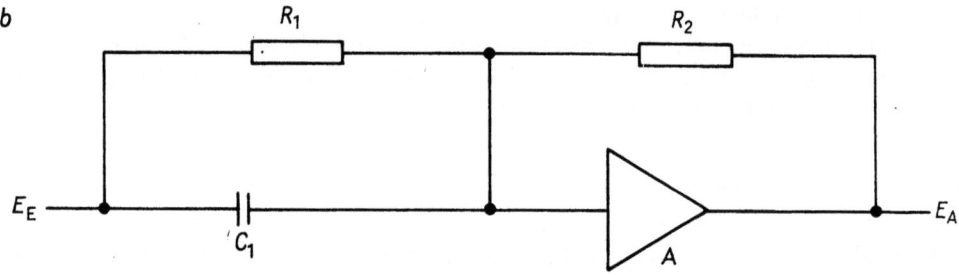

Abb. 96 Schaltung zur Temperaturmessung nach der Pulsmethode

Nun werde ein Operationsverstärker (Abb. 96a) betrachtet, bei dem die Impedanzen Z_1 und Z_2 aus reinen Ohmschen Widerständen R_1 und R_2 bestehen mögen (A sei ein Gleichstromverstärker). Für die Eingangs- und Ausgangsspannungen E_E und E_A gilt dann

$$E_A = E_E \cdot R_2/R_1. \tag{450}$$

Besteht dagegen Z_1 aus einer Kapazität C_1 und einem Widerstand R_1 und ist Z_2 ein Widerstand R_2, so ist $E_A = R_2 C_1 \cdot \frac{dE_E}{dt}$. Nach Abb. 96b gilt dann

$$E_A = \frac{R_2}{R_1} E_E + R_2 C_1 \cdot \frac{dE_E}{dt}. \tag{451}$$

Vergleicht man die beiden Gl. (449) und (451) miteinander, so entspricht für $R_2 = R_1$ und $R_2 C_1 = k$ der Temperatur T die Eingangsspannung E_E und der zu messenden Gastemperatur T_G die Ausgangsspannung E_A. Die Zeitkonstante k hängt von der Beschaffenheit und der Strömungsgeschwindigkeit des zu messenden Gases ab. Aus diesem Grunde bestehen R_1 und R_2 aus Widerständen, die von einem Stellmotor so eingestellt werden können, daß stets $R_2 C_1 = k$ ist, wobei k zuvor von einem elektronischen Rechner aus der Änderung von E_A ermittelt wird. Nimmt E_A während der periodischen Messung ab, so ist die Zeitkonstante des Thermopaares kleiner als $R_2 C_1$, folglich muß auch R_2 erniedrigt werden und umgekehrt. Im allgemeinen sind zu dem in Abbildung 96 wiedergegebenen Blockschaltbild noch zwei weitere Verstärker anzufügen. Einerseits muß die im mV-Bereich gelegene Thermospannung durch einen Vorverstärker in den V-Bereich transformiert werden, und andererseits muß ein nachfolgender Operationsverstärker die Temperatur-Thermospannung-Kennlinie linearisieren, damit die angezeigte Temperatur direkt proportional zu E_E wird. Nicht notwendig ist solche Linearisierung natürlich bei Thermopaaren, deren differentielle Thermospannung im Meßbereich nahezu konstant ist. Die Auswerteelektronik muß zudem noch ergänzt werden durch digitale oder analoge Temperaturanzeige und den Rechenspeicher zur Verarbeitung der Meßresultate während der Kühlperioden des Elements. Mit derartigen Messungen lassen sich auch bei zeitlich veränderlichen Temperaturen Unsicherheiten von weniger als 1 % erreichen.

4. Oberflächentemperaturen

Temperaturverteilung beim Wärmetransport durch Oberflächen

In Abbildung 97 ist ein in der Praxis häufig vorkommender Fall der Temperaturverteilung wiedergegeben. An das Medium I (z. B. Metall), dessen Temperatur t schwach bis t' abfällt, grenzt das Medium II (z. B. ein zweiter Festkörper), innerhalb dessen die Temperatur entsprechend seiner Wärmeleitfähigkeit λ_{II} (in W m^{-1} K^{-1}) und seiner Dicke d von t' bis zur Oberflächentemperatur t_W abnimmt. Der weitere Temperaturabfall innerhalb der Gasschicht δ im Medium III (z. B. Luft) ist nicht linear. Für t_W gilt (mit $t \approx t'$)

$$t_W = t - \frac{k}{\alpha}(t - t_G). \tag{452}$$

In Gl. (452) ist $k = \lambda_{II} \cdot \alpha/(\alpha d + \lambda_{II})$ der Wärmedurchgangskoeffizient (in W m^{-2} K^{-1}) für das Medium II und α der Wärmeübergangskoeffizient (in W m^{-2} K^{-1}) vom Medium II zum Medium III, dessen Wärmeleitfähigkeit λ_{III} sei (t_G = Gastemperatur). Für eine laminare Grenzschicht δ in Luft gilt bei freier Konvektion die Näherungsformel α (II → III) $\approx 2{,}1 \sqrt[4]{t_W - t_G}$.

Für den Fall, daß an eine beheizte Kupferplatte (Medium I) mit der Temperatur $t' = 300$ °C eine 2 mm starke Messingplatte ($\lambda_{II} = 130$ W m^{-1} K^{-1}) anliegt, die ihrerseits an Luft ($\alpha = 8{,}59$ W m^{-2} K^{-1}, $\lambda_{III} = 0{,}0256$ W m^{-1} K^{-1}, $t_G = 20$ °C) grenzt, wird mit $k \approx 0{,}116$ W m^{-2} K^{-1} die Oberflächentemperatur t_W des Messings 296,2 °C und die Dicke δ der thermischen Grenzschicht 3 mm. Bei genaueren Berechnungen kann die spezielle geometrische Anordnung der Medien I, II und III nicht außer acht

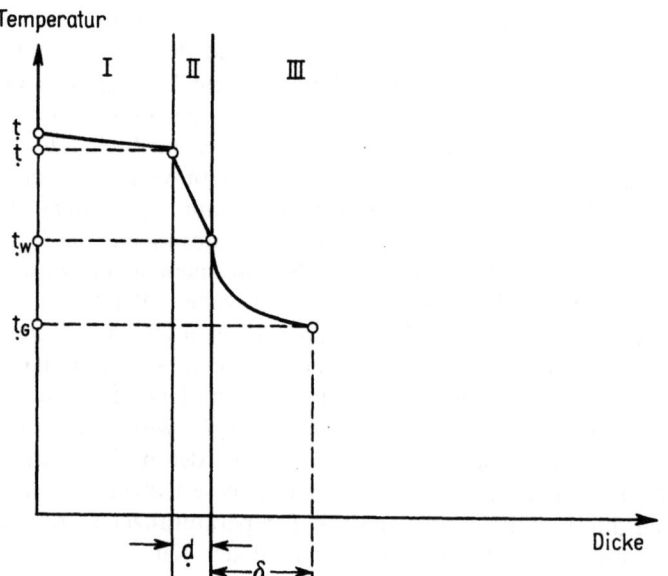

Abb. 97 Temperaturverlauf in den Medien I, II und III

gelassen werden. Man muß dann auf Zahlenwerte der Literatur [36] oder auf die Berechnung von α mit Hilfe dimensionsloser Kennzahlen (GRASSHOFF-, NUSSELT- und PRANDTL-Zahlen) zurückgreifen.

Messung von Oberflächentemperaturen

Eine berührungslose Bestimmung von Oberflächentemperaturen ist nach den in VII D und IX E 5 beschriebenen optischen Meßverfahren möglich. Ferner haben J. H. MC FEE und Mitarbeiter [42] eine Methode angegeben, nach der aus der Geschwindigkeitsverteilung eines an einer Oberfläche reflektierten Molekularstrahls Oberflächentemperaturen im Bereich von 500 K bis 3000 K mit einer Unsicherheit von 1% bestimmt werden können.

Für praktische Temperaturmessungen haben sich *Berührungsthermometer* bewährt, die mit der Oberfläche in thermischen Kontakt gebracht werden. Diese sollten eine möglichst kleine Wärmekapazität haben. Der Wärmeübergang vom Fühler zur Festkörperoberfläche sollte groß und derjenige zum Gasraum klein sein. Diese Anforderungen erfüllen zahlreiche Formen von Berührungsthermometern, bei denen z. B. Widerstandsthermometer als isolierte Dünnschichten oder Thermopaare mit dünnen großflächigen Hauptlötstellen verwendet werden. Die durch Lack oder Wasserglas isolierten Zuführungen sollten kleine Durchmesser haben und auf einer größeren Strecke an der Oberfläche entlang geführt werden. Für die zweckmäßigsten Fühleranordnungen sind technische Regeln aufgestellt worden [37], in denen durch Einbaubeispiele, Materialauswahl u. a. die praktischen Erfahrungen festgelegt sind.

Von den zahlreichen Verfahren zur Bestimmung von Oberflächentemperaturen sei das in Abbildung 98 dargestellte Oberflächenthermometer erwähnt. Hier wird ein Goldscheibchen (C_1, Dicke etwa 1 mm), an dem die Hauptlötstelle eines Thermo-

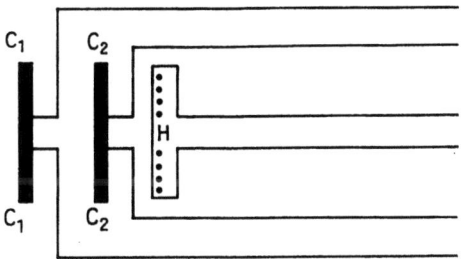

Abb. 98 Oberflächenthermometer

paares angebracht ist, auf die zu messende Oberfläche gedrückt. Die in geringem Abstand von C_1 angebrachte Kupferscheibe C_2 ist ebenfalls mit einem Thermopaar versehen und wird von der Heizvorrichtung H so lange erwärmt, bis beide Thermopaare gleiche Temperatur anzeigen. Damit wird der Wärmeverlust von C_1 weitgehend kompensiert, und die Thermopaaranzeige entspricht nahezu der Oberflächentemperatur t_W.

5. Temperaturfelder

Mit den in VIII B 8 beschriebenen interferometrischen Verfahren ist es möglich, den Temperaturverlauf über einen größeren geometrisch ausgedehnten Bereich messend zu erfassen. Man kann solche Beobachtungen auch mit Hilfe der Infrarotphotographie durchführen, indem man Filme benutzt, die bis zu Wellenlängen von 1,1 µm empfindlich sind und bei denen unterschiedliche Temperaturen aus den Schwärzungsdifferenzen des Films erkennbar werden. Der sichtbare Spektralbereich muß dann durch Kantenfilter, die nur oberhalb von 0,8 µm strahlungsdurchlässig sind, abgeblendet werden. Der Nachteil dieses Verfahrens liegt darin, daß einerseits die Emissionsgrade der photographierten Objekte nicht genau genug bekannt sind und andererseits die Belichtungszeiten für auswertbare Filmschwärzungen schon bei Temperaturen um 300 °C mehrere Stunden betragen [38]. Einen geringeren Zeitaufwand erreicht man bei Benutzung von Kristallphosphoren. Werden derartige Kristallphosphore durch Ultraviolettbestrahlung zum Leuchten angeregt, so verursacht eine Infrarotbestrahlung eine von der Strahlungstemperatur abhängige Schwächung des Leuchtens in den bestrahlten Kristallbereichen.

Für die Ausmessung räumlich ausgedehnter Temperaturfelder ist auch das von M. CZERNY angegebene und als *Evaporographie* bezeichnete Meßverfahren geeignet [39]. Hierbei werden 0,1 µm dünne Membranen (Zaponlack, Kollodium) auf ihrer der Strahlungsseite zugekehrten Fläche mit einer Absorptionsschicht (Zink- oder Wismutschwarz) und auf der anderen Seite mit einer benetzbaren und leicht verdampfbaren Flüssigkeitsschicht ($C_{14}H_{30}$, $C_{16}H_{34}$) versehen. Durch die Infrarotbestrahlung verdampft die Benetzungsflüssigkeit an den Orten der Bestrahlung mehr oder weniger und die entstehenden Dickenunterschiede sind visuell leicht erkennbar. Qualitativ werden schon bei Raumtemperaturen strahlende Körper mit Temperaturunterschieden von 0,5 K sichtbar, die quantitative Auswertung ist jedoch schwierig.

In sehr einfacher Weise kann man komplexe Metallsalze, die in Form von Pulvern unter der Bezeichnung *Thermocolore* oder *Temperaturmeßfarben* im Handel erhältlich sind, zur Temperaturbeobachtung heranziehen. Bestreicht man den zu untersuchenden

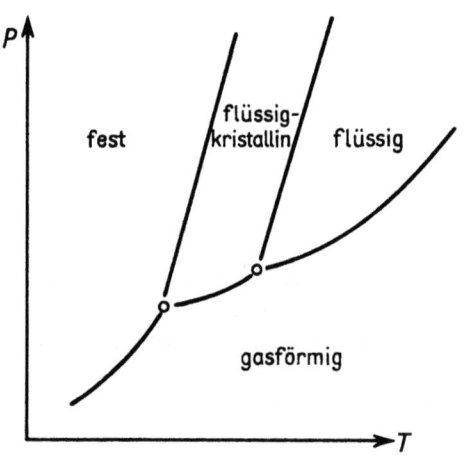

Abb. 99 Druck (*P*)-Temperatur (*T*)-Diagramm cholesterisch flüssig-kristalliner Substanzen

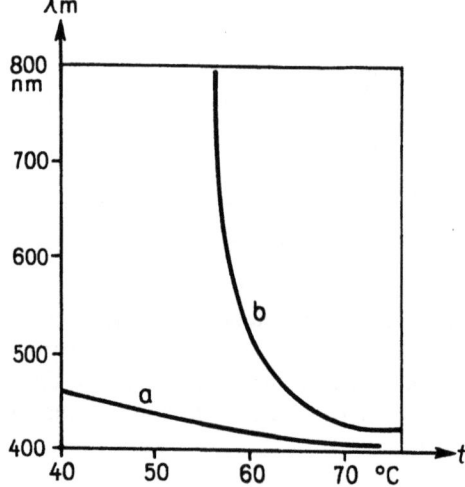

Abb. 100 Temperaturabhängigkeit der Wellenlänge λ_m maximaler Reflexion. a Cholesteryl-acetat/-benzoat/-palmitat/1:1:1; b Cholesteryl-chlorid/-pelargonat/1:12

Körper mit einer in Spiritus aufgelösten Pulverfarbe, so tritt beim Überschreiten einer bestimmten Temperatur (oder auch bei mehreren voneinander verschiedenen Temperaturwerten) innerhalb eines Unsicherheitsbereichs von ±5% ein deutlich erkennbarer Farbumschlag auf. In Gebrauch sind zwei verschiedene Arten von Temperaturmeßsalze, die anorganisch-organischen Mischsalze mit vorwiegend irreversiblen Farbänderungen und die rein anorganischen Komplexsalze mit Farbumschlägen infolge allotroper Modifikationsänderungen. Zur Zeit sind für den Temperaturbereich zwischen 40 °C und 1350 °C etwa 30 verschiedene Thermocolore mit definiertem Farbumschlag erhältlich. Neben den Thermocoloren gibt es die sog. *Thermochrome*, die in Stiftform hergestellt werden und mit Unterteilungen von etwa 20 Meßstufen zwischen 60 °C und 700 °C Farbumschläge zeigen.

In neuerer Zeit werden zur Sichtbarmachung zweidimensionaler Temperaturfelder auch cholesterische, flüssige Kristalle verwendet, z. B. in der medizinischen Diagnostik zur Erkennung von Hautkrebs oder von Zonen mit gestörter Durchblutung. Im Gegensatz zum Druck-Temperatur-Verhalten der meisten chemischen Stoffe gibt es hier einen Bereich, in dem nur eine flüssig-kristalline Phase existiert (Abb. 99). Solche Stoffe sind z. B. die Karbonsäureester des Cholesterol, die für Meßzwecke entweder direkt oder in Form von Zwischenlagen (20 µm) in dünnen Kunststoffolien auf die zu untersuchende Fläche gebracht werden. Für die Temperaturmessung ist dabei von Bedeutung, daß die cholesterischen Moleküle eine schraubenförmige Struktur haben mit einer Ganghöhe *h*, die bei der d-Helix bewirkt, daß unpolarisiertes Licht der Wellenlänge λ bei der Reflexion als rechtszirkular polarisiert und beim Durchgang als linkszirkular polarisierte Strahlung die cholesterische Schicht verläßt. In Transmission ergeben sich glockenförmige spektrale Durchlaßgrade mit Halbwertsbreiten von etwa 40 nm und mit einem temperaturabhängigen Maximalwert der Durchlässigkeit bei $\lambda_m = \bar{n} \cdot h$ ($\bar{n}$ = mittlere Brechzahl). In Durchsicht wechseln dann diese Schichten ihre

Farbe, wenn die Schichttemperaturen sich ändern. Die Temperaturabhängigkeit der Reflexionsmaxima ist nach H. STEGEMEYER [40] aus Abbildung 100 für zwei verschiedene cholesterische Mischungen zu erkennen. Die Grenzen dieses Meßverfahrens liegen im Bereich zwischen 20 °C und 100 °C bei Temperaturauflösungen von 0,01 K bis 0,2 K, je nachdem ob der Meßbereich klein (0,1 K) oder relativ groß (5 K) gewählt wird.

Große meßtechnische Bedeutung hat in der letzten Zeit das Verfahren der Infrarotbild- und Temperaturaufzeichnung erhalten. Hiermit ist es möglich, auch im Bereich der Raumtemperaturen Temperaturunterschiede von 0,2 K aus der Eigenstrahlung von Objekten sicht- und meßbar zu machen. Dabei können je nach der Gesichtsfeldgröße der optischen Apparatur bei Aufnahmen vom Flugzeug aus Bereiche von mehreren Kilometern Ausdehnung (z. B. zum Erkennen von wärmedämmenden Untergrundbauten oder Rohrleitungen) oder bei Ausführungsformen als Infrarotmikroskop Objekte mit wenigen μm-Ausdehnung ausgemessen werden. Das Meßprinzip geht aus Abbildung 101 hervor. Die Eigenstrahlung des Objekts wird von einem Hohlspiegel über einen Schwenk- und Kippspiegel auf den gekühlten (Temperatur ~100 K) Infrarotempfänger (nach VII 3d) abgebildet. Das Steuergerät S veranlaßt über die Motoren M den Planspiegel zu periodischen Schwenk- und Kippbewegungen, durch die das Objekt örtlich in Zeilen und Spalten abgetastet wird. Nach dem Prinzip der Fernsehkamera kann das Objekt auf einem Oszillographenschirm sichtbar gemacht werden, indem die Schwenk- und Kippfrequenzen den Oszillographenplatten für die Zeilen und Spaltenablenkungen des Elektronenstrahls zugeführt werden. Der Unterschied gegenüber der Fernsehaufnahmekamera liegt darin, daß man hier direkt die eigene Temperaturstrahlung und nicht die an den Objekten reflektierte sichtbare Strahlung für das Oszillographenbild ausnutzt. Wichtig ist nun, daß die Helligkeit des Elektronenstrahls des Oszillographen über den Empfängerstrom gesteuert wird. Dadurch entspricht die Helligkeitsmodulation auf dem Oszillographenschirm der Temperaturverteilung des Objekts. Bei industriell gefertigten Geräten liegen die Bildfolgefrequenzen unterhalb

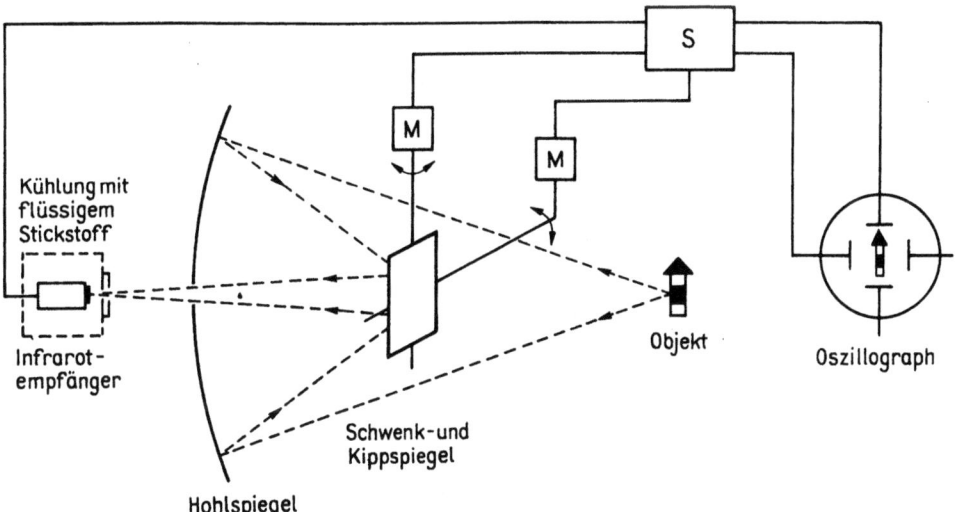

Abb. 101 Prinzip der Infrarotbildaufzeichnung aus der thermischen Eigenstrahlung

von 100 Hz und die Auflösung bei etwa 100 Bildpunkten pro Zeile. Durch eingebaute optische Schwächungen läßt sich der Meßbereich beliebig zu höheren Temperaturen erweitern. Einen Überblick über den gegenwärtigen Stand dieses häufig als Thermovision bezeichneten Verfahrens findet man in [41].

Literatur

[1] PLUMB, H. H., und G. CATALAND, Science *150* (1965) 155
[2] COLCLOUGH, A. R., Metrologia *9* (1973) 75
[3] COLCLOUGH, A. R., Temperature, Its Measurement and Control in Science and Industry, Vol. 4, Part 1, Instrument Society of America, Pittsburgh 1972, 365
[4] PLUMB, H. H., und G. CATALAND, J. Res. NBS *69 A* (1965) 375
[5] BERRY, K. H., Temperature, Its Measurement and Control in Science and Industry, Vol. 4, Part 1, Instrument Society of America, Pittsburgh 1972, 323
[6] NYQUIST, H., Phys. Rev. *32* (1928) 110
[7] JOHNSON, J. B., Phys. Rev. *32* (1928) 97
GARRISON, J. B., und A. W. LAWSON, Rev. Csi. Instr. *20* (1949) 785
[8] STORM, L., Z. Angew. Phys. *28* (1970) 331
BRIXY, H., Diss., TH Aachen 1972
[9] SHORE, F. J., und R. S. WILLIAMSON, Rev. Sc. Instr. *37* (1966) 787
STORM, L., Z. Angew. Phys. *28* (1970) 331
[10] BRODSKIL, A. D., und A. V. SAVATEEV, Izmeritel'naya Tekhnika *5* (1960) 21
[11] KAMPER, R. A., und J. E. ZIMMERMANN, J. Appl. Phys. *42* (1971) 132
[12] VAN RUN, C., und M. DURIEUX, Temperature, Its Measurement and Control in Science and Industry, Vol. 4, Part I, Instrument Society of America, Pittsburgh 1972, 73
[13] HUDSON, R. P., und E. R. PFEIFFER, Temperature, Its Measurement and Control in Science and Industry, Vol. 4, Part 2, Instrument Society of America, Pittsburgh 1972, 1279
[14] DE KLERK, D., Handbuch der Physik, Bd. XV. Springer, Berlin—Göttingen—Heidelberg 1956, 38
[15] VAN DIJK, H., Temperature, Its Measurement and Control in Science and Industry, Vol. 2, Reinhold Publishing Corp., New York 1955, 199
[16] WHITE, G. K., Experimental Techniques in Low-Temperature Physics. Clarendon Press, Oxford 1968
[17] HUDSON, R. P., Principles and Application of Magnetic Cooling. North-Holland Publ. Comp., Amsterdam 1972, 105
[18] ZEMANSKY, M. W., Heat and Thermodynamics. McGraw-Hill Book Comp., New York 1968
[19] RUBIN, L. G., Cryogenics *10* (1970) 14
[20] EDER, F. X., Moderne Meßmethoden der Physik. Teil II. Deutscher Verlag der Wissenschaften, Berlin 1956, 539
[21] BRICKWEDDE, F. G., H. VAN DIJK, M. DURIEUX, J. R. CLEMENT und J. K. LOGAN, J. Res. NBS *64 A* (1960) 1
[22] DURIEUX, M., Thesis, Leiden 1960
[23] BAYER, H., Z. Physik *129* (1951) 401
[24] KUSHIDA, T., G. B. BENEDEK und N. BLOEMBERGEN, Phys. Rev. *104* (1956) 1364
[25] DEAN, C., und R. V. POUND, J. Chem. Phys. *20* (1952) 195
[26] BENEDEK, G., und T. KUSHIDA, Rev. Sc. Inst. *28* (1957) 92
[27] VANIER, J., Can. J. Phys. *38* (1960) 1397
[28] RICHARDS, M. G., D. S. TOFTS und P. R. TURNER, Cryogenics *13* (1973) 182
[29] VANIER, J., Temperature, Its Measurement and Control *4* (1972) Teil 2
[30] KALVIUS, G. M., O. V. KATILA und O. V. LOUNASMAA, Mössbauer Effect Methodology, Plenum Press, New York 1969
[31] BERGLUND, P. M., J. Low Temp. Phys. *6* (1972) 357
BLIN-STOYLE, M. A., und M. A. GRACE, In: FLÜGGE, S. Handb. d. Phys., Springer, Berlin 1957, 42 und 555
[32] BECHMANN, R., A. O. BALLATO und T. J. LUKASZEK, Proc. IRE *50* (1962) 8
HAMMOND, D. L., C. A. ADAMS und P. SCHMIDT, Instr. Soc. of America, Reprint 11.2-3-64 (1964)
[33] WASHAWSKY, J., und P. W. KUHNS, Temperature, Bd. 3, Part 2, Reinhold Publ. Corp., New York 1962, 573

Literatur

[34] Förster, S., ATM-349 (1965) R 13
[35] Henning, F., Temperatur-Messung, J. A. Barth, 2. Aufl., Leipzig 1955
[36] Gröber, H., S. Erk und U. Grigull, Die Grundgesetze der Wärmeübertragung. 3. Aufl., Berlin—Göttingen—Heidelberg 1961
[37] VDE/VDI-Richtlinien, Techn. Temp.-Messung. VDE/VDI 35/11 1967
[38] Clark, W., Photography by Infrared, NY, 1946
[39] Czerny, M., Z. Phys. *53* (1929) 1
Gebrecht, H., und W. Weiss, Z. Phys. *5* (1953) 207
[40] Stegemeyer, H., VDI-Bericht Nr. 198 (1973)
[41] Dreier, H., J. Jäger und H. Kunz, VDI-Bericht Nr. 198 (1973)
[42] Mc Fee, J. H., P. M. Marcus und J. Estermann, Rev. Sc. Instr. *31* (1960) 1013

X. Temperaturfixpunkte

A Allgemeines

Als Temperaturfixpunkte dienen in überwiegendem Maße Gleichgewichtszustände zwischen den Phasen eines reinen Stoffes, dessen Druck-Temperatur-Verhalten in Abbildung 102 dargestellt ist. Die Gebiete der drei Phasen fest, flüssig und gasförmig sind durch drei Kurven, *Schmelzdruckkurve* (1), *Dampfdruckkurve* (2) und *Sublimationsdruckkurve* (3) getrennt. Diese Gleichgewichtskurven entsprechen einem *Zweiphasengleichgewicht* aus den der Gleichgewichtskurve benachbarten Phasen. Dampfdruckkurve, Schmelzdruckkurve und Sublimationsdruckkurve treffen sich in einem Punkt, dem *Tripelpunkt*. Er entspricht jenem einzigen Zustand, in dem alle drei Phasen fest, flüssig und gasförmig miteinander im thermodynamischen Gleichgewicht sind. Bei Wasser ist dieser Zustand durch $T_{tr} = 273{,}16$ K und $p_{tr} = 0{,}0061$ bar festgelegt. Die Dampfdruckkurve endet im *kritischen Punkt*, einem weiteren ausgezeichneten Punkt des Zustandsdiagramms. Bei höheren Temperaturen als der kritischen Temperatur gibt es keine Phasengrenze zwischen Gas und Flüssigkeit.

Aus dem Phasendiagramm ist zu ersehen, daß die Temperatur eines Zweiphasengleichgewichts, z. B. der *Siedepunkt* einer Flüssigkeit, vom Druck abhängt. Wegen der Kopplung zwischen den Zustandsgrößen Druck und Temperatur wird das Zweiphasengleichgewicht als *univariant* bezeichnet. Am Tripelpunkt, bei dem alle drei Phasen im thermodynamischen Gleichgewicht sind, liegt der Zustand fest. Da keine Parameter mehr frei wählbar sind, entspricht der Tripelpunkt einem *invarianten* Gleichgewicht. Wählt man einen Zustand im gasförmigen Einphasengebiet, so ist z. B. die Dichte eine Funktion von Temperatur und Druck. In diesem Falle liegt ein *divariantes* Gleichgewicht vor.

Für die gegenseitige Lage der drei Gleichgewichtskurven in Abbildung 102 gilt allgemein, daß deren Verlängerung über den Tripelpunkt hinaus immer zwischen die beiden anderen Kurven fallen muß. Das bedeutet, daß am Tripelpunkt eines p, T-Diagramms die Steigung der Sublimationsdruckkurve größer ist als die der Dampfdruckkurve. Für die Steigung der drei Gleichgewichtskurven gilt die Differentialgleichung (79) von CLAUSIUS-CLAPEYRON (vgl. IV B 1).

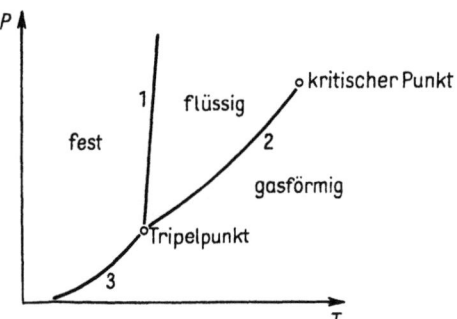

Abb. 102 p, T-Diagramm eines reinen Stoffes mit den drei Grenzkurven

Da beim Schmelzvorgang die auftretende Volumenänderung gering ist, verläuft die Schmelzdruckkurve sehr steil, d. h., der Druck hat nur einen geringen Einfluß auf den *Schmelz-* bzw. *Erstarrungspunkt*. Die im Phasendiagramm eingezeichnete positive Steigung $\frac{dp}{dT}$ gilt dabei für Stoffe, die unter Vergrößerung des spezifischen Volumens schmelzen. Diese Druckzunahme der Schmelztemperatur ist die Regel. Durch Druck erniedrigt werden dagegen die Schmelztemperaturen derjenigen Stoffe, die eine Dichtezunahme beim Schmelzen zeigen. Ein besonders wichtiger Stoff, das Wasser, besitzt dieses Zustandsverhalten.

Die Zahl der möglichen Phasen ist nicht allein durch die drei Aggregatzustände fest, flüssig und gasförmig gegeben. Ein und derselbe *Aggregatzustand* kann noch in verschiedenen *Modifikationen* auftreten. Gegenüber dem gasförmigen und flüssigen Zustand nimmt der kristalline Zustand eine Ausnahmestellung ein, weil hier mehrere Kristallphasen möglich sind, die verschiedene Eigenschaften besitzen (Polymorphismus).

Im Bereich sehr tiefer Temperaturen werden die Übergangstemperaturen in den *supraleitenden Zustand* als Temperaturfixpunkte herangezogen. Bei dieser Umwandlung zweiter Art tritt keine Umwandlungswärme auf.

1. Schmelz- und Erstarrungsvorgang

Bei einem völlig reinen Stoff wird die Umwandlungstemperatur beim Phasenübergang fest-flüssig dieselbe sein wie beim Phasenübergang flüssig-fest. Die während der *Phasenumwandlung* zugeführte Wärme wird beim Schmelzprozeß als Schmelzwärme verbraucht, während die Umwandlungswärme beim Erstarrungsprozeß nach außen abgegeben wird.

In der Praxis wird jedoch beobachtet, daß der Temperaturverlauf beim Schmelzen vom Verlauf beim Erstarren etwas abweicht. Dies kann seinen Grund darin haben, daß vor dem Erstarren, besonders bei reinen Stoffen, eine *Unterkühlung* der Schmelze eintritt, aber auch darin, daß der Stoff Verunreinigungen enthält oder die Wärmezufuhr ungleichmäßig ist.

Die Metalle erstarren im allgemeinen ohne merkliche Unterkühlung. Einige zeigen jedoch eine stärker ausgeprägte Neigung zur Unterkühlung, die durch Beimengungen anderer Metalle teils verstärkt, teils vermindert wird.

Die von J. V. McALLAN [1] gemessenen Unterkühlungen hochreiner Metalle, bei denen der Massengehalt der Verunreinigungen bei etwa 1 ppm lag, betrugen bei vergleichbaren Versuchsbedingungen bei Zinn und Antimon etwa 10 K bis 25 K. Zink und Kadmium unterkühlen um etwa 0,02 °C, während die entsprechenden Werte für Indium, Blei und Aluminium zwischen 0,1 K und 1 K liegen. E. H. McLAREN [2, 3] fand bereits im Jahre 1968 unter vergleichbaren Bedingungen ähnliche Unterkühlungen.

Durch die Unterkühlung tritt ein *instabiles Gleichgewicht* auf, das durch die nach der Unterkühlung einsetzende Kristallisation in die stabile Phase überführt wird. Der Vorgang der *Kristallisation* wird durch zwei Faktoren bestimmt. Der erste Faktor ist das spontane Kristallisationsvermögen, d. h. die Anzahl der Keime, die sich in der unterkühlten Schmelze bilden. Am Schmelzpunkt ist das spontane Kristallisationsvermögen Null, wächst aber mit beginnender Unterkühlung an, erreicht bei einer

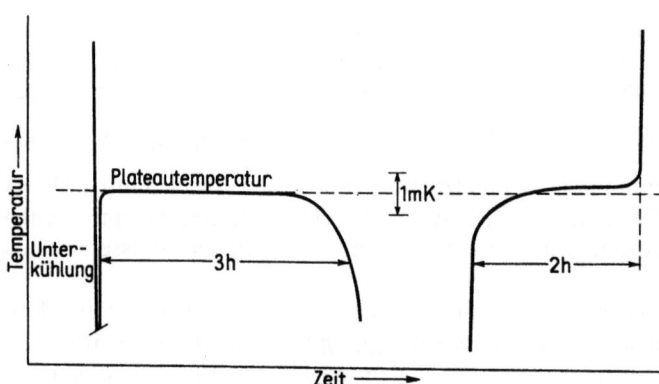

Abb. 103 Erstarrungs- und Schmelzpunkt von sehr reinem Zinn (Massengehalt der Verunreinigungen 2 ppm)

bestimmten, für jeden Stoff charakteristischen Temperatur einen Maximalwert und nimmt mit fortschreitender Unterkühlung wieder ab. Der Maximalwert bezeichnet die günstigste Temperatur zur Herbeiführung der Kristallisation. Der zweite Faktor ist die Kristallisationsgeschwindigkeit, die auch von der Unterkühlung abhängt. Durch das Zusammenwirken beider Faktoren wird einerseits die Unterkühlung einer Schmelze und das Aufrechterhalten des instabilen Zustandes und andererseits der Kristallisationsverlauf geregelt.

Die Metalle bilden ein Beispiel für ausgesprochen große Kristallisationsfähigkeit. Spontanes Kristallisationsvermögen und Kristallisationsgeschwindigkeit sind bei allen Temperaturen unterhalb des Schmelzpunkts so groß, daß, von einigen Ausnahmen abgesehen, nur geringe Unterkühlungen der Schmelzen vor dem Kristallisationsbeginn wahrgenommen werden können.

Der Temperaturverlauf während des Erstarrens und des Schmelzens von reinem Zinn ist in Abb. 103 dargestellt. Diese repräsentativen Diagramme sind einer Arbeit von J. V. McAllan [1] entnommen, der den Temperaturverlauf während der Phasenumwandlung reiner Metalle unter sorgfältig kontrollierten und vergleichbaren Bedingungen untersucht hat. Die Messungen wurden an Metallschmelzen von etwa 170 cm^3 Volumen vorgenommen, die sich in einem Graphittiegel befanden. In der Mitte des Tiegels war ein Platinwiderstandsthermometer angeordnet. Der Versuchsaufbau entsprach dem von Abbildung 112.

Die beginnende Erstarrung kündigt sich durch eine Unterkühlung von ungefähr 18 K an, die etwa 5 Minuten andauert. Anschließend setzt die Kristallisation ein. Durch die dabei freiwerdende *Umwandlungswärme* wird der Tiegelinhalt aufgewärmt. Das Thermometer registriert eine Erstarrungstemperatur, die für etwa 1 bis 2 Stunden bis auf 0,1 mK konstant ist. Bei diesen Versuchen war die elektrische Leistung des Ofens so bemessen, daß die Erstarrungszeit etwa 3 Stunden betrug. Da die Erstarrungstemperatur über längere Zeit bis auf 0,1 mK konstant gehalten werden kann, wird sie als *Plateautemperatur* bezeichnet. Auch in anderen untersuchten Fällen kann der Erstarrungspunkt mit vergleichbarer Präzision dargestellt werden [1 bis 4].

Während des Erstarrungsvorgangs verfestigt sich der reine Stoff zunächst an der Tiegelwandung. Die Erstarrung schreitet dann zur Tiegelmitte fort, wobei bei langsamem Erstarren die in geringem Maße vorhandenen Verunreinigungen sich in der Nähe der Tiegelachse absondern, so daß die Plateautemperatur gegen Ende der Phasenumwandlung etwas absinkt. Es hat sich dabei gezeigt, daß durch Verunreinigungen sowohl der Erstarrungspunkt als auch der Schmelzpunkt erniedrigt wird.

Beim Schmelzprozeß, der auch in Abbildung 103 dargestellt ist, war die Heizleistung so eingestellt, daß die Phasenumwandlung nach etwa 2 Stunden abgeschlossen war. Dem entsprach vor und nach dem Schmelzen ein Temperaturgang, der kleiner als $0{,}01\,\frac{K}{min}$ war.

Beim Schmelzvorgang werden als Folge des Wärmeflusses die Außenbezirke der festen Phase in der Nähe der Tiegelwandung eine etwas höhere Temperatur besitzen als die Temperatur im Zentrum. Da in der Nähe des Zentrums sich beim Erstarrungsvorgang die Verunreinigungen ausgeschieden haben und den Schmelzpunkt herabsetzen, schmilzt das etwas verunreinigte Metall in der Nähe der Tiegelachse zuerst. Da nur eine kleine Zone stärker verunreinigt ist, steigt die Schmelztemperatur im Zentrum stark an. Wenn das Metall in der Nähe der Tiegelwand die Schmelztemperatur erreicht hat, beginnt der Schmelzvorgang auch von außen. Die Außenbezirke schmelzen in Richtung der Tiegelachse, während die innere Phasengrenzfläche langsam nach außen wächst.

Sehr reine Metalle werden zuerst von außen schmelzen, wobei die Temperatur innen noch ansteigt. Wenn die Schmelztemperatur der nur wenig verunreinigten inneren Zone erreicht ist, beginnt die Phasenumwandlung auch innen.

Abbildung 103 und auch andere Untersuchungen zeigen, daß der Erstarrungsvorgang einer reinen Schmelze zu einer Plateautemperatur führt, die besser als auf 1 mK festgelegt werden kann. Auch Verunreinigungen bis zu 10 ppm ändern die Plateautemperatur um weniger als 1 mK. Dagegen erfolgt die Phasenumwandlung beim Schmelzen nicht bei einem für die Temperaturmessung ausreichend konstanten Haltepunkt, sondern in einem Temperaturintervall, das als Schmelzbereich bezeichnet wird. Er ist ein Maß für die Verunreinigung des Metalls und damit ein Kriterium für seine Brauchbarkeit für die Fixpunktdarstellung. Aus den angegebenen Gründen hat man in der IPTS-68 die Erstarrungspunkte als *Temperaturfixpunkte* festgelegt.

Der Druckeinfluß auf die Erstarrungstemperatur ist so gering, daß Schwankungen des äußeren Luftdrucks im allgemeinen nicht berücksichtigt zu werden brauchen. Der *Druckeinfluß* auf die Temperatur der Erstarrungspunkte von Metallen ist in Tabelle 33 angegeben. Außerdem enthält sie die Änderung der Erstarrungstemperatur mit der Eintauchtiefe des Thermometers in die Schmelze.

2. Siede- und Sublimationsvorgang

Die Dampfdruckkurve (2) in Abbildung 102 gibt die Zustände $p(T)$ wieder, bei denen die siedende Flüssigkeit und der gesättigte Dampf eines reinen Stoffes im thermodynamischen Gleichgewicht sind. Als siedende Flüssigkeit wird die Flüssigkeit in den Zuständen auf der *Siedelinie* bezeichnet, während unter gesättigtem Dampf ein Gas auf der *Taulinie* verstanden wird. Um eine siedende Flüssigkeit vollständig in gesättigten Dampf zu überführen, muß die *Verdampfungswärme* zugeführt, beim umgekehrten Vorgang die Kondensationswärme abgeführt werden. Die Verdampfungswärme wird im wesentlichen benötigt, um den Molekülverband in der Flüssigkeit aufzulockern. Bei isobarer Verdampfung bzw. isobarer Kondensation bleibt die Temperatur konstant. Die Verdampfungswärme ist eine Funktion der Temperatur, sie wird am kritischen Punkt, bei dem die Phasendichten gleich werden, Null.

Die Dampfdruckkurve beginnt am Tripelpunkt und endet am kritischen Punkt, während die Sublimationskurve, die das Gleichgewicht zwischen der festen und gasförmigen Phase wiedergibt, am Tripelpunkt endet. Der Druck am Tripelpunkt ist fast immer erheblich kleiner als 1 bar, so daß die Dampfdruckkurve bereits unter 1 bar beginnt. Aus diesem Grunde kann man auch Siedepunkte bei Drücken unter 1 bar als Fixpunkte festlegen. Nur für wenige Stoffe, z. B. Kohlendioxid und Schwefelhexafluorid, überschreiten die Drücke am Tripelpunkt 1 bar. Im Falle des Kohlendioxids liegt der Tripelpunkt bei 5,18 bar und $-56,6\,°C$ und im Falle des Schwefelhexafluorids bei 2,26 bar und $-50,8\,°C$. Wegen der besonderen Lage des Tripelpunkts kann man für Kohlendioxid unter 5,18 bar nur Gleichgewichtszustände festlegen, die auf der Sublimationsdruckkurve liegen. Man hat in diesem Falle als sekundären Fixpunkt das Sublimationsgleichgewicht bei 1,01325 bar (= 1 atm) mit $t_{68} = -78,476\,°C$ herangezogen.

Für die Darstellung der Siedepunkte ist neben hohen Reinheitsanforderungen an den Stoff die *Steigung der Dampfdruckkurve* von besonderer Bedeutung. Ordnet man die Stoffe, mit denen Siedepunkte verwirklicht werden, nach steigender kritischer Temperatur, so beträgt die Steigung der Dampfdruckkurve bei 1,01325 bar für Wasserstoff $0,106\,\frac{\text{bar}}{\text{K}}$, für Wasser $0,036\,\frac{\text{bar}}{\text{K}}$ und für Schwefel $0,015\,\frac{\text{bar}}{\text{K}}$. Man erkennt leicht, daß die Anforderungen an die Druckmessung mit steigender kritischer Temperatur des Stoffes ebenfalls ansteigen. Bereits beim Wassersiedepunkt bereitet die Druckmessung bei präziser Darstellung Schwierigkeiten.

Die Bestimmung der Siedepunkte von Flüssigkeiten wird nach der statischen und in einigen Fällen auch nach der dynamischen Methode vorgenommen. Bei der *statischen Methode* sind beide Phasen nebeneinander in einem abgeschlossenen Dampfdruckgefäß vorhanden (vgl. IV C 1 und X C 1). Die Abhängigkeit des Dampfdrucks von der Temperatur ist durch die Dampfdruckkurve gegeben. Bei der *dynamischen Methode* steht der mit Flüssigkeit gefüllte Siedeapparat über eine Öffnung im Dampfraum mit dem äußeren Luftdruck in Verbindung. Der Siedepunkt ist erreicht, wenn der von der Temperatur abhängige Dampfdruck der Flüssigkeit gleich dem äußeren Druck des mit Dampf nicht gemischten Fremdgases ist (vgl. X C 3).

Bei der dynamischen Methode darf die Temperaturmessung nicht in der Flüssigkeit vorgenommen werden, weil diese im allgemeinen etwas überhitzt ist. Oft treten Siedeverzüge auf, nach deren Aufhebung eine stoßweise Verdampfung einsetzt. Man kann die *Siedeverzüge* herabsetzen, wenn man durch besondere Maßnahmen die Dampfblasenbildung anregt (vgl. X C 1 und X C 3). In einigen Fällen hat sich eine Vergrößerung der Heizfläche bewährt, bei der z. B. keilförmige Nuten in dichtem Abstand in die Oberfläche eingefräst wurden.

3. Sonstige Temperaturfixpunkte

Neben den Erstarrungspunkten reiner Metalle werden auch *binäre Metallgemische*, die im Phasendiagramm einen sog. eutektischen Punkt aufweisen, zur Temperaturbestimmung herangezogen. Zum Beispiel besitzt das binäre System Kupfer-Silber einen solchen ausgezeichneten Punkt, der bei 779,6 °C und bei einem Massengehalt des Silbers von 72% liegt. Beim Erstarrungsvorgang einer Kupfer-Silber-Schmelze, die nicht ganz der eutektischen Zusammensetzung entspricht, scheiden sich Mischkristalle aus, bis die Schmelze die Zusammensetzung des eutektischen Punktes erreicht hat. Anschließend erstarrt die Schmelze bei der *eutektischen Temperatur* wie ein einheitlicher Stoff, jedoch unter Abscheidung eines Gemenges zweier Mischkristallarten mit einem Massengehalt an Silber von 8,2% bzw. 92,1%. Der *eutektische Punkt* ist nach der Phasenregel ein invarianter Punkt, bei dem Druck, Temperatur und Zusammensetzung sämtlicher Phasen festliegen. Für die Bestimmung von Temperaturen haben die Eutektika keine besondere Bedeutung erlangt.

Im Bereich tiefer Temperaturen kann die gegenseitige Umwandlung verschiedener fester Modifikationen eines Stoffes auch als Temperaturfixpunkt herangezogen werden. Von Bedeutung sind dabei *Umwandlungspunkte*, bei denen der Übergang in einen anderen Kristallgittertyp mit ausreichend großer Umwandlungswärme auftritt. Bei festem Sauerstoff ist die $\beta-\gamma$-Umwandlung als Temperaturfixpunkt sehr gut geeignet, weil die dabei auftretende Umwandlungswärme größer ist als die Schmelzwärme des Sauerstoffs. Die Umwandlungstemperatur beträgt nach W. R. G. KEMP [5] T_{68} = 43,802 K. Die Unsicherheit wird mit 2,4 mK angegeben. Die $\alpha-\beta$-Umwandlung, die bei T_{68} = 23,880 K auftritt, ist als Fixpunkt nicht geeignet.

Im Bereich sehr tiefer Temperaturen unterhalb des Temperaturbereichs der IPTS-68 können Temperaturfixpunkte auch durch Phasenumwandlungen, *Übergangstemperaturen* in den supraleitenden Zustand, definiert werden. Der Eintritt der Supraleitung ist eine Phasenumwandlung zweiter Art, d. h., sie erfolgt ohne Umwandlungswärme, aber mit einer Unstetigkeit der spezifischen Wärmekapazität. Unter *Supraleitung* versteht man das völlige Verschwinden des elektrischen Widerstandes unterhalb der Übergangstemperatur, die auch Sprungtemperatur genannt wird. Die Supraleitung wurde im Jahre 1911 von KAMERLINGH ONNES entdeckt. Sie tritt bei einer Reihe von Metallen und leitenden Metallverbindungen auf. Der supraleitende Zustand wird durch ein kritisches Magnetfeld, das nur von der Temperatur abhängt, zerstört. In diesem Zusammenhang wird auf entsprechende Literatur hingewiesen [6, 7].

Im National Bureau of Standards in den USA wurden fünf hochreine Elemente (Blei, Indium, Aluminium, Zink und Kadmium) einer mehrjährigen Untersuchung unterworfen, um die Übergangstemperaturen zuverlässig festzulegen. Die zugrunde gelegten Temperaturwerte basieren auf Messungen mit dem akustischen Thermometer [8] (vgl. IX A), die den Bereich von 2 K bis 20 K umfassen, der Heliumdampfdruckskala „³He-Skala 1962" (vgl. IV B 3) und Messungen mit dem magnetischen Thermometer,

Tabelle 28. Übergangstemperaturen in den supraleitenden Zustand

Stoff	Übergangs- temperatur K	Unsicherheit mK	Reproduzier- barkeit mK
Blei	7,201	2,5	0,32
Indium	3,416$_7$	1,5	0,15
Aluminium	1,174$_6$	2	0,28
Zink	0,844	1,5	0,22
Kadmium	0,515	2,5	0,30

bei dem die Temperatur aus der magnetischen Suszeptibilität paramagnetischer Salze ermittelt wird (vgl. IX C). Die Übergangstemperaturen mit der jeweiligen Unsicherheit und Reproduzierbarkeit sind in Tabelle 28 aufgeführt. Die fünf zylindrischen Leiter der aufgeführten hochreinen Elemente sind in einem Kupferblock untergebracht und von zwei Induktionsspulen umschlossen. Der Kupferblock besitzt einen Gewindebolzen zur besseren thermischen Ankopplung an die zu kalibrierenden Thermometer oder an die Meßkammer. Die vier Spulenenden müssen zur Festlegung des supraleitenden Zustandes mit einer Induktivitätsmeßbrücke verbunden werden (die beschriebene Einheit von nur 1,5 cm Durchmesser und 4 cm Länge kann vom NBS Office of Reference Materials in Washington (USA) bezogen werden). Bei der Anwendung ist zu beachten, daß das magnetische Feld 1 µT nicht überschreiten soll, weil die Übergangstemperatur magnetfeldabhängig ist.

B Temperaturwerte der Fixpunkte

Definierende Fixpunkte der IPTS-68

Die Grundlage der Internationalen Praktischen Temperaturskala von 1968 bilden definierende Fixpunkte. Sie werden durch die Realisierung von festgelegten Gleichgewichtszuständen zwischen den Phasen reiner Stoffe dargestellt. Diese definierenden Fixpunkte und die ihnen zugeordneten Temperaturen T_{68} und t_{68} sind zusammen mit sekundären Bezugspunkten in Tabelle 29 enthalten. Die angegebenen Temperaturwerte entsprechen der IPTS-68 (verbesserte Ausgabe von 1975, vgl. I A 2). Durch diese Verbesserung wird keine neue Temperaturskala festgelegt, sondern nur eine schärfere Fassung der bisher gültigen IPTS-68 erreicht. Auf die wesentlichen Änderungen der verbesserten Ausgabe der IPTS-68, die vor allem für die Realisierung der definierenden Fixpunkte im Bereich tiefer Temperaturen bei Präzisionsmessungen von Bedeutung sind, ist in den entsprechenden Abschnitten nachträglich hingewiesen worden, da dem Manuskript die erste Ausgabe der IPTS-68 zugrunde gelegt worden war.

Mit Ausnahme der Tripelpunkte und des Siedepunktes des Gleichgewichtswasserstoffs bei 333,306 mbar entsprechen die in Tabelle 29 aufgeführten Temperaturwerte Gleichgewichtszuständen bei dem Druck $p_0 = 1{,}01325$ bar (= 1 atm). Unter Siedepunkt ohne Druckangabe wird in den folgenden Abschnitten stets der sogenannte normale Siedepunkt bei 1,01325 bar (= 1 atm) verstanden.

Die IPTS-68 stellte zum Zeitpunkt ihrer Festlegung die beste Approximation der thermodynamischen Temperaturskala dar [9], [10]. Die Abweichungen lagen innerhalb der Meßunsicherheit der Ergebnisse gasthermometrischer Untersuchungen, die vor 1968 zur Verfügung standen. Die geschätzten Unsicherheiten der Temperaturwerte der definierenden Fixpunkte betrugen nach einer Tabelle in der ersten Ausgabe der IPTS-68 [11] am Gold- und Silbererstarrungspunkt 0,2 K, am Zinkerstarrungspunkt 0,03 K, am Wassersiedepunkt 0,005 K und bei den Fixpunkten unterhalb des Wassertripelpunktes 0,01 K. Diese Tabelle wurde nicht in die verbesserte Ausgabe der IPTS-68 von 1975 übernommen, da neuere gasthermometrische Messungen größere Abweichungen ergeben haben. So fand z. B. L. A. GUILDNER [12] bei gasthermometrischen Untersuchungen des Wassersiedepunktes, daß dessen thermodynamische Temperatur um 0,03 K tiefer liegt als bisher angenommen wurde. Auch bei höheren Temperaturen

Tabelle 29. Definierende Fixpunkte und sekundäre Bezugspunkte der IPTS-68 (Verbesserte Ausgabe von 1975)

Gleichgewichtszustand	Werte der Internationalen Praktischen Temperatur	
	T_{68}/K	$t_{68}/°\text{C}$
Tripelpunkt des Gleichgewichtswasserstoffs*)	13,81	−259,34
Tripelpunkt des Normalwasserstoffs	13,956	−259,194
Siedepunkt des Gleichgewichtswasserstoffs beim Druck 333,306 mbar (= 25/76 atm)*)	17,042	−256,108
Siedepunkt des Gleichgewichtswasserstoffs*)	20,28	−252,87
Siedepunkt des Normalwasserstoffs	20,397	−252,753
Tripelpunkt des Neons	24,561	−248,589
Siedepunkt des Neons*)	27,102	−246,048
Tripelpunkt des Sauerstoffs*)	54,361	−218,789
Tripelpunkt des Stickstoffs	63,146	−210,004
Siedepunkt des Stickstoffs	77,344	−195,806
Tripelpunkt des Argons*)	83,798	−189,352
Siedepunkt des Argons	87,294	−185,856
Taupunkt des Sauerstoffs*)	90,188	−182,962
Sublimationspunkt des Kohlendioxids	194,674	− 78,476
Erstarrungspunkt des Quecksilbers	234,314	− 38,836
Erstarrungspunkt des Wassers	273,15	0
Tripelpunkt des Wassers*)	273,16	0,01
Tripelpunkt des Diphenyläthers	300,02	26,87
Siedepunkt des Wassers*)	373,15	100
Tripelpunkt der Benzoesäure	395,52	122,37
Erstarrungspunkt des Indiums	429,784	156,634
Erstarrungspunkt des Zinns*)	505,1181	231,9681
Erstarrungspunkt des Wismuts	544,592	271,442
Erstarrungspunkt des Kadmiums	594,258	321,108
Erstarrungspunkt des Bleis	600,652	327,502
Siedepunkt des Quecksilbers	629,81	356,66
Erstarrungspunkt des Zinks*)	692,73	419,58
Siedepunkt des Schwefels	717,824	444,674
Schmelzpunkt des Kupfer-Aluminium-Eutektikums	821,41	548,26
Erstarrungspunkt des Antimons	903,905	630,755
Erstarrungspunkt des Aluminiums	933,61	660,46
Erstarrungspunkt des Silbers*)	1235,08	961,93
Erstarrungspunkt des Goldes*)	1337,58	1064,43
Erstarrungspunkt des Kupfers	1358,03	1084,88
Erstarrungspunkt des Nickels	1728	1455
Erstarrungspunkt des Kobalts	1768	1495
Erstarrungspunkt des Palladiums	1827	1554
Erstarrungspunkt des Platins	2042	1769
Erstarrungspunkt des Rhodiums	2236	1963
Schmelzpunkt des Al_2O_3	2327	2054
Erstarrungspunkt des Iridiums	2720	2447
Schmelzpunkt des Niobiums	2750	2477
Schmelzpunkt des Molybdäns	2896	2623
Schmelzpunkt des Wolframs	3695	3422

*) Definierender Fixpunkt
Hinsichtlich der Realisierung der Gleichgewichtszustände — vor allem im Bereich tiefer Temperaturen — wird auf Abschnitt X C 1 verwiesen.

wurden Abweichungen in gleicher Richtung gefunden; sie betragen bei 480 °C fast 0,1 K. Das überraschende Ergebnis ist darauf zurückzuführen, daß bei früheren gasthermometrischen Untersuchungen Adsorptionseffekte nicht genügend berücksichtigt worden sind.

Sekundäre Bezugspunkte der IPTS-68

Die in Tabelle 29 aufgeführten sekundären Bezugspunkte sind nach den Vorschriften der IPTS-68 mit an den definierenden Fixpunkten angeschlossenen Normalgeräten gemessen worden. Die Temperaturwerte dieser Fixpunkte sind der IPTS-68 (verbesserte Ausgabe von 1975) entnommen und unterscheiden sich in 11 Fällen von den in der ersten Ausgabe der IPTS-68 angegebenen Temperaturwerten. In letzter Zeit ausgeführte Messungen haben nämlich ergeben, daß z. B. der Erstarrungspunkt des Platins nach den Untersuchungen von T. J. QUINN [13] um 4,1 K erniedrigt, während der Wert des Schmelzpunktes von Wolfram nach den Messungen von A. CEZAIRLIYAN [14] um 35 K erhöht werden muß. Die zuletzt genannten Messungen sind jedoch um 15 K unsicher. C. O. DENGLER [57] fand, daß der Erstarrungspunkt des Quecksilbers um 0,03 K zu erhöhen ist.

Aufgrund dieser und weiterer Messungen, die nach 1968 ausgeführt wurden, sind die Temperaturwerte mehrerer sekundärer Bezugspunkte in der IPTS-68 (verbesserte Ausgabe von 1975) (vgl. Tab. 29) verbessert bzw. zusätzlich aufgenommen worden. Die Temperaturdifferenzen $\Delta T_{68} = T_{68}$ (verbesserte Ausgabe der IPTS-68) $- T_{68}$ (IPTS-68) haben bei den anschließend aufgeführten Gleichgewichtszuständen folgende in Klammern gesetzte Werte:

Tripelpunkt des Neons (6 mK), Tripelpunkt des Stickstoffs (−2 mK), Siedepunkt des Stickstoffs (−4 mK), Erstarrungspunkt des Quecksilbers (26 mK), Schmelzpunkt des Kupfer-Aluminium Eutektikums (0,03 K), Erstarrungspunkt des Antimons (0,015 K), Erstarrungspunkt des Aluminiums (0,09 K), Erstarrungspunkt des Kupfers (0,43 K), Erstarrungspunkt des Kobalts (1 K), Erstarrungspunkt des Platins (−3 K) und Schmelzpunkt des Wolframs (35 K).

Die Unsicherheit der Temperaturwerte kann mehrere Einheiten der letzten angegebenen Stelle betragen. Geschätzte Unsicherheiten sollen später festgelegt werden.

C Verwirklichung der Temperaturfixpunkte

In diesem Abschnitt wird die Darstellung aller definierenden Fixpunkte der IPTS-68 und einer repräsentativen Auswahl sekundärer Bezugspunkte behandelt. Die grundlegende Voraussetzung für die Darstellung von Temperaturfixpunkten ist, daß ein hinreichend reiner Stoff zur Verfügung steht. Die Anforderungen an Metalle sind in den folgenden Abschnitten und die an Gase in Kapitel IV aufgeführt. Die nächste Voraussetzung ist die präzise Verwirklichung des thermodynamischen Gleichgewichtszustandes, der außer beim Tripelpunkt druckabhängig ist. Hier stellen die Siedepunkte von Stoffen mit hoher kritischer Temperatur wegen der geringen Dampfdrucksteigung hohe Anforderungen an die Druckmessung. Diesem Sachverhalt haben die IPTS-48 und die IPTS-68 bereits Rechnung getragen, indem der Schwefelsiedepunkt durch den präziser realisierbaren Zinkerstarrungspunkt ersetzt wurde, und durch die Tatsache,

Tabelle 30. Siedetemperaturen in Abhängigkeit vom Druck

p mbar	T_{68} K				t_{68} °C	
	e-H$_2$	Ne	N$_2$	O$_2$	Hg	Schwefel
970	20,1336	26,9582	76,9758	89,7728	354,246	441,677
975	20,1508	26,9751	77,0190	89,8216	354,529	442,029
980	20,1679	26,9919	77,0620	89,8701	354,812	442,379
985	20,1849	27,0086	77,1049	89,9184	355,093	442,728
990	20,2019	27,0253	77,1476	89,9666	355,373	443,076
995	20,2188	27,0419	77,1901	90,0145	355,652	443,422
1000	20,2356	27,0584	77,2325	90,0623	355,930	443,767
1005	20,2524	27,0749	77,2747	90,1099	356,206	444,110
1010	20,2692	27,0914	77,3168	90,1573	356,482	444,452
1015	20,2858	27,1077	77,3586	90,2045	356,756	444,793
1020	20,3024	27,1240	77,4004	90,2516	357,029	445,133
1025	20,3190	27,1403	77,4420	90,2984	357,301	445,471
1030	20,3355	27,1564	77,4834	90,3451	357,572	445,807

Tabelle 31. Siedetemperaturen von Gleichgewichtswasserstoff in Abhängigkeit vom Druck

p mbar	T_{68} K
325	16,9793
326	16,9869
327	16,9945
328	17,0021
329	17,0097
330	17,0173
331	17,0249
332	17,0324
333	17,0399
334	17,0474
335	17,0549
336	17,0624
337	17,0699
338	17,0773
339	17,0847
340	17,0921

Tabelle 32. Siedetemperatur des Wassers in Abhängigkeit vom Druck

p mbar	t_{68} °C
1010	99,9100
1011	99,9377
1012	99,9654
1013	99,9931
1014	100,0207
1015	100,0484
1016	100,0760

daß der Zinnerstarrungspunkt in der IPTS-68 anstelle des Wassersiedepunktes verwendet werden kann. Die Siede- und Tripelpunkte der IPTS-68 unterhalb des Eispunktes und der Wassersiedepunkt sind nur mit großem experimentellem Aufwand darstellbar. Bei genauen Messungen der Siedepunkte muß die Temperatur geregelt werden. Auch bei Verwendung eines Reglers treten bei der Messung kleine Druckdifferenzen gegen den Bezugsdruck auf. Das Meßergebnis muß anschließend noch auf diesen Bezugsdruck umgerechnet werden. Die für die Reduktion erforderlichen Zustandsgrößen sind für Neon, Stickstoff, Sauerstoff, Quecksilber und Schwefel in Tabelle 30, für Gleichgewichtswasserstoff in Tabelle 30 und 31 und für Wasser in Tabelle 32 zusammengestellt. Die Tabellenwerte sind nach den Dampfdruckgleichungen der verbesserten Fassung der IPTS-68 berechnet, lediglich für Stickstoff ergibt die verbesserte Ausgabe neue Werte (s. auch IV B 3).

1. Fixpunkte tiefsiedender Flüssigkeiten

In diesem Abschnitt wird die Realisierung definierender Fixpunkte der IPTS-68 und anderer Temperaturfixpunkte behandelt. Die Darstellung der Siedepunkte des ^{3}Heliums und des ^{4}Heliums ist in Kapitel IV beschrieben. Bei den definierenden Fixpunkten handelt es sich um thermodynamische Gleichgewichtszustände der Stoffe Wasserstoff, Neon, Argon, Sauerstoff und Kohlendioxid. Da die Verfahren sich ähneln, sind die Siedepunkte und der Tripelpunkt des Gleichgewichtswasserstoffs ausführlicher beschrieben. Die erforderlichen Kenndaten der tiefsiedenden Flüssigkeiten enthält Tabelle 9. An die Druckmessung werden bei der Darstellung der Siedepunkte hohe Anforderungen gestellt. Um Wiederholungen zu vermeiden, wird auf Kapitel IV verwiesen, in dem die Druckmessung mit den erforderlichen Korrekturen beschrieben ist.

a) Siedepunkt des Gleichgewichtswasserstoffs

Para- und Orthowasserstoff

Wasserstoff hat zwei *molekulare Modifikationen*, die durch verschiedene relative Orientierungen der beiden Kernspins in den zweiatomigen Molekülen verursacht werden. Die Kernspins der beiden Atomkerne des Wasserstoffmoleküls können sich im Molekül entweder addieren oder sich gegenseitig kompensieren. Beim Orthowasserstoff sind die Spins beider Wasserstoffatomkerne einander parallel, während sie beim Parawasserstoff antiparallel sind. Zwischen beiden Formen des Wasserstoffs stellt sich langsam ein Gleichgewicht ein, das von der Temperatur abhängt. Bei höheren Temperaturen strebt die Zusammensetzung einem Grenzwert zu, der ungefähr 75% Orthowasserstoff und 25% Parawasserstoff (Normalwasserstoff) enthält. Dieses Grenzwertgleichgewicht wird praktisch schon bei Raumtemperatur erreicht. Bei Temperaturerniedrigung nimmt der Gehalt an Orthowasserstoff ab, und bei etwa 20 K befindet sich der gesamte Wasserstoff im Parazustand. Die Einstellung des Gleichgewichtszustandes kann durch geeignete *Katalysatoren* beschleunigt werden.

Wird Normalwasserstoff (75% Ortho- und 25% Parawasserstoff) in Abwesenheit eines Katalysators verflüssigt und in ein Vorratsgefäß gefüllt, so ändert sich die Ortho-Para-Zusammensetzung langsam, bis die von der Temperatur abhängige Gleichgewichtszusammensetzung erreicht ist. Dabei treten entsprechende Änderungen in den physikalischen Eigenschaften auf.

Über mehrere Tage findet die Ortho-Para-Umwandlung mit einer Umwandlungswärme von 1300 J/mol statt, die 45% größer ist als die Verdampfungswärme von Wasserstoff am Siedepunkt (vgl. Tab. 9). Bereits nach zwei Tagen sind durch diese innere Umwandlung etwa 30% des flüssigen Wasserstoffs verdampft [15, 16]. Im stationären Endzustand hat der flüssige Wasserstoff am Siedepunkt (20,28 K) die Gleichgewichtszusammensetzung 0,21% Ortho- und 99,79% Parawasserstoff. Wasserstoff dieser Gleichgewichtszusammensetzung siedet etwa 0,12 K tiefer als Normalwasserstoff.

Da der Dampfdruck des Wasserstoffs von der Ortho-Para-Zusammensetzung abhängt, ist es für präzise Temperaturbestimmungen aus gemessenen Dampfdrücken wichtig, daß der Wasserstoff bei der betreffenden Temperatur seine Ortho-Para-Gleichgewichtszusammensetzung (Gleichgewichtswasserstoff) hat. Daher ist es ratsam, die Gleichgewichtseinstellung durch einen entsprechenden Katalysator — z. B. EisenIII-oxid-hydrat, ChromVI-oxid, Neodymoxid —, der sich im allgemeinen in der Dampfdruckkammer des Temperaturfühlers befindet, zu beschleunigen [17, 18]. Hierdurch wird der im Dampfdruckthermometer kondensierte Normalwasserstoff bereits nach etwa 15 Minuten in Gleichgewichtswasserstoff umgewandelt, der bei 20,28 K siedet. Ohne Katalysator im Dampfdruckgefäß bleibt die Temperatur des Siedepunkts für wenige Stunden in der Nähe von 20,39 K.

Auch bei großen Wasserstoffverflüssigern wird die katalytische Ortho-Para-Umwandlung in der Flüssigkeit kurz nach der Verflüssigung vorgenommen, bevor der flüssige Wasserstoff in Vorratsbehälter geleitet wird. Bei dieser Methode sinkt zwar die Ausbeute des Verflüssigers etwas, aber die Verdampfungsverluste infolge Umwandlung sind später sehr klein. Da die Umwandlung in Gleichgewichtswasserstoff die Einstellung des Temperaturgleichgewichts eines Wasserstoffkryostaten verzögert, ist es ratsam, für Zwecke der Präzisionsthermometrie Gleichgewichtswasserstoff als Badflüssigkeit zu verwenden.

Beschreibung der Apparatur

Den Siedepunkt von Gleichgewichtswasserstoff beobachtet man nach der *statischen Methode* mit Hilfe eines Dampfdruckthermometers, dessen Temperaturfühler durch ein Bad mit flüssigem Wasserstoff temperiert wird. Die wesentlichen Teile der Apparatur, bestehend aus Kryostat und Dampfdruckthermometer, sind in Abbildung 104 dargestellt [10]. Die notwendigen apparativen Ergänzungen für die Dampfdruckmessungen sind in Abschnitt IV C 2 beschrieben und in Abbildung 11 wiedergegeben. Der Kryostat besteht aus zwei DEWAR-Gefäßen. Das äußere, mit flüssigem Stickstoff gefüllte Glasgefäß G_2 dient zum Vorkühlen; das aus rostfreiem Stahl hergestellte innere Gefäß G_1 von 65 cm Länge enthält flüssigen Gleichgewichtswasserstoff. Es besitzt am oberen Teil einen Flansch, der gegen den Kryostatendeckel D mit einem O-Ring aus Vitilan abgedichtet ist. Der Deckel weist fünf Durchführungen zum Innenraum des Metallgefäßes auf. In Deckelmitte ist ein mit einem O-Ring abgedichteter Flansch zur Befestigung des Meßfühlers Th des Dampfdruckthermometers vorgesehen. Das Gefäß G_1 kann über das mit einem Gummistopfen verschlossene Befüllungsrohr F aus rostfreiem Stahl (5 mm Durchmesser; 0,15 mm Wandstärke) mit flüssigem Wasserstoff gefüllt werden.

Um Abbildung 104 übersichtlich zu halten, mußte u. a. der Vakuummantel um das Befüllungsrohr F weggelassen werden. Aus Sicherheitsgründen ist das Befüllungsrohr bis zum Boden des Metall-DEWAR-Gefäßes geführt und unter 45° zur Rohrachse abgeschnitten. Hierdurch kann im Gefahrenfalle der flüssige Wasserstoff im Kryostaten durch seinen eigenen Dampfdruck über die Befüllungsleitung ausgeblasen werden. Außerdem ist ein Sicherheitsventil gegen einen unzulässigen Kryostatenüberdruck vorhanden. Über das weite Abpumprohr P, das an die Pumpleitung angeschlossen ist, kann der Dampfdruck und damit die Badtemperatur des Kryostaten geregelt werden. Das Manometer M zeigt den Druck im Kryostaten und der Standanzeiger S den

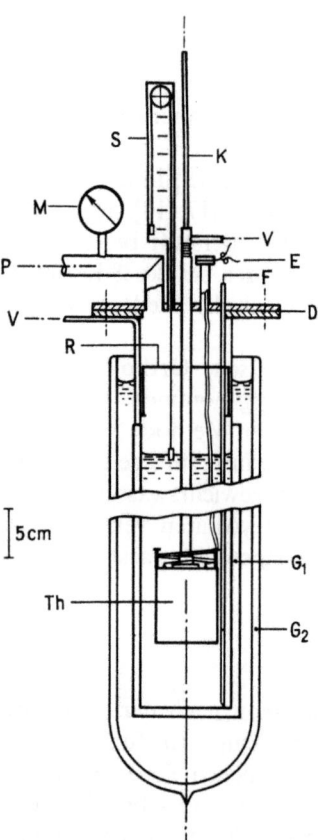

Abb. 104 Wasserstoffkryostat mit Temperaturfühler des Dampfdruckthermometers

Stand des flüssigen Wasserstoffs an. Die elektrischen Zuleitungsdrähte aus Kupfer von 0,1 mm Durchmesser sind über die Durchführung E in das Innere des Wasserstoffbades geführt. Um die Wärmezufuhr durch Strahlung von oben in das Wasserstoffbad herabzusetzen, ist unter dem Deckel D ein Strahlungsschirm R aus Kupfer angebracht, der wärmeleitend mit dem Stickstoffbad verbunden ist.

Der im Kryostaten eingebaute Meßfühler des Dampfdruckthermometers, dessen Konstruktionsmerkmale in Abschnitt IV C 1 beschrieben sind (vgl. Abb. 10), besteht aus einem Kupferblock, in dessen Mitte sich die Dampfdruckkammer befindet. Sie enthält etwa 1 cm³ EisenIII-oxid-hydrat als Katalysator. Acht Platinwiderstandsthermometer vom Kapseltyp (s. Abb. 17b), deren Widerstand an den Fixpunkten gemessen werden soll, sind im Kupferblock in Bohrungen um die Dampfdruckkammer angeordnet. Das geringe Spiel zwischen der Bohrung und der Platinhülse des Thermometers ist zur Verbesserung des Wärmeübergangs mit Vakuumfett ausgefüllt. Die elektrischen Zuleitungen der Widerstandsthermometer sind auf einem Wicklungsträger oberhalb des Kupferblocks bis zu einer Länge von etwa 60 cm aufgewickelt und erst anschließend mit dem Widerstandsthermometer verbunden. Hierdurch werden Fehler infolge Wärmeleitung entlang der Kupferdrähte weitgehend vermieden, weil der Draht beim Verlassen des Wicklungsträgers annähernd die Temperatur der Thermometer aufweist.

Um die Wärmezufuhr durch Strahlung in die Dampfdruckkammer entlang der Kapillare K herabzusetzen, ist entweder die Rohrachse der Kapillare im Badteil des Kryostaten versetzt angeordnet, oder es sind Einsätze in der Kapillare angebracht, die die Wärmezufuhr durch Wärmestrahlung weitgehend ausschalten, aber die Dampfdruckübertragung nicht stören. Häufig werden Metallscheiben oder verdrillte Bleche als Einsätze verwendet.

Über die Leitungen V werden der Vakuummantel um die Kapillare K und der Mantel um den Kupferblock Th abgepumpt (vgl. IV C 1).

Ausführung der Messung

Das Arbeiten mit großen Mengen von Wasserstoff erfordert besondere Sorgfalt. Wegen der Explosion von Wasserstoff-Luft-Gemischen an Zündquellen, die die Mindestzündenergie liefern, ist besondere Vorsicht geboten. Darüber hinaus ist es zweckmäßig, den Wasserstoffkryostaten in einem belüfteten Raum aufzustellen, so daß ein explosibles Gemisch, das z. B. durch eine Undichtheit der Anlage in den Raum entweichen kann, gefahrlos abgesaugt wird.

Vor Beginn der Messung wird die Vakuumdichtheit der Kryostatenanlage und des Dampfdruckthermometers geprüft. Damit der hochreine Wasserstoff im Dampfdruckthermometer nicht verunreinigt wird, evakuiert man den Dampfdruckthermometerzweig einschließlich aller Leitungen und Volumina wiederholt nach vorheriger Füllung mit geringen Mengen Wasserstoff bis auf 10^{-8} bar. Außerdem werden die Vakuummäntel um den Kupferblock und die Kapillare evakuiert. Anschließend füllt man das äußere DEWAR-Gefäß zur Abkühlung des Dampfdruckthermometers mit flüssigem Stickstoff.

Zur Herstellung eines besseren Wärmekontaktes zwischen dem mit flüssigem Stickstoff gefüllten äußeren DEWAR-Gefäß und dem Kupferblock des Dampfdruckthermometers wird sodann das innere Metallgefäß G_1 und dessen Vakuummantel mit gasförmigem Wasserstoff gefüllt. Bereits nach wenigen Stunden hat der Dampfdruckthermometerblock annähernd die Siedetemperatur des Stickstoffs angenommen. Nachdem der gasförmige Wasserstoff aus dem Vakuummantel des Metallgefäßes G_1 abgepumpt worden ist, kann Gleichgewichtswasserstoff als Badflüssigkeit in dieses Gefäß gefüllt werden. Während der Füllung und im anschließenden Betrieb muß der obere Teil des Kryostaten über das weite Abpumprohr P mit einem Gasometer oder über eine Druckausgleichsleitung mit dem atmosphärischen Luftdruck in Verbindung stehen. Danach wird das Dampfdruckthermometer Th mit hochreinem Wasserstoff gefüllt. Wenn dieser Wasserstoff unter Atmosphärendruck in Glasgefäßen zur Verfügung steht, muß eine entsprechende Zahl von Gefäßen mit dem Dampfdruckthermometer verbunden werden. Anschließend wird der Dampfdruck der Badflüssigkeit bis in die Nähe des Tripelpunktdrucks vermindert, damit der Wasserstoff in die Dampfdruckkammer kondensiert. Die in das Dampfdruckthermometer überzuleitende Gasmasse und deren Raumbeanspruchung im flüssigen Zustand können bei bekannten Volumenverhältnissen mit Hilfe von Werten der Tabelle 9 aus dem Druck berechnet werden. Wenn der hochreine Wasserstoff in einem Druckbehälter vorliegt, kann das Dampfdruckthermometer unter Überdruck gefüllt werden. Diese Art der Füllung hat den Vorteil, daß die Badtemperatur nicht erniedrigt zu werden braucht. Der dem Druckbehälter entnommene Wasserstoff wird hierbei unter bekannten Bedingungen in ein

Metallgefäß mit bekanntem Volumen (vgl. Abb. 11) eingeschlossen und anschließend unter geringem Überdruck in die Dampfdruckkammer kondensiert.

Während der Messung wird die Badtemperatur über den Dampfdruck mit einem *Druckregler* [19, 20] geregelt. Damit kann die Temperatur des Kupferblocks für eine Meßzeit von ungefähr 10 Minuten bis auf 1 mK konstant gehalten werden. Eine vergleichbare Konstanz der Blocktemperatur läßt sich auch ohne Regler erreichen, wenn bei Messungen am Siedepunkt der Kryostat mit dem atmosphärischen Luftdruck in Verbindung steht, der allerdings annähernd konstant sein muß. Bei der Messung des Siedepunktes bei 333,306 mbar kann der Druck, wenn kein geeigneter Regler zur Verfügung steht, von Hand durch ein Feinregulierventil in der Abpumpleitung konstant gehalten werden.

Bei den Messungen muß das Meßergebnis unabhängig vom Volumenverhältnis des flüssigen und des gasförmigen Wasserstoffs in der Dampfdruckkammer sein. Dieses Kriterium auf Gasreinheit, das in der IPTS-68 [11] angegeben ist, muß jedoch nach J. P. COMPTON [21, 22] besser definiert werden. Wasserstoff, aber auch Neon und Sauerstoff sind *Isotopengemische*. Das bedeutet, daß bei der isothermen Verdampfung des Isotopengemisches definierter Zusammensetzung der Druck vom Verhältnis der Volumina der flüssigen und der gasförmigen Phase abhängt. In diesem Falle ist — wie bei Gemischen üblich — zu unterscheiden zwischen Taupunkt und Siedepunkt. Zum Beispiel unterscheiden sich bei der isobaren Verdampfung des Wasserstoffisotopengemischs der Tau- und Siedepunkt bei 1 bar um etwa 0,4 mK.

Diese Temperaturdifferenz ist nicht groß, aber größer als die Reproduzierbarkeit der Fixpunktbestimmungen. Mit Rücksicht auf die nicht zu vernachlässigende Temperaturdifferenz muß der Begriff des Siedepunktes für die verflüssigten Gase Wasserstoff, Neon und Sauerstoff besser definiert werden. Für die Darstellung der Siedepunkte des Wasserstoffs ist es zweckmäßig, einen Zustand in der Nähe der *Siedelinie* zu verwirklichen, d. h., in der Dampfdruckkammer muß das Volumen der flüssigen Phase groß sein gegen das Volumen der gasförmigen Phase. Unter diesen Bedingungen ist der Einfluß der Isotopenzusammensetzung oder der Verunreinigungen auf die Temperatur des Siedepunktes am kleinsten. Auf diese Einflüsse ist in der verbesserten Ausgabe der IPTS-68 hingewiesen.

In der IPTS-68 wurde dem Siedepunkt des Gleichgewichtswasserstoffs der Temperaturwert T_{68} = 20,28 K zugeordnet. Der Siedepunkt beim Druck 333,306 mbar beträgt T_{68} = 17,042 K. Bei sorgfältiger Darstellung dieser beiden definierenden Fixpunkte der IPTS-68 läßt sich eine kleinere Meßunsicherheit als 1 mK erreichen. Dampfdruckthermometer für diesen Temperaturbereich sind von C. R. BARBER und A. HORSFORD [23], R. MUIJLWIJK [24], T. MOCHIZUKI und S. SAWADA [25] sowie J. P. COMPTON [22] ausführlich beschrieben worden. Die Temperaturfühler der Dampfdruckthermometer werden im allgemeinen mit flüssigem Wasserstoff temperiert. Um die Schwierigkeiten beim Arbeiten mit flüssigem Wasserstoff zu umgehen, verwendet J. P. COMPTON einen Kryostaten, der mit flüssigem Helium gekühlt wird.

b) **Tripelpunkt des Gleichgewichtswasserstoffs**

Bei einem Dampfdruckthermometer, mit dem Tripel- oder Umwandlungspunkte realisiert werden können, muß während der Beobachtung des Haltepunktes der Wärmeübergang zwischen Bad und Kupferblock nahezu aufgehoben sein. Diese Abschirmung

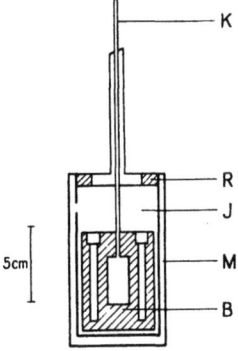

Abb. 105 Temperaturfühler des Dampfdruckthermometers zur Messung des Tripelpunktes

der Badflüssigkeit wird dadurch erreicht, daß man den Thermometerblock vollständig mit einem Vakuummantel umgibt. Für die Darstellung des Tripelpunktes von Gleichgewichtswasserstoff kann der in Abbildung 105 gezeichnete Temperaturfühler des Dampfdruckthermometers verwendet werden, der von W. THOMAS und W. BLANKE [26] in einer Arbeit über die Darstellung des Sauerstofftripelpunktes ausführlich beschrieben ist. Der Fühler besteht aus einem Kupferblock B, in dessen Mitte sich die Dampfdruckkammer von 7 cm³ Volumen zur Aufnahme des hochreinen Wasserstoffs befindet. Wegen der großen Menge Wasserstoff in der Dampfdruckkammer kann die Dauer der Phasenumwandlung am Tripelpunkt auf mehrere Stunden ausgedehnt werden. Die im Kupferblock um die Dampfdruckkammer angeordneten 8 Bohrungen dienen zur Aufnahme der Platinwiderstandsthermometer vom Kapseltyp. Der Block B mit der Dampfdruckkapillare K (2,5 mm innerer Durchmesser; 0,1 mm Wandstärke) befindet sich in einem Kupferbehälter M, der in den Kryostaten mit Gleichgewichtswasserstoff als Badflüssigkeit eintaucht. Der Deckel des Kupferbehälters M ist als thermischer Anker ausgebildet. An ihm ist ein Strahlungsschutz befestigt, der den Kupferblock B umschließt. Die Zuleitungsdrähte der Widerstandsthermometer sind an den Kupferring R thermisch angekoppelt. Die zweite Ankopplung erfolgt an den Thermometerblock B. Erst danach führen die Drähte zur Thermometerwicklung. Hierdurch wird die Wärmezufuhr von außen zum Kupferblock durch Wärmeleitung in den Zuleitungsdrähten herabgesetzt. Der Kupferbehälter M setzt sich nach oben in ein dünnwandiges Rohr aus rostfreiem Stahl von 10 mm Durchmesser fort, das die Dampfdruckkapillare K umgibt. Der Behälter M und der Raum um die Dampfdruckkapillare K können evakuiert oder mit gasförmigem Helium gefüllt werden. Hierdurch ist es möglich, den Wärmeübergang zwischen dem Wasserstoffbad und dem Thermometerblock B den Versuchsbedingungen anzupassen. Die Dampfdruckkapillare K trägt eine Heizwicklung zur Vermeidung der Kondensatbildung in der Kapillare während des Abkühlungsvorgangs, bei dem der Raum J mit Kontaktgas gefüllt ist. Um Abbildung 105 übersichtlich zu halten, sind der Strahlungsschutz in der Dampfdruckkapillare, der Katalysator in der Dampfdruckkammer und die Thermopaare zur Messung der Temperaturverteilung zwischen dem Thermometerblock B, dem thermischen Anker R und der Dampfdruckkapillare nicht eingezeichnet.

Voraussetzung für die Darstellung des Tripelpunktes von Gleichgewichtswasserstoff ist der in Abbildung 104 beschriebene Kryostat, in dem sich jedoch der Temperaturfühler nach Abbildung 105 befindet. Darüber hinaus müssen die notwendigen apparativen Ergänzungen, wie sie unter IV C 2 aufgeführt und in Abbildung 11 dargestellt sind, vorhanden sein.

Bevor die Badtemperatur des Wasserstoffkryostaten erniedrigt wird, füllt man den Raum J des Temperaturfühlers mit gasförmigem Helium (etwa 10 mbar), um Wärmekontakt zwischen dem Bad und dem Thermometerblock herzustellen. Dann wird das Wasserstoffbad soweit abgepumpt, bis eine Blocktemperatur erreicht ist, die wenige Zehntel K unter der Tripelpunktstemperatur liegt. Während des Abkühlvorgangs wird in die Dampfdruckkammer nach gasvolumetrischer Vordimensionierung soviel hochreiner Wasserstoff übergeleitet, daß die sich ausbildende feste Phase etwa 80% des Kammervolumens einnimmt. Durch Verminderung der Pumpleistung wird eine Badtemperatur eingestellt, die wenig über der Tripelpunktstemperatur liegt. Kurz vor der Phasenumwandlung wird der Raum J bis auf 10^{-7} bar abgepumpt. Hierdurch ist der Wärmekontakt zwischen dem Kupferblock und dem Kryostaten weitgehend aufgehoben. Die anschließende Erwärmung des Kupferblocks erfolgt dabei im wesentlichen durch die Wärmeleitung in der Dampfdruckkapillare. Die *Phasenumwandlung bei der Tripelpunktstemperatur* wird über die eingebauten Widerstandsthermometer beobachtet. Zur gleichen Zeit kann auch der Dampfdruck während der Umwandlung gemessen werden. Eine typische Kurve der Phasenumwandlung am Tripelpunkt ist für Sauerstoff in Abbildung 106 angegeben. Während der Phasenumwandlung wird ein geringer zeitlicher Temperaturanstieg auftreten, der bei Präzisionsmessungen unter 1 mK pro Stunde bleiben muß.

In der IPTS-68 hat der Tripelpunkt des Gleichgewichtswasserstoffs die Temperatur $T_{68} = 13{,}81$ K. Bei sorgfältiger Realisierung kann dieser definierende Fixpunkt der IPTS-68 mit einer kleineren Unsicherheit als 1 mK verwirklicht werden. Wegen der experimentellen Einzelheiten wird auf Arbeiten von H. TER HARMSEL [27], R. MUIJLWIJK [24], J. P. COMPTON [22] und M. TAKAHASHI und Mitarb. [28] verwiesen.

c) **Siedepunkt des Sauerstoffs**

Zur Darstellung des Siedepunkts des Sauerstoffs kann der Temperaturfühler der Abbildung 10 (IV C 1) verwendet werden. Er wird durch ein Sauerstoffbad (vgl. Abb. 11) temperiert. Der Kryostat besteht aus zwei DEWAR-Gefäßen. Das innere DEWAR-Gefäß enthält flüssigen Sauerstoff und das äußere flüssigen Stickstoff, der unter atmosphärischen Bedingungen siedet. Der Dampfdruck und damit die Badtemperatur des flüssigen Sauerstoffs im inneren DEWAR-Gefäß können durch Abpumpen des Gases verändert werden. In diesem Fall ist es besonders wichtig, Pumpenöle zu verwenden, mit denen man Sauerstoff gefahrlos abpumpen kann. Die Füllung der Dampfdruckkammer geschieht in ähnlicher Weise, wie sie für den Wasserstoffsiedepunkt ausführlich beschrieben ist (X C 1a).

Wenn die DEWAR-Gefäße und das Dampfdruckthermometer gefüllt sind, muß bis zum Beginn der Messung solange gewartet werden, bis die Temperatur des Thermometerblocks sich nur noch um etwa 1 mK in 10 Minuten ändert. Um eine störende Erwärmung der Widerstandsthermometerwicklung auszuschließen, darf der Thermometerstrom im Temperaturbereich des flüssigen Sauerstoffs 2 mA nicht überschreiten. Meßfehler treten häufig durch die nicht ausreichende Temperaturstabilität des Sauerstoffbades auf. Diese Instabilität kann davon herrühren, daß der technische flüssige Sauerstoff bis zu 2% Stickstoff enthält, der bevorzugt verdampft und dadurch die

Badtemperatur erhöht. Diesen störenden Stickstoffanteil kann man nach R. J. BERRY [29] auf unter 5⁰/₀₀ herabsetzen, wenn man gasförmigen Sauerstoff in das Bad einleitet. Hinzu kommt, daß das Sauerstoffbad sich in der Nähe des Bodens des DEWAR-Gefäßes leicht überhitzt. Die auftretenden Siedestöße beeinflussen auch die Badtemperatur. Um *Überhitzungen* weitgehend zu vermeiden, hat R. B. SCOTT [30] empfohlen, die Verdampfung mit einem gasförmigen Sauerstoffstrom anzuregen, während R. MUIJLWIJK [24] und auch andere im Boden des DEWAR-Gefäßes eine elektrische Heizung angebracht haben, mit der die Verdampfung angeregt wird. Bei präziser Darstellung kann der Sauerstoffsiedepunkt in der IPTS-68 ($T_{68} = 90{,}188$ K) mit einer Unsicherheit, die kleiner als 1 mK ist, verwirklicht werden. Auch der für die Darstellung dieses Fixpunktes verwendete hochreine Sauerstoff ist ein Gemisch verschiedener *Sauerstoffisotope*, so daß man auch hier wie beim Wasserstoff zwischen Tau- und Siedepunkt unterscheiden muß [21, 22]. Einen ähnlichen Einfluß haben gasförmige Restverunreinigungen. Aus diesem Grunde ist es zweckmäßig, bei der Darstellung dieses Fixpunktes einen Zustand in der Nähe des *Taupunktes* zu realisieren, d. h., in der Dampfdruckkammer muß das Volumen der gasförmigen Phase groß sein gegen das Volumen der flüssigen Phase (vgl. Tab. 29). In diesem Fall ist der Einfluß der gasförmigen Verunreinigungen am kleinsten. Wegen der experimentellen Einzelheiten wird auf die entsprechende Literatur [24, 31, 32] verwiesen. Mit diesen Apparaturen lassen sich auch die Siedepunkte des Stickstoffs ($T_{68} = 77{,}344$ K) [33, 34] und des Argons ($T_{68} = 87{,}294$ K) [34] darstellen. Diese beiden Temperaturwerte entsprechen der verbesserten Fassung der IPTS-68.

d) Tripelpunkt des Sauerstoffs

Zur Darstellung des Tripelpunktes des Sauerstoffs ist der Temperaturfühler der Abbildung 105 entwickelt worden. Der Fühler besitzt einen einfachen Aufbau und ermöglicht ein leichtes Auswechseln der Widerstandsthermometer. Er ist in einer Veröffentlichung von W. THOMAS und W. BLANKE [26] beschrieben worden und entspricht dem Fühler für die Darstellung des Wasserstofftripelpunktes in Kapitel X C 1b. Da der Tripelpunkt des Sauerstoffs wegen des geringen Dampfdrucks von 1,45 mbar (vgl. Tab. 9) durch Abpumpen eines Sauerstoffbades nur mit großem Aufwand dargestellt werden kann, wird als Badflüssigkeit der tiefer siedende Stickstoff verwendet. Durch Abpumpen des Stickstoffbades bis in den Sublimationsdruckbereich (etwa 12 mbar) lassen sich Temperaturen erreichen, die tiefer sind als die Tripelpunktstemperatur des Sauerstoffs $T_{68} = 54{,}361$ K. Im übrigen geschieht die Verwirklichung dieses Tripelpunktes in ähnlicher Weise, wie sie für den Wasserstofftripelpunkt bereits ausführlich beschrieben ist.

Ein typischer Verlauf der *Phasenumwandlung* in Schmelzrichtung ist in Abbildung 106 für den Sauerstofftripelpunkt wiedergegeben. Die obere Kurve zeigt, daß mit der beschriebenen Apparatur der Haltepunkt etwa 5 Stunden aufrecht erhalten werden kann. Bei diesem Versuch enthielt die Dampfdruckkammer ungefähr 3 cm³ kondensierten Sauerstoff. Die untere Kurve zeigt den Beginn des Schmelzvorgangs, den man an der starken Richtungsänderung der Schmelzkurve erkennt. Während der Umwandlung tritt ein geringer zeitlicher Temperaturanstieg auf, der in 5 Stunden etwa 0,6 mK beträgt. Die Tripelpunktstemperatur entspricht dem Beginn der Phasenumwandlung. Die Unsicherheit in der Darstellung dieses Fixpunktes beträgt bei Präzisionsmessungen

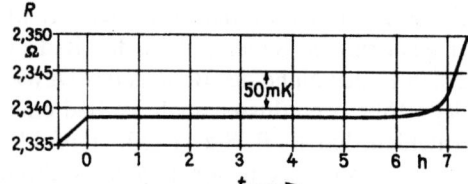

Abb. 106 Änderung des Widerstandes R eines Platinwiderstandsthermometers mit der Zeit t bei der Phasenumwandlung am Sauerstofftripelpunkt

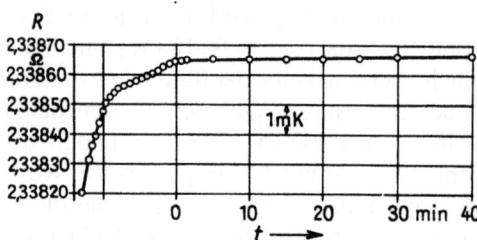

weniger als 1 mK. Wegen der experimentellen Einzelheiten wird auf die Arbeiten [5, 24, 32, 35] verwiesen. Der Tripelpunkt des *Stickstoffs* $T_{68} = 63{,}146$ K (verbesserte Ausgabe der IPTS-68) kann mit den beschriebenen Apparaturen ebenfalls verwirklicht werden [33].

e)   Siede- und Tripelpunkt des Neons

Flüssiges Neon scheidet wegen des hohen Preises als Badflüssigkeit aus. Aus diesem Grunde kann ein Dampfdruckthermometerfühler, der unmittelbar an die Badflüssigkeit thermisch angekoppelt wird, nicht verwendet werden. In den zurückliegenden Jahren wurde der Neonsiedepunkt in Kryostaten mit flüssigem Wasserstoff verwirklicht. Da das Wasserstoffbad bei einer Temperatur von 20,28 K siedet und der Neonsiedepunkt etwa 7 K höher liegt, mußten Dampfdruckthermometer verwendet werden, bei denen der Thermometerblock gegen die Badflüssigkeit abgeschirmt war. Sie ähnelten der in Abbildung 105 dargestellten Ausführung. Die erforderliche Erwärmung des Thermometerblocks wurde durch eine elektrische Heizung erreicht [36].

Um die Schwierigkeiten beim Arbeiten mit flüssigem Wasserstoff zu umgehen, verwendete J. P. COMPTON [37, 38] zur Temperierung des in Abbildung 107 dargestellten Temperaturfühlers ein Heliumbad. Der Thermometerblock wird über einen wärmeleitenden Draht an das Heliumbad thermisch angekoppelt. Die Temperatur wird mit der Heizung am Thermometerblock geregelt. Weitere Einzelheiten sind den ausführlichen Veröffentlichungen von J. P. COMPTON zu entnehmen.

Mit dieser Apparatur können alle Siedepunkte der IPTS-68 im Bereich tiefer Temperaturen dargestellt werden [22]. Nach Entfernen der thermischen Kopplung zwischen Bad und Thermometerblock über den wärmeleitenden Draht (s. Abb. 107) lassen sich auch Tripel- und Umwandlungspunkte in diesem Temperaturbereich verwirklichen [22].

Auch das für die Darstellung des Siedepunktes verwendete hochreine Neon ist ein *Isotopengemisch*. Die Stoffmengengehalte der Neonisotope sind in der IPTS-68 [11] aufgeführt. Die Temperaturdifferenz zwischen Tau- und Siedepunkt beträgt wie bei Wasserstoff (s. X C 1a) 0,4 mK. Für die Darstellung des Siedepunktes des Neons ist es zweckmäßig, einen Zustand zu verwirklichen, der in der Nähe der *Siedelinie* liegt, d. h.,

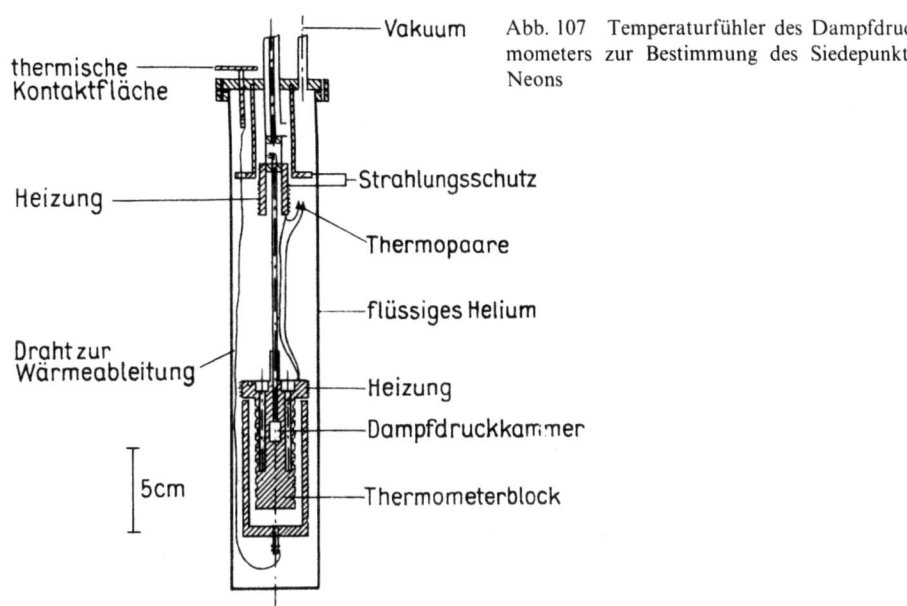

Abb. 107 Temperaturfühler des Dampfdruckthermometers zur Bestimmung des Siedepunktes des Neons

die Dampfdruckkammer muß so gefüllt sein, daß das Volumen der flüssigen Phase groß gegen das der gasförmigen Phase ist. Unter dieser Voraussetzung ist der Einfluß der Isotopenzusammensetzung oder der Verunreinigungen auf die Temperatur des Siedepunkts am kleinsten.

Der Siedepunkt des Neons ist ein definierender Fixpunkt der IPTS-68 mit dem Temperaturwert $T_{68} = 27{,}102$ K. Der Tripelpunkt des Neons hat als sekundärer Bezugspunkt der IPTS-68 in der verbesserten Ausgabe von 1975 den Wert $T_{68} = 24{,}561$ K. Beide Fixpunkte können bei sorgfältiger Darstellung mit einer Meßunsicherheit, die kleiner als 1 mK ist, verwirklicht werden. In diesem Zusammenhang wird noch auf Arbeiten von G. T. FURUKAWA [39, 40] und J. L. TIGGELMAN [41] verwiesen. Neuere Untersuchungen [40, 41] hatten ergeben, daß die Temperatur des Tripelpunktes um 6 mK erhöht werden mußte.

f) **Tripelpunkt des Argons**

Der Argontripelpunkt ist ein Fixpunkt von hoher Reproduzierbarkeit. Nach den Messungen von G. T. FURUKAWA und Mitarb. [42] hat er den Temperaturwert $T_{68} = 83{,}798$ K. Der Druck beträgt 687,5 mbar. Bereits A. MICHELS und Mitarb. [43] haben diesen Punkt als Temperaturfixpunkt vorgeschlagen, da er als *invariantes Gleichgewicht* ohne Druckmessung präzis verwirklicht werden kann. Wegen der hohen Reproduzierbarkeit hat G. T. FURUKAWA diesen Vorschlag aufgegriffen. Der Argontripelpunkt könnte den Sauerstoffsiedepunkt als definierenden Fixpunkt der IPTS-68 ersetzen. In der verbesserten Ausgabe der IPTS-68 ist dieser Vorschlag verwirklicht worden (vgl. Tabelle 29). Bei sorgfältiger Darstellung kann eine Unsicherheit erreicht werden, die kleiner als 1 mK ist.

J. ANCSIN hat die Phasenumwandlung am Tripelpunkt von Argon untersucht [44]. Diese Arbeit enthält viele experimentelle Einzelheiten und Schemazeichnungen eines

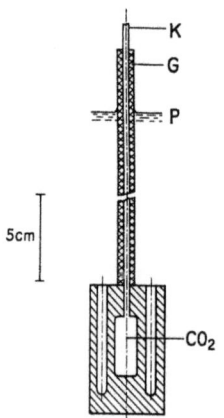

Abb. 108 Temperaturfühler des Dampfdruckthermometers zur Bestimmung des Sublimationspunktes des Kohlendioxids

besonderen Temperaturfühlers, bei dem das Platinwiderstandsthermometer unmittelbar vom Argon umgeben ist.

g) Sublimationspunkt des Kohlendioxids

Dieser sekundäre Bezugspunkt der IPTS-68 mit dem Wert $T_{68} = 194{,}64$ K gibt das Gleichgewicht zwischen der festen und dampfförmigen Phase des Kohlendioxids beim Druck von 1,01325 bar wieder. Er kann mit dem in Abbildung 108 gezeichneten Dampfdruckthermometer verwirklicht werden, das dem Versuchsaufbau von C. R. BARBER [45] entnommen ist, der diesen Fixpunkt untersuchte. Das Thermometergefäß besteht aus Kupfer. Es befindet sich in einem gerührten Isopentanbad P, das auf einer Temperatur von annähernd $-78{,}5$ °C gehalten wird.

Der Sublimationsdruck wird über eine Kupfer-Nickel-Kapillare K von 3 mm Durchmesser auf das Druckmeßgerät übertragen. Um eine Kondensation des Dampfes in der Kapillare zu vermeiden, trägt sie eine Heizwicklung. Heizwicklung und Kapillare sind zur Wärmeisolation gegen das Bad von einem 200 mm langen Gummischlauch G umschlossen. Für die Messung wurde sehr reines Kohlendioxid verwendet, dessen Reinheitsgrad in der Arbeit angegeben ist. Das Kohlendioxid wurde gasvolumetrisch unter Überdruck in die Dampfdruckkammer geleitet und dann verfestigt. Die anschließend ausgeführten Messungen ergaben eine Unsicherheit dieser Fixpunkttemperatur in der IPTS-68 von 3 mK. C. R. BARBER hat die thermodynamische Temperatur dieses Fixpunktes mit Widerstandsthermometern gemessen, die er mit einem Gasthermometer verglichen hatte. Die Meßunsicherheit der thermodynamischen Temperatur wurde dabei mit 5 mK angegeben.

Für das Gleichgewicht zwischen der festen und dampfförmigen Phase des Kohlendioxids (Sublimationspunkt des Kohlendioxids) gilt nach der IPTS-68 [11] mit

$p_0 = 1,01325$ bar

$$T_{68} = \left[194,674 + 12,264 \left(\frac{p}{p_0} - 1\right) - 9,15 \left(\frac{p}{p_0} - 1\right)^2 \right] \text{K} \qquad (453)$$

im Temperaturbereich von 194 K bis 195 K.

2. Tripelpunkt des Wassers und Eispunkt

a) Tripelpunkt des Wassers

Die thermodynamische KELVIN-Temperaturskala ist durch den *absoluten Nullpunkt* der Thermodynamik, $T = 0$ K, und durch die Temperatur des Tripelpunktes des Wasser, $T_{tr} = 273,16$ K, festgelegt. In der thermodynamischen CELSIUS-Temperaturskala ist dem Wassertripelpunkt die CELSIUS-Temperatur $t_{tr} = 0,01$ °C zugeordnet (s. auch I A 3). Dadurch gewinnt dieser Fixpunkt besondere Bedeutung. Beim Tripelpunkt des Wassers befinden sich Eis, Wasser und Wasserdampf im thermodynamischen Gleichgewicht.

Abbildung 109 zeigt ein Gefäß zur Darstellung des Tripelpunktes. Es ist leicht erkennbar, daß nicht nur jedes Gas, dessen Lösung in Wasser die Temperatur des Festpunktes herabsetzt, vermieden ist, sondern auch der Druck, unter dem sich der Umwandlungsvorgang abspielt, zugleich festgelegt ist. Er beträgt 6,105 mbar. Die verwendete Wassermenge bleibt völlig abgeschlossen, sie kann immer wieder verwendet werden, und es ist darum möglich, auf ihre Reinigung von fremden Beimengungen die denkbar größte Sorgfalt zu verwenden. Eine Vorschrift hierfür ist von F. KOHLRAUSCH [46] angegeben, der zugleich mitteilt, wie aus dem elektrolytischen Leitungsvermögen auf

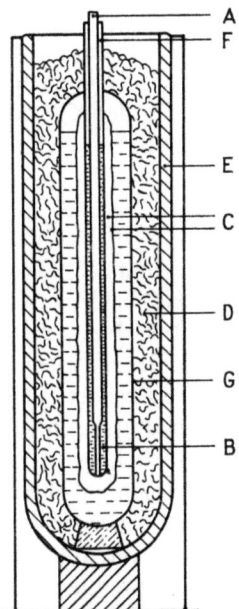

Abb. 109 Tripelpunktgefäß. *A* Thermometer, *B* Übertragungsflüssigkeit, *C* Zweiphasengleichgewicht Wasser—Eis, *D* Eis, *E* DEWAR Gefäß, *F* inneres Rohr, *G* äußeres Rohr

die noch im Wasser gelöste Substanzmenge geschlossen werden kann. Man leitet durch das Wasser während des Destillierens einen von Kohlendioxid und Ammoniak befreiten Luftstrom, wodurch die etwa noch im Wasser befindlichen letzten Reste dieser Gase entfernt werden. Von der gelösten Luft kann man dann das Wasser durch Ausfrieren in einem möglichst evakuierten Raum befreien. Reines Wasser hat nach KOHLRAUSCH [46] bei 18 °C ein elektrolytisches Leitvermögen von $0{,}28 \cdot 10^{-6}\,\Omega^{-1} \cdot \mathrm{cm}^{-1}$. Nach F. KOHLRAUSCH und L. HOLBORN [47] vergrößert die äquivalentmengenbezogene Masse von 0,005 mg Salz in 1 kg Wasser die Leitfähigkeit um $0{,}5 \cdot 10^{-6}\,\Omega^{-1} \cdot \mathrm{cm}^{-1}$. Die durch eine solche Menge bewirkte *Gefrierpunkterniedrigung* des Wassers berechnet sich zu $2 \cdot 10^{-5}$ K, wenn man eine Dissoziation der Moleküle in zwei Ionen annimmt. Es ist durchaus möglich, die durch diese Zahl gegebene Reinheitsgrenze des Wassers einzuhalten, selbst wenn es für Monate in einem Gefäß aus Glas eingeschlossen bleibt, das allerdings hochwertige Eigenschaften, wie etwa das Thermometerglas 2954[III], haben muß.

Die ersten Versuche, den *Schmelzpunkt* des Eises durch den Tripelpunkt des Wassers zu ersetzen, wurden von A. MICHELS und F. COETERIER [48] durchgeführt. Im Anschluß daran hat sich H. MOSER [49, 50] sehr ausführlich dieser Frage gewidmet. Das von ihm verwendete Wasser besaß nach längerer Aufbewahrung im Glasgefäß ein elektrolytisches Leitvermögen von $0{,}7 \cdot 10^{-6}\,\Omega^{-1} \cdot \mathrm{cm}^{-1}$, so daß also den vorstehenden Angaben entsprechend nur eine Gefrierpunkterniedrigung von nicht mehr als 0,02 mK in Frage kam.

Das *Tripelpunktgefäß* (Abb. 109) besteht aus einem äußeren Rohr G von etwa 30 cm Länge und 6 cm Durchmesser, in dessen Achse zur Aufnahme des Thermometers ein Glasrohr F eingeschmolzen ist. Der Raum zwischen dem inneren Rohr F und dem äußeren Rohr G ist bis auf einen kleinen Rest mit reinem Wasser gefüllt, das die Isotopenzusammensetzung des Ozeanwassers haben muß. Die Herstellung von Tripelpunktgefäßen wird ausführlich von C. R. BARBER und E. F. G. HERINGTON [51] beschrieben.

Die Tripelpunkttemperatur herrscht an allen Stellen, an denen sich das Eis mit einer Flüssigkeit-Dampf-Oberfläche im Gleichgewicht befindet. In einer Tiefe h unter der Flüssigkeit-Dampf-Oberfläche ergibt sich die CELSIUS-Temperatur t_{68} des Gleichgewichts zwischen dem Eis und dem flüssigen Wasser nach der Beziehung

$$t_{68} = A + Bh \tag{454}$$

mit $A = 0{,}01$ °C und $B = -7 \cdot 10^{-4}\,\mathrm{m}^{-1}$ °C.

Im folgenden wird eine einfache Methode zur Vorbereitung des Tripelpunktgefäßes für die Messung beschrieben. In das getrocknete innere Rohr F wird fein zerkleinertes, festes Kohlendioxid (Trockeneis) gefüllt. Dadurch bildet sich um das Rohr F eine feste Eisschicht. Zur gleichmäßigen Ausbildung des Eismantels muß während des Einfrierens laufend soviel Trockeneis nachgefüllt werden, daß es immer über der Wasseroberfläche im Tripelpunktgefäß steht. Große Hohlräume im Rohr F kann man durch Schräghalten des Gefäßes und leichtes Klopfen vermeiden. Wenn der Eismantel einige Millimeter dick ist, schüttet man das Trockeneis aus dem inneren Rohr heraus. Anschließend wird eine dünne Schicht des Eismantels, die das Rohr F umgibt, wieder von innen her geschmolzen. Dadurch läßt sich erreichen, daß nur reinstes Schmelzwasser mit dem Eis in Berührung steht. Ursprünglich noch vorhandene Spuren von Verunreinigungen verbleiben in dem Wasser, das den Erstarrungsprozeß nicht durchmacht. Zum Schmelzen der Grenzschicht füllt man kurzzeitig Wasser von Zimmertemperatur in das Rohr F. Dieses Wasser wird sofort wieder herausgesaugt, wenn eine dünne Eisschicht um das Rohr F geschmolzen ist, ohne daß man dabei das Tripelpunktgefäß kippt.

Nach diesen Vorbereitungen setzt man das Gefäß in ein DEWAR-Gefäß, das bis zur Oberkante des Rohres F mit gemahlenem Eis gefüllt wird. Wenn das geschmolzene Eis im DEWAR-Gefäß regelmäßig ersetzt und das Schmelzwasser entfernt wird, kann der Zustand des Tripelpunktes für mehrere Monate aufrecht erhalten werden.

Zur Bildung des Eismantels im Tripelpunktgefäß kann auch eine mit einer handelsüblichen Kältemaschine abgekühlte Flüssigkeit, z. B. Methanol, durch das innere Rohr F geleitet werden. Bei etwas geringeren Ansprüchen an die Präzision läßt sich das Tripelpunktgefäß auch in einem Flüssigkeitsbad von etwa $-20\,°C$ abkühlen. Nach einer Unterkühlung von $5\,°C$ bis $10\,°C$ tritt die feste Phase auf. Dies kann man auch durch kräftiges Schütteln des Gefäßes beschleunigen. Unter gleichzeitiger Erwärmung erstarrt dabei höchstens ein Achtel der gesamten Wassermenge. Das Eis ist in diesem Fall über das gesamte Volumen verteilt. Bei diesem Verfahren ist es zweckmäßig, den Unterkühlungsvorgang mit einem Quecksilberglasthermometer zu beobachten, das im inneren Rohr F eingetaucht ist. Zum besseren Wärmeübergang sollte in dieses Rohr etwas Quecksilber eingefüllt werden.

Meistens wird zur Verbesserung des Wärmeübergangs zwischen dem Wasser im Tripelpunktgefäß und dem Thermometer das Rohr F mit eiskaltem Wasser gefüllt, das bei eingesetztem Widerstandsthermometer etwa bis zur Oberkante des Wassers im Tripelpunktgefäß reichen sollte.

Die Temperatur im Innenrohr F steigt in den ersten beiden Tagen nach der Erzeugung des Tripelpunkts um etwa $2 \cdot 10^{-4}$ K auf ihren stationären Endwert an. Dies hängt wahrscheinlich mit dem langsamen Verschwinden von Spannungen in den Eiskristallen zusammen. Nach dem Abklingen der anfänglichen Änderungen ist die Temperatur auf 0,1 mK konstant. Selbst bei Zellen verschiedenen Ursprungs, die vom inneren Rohr F aus abgekühlt werden, dürften die Temperaturunterschiede höchstens 0,2 mK betragen.

Vor dem Messen sollte man sich davon überzeugen, daß das innere Rohr F noch von Flüssigkeit umgeben ist. In diesem Fall läßt sich das Eis durch eine ruckartige Drehung des Gefäßes um seine Achse bewegen. Ist ein Teil der Flüssigkeit erstarrt, wird zum Auftauen ein auf Raumtemperatur befindlicher Stab kurzzeitig in das Rohr F eingetaucht.

Ein merklicher Anstieg der Temperatur des Thermometers über die Temperatur des Tripelpunkts kann durch künstliches Licht oder durch Sonnenlicht hervorgerufen werden, das auf das eisbedeckte Gefäß fällt. Deshalb muß das Gefäß während der Messungen abgedeckt werden.

Die Abweichungen in der *Isotopenzusammensetzung* des natürlich vorkommenden Wassers verursachen nachweisbare Differenzen der Tripelpunkttemperatur. Ozeanwasser enthält ungefähr 0,016 mol Deuterium (^{2}H) auf 100 mol Wasserstoff (^{1}H) sowie 0,04 mol ^{17}O und 0,2 mol ^{18}O auf 100 mol ^{16}O. Dieser Anteil an schweren Isotopen ist praktisch der höchste, der in natürlich vorkommendem Wasser gefunden wird. Kontinentales Oberflächenwasser enthält normalerweise etwa 0,015 mol ^{2}H auf 100 mol ^{1}H, Wasser aus Polarschnee manchmal nur 0,01 mol ^{2}H auf 100 mol ^{1}H [11].

Die Verfahren der Reinigung des Wassers können seine Isotopenzusammensetzung geringfügig ändern; die Isotopenzusammensetzung an einer Eis-Wasser-Grenzfläche hängt etwas von der Art der Eiserzeugung ab. Eine Zunahme um 0,001 mol ^{2}H auf 100 mol ^{1}H entspricht einem Anstieg der Temperatur des Tripelpunkts um 0,04 mK. Dies ist die Differenz der Temperaturen der Tripelpunkte, die man mit Ozeanwasser und mit dem normal vorkommenden kontinentalen Oberflächenwasser erhält. Die größte Differenz der Tripelpunkttemperaturen natürlich vorkommender Wassersorten beträgt 0,25 mK [11].

b) Erstarrungspunkt des Wassers (Eispunkt)

In der IPTS-68 ist der Erstarrungspunkt des Wassers als Gleichgewicht zwischen Eis und luftgesättigtem kohlensäurefreiem Wasser bei dem Druck $p_0 = 1{,}01325$ bar als sekundärer Bezugspunkt mit der Temperatur 273,15 K bzw. 0 °C festgesetzt.

Eine gewisse Unsicherheit der Temperatur ergibt sich dadurch, daß die gelößte Gasmenge und die dadurch bewirkte *Erstarrungspunkterniedrigung* des Wassers von der Zusammensetzung der Luft abhängt. Normalerweise enthält die Luft einen Volumengehalt von 78,1 % Stickstoff, 21,0 % Sauerstoff, 0,9 % Argon und 0,03 % Kohlendioxid. Bei der Temperatur 0 °C und dem Druck 1,01325 bar gehen in 1000 g Wasser $13 \cdot 10^{-4}$ mol Luft in Lösung. Daraus resultiert eine Erstarrungspunkterniedrigung von 0,0024 K. Verschiedene Gase, die in der Luft vorkommen können (z. B. Ammoniak), lösen sich stark in Wasser und führen zu einer zusätzlichen Erstarrungspunkterniedrigung. Die gelöste Gasmenge und die dadurch bewirkte Änderung der Temperatur des Erstarrungspunktes ist dem Gasdruck etwa proportional. Selbst unter der Voraussetzung, daß die Sättigung des Eiswassers mit Luft sich rasch auf einen Gleichgewichtszustand einstellt, ist es äußerst schwierig, die Grenzen soweit einzuengen, wie es bei dem Tripelpunkt des Wassers möglich ist.

Der *Einfluß des Luftdrucks* auf die Erstarrungspunkterniedrigung läßt sich nach der Gleichung von CLAUSIUS-CLAPEYRON aus der Schmelzwärme und den spezifischen Volumina der flüssigen und der festen Phase berechnen zu $dT/dp = -7{,}4$ mK/bar, so daß der Erstarrungspunkt des Wassers bei Atmosphärendruck insgesamt um 9,8 mK erniedrigt wird.

Für die Darstellung des Eispunktes wird feingemahlenes oder geschabtes Eis, das in einen gut isolierten Behälter eingefüllt wird, verwendet. Zur Herstellung des Eises muß Wasser verwendet werden, das z. B. in einem Ionenaustauscher oder einer Destillationsanlage sorgfältig gereinigt worden ist. Das Eis wird mit destilliertem Wasser mehrfach gewaschen und soweit zusammengedrückt, daß sich weder Luft noch überschüssiges Wasser zwischen den Eisstücken oder unter dem Eis befindet. Überschüssiges Wasser wird vollständig abgesaugt.

Durch die Einführung des Tripelpunktes des Wassers als definierender Fixpunkt im Jahre 1960 hat der Erstarrungspunkt des Wassers an Bedeutung verloren. Wegen seiner einfachen Verwirklichung wird er jedoch für praktische Messungen als temperaturkonstantes Bad (z. B. zur Kontrolle von Thermometern) gern verwendet. Die Unsicherheit bei der Realisierung des Erstarrungspunktes des Wassers beträgt nach H. F. STIMSON und C. S. CRAGOE [52] 1 mK.

3. Siedepunkte des Wassers, des Quecksilbers und des Schwefels

a) Wassersiedepunkt

Der Wassersiedepunkt ist ein primärer Fixpunkt der IPTS-68 mit dem zugeordneten Temperaturwert 100 °C. Die Gleichgewichtstemperatur zwischen Wasser und seinem Dampf wird üblicherweise nach der *dynamischen Methode* dargestellt, wobei das Thermometer sich in gesättigtem Wasserdampf befindet. Da sich der Dampfdruck in Abhängigkeit von der Temperatur bei 100 °C um 0,036 mbar/mK ändert, werden an die Druckmessung hohe Anforderungen gestellt. Aus diesem Grunde werden für genaue Messungen vorzugsweise *geschlossene Systeme* verwendet. Eine ausführliche Beschreibung mit schematischen Zeichnungen enthält eine Arbeit von H. F. STIMSON [53]. In diesem Fall sind Siedeapparat und Manometer an ein Ballastvolumen angeschlossen, das mit Luft oder besser mit Helium gefüllt ist.

Der *Siedeapparat* muß aus einem Werkstoff hergestellt sein, durch den jede Verunreinigung des Wassers vermieden wird. Es werden rostfreier Stahl, verzinntes Kupfer oder auch Silber verwendet. Abbildung 110 gibt schematisch einen Siedeapparat wieder, der häufig benutzt wird [53]. Dieser Apparat stellt ein geschlossenes System dar, bei dem der Dampfdruck über Heliumgas oder auch Luft auf das Manometer übertragen wird. Er enthält sechs Schutzrohre R unterschiedlichen Durchmessers zur Aufnahme der Widerstandsthermometer. Die Schutzrohre sind von einem konischen Strahlungsschutz S umgeben, der oben und unten für den Dampfdurchtritt offen ist.

Am Boden des Siedeapparats befindet sich ein Dom zur Aufnahme der Heizung. Durch diese Konstruktion wird dem Wasser die Wärme in einer ringförmigen Zone

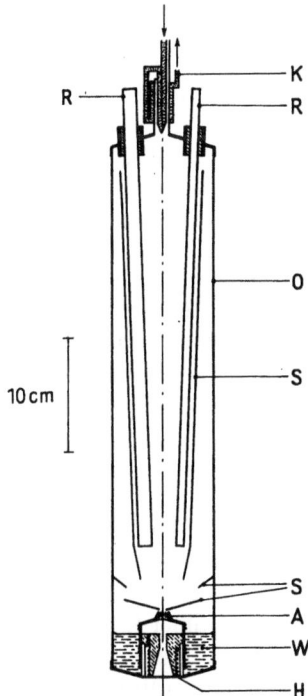

Abb. 110 Wassersiedeapparat

unterhalb der Wasseroberfläche zugeführt. Auf der Oberfläche des Doms sind Silberdrähte zur Vergrößerung der Oberfläche angebracht. Hierdurch werden *Siedeverzüge* vermieden.

Im Betriebszustand wird über die äußere Oberfläche O Wärme an die Umgebung abgegeben, da der Wasserdampf innen kondensiert. Hierdurch läuft ein Wasserfilm von etwa 0,05 mm Dicke an der Wand herunter. Dieser Film ist an der Innenseite mit dem Dampf im Gleichgewicht, während die Temperatur des Wasserfilms an der Gefäßwand O etwas niedriger ist. Daher strahlt der Strahlungsschutz S etwas Energie zur Wand O. Da auch am Strahlungsschutz Wasserdampf kondensiert, wird die abgestrahlte Energie laufend nachgeliefert, so daß die Temperatur des Strahlungsschutzes nahezu gleich der Sättigungstemperatur ist. Die Schutzrohre selbst strahlen nur noch so wenig Energie ab, daß ihre Temperatur im Rahmen der Meßunsicherheit gleich der Sättigungstemperatur ist.

Wasserdampf, der nicht innerhalb des Siedeapparats kondensiert ist, strömt zu dem Kühler K, der mit Wasser gekühlt wird. Er ist so ausgebildet, daß der Dampf in einem ringförmigen, 4 mm breiten Spalt kondensiert. In dem Kühler liegt die Grenzfläche zwischen dem Wasserdampf und dem Druckübertragungsgas zum Barometer. Als Gas dient vorzugsweise Helium, aber auch Luft. Um zu vermeiden, daß Feuchtigkeit zum Barometer gelangt, ist in der Leitung in gleicher Höhe neben dem Kühler K eine Kühlfalle mit Trockeneis angebracht. Von dort geht die Leitung zum Barometer und zu einem Ballasttank von etwa 100 l Inhalt. Die Temperatur des Tanks läßt sich leicht konstant halten, wenn man ihn etwa 1 m tief in die Erde vergräbt.

Die Außenseite des Siedeapparats ist durch zwei koaxiale Strahlungsschilde isoliert. Für den Betrieb des Apparats ist eine elektrische Leistung von etwa 125 W notwendig. Ist die Heizleistung zu gering, so dringt Helium in den Apparat ein. Dadurch würde die Siedetemperatur des Wassers an den Schutzrohren herabgesetzt. Bei zu großer Heizleistung strömt der Dampf im Siedeapparat so schnell, daß störende Druckdifferenzen auftreten. Die Heizleistung ist richtig gewählt, wenn bei einer Änderung der Leistung von etwa 20% die Meßergebnisse konstant bleiben.

Die Präzision bei der Darstellung des Wassersiedepunkts ist im wesentlichen durch die Unsicherheit bei der Druckmessung begrenzt. Eine Unsicherheit des Drucks von nur 0,01 mbar hat schon einen Fehler der Temperatur von 0,3 mK zur Folge. Bei der Berechnung der Temperatur aus dem Druck muß bedacht werden, daß für die Siedetemperatur an der Thermometerwicklung der Druck an dieser Stelle maßgebend ist.

Die Gassäule zwischen dem Manometer und der Wicklung des Thermometers bewirkt eine Druckdifferenz Δp, die zum gemessenen Druck am Manometer addiert werden muß. Sie läßt sich aus den thermischen Zustandsgrößen des Wasserdampfes und des Helium bzw. der Luft zu

$$\Delta p = g \left[\varrho_{H_2O}(T) \cdot \Delta h_1 + \varrho_g(T, p) \cdot \Delta h_2\right] \tag{455}$$

berechnen.

Darin ist g die örtliche Fallbeschleunigung, ϱ_{H_2O} die Dichte des Wasserdampfes, ϱ_g die Dichte des Druckübertragungsgases, Δh_1 die Höhendifferenz zwischen der Grenzfläche von Dampf und Gas im Kühler und dem Thermometerfühler sowie Δh_2 die Höhendifferenz zwischen dem Manometer und der Grenzfläche im Kühler K. Die Lage der Grenzfläche Wasserdampf-Druckübertragungsgas im Kühler K kann mit einem Thermopaar im Ringspalt des Kühlers bestimmt werden, da die Temperatur an dieser

Stelle stark abfällt. Helium als Druckübertragungsgas hat den Vorteil, daß wegen seiner geringeren Dichte als Wasserdampf an der Grenzschicht nicht so leicht Konvektion auftritt und daher die Lage der Grenzschicht stabiler ist.

Eine Änderung des *Deuteriumgehalts* des Wassers führt zu einer Änderung der Temperatur des Wassersiedepunktes in demselben Sinn wie beim Tripelpunkt des Wassers. Die Änderung beträgt aber nur ein Drittel dieses Betrags. Auch bei einem sehr sorgfältigen Anschluß eines Thermometers an den Wassersiedepunkt muß mit einer Unsicherheit von 0,5 mK gerechnet werden. Für den Bereich von 99,9 °C bis 100,1 °C gibt folgende Gleichung die CELSIUS-Temperatur t_{68} in Abhängigkeit vom Dampfdruck p des Wassers mit einer Unsicherheit von 0,1 mK wieder ($p_0 = 1{,}01325$ bar):

$$t_{68} = \left[100 + 28{,}0216\left(\frac{p}{p_0} - 1\right) - 11{,}642\left(\frac{p}{p_0} - 1\right)^2 + 7{,}1\left(\frac{p}{p_0} - 1\right)^3\right] \,°\mathrm{C}.$$

(456)

Tabelle 32 enthält die mit dieser Gleichung [11] berechneten CELSIUS-Temperaturen in Abhängigkeit vom Druck.

Wegen des großen experimentellen Aufwandes und der Schwierigkeiten bei der Darstellung des Wassersiedepunktes wird für den Abschluß von Widerstandsthermometern an die IPTS-68 in vielen Fällen anstelle des Wassersiedepunktes der Zinnerstarrungspunkt verwendet. Ihm ist in der IPTS-68 der Wert $t_{68} = 231{,}9681$ °C zugeordnet.

Häufig wird der Wassersiedeapparat bei der Kalibrierung von Thermometern nur als temperaturkonstantes Dampfbad verwendet. Die Temperatur wird dann nicht aus dem Dampfdruck, sondern mit Normalwiderstandsthermometern bestimmt, die am Zinnpunkt oder am Wassersiedepunkt angeschlossen wurden. Dies hat gegenüber der Prüfung am Zinnpunkt den Vorteil, daß gleichzeitig mehrere Thermometer geprüft werden können.

Bei der *statischen Methode* zur Bestimmung des Wassersiedepunktes wird, wie bei einem Dampfdruckthermometer, der Dampfdruck einer kleinen Wassermenge gemessen, die sich auf einer vorgegebenen Temperatur befindet. Bei diesem Verfahren müssen die Temperaturen der Gasphase des Wassers im Druckmeßgerät und in der Verbindungsleitung höher sein als die Temperatur des Wassers in der Meßzelle, damit außerhalb der Meßzelle keine Kondensation eintritt (vgl. IV A). Um dieser Schwierigkeit zu begegnen, entwickelte H. MOSER [54] ein Membranmanometer, mit dem das gasförmige Wasser vom Quecksilber-U-Rohrmanometer getrennt wird. Das Membranmanometer ließ sich auf 160 °C erwärmen; es gestattete, Druckdifferenzen von 0,007 mbar festzustellen. Von H. MOSER und A. ZMACZYNSKI [55] wurde die Siedetemperatur des Wassers in Abhängigkeit vom Druck im Bereich von 73 °C bis 126 °C nach der statischen Methode gemessen.

b) Quecksilber- und Schwefelsiedepunkt

Der *Quecksilbersiedepunkt* ist ein sekundärer Bezugspunkt der IPTS-68. Er läßt sich in einer ähnlichen Apparatur darstellen wie der Wassersiedepunkt. Die Siedetemperatur beträgt $t_{68} = 356{,}66$ °C bei dem Druck $p_0 = 1{,}01325$ bar [56]. Im Druckbereich von 0,90 bar bis 1,04 bar besteht zwischen Druck p und Temperatur t_{68} die folgende Beziehung

$$t_{68} = \left[356{,}66 + 55{,}552 \left(\frac{p}{p_0} - 1 \right) - 23{,}03 \left(\frac{p}{p_0} - 1 \right)^2 \right.$$
$$\left. + 14{,}0 \left(\frac{p}{p_0} - 1 \right)^3 \right] °C. \qquad (457)$$

Darin ist $p_0 = 1{,}01325$ bar.

Da sich der Druck mit der Temperatur um 0,019 mbar/mK ändert, sind die Anforderungen an die Druckmessung größer als beim Wassersiedepunkt. Für die praktische Temperaturmessung hat die Quecksilbersiedepunkt keine große Bedeutung, da es auch andere Temperaturbäder in diesem Temperaturbereich gibt. Außerdem ist zu bedenken, daß bei einer Undichtigkeit der Apparatur die sehr giftigen Quecksilberdämpfe in den Raum treten würden.

In der IPTS-48 war der *Schwefelsiedepunkt* einer der definierenden Fixpunkte. Dagegen ist er in der IPTS-68 nur noch als sekundärer Bezugspunkt aufgeführt, während an seine Stelle als definierender Fixpunkt der genauer reproduzierbare Zinkerstarrungspunkt getreten ist. Dieser Punkt konnte auch schon seit 1960 nach einer verbesserten Fassung der IPTS-48 anstelle des Schwefelsiedepunkts verwendet werden.

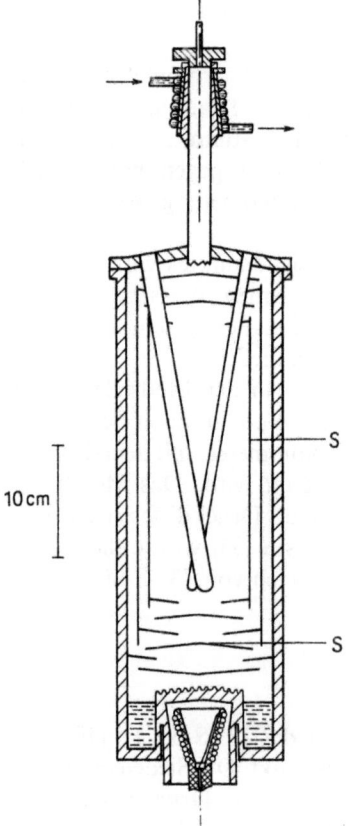

Abb. 111 Schwefelsiedeapparat

Der *Schwefelsiedeapparat* (Abb. 111) stimmt im Prinzip mit dem Wassersiedeapparat überein. Er enthält jedoch mehr Strahlungsschutzschilde S im Innern und ist außerdem zur Umgebung besser thermisch isoliert. Normalerweise sind sämtliche Teile, die mit dem Schwefel in Verbindung kommen, aus Reinstaluminium hergestellt. Genaue Einzelheiten enthält die schon beim Wassersiedepunkt erwähnte Arbeit von H. F. STIMSON [53]. Die folgende Gl. (458) beschreibt den Zusammenhang zwischen dem Sättigungsdruck p und der Siedetemperatur t_{68} des Schwefels.

$$t_{68} = \left[444{,}674 + 69{,}010 \left(\frac{p}{p_0} - 1 \right) - 27{,}48 \left(\frac{p}{p_0} - 1 \right)^2 \right.$$
$$\left. + 19{,}14 \left(\frac{p}{p_0} - 1 \right)^3 \right] °C. \tag{458}$$

Sie gilt für Drücke von 0,90 bar bis 1,04 bar mit $p_0 = 1{,}01325$ bar.

Aus Gl. (458) ist ersichtlich, daß sich der Druck mit der Temperatur um 0,014 mbar/mK ändert. Beim Schwefelsiedepunkt ist der Einfluß der Dampfsäule zwischen Thermometerwicklung und Kühler sehr groß, da ein Schwefelmolekül aus mehreren Atomen besteht, so daß sich eine Dichte von 3,7 kg/m³ ergibt.

Häufig wird der Schwefelsiedeapparat wie der Wassersiedeapparat als temperaturkonstantes Dampfbad verwendet. Die Temperatur wird dann nicht aus dem Dampfdruck, sondern mit Widerstandsthermometern bestimmt, die an den definierenden Fixpunkten der IPTS-68 angeschlossen sind.

4. Metallerstarrungspunkte

Abbildung 112 zeigt eine Anordnung, mit der Metallerstarrungspunkte bis 1100 °C dargestellt werden können. Sie befindet sich in einem Rohrofen, der wegen der besseren Übersicht in Abbildung 112 fortgelassen ist. Der Ofen besteht aus einem zylindrischen Keramikrohr, z. B. aus Pythagorasmasse, auf das eine Heizwicklung aus einer Chrom-Nickel-Legierung gewickelt ist. Die Heizung ist in drei Abschnitte geteilt (vgl. XI C), damit den Enden des Ofens mehr Energie zugeführt werden kann. Auf diese Weise erreicht man, daß der Ofenabschnitt, in dem sich der Tiegel befindet, eine möglichst konstante Temperatur hat [4, 58]. Zur Isolation gegen die Umgebung ist das Heizrohr mit einem weiteren Keramikrohr und einem Mantel aus Isolationsmasse umgeben.

Das in Abbildung 112 dargestellte äußere Rohr dient zur Aufnahme des Graphittiegels (Massengehalt 99,999 %) für das geschmolzene Metall. Das Rohr besteht aus keramischem Werkstoff oder aus Quarzglas. Um zu vermeiden, daß das Metall verunreinigt wird, wird der Tiegel mit einem Graphitdeckel verschlossen, der eine Bohrung für ein Quarzglas- oder Graphitschutzrohr zur Aufnahme des Thermometers enthält. Beim Erstarrungspunkt von Aluminium darf kein Quarzglas mit der Schmelze in Berührung kommen, da Quarz mit Aluminium reagiert. Der Raum über dem Tiegel wird mit Graphitscheiben und Quarz- oder Graphitwolle gefüllt. Auf diese Weise wird vermieden, daß zuviel Wärme vom Metall durch Strahlung oder Konvektion abgeleitet wird und daß Metall und Tiegel oxidieren. Der Sauerstoff der Luft, der von oben in das innere Keramikrohr diffundiert, oxidiert die oberen Graphitscheiben, so daß sich in der Nähe des Tiegels eine inerte Atmosphäre aus Kohlendioxid und Stickstoff be-

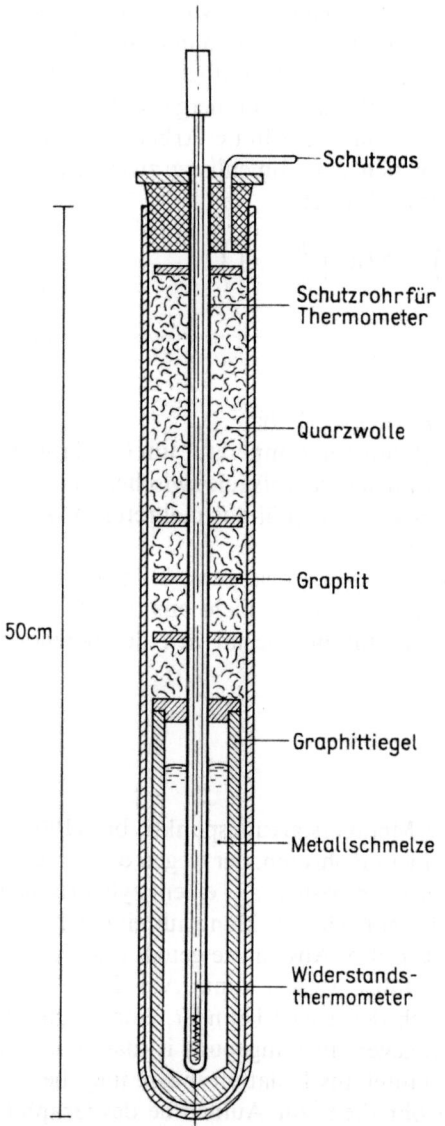

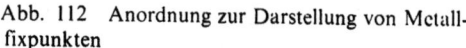
Abb. 112 Anordnung zur Darstellung von Metallfixpunkten

findet. Bei Temperaturen über 600 °C muß, wenn keine Graphitscheiben verwendet werden, zur Vermeidung von Oxidation des Metalls und des Tiegels ein *Schutzgas*, z. B. Stickstoff oder Argon hinreichender Reinheit, in das äußere Rohr geleitet werden.

Der obenerwähnte Rohrofen ist für die Darstellung aller Metallschmelzpunkte zwischen 200 °C und 1100 °C geeignet. Wird der Ofen nur bei Temperaturen unter 500 °C verwendet, kann der Tiegel von einem dickwandigen Aluminiumrohr umgeben werden, um die räumliche Temperaturkonstanz längs des Tiegels zu verbessern. Anstelle eines Rohrofens eignet sich auch ein gerührtes Salzbad gut für die Temperierung des Fixpunktmetalls. In diesem Falle wird die in Abbildung 112 dargestellte Anordnung in das Salzbad eingebaut [59].

Tabelle 33. Druckeinfluß auf die Temperaturen definierender Fixpunkte und sekundärer Bezugspunkte nach der IPTS-68 (Verbesserte Ausgabe von 1975)

Stoff	T_{68}/K		Druckkoeffizient $\dfrac{mK}{atm}$	$\dfrac{mK}{m}$ *)
Gleichgewichts-wasserstoff	13,81	a)	34	0,25
Sauerstoff	54,361	a)	12	1,5
Argon	83,798	a)	25	3,3
Wasser	273,16	a)	−7,5	−0,7
Zinn	505,1181	b)	3,3	2,2
Zink	692,73	b)	4,3	2,7
Silber	1235,08	b)	6,0	5,4
Gold	1337,58	b)	6,1	10
Neon	24,561	a)	16	1,9
Quecksilber	234,314	b)	5,4	7,1
Indium	429,784	b)	4,9	3,3
Wismut	544,592	b)	−3,5	−3,4
Kadmium	594,258	b)	6,2	4,8
Blei	600,652	b)	8,0	8,2
Antimon	903,905	b)	0,85	0,5

*) mK je 1 m Flüssigkeit
a) Tripelpunkt, b) Schmelzpunkt bei 1,01325 bar (= 1 atm)

Nach der Gleichung von CLAUSIUS-CLAPEYRON hängt die Erstarrungstemperatur von dem Druck an der Phasengrenze ab. Daher beeinflussen Schwankungen des atmosphärischen Luftdrucks und der hydrostatische Druck des flüssigen Metalls in Höhe der Thermometerwicklung die Temperatur. Tabelle 33 enthält für die verschiedenen Metalle den *Druckeinfluß* auf die Erstarrungstemperatur.

a) **Zinn**

Der Zinnerstarrungspunkt ist ein wichtiger Fixpunkt, der anstelle des Wassersiedepunktes in der IPTS-68 verwendet werden kann.

Sein Temperaturwert ist $t_{68} = 231,9681$ °C. Bei der Darstellung des Erstarrungspunkts von Zinn befindet sich das sehr reine Zinn (Massengehalt 99,9999%) in einem aus sehr reinem künstlichen Graphit (Massengehalt 99,999%) hergestellten Tiegel mit ungefähr 5 cm Innendurchmesser, der mit einem axialen Schutzrohr zur Aufnahme des Thermometers versehen ist. Das Thermometer muß so tief in das Metall eintauchen, daß die Wärmeleitung längs der Thermometerzuleitungen die Temperatur des Temperaturfühlers nicht beeinflußt.

Wenn flüssiges Zinn sehr hoher Reinheit (Massengehalt 99,9999%) abgekühlt wird, bleibt es im allgemeinen bis zu 30 K unterhalb der Temperatur seines Erstarrungspunkts flüssig. Nach dem Beginn der Erstarrung steigt die Temperatur schnell auf die Erstarrungstemperatur an. Da die Temperatur des Ofens nicht im gleichen Maße wie die der Schmelze steigt, strömt soviel Wärme von der Schmelze zum Ofen, daß das Metall beim Erreichen der Schmelztemperatur schon weitgehend erstarrt ist. Eine eindeutige Plateautemperatur bildet sich dann nicht aus.

Nach E. H. McLaren [60] und J. V. McAllan [1] muß man zur Realisierung von Metallerstarrungspunkten mit starker *Unterkühlung* die *Kristallisation* künstlich einleiten, ohne daß dabei der Ofen bzw. das Salzbad zu sehr abgekühlt wird. Dazu läßt man den Ofen mit etwa 0,1 K/min bis etwa 2 K unter die Erstarrungstemperatur abkühlen. Dann wird das Widerstandsthermometer herausgenommen und ein kalter Messingstab etwa 1 Minute lang anstelle des Thermometers in das axiale Schutzrohr gesteckt. Durch diese Abkühlung erstarrt das Zinn in einer dünnen Schicht um das Schutzrohr.

Zur Einleitung der Erstarrung kann auch folgende Methode angewendet werden. Von einer einige Kelvin über dem Erstarrungspunkt liegenden Temperatur aus wird der Ofen langsam mit etwa 0,1 K/min abgekühlt, bis die Metallschmelze die Temperatur des Erstarrungspunkts erreicht hat. Der Behälter, der die Schmelze und ein Kontrollwiderstandsthermometer enthält, wird dann bis zum oberen Ofenende oder sogar ganz aus dem Ofen herausgezogen. In beiden Fällen kühlt das Metall sehr schnell ab. Wenn man das rasche Ansteigen der Temperatur feststellt, das die Keimbildung anzeigt, bringt man den Behälter mit dem Metall schnell in den Ofen zurück, den man weiterhin langsam abkühlen läßt. M. V. Chattle [58] leitet die Erstarrung dadurch ein, daß er kaltes Argon in den Raum um den Tiegel strömen läßt.

Während die Erstarrung langsam fortschreitet, erhält man eine für ein Metall höchster Reinheit charakteristische Abkühlungskurve mit einer *Plateautemperatur* (s. Abb. 103), die für ein und dieselbe Metallprobe auf 0,1 mK reproduzierbar ist, wobei die Dauer der Phasenumwandlung von der Abkühlungsgeschwindigkeit des Ofens abhängt [11].

J. V. McAllan [1] und G. T. Furukuwa und Mitarb. [4] haben gefunden, daß die Plateautemperaturen bei Verunreinigungen bis etwa 10 ppm um weniger als 1 mK erniedrigt werden. Der Einfluß dieser Verunreinigungen auf den Schmelzbereich ist stärker ausgeprägt und der Verunreinigung proportional.

b) Zink

Der Erstarrungspunkt des Zinks ist einer der definierenden Fixpunkte der IPTS-68. Ihm ist die Temperatur $t_{68} = 419{,}58$ °C zugeordnet. Der Versuchsaufbau bei der Darstellung des Zinkerstarrungspunktes entspricht dem bei der Darstellung des Zinnerstarrungspunktes. Da jedoch die Unterkühlung von sehr reinem Zink (Massengehalt 99,9999%) kleiner als 1 K ist, erzeugt man, wenn die Schmelze die Temperatur des Erstarrungspunktes unterschritten hat, eine dünne Schicht festen Metalls auf dem Schutzrohr für das Thermometer entweder dadurch, daß man das Thermometer herauszieht, auf Umgebungstemperatur abkühlen läßt und wieder in das Schutzrohr hineinsteckt, oder indem man einen Stab aus Quarzglas für etwa 30 Sekunden in das Schutzrohr einführt und anschließend das Thermometer wieder an seine Stelle bringt. Hierdurch läßt sich erreichen, daß sich die Plateautemperatur sehr schnell einstellt und darum viel länger anhält [60].

Da eine quantitative Analyse des Zinns und Zinks sehr schwierig ist, wird meistens der *Schmelzbereich* als Maß für die Reinheit verwendet. Zinn- oder Zinkproben sind für die Darstellung der Temperaturskala rein genug, wenn ihr Schmelzbereich nicht größer als 1 mK ist [11].

c) Silber

Die Erstarrungstemperatur des Silbers ist ein definierender Fixpunkt der IPTS-68 mit der Temperatur $t_{68} = 961{,}93$ °C. Er kann in abgedeckten Tiegeln aus sehr reinem Graphit, aus keramischem Material oder aus Quarzglas dargestellt werden. Silber nimmt im geschmolzenen Zustand erhebliche Mengen Sauerstoff auf, die beim Übergang in die feste Phase größtenteils wieder abgegeben werden. Dabei erwärmt sich die Probe stark, und es erfolgt das sog. Spratzen, wobei Teile des Metalls aus dem offenen Tiegel herausgeschleudert werden können. W. F. ROESER und A. I. DAHL [61] haben gefunden, daß die Erniedrigung des Erstarrungspunktes durch *Sauerstoffaufnahme* in einem offenen Porzellantiegel bei Luftzutritt etwa 1,5 K gegenüber der Messung im Vakuum beträgt. Zur Vermeidung der Sauerstoffaufnahme wird auf das Silber eine Schicht Graphitpulver gestreut. Außerdem muß durch Graphitscheiben, wie Abbildung 112 zeigt, oder durch Schutzgas die Diffusion von Sauerstoff der Luft zu dem Silber vermieden werden. Beachtet man diese Vorsichtsmaßnahme, so erhält man praktisch den gleichen Wert für die Erstarrungstemperatur wie in einem Porzellantiegel unter Vakuum. Untersuchungen von G. BONGIOVANNI und Mitarb. zeigen, daß ein Volumengehalt von 0,1 % Sauerstoff im Schutzgas Argon die Erstarrungstemperatur bei einer Meßunsicherheit von 2 mK nicht ändert.

Bei der Darstellung des Erstarrungspunktes wird das Metall einige KELVIN über die Schmelztemperatur erwärmt und dann langsam unter die Erstarrungstemperatur abgekühlt. Da Silber nur unwesentlich unterkühlt, braucht man die Kristallisation nicht wie z. B. beim Zinn künstlich einzuleiten.

Die Verunreinigung des Silbers durch Metalle muß unter 10 ppm bleiben, wenn man eine Änderung der Erstarrungstemperatur von nur wenigen hundertstel K zuläßt. 1 ppm Kupfer, das häufig als Verunreinigung auftritt, bewirkt z. B. eine Erniedrigung des Erstarrungspunktes um 2 mK.

M. V. CHATTLE [58] fand bei seinen Untersuchungen über die Konstanz von Platinwiderstandsthermometern bei hohen Temperaturen, daß sich die Erstarrungspunkte des Silbers und auch des Goldes mit einer Reproduzierbarkeit von 10 mK darstellen lassen. Bei diesen Messungen hatten die Metallproben einen Massengehalt von 99,9998 %.

d) Gold

Der Golderstarrungspunkt ist ebenfalls ein definierender Fixpunkt der IPTS-68. Seine Temperatur beträgt $t_{68} = 1064{,}43$ °C. Er dient zur Darstellung der Bezugstemperatur zum Anschluß von Thermopaaren und für Messungen mit Strahlungspyrometern. Für die Kalibrierung von Thermopaaren kann er in der gleichen Weise wie der Erstarrungspunkt des Silbers dargestellt werden. Wenn das Gold in einem Keramikbehälter geschmolzen wird, brauchen keine Vorkehrungen zur Fernhaltung des Luftsauerstoffs getroffen zu werden.

Für den Erstarrungspunkt muß Gold mit einem Massengehalt von mindestens 99,999 % verwendet werden, wenn der Fehler in der Erstarrungstemperatur wenige hundertstel Grad nicht überschreiten soll. Besonders stark wird die Erstarrungstemperatur durch Verunreinigungen mit Aluminium, Magnesium und Kupfer herabgesetzt. Für 1 ppm beträgt die Änderung bei Aluminium -7 mK, bei Magnesium -3 mK und bei Kupfer $-1,5$ mK.

Die Erstarrungstemperatur des Goldes ist der einzige für den Aufbau der Temperaturskala mit Spektralpyrometern benötigte Fixpunkt. Er wird durch einen in flüssiges Gold eintauchenden *Hohlraumstrahler* realisiert (vgl. V.II B 1). Neben homogener Wandtemperatur wird von einem Hohlraumstrahler ein hoher Emissionsgrad verlangt. Dieser läßt sich leichter realisieren, wenn das Wandmaterial von sich aus bereits einen hohen Emissionsgrad besitzt; deshalb ist Graphit für diese Zwecke sehr geeignet [62].

c) **Sonstige Erstarrungs- und Schmelzpunkte**

Der Erstarrungspunkt des *Aluminiums* ($t_{68} = 660,46$ °C) und der des *Antimons* ($t_{68} = 630,755$ °C) sind sekundäre Bezugspunkte der verbesserten Ausgabe der IPTS-68. J. V. McAllen und M. M. Ammar haben diese Stoffe in bezug auf ihre Brauchbarkeit als Temperaturfixpunkt in letzter Zeit untersucht [63]. Dabei wurde festgestellt, daß Antimon sehr reproduzierbare Temperaturen ergibt. Wegen der großen Unterkühlung ist jedoch eine besondere Technik zur Einleitung der Kristallisation erforderlich. Außerdem zeigte Antimon ein komplexes Verhalten, nachdem es Sauerstoff ausgesetzt war. Aluminium dagegen weist eine sehr geringe Unterkühlung auf, so daß es nur einfacher Methoden zur Einleitung des Erstarrungsvorgangs (vgl. X C 4a und b) bedarf. Jedoch ist Aluminium sehr reaktionsfreudig. Es reagiert heftig mit Silizium, so daß ein Kontakt der Schmelze mit Quarzglas vermieden werden muß; auch der Wasserdampf der Luft kann zu Schwierigkeiten führen.

Der Antimonpunkt kann nach E. H. Mc Laren und E. G. Murdock [64] mit einer geschätzten Unsicherheit von 3 mK in der IPTS-68 dargestellt werden. Auch von G. Bongiovanni und Mitarb. [65] sind in letzter Zeit ausführliche Untersuchungen am Antimonpunkt vorgenommen worden. Neuere Untersuchungen haben ergeben, daß der in Tabelle 29 angegebene Wert für den Erstarrungspunkt des Antimons um 15 mK erhöht werden mußte [62, 63, 64].

Der Erstarrungspunkt des *Kupfers* ist ein sekundärer Bezugspunkt der verbesserten Ausgabe der IPTS-68 mit dem Temperaturwert $t_{68} = 1084,88$ °C. Dieser Fixpunkt wurde vor kurzem hinsichtlich seiner Stabilität von A. D. Mc Lachlan und Mitarb. [66] untersucht. Dabei stand eine Kupferschmelze von hoher Reinheit (Massengehalt 99,999%) zur Verfügung, die im Graphittiegel mit Argon als Schutzgas untergebracht war. Zur Temperaturmessung wurden Platinwiderstandsthermometer einer besonderen Bauart verwendet. Die Versuchsanordnung entsprach dem in Abbildung 112 dargestellten Aufbau. Beim Erstarrungsvorgang der Schmelzen konnten Plateautemperaturen erzielt werden, die bis zu 3 Stunden auf 5 mK konstant waren. Zur Einleitung des Erstarrungsvorgangs wurde das Widerstandsthermometer für kurze Zeit durch einen kalten Metallstab, der in Quarzglas eingeschmolzen war, ersetzt. Mit dieser einfachen Versuchsanordnung kann der Kupfererstarrungspunkt als Referenztemperatur mit einer Reproduzierbarkeit von 0,01 K dargestellt werden.

Abbildung 113 zeigt einen Ofen mit *Hohlraumstrahler* zur Realisierung des Erstarrungspunktes des Kupfers [67]. Der Ofen besteht aus dem Graphittiegel, in dem die Schmelze S untergebracht ist. In die Schmelze taucht ein Aluminiumoxidkonus A mit einem Öffnungswinkel von 12° ein. Der Quarzzylinder Q, der den Tiegel auf-

Verwirklichung der Temperaturfixpunkte

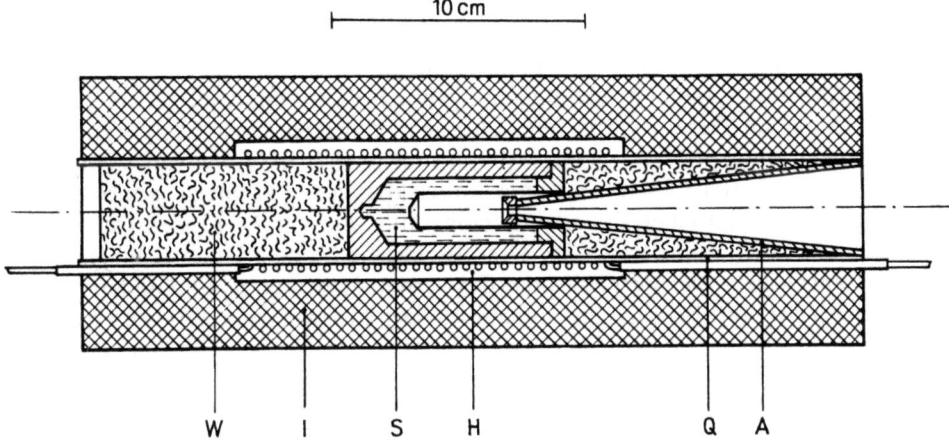

Abb. 113 Ofen mit Hohlraumstrahler zur Realisierung des Erstarrungspunktes des Kupfers

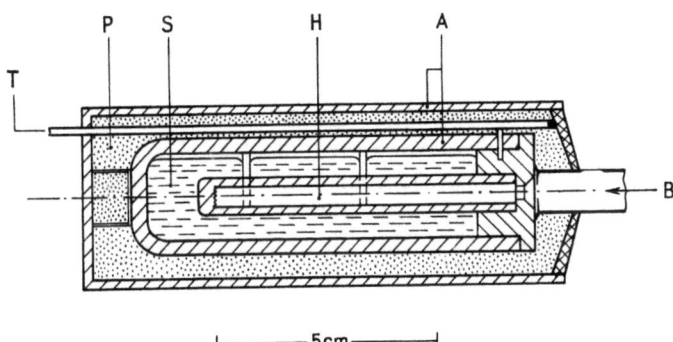

Abb. 114 Hohlraumstrahler zur Realisierung des Erstarrungspunktes des Platins

nimmt, ist innen mit Quarzwolle W ausgefüllt. Die elektrische Leistung wird über in Keramik eingebettete Heizwiderstände H zugeführt. Nach außen ist der Ofen mit hochtemperaturbeständigem Isolationsmaterial I abgeschirmt. Mit dieser Anordnung kann die Temperatur des Kupfererstarrungspunktes in der IPTS-68 mit einer Unsicherheit von 0,2 K dargestellt werden, wobei die Reproduzierbarkeit der Messung unter 0,03 K liegt. Dieser Ofen benötigt kein inertes Gas oder Vakuum. 225 Watt sind erforderlich, um das Kupfer nach 1 Stunde zu schmelzen.

Mit einer vergleichbaren Versuchsanordnung führten F. RIGHINI und Mitarb. [68] die Neubestimmung des Temperaturwerts des Kupfererstarrungspunkts in der IPTS-68 durch. Sie fanden, daß der bisher festgelegte Wert um 0,4 K erhöht werden mußte. Die Meßunsicherheit wird mit 0,1 K angegeben.

Der Erstarrungspunkt des *Platins* ist ein wichtiger sekundärer Bezugspunkt, der für die Definition der Lichtstärke besondere Bedeutung besitzt. Sein Temperaturwert ist mit $t_{68} = 1769$ °C in der verbesserten Ausgabe der IPTS-68 festgelegt.

Ein *Hohlraumstrahler* zur Darstellung des Erstarrungspunktes des Platins ist in Abbildung 114 wiedergegeben. Der Hohlraumstrahler nimmt etwa 400 g Schmelze S auf. Die Wandungen A des Hohlraumstrahlers bestehen aus Aluminiumoxid (Al_2O_3) höchster Reinheit. Der Raum zwischen dem Tiegel und dem äußeren Gefäß ist mit

Aluminiumoxidpulver P ausgefüllt. Ein Thermopaar T ist eingebaut, um die Temperaturverteilung im Tiegel zu messen. Die aus dem Hohlraum H kommende Strahlung wird in Richtung B beobachtet. Der Hohlraumstrahler ist in einem elektrischen Ofen mit einer Rhodium-Iridium-Wicklung untergebracht. Um eine gute räumliche Temperaturkonstanz im Tiegel zu erreichen, wird den Ofenenden mehr Energie zugeführt. Mit dieser Anordnung hat T. J. QUINN [69] im Jahre 1971 die Erstarrungstemperatur des Platins in der IPTS-68 mit einem photoelektrischen Pyrometer gemessen. Die Messungen führten zu einer Erstarrungstemperatur, die um 4,1 K niedriger war als der Temperaturwert in der IPTS-68. Die Unsicherheit dieser Untersuchungen wird mit 0,3 K angegeben. Der Reinheitsgrad des verwendeten Platins und andere Einzelheiten sind in der Veröffentlichung aufgeführt. Der Meßwert von T. J. QUINN führte zusammen mit anderen Ergebnissen zu der in Tabelle 29 festgelegten Erstarrungstemperatur $t_{68} = 1769\,°C$. A. CEZAIRLIYAN [70] hat im Jahre 1970 den Schmelzpunkt des Platins zu 1771 °C gemessen. Die angegebene Meßunsicherheit von 5 K ist so groß, daß sie alle bisherigen Messungen einschließt.

Zur Schmelzpunktbestimmung wurde eine *Impulsheiztechnik* verwendet, mit der ein Molybdänröhrchen innerhalb einer Sekunde von Raumtemperatur bis zum Schmelzpunkt des um das Röhrchen geschlungenen Platindrahts erwärmt wird. Die zum Zeitpunkt des Durchschmelzens mit einem photoelektrischen Pyrometer gemessene Temperatur ergab die angegebene Schmelzpunkttemperatur des Platins.

Der höchste sekundäre Bezugspunkt der IPTS-68 (verbesserte Ausgabe von 1975) nach Tabelle 29 ist der Schmelzpunkt des *Wolframs* mit dem Temperaturwert $t_{68} = 3422\,°C$. A. CEZAIRLIYAN [14] führte nach der oben beschriebenen Methode eine Neubestimmung dieses Fixpunktes aus. Der gemessene Temperaturwert liegt höher als der bisher festgelegte Wert. Die Bestimmungsunsicherheit wird mit 15 K angegeben.

Literatur

[1] MCALLAN, J. V., J. Crystal Growth *12* (1972) 46
[2] MCLAREN, E. H., und E. G. MURDOCK, Can J. Phys. *46* (1968) 369
[3] MCLAREN, E. H., und E. G. MURDOCK, Can J. Phys. *46* (1968) 401
[4] FURUKAWA, G. T., J. L. RIDDLE und W. R. BIGGE, Temperature, its Measurement and Control in Science and Industry, Vol. 4, Part. 1, Instrument Society of America, Pittsburgh 1972, S. 247
[5] KEMP, W. R. G., und C. P. PICKUP, Temperature, its Measurement and Control in Science and Industry, Vol. 4, Part 1, Instrument Society of America, Pittsburgh 1972, S. 217
[6] JUSTI, E., Leitungsmechanismus und Energieumwandlung in Festkörpern. Vandenhoeck und Ruprecht, Göttingen 1965, S. 236
[7] ZEMANSKY, M. W., Heat and Thermodynamics. Mc Graw-Hill Book Company, New York 1968, S. 536
[8] PLUMB, H., und G. CATALAND, Metrologia *2* (1966) 127
[9] Comité Consultatif de Thermométrie. 8. Session 1967, Bureau International des Poids et Mesures, Sèvres, S. T 11
[10] THOMAS, W., VDI-Berichte Nr. 198 (1973), S. 5, Technische Temperaturmessung
[11] PTB-Mitteilungen *81* (1971) 31
[12] GUILDNER, L. A., R. L. ANDERSON und R. E. EDSINGER, Temperature, its Measurement and Control in Science and Industry, Vol. 4, Part 1, Instrument Society of America, Pittsburgh 1972, S. 313
[13] QUINN, T. J., und T. R. D. CHANDLER, ibid. S. 295
[14] CEZAIRLIYAN, A., High Temperature. Science *4* (1972) 248
[15] LARSEN, A. H., F. E. SIMON und C. A. SWENSON, Rev. Sci. Instrum. *19* (1948) 266
[16] WHITE, G. K., Experimental Techniques in Low-Temperature Physics. Clarendon·Press, Oxford 1968, S. 47
[17] WHITE, G. K., ibid. S. 47 und 119

[18] BARBER, C. R., und A. HORSFORD, Brit. J. Appl. Phys. *14* (1963) 920
[19] BROMBACHER, W. G., und D. P. JOHNSON, Nat. Bur. Stand. Monogr. 8 (1960)
[20] WHITE, G. K., Experimental Techniques in Low-Temperature Physics. Clarendon Press, Oxford 1968. S. 243
[21] COMPTON J. P., Comité Consultatif de Thermométrie. 9. Session 1971, Bureau International des Poids et Mesures, Sèvres, Annexe T 47, S. T 122
[22] COMPTON, J. P., Temperature, its Measurement and Control in Science and Industry, Vol. 4, Part 1, Instrument Society of America, Pittsburgh 1972, S. 195
[23] BARBER, C. R., und A. HORSFORD, Brit. J. Appl. Phys. *14* (1963) 920
[24] MUIJLWIJK, R., Thesis, Leiden 1968
[25] MOCHIZUKI, T., und S. SAWADA, Report of Nat. Res. Lab. Metrology, *18* (1969) 56
[26] THOMAS, W., und W. BLANKE, Temperature, its Measurement and Control in Science and Industry, Vol. 4, Part 1, Instrument Society of America, Pittsburgh 1972, S. 225
[27] TER HARMSEL, H., Thesis. Leiden 1966
[28] TAKAHASHI, M., und T. MOCHIZUKI, Temperature, its Measurement and Control in Science and Industry, Vol. 4, Part 1, Instrument Society of America, Pittsburgh 1972, S. 175
[29] BERRY, R. J., Can. J. Phys. *40* (1962) 859
[30] SCOTT, R. B., J. Res. NBS 25 (1940) 459
[31] MOCHIZUKI, T., S. SAWADA und M. TAKAHASHI, Jap. J. Appl. Phys. *8* (1969) 488
[32] ANCSIN, J., Metrologia *9* (1973) 26
[33] MOUSSA, M. R. M., Thesis. Leiden 1966
[34] LOVEJOY, D. R., Nature 197 (1963) 353
[35] ANCSIN, J., Metrologia *6* (1970) 53
[36] GRILLY, E. R., Cryogenics *2* (1962) 226
[37] COMPTON, J. P., Metrologia *6* (1970) 69
[38] COMPTON, J. P., ibid. *6* (1970) 103
[39] FURUKAWA, G. T., W. G. SABA, D. M. SWEGER und H. H. PLUMB, Metrologia *6* (1970) 35
[40] FURUKAWA, G. T., ibid. *8* (1972) 11
[41] TIGGELMAN, J. L., Thesis. Leiden 1973
[42] FURUKAWA, G. T., W. R. BIGGE und J. D. RIDDLE, Temperature, its Measurement and Control in Science and Industry, Vol. 4, Part 1, Instrument Society of America, Pittsburgh 1972, S. 231
[43] MICHELS, A., T. WASSENAAR, TH. SLUYTERS und W. DE GRAAF, Physica *23* (1957) 89
[44] ANCSIN, J., Metrologia *9* (1973) 147
[45] BARBER, C. R., Brit. J. Appl. Phys. *17* (1966) 391
[46] KOHLRAUSCH, F., Z. Phys. Chem. *42* (1902) 194
[47] KOHLRAUSCH, F., und L. HOLBORN, Leitvermögen der Elektrolyte. Leipzig 1916
[48] MICHELS, A., und F. COETERIER, Proc. K. Ned. Akad. Wet. *30* (1927) 1017
[49] MOSER, H., Ann. Phys. Leipzig *1* (1929) 341
[50] MOSER, H., ibid. *6* (1930) 332
[51] BARBER, C. R., und E. F. G. HERINGTON, Brit. J. Appl. Phys. *5* (1954) 41
[52] STIMSON, H. F., und C. S. CRAGOE, Phys. Rev. *72* (1947) 183
[53] STIMSON, H. F., Temperature, its Measurement and Control in Science and Industry, Vol. 2, Reinhold Publishing Corp., New York 1955, S. 141
[54] MOSER, H., Ann. Phys., Leipzig *14* (1932) 790
[55] MOSER, H., und W. ZMACZYNSKI, Z. Phys. *40* (1939) 222
[56] BLAIDSELL, B. E., und J. KAYE, Temperature, its Measurement and Control in Science and Industry, Vol. 1, Reinhold Publishing Corp., New York 1941, S. 127
[57] DENGLER, C. O., ISA Proc., 17th Conference, October 15., 1962
[58] CHATTLE, M. V., Temperature, its Measurement and Control in Science and Industry. Vol. 4, Part 2, Instrument Society of America, Pittsburgh 1972, S. 907
[59] BARBER, C. R., und A. HORSFORD, Proc. R. Soc. Lond. A *247* (1958) 214
[60] MC LAREN, E. H., Temperature, its Measurement and Control in Science and Industry, Vol. 3, Part 1, Reinhold Publishing Corp., New York 1963, S. 185
[61] ROESER, W. F., und A. I. DAHL, J. Res. NBS *10* (1933) 661
[62] HOFFMANN, F., und U. SCHLEY, Sitz. Ber. Heidelberg, Akad. d. Wiss., Mathem./Naturw. Kl. *4* (1957) 371

[63] McAllen, J. V., und M. M. Ammar, Temperature, its Measurement and Control in Science and Industry, Vol. 4, Part 1, Instrument Society of America, Pittsburgh 1972, S. 275
[64] McLaren, E. H., und E. G. Murdock, Can J. Phys. *46* (1968) 401
[65] Bongiovanni, G., L. Crovini und P. Marcarino, Comité Consultatif de Thermométrie. 9. Session 1971, Bureau International des Poids et Mesures, Sèvres, S. T. 66
[66] McLachlan, A. D., H. Uchiyama, T. Saino und S. Nakaya, Temperature, its Measurement and Control in Science and Industry, Vol. 4, Part 1, Instrument Society of America, Pittsburgh 1972, S. 287
[67] Lee, R. D., National Bureau Standards, Technical Note 483 (1969)
[68] Righini, F., A. Rosso und G. Ruffino, High Temperatures — High Pressures *4* (1972) 471
[69] Quinn, T. J., und T. R. D. Chandler, Temperature, its Measurement and Control in Science and Industry, Vol. 4, Part 1, Instrument Society of America, Pittsburgh 1972, S. 295
[70] Cezairliyan, A., J. Res. NBS *74* (1970) 87

XI. Erzeugung tiefer und hoher Temperaturen, Thermostate

A Temperaturen unterhalb von 20 °C

Tiefe Temperaturen im Bereich von etwa 1 K bis 90 K kann man mit Hilfe von Kryostaten verwirklichen, die mit den tiefsiedenden Badflüssigkeiten ^{4}Helium, Wasserstoff, Stickstoff oder Sauerstoff betrieben werden. Entsprechend dem thermischen Zustandsverhalten kann die Siedetemperatur der Badflüssigkeit durch Änderung des Dampfdrucks beeinflußt werden. Zur Erzeugung von Temperaturen über 90 K bis zur Umgebungstemperatur werden für Bäder und Thermostate Flüssigkeiten verwendet, denen Wärme entzogen wird. Kältemischungen ermöglichen die Herstellung konstanter Temperaturen bis herab zu etwa 210 K. Besonders tiefe Temperaturen werden im ^{3}He-Kryostaten, ^{3}He/^{4}He-Mischkryostaten und bei der adiabaten Entmagnetisierung erreicht.

1. Kryostate

a) Kryostate mit tiefsiedenden Flüssigkeiten

Die Konstruktion eines Kryostaten hängt vom Temperaturbereich und vom Verwendungszweck ab. Es ist daher nicht möglich, einen Aufbau zu beschreiben, der allen Meßanforderungen im Bereich tiefer Temperaturen gerecht wird. Hier muß auf die einschlägige Literatur verwiesen werden, die z. B. von G. K. WHITE [1] und F. X. EDER [2] zusammengestellt wurde. In diesem Abschnitt können daher nur allgemeine Anforderungen festgelegt werden.

Eine Standardausführung eines Kryostaten für flüssigen Wasserstoff ist in Kapitel X C 1 beschrieben und in Abbildung 104 dargestellt. Sie besteht aus zwei DEWAR-Gefäßen, von denen das innere Gefäß die im allgemeinen verfügbaren verflüssigten Kältemittel Sauerstoff, Stickstoff, Wasserstoff oder Helium aufnimmt. Das äußere Gefäß enthält zur Verringerung des Wärmeübergangs zum inneren Gefäß flüssigen Stickstoff. Im inneren Gefäß kann der Dampfdruck und damit die Badtemperatur durch Abpumpen regelbar verändert werden. Bei Beschränkung auf Dampfdrücke bis maximal 1 bar sind bei direktem Eintauchen der Meßzelle in die Badflüssigkeit Temperaturen in den Bereichen 54 K bis 90 K (Sauerstoff), 63 K bis 77 K (Stickstoff), 14 K bis 20 K (Wasserstoff) und 1 K bis 4,2 K (^{4}Helium) (vgl. Tab. 9, S. 74) darstellbar. Wenn der thermische Kontakt mit der *Badflüssigkeit* durch einen Vakuummantel weitgehend aufgehoben und die Meßzelle beheizt wird, können die für die Badflüssigkeiten genannten Temperaturbereiche nach höheren Temperaturen hin erheblich erweitert werden. F. PAVESE und Mitarb. [3] beschreiben einen Kryostaten für den Bereich von 4,2 K bis 300 K, in dem nur Helium oder Stickstoff als Badflüssigkeiten Verwendung finden.

Nur an der Oberfläche des Bades ist eine Temperatur vorhanden, die der Dampfdruck-Temperatur-Beziehung entspricht. Mit zunehmender Badtiefe nimmt die Temperatur infolge des hydrostatischen Drucks zu. Dieser vertikale Temperaturgradient in der flüssigen Phase beträgt bei einem Dampfdruck von 1 bar für Sauerstoff und Stickstoff etwa 10 mK/cm. Für Wasserstoff und Helium liegen die entsprechenden Werte bei 0,2 mK/cm bzw. 0,1 mK/cm. Darüber hinaus neigen die aufgeführten Kältemittel zu *Siedeverzügen*, die zu beträchtlichen lokalen Überhitzungen des Bades führen können [4, 5]. Bei plötzlich einsetzender Verdampfung besteht die Gefahr, daß unzulässige Überdrücke im Kryostaten auftreten. In X C 1 sind Maßnahmen zur Anregung der Verdampfung und damit zur Vermeidung der Siedeverzüge aufgeführt.

Für *Badkryostaten* werden sowohl Glas- als auch Metall-DEWAR-Gefäße verwendet. Größe und äußere Form können den experimentellen Bedürfnissen angepaßt werden. Häufig werden zwei DEWAR-Gefäße ineinander gestellt; das innere Gefäß wird durch Distanzringe aus einem schlecht wärmeleitenden Werkstoff so gehalten, daß es seitlich und am Boden von dem in das äußere Gefäß eingefüllten flüssigen Stickstoff, der unter Atmosphärendruck siedet, umgeben ist. Das innere Gefäß, das das jeweilige Kältemittel enthält, ist mit einem Deckel vakuumdicht verschlossen. Am Deckel sind Abpumpstutzen, verschließbarer Füllstutzen, Standanzeiger zur Bestimmung der Höhe des Flüssigkeitsspiegels, Probenhalterung, vakuumdichte Durchführung für elektrische Zuleitungen und zweckmäßigerweise ein Sicherheitsventil angebracht. Wegen der Besonderheiten bei der Verwendung von flüssigem Wasserstoff (Umwandlung, Gefährlichkeit) wird auf Kapitel X C 1 verwiesen. Durch Abpumpen zwecks Temperaturerniedrigung kann mit Ausnahme von ^{4}Helium, das sich durch Druckerniedrigung nicht verfestigen läßt, mit einer entsprechend dimensionierten Pumpe der Tripelpunkt (s. Tab. 9) erreicht werden.

Zur Konstanthaltung der Temperatur lassen sich verschiedene *Regeleinrichtungen* verwenden. Vielfach wird die pneumatische Regelmethode benutzt, bei der durch Aufrechterhaltung eines bestimmten Dampfdrucks die Temperatur konstant gehalten werden kann. In der einfachsten Form wird die Pumpleistung manuell mit einem Dosierventil in der Pumpleitung geregelt. Ein automatischer Druckregler, der pneumatisch ein Ventil in der Pumpleitung steuert, ist aus einer großen Anzahl verschiedener

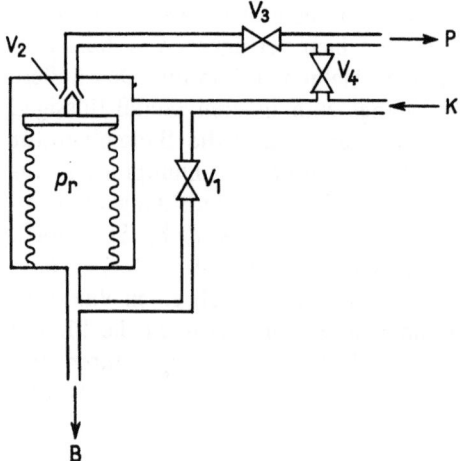

Abb. 115 Druckregler

Konstruktionen als Beispiel in vereinfachter Darstellung in Abbildung 115 gezeigt. Der Druckregler steht mit dem Kryostaten über die Leitung K und mit der Pumpe über die Leitung P in Verbindung. Bei B ist ein Puffervolumen angeschlossen, um Druckschwankungen des mit dem Ventil V_1 einstellbaren Referenzdrucks p_r im Federbalg weitgehend auszuschließen. Die Druckdifferenz Δp zwischen dem Referenzdruck p_r im Faltenbalg und dem Druck p im Kryostaten ist die Stellgröße für das Ventil V_2. Die Arbeitsweise des Druckreglers ist einfach. Steigt z. B. der Dampfdruck im Kryostaten an, so wird die bewegliche Metallplatte, die am Faltenbalg sitzt, nach unten gedrückt. Hierdurch wird das Ventil V_2 geöffnet und die Saugleitung teilweise freigegeben. Mit dem Ventil V_3 kann die Pumpleistung den Verhältnissen angepaßt und über das Ventil V_4 ein Beipaß geschaltet werden. Durch dieses Ventil wird der Kryostat direkt mit der Pumpe verbunden. Die Umgehung des Druckreglers ist für viele Zwecke notwendig.

Mit Druckreglern der beschriebenen Bauart lassen sich bei optimaler Auslegung im Druckbereich von 2 mbar bis 1000 mbar die Temperaturschwankungen so verringern, daß sie bei Heliumbädern von der Größenordnung 0,001 K und bei Stickstoff- oder Sauerstoffbädern von der Größenordnung 0,01 K sind [1]. Ein etwas aufwendigerer Druckregler mit besserer Regelgenauigkeit wurde von G. GATALAND und Mitarb. [6] zur Dampfdruckregelung eines Heliumkryostaten verwendet.

Die Temperaturregelung in Badkryostaten kann auch mit Temperaturfühlern (Metallwiderstands-, Halbleiter- oder Kohlewiderstandsthermometern), die ein elektromagnetisches Regelventil steuern, erfolgen. Die Anwendung eines elektronischen Regelgeräts mit Proportionalregelung (vgl. XI B 2b) ist der Zweipunktregelung vorzuziehen. Zur Verbesserung der Temperaturkonstanz ist es zweckmäßig, auch die elektrischen Regelverfahren mit einem Beipaß zu kombinieren. Dabei wird die Pumpleistung durch den Beipaß so eingestellt, daß keine Überschreitung der Solltemperatur erfolgt. Die Abkühlung bis zum Sollwert wird durch den Regelvorgang gesteuert. Unter Umständen kann durch eine in die Badflüssigkeit eintauchende elektrische Heizung mit konstanter oder geregelter Leistung die Temperaturkonstanz weiter verbessert werden.

Die besonderen Eigenschaften der tiefsiedenden Flüssigkeiten erfordern die Beherrschung einer speziellen Kryostatentechnik. In diesem Zusammenhang wird auf die entsprechende Literatur hingewiesen [1, 2].

b) Heliumverdampferkryostate

Jede beliebige Temperatur zwischen etwa 2,5 K und 300 K ist in Heliumverdampferkryostaten [7] einzustellen. Im Vergleich zu Badkryostaten kann damit der gesamte Temperaturbereich der tiefsiedenden Bäder einschließlich der Lücken (vgl. IV A) erschlossen werden, ohne daß ein Wechsel des Kältemittels erforderlich ist. Weitere Vorteile sind u. a. kurze Temperatureinstellzeiten, Langzeitbetrieb und im Gegensatz zu den meisten Badkryostaten kompakte Bauweise durch Wegfall des flüssigen Stickstoffbehälters als Strahlungsabschirmung. In Abbildung 116 wird als Beispiel ein Verdampferkryostat mit eingebautem Temperaturfühler eines Dampfdruckthermometers zum Vergleich von Widerstandsthermometern mit dem Dampfdruckthermometer dargestellt. Der Probenbehälter, in dem sich ein zusätzlicher Strahlungsschutz befindet, steht in Wärmekontakt mit der *Verdampferschlange*, die mit dem Helium-

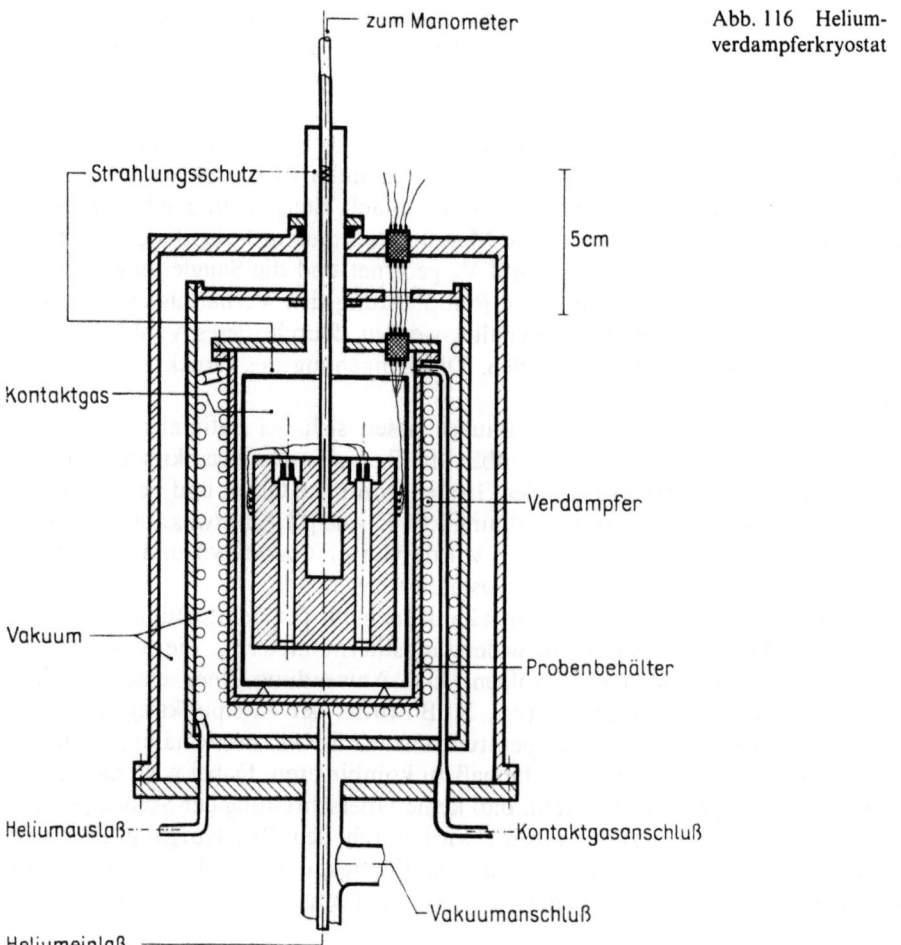

Abb. 116 Heliumverdampferkryostat

vorratsbehälter über ein Steigrohr verbunden ist. Die Unterbringung der Anordnung erfolgt in einem evakuierten Gehäuse, das gleichzeitig der Außenmantel des Kryostaten ist. Eine Vakuumpumpe, die sich am Heliumauslaß des Kryostaten befindet, fördert entsprechend der Temperatur der Meßzelle flüssiges oder gasförmiges Helium in die Verdampferschlange. Dabei wird die mit Kontaktgas gefüllte Meßzelle abgekühlt. Die abgeführte Wärme ist gleich der Zunahme der Enthalpie des Heliums im Verdampfer. Das austretende Gas dient noch als Kühlmittel für den Probenbehälter, der den Strahlungsschutz umschließt.

Zur *Temperaturregelung* wird ein Ventil mit kontinuierlich veränderlichem Querschnitt am Heliumauslaß verwendet, dessen Steuerung von einem am Probenbehälter angekoppelten Temperaturfühler über ein elektronisches Regelgerät erfolgt [8]. Der Massenstrom des Kältemittels läßt sich mit dieser Regeleinrichtung proportional der Abweichung der Temperatur vom Sollwert einstellen. Es muß geprüft werden, ob die Temperaturkonstanz durch eine auf dem Probenbehälter angebrachte Heizung mit konstanter Leistung, die der jeweiligen Temperatur angepaßt werden muß, verbessert werden kann. Wird anstelle eines Ventils mit proportional geregeltem Querschnitt ein elektromagnetisches Ventil in Auf-Zu-Regelung benutzt, kann man ein annähernd proportionales Regelverhalten dadurch erreichen, daß die Ventilöffnungszeiten mit Hilfe einer elektronischen Schaltung geändert werden [9].

Die relative Temperaturschwankung $\Delta T/T$ der Meßzelle beträgt etwa 10^{-4}. Bei optimaler Auslegung und unter der Voraussetzung, daß nur gasförmiges Helium den Wärmeaustauscher durchströmt, kann die relative Temperaturschwankung auf 10^{-5} herabgesetzt werden [10]. Dieses Kryostatenprinzip ist nicht nur auf Helium als Kältemittel beschränkt.

2. Flüssigkeitsbäder im Temperaturbereich von etwa −180 °C bis 20 °C

a) Bäder mit gekühlten Flüssigkeiten; Kältethermostate

Als *Badflüssigkeiten* kommen Stoffe in Betracht, die im jeweiligen Bereich eine hohe Wärmeleitfähigkeit bei geringer Viskosität besitzen, damit sie guten Wärmeübergang und gute Durchmischung gewährleisten. Darüber hinaus sollten die Flüssigkeiten ungiftig, nicht brennbar und temperaturbeständig sein und sich neutral gegenüber den üblichen Werkstoffen verhalten. In Tabelle 34 sind die erforderlichen Daten gebräuchlicher Badflüssigkeiten für tiefe Temperaturen, nach den Siedepunkten geordnet, enthalten. Nicht alle aufgeführten Badflüssigkeiten erfüllen die an Kältemittel zu stellenden erwähnten Anforderungen. Wegen der besonderen Gefahr beim Arbeiten mit *brennbaren Flüssigkeiten* sind in die obige Tabelle auch nichtbrennbare *Halogenkohlenwasserstoffe* und *Perfluorhexan* mit aufgenommen worden. Diese Verbindungen sind unbrennbar, bilden mit Luft keine explosiblen Gemische und sind praktisch ungiftig. Der Dampfdruck der Badflüssigkeit steigt mit zunehmender Temperatur an

Tabelle 34. Badflüssigkeiten für tiefe Temperaturen

Stoff	t_0 °C	t_s °C
Chlortrifluormethan (R 13)	−81,4	−181
Propan*)	−42,1	−187,7
Chlordifluormethan (R 22)	−40,8	−160,0
Dichlortetrafluoräthan (R 114)	+ 3,5	− 93,9
n-Pentan*)	+36,07	−129,7
Dichlormethan (Methylenchlorid)	+40,2	− 96,7
Perfluorhexan	+57	− 87
Trichlormethan (Chloroform)	+61,3	− 63,5
Methanol (Methylalkohol)*)	+64,6	− 97,7
Tetrachlormethan (Tetrachlorkohlenstoff)	+76,6	− 23,0
Äthanol (Äthylalkohol)*)	+78,3	−114,5
Trichloräthylen	+87,2	− 73

*) brennbar, t_0 = Siedepunkt bei 1,013 bar, t_s = Schmelzpunkt

Besondere Beachtung verdient die Toxizität einiger Badflüssigkeiten (insbesondere des Tetrachlormethans und des Methanols).

und erreicht bei dem in der Tabelle angegebenen Wert t_0 für den Siedepunkt den Druck 1,013 bar. Während Stoffe mit Siedepunkten über 20 °C als *Flüssigkeiten* angesehen werden, sind Stoffe mit Siedepunkten unterhalb von 20 °C *Gase*, die nur in Druckbehältern zur Verfügung stehen. Zum Beispiel beträgt der Dampfdruck von Chlortrifluormethan (R 13) bei einer Umgebungstemperatur von 20 °C 31,8 bar. Dieser Stoff muß bei Verwendung als Badflüssigkeit einem Druckbehälter über einen mit flüssigem Stickstoff gekühlten Wärmeaustauscher entnommen werden. Hierin liegt ein gewisser Nachteil.

Flüssigkeitsbäder enthalten im wesentlichen einen wärmeisolierten Behälter zur Aufnahme der Badflüssigkeit, einen Kühler zum Wärmeentzug und ein kräftiges Rührwerk. Daneben ist der Einbau einer elektrischen Heizung von Vorteil. Abbildung 117 zeigt eine Möglichkeit [11], eine Badflüssigkeit mit flüssigem Stickstoff zu kühlen. F. HENNING [12] hat dieses auch jetzt noch praktizierte Prinzip bereits im Jahre 1913 beschrieben. Als Badbehälter dient ein DEWAR-Gefäß. Die Badflüssigkeit wird dadurch gekühlt, daß man in einem in die Badflüssigkeit eintauchenden Kühler flüssigen Stickstoff verdampfen läßt. Der flüssige Stickstoff wird dem Kühler aus einem Vorratsbehälter über einen doppelwandigen Heber zugeführt. Zur Änderung des Gasdrucks im Vorratsbehälter ist eine direkt in den flüssigen Stickstoff eintauchende Heizspirale

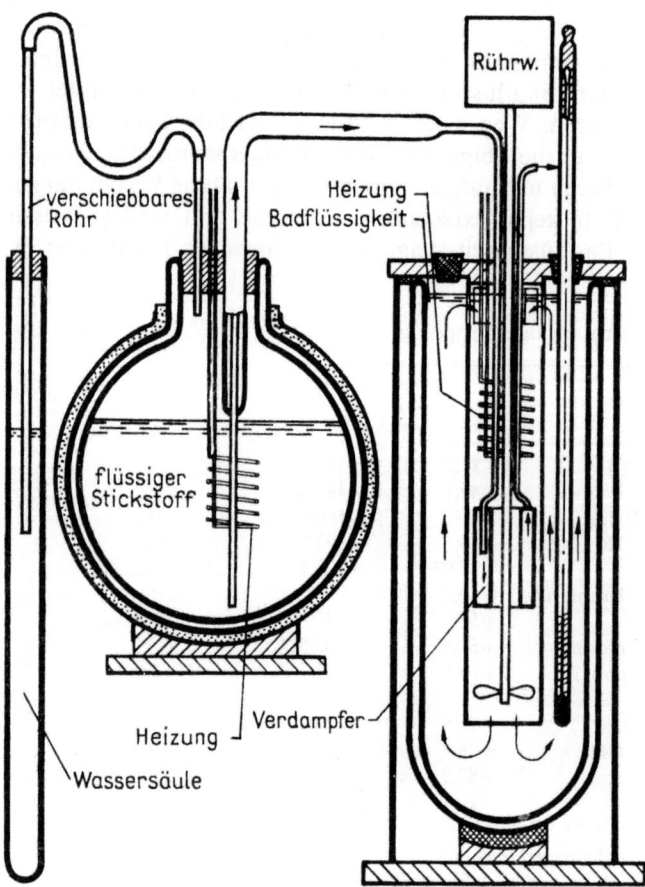

Abb. 117 Bad für tiefe Temperaturen

eingebaut. Außerdem kann der Gasdruck über dem flüssigen Stickstoff durch ein mit dem Vorratsgefäß in Verbindung stehendes verschiebbares Rohr verändert werden, das in ein mit Wasser gefülltes Gefäß eintaucht. Der Stickstoff in der Vorratsflasche steht unter dem Überdruck einer beliebig veränderlichen Wassersäule. Durch Ändern der Heizleistung und der Eintauchtiefe des verschiebbaren Rohres kann man die in den Verdampfer eintretende Menge flüssigen Stickstoffs so einstellen, daß die gewünschte Badtemperatur mit genügend kleinem Gang erreicht wird. Für die rasche Erwärmung der Badflüssigkeit ist in den Badbehälter außerdem eine elektrische Heizung eingebaut.

Als Badflüssigkeiten sind die Stoffe geeignet, die nach Tabelle 34 einen Siedepunkt über 20 °C besitzen. Bei Verwendung brennbarer Badflüssigkeiten sollte flüssige Luft nicht als Kühlmittel verwendet werden. Für Temperaturen zwischen −75 °C und −140 °C wird eine aus fünf Komponenten bestehende unbrennbare Mischung mit einem Massengehalt von 14,5% Trichlormethan, 25,3% Dichlormethan, 33,4% Äthylbromid, 10,4% trans-Dichloräthylen und 16,4% Trichloräthylen verwendet, die bei etwa −150 °C erstarrt.

Bei Verwendung von Bädern mit gekühlten Flüssigkeiten muß die Badoberfläche vor der unmittelbaren Berührung mit der atmosphärischen Luft geschützt werden. Andernfalls kondensiert ständig Wasserdampf an der Oberfläche der Badflüssigkeit, die dadurch so zäh wird, daß die tiefste Verwendungstemperatur sich immer mehr zu höheren Temperaturen hin verlagert.

Ein Kältethermostat, der aus einem gerührten Flüssigkeitsbad mit einer *automatischen Temperaturregeleinrichtung* besteht und im Bereich von −170 °C bis 0 °C eingesetzt werden kann, wurde 1940 von R. B. SCOTT [13] beschrieben. Dasselbe Verfahren wendeten C. R. BARBER und A. HORSFORD [14] für gasthermometrische Untersuchungen an. Im Bereich tiefer Temperaturen verwendeten R. B. SCOTT und auch C. R. BARBER die brennbare Badflüssigkeit Propan. W. BLANKE [15] hat nach demselben Verfahren einen Kältethermostaten veröffentlicht, in dem das Kältemittel Chlortrifluormethan (R 13) anstelle von Propan benutzt wird. R 13 ist praktisch ungiftig und besitzt eine niedrige Viskosität. Abbildung 118 zeigt den Kältethermostaten, der im wesentlichen aus Edelstahl hergestellt ist und aus zwei ineinandergestellten DEWAR-Gefäßen besteht. Die Badflüssigkeit, die einem Druckbehälter über einen mit flüssigem Stickstoff gekühlten Wärmeaustauscher bei etwa −175 °C entnommen wird, befindet sich im inneren DEWAR-Gefäß. In diesem Gefäß ist ein Zirkulationsrohr untergebracht, das außen eine bifilar gewickelte Heizung aus Chromnickeldraht mit einem Widerstand von etwa 30 Ω trägt. Durch ein Rührwerk wird die Badflüssigkeit im Zirkulationsrohr nach oben gedrückt, läuft am oberen Ende über und strömt außerhalb des Rohres zum Rührer zurück. Flüssiger Stickstoff füllt den Zwischenraum der beiden DEWAR-Gefäße aus. Der Wärmeübergang zwischen der Badflüssigkeit und dem Stickstoff wird durch Änderung des Heliumdrucks im Zwischenraum des inneren DEWAR-Gefäßes so eingestellt, daß die Badtemperatur langsam sinkt. Mit einem Widerstandsthermometer als Temperaturfühler, das oberhalb des Rührers angebracht ist, und einem guten PID-Regler (s. DIN 19226) für die elektrische Heizung läßt sich die Temperatur im Innern des Zirkulationsrohres bis auf wenige mK konstant halten. Die räumliche Temperaturkonstanz ist besser als 1 mK. Mit Chlortrifluormethan (R 13) als Badflüssigkeit kann ein Temperaturbereich von etwa −170 °C bis −90 °C verwirklicht werden. Für höhere Temperaturen müssen andere Badflüssigkeiten verwendet werden,

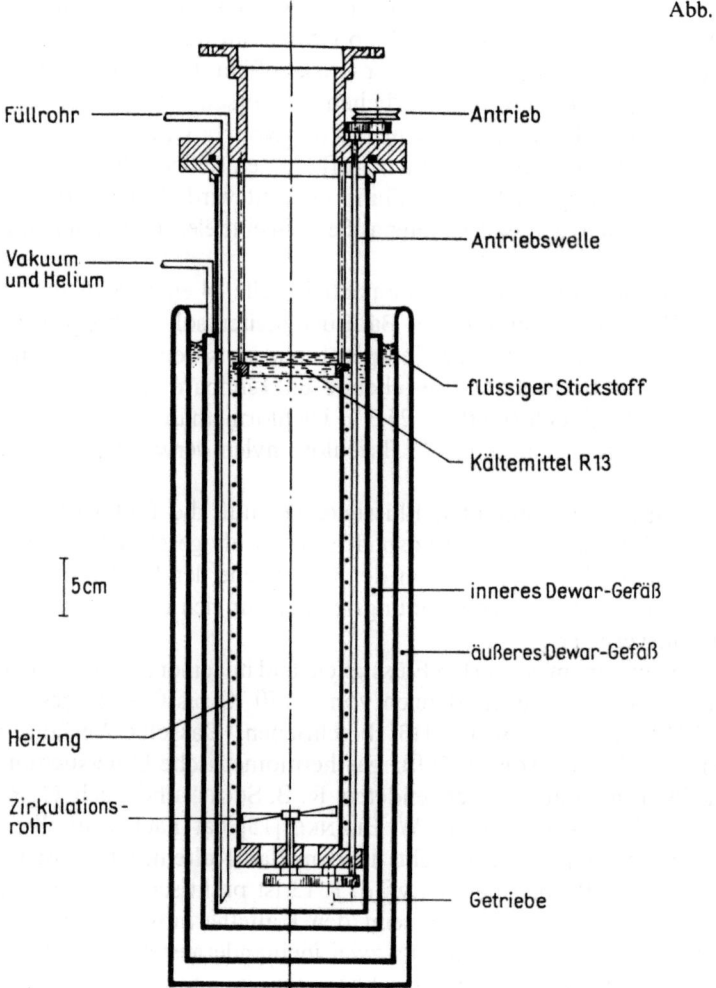

Abb. 118 Kältethermostat

deren Daten aus Tabelle 34 zu entnehmen sind. Auch bei diesen Kältethermostaten ist es erforderlich, die Badoberfläche vor Berührung mit der atmosphärischen Luft zu schützen, um die Kondensation von Wasserdampf zu vermeiden.

b)   **Handelsübliche Kältethermostate**

Für Temperaturen bis herab zu $-120\,°C$ werden von der Industrie Kältethermostate mit allem erforderlichem Zubehör angeboten. Die Kälteerzeugung erfolgt dabei durch Entspannung und Verdampfung eines verflüssigten Kältemittels mit *Kompressionskältemaschinen* in ein- oder mehrstufiger Ausführung. Die Ausrüstung dieser Geräte umfaßt im allgemeinen ein elektronisches Relais mit Platinwiderstandsthermometer zur Temperaturregelung, Rührwerk, Niveauregelung und Übertemperaturschutz. Zur Ausrüstung gehört ferner eine kälteisolierte Druck- oder Druck- und Saugpumpe mit stufenlos regelbarer Umwälzmenge zur Umwälzung der temperaturkonstanten Badflüssigkeit in geschlossene oder offene Behälter.

Zwei in ihrer Funktion unterschiedliche Verfahren sind üblich. Beim *Einbehältersystem* taucht die Verdampferschlange innerhalb des Badbehälters in die Badflüssigkeit ein. Die Kälteleistung ist größer, aber die Regelgenauigkeit nicht so hoch wie beim *Zweibehältersystem*. Hierbei wird ein Teil der Badflüssigkeit in einem besonderen Kühlbehälter durch die eintauchende Verdampferschlange bis auf die erreichbare Minimaltemperatur abgekühlt und je nach Bedarf mit der Flüssigkeit des Badbehälters mittels einer Umwälzpumpe gemischt. Ein fein regulierbares Ventil und ein Magnetventil zwischen Kühl- und Badbehälter erlauben die Anpassung der Kälteleistung an die Erfordernisse im Badbehälter. Das Magnetventil wird von einem Widerstandsthermometer über eine elektronische Regeleinrichtung, die gegebenenfalls auch eine stufenlos einstellbare Heizleistung schaltet, gesteuert. Die Temperatur dieser Kältethermostate soll bis auf $\pm 0{,}02$ °C bzw. $\pm 0{,}04$ °C konstant sein.

3. Kältemischungen

Bestimmte Temperaturen können bei einfachem Aufwand mit Kältemischungen verwirklicht werden. Die Anwendung dieser Methode zur Temperaturerzeugung hat jedoch wegen der Entwicklung von Kältethermostaten an Bedeutung verloren. Darum werden die Kältemischungen hier nur kurz unter Angabe von Literaturhinweisen behandelt.

Zur Erzeugung tiefer Temperaturen im Bereich von etwa 0 °C bis ungefähr -65 °C können *Zweistoffgemische*, die im allgemeinen aus Mischungen von Eis und Salz bestehen, verwendet werden. Die Temperaturerniedrigung wird dadurch erzielt, daß beide Stoffe bei der Mischung in den flüssigen Zustand übergehen, wobei die *Lösungswärme* des Salzes und die *Schmelzwärme* des Eises dem Gemisch entzogen werden. Die dabei auftretenden Vorgänge können im Phasendiagramm des binären Systems veranschaulicht werden. Die tiefste erreichbare Temperatur hängt vom Mischungsverhältnis der beiden Komponenten ab. Bei der eutektischen Mischung wird der Minimalwert, der *eutektische* oder *kryohydratische Punkt*, erreicht. Zum Beispiel besitzt eine Kältemischung mit den Massengehalten 22% Kochsalz und 78% Eis einen eutektischen Punkt bei der Temperatur $-21{,}2$ °C. Entsprechend ergeben 30% Kalziumhexahydrat gemischt mit 70% Eis eine eutektische Temperatur von -55 °C. Tabellen über Kältemischungen aus Eis und einem Salz oder aus Eis und zwei Salzen sind von F. X. Eder [2] angegeben. Darüber hinaus findet man dort noch Angaben über Kältemischungen aus festem Kohlendioxid (Sublimationstemperatur $-78{,}5$ °C) und Flüssigkeiten. Die erreichbaren Temperaturen dieser Zweistoffgemische liegen im Bereich von -82 °C bis -60 °C. Auch im Tabellenteil von F. Kohlrausch [16] sind Kältemischungen aus Salz und Eis zusammengestellt.

4. Verfahren zur Erzeugung von Temperaturen unterhalb von 1 K

Der Temperaturbereich des ^{4}*He-Badkryostaten* war in XI A 1a mit 1 K bis 4,2 K angegeben. Das Erreichen der unteren Temperaturgrenze ist nur mit einer Pumpe großer Saugleistung bei ausreichend dimensionierten Abpumpleitungen möglich.

Um Temperaturen im Bereich von 0,3 K bis 1 K herzustellen, verwendet man seit etwa 1961 den *³He-Kryostaten* [17]. Dieses Heliumbad hat die bis dahin verwendete Methode der Erzeugung tiefer Temperaturen durch *adiabate Entmagnetisierung* eines paramagnetischen Salzes (vgl. I B 5 und IX C) im Arbeitsbereich des ³He-Kryostaten im Laufe der letzten Jahre nahezu abgelöst. Diese Badkryostate, deren schematischer Aufbau von G. K. WHITE [1] beschrieben ist, werden auch als Standardgeräte mit der Endtemperatur 0,3 K von der Industrie angeboten.

Eine andere Methode zur Erzeugung sehr tiefer Temperaturen unterhalb 0,3 K bis herab zu 0,007 K ist die reversible Mischung von ³Helium und ⁴Helium. Nachdem die Grundlagen des Mischprozesses bekannt waren, wurden die ersten arbeitenden *³He/⁴He-Mischkryostaten* in den Jahren 1964 bis 1966 [18] gebaut. In den darauffolgenden Jahren sind diese Kryostaten technologisch sehr verbessert worden.

Die Temperaturerniedrigung wird in den ³He/⁴He-Mischkryostaten durch reversible Mischung von ³Helium und ⁴Helium erreicht. Wenn ein Gemisch von flüssigem ³Helium und superfluidem ⁴Helium unter 0,87 K abgekühlt wird, treten zwei flüssige Phasen, getrennt durch eine Phasengrenze auf. Die ³Helium-reiche Phase sammelt sich über der ⁴Helium-reichen dichteren Phase an. Die Kälte wird in der Mischkammer des Kryostaten erzeugt, in der sich im stationären Betrieb die beiden flüssigen Heliumphasen befinden. Die Kälteerzeugung beruht darauf, daß ständig ³Helium aus der ³Helium-reichen Phase in der ⁴Helium-reichen Phase in Lösung geht. Da die *Mischungsenthalpie* bei diesem Vorgang negativ ist, kühlt sich die Mischkammer ab. Kryostaten, die nach diesem Prinzip arbeiten, werden auch kommerziell hergestellt.

Noch tiefere Temperaturen bis zu 1 mK werden mit Hilfe der adiabaten Entmagnetisierung paramagnetischer Salze erreicht. Mit der *Kernentmagnetisierung* können Temperaturen bis herab zu etwa 10^{-5} K verwirklicht werden [1, 19].

B Flüssigkeitsbäder oberhalb von 20 °C

Der Aufbau der Flüssigkeitsbäder in diesem Bereich ist dem für tiefe Temperaturen sehr ähnlich. Das Bad besteht aus einem wärmeisolierten Badbehälter, der die Badflüssigkeit aufnimmt, einer oder mehreren elektrischen Heizungen und einem Rührwerk. Für den Betrieb unterhalb der Raumtemperatur muß zusätzlich ein Kühler vorhanden sein. Die Badflüssigkeit ist entsprechend dem Temperaturbereich zu wählen. Abbildung 119 zeigt den grundsätzlichen Aufbau eines gerührten, elektrisch beheizten Flüssigkeitsbades [20]. Das eingezeichnete Rührwerk drückt die Badflüssigkeit durch ein senkrecht angeordnetes Rohr, in dem sich die Heizung befindet. Dabei treten große Strömungsgeschwindigkeiten auf, die den Wärmeübergang zwischen der Heizkörperoberfläche und der Badflüssigkeit erhöhen. Diese Anordnung hat sich bewährt.

1. Badflüssigkeiten

Die Anforderungen, die an Badflüssigkeiten hier zu stellen sind, entsprechen im wesentlichen denen bei tiefen Temperaturen. Lediglich für die bei hohen Temperaturen verwendeten Öl- und Salzbäder müssen noch besondere Bedingungen erfüllt sein, die später genannt werden.

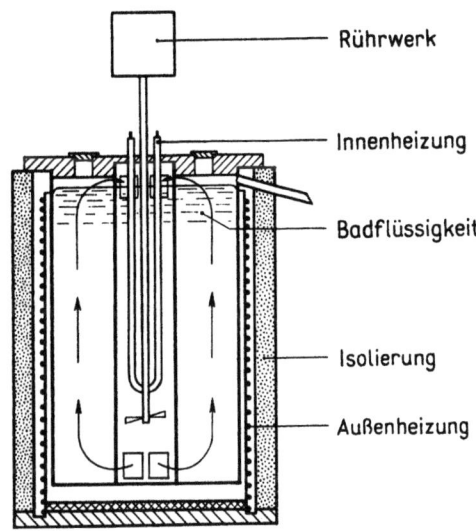

Abb. 119 Flüssigkeitsbad

Im Temperaturbereich von etwa 20 °C bis 99 °C ist Wasser als Badflüssigkeit gut geeignet. Oberhalb von 20 °C können außer Wasser leichte und schwere Mineralöle bis 300 °C verwendet werden. Hierbei ist zu beachten, daß die flüchtigen Bestandteile der Öle bei hohen Temperaturen schnell herausdampfen, so daß die Viskosität des Bades erheblich zunimmt. Die Bedeutung dieser Stoffe als Badflüssigkeiten — ausgenommen Wasser — ist zurückgegangen, da die Industrie seit einigen Jahren *Silikonöle* anbietet, die als Badflüssigkeit im Bereich von −65 °C bis 350 °C eingesetzt werden können. Außerdem sind Badflüssigkeiten auf der Basis von *Polypropylenglykol* und von *Triaryldimethan* entwickelt, die bis zu Temperaturen von 250 °C bzw. 330 °C verwendet werden können. Die angegebenen Temperaturen gelten nur für ein oben abgeschlossenes Bad. Jeder direkte Kontakt der Badflüssigkeit mit dem atmosphärischen Sauerstoff beeinträchtigt die Verwendungsdauer der Badflüssigkeit. Diese neuentwickelten Stoffe sind untereinander nicht mischbar. Sie haben einen hohen Siedebeginn und eine extrem niedrige Ausgangsviskosität.

Kupfer in reiner Form oder in seiner Legierung als Messing ist bei höheren Temperaturen ein Katalysator, der den raschen thermischen Abbau der Badflüssigkeiten bewirkt. Rostfreier Stahl ist als Werkstoff geeignet. Weitere Einzelheiten für die Anwendung dieser Badflüssigkeiten müssen den mitgelieferten Unterlagen entnommen werden.

Bis 250 °C kann auch eine Mischung mit den Massengehalten 25% Diphenyl und 75% Diphenyloxid verwendet werden. Der Siedepunkt dieses Gemisches liegt bei 255 °C. Diese Mischung kann unter Überdruck auch bis 400 °C eingesetzt werden. Für Temperaturen von etwa 180 °C bis etwa 630 °C hat sich als Badflüssigkeit eine Mischung mit den Massengehalten 55,2% Kaliumnitrat (KNO_3) und 44,8% Natriumnitrit ($NaNO_2$) bewährt. Wegen der elektrischen Leitfähigkeit der Salzmischung muß die in das Bad eintauchende elektrische Heizvorrichtung isoliert werden. Als Werkstoff für den Badbehälter ist zunderfestes Blech besonders zu empfehlen. Oberhalb 630 °C dürfen die Salzschmelzen nicht salpeterhaltig sein, da Salpeter bei Temperaturen über

500 °C sich zu zersetzen beginnt. Durch die gasförmigen Zersetzungsprodukte, die z. T. giftig sind, wird der Werkstoff der Badbehälter angegriffen.

Im Temperaturbereich von etwa 600 °C bis 1100 °C können *Salzschmelzen*, die für die Wärmebehandlung von Stahl verwendet werden, als Badflüssigkeiten herangezogen werden. Bei außen beheizten Bädern müssen die Badbehälter auch aus zunderfestem Werkstoff gefertigt sein. Die höchstzulässige Temperatur wird mit etwa 800 °C angegeben. Bei höheren Temperaturen sind nur Elektrodenöfen mit Badbehältern mit keramischer Ausmauerung oder Stampfmasse anwendbar. Die Elektroden müssen aus zunderfestem Werkstoff hergestellt werden. Noch höhere Schmelztemperaturen haben z. B. Barium- und Kalziumfluorid. Wegen der besonderen Anforderungen, die Salzbäder bei hohen Temperaturen an die Werkstoffe stellen, hat sich im Bereich von 250 °C bis 1100 °C ein gerührtes Zinnbad besser bewährt. Bei Flüssigkeiten für hohe Temperaturen muß die thermische Ausdehnung der Badflüssigkeit berücksichtigt werden.

2. Temperaturregeleinrichtungen

In einem Flüssigkeitsbad tritt auch bei sorgfältig eingestellter Heiz- oder Kühlleistung immer ein kleiner zeitlicher Temperaturgang ein. Soll das Bad auf eine vorgegebene Temperatur gebracht werden, die während der Betriebszeit auch gehalten werden muß, so ist eine *automatische Temperaturregeleinrichtung* zusätzlich notwendig. Bäder, die mit dieser Zusatzeinrichtung ausgerüstet sind, werden als *Thermostate* bezeichnet. Zur Temperaturregelung ist ein Temperaturfühler notwendig, der den Istwert der Regelgröße (Temperatur) für den Regler liefert. Der Regler beeinflußt dann die Stellgröße (Heizstrom) nach einem vorgegebenen Sollwert der Regelgröße (Temperatur). Die Verschiedenartigkeit der Regelaufgaben erfordert eine sorgfältige Auswahl des Reglers. Man unterscheidet Zweipunktregler und stetige Regler. Bei der *Zweipunktregelung* stellt sich die Stellgröße (Heizstrom) auf zwei Werte (Punkte) ein, z. B. „Ein-Aus" oder „Stark-Schwach". Demzufolge unterliegt der Wert der Regelgröße einem dauernden Wechsel. Man läßt den Regler meist nicht den gesamten Heizstrom schalten, sondern nur eine Teilheizleistung, während die Grundheizleistung dauernd bestehen bleibt. Bei der *stetigen Regelung* kann die Stellgröße (Heizstrom) jeden Wert annehmen. Ihre Änderung erfolgt dabei kontinuierlich oder diskontinuierlich. Hinsichtlich ihres Zeitverhaltens werden die stetigen Regler in folgende Hauptgruppen eingeteilt: proportionalwirkende Regler (P-Regler), integral wirkende Regler (I-Regler), proportional-integral wirkende Regler (PI-Regler) und proportional-integral-differential wirkende Regler (PID-Regler).

Temperaturfühler und Regler

Als einfache *Zweipunktregler* für Flüssigkeitsthermostate haben sich Quecksilberkontaktthermometer in Verbindung mit einem elektronischen Relais, das die Heizleistung schaltet, gut bewährt (s. III A 2). Die Lebensdauer der Quecksilberkontaktthermometer läßt sich erheblich vergrößern, wenn man durch geeignete Wahl des Relais dafür sorgt, daß über den Kontakt im Thermometer ein möglichst geringer Strom fließt.

Die Heiz- bzw. Kühlleistung ist so einzustellen, daß die Ein-Aus-Zeiten etwa gleich sind. Die Regelschwankungen lassen sich erheblich verkleinern, wenn mit dem Regler nur etwa 20 % der Gesamtheizleistung geschaltet werden. Mit einstellbaren Quecksilberkontaktthermometern lassen sich die Temperaturen von Flüssigkeitsbadthermostaten auf wenige hundertstel K und mit Kontaktthermometern mit festem Schaltpunkt sogar bis auf wenige tausendstel K konstant halten. Für eine wesentlich grobere Regelung kann als Temperaturfühler ein Metallausdehnungsthermometer benutzt werden, das bis etwa 600 °C zu verwenden ist und die Temperatur bis auf $\pm 0{,}5$ °C regelt (s. III B).

Für die Temperaturregelung käuflicher Thermostaten sind verschiedene Zweipunktregler mit Widerstandsthermometern als Temperaturfühler im Handel. Die Regelschwankungen liegen zwischen ± 5 mK und ± 10 mK.

Die Zweipunktregelung hat den großen Nachteil, daß die zugeführte Heizleistung unabhängig von der Temperaturdifferenz zwischen Soll- und Istwert der Temperatur ist. Bei großen Gleichgewichtsstörungen stellt sich daher die Sollwerttemperatur nur langsam ein. Ein *stetiger Regler*, z. B. ein proportional wirkender Regler (P-Regler), besitzt diesen Nachteil nicht, weil die Heizleistung proportional der Regelabweichung (Istwert minus Sollwert) ist. Die bei der Temperaturregelung mit Proportionalreglern immer vorhandene kleine Regelabweichung läßt sich vermeiden, wenn man einen proportionalintegral wirkenden Regler (PI-Regler) verwendet. Damit kann man eine sehr große Regelgenauigkeit erreichen. Für die Regelung von Thermostaten geeignete PI-Regler sind im Handel erhältlich.

3. Handelsübliche Flüssigkeitsthermostate

Um eine annähernd räumlich konstante Temperatur zu erzielen, muß die Badflüssigkeit durch ein Rührwerk in ständigem Umlauf gehalten werden. Eine hohe Umwälzgeschwindigkeit vermeidet das Auftreten größerer Temperaturdifferenzen im Bad und vergrößert den Wärmeübergang zwischen Heizkörper und Badflüssigkeit. Die zu temperierenden Meßgeräte, welche in das Bad eintauchen, müssen soweit vom Heiz- und Kühlkörper entfernt sein, daß an ihnen nur gut durchmischte Badflüssigkeit vorbeiströmt.

Für den Temperaturbereich von etwa -60 °C bis etwa 300 °C ist dieses Prinzip in ausgezeichneter Form bei den im Handel befindlichen Thermostaten gelöst. Auch ein Spektrum erprobter Badflüssigkeiten mit den erforderlichen Daten wird bereit gehalten. Der Badinhalt der Thermostaten schwankt, wenn von Spezialausführungen abgesehen wird, zwischen 3 l und 30 l. Die Badflüssigkeit, die in einem zylindrischen Kessel untergebracht ist, wird durch einen Heizkörper und gegebenenfalls durch eine Kühlschlange temperiert. Die Kühlschlange kann mit der Wasserleitung oder mit einem Kältethermostaten verbunden werden. Wenn mit Wasser gekühlt werden muß, empfiehlt es sich, das Wasser einem selbsterrichteten Hochbehälter von etwa 20 l Volumen zu entnehmen, um von den Druckschwankungen des Wassernetzes unabhängig zu sein. Das Bad wird seinem Inhalt entsprechend mit 500 W bis 2000 W über elektronische Zweipunktregler mit Quecksilberkontakt- oder Platinwiderstandsthermometern als Temperaturfühler geheizt. Die Regelgenauigkeit ist mit $\pm 0{,}01$ °C angegeben. Daneben werden als Zusatzgeräte Programmgeber angeboten, mit denen eine Temperaturerhöhung bzw. Temperaturabsenkung mit verschiedenen Geschwindigkeiten angewählt werden kann.

Die niedrigste erreichbare Temperatur handelsüblicher Flüssigkeitsthermostate wird mit $-60\,°C$ angegeben (vgl. auch XI A 2 b). Hierzu ist die Kühlung der Badflüssigkeit in einem sog. Kältespeicher notwendig, der mit festem Kohlendioxid (Sublimationspunkt $-78,5\,°C$) gefüllt wird. Neben der Möglichkeit, angeschlossene Geräte oder offene Zusatzbäder zu temperieren, werden Spezialausführungen angeboten, die bis 350 °C eingesetzt werden können.

C Elektrisch beheizte Öfen

Für wissenschaftliche Zwecke erzeugt man hohe Temperaturen vorwiegend durch elektrische Energie, die man den zu heizenden Räumen als JOULEsche Wärme oder in Form niederfrequenter oder hochfrequenter Wirbelströme zuführt (s. auch X C 4e). Bei den elektrischen Widerstandsöfen unterscheidet man die *Drahtöfen*, *Silitstaböfen* (bis 1600/2000 °C), *Kurzschlußöfen* (Heizfolien aus Platinrhodium, Hohlstäbe aus Wolfram oder Graphit, Temperaturen bis 3000 °C), *Kohlegrießöfen* (Heizstrom durch gekörnten Kohlegrieß) und NERNST-*Öfen*. Derartige Widerstandsöfen sind heute in mannigfacher Ausführung mit Regeleinrichtungen erhältlich, die über viele Stunden bei 2500 °C eine Temperaturkonstanz von 10 °C ermöglichen.

Für die Erhitzung geringer Substanzmengen hat sich für kleine Öfen die Aufheizung durch Elektronenbeschuß bewährt. Im einfachsten Fall besteht ein derartiger Ofen aus einem zylindrischen Metallblech (Wolfram), um das in einem Abstand von wenigen Millimetern ein Wolframheizfaden symmetrisch aufgespannt ist. Zur Verminderung der Strahlungsverluste dienen zwei weitere konzentrisch zum Heizsystem angeordnete Molybdänblechzylinder. Der ganze Aufbau wird evakuiert und zwischen Innenzylinder (Anode) und Heizfaden (Kathode) eine Spannung von einigen kV gelegt. Der Vorteil dieser Heizart liegt in der kurzen Aufheizzeit, der Nachteil in einer mangelhaften zeitlichen Temperaturkonstanz infolge der recht instabilen elektrischen Heizcharakteristiken.

Drahtöfen

Abbildung 120 zeigt einen in senkrechter Lage benutzbaren Ofen, der durch die innerhalb des pulverförmigen Isoliermaterials (z. B. Aluminiumoxid) gelagerten und oft bifilar gewickelten Heizdrähte erwärmt wird. Die Heizwicklung wird häufig in mehrere voneinander getrennte Heizzonen unterteilt und strombeheizt, so daß der Temperaturgradient innerhalb des Metallblocks hinreichend klein wird. Die zu untersuchenden Thermometer befinden sich in den Bohrungen des Metallblocks. Als Materialien für den wärmeausgleichenden Metallblock haben sich bis 500 °C Aluminium, Silber oder Kupfer, bis 800 °C Nickel und bis 1100 °C zunderfreie Edelstähle bewährt, während als Heizleiter draht-, band- oder stabförmige elektrische Leiter aus Nickelchrom (1000 °C), Megapyr (1100 °C), Kanthal (1200 °C), Siliziumkarbid (1500 °C), Molybdänsilizid (1600 °C) oder Platinrhodium (1700 °C) Verwendung finden. In reduzierender Atmosphäre (Stickstoff, Wasserstoff oder Argon) haben sich als Heizleiter Molybdän (2000 °C), Wolfram (2700 °C) oder Graphit (3000 °C) bewährt. Richtwerte für die pro Flächeneinheit benötigte elektrische Leistung, die bei mittlerer Wärmeisolation zur Erzeugung der Temperaturen von 600 °C und 2800 °C der Heizzone zugeführt werden müssen, sind 0,8 W cm^{-2} und 20 W cm^{-2}.

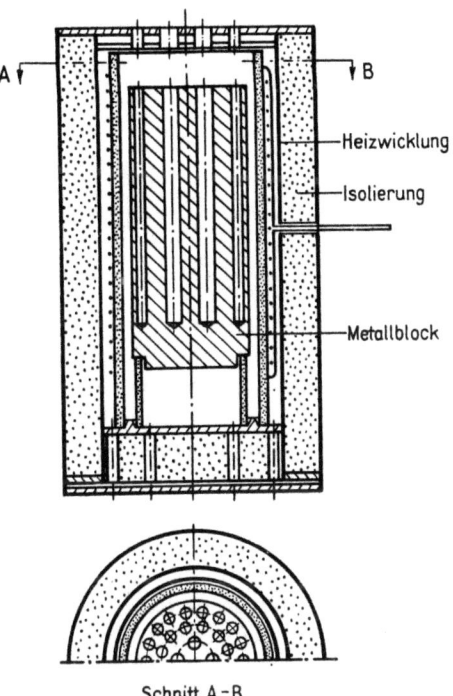

Abb. 120 Prüfofen

Schnitt A-B

Kurzschlußöfen

Wird die JOULEsche Wärme in dickwandigen niederohmigen Rohren aus Graphit oder Wolfram erzeugt, so nennt man wegen des geringen elektrischen Widerstandes diese Rohre Kurzschlußöfen. Die Lebensdauer der über einen Transformator (Ströme bis 5000 A) erhitzten Rohre ist begrenzt. Werden die Rohre in der Mitte verstärkt und an den Enden dünner gestaltet, so kann die Temperaturverteilung in der Ofenmitte günstig beeinflußt werden [21, 22]. Für Graphitöfen haben sich Heizrohre bewährt, die bei einer Wandstärke von 4 mm eine lichte Weite von 20 mm und eine Länge von 350 mm haben. Der spezifische Widerstand von Graphit nimmt mit steigenden Temperaturen schwach ab und liegt für 2000 K bei 10 $\Omega mm^2 m^{-1}$. Häufig verwendet wird der *Vakuumofen* von A. S. KING [23], mit dem man kurzzeitig Temperaturen bis 3200 °C erreicht. Anstelle des massiven Rohres läßt sich als Heizleiter auch Kohlegrieß verwenden. Ein Vorteil gegenüber den Kurzschlußöfen besteht darin, daß infolge des erhöhten Übergangswiderstandes ein kleinerer Heizstrom bei höherer Spannung benötigt wird.

Dielektrische und induktive Heizungen, Wärmerohre

Durch nieder- oder hochfrequente Wirbelströme lassen sich sehr schnell in Tiegeln oder massiven Graphitröhren höhere Temperaturen erzeugen. Die dielektrische Heizung erfolgt im Wechselfeld (2 MHz und mehr) eines geeignet gestalteten Kondensators, innerhalb dessen sich der zu erwärmende Stoff befindet. Dieser muß ein gewisses Mindestmaß an dielektrischen Verlusten aufweisen, damit durch die inter-

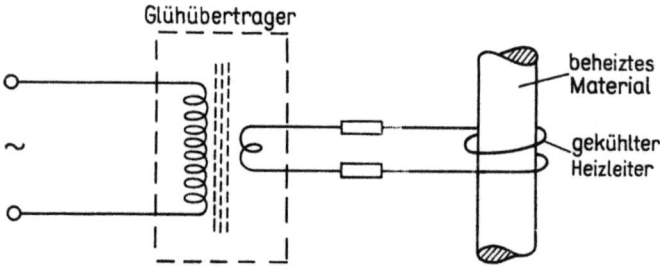

Abb. 121 Prinzip der induktiven Heizung

molekularen Reibungskräfte Temperaturerhöhungen möglich werden. Das Gegenstück zur dielektrischen ist die induktive Heizung (Abb. 121). Im Material, das durch die Wirbelströme erwärmt wird, nimmt die Temperatur wegen des Skineffekts von außen nach innen ab. Infolge der hohen metallischen Wärmeleitfähigkeit ist aber in fast allen praktischen Fällen die Temperaturhomogenität gesichert.

Der Transport von großen Wärmestromdichten läßt sich unter Ausnutzung der Verdampfung und Kondensation geeigneter Stoffe so durchführen, daß nur sehr kleine Temperaturdifferenzen zwischen der Heiz- und Kondensationszone auftreten. Ein nach diesem Prinzip aufgebautes Wärmerohr (heat-pipe) wurde erstmals 1963 in Los Alamos für hohe Temperaturen entwickelt und findet heute vielfach Anwendung zur Herstellung von Öfen hoher Isothermie. In einem geschlossenen Zylinderrohr wird in der Heizzone ein Wärmeträger verdampft und am Ende des Rohres in der Kondensationszone wieder kondensiert. Die Innenwandungen des Zylinders sind mit einem Kapillarsystem (z. B. Stahlwolle) belegt, durch das der Wärmeträger in flüssiger Form wieder zur Heizzone transportiert wird. Für den Wärmetransport ist der Unterschied zwischen dem Kapillardruck und dem Druckabfall der Flüssigkeitsströmung maßgebend, wobei sich Wärmestromdichten von 100 W/cm² und mehr erreichen lassen. Auf eine zusätzliche Isolierung des Heizzylinders kann im allgemeinen nicht verzichtet werden. Als Rohrmaterialien dienen je nach Temperatur zunderfreier Stahl oder bestimmte Wolframlegierungen, während als Wärmeträger oberhalb von 600 °C Natrium, Lithium, Silber oder Indium (2000 °C) Verwendung finden [24].

Heizleiter und Isoliermaterialien

Als Material für die Herstellung der Heizwicklungen zur Erzeugung der JOULEschen Wärme können neuerdings für Öfen flexible Schichtmaterialien (Kunstfaser- oder Glasgewebe mit Widerstandsschichten aus Siloxanen (bis 400 °C) oder Graphitfasergewebe (bis 1700 °C)) verwendet werden. Als metallische Leiter in Band-, Draht- oder Stabform finden häufig Verwendung: Nickel-Chrom-Legierungen (Cekas, Vacromium) bis 1300 °C (höchstzulässige Heizleitertemperatur), Chrom-Aluminium-Eisen-Legierungen (Megapyr, Ferropyr) bis 1350 °C, ferner Kanthal (bis 1500 °C) sowie Silitstäbe (bis 1600 °C) in den verschiedensten Ausführungsformen. Für kleinere Ofenkonstruktionen werden oft Platin und Platin-Rhodium-Legierungen (in Folien und Drähten bis 1600 °C) wegen der leichten Bearbeitbarkeit und chemischen Konstanz benutzt. In reduzierenden Atmosphären oder in Vakuumöfen kann Molybdän (bis 1800 °C), Iridium (bis 2000 °C), Wolfram (bis 2900 °C) oder Graphit (bis 3000 °C) verwendet werden. Bei der Herstellung von Öfen ist besonders auf die Einhaltung der maximalen

Tabelle 35. Hochtemperaturwerkstoffe

t_s °C	Werkstoff	t_s °C	Werkstoff
2000	Rh, Si_3N_4	2700	ZrO_2-5% Y_2O_3, ThC_2, WC, $BaZrO_3$, $ThZrO_4$
2100	Al_2O_3, Ti_5Si_3, $MoSi_2$, LaBe, B_2C	2800	HfO_2, MgO, W_2C, VC
2200	Hf, $TaSi_2$, WSi_2	2900	TiB_2
2300	La_2O_3, Mo_2C, B_4C	3000	Ta, BN, ZrB_2
2400	Ir, U_2C_3	3200	Re, ThO_2
2500	Os, BeO, Ta_5Si_3, MoC, SiC, $CaZrO_3$	3400	W
2600	Mo, ZrO_2-5% CaO, CeO_2	3600	C, ZrC
2700	ZrO_2, U_3O_4, HfO_2-5% CaO	3700	NbC
		3900	HfC-TaC

t_s = Schmelz- oder Umwandlungstemperatur

Belastung der Heizleiter zu achten (Richtwert: innerhalb eines isolierten Ofens 10 W cm^{-2}, für frei aufgehängte Heizleiter 50 W cm^{-2}).

Isolierende Hochtemperaturmaterialien für Öfen und Tiegel sind vorwiegend oxidkeramische Baustoffe. Im Handel sind eine Vielzahl derartiger Materialien erhältlich, die sich heute in nahezu jeder gewünschten Spezialform herstellen lassen. Nachteilig sind der mit höheren Temperaturen erheblich abfallende spezifische Widerstand (z. B. bei Aluminiumoxid von 10^{11} Ωcm bei 500 °C auf 10^4 Ωcm bei 1500 °C) und die Abnahme der Wärmeleitfähigkeit bei steigenden Temperaturen. Neben den Oxiden eignen sich für höhere Temperaturen bestimmte Nitride, Silizide, Boride und Zirkonate als Isolier- und Tiegelmaterialien. Weitere Isolierwerkstoffe für die Hochtemperaturtechnik sind die glasierten Hartporzellane, die bis etwa 1300 °C verwendet werden können, aber von Fluß- und Phosphorsäuren sowie starken alkalischen Schmelzen angegriffen werden. Unglasierte Porzellanmassen sind bei erhöhter Temperaturwechselbeständigkeit bis 1600 °C verwendbar und bis zu diesen Temperaturen auch hinreichend gasdicht. Stark saure Schmelzen greifen auch diese Massen an, deren mittlerer Ausdehnungskoeffizient bei $5 \cdot 10^{-6}$ K^{-1} liegt im Gegensatz zu geschmolzenem Quarz mit einem zehnmal kleineren Ausdehnungskoeffizienten und einer Verwendungstemperatur von 1450 °C.

Eine Übersicht über verfügbare Hochtemperaturwerkstoffe gibt Tabelle 35.

D   Erzeugung von Plasmatemperaturen

Flammen

Als Flamme bezeichnet man bestimmte unter Wärmeentwicklung verlaufende Reaktionsformen von Gasen [25]. Voraussetzung zur Entstehung einer Flamme ist die Bil-

Tabelle 36. Grobwerte für die mittleren Temperaturen brennbarer Gase und Dämpfe

Streichholz	1400 °C	
MAECKER-Brenner (Leuchtgas)	1700	
(Wasserstoff-Luft)	2100	
Methan–Luft	1800	
Kohlenmonoxid–Luft	2000	
Heizölbrenner	2100	
Flugtriebwerk-Düsen	2200	
Raketenstrahlen	2400	
OTTO-Motoren	2600	
Acethylen-Sauerstoff-Schweißbrenner	2800	
Fluor-Wasserstoff	4000	
Zyan-Sauerstoff	4800	(10 bar)
	5400	(41 bar)

dung von brennbaren Gasen und Dämpfen. Eine ruhig brennende Kerzenflamme hat drei sich umhüllende Zonen: den nichtleuchtenden Kern (Zersetzungszone des Brennmaterials, niedrige Temperatur), den leuchtenden Außenkegel als Reduktionszone (Zersetzung schwererer Kohlenwasserstoffe, abgeschiedene leuchtende feste Kohlenstoffpartikel sowie Kohlenmonoxid, höhere Temperatur) und den äußeren Mantelsaum als Oxydationszone (schwach bläulich leuchtende Randschicht, Endverbrennung durch äußeren Luftzutritt, höchste Flammentemperatur) (Abb. 122). Flammen sind stets exotherme Reaktionen. So wird z. B. durch die Oxydation von einem Mol Wasserstoff (= 2 g) eine Wärmeenergie von 285 KJ und von einem Mol Kohlenstoff (= 12 g) eine solche von 395 KJ frei. Daher nimmt jede Flamme eine hohe Temperatur an, die durch vermehrte Luftzufuhr weiter erhöht werden kann (s. Tab. 36). Bei den meisten Flammen entstehen als Reaktionsprodukte neben Wasserdampf und Kohlendioxid

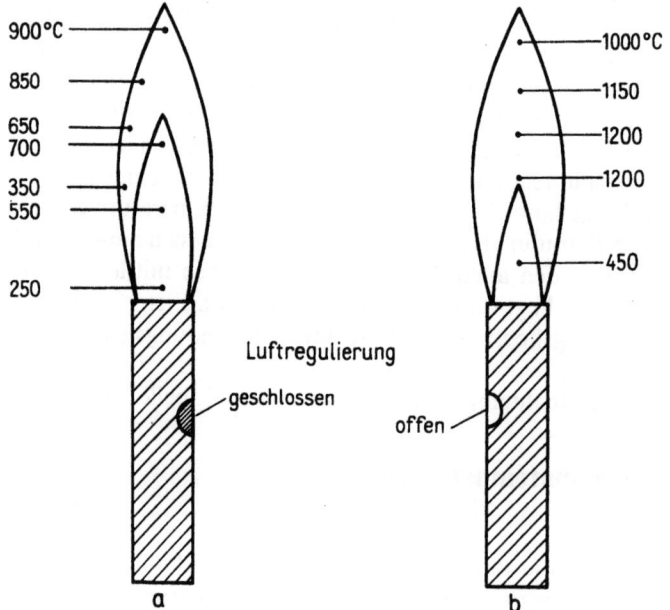

Abb. 122 Temperaturen in den Flammen eines Bunsenbrenners, a leuchtende rußende Flamme; b nichtleuchtende heiße Flamme

feinste feste glühende Rußpartikel (Rotglut ab 530 °C, Gelbglut ab 1100 °C und Weißglut ab 1500 °C). Das Rußen wird begünstigt durch Luftmangel und erhöhten Kohlenstoffgehalt der Flammensubstanzen.

Flammen haben eine hohe elektrische Leitfähigkeit, so daß durch induktive Energiezufuhr mit einem Hochfrequenzgenerator die Flammentemperatur weiter gesteigert werden kann. Dabei brennt die Flamme in einem einseitig offenen Quarzrohr, das von der gekühlten Sekundärwicklung des Generators umgeben ist. Die Frequenz des Generators muß so gewählt werden, daß die frequenzabhängige Eindringtiefe des Hochfrequenzstroms im Gas mindestens doppelt so groß wie der Flammendurchmesser ist.

Die Erzeugung von konstanten Temperaturen im Bereich von 4000 K bis 8000 K ist schwieriger als die Erzeugung ober- und unterhalb dieses Bereichs.

Kohlebögen

Höhere Temperaturen als in Flammen und Hochfrequenzentladungen erreicht man in den elektrischen Lichtbögen, deren einfachste Ausführung der Kohlebogen ist. Je nachdem, ob die Stromstärke klein (bis 10 A) oder groß (über 10 A) ist, wird er als Niederstromkohlebogen oder als Hochstromkohlebogen bezeichnet.

Bei dem *Niederstromkohlebogen* ist die Kathode spitz und die Anode (infolge des chemischen Abbrandes) fast plan. Die Elektrodendurchmesser betragen maximal 10 mm, die Elektrodenspannung bis zu 60 V bei Stromstärken zwischen 5 A und 10 A. Die Charakteristik ist fallend, d. h., die Spannung wird mit steigender Stromstärke geringer. An der Kathode (Spitze) beträgt die Stromdichte etwa 500 Acm^{-2}, an der Anode 40 Acm^{-2}. Die Temperaturen sind an der Anode etwa 3900 K, an der Kathode 3400 K und im Bogenplasma zwischen den Elektroden 6800 K. Die gesamte Bogenstrahlung wird zu 80% von der Anode, zu 15% von der Kathode und zu 5% vom Plasma emittiert. Mit reiner Graphitkohle als Elektrodenmaterial gibt es einen Bereich, in dem die Strahldichte der positiven Anodenoberfläche unabhängig vom Strom wird [VII B 2].

Die Plasmasäule eines *Hochstromkohlebogens* hat im hellstrahlenden Kern etwa den Durchmesser der Kathode, die selbst kleiner als der Anodendurchmesser ist. Typische Eigenheiten des Hochstromkohlebogens bilden sich ab 100 A aus (Kathodenstromdichte etwa 5000 Acm^{-2}, Anodenstromdichte etwa 400 Acm^{-2}, Elektrodenspannung 40 V). Ab 25 A ist die Stromspannungscharakteristik des Bogens steigend. Mit 500 A-Bögen zwischen gekühlten Metallelektroden in Argon und Stickstoff werden Plasmatemperaturen bis zu 30000 K [27, 30] und im wassergekühlten komprimierten Bogenplasma mit Stromdichten von 30000 Acm^{-2} Temperaturen von 50000 K erreicht [28]. Einen Überschallplasmastrahl von 8000 K hat erstmalig TH. PETERS erzeugt [29], indem er das Plasma eines unter 50 bar brennenden Bogens durch eine Düse in Richtung der Anodenachse entspannte [30].

Plasmabrenner

Ein weltweites Interesse an den Erzeugungsmethoden für hohe Temperaturen entstand dadurch, daß kontrollierte Kernfusionen leichter Atome oberhalb von 10^8 K realisierbar erschienen. Neben den Naturwissenschaften war die Verfahrenstechnik in erster Linie Nutznießer neugewonnener Erkenntnisse der Plasmaphysik, die sich u. a. auch bei der Konstruktion von Plasmabrennern für den Temperaturbereich von 10000 K bis 50000 K auswirkte und heute vielfache Anwendung finden in der chemischen Technologie (Azethylensynthese und Zyangasgewinnung), der Werkstofftechnik (Schweißen, Kugelformung, Plasmaaufsprühverfahren), der Energietechnik (magnetohydrodynamische Wandler) usw. Bei den Plasmabrennern handelt es sich prinzipiell um eine besonders gestaltete Bogenentladung zwischen einer Kathode (z. B. dünner Wolframstab) und einer stärker gekühlten Anode (z. B. Kupfergehäuse mit Austrittsöffnung für den Plasmastrahl). Die Temperatur ist abhängig von der aufgenommenen Bogenleistung. Die Änderung $\Delta U/\Delta I$ der Spannung U mit dem Strom I ist bei kleineren Strömen negativ und bei größeren Strömen positiv.

Einen experimentellen Fortschritt bei der Erzeugung sehr konstanter hoher Gleichgewichtstemperaturen (6000 K bis 25000 K) stellte der erstmals von H. MAECKER [31] angegebene *Kaskadenplasmabrenner* dar (Abb. 123). Der Plasmakanal hat bei diesem Brennertyp Durchmesser von 3 mm bis 8 mm bei Kanallängen zwischen 40 mm und 150 mm (Richtwerte: Leistungsaufnahme pro cm Bogenkanal 1 kW, Stromstärke 100 A, Bogenfeldstärke 15 V cm^{-1}, Gasdurchfluß 30 cm^3 s^{-1}, Zündspannung 500 V: im einfachsten Fall wird die Zündung durch das Einlegen eines dünnen Kupferdrahtes in den Bogenkanal erreicht). Bei hohen Leistungen muß besonderer Wert auf die Kühlung der Kupferkaskaden gelegt werden [32]. Der Brenner ist auch geeignet für vakuumspektroskopische Untersuchungen [33] und als Strahlungsnormal [34] (s. auch VII B 2).

Bogenentladungen hoher Temperaturen können auch in geschlossenen (mehr oder weniger stark gekühlten) Entladungsrohren (Quarz) erzeugt werden. Bekannteste Beispiele sind die Hochdruckkurzbogenlampen (Richtwerte: 20 kW, 50 V, 400 A, 8 bar, 10^6 lm, 10^4 K).

Wichtig ist bei allen Plasmabögen die örtliche und zeitliche Stabilisierung, die durch die Wände (z. B. bei dem Kaskadenbogen), durch die Elektrodenformen, durch zusätzliche elektromagnetische Felder oder auch durch das (anfangs kühlere) Gas selbst erfolgen kann.

Bei dem sog. Induktionsplasmabrenner wird zur Stabilisierung das Gas zur Hochtemperaturzone hin tangential geleitet. Die stabilisierende Wirkung beruht hier auf der

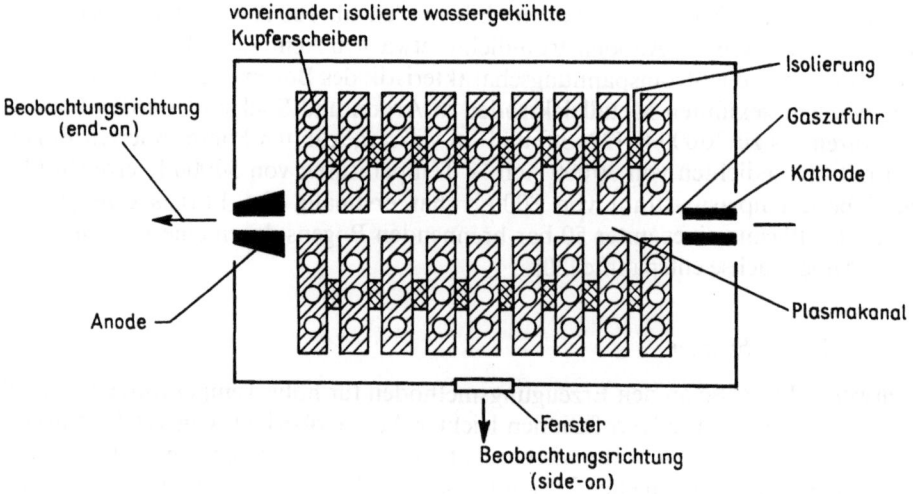

Abb. 123 Kaskadenplasmabrenner nach H. MAECKER

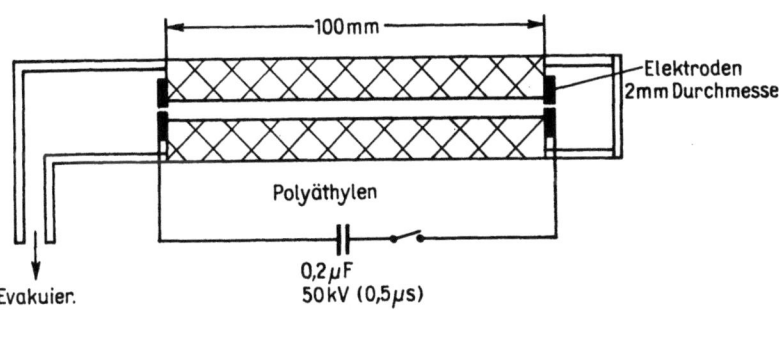
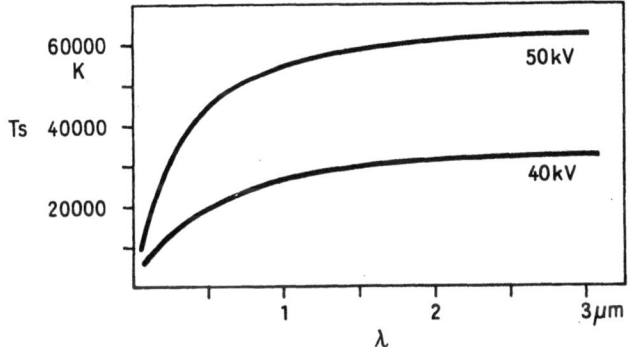

Abb. 124 Gleitentladung zur Erzeugung einer Hochtemperatur-Kontinuumsstrahlung. T_s Schwarze Temperatur bei der Wellenlänge λ

erzeugten Unterdruckzone im Innern des Rohres. Die Arbeitsfrequenz des Induktionsbrenners für die durch hochfrequente Wirbelströme erhitzten Gase sollte stets oberhalb von 4 MHz liegen [35].

Kurzzeitig erzeugte hohe Temperaturen

In Gasen können durch kurzzeitige elektrische Entladungen (Funken) erhebliche Leistungen (10^6 W cm^{-3}) und damit hohe Temperaturen auftreten [36]. Eine Abart des Funkens ist die Gleitentladung (im Vakuum) in einem dünnen dielektrischen Kanal (Durchmesser 2 mm, Länge bis 100 mm, Material Polyäthylen, Entladungsspannung 50 kV). Erreicht werden Elektronentemperaturen bis zu 10^5 K. Die spektrale Strahldichte entspricht im Infraroten ($\lambda > 2$ µm) der eines Schwarzen Strahlers (Abb. 124).

Auf recht einfache Art lassen sich durch die Explosion dünner Drähte kurzzeitig hohe Temperaturen erzeugen [37]. Ein Kondensator (z. B. $C = 16$ µF) mit einer Spannung (z. B. $U = 30$ kV) wird dabei über einen Widerstand (z. B. $R = 0{,}1\ \Omega$) entladen, der zusammen mit dem Draht (Durchmesser z. B. 0,1 mm, Länge z. B. 100 mm) und einer kleinen Induktivität (z. B. $L = 3$ µH) in Reihe liegt. Zweckmäßigerweise wählt man die elektrischen Daten so, daß die Eigenfrequenz des Entladungskreises groß ist und die Entladung gedämpft schwingt [$R^2 \ll (4L/C)$]. Erreicht werden innerhalb von Mikrosekunden Temperaturen bis 20 000 K.

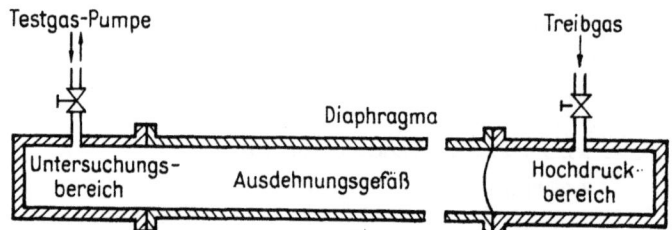

Abb. 125 Stoßwellenrohr zur kurzzeitigen Erzeugung hoher Temperaturen

In Stoßrohren lassen sich Temperaturen über 10000 K dadurch erzeugen, daß eine Membran, die ein beidseitig geschlossenes Rohr in zwei Teile (mit unterschiedlichen Drücken) trennt, durch Drucksteigerung in dem einen Teilvolumen plötzlich platzt [38, 39]. Die hohen kurzzeitigen Temperaturen entstehen in unmittelbarer Nähe der Verdichtungsstoßfront und lassen sich durch Kurzzeitmeßmethoden bestimmen (Abb. 125). Von großer Bedeutung für die laboratoriumsmäßige Erzeugung höchster Temperaturen ist die kurzzeitige Aufheizung verdünnter und vorerhitzter Gase durch spontane Änderung der magnetischen Induktion. Mit derartigen Entladungen wurden bisher die höchsten Temperaturen (über 10^7 K) für die Dauer von einigen Mikrosekunden erreicht [40].

Literatur

[1] WHITE, G. K., Experimental Techniques in Low-Temperature Physics. Clarendon Press, Oxford 1968
[2] EDER, F. X., Moderne Meßmethoden der Physik. Teil II. Dtsch. Verl. d. Wiss., Berlin 1956, 507—520
[3] PAVESE, F., L. BONAUDO und S. LIMBARINU, La Termotecnica 26 (1972) 546
[4] RINDERER, L., und F. HAENSSLER, Cryogenics 2 (1961/62) 288
[5] BERRY, R. J., Can. J. Phys. 40 (1962) 859
[6] CATALAND, G., M. H. EDLOW und H. H. PLUMB, Rev. Sci. Instr. 32 (1961) 980
[7] KLIPPING, G., Kältetechnik 13 (1961) 250
[8] KLIPPING, G., U. RUPPERT und H. WALTER, Proc. ICEC 4 (1972) 358
[9] KLIPPING, G., D. VETTERKIND und G. VALENTOWITZ, Cryogenics 5, (1965) 76
[10] KLIPPING, G., W. D. SCHÖNHERR und W. SCHULZE, Cryogenics 10 (1970) 501
[11] RAHLFS, P., und W. BLANKE, PTB-Prüfregel Flüssigkeits-Glasthermometer. Deutscher Eichverlag, Berlin 1967
[12] HENNING, F., Z. Instrkde. 33 (1913) 33
[13] SCOTT, R. B., J. Res. NBS 25 (1940) 459
[14] BARBER, C. R., und A. HORSFORD, Metrologia 1 (1965) 75
[15] BLANKE, W., Diss., TU Bochum 1973
[16] KOHLRAUSCH, F., Praktische Physik, Bd. 3, BG Teubner, Stuttgart 1968, 39
[17] TACONIS, K. W., Prog. Low Temp. Phys. 3 (1961) 153
[18] HALL, H. E., P. S. FORD, und K. THOMPSON, Cryogenics 6 (1966) 80
[19] ZEMANSKY, M. W., Heat and Thermodynamics, McGraw-Hill Book Company, New York, 1968, 484
[20] VDE/VDI-Richtlinie, Techn. Temperaturmessungen VDE/VDI 3511 (1967) 32
[21] JAEGER, G., Metall 9 (1955) 358, Ullmanns Encyklop. d. Techn. Chem. 3, 17. Bd., 1966
[22] MAGDEBURG, H., Z. Instrkde. 72 (1964) 205
[23] KING, A. S., Astrophys. J. 28 (1908) 300
BOVEY, L. F. H., J. Sc. Instr. 32 (1955) 376
[24] REPRINTS, Intern. Heat-pipe Confer., Stuttgart 1973
[25] NAVRODINEANU, R., Bibliogr. on Flame Spectroscopy 1800—1966, NBS-Publ. 281 (1961)
LEWIS, B., und G. V. ELBE, Combustion, Flames and Explosions of Gases. Second Edition, Academic Press Inc., New York and London 1961

[26] FINKELNBURG, W., Hochstromkohlebogen. Heidelberg—München 1948
MAECKER, H., Proc. 5th Int. Conf. on Ionisat. Phenomena in Gases, 1961, S. 1793
[27] BUSZ, G., und W. FINKELNBURG, Z. Phys. *139* (1954) 212
[28] BURHORN, F., H. MAECKER und TH. PETERS, Z. Phys. *131* (1951) 28
[29] PETERS, TH., Naturwiss. *41* (1954) 571
[30] MAECKER, H., Z. Phys. *136* (1953) 119
[31] MAECKER, H., Z. Naturforsch. *119* (1956) 457
[32] MAECKER, H., und H. PREIBISCH, Z. angew. Phys. *25* (1968) 29
[33] BOLDT, G., Proc. 5th Intern. Conf. on Ionis. Phenomena in Gases. München 1961
SCHLEY, U., B. WENDE und H. STUCK, PTB-Mitt. *6* (1966) 509
[34] WENDE, B., Z. angew. Phys. *20* (1966) 473
[35] RUD, T. B., J. Appl. Phys. *32* (1961) 821
[36] FRÜNGEL, F. B. A., High Speed Pulse Technology, I, II Ac. Press, New York 1965
[37] CHASE, W. G., und H. K. MOORE, Exploding wires, Plenum Press, New York 1959
[38] OERTEL, H., Stossrohre. Springer, Wien, New York 1966
[39] BÖTTICHER, W., Untersuchungen von starken Stoßwellen. Stand Dez. 1966, Univers. Kiel 1967
[40] GLASSTONE, S., und R. H. LOVBERG, Kontrollierte thermonukleare Reaktionen. K. Thümig, München 1964

Sachverzeichnis

Abbildung u. Lichtschwächung 176
ABELsche Integralgleichung 221
Abkühlungskurve 292, 322
Absolute Temperatur 11
Absorptionsgrad 127, 220, 238
Absorptionskoeffizient 219, 238
Absorptionskonstante 140, 208
Adiabate Entmagnetisierung 23, 272
Aerostatische Korrektion 75
Äquivalente Rauschzahl 163
Aggregatzustand 291
Akustisches Interferometer 267
— Thermometer 267
Alterung von Gläsern 74
— von Platinthermometern 92
AMONTONS-Skala 12
ANTOINE-Gleichung 65
Anzeige, digitale 120
Anzeigeträgheit 61
Aperturblende 181
Apparateprofil 255
Atmosphärische Durchlässigkeit 174
Aufprojektion 214
Auge 126, 147, 170
Ausdehnungsthermometer m. Flüssigkeiten 50
— m. Metallen 60
Ausgleichsleitung 121
Ausschlagverfahren 119
Ausstrahlung, spezifische 123
Austrittsluke 180
Austrittspupille 180

Badflüssigkeiten, Daten gebräuchlicher 333
— für hohe Temperaturen 338
— für Kältethermostate 333
—, tiefsiedende 229
Bandenspektrum 256
Bandlampe 158
Bandstrahlungspyrometer 179
BECKMANN-Thermometer 54
Beipaß 331
Beleuchtungsstärke 125
BENEDIX-Effekt 108
Bestrahlungsstärke 123
Bezugspunkte der IPTS-68 32, 298
Bichromatenmethode 239
Bildwandlerpyrometer 191
Bimetallthermometer 60
Bleithermometer 95

Bolometer 168
—-Thermistor 169
BOLTZMANNsche Konstante 27
BOYLE-MARIOTTEsches Gesetz 20
Brechzahl 140, 208
Brückenschaltungen 100
BRUGER-Schaltung 104
Bunsenbrenner 346

CALLENDARsche Formel 83
CARNOTscher Kreisprozeß 18
CELSIUS-Temperaturskala 12, 16
CLAUSIUS-CLAPEYRONsche Gleichung 64, 290
CURIE-Gesetz 273
—-WEISSsches Gesetz 24, 273
Cyan-Sauerstoff-Flamme 346

DALTONsches Gesetz 227
Dampfdruck, Abhängigkeit von der Temperatur 64
—, Messung 75
—, Tabellen 68, 70, 71, 299
Dampfdruckbeziehungen der IPTS-68 69
— für tiefsiedende Flüssigkeiten 67
— für ^{3}He 69, 71, 79
— für ^{4}He 69
Dampfdruckfederthermometer 79
Dampfdruckgleichungen 64
— nach RANKINE und DUPRÉ 65
—, thermodynamische 66
—, universelle 66
Dampfdruckthermometer 63, 72, 73, 77, 302, 304, 309, 310
—, Füllflüssigkeiten 63, 67, 69
Definierende Fixpunkte der IPTS-68 32, 69, 296
Detectivity 163
Deuteriumlampe 162
Dielektrische Heizung 343
Dielektrizitätskonstante 146
Differentielle Verteilungstemperatur 138
Digitale Anzeige 120
Dissoziation 224
Dopplerprofil 252
Drahtmethode 156
Drahtöfen 342
Drehspiegel 264
Druckdifferenz, hydrostatische 77, 321, 330
—, thermomolekulare 76, 78
Druckeinfluß auf Fixpunkttemperaturen 321

Sachverzeichnis

Druckmeßgeräte mit elastischem Meßglied 75, 79
Druckmessung 75, 316
Druckregler 75, 304, 330
Druckthermometer 280
Durchflußthermometer 280, 281
Durchlaßgrad 178, 220

Edelmetall-Thermopaare 109
Effektive Wellenlänge 147
Eigenemission 211
Einschlußthermometer 50
Einstellthermometer 54
Eintauchtiefe des Thermometers 57, 93, 321
Eintrittspupille 180
Eispunkt 16, 314
—, CELSIUS-Temperatur 16
Elektrische Öfen 342
Elektrischer Widerstand 82
Elektronensynchrotron 162
Elektronentemperatur 245, 263
Emission, spontane 219
—, erzwungene 219
Emissionsgrad 128, 211
Emissionskoeffizient 218, 259
— (Linien) 231, 252, 257
Energiedichte 124
Entmagnetisierung paramagnetischer Salze 273, 338
Entropie 17
— u. Wahrscheinlichkeit 27
Entzerrung (spektrale) 186, 256, 259
Erstarrungspunkt als Temperaturfixpunkt 32, 291
— des Aluminiums 324
— des Antimons 324
— des Goldes 323
— des Kupfers 324
— des Platins 325
— des Quecksilbers 298
— des Silbers 323
— des Wassers 314
— des Wolframs 326
— des Zinks 298, 322
— des Zinns 292, 321
Erstarrungstemperatur, Druckeinfluß 321
Erstarrungsvorgang 291
Eutektischer Punkt 294

Fadenthermometer 57
FAHRENHEIT-Skala 12
Farbemissionsgrad 137
Farbmetrik 192
Farbort 192
Farbpyrometer 192, 242
Farbreiz 192
Faseroptik 190
Fieberthermometer 55

Filmkriechen 76
Filter 171, 175
Fixpunkte, definierende der IPTS-68 32, 69, 296
—, sekundäre Bezugspunkte der IPTS-68 69, 298
—, Temperaturwerte 297
—, thermodynamische Temperatur 296
— tiefsiedender Flüssigkeiten 300
—, Verwirklichung 157, 298
Flammen 345
Flammentemperatur 242
Flüssigkeiten, gekühlte 333
Flüssigkeitsbäder 333, 338
Flüssigkeitsthermometer 50
—, Fehlerquellen 56
—, spezielle Bauarten 53
Flüssigkristalle 286
Flugtriebwerkdüsen 346
Fluor-Wasserstoff-Flamme 346
FRANK-CONDON-Faktor 258
FRESNELsche Formel 139

Galliumthermometer 52
Gammastrahlen-Anisotropie 278
Gasadsorption 45
Gaskonstante, molare 20, 64, 268
Gasthermometrie 36
—, Gefäßmaterial u. Gase 40
—, Meßvorgang, Fehlerquellen 41
—, Methoden 38
—, spezielle Meßanordnungen 46
Gesamtemissionsgrad 143, 146
Gesamtstrahlungspyrometer 200
Gesamtstrahlungstemperatur 134
Geschichte der Thermometrie 11
Gesichtsfeld 180
Gläser f. Flüssigkeitsthermometer 51
Gleichgewichtszustände 218, 224, 234, 291
Gleitentladung 349
Glühfadenpyrometer 187
GOLAY-Zelle 169
Grauer Strahler 136
Grenzwellenlänge 147, 150

HAGENS-RUBENS-Beziehung 146
Halbleiterempfänger 169
Hauptsätze d. Thermodynamik 17
Heat-pipe 344
Heizleiter 344
Heizölbrenner 346
^{4}Helium I, II 76
^{4}Helium-Dampfdruckskala 1958 70, 76
^{3}Helium-Dampfdruckskala 1962 70, 79
Heliummischkryostat 339
Heliumverdampfungskryostat 331
Hellempfindlichkeitsgrad des Auges 125

Herausragender Faden 55
Hochstromkohlebogen 347
Hochtemperaturthermopaare 112
Hohlkathode 162
Hohlraumstrahler 152
Hohlraumstrahlung 129, 251
Hydrolytische Klassen der Gläser 51
Hydrostatische Druckdifferenz 77, 330, 333

Idealer Gaszustand 19
Ideales Gasgesetz 20, 64
Induktive Heizung 343
Infrarot-Bildaufzeichnung 287
Infrarotmaterial 174
Interferenzstreifen 262
Interferometer 261
Internationale Temperaturskalen 14
IPTS-68 31, 69, 296
—, Bezugspunkte 69, 298
—, definierende Fixpunkte 32, 69, 296
Ionisation 224
Ionisationsenergie 226
Ionisationsgrad 225
Isentrope Entmagnetisierung 272
Isochromatenmethode 134
Isoliermaterial 115, 344
Isothermenmethode 134
Isotherme Verdampfung 304
Isotopengemisch (O_2, Ne, H_2) 69, 304, 307, 308
Isotopenzusammensetzung des Wassers 313

JOSEPHSON-Effekt 272
JOULE-THOMSON-Effekt 19
JUDDsche Gerade 192

Kältemischungen 337
Kältethermostate 333
—, handelsübliche 336
Kaliberfehler 59
Kalorische Daten u. Temperatur 19
Kaskadenplasmabrenner 348
Katalysator für H_2 301
KELVIN-Temperatur 12, 16
Kernentmagnetisierung 338
Kernquadrupol-Resonanz 277
Kernresonanzthermometer 276
KIRCHHOFFsche Gesetze 127
— (Volumenstrahler) 224
KNUDSEN-Effekt 45, 76, 78
KÖNIG-MARTENS-Pyrometer 195
Kohlebogen 160, 347
Kohlethermometer 97
Kompensationsverfahren, elektrisches 98, 119
Kompensator 99, 119

Kompressionskältemaschine 336
Kondensation 63, 293
Kondensationswärme 293
Kontaktthermometer 56
Kontinuumsstrahlung 123, 234, 243
Korrespondenzprinzip 66
KRAMERS-KRONIG-Relation 143
Kreuzfadenpyrometer 190
Kreuzspulinstrument 104
Kristallisation 291, 322
Kristallphasen 291
Kritischer Parameter 66
Kritischer Punkt 65, 70, 74, 290
Kritische Temperatur 65, 70, 74, 290
Kryohydratischer Punkt 337
Kryostate 229
—, ^{3}He- 338
—, ^{4}He- 229, 337
— ^{3}He/^{4}He-Mischkryostat 338
— mit tiefsiedenden Flüssigkeiten 229, 302
—, Verdampfer- 331
Kurzschlußöfen 342

LAMBERT-Skala 11
LAMBERTsches Gesetz 123
λ-Punkt 76
Laserstrahlung 213
Leuchtdichte 125, 171
Lichtschwächung 175
Lichtstärke 125
LINDECK-ROTHE-Schaltung 119
Linearität 165, 236
Linienprofile 186, 252
—, apparative 255
Linienstrahlung 231, 251, 252
Linienumkehr 245, 253
LORENTZ-Profil 259
Luft, Absorption 174
—, Brechzahl 206

MACH-ZEHNDER-Interferometer 260
MAECKER-Brenner 346
Magnesiumoxid, optische Reflexion 177
Magnetische Temperatur 273
Magnetisches Thermometer 272
Magnetokalorischer Kreisprozeß 23
Manometer 74
—, Feder- 74, 75
—, Membran 74, 317
— mit elastischem Meßglied 75, 79
—, Quecksilber 75
MATHIESSENsche Regel 84
Maximum- u. Minimumthermometer 55
Membranmanometer 47, 74, 317
Metallausdehnungsthermometer 60

Sachverzeichnis

Metallerstarrungspunkte 319
Mikrowellenrauschen 263
Mired-Skala 136
Mischkryostat, ^{3}He/^{4}He 338
MÖSSBAUER-Effekt 278
Molekülspektrum 257
Monochromator 183
Multiplier 165, 236

Nebenlötstellentemperatur (Kompensation) 120
Niederstromkohlebogen 159
Nichtschwarze Strahler 157
Noise Equivalent Power 163
Normalelement (Weston) 118
Normfarbwerte 193
Normtemperatur 251
Nyquistformel 163, 271

Oberflächentemperatur 283
Objektive Pyrometer 198
Öfen 342
Optische Konstanten 140, 143
— Pyrometer 179
Ortho-Para-Umwandlung des Wasserstoffs 69, 300
Oszillatorenstärken 231
OTTO-Motore 346

Papierstreifenpyrometer 191
Paramagnetisches Salz 273, 296
Parameter, kritischer 66
PELTIER-Effekt 21, 108
Pentanthermometer 53
Phasendiagramm 290, 292
— von ^{4}He 77
Phasengrenze 290
Phasenumwandlung 291, 305, 308
Photoelement 166
Photographische Auswertung 244
Phototransistor 165
Photovervielfacher 165
Photowiderstand 167
Photozelle 165
Plättchenmethode 157
PLANCKsches Strahlungsgesetz 26, 129
Plasma 218
Plasmabrenner 347
Plasmafrequenz 263
Plateautemperatur 292, 322
Platinerstarrungspunkt 205
Platinwiderstandsthermometer 72, 82
—, Alterung 92
—, Kapseltyp 72, 90
—, Konstruktionen 89
—, Widerstand u. Temperatur 89

Pneumatische Thermometer 280
Pneumatischer Detektor 169
Polarisation 141, 209
Polarisator 209
Pseudotemperatur 136
p, T-Diagramm 290
Pulsmethode 281
Pyrometer
—, Bandstrahlungs- 179
—. Bildwandler- 191
—, Farb- 192
—, Gesamtstrahlungs- 200
—, Glühfaden- 187
—, Farb- 193
—, Kalibrierung 188, 195
—, KÖNIG-MARTENS 195
—, Kreuzfaden- 190
—, objektive 198
—, optische 179
—, Papierstreifen- 191
—, Spektral- 195
—, Standard- 204
—, Strahldichte- 202
—, Teilstrahlungs- 187
—, Verhältnis- 203
—, Visuelle 187
Pyrometerlampe 188
Pyrometrische Schwächung 196

Quarzthermometer 279
Quecksilbermanometer 75
Quecksilberthermometer 52

Raketenstrahlen 346
RANKINE-HUGONIOT-Gleichung 264
Rauchglas 178
Rauschthermometer 271
RAYLEIGH-JEAN-Strahlungsgesetz 130
Reaktortemperatur 271
REAUMUR-Skala 12
Reflexionsgrad 128, 178
Regeleinrichtungen 75, 330, 340
Registrierung 120
Reinheit von Gasen 298, 304, 307, 309
— von Metallen 319
Resonanzlinien 245, 251
Resonanzverbreiterung 254
RIEDELsche Gleichung 66
Rotationsenergie 256
Rotationsfrequenz 257
Rotationsschwingungsbande 258
Rotierender Sektor 175

SAHA-EGGERT-Gleichung 224
Salz, paramagnetisches 273, 296

Salzschmelzen 339
Schallgeschwindigkeit in Gasen 267
— in ^{4}He 268
Schmelzdruckkurve 290
Schmelzpunkt 291
— des Eises 16, 314
— des Platins 325
— des Wolframs 326
Schmelzvorgang 391
Schmierkamera 264
Schwächung, pyrometrische 188, 196
Schwarze Körper 153, 325
— Strahler 152
— Strahlung 129, 251
— Temperatur 136
Schwefelsiedeapparat 318
— als Thermostat 319
Schwefelsiedepunkt 317
Schwingungsenergie 257
Schwingungsspektrum (Rotation) 258
SEEBECK-Effekt 107
Sekundäre Bezugspunkte der IPTS-68 298
Sekundärelektronen-Vervielfacher 165
Sekundärstrahler 161
Selbstumkehr 239
Siedeapparate 315, 318
— als Thermostate 73, 302, 317, 318
Siedelinie 293
Siedende Flüssigkeit 64, 293
Siedepunkt 67, 293
— des Argons 307
— des Gleichgewichtswasserstoffs 69, 300
— des ^{4}Heliums u. des ^{3}Heliums 69
— des Neons 308
— des Normalwasserstoffs 301
— des Quecksilbers 317
— des Sauerstoffs 306
— des Schwefels 317
— des Stickstoffs 307
— des Wassers 315
Siedestöße 307
Siedeverzüge 294, 316, 330
Siedevorgang 293
Signal-Rauschverhältnis 163
Silitstabofen 342
Sixthermometer 55
SMITH-Brücken 101
Spektralgerät 183
Spektrallinien 246
Spektralpyrometer 195
Spektralpyrometer 195
Spezifische Ausstrahlung 123
Sprungtemperatur 295
Stabthermometer 51
Standardpyrometer 204
Starkeffekt 253, 255
Statistische Schwankungen 28

STEFAN-BOLTZMANN-Konstante 133
Stoßfrequenz 263
Stoßrohre 350
Strahldichte 124, 237
—, spektrale 125
Strahldichtenormale 152, 155, 157
Strahldichtetemperatur 136
Strahler 152
Strahldichte 124, 237
—, spektrale 125
Strahldichtenormale 152, 155, 157
Strahldichtetemperatur 136
Strahler 152
—, Hohlraum- 152, 154
—, Nichtschwarze 157
—, Plasma- 348
—, Schwarze 152, 154
—, Sekundär- 157
Strahlstärke 123
Strahlung, schwarze 127, 253
— u. Thermodynamik 24
Strahlungsäquivalent 125
Strahlungsempfänger 163
Strahlungsfluß 123
Strahlungsgesetze 127
—, v. PLANCK 26, 131
—, v. RAYLEIGH-JEAN 130
—, v. STEFAN-BOLTZMANN 25, 129
—, v. WIEN 130
Strahlungsleistung 123
Strahlungsschutz 72, 77, 303, 305, 315
Strahlungsschwächung 175
Strahlungsthermopaare 168
Strahlungstransport 180
Sublimationsdruckkurve 290
Sublimationspunkt des Kohlendioxids 310
Sublimationsvorgang 294
Superfluidität 76
Supraleitung 295
Suszeptibilität, magnetische 272

Tauchstrahler 153
Taulinie 293
Taupunkt 69, 307
Teilstrahlungspyrometer 187
Temperatur, Festlegung der Einheit 16
Temperatur, in der Statistik 26
—, in der Statistik 26
—, kritische 65, 70, 74
—, magnetische 273
—, Schwarze 136
—, thermodynamische 17, 64, 66, 267, 272
—, — der Fixpunkte 296
—, Übergangs- 295
—, Wahre 207

Sachverzeichnis

Temperaturen, Erzeugung tiefer und hoher 229
— unterhalb von 20 °C 229
— — von 1 K 337
— oberhalb von 20 °C 338
Temperaturfelder 285
Temperaturfixpunkte 290
—, Temperaturwerte 296
—, thermodynamische Temperatur 296
— tiefsiedender Flüssigkeiten 67, 300
—, Verwirklichung 67, 76, 298
Temperaturkonstanz in Bädern 77, 330, 335, 337
Temperaturmeßfarben 285
Temperaturregelung 330, 340
Temperaturschichtung 77, 330
Temperaturskala 67
—, absolute 11
—, akustische 267, 295
—, ^{4}He-Dampfdruckskala 1958 70
—, ^{3}He-Dampfdruckskala 1962 71
—, Internationale 14
—, IPTS-68 31, 69, 296
—, thermodynamische 17, 267, 272, 296
Temperaturstrahlung 123, 218
Theorem der übereinstimmenden Zustände 66
Thermische Empfänger 167
— Zustandsgleichung 66
Thermistor-Bolometer 169
Thermocolore 285
Thermodynamik, Hauptsätze 17
— d. Thermopaares 21, 108
— u. Strahlung 24
—, unvollständiges Gleichgewicht 31
Thermodynamisches Gleichgewicht 290
Thermometer, Dampfdruck- 295
—, Flüssigkeitsglas- 51
—, Gas- 37
—, magnetisches 272
—, Metallausdehnungs- 60
—, pneumatisches 169
—, Rausch- 271
—, Tiefseeumkipp- 55
—, Trägheit 61
—, Zeitverhalten 61
Thermometrie, Geschichte 11
Thermomolekulare Druckdifferenz 76, 78
Thermopaare, Edel- 110
—, Hochtemperatur- 112
—, Strahlungs- 168
—, Tieftemperatur- 113
—, Thermodynamik 21, 108
Thermospannung 108, 118
Thermostate 340
—, handelsübliche 336, 341
—, Schwefelsiedeapparat als 319
—, Wassersiedeapparat als 317
THOMSON-Koeffizient 108
— -Wärme 21

THOMSONsche Brückenschaltung 101
Tiefseeumkippthermometer 55
Tiefsiedende Flüssigkeiten 63, 67, 69
— —, Fixpunkte 67, 300
— —, Tabelle wichtiger Daten 74
Tieftemperatur-Thermopaare 113
Trägheit von Thermometern 61
Tripelpunkt 63, 74, 290
— des Argons 309
— des Gleichgewichtswasserstoffs 304
— des Neons 308
— des Sauerstoffs 307
— des Stickstoffs 308
— des Wassers 311
— —, Temperaturfestlegung 16

Übergangstemperaturen in den supraleitenden Zustand 295
Übergangswahrscheinlichkeit 231
ULBRICHTsche Kugel 213
Umkippthermometer 55
Umwandlungstemperatur 295
Umwandlungswärme 292, 295
Unterkühlung 291, 322

Vakuummantel 72, 77, 305
Vakuum-UV 252
VAN DER WAAL-Wechselwirkung 254
Verdampferkryostat, He- 331
Verdampfung, isobare 293
—, isotherme 304
Verdampfungswärme 293
—, molare 64
Verhältnispyrometer 203
Verhältnistemperatur 137
Verteilungstemperatur 137, 242
Vielfachphotozelle 165, 236
Visuelle Pyrometer 187
Volumenstrahler 218, 219

Wärmedurchgangskoeffizient 283
Wärmerohr 344
Wärmestrahlung 123
Wärmeübergangskoeffizient 283
Wahre Temperatur 139, 207
Wahrscheinlichkeit u. Entropie 27
Wassersiedeapparat 315
— als Thermostat 317
Wassersiedepunkt 315
Wasserstofflampe 162
Wasserstofflinien 254
Wasserstoffskala, internationale 13
Wechselstrommeßbrücke 102
Weglänge, mittlere freie 76

Werkstoffe (Hochtemperatur) 344
WESTON-Normalelement 118
WHEATSTONEsche Brücke 101
Widerstandsmessung 98
Widerstandsthermometer 82
—, Platin- 72, 82
—, andere reine Metalle 94
—, Legierungen 95
—, Halbleiter 96
—, Kapseltyp 72, 90
WIENsches Verschiebungsgesetz 128
Wirksame Grenzwellenlänge 149
Wirksame Wellenlänge 147
WOLFRAM-Bandlampe 158
WOLFRAM-Rohrlampe 157

WOLFRAM-Strahlung 158

Xenon-Höchstdrucklampe 162

Zeitverhalten von Thermometern 61
Zustandsdiagramm 63, 77, 290, 292
Zustandsgleichung
— idealer Gase 19, 64
— realer Gase 36, 66
—, thermische 64, 66
— in Virialform 67
Zustandssumme 229
Zweipunktregelung 331, 340

MIX
Papier aus verantwortungsvollen Quellen
Paper from responsible sources
FSC® C105338

If you have any concerns about our products,
you can contact us on
ProductSafety@springernature.com

In case Publisher is established outside the EU,
the EU authorized representative is:
**Springer Nature Customer Service Center GmbH
Europaplatz 3, 69115 Heidelberg, Germany**

Printed by Libri Plureos GmbH
in Hamburg, Germany